Volker

Chemische
Reaktionstechnik

Lehrbuch der Technischen Chemie · Band 1

Herausgegeben von M. Baerns, J. Falbe, F. Fetting
H. Hofmann, W. Keim, U. Onken

 Georg Thieme Verlag Stuttgart · New York

Chemische Reaktionstechnik

Manfred Baerns
Hanns Hofmann
Albert Renken

215 Abbildungen, 41 Tabellen

2., durchgesehene Auflage

Georg Thieme Verlag Stuttgart · New York 1992

1. Auflage 1987
Geschützte Warennamen (Warenzeichen) wurden *nicht* in jedem einzelnen Fall besonders kenntlich gemacht. Aus dem Fehlen eines solchen Hinweises kann also nicht geschlossen werden, daß es sich um einen freien Warennamen handele.

Das Werk, einschließlich aller seiner Teile, ist urheberrechtlich geschützt. Jede Verwertung außerhalb der engen Grenzen des Urheberrechtsgesetzes ist ohne Zustimmung des Verlages unzulässig und strafbar. Das gilt insbesondere für Vervielfältigungen, Übersetzungen, Mikroverfilmungen und die Einspeicherung und Verarbeitung in elektronischen Systemen.

© 1987, 1992 Georg Thieme Verlag
Rüdigerstraße 14, D-7000 Stuttgart 30
Printed in Germany

Satz und Druck: Tutte Druckerei GmbH, Salzweg

ISBN 3-13-687502-8   1 2 3 4 5 6

Die Deutsche Bibliothek – CIP-Einheitsaufnahme

Lehrbuch der Technischen Chemie / hrsg. von M. Baerns ... – Stuttgart ; New York : Thieme.
NE: Baerns, Manfred [Hrsg.]
Bd. 1 Baerns, Manfred: Chemische Reaktionstechnik. – 2., durchges. Aufl. – 1992

Baerns, Manfred:
Chemische Reaktionstechnik : 41 Tabellen / Manfred Baerns ; Hanns Hofmann ; Albert Renken. – 2., durchges. Aufl. – Stuttgart ; New York : Thieme, 1992
    (Lehrbuch der Technischen Chemie; Bd. 1)
NE: Hofmann, Hanns :; Renken, Albert :

Adressen

Prof. Dr.
Manfred Baerns
Lehrstuhl für Technische Chemie
Ruhr-Universität Bochum

Postfach 10 21 48
4630 Bochum

Prof. Dr.
Jürgen Falbe
Persönlich haftender Gesellschafter
der Henkel KGaA

Postfach 11 00
4000 Düsseldorf

Prof. em. Dr.
Fritz Fetting
Fachbereich 7
Physikalische Chemie und
Chemische Technologie
TH Darmstadt

Petersenstraße 20
6100 Darmstadt

Prof. em. Dr.
Hanns Hofmann
Institut für Technische Chemie
Universität Erlangen-Nürnberg

Egerlandstraße 3
8520 Erlangen

Prof. Dr. rer. nat.
Wilhelm Keim
Institut für Technische Chemie und
Petrolchemie
RWTH Aachen

Worringer Weg 1
5100 Aachen

Prof. em. Dr.
Ulfert Onken
Universität Dortmund
Lehrstuhl für Technische Chemie B

Emil-Figge-Straße
4600 Dortmund 50

Prof. Dr.
Albert Renken
Eidgen. Techn. Hochschule Lausanne
Institut de Génie Chimique

CH-1015 Lausanne

Vorwort zur 2. Auflage

In der vorliegenden 2. Auflage wurden erforderliche Korrekturen an dem Formelwerk sowie einige redaktionelle Überarbeitungen des Textes zur besseren Verständlichkeit vorgenommen.

Mit dem Dank für die verschiedenen Stellungnahmen und Korrekturhinweise, die uns nach Erscheinen der 1. Auflage erreichten, verbinden wir die Bitte, uns auch Vorschläge für weitere Verbesserungen zukommen zu lassen.

Frau Dr. Dorit Wolf sei für die engagierte Mitwirkung bei der Einbindung aller Änderungen in den Text gedankt.

Sommer 1992

M. Baerns
H. Hofmann
A. Renken

Vorwort zur 1. Auflage

Die Chemische Reaktionstechnik als Teilgebiet der Technischen Chemie hat nach einer äußerst stürmischen Entwicklung zwischen 1950 und 1975 im letzten Jahrzehnt theoretisch-wissenschaftlich eine gewisse Abrundung erfahren und ist heute ein allseits anerkannter Ausbildungsschwerpunkt von Chemikern, Chemieingenieuren und Verfahrenstechnikern. Das hier vorgelegte Lehrbuch ist daher primär zur Unterstützung der universitären Ausbildung in diesem Fach im Hauptstudium gedacht, kann aber auch für bereits im Beruf stehende Chemiker und Ingenieure eine Hilfe zur Ergänzung ihrer Kenntnisse sein. Inhaltlich entspricht das Lehrbuch dem Teilgebiet „Chemische Reaktionstechnik" des vom DECHEMA-Unterrichtsausschuß für Technische Chemie an den wissenschaftlichen Hochschulen empfohlenen „Lehrprofil Technische Chemie".

Aufbauend auf unserer langjährigen Lehrtätigkeit in Chemischer Reaktionstechnik haben wir uns bemüht, das Gesamtgebiet aus theoretischer und experimenteller Sicht ausgewogen darzustellen und wichtige Arbeitsprinzipien und Methoden des Faches herauszuarbeiten. Tabellarische Zusammenstellungen von wichtigen Berechnungsformeln und Arbeitsdiagramme sind als Hilfen für die eigene Tätigkeit gedacht. Die im Text eingestreuten, zahlreichen Rechenbeispiele sollen den Umgang mit dem Lehrstoff vertiefen helfen.

Im vorgegebenen Umfang eines Lehrbuches war es natürlich nicht möglich, jeden Teilaspekt erschöpfend zu behandeln, doch sollten die zu jedem Kapitel aufgeführten, zahlreichen Literaturhinweise dem Interessierten jederzeit ein tieferes Eindringen in den Lehrstoff ermöglichen. Abgesehen von Grundkenntnissen in Physikalischer Chemie und Mathematik sowie einem grundlegenden chemischen Verständnis, werden beim Leser keine Spezialkenntnisse vorausgesetzt.

Ein komplexes Gebiet wie die Chemische Reaktionstechnik verlangt heute natürlich in der Praxis nach dem Computer als wichtigem Arbeitsgerät, und für viele Teilbereiche der Reaktionstechnik gibt es bereits Standard-Software, durch welche die Lösung von Problemen der Reaktionsanalyse bzw. der Reaktordimensionierung wesentlich erleichtert wird. Im Text wurde aber mehr Wert auf die theoretischen Grundlagen zu lösender Aufgabenstellungen als Basis für die Entwicklung solcher Rechenprogramme gelegt; die Programmierung entsprechender Algorithmen bleibt dem Leser überlassen.

Wir sind uns bewußt, daß jeder Lehrende in Chemischer Reaktionstechnik seine persönlichen Schwerpunkte im Unterricht setzen wird, hoffen aber, daß das vorgelegte Lehrbuch einen guten Rahmen für ein einheitliches Grundwissen in Chemischer Reaktionstechnik abgibt. Den Lesern sind wir dankbar für kritische Bemerkungen zum Stoff selbst sowie zur Art der Stoffdarbietung.

Allen Fachkollegen, die uns während der Entstehung des Buches mit Hinweisen und Anregungen geholfen haben, danken wir. Unser Dank gilt weiterhin allen unseren Mitarbeiterinnen und Mitarbeitern, die an der redaktionellen Überarbeitung und Fertigstellung des Manuskripts mitgewirkt haben; stellvertretend seien namentlich erwähnt Frau Dr. U. Preuß und Herr Dipl.-Ing. H. Gerhard sowie unsere Sekretärinnen Frau M. Regulski (Bochum), Frau I. Schubert (Erlangen) und Frau S. Wallace (Lausanne). Schließlich danken wir dem Georg Thieme Verlag für die sachkundige und entgegenkommende Mitarbeit.

Im Februar 1987
M. Baerns
H. Hofmann
A. Renken

Inhaltsverzeichnis

Kapitel 1
Aufgabe, Bedeutung und Definition der chemischen Reaktionstechnik ... 1

1. Klassifizierung chemischer Reaktionen 2
2. Grundbegriffe der Reaktionstechnik. 3

Kapitel 2
Stöchiometrie chemischer Reaktionen 7

1. Zusammensetzung des Reaktionsgemisches 7
2. Schlüsselkomponenten und Schlüsselreaktionen 8
3. Reaktionsfortschritt 14
4. Zusammenhang zwischen Stöchiometrie und Reaktionskinetik 16

    Literatur 18

Kapitel 3
Chemische Thermodynamik 19

1. Reaktionsenthalpie ΔH_R und Gibbssche freie Standard-Bildungsenthalpie 19
2. Berechnung thermodynamischer und kalorischer Werte nach Näherungsverfahren 20
3. Das chemische Gleichgewicht. 24
3.1 Grundgleichungen. 24
3.2 Massenwirkungsgesetz. 25
3.3 Gleichgewichtskonstanten 25
3.4 Maximaler Umsatz (Gleichgewichtsumsatz) 26
4. Berechnung von Simultangleichgewichten 26
4.1 Graphische Methode zur Lösung von Simultangleichgewichten 27
4.2 Numerische Methoden zur Lösung von Simultangleichgewichten ... 29
4.2.1 Relaxationsmethode. 29
4.2.2 Quadratsummenminimierung. 31

    Literatur 32

Kapitel 4
Kinetik chemischer Reaktionen – Mikrokinetik ... 33

1.	Homogene Gas- und Flüssigkeitsreaktionen	36
1.1	Kinetik homogener chemischer Reaktionen	36
2.	Heterogen katalysierte Reaktionen	45
2.1	Adsorption und Desorption	49
2.2	Katalytische Oberflächenreaktion	50
2.3	Abhängigkeit der Reaktionsgeschwindigkeit von den Gasphasenkonzentrationen	51
2.3.1	Katalytische Oberflächenreaktion als geschwindigkeitsbestimmender Schritt	51
2.3.2	Komplexe Kinetik einer einfachen Reaktion	53
2.3.3	Hougen-Watson-Geschwindigkeitsansätze	58
2.4	Desaktivierung heterogener Katalysatoren	62
3.	Gas/Feststoff-Reaktionen	63
4.	Homogen katalysierte Reaktionen	65
	Literatur	66

Kapitel 5
Kinetik von Stoff- und Wärmetransportvorgängen ... 67

1.	Molekulare Transportvorgänge	67
1.1	Diffusion	67
1.2	Wärmeleitung	70
1.3	Viskosität	72
2.	Diffusion in porösen Medien	73
2.1	Molekulare Diffusion	73
2.2	Knudsen-Diffusion	74
2.3	Diffusiver Stofftransport im Übergangsgebiet von molekularer zu Knudsen-Diffusion	75
2.4	Poiseuille-Strömung	77
2.5	Sonderfälle der Diffusion in porösen Feststoffen	78
3.	Wärmeleitfähigkeit in porösen Feststoffen	80
4.	Stoff-, Wärme- und Impulstransport an Phasengrenzflächen	82
4.1	Wärmeübergang	86
4.2	Stoffübergang	91
4.3	Reibung	97
	Literatur	97

Kapitel 6
Zusammenwirken von chemischer Reaktion und Transportvorgängen – Makrokinetik ... 100

1.	Gas/Feststoff-Reaktionen	100
1.1	Nicht-poröse Feststoffe	102

1.2	Poröse Feststoffe	109
2.	Heterogen katalysierte Gasreaktionen	111
2.1	Äußere Transportvorgänge	112
2.1.1	Stoffübergang und chemische Reaktion	113
2.1.2	Zusammenwirken von chemischer Reaktion mit Stoff- und Wärmeübergang	117
2.2	Innere Transportvorgänge und chemische Reaktion	119
2.2.1	Porendiffusion und chemische Reaktion	119
2.2.2	Zusammenwirken von chemischer Reaktion, Diffusion und Wärmeleitung im porösen Katalysator	128
2.3	Gleichzeitiges Auftreten äußerer und innerer Konzentrations- und Temperaturgradienten	130
2.3.1	Isotherme Bedingungen	130
2.3.2	Nicht-isotherme Bedingungen	131
2.4	Beeinflussung der Temperaturabhängigkeit und der Ordnung der Reaktion durch Stofftransportvorgänge	134
2.4.1	Temperaturabhängigkeit der Reaktion	134
2.4.2	Reaktionsordnung	136
2.5	Einfluß der Transportvorgänge auf die Selektivität	136
2.5.1	Einfluß der äußeren Transportvorgänge auf die Selektivität	137
2.5.2	Einfluß der inneren Transportvorgänge (Porendiffusion) auf die Selektivität	142
2.6	Kriterien zur Abschätzung des Einflusses von Stoff- und Wärmetransportvorgängen auf den Reaktionsablauf	145
3.	Fluid/Fluid-Reaktionen	145
3.1	Modellvorstellungen zum Stoffübergang an Fluid/Fluid-Phasengrenzflächen	148
3.2	Chemische Reaktion und Stoffübergang	150
3.3	Einfluß des Stoffübergangs bei Fluid/Fluid-Reaktionen auf die Selektivität	160
	Literatur	160

Kapitel 7
Messung und Auswertung kinetischer Daten 163

1.	Laborreaktoren	163
1.1	Zielsetzungen kinetischer Untersuchungen	164
1.2	Prinzipien der Betriebsweise und Bauart	165
1.3	Allgemeine apparative Gesichtspunkte	170
1.4	Spezielle Laborreaktoren	172
1.4.1	Laborreaktoren für homogene Reaktionen	173
1.4.2	Laborreaktoren für heterogen katalysierte Gasreaktionen	174
1.4.3	Laborreaktoren für Gas/Feststoff-Reaktionen	187
1.4.4	Laborreaktoren für Gas/Flüssig-Reaktionen	189
2.	Auswertung kinetischer Daten	193
2.1	Klassische Methoden	194

2.1.1	Einfache Reaktionen	195
2.1.2	Komplexe Reaktionen	208
2.2	Statistisch begründete Methoden der Versuchsplanung und Auswertung	215
2.2.1	Lineare Regression	215
2.2.2	Normalgleichungen und Standard-Normalgleichungen	218
2.2.3	Beurteilung einer Regression	221
2.2.4	Grenzen der multiplen linearen Regression	222
2.2.5	Versuchspläne für die lineare Regression	226
	Literatur	234

Kapitel 8
Typen chemischer Reaktionsapparate 237

1.	Einphasige Systeme	239
1.1	Rührkesselreaktoren/Mischapparate	239
1.2	Strömungsrohre	246
2.	Mehrphasige Systeme	247
2.1	Fluid-Feststoff-Systeme	248
2.1.1	Festbettreaktoren	249
2.1.2	Wirbelschichtreaktoren	251
2.1.3	Weitere Gas-Feststoff-Reaktoren	255
2.2	Fluid-Fluid-Systeme	256
2.2.1	Blasensäulen-Reaktor	260
2.2.2	Rührkessel für Fluid-Fluid-Reaktionen	262
2.2.3	Bodenkolonnen	262
2.2.4	Füllkörperkolonnen	263
2.2.5	Strahlwäscher	264
2.3	Gas-Flüssig-Fest-Systeme	264
2.3.1	Festbettreaktoren	266
2.3.2	Dreiphasen-Wirbelschicht	267
2.3.3	Suspensionsreaktoren	267
	Literatur	268

Kapitel 9
Modellierung chemischer Reaktoren 270

1.	Ideale Reaktoren für homogene und quasi-homogene Reaktionssysteme	270
1.1	Stoff- und Energiebilanzen	270
1.2	Absatzweise betriebener Rührkesselreaktor	272
1.2.1	Isotherme Reaktionsführung	274
1.2.2	Nicht-isotherme Reaktionsführung	278
1.3	Kontinuierlich betriebener idealer Rührkesselreaktor	288
1.3.1	Stoffbilanz des kontinuierlich betriebenen Rührkesselreaktors	288

1.3.2	Wärmebilanz des kontinuierlich betriebenen Rührkesselreaktors	293
1.3.3	Übergangsverhalten des kontinuierlich betriebenen Rührkesselreaktors	296
1.4	Idealer Strömungsrohrreaktor	297
1.4.1	Stoffbilanz	297
1.4.2	Wärmebilanz	300
1.5	Kombination idealer Reaktoren	309
1.5.1	Kaskade kontinuierlich betriebener Rührkesselreaktoren	310
1.5.2	Strömungsrohrreaktor mit Rückführung	312
2.	Reale Reaktoren für homogene und quasi-homogene Systeme	316
2.1	Verweilzeit-Verteilung in chemischen Reaktoren	317
2.2	Experimentelle Bestimmung der Verweilzeit-Verteilung	321
2.2.1	Sprungfunktion	321
2.2.2	Pulsfunktion	323
2.2.3	Beliebige Eingangsfunktion	325
2.3	Verweilzeit-Verteilung in idealen Reaktoren	327
2.3.1	Idealer Strömungsrohrreaktor	327
2.3.2	Idealer kontinuierlich betriebener Rührkesselreaktor	327
2.3.3	Reaktorkaskade	328
2.3.4	Laminar durchströmtes Rohr	330
2.4	Verweilzeit-Modelle realer Reaktoren	331
2.4.1	Dispersionsmodell	331
2.4.2	Zellenmodell	336
2.4.3	Mehrparametrige Modelle	336
2.5	Verhalten realer Reaktoren	337
2.5.1	Rührkesselreaktoren	337
2.5.2	Strömungsrohrreaktoren	339
2.6	Einfluß der Verweilzeit-Verteilung und der Vermischung auf die Leistung realer Reaktoren	342
2.6.1	Reaktionen erster Ordnung	343
2.6.2	Reaktionen mit nicht-linearer Kinetik	346
3.	Reaktoren für heterogene Fluid-Feststoff-Reaktionen	359
3.1	Heterogen-katalytische Festbettreaktoren	359
3.1.1	Druckabfall in Festbettreaktoren	359
3.1.2	Adiabate Festbettreaktoren	360
3.1.3	Polytrope katalytische Festbettreaktoren	360
	Literatur	370

Kapitel 10
Reaktorauswahl und reaktionstechnische Optimierung 372

1.	Einfache Reaktionen (Umsatzproblem)	372
1.1	Absatzweise betriebener Reaktor	373
1.2	Kontinuierlich betriebene Reaktoren	375
1.3	Konzentrationsführung	386

1.4	Temperaturführung	390
2.	Komplexe Reaktionen (Ausbeuteproblem)	400
2.1	Reaktorwahl und Konzentrationsführung	401
2.2	Temperaturführung	415
	Literatur	419

Sachverzeichnis 421

Häufig benutzte Formelzeichen

A	m^2	Phasengrenzfläche	K_i	bar^{-1}	Adsorptionsgleichgewichtskonstante für A_i
A_i	–	chemische Spezies, Reaktand			
$A_{i,g}$	–	gasförmige Spezies	k	(s. S. 34)	Geschwindigkeitskonstante
$A_{i,s}$	–	feste Spezies			
a	–	Katalysatoraktivität	k_0	(s. S. 34)	Präexponentieller Faktor
a	$m^2 \cdot s^{-1}$	Temperaturleitzahl	k_s	(s. S. 50)	Geschwindigkeitskonstante der Oberflächenreaktion
a	m^{-1}	spezifische Phasengrenzfläche			
c_i	$kmol \cdot m^{-3}$	Konzentration der Spezies A_i	k_{eff}	(s. S. 39)	effektive Geschwindigkeitskonstante
c_{io}	$kmol \cdot m^{-3}$	Anfangskonzentration, Eingangskonzentration	k_g	$m \cdot s^{-1}$	gasseitiger Stoffübergangskoeffizient
			k_l	$m \cdot s^{-1}$	flüssigkeitsseitiger Stoffübergangskoeffizient
c_i^*	$kmol \cdot m^{-3}$	Gleichgewichtskonzentration			
c_{is}	$kmol \cdot m^{-3}$	Konzentration an einer festen Fläche	L_P	$kmol \cdot s^{-1}$ $kg \cdot s^{-1}$	Reaktorleistung
c_{il}	$kmol \cdot m^{-3}$	Konzentration im Kern der Flüssigkeit	$L_{P,V}$	$kmol \cdot m^{-3} \cdot s^{-1}$	spezifische Reaktorleistung
D_{ik}	$m^2 \cdot s^{-1}$	binärer Diffusionskoeffizient	L	m	Länge des Rohrreaktors
D^e	$m^2 \cdot s^{-1}$	effektiver Diffusionskoeffizient	M_i	$kg\, A_i \cdot kmol^{-1}$	Molekülmasse
			m_i	kg	Masse der Spezies A_i
D_{ax}	$m^2 \cdot s^{-1}$	axialer Dispersionskoeffizient	m_{kat}	kg	Katalysatormasse
			$\dot{m}_i$	$kg \cdot s^{-1}$	Massenstrom
D_{rad}	$m^2 \cdot s^{-1}$	radialer Dispersionskoeffizient	n_i	$kmol$	Stoffmenge
			$\dot{n}_i$	$kmol \cdot s^{-1}$	Molenstrom
d_p	m	Partikeldurchmesser	p	Pa	Gesamtdruck
d_R	m	Reaktordurchmesser, Rohrdurchmesser	p_i	Pa	Partialdruck
			p_{ig}	Pa	Partialdruck im Kern der Gasphase
E	$J \cdot mol^{-1}$	Aktivierungsenergie			
G	$J \cdot mol^{-1}$	Gibbssche freie Enthalpie	$\dot{Q}$	W	Wärmestrom
			$\dot{q}$	$W \cdot m^{-3}$	spezifische Wärmeerzeugung
ΔG_R°	$J \cdot mol^{-1}$	Gibbssche freie Standard-Reaktionsenthalpie	R	$J \cdot mol^{-1} \cdot h^{-1}$	allgemeine Gaskonstante ($R = 8{,}313\, J \cdot mol^{-1} \cdot K^{-1}$)
ΔH_R	$J \cdot mol^{-1}$	Reaktionsenthalpie			
H_i	(s. S. 152)	Henrykoeffizient	R_i	$kmol \cdot m^{-3} \cdot s^{-1}$	Stoffmengenänderungsgeschwindigkeit für A_i
h	$W \cdot m^{-2} \cdot K^{-1}$	Wärmeübergangskoeffizient			
J_i	$mol \cdot m^{-2} \cdot s^{-1}$	Diffusionsstromdichte	r_j	$kmol \cdot m^{-3} \cdot s^{-1}$	Reaktionsgeschwindigkeit
J_w	$W \cdot m^{-2}$	Wärmestromdichte	S_{ki}	–	Selektivität von A_k bezogen auf A_i
K_p	(s. S. 25)	Gleichgewichtskonstante bei konstantem Druck	S	$J \cdot K^{-1}$	Entropie
			S	m^2	Phasengrenzfläche

Symbol	Einheit	Bedeutung
S	m²	Querschnittfläche
s_{ki}	–	differentielle Selektivität
s'_{ki}	–	Verhältnis der differentiellen Selektivitäten
T	K	Temperatur
ΔT_{ad}	K	adiabate Temperaturerhöhung
t	s, h	Zeit
t_R	s, h	Reaktionsdauer
t_r	s, h	Zeitkonstante der Reaktion
U	W·m⁻²·K⁻¹	(globaler) Wärmedurchgangskoeffizient
u	m·s⁻¹	lineare Geschwindigkeit
V	m³	Reaktionsvolumen
V_R	m³	Reaktorvolumen
$\dot{V}$	m³·s⁻¹	Volumenstrom
$\dot{V}_0$	m³·s⁻¹	Volumenstrom am Reaktoreingang
W_i	–	Massenverhältnis
w_i	–	Massenanteil
X_i	–	Umsatzgrad der Spezies A_i
X_i^*	–	Gleichgewichtsumsatz
x_i	–	Stoffmengenanteil (früher Molenbruch)
x	m	Ortskoordinate
Y_{ki}	–	Ausbeute, Einsatzausbeute von A_k bezogen auf A_i
y_i	–	Stoffmengenanteil (Gasphase)
Z	–	dimensionslose Länge
z	m	Ortskoordinate
β	–	Prater-Zahl
γ	–	Arrhenius-Zahl
δ	m	Grenzschicht
ε	–	Porosität
η	–	Effektivität, Wirkungsgrad
λ	kmol·m⁻³	intensive Reaktionslaufzahl
λ^e	W·m⁻¹·K⁻¹	effektive Wärmeleitung
λ_R		Reibungskoeffizient
μ	Pa s	dynamische Viskosität
ν	m² s⁻¹	kinematische Viskosität
ν_{ij}	–	stöchiometrische Zahl der Komponente A_i in der Reaktion j
ξ_j	kmol	(extensive) Reaktionslaufzahl der Reaktion j
ϱ	kg m⁻³	Dichte
σ^2	s²	Varianz bei der Verweilzeitverteilung
τ	s	hydrodynamische Verweilzeit
φ	–	Rückführungsverhältnis
ψ, Φ	–	Thiele Modul
ψ'	–	Weisz-Modul

Kapitel 1
Aufgabe, Bedeutung und Definition der chemischen Reaktionstechnik

Ziel der chemischen Reaktionstechnik ist die sichere Übertragung einer im Labor gefundenen chemischen Umsetzung in den technischen Maßstab bzw. die Auslegung eines chemischen Reaktors für eine gegebene Reaktion und eine geforderte Produktionshöhe im Hinblick auf seine Form, Größe und Betriebsweise.

Grundlage dazu ist in aller Regel die Kenntnis der Geschwindigkeit der betreffenden Reaktion(en) (Mikrokinetik). Sie kann für Systeme von technischem Interesse praktisch nie theoretisch berechnet werden, sondern muß experimentell bestimmt werden. Daher beschäftigt sich ein großer Teil dieses Buches (Kap. 2 bis 7) mit der sogenannten Reaktionsanalyse, d.h. der experimentellen Bestimmung und mathematischen Korrelation kinetischer Daten zu einer Reaktionsgeschwindigkeitsgleichung. Weil die meisten technisch bedeutsamen Reaktionen nicht in einer intensiv durchmischten homogenen Phase ablaufen, haben auch Stoff- und Wärmetransportvorgänge einen wesentlichen Einfluß auf den Ablauf solcher Reaktionen. Damit kommt dem Zusammenwirken von Transportkinetik und chemischer Kinetik in der chemischen Reaktionstechnik eine besondere Bedeutung zu (Makrokinetik).

Die Dimensionierung eines technischen Reaktors, die sogenannte Reaktorauslegung (Kap. 8 bis 10) ist der zweite Teil der chemischen Reaktionstechnik. Die einzelnen Grundtypen chemischer Reaktoren zeigen verschiedenes reaktionstechnisches Verhalten, weil die fluiddynamischen und die wärmetechnischen Verhältnisse im Innern dieser Reaktoren ganz verschieden sein können. Dies ist bei der Reaktorauslegung, die auf den Grundbilanzgleichungen zur Erhaltung von Masse, Energie und Impuls beruht, zu berücksichtigen. Neben der chemischen Kinetik sowie dem Stoff- und Wärmeaustausch spielt also auch die Fluiddynamik und die Temperaturführung in einem Reaktor (isotherm, adiabat oder polytrop) eine Rolle für seine Produktionshöhe.

Schon diese kurze Aufzählung der wichtigsten Grundphänomene, von denen die Leistung eines technischen Reaktors abhängt, zeigt, daß es sich bei der chemischen Reaktionstechnik um ein komplexes, vielschichtiges Wissensgebiet handelt. Gleichzeitig macht sie verständlich, warum sich die chemische Reaktionstechnik – anders als andere Teilgebiete der Technichen Chemie – erst in den letzten drei Jahrzehnten zu einer systematischen Wissenschaft entwickelt hat und so die wichtigste Voraussetzung für eine rationale Vermittlung in der Lehre erfüllt.

Der vorliegende Teilband des dreibändigen Werkes der Technischen Chemie ist als Lehrbuch gedacht für die Ausbildung von Chemikern, Chemieingenieuren und Verfahrenstechnikern in chemischer Reaktionstechnik, entsprechend dem vom Ausbildungsausschuß der DECHEMA vorgelegten Lehrprofil Technische Chemie. Es kann daher nicht erwartet werden, daß jeder Teilaspekt erschöpfend behandelt wird. Manche Gebiete wie Flammenreaktionen, elektrochemische Reaktionen, fotochemische Reaktionen oder Umsetzungen unter dem Einfluß elektromagnetischer Wellen werden nicht einmal gesondert erwähnt. Trotzdem sollte die in allen Kapiteln zitierte Originalliteratur und Monographien dem interessierten Leser die Möglichkeit bieten über diese Einführung hinaus, tiefer in die einzelnen Fragestellungen einzudringen. Hauptabsicht ist es, das Interesse an der Reaktionstechnik zu wecken und in der mitgeteilten Systematik ein Ordnungsschema für die eigene Arbeit nicht nur an der Hochschule, sondern auch in der beruflichen Praxis zu vermitteln.

1. Klassifizierung chemischer Reaktionen

Generell anwendbare Berechnungsmethoden für die chemische Reaktionstechnik setzen eine Systematik der Reaktionen und der Reaktionsapparate voraus. Für die Aufgabe, den Reaktor nach den für seine Gestaltung grundsätzlich entscheidenden Faktoren Reaktionsgeschwindigkeit, sowie Geschwindigkeit von Stoff- und Wärmetransportvorgängen auszulegen, ist eine Einteilung nach physikalischen Gesichtspunkten, wie der Zahl der beteiligten Phasen, der Art der Temperaturführung im Reaktor usw. zweckmäßig. So unterscheidet man zwischen homogenen und heterogenen Reaktionen, je nachdem ob die Reaktionspartner während der gesamten Reaktion nur in einer einzigen Phase, oder in mehreren Phasen vorliegen. In diesem Sinn sind die meisten katalytischen Reaktionen als heterogene Reaktionen anzusprechen, weil zumindest der Katalysator in einer anderen Phase vorliegt als die Reaktanden. Weiter hängen Form und Größe des Reaktors und die darin realisierbaren Reaktionsbedingungen davon ab, ob die Umsetzung diskontinuierlich, d. h. in chargenweisen Ansätzen, oder kontinuierlich, d. h. im stetigen Durchfluß, ausgeführt wird. Diskontinuierlich durchgeführte Reaktionen erfolgen in abgeschlossenen Gefäßen, bei konstantem Reaktorvolumen (sog. geschlossene Systeme), während kontinuierlich durchgeführte Umsetzungen in sog. offenen oder Strömungssystemen bei konstantem Enddruck ablaufen, was eine entsprechende Anpassung der Berechnungsmethoden erfordert.

Nach dem Temperaturverlauf während der Umsetzung unterscheidet man zwischen

- isothermen Reaktionen, bei denen durch Zu- oder Abführung der Reaktionswärme die Temperatur über die gesamte Reaktionsdauer und den gesamten Reaktionsraum konstant gehalten wird,
- adiabatischen Reaktionen, bei denen die Temperatur mit fortschreitendem Umsatz infolge der freiwerdenden bzw. verbrauchten Reaktionswärme mangels Wärmeaustausches steigt, bzw. sinkt und
- nichtisothermen-nichtadiabatischen sog. polytropen Reaktionen, bei denen zwar Wärme zu- bzw. abgeführt wird, aber trotzdem im Reaktionsraum an verschiedenen Orten verschiedene Temperaturen herrschen.

Bezüglich der anzuwendenden Berechnungsmethoden ist schließlich noch zu berücksichtigen, ob es sich um einfache Reaktionen handelt, bei denen die Kenntnis des Konzentrationsverlaufs eines einzigen Reaktanden genügt, um das gesamte Reaktionsgeschehen eindeutig zu beschreiben (wie z. B. bei der Ammoniak- und Schwefeltrioxid-Synthese) oder ob die Reaktion komplex ist und mehrere Reaktionsgleichungen für eine Beschreibung des Umsatzverlaufes erforderlich sind.

Für die Planung, Auslegung und das Betriebsverhalten chemischer Reaktoren erlangen aber oft noch ganz andere Faktoren als ordnende Gesichtspunkte Bedeutung, wie etwa die Fluiddynamik (speziell die Vermischungszustände) im Reaktionsraum und der Druckverlust im Reaktionsapparat, gegenüber denen die obigen Kriterien eventuell sogar zurücktreten.

Hier erfolgt die Einteilung des Stoffgebietes nach zwei Hauptgesichtspunkten: Von der Reaktion her wird zwischen homogenen und heterogenen Reaktionen unterschieden, vom Reaktor her werden zwei ideale Grundtypen, Strömungsrohr und Rührkessel als übergeordnetes Einteilungsprinzip benutzt. Der Reaktionstyp (einfache oder komplexe Reaktion) und die Art der Temperaturführung im Reaktor (isotherm, adiabatisch, polytrop) lassen sich dann als Spezialfälle unterordnen, die sich vor allem in der Art der numerischen (bzw. graphischen) Durchrechnung auswirken.

2. Grundbegriffe der Reaktionstechnik

Das komplexe Zusammenspiel zwischen Reaktion sowie Stoff- und Wärmetransport bei der Reaktionstechnik erfordert als solide Basis klar definierte Begriffe. Hier werden die IUPAC-Regeln zur Terminologie chemischer Reaktionen sowie die vom Fachausschuß Reaktionstechnik der Gesellschaft für Verfahrenstechnik und Chemieingenieurwesen im Verein Deutscher Ingenieure vorgeschlagenen Symbole und der Nomenklaturvorschlag der Arbeitsgruppe Reaktionstechnik in der Europäischen Föderation für Chemieingenieurwesen benutzt.

Als Reaktionsapparat, Reaktionsgefäß oder Reaktor bezeichnet man danach den Apparat, in welchem die chemische Reaktion durchgeführt wird.

Die Gesamtheit der darin befindlichen Stoffe wird Reaktionsgemisch oder Reaktionsmasse genannt. Die an der Umsetzung beteiligten Stoffe heißen Reaktanden. Lösungsmittel, Verdünnungsmittel, Inertgase, Katalysatoren, Verunreinigungen usw. sind in der Reaktionsmasse enthaltene Begleitstoffe, die nicht mit umgesetzt werden. Bei der Reaktion setzen sich die Ausgangsstoffe (Edukte) zu den Reaktionsprodukten um. Die Begleitstoffe wirken nur indirekt auf das Reaktionsgeschehen.

Als Reaktionsvolumen V bezeichnet man das von der Reaktionsmasse im Reaktor eingenommene Volumen. Es muß nicht mit dem Reaktorvolumen V_R (Leerraum des Reaktionsapparates) identisch sein. Der Reaktionsort ist derjenige Teil des Reaktionsvolumens, in dem sich der chemische Umsatz tatsächlich abspielt.

Die Zusammensetzung der Reaktionsmasse und die Mengen- und Konzentrationsänderungen beim Ablauf einer chemischen Reaktion werden durch die Anteile der verschiedenen Reaktanden und Begleitstoffe angegeben, wobei sich je nach der Art der Reaktion verschiedene alternative Bezeichnungen als zweckmäßig erwiesen haben.

Es ist üblich, die einzelnen chemischen Spezies eines Reaktionsgemisches mit A_i, die zugehörige Molekülmasse mit M_i (kg A_i pro kmol A_i) und die jeweils vorhandene Zahl der Mole A_i mit n_i (kmol A_i) zu bezeichnen. Die im Reaktionsgemisch vorhandene Masse an A_i ergibt sich dann zu $m_i = M_i \cdot n_i$ (kg A_i) und bei N Spezies im Reaktionsgemisch die gesamte Reaktionsmasse zu $m = \sum_{i=1}^{N} m_i$.

Vom Standpunkt der Reaktionstechnik sind massenbezogene Größen wegen der Erhaltung der Masse beim Ablauf chemischer Reaktionen die zweckmäßigste Zählgröße, doch erweist es sich wegen des stöchiometrischen Ablaufs chemischer Reaktionen vielfach als vorteilhaft, auch mit den Molzahlen zu rechnen.

Ändert sich die Molzahl n_i durch Ablauf einer Reaktion, so gilt wegen der Stofferhaltung

$$\sum_{i=1}^{N} v_i M_i = 0 \tag{1.1}$$

wobei v_i, die sog. stöchiometrischen Koeffizienten der Reaktion für die Edukte negativ und die Produkte positiv anzusetzen sind. Zum Beispiel:

$N_2 + 3H_3 = 2NH_3$
$A_1 = N_2 \quad M_1 = 28 \quad v_1 = -1$
$A_2 = H_2 \quad M_2 = 2 \quad v_2 = -3 \quad N = 3$
$A_3 = NH_3 \quad M_3 = 17 \quad v_3 = +2$

Die Molzahländerung einer Spezies A_i während des Ablaufs einer Reaktion, kann (mit n_{i0} zur Zeit $t = t_0$ und n_i zur Zeit $t = t$) durch die für die betreffende Reaktion charakteristische Reaktionslaufzahl (extensive Größe)

$$\xi = \frac{n_i - n_{i0}}{v_i}$$

beschrieben werden. ξ ist mit der betreffenden Reaktion verknüpft (Formelumsatz) und nicht mit einer chemischen Spezies. Mit der Reaktionslaufzahl als einziger Variablen läßt sich aber die jeweils vorhandene Molzahl bzw. Masse aller Spezies A_i beim Ablauf der Reaktion eindeutig angeben:

$$n_i = n_{i0} + v_i \xi \tag{1.2a}$$

bzw.

$$m_i = m_{i0} + M_i v_i \xi \tag{1.2b}$$

Laufen mehrere Reaktionen gleichzeitig ab, dann gilt für jede Reaktion ($j = 1 \dots M$)

$$\sum_{i=1}^{N} v_{ij} M_i = 0$$

und analog für eine an allen Reaktionen beteiligte Spezies

$$n_i = n_{i0} + \sum_{j=1}^{M} v_{ij} \xi_j \tag{1.3a}$$

bzw.

$$m_i = m_{i0} + M_i \sum_{j=1}^{M} v_{ij} \xi_j \tag{1.3b}$$

Da diese extensiven Größen in der Regel nicht direkt meßbar sind, werden in der Reaktionstechnik meist intensive Größen benutzt (s. Tab. 1.1).

Durch Definition intensiver Reaktionslaufzahlen wie

$$\lambda = \frac{\xi}{V}, \quad \lambda' = \frac{\xi}{m} \quad \text{und} \quad \lambda'' = \frac{\xi}{n_0} = \frac{\lambda}{c_0} \quad \text{mit} \quad n_0 = \sum_{i=1}^{N} n_{i0} \tag{1.4}$$

lassen sich auch alle Konzentrationen, Stoffmengenanteile usw. beim Ablauf einer Reaktion eindeutig als Funktion einer einzigen Variablen angeben, z.B. gilt für die Konzentration

$$c_i = c_{i0} + v_i \lambda \quad (\text{für } V = \text{const.}) \tag{1.5}$$

2. Grundbegriffe der Reaktionstechnik

Tab. 1.1 Intensive Größen zur Kennzeichnung der Zusammensetzung des Reaktionsgemisches

	Stoffmengen-	Massen-	Einheit
-anteil	$x_i = \dfrac{n_i}{\sum_{i=1}^{N} n_i} = \dfrac{n_i}{n}$	$w_i = \dfrac{m_i}{\sum_{i=1}^{N} m_i} = \dfrac{m_i}{m}$	dimensionslos
-konzentration	$c_i = \dfrac{n_i}{V}$	$\varrho_i = \dfrac{m_i}{V}$	Mol bzw. Masse pro Volumen
-verhältnis	$\kappa_{ik} = \dfrac{n_i}{n_k}$	$W_{ik} = \dfrac{m_i}{m_k}$	dimensionslos

n Gesamtmolzahl, m Gesamtmasse, ϱ (Gesamt-)Dichte, c Gesamtkonzentration im Reaktionsgemisch

bzw. mit

$$c = c_0 + \bar{v}\lambda$$

$$\left(c = \sum_{i=1}^{N} c_i,\ c_0 = \sum_{i=1}^{N} c_{i0},\ \bar{v} = \sum_{i=1}^{N} v_i \right)$$

für den Stoffmengenanteil

$$x_i = \frac{c_i}{c} = \frac{c_{i0} + v_i \lambda}{c_0 + \sum_{i=1}^{N} v_i \lambda} = \frac{x_{i0} + v_i \lambda''}{1 + \sum_{i=1}^{N} v_i \lambda''}. \tag{1.6}$$

(Dies zeigt übrigens, daß sich bei $\sum_{i=1}^{N} v_i \neq 0$ auch der Stoffmengenanteil einer Inertkomponente ändert.)

Weil aber $\varrho_i = M_i \cdot c_i$ ist, gilt analog

$$\varrho_i = \varrho_{i0} + M_i v_i \lambda \quad \text{(für } V = \text{const.)} \tag{1.7}$$

und

$$w_i = w_{i0} + M_i v_i \lambda' \quad \text{(auch bei } V \neq \text{const.)}. \tag{1.8}$$

Das Konzept läßt sich auch auf den Fall von M gleichzeitig ablaufenden Reaktionen übertragen; mit

$$\lambda_j = \frac{\xi_j}{V},\quad \lambda_j' = \frac{\xi_j}{m} \quad \text{und} \quad \lambda_j'' = \frac{\xi_j}{n_0}$$

für die j-te Reaktion ergibt sich für die Konzentration eines an mehreren Reaktionen beteiligten Reaktanden

$$c_i = c_{i0} + \sum_{j=1}^{M} v_{ij} \lambda_j \tag{1.9}$$

bzw.

$$x_i = \frac{x_{i0} + \sum_{j=1}^{M} v_{ij} \lambda_j''}{1 + \sum_{j=1}^{M} \sum_{i=1}^{N} v_{ij} \lambda_j''} \tag{1.10}$$

und

$$\varrho_i = \varrho_{i0} + \sum_{j=1}^{M} M_i v_{ij} \lambda_j \qquad (1.11)$$

bzw.

$$w_i = w_{i0} + \sum_{j=1}^{M} M_i v_{ij} \lambda'_j. \qquad (1.12)$$

Die Reaktionsdauer t_R ist diejenige Zeit (in Stunden oder Sekunden), innerhalb der die Reaktanden und Begleitstoffe am Reaktionsort reagieren. Sie ist bei Schicht- und Zonenreaktionen kleiner als die fluiddynamische Verweilzeit τ des Reaktionsgemisches im Reaktionsvolumen. Schließlich bezeichnet man als Reaktorbetriebszeit t_Z diejenige Zeit, die insgesamt für die Durchführung des Prozesses vom Füllen des Reaktors, Aufheizen, bis zum Abkühlen, Entleeren und eventuell Reinigen benötigt wird. Bei kontinuierlich durchströmten Festbettreaktoren wird als Lebensdauer des Katalysators die gesamte (oft weit über ein Jahr betragende) Betriebszeit t_B vom Einbau des frischen, bis zum Ausbau des erschöpften Katalysators gerechnet (Katalysatorstandzeit).

Der Durchsatz eines Reaktors ist die pro Zeiteinheit in diesen eintretende bzw. austretende Stoffmenge in kg·h^{-1}, gelegentlich auch (kmol·h^{-1}) oder (m^3·h^{-1}). Letztere wird mit $\dot{F}$ oder $\dot{V}$ bezeichnet.

Als Belastung eines Reaktors bezeichnet man das Verhältnis vom Gesamtdurchsatz zum Gesamtvolumen des Reaktors. Sie umfaßt also auch seitliche Zuführungen in gestuften Reaktoren oder die Rückführung von Teilen des abgezogenen Reaktionsgemisches. Auf den Querschnitt des Reaktors bezogen spricht man von Querschnittsbelastung oder Massenstromdichte, die häufig als Kennzahl benutzt wird (kg·m^{-2} h^{-1}).

Der Umsatzgrad X (oft auch kurz Umsatz genannt und gelegentlich mit U bezeichnet), ist die während der Reaktionsdauer umgesetzte Menge einer bestimmten Komponente, ausgedrückt in Bruchteilen (bzw. Prozenten) der eingesetzten Menge dieser Komponente, also z.B.

$$X = \frac{n_{i0} - n_i}{n_{i0}} = -\frac{\sum_{j=1}^{M} v_{ij} \xi_j}{n_{i0}}.$$

Die Ausbeute bzw. Einsatzausbeute Y_k ist die während der Reaktion aus dem Ausgangsstoff i gebildete Menge eines Reaktionsproduktes k, ausgedrückt in Bruchteilen der (nach der Stöchiometrie) maximal möglichen Menge, also

$$Y_k = \frac{n_k - n_{k0}}{n_{i0}} \cdot \frac{|v_i|}{|v_k|}. \qquad (1.13)$$

Bei einfachen Reaktionen sind Umsatz und Ausbeute identisch, falls A_i die stöchiometrisch begrenzende Komponente ist.

Bei komplexen Reaktionen bezeichnet man das Verhältnis

$$S_{ki} = \frac{Y_k}{X_i} \qquad (1.14)$$

als (integrale) Selektivität der gebildeten Spezies A_k.

Die Leistung L eines Reaktors ist das Produkt aus Durchsatz und Umsatz bzw. Durchsatz und Ausbeute in kg·h^{-1} oder t·h^{-1}. Die Kapazität – meist zur Kennzeichnung einer Gesamtanlage gebraucht – ist die maximal mögliche Leistung.

Kapitel 2
Stöchiometrie chemischer Reaktionen

1. Zusammensetzung des Reaktionsgemisches

Unter Stöchiometrie versteht man die Lehre von den Gesetzmäßigkeiten, denen die Änderung der Zusammensetzung eines Reaktionsgemisches während des Ablaufs einer chemischen Reaktion unterliegt. Die stöchiometrische Gleichung, auch Reaktionsgleichung genannt,

$$CO + 3\,H_2 = CH_4 + H_2O \qquad (2.1)$$

besagt z. B.: Wenn 1 mol CO verbraucht wird, so verschwinden gleichzeitig 3 mol H_2 und je 1 mol CH_4 und H_2O werden gebildet. Gl. (2.1) ist gleichbedeutend mit der Beziehung

$$\Delta n_{CO} = \frac{1}{3}\Delta n_{H_2} = -\Delta n_{CH_4} = -\Delta n_{H_2O}, \qquad (2.2)$$

wobei Δn die Molzahländerung der betreffenden Komponente bezeichnet.

Da Gl. (2.2) unabhängig davon ist, in welcher Richtung eine Reaktion abläuft, werden in stöchiometrischen Gleichungen keine Reaktionspfeile sondern Gleichheitszeichen gesetzt. Gemäß Konvention bezeichnet man jedoch im allgemeinen die links vom Gleichheitszeichen stehenden Komponenten als verschwindende (Edukte), die rechts stehenden als entstehende Komponenten (Produkte).

In der Stöchiometrie liegt allgemein folgende Situation vor: Gegeben sind N Komponenten (auch chemische Spezies genannt), $A_1, \ldots, A_i, \ldots, A_N$, die nach einem – zunächst unbekannten – Reaktionsschema miteinander reagieren. Je nachdem, ob nun zur Beschreibung des Reaktionsgeschehens eine oder mehrere stöchiometrische Gleichungen (Reaktionsgleichungen) benötigt werden, spricht man von einer einfachen bzw. komplexen Reaktion. Da die Stöchiometrie einfacher Reaktionen trivial ist, werden hier nur komplexe Reaktionen behandelt. Bei ihnen lassen sich mit Hilfe der Stöchiometrie folgende Fragen beantworten.

– Von wievielen (und welchen) Spezies müssen die Molzahländerungen mindestens bekannt sein, damit diejenigen aller anderen berechnet werden können? Man bezeichnet diese Spezies auch als Schlüsselkomponenten.

– Wieviele (und welche) Reaktionsgleichungen (stöchiometrische Gleichungen) benötigt man mindestens, um die Molzahländerung aller Komponenten zu erklären? Man spricht in diesem Zusammenhang von Schlüsselreaktionen. Umgekehrt kann man auch fragen, enthält ein Satz (intuitiv) formulierter Reaktionsgleichungen alle Schlüsselreaktionen oder eventuell auch solche, die zur Beschreibung des Umsatzgeschehens nichts beitragen?

– Wie sind bei einem komplexen System die gemessenen Molzahländerungen der Komponenten und der Fortschritt der einzelnen Reaktionen – beschrieben durch deren Reaktionslaufzahlen – miteinander verknüpft?

Im Zusammenhang damit steht eine weitere Frage:
- Genügen die formulierten Schlüsselreaktionen zur Beschreibung des wirklichen chemischen Reaktionsgeschehens bzw. der Reaktionskinetik?

Die Grundlage der Stöchiometrie bildet die Tatsache, daß in einem geschlossenen System auch beim Ablaufen einer chemischen Reaktion die Anzahl der Atome jedes einzelnen Elements stets konstant bleibt. Dies läßt sich quantitativ in folgender Weise ausdrücken: Wenn L die Anzahl der Elemente (gezählt als $h = 1, ..., L$) in den N Spezies $A_1, ..., A_i, ..., A_N$,* β_{hi} der Koeffizient von Element h in der Summenformel der Spezies A_i und n_i die Anzahl der Mole an A_i ist, gilt für die Zahl b_h der Grammatome eines Elementes h im gesamten Reaktionsgemisch

$$\sum_{i=1}^{N} \beta_{hi} n_i = b_h \qquad h = 1, ..., L. \qquad (2.3)$$

Bei einer chemischen Reaktion ändern sich nun zwar die Molzahlen n_i um

$$\Delta n_i = n_i - n_{i0}, \qquad (2.4)$$

wobei n_{i0} die Molzahl bei Reaktionsbeginn sein soll, die Atommengen bleiben aber unverändert. Es gelten daher die Elementbilanzen (z. B. für C, H, O usw.)

$$\sum_{i=1}^{N} \beta_{hi} \Delta n_i = 0 \qquad h = 1, ..., L. \qquad (2.5)$$

Aus Gl. (2.5) resultieren alle weiteren stöchiometrischen Zusammenhänge; sie bildet die Grundlage aller stöchiometrischen Rechnungen. Diese Gleichung ist häufig auch in Matrixschreibweise[a] zu finden, wobei die Matrix $\boldsymbol{B}$ der β_{hi}[b] als Element-Spezies-Matrix bezeichnet wird.

2. Schlüsselkomponenten und Schlüsselreaktionen

Wenn die Summenformeln aller an den Umsetzungen beteiligten Spezies i bekannt sind, stellt Gl. (2.5) ein homogenes lineares Gleichungssystem in den N Unbekannten Δn_i mit den Koeffizienten β_{hi} dar. Die Matrix $\boldsymbol{B}$ der β_{hi} hat die Dimension $L \times N$, ihr Rang (ermittelt z. B. durch Gaußsche Elimination[1]) sei mit R_β bezeichnet. In den meisten Fällen ist $R_\beta = L$, da die Anzahl der Spezies N im allgemeinen größer ist als diejenige der Elemente L, d. h. das Gleichungssystem ist unterbestimmt.

Nach den Regeln der linearen Algebra[1] besteht die Lösung des unterbestimmten Gleichungssystems (2.5) in der Ermittlung von R_β, sog. gebundenen Unbekannten, als Funk-

---

* oft auch mit A, B, C, P oder R bezeichnet
[a] Die Matrixschreibweise ist eine Art „Stenographie" in der linearen Algebra, mit eigenen Regeln, die es erlauben, Gleichungssysteme ganz ähnlich wie einfache Gleichungen zu behandeln[1]. Sie lassen sich beim Lösen von Gleichungssystemen mit mehreren Unbekannten und bei Koordinatentransformationen vorteilhaft benutzen.
[b] Das heißt die Anordnung der β_{hi} geordnet nach Spezies i und Elementen h (s. Beispiel 2.1).

tion der restlichen $N - R_\beta$, sog. freien Unbekannten. Die freien Unbekannten sind hier die Molzahländerungen der Schlüsselkomponenten; sind sie bekannt, so sind die Molzahländerungen der übrigen Komponenten, das sind die gebundenen Unbekannten, eindeutig berechenbar. Die Zahl R der Schlüsselkomponenten ist somit

$$R = N - R_\beta. \tag{2.6}$$

Die Lösung des Gleichungssystems (2.5) soll an einem Beispiel demonstriert werden.

Beispiel 2.1. Bei der Synthesegaserzeugung aus Methan und Wasserdampf bei 600 °C und $1 \cdot 10^5$ Pa treten folgende Spezies auf[3]:

$CH_4 \; H_2O \; H_2 \; CO \; CO_2 \; C \; C_2H_6$

Ihre Zahl ist

$N = 7$.

Die Element-Spezies-Matrix B der β_{hi} für dieses Beispiel lautet:

			\multicolumn{7}{c}{N}
h	i Spezies Element		1	2	3	4	5	6	7
			CH_4	H_2O	H_2	CO	CO_2	C	C_2H_6
L	1	C	1	0	0	1	1	1	2
	2	H	4	2	2	0	0	0	6
	3	O	0	1	0	1	2	0	0

Die Anwendung des Gaußschen Algorithmus zur Ermittlung ihres Ranges erübrigt sich, da man durch Vorziehen der 6. Spalte (für C) bereits die gestaffelte Form erhält. Der Rang der Element-Spezies-Matrix ist also $R_\beta = 3$, und damit die Anzahl der Schlüsselkomponenten

$R = 7 - 3 = 4$.

Wählt man als die vier Schlüsselkomponenten (freie Unbekannte), deren Molzahländerungen bekannt sind (die Wahl ist bis zu einem gewissen Grad willkürlich) z.B. H_2, CO, CO_2, C_2H_6, so erhält man mit Gl. (2.5) und den Koeffizienten der Element-Spezies-Matrix nach Trennung von freien und gebundenen Unbekannten:

als C-Bilanz:
$$\Delta n_C + \Delta n_{CH_4} + 0 = -(0 + \Delta n_{CO} + \Delta n_{CO_2} + 2\Delta n_{C_2H_6})$$

als H-Bilanz:
$$0 + 4\Delta n_{CH_4} + 2\Delta n_{H_2O} = -(2\Delta n_{H_2} + 0 + 0 + 6\Delta n_{C_2H_6})$$

als O-Bilanz:
$$0 + 0 + \Delta n_{H_2O} = -(0 + \Delta n_{CO} + 2\Delta n_{CO_2} + 0)$$

Aufrechnung von unten her ergibt als Lösung, d.h. Berechnung der gebundenen Unbekannten:

$$\Delta n_C = 1/2\,\Delta n_{H_2} - 3/2\,\Delta n_{CO} - 2\Delta n_{CO_2} - 1/2\,\Delta n_{C_2H_6}$$
$$\Delta n_{CH_4} = -1/2\,\Delta n_{H_2} + 1/2\,\Delta n_{CO} + \Delta n_{CO_2} - 3/2\,\Delta n_{C_2H_6}$$
$$\Delta n_{H_2O} = \qquad - \Delta n_{CO} - 2\Delta n_{CO_2}$$

Wenn für die Umsätze der Schlüsselkomponenten z.B. folgende Werte gemessen – und damit vorgegeben – wurden,

$\Delta n_{H_2} = 3{,}3$ kmol
$\Delta n_{CO} = 0{,}8$ kmol
$\Delta n_{CO_2} = 0{,}2$ kmol
$\Delta n_{C_2H_6} = 10^{-7}$ kmol

ergibt sich unter Vernachlässigung des sehr kleinen Ethan-Umsatzes aus den obigen Bilanzgleichungen

$\Delta n_C = 0{,}05$ kmol
$\Delta n_{CH_4} = 1{,}05$ kmol
$\Delta n_{H_2O} = 1{,}2$ kmol

Als Schlüsselkomponenten wird man meist die Spezies wählen, deren Umsätze sich möglichst bequem und genau messen lassen, d. h. sich durch große Molzahländerungen auszeichnen.

Die Auswahl der Schlüsselkomponenten ist jedoch nicht völlig freigestellt. Wählt man z. B. die Spezies H_2O, CO, CO_2 und C als Schlüsselkomponenten, so erhält man folgende Beziehungen zwischen gebundenen und freien Unbekannten.

C-Bilanz:
$$\Delta n_{CH_4} + 2\Delta n_{C_2H_6} = -(\Delta n_{CO} + \Delta n_{CO_2} + \Delta n_C)$$

H-Bilanz:
$$4\Delta n_{CH_4} + 2\Delta n_{H_2} + 6\Delta n_{C_2H_6} = -(2\Delta n_{H_2O})$$

O-Bilanz:
$$0 = -(\Delta n_{H_2O} + \Delta n_{CO} + 2\Delta n_{CO_2})$$

Wie man sieht, kann dieses Gleichungssystem nicht nach den gebundenen Unbekannten aufgelöst werden, da eine Bestimmungsgleichung fehlt. Daraus läßt sich der folgende allgemeine Schluß ziehen.

Die Schlüsselkomponenten sind stets so zu wählen, daß in den Nichtschlüsselkomponenten mindestens R_β Elemente enthalten sind. (Dies entspricht mathematisch der Forderung, daß die zu den R_β Nichtschlüsselkomponenten gehörigen Spaltenvektoren der Element-Spezies-Matrix linear unabhängig sind).

Auch aus rechentechnischen Gründen ist besonders bei umfangreichen Reaktionssystemen die Wahl der Schlüsselkomponenten dann nicht völlig freigestellt, wenn man zur Erstellung des stöchiometrischen Modells von fehlerbehafteten Meßwerten ausgehen muß [2].

Häufig wird man sich im Hinblick auf eine eventuelle kinetische Beschreibung des Systems für Reaktionsgleichungen interessieren. Aus der Element-Spezies-Matrix lassen sich nun im Prinzip beliebig viele Sätze von sogenannten Schlüsselreaktionen (und damit Reaktionsgleichungen) ableiten, die zwar alle für die Bilanzierung des Systems gleich gut geeignet sind, nicht jedoch für seine kinetische Beschreibung.

Dazu geht man davon aus, daß eine einzige chemische Reaktion zwischen N Spezies sich in allgemeiner Form schreiben läßt als

$$\sum_{i=1}^{N} v_i A_i = 0. \tag{2.7}$$

Gl. (2.1), die Methanisierung von CO, würde in dieser Schreibweise z. B. lauten

$$-CO - 3H_2 + CH_4 + H_2O = 0.$$

Für jede chemische Reaktion muß natürlich auch der Satz von der Erhaltung der Masse eines jeden Elements gelten, d.h. für einen sogenannten Formelumsatz mit $\Delta n_i = v_i$ geht Gleichung (2.5) über in

$$\sum_{i=1}^{N} \beta_{hi} v_i = 0, \qquad h = 1, \ldots, L. \qquad (2.8)$$

Die Lösung dieses homogenen Gleichungssystems mit der bekannten Element-Spezies-Matrix $\mathbf{B}$ liefert nun die stöchiometrischen Koeffizienten v_i der zu formulierenden Reaktionsgleichung. Da für die freien Unbekannten aber keine Zahlenwerte vorliegen (also das Gleichungssystem unterbestimmt ist), muß die sog. vollständige oder allgemeine Lösung des Gleichungssystems ermittelt werden, die aus $R_v = N - R_\beta$ (linear unabhängigen) Sonderlösungen besteht

$$\begin{bmatrix} v_{11} & \cdots & v_{i1} & \cdots & v_{N1} \\ v_{1j} & \cdots & v_{ij} & \cdots & v_{Nj} \\ v_{1R_v} & \cdots & v_{iR_v} & \cdots & v_{NR_v} \end{bmatrix} \qquad (2.9)$$

Der Rang, der aus den Sonderlösungen gebildeten Matrix (2.9) ist also R_v; sie wird auch als Matrix der stöchiometrischen Koeffizienten bezeichnet.

Die einzelnen Sonderlösungen erhält man, indem man für die $R_v = N - R_\beta$ freien Unbekannten R_v-mal beliebige, linear unabhängige Zahlenkombinationen vorgibt und jeweils die zugehörigen Reaktionsgleichungen löst, die gerade ausreichen, um die Molzahländerungen der $N - R_\beta = R_v$ Schlüsselkomponenten (und damit aller Komponenten) zu erklären. Die vollständige Lösung des Gleichungssystems (2.8) liefert somit die gesuchten Schlüsselreaktionen. Ihr wesentliches Merkmal ist, daß sie linear unabhängig voneinander sind. Ihre Zahl ist in der Regel gleich derjenigen der Schlüsselkomponenten, nämlich $R_v = N - R_\beta = R$.

Nun ist aber noch die Frage offen, welche Zahlenwerte man für die freien Unbekannten vorgeben soll. Je nach Vorgabe der freien Unbekannten erhält man natürlich unterschiedliche Sätze von Schlüsselreaktionen, und da es unendlich viele Möglichkeiten gibt, R_v linear unabhängige Vektoren der Dimension R_v zu formulieren, sind auch unendlich viele solcher Sätze möglich. Es empfiehlt sich aber, die freien Unbekannten nach folgendem einfachen Schema vorzugeben, das auch meist zu chemisch sinnvollen Reaktionsgleichungen führt:

Man setzt nacheinander die 1., 2. usw. der freien Unbekannten gleich Eins und die übrigen Null, was bedeutet, daß in jeder Reaktionsgleichung nur eine der zu den freien Unbekannten gehörige Spezies als entstehende Komponente auftritt (fundamentales Lösungssystem[1]).

Beispiel 2.2. Die Ermittlung eines Satzes von Schlüsselreaktionen soll wieder am Beispiel der Synthesegaserzeugung gezeigt werden. Es gibt hier $R = 4$ Schlüsselreaktionen. Wie bei der Berechnung der Molzahländerungen der Nichtschlüsselkomponenten sind auch hier wieder die drei gebundenen Unbekannten so zu wählen, daß die zugehörigen Spaltenvektoren der Element-Spezies-Matrix linear unabhängig sind. Diese Bedingung ist z.B. für v_{CH_4}, v_{H_2O} und v_{H_2} erfüllt.

Nach dem obigen Vorgabeschema für die freien Unbekannten ist die 1. Sonderlösung des homogenen Gleichungssystems (2.9) von der Form

v_{CH_4}	v_{H_2O}	v_{H_2}	v_{CO}	v_{CO_2}	v_C	$v_{C_2H_6}$
$v_{CH_4,1}$	$v_{H_2O,1}$	$v_{H_2,1}$	1	0	0	0

Das Gleichungssystem (2.9), d.h. die Elementbilanzen, lauten dann

C-Bilanz:
$$v_{CH_4,1} + 0 + 0 + 1 = 0$$

H-Bilanz:
$$4v_{CH_4,1} + 2v_{H_2O,1} + 2v_{H_2,1} + 0 = 0$$

O-Bilanz:
$$0 + v_{H_2O,1} + 0 + 1 = 0$$

Die Anwendung des Gaußschen Algorithmus erübrigt sich hier, da die Aufrechnung des obigen Gleichungssystems ohne Transformation möglich ist. Die 1. Sonderlösung lautet damit

$$v_{CH_4,1} = v_{H_2O,1} = -1;$$
$$v_{H_2,1} = 3;$$
$$v_{CO,1} = 1 \text{ (vorgegeben)}.$$

Für die drei weiteren Sonderlösungen werden nacheinander v_{CO_2}, v_C, $v_{C_2H_6}$ gleich Eins und die übrigen freien Unbekannten Null gesetzt. Alle vier Lösungen ergeben die folgende Matrix der stöchiometrischen Koeffizienten eines Satzes von Schlüsselreaktionen.

		gebundene Unbekannte			freie Unbekannte		
	i Spezies	1	2	3	4	5	6	7
j Reaktion Nr.		CH_4	H_2O	H_2	CO	CO_2	C	C_2H_6
1	(a)	-1	-1	3	1	0	0	0
2	(b)	-1	-2	4	0	1	0	0
3	(c)	-1	0	2	0	0	1	0
4	(d)	-2	0	1	0	0	0	1

Sie entsprechen den Schlüsselreaktionen

$$CH_4 + H_2O = CO + 3H_2 \tag{a}$$
$$CH_4 + 2H_2O = CO_2 + 4H_2 \tag{b}$$
$$CH_4 = C + 2H_2 \tag{c}$$
$$2CH_4 = C_2H_6 + H_2 \tag{d}$$

(Die Berechnung der Schlüsselreaktionen nach obiger Methode kann natürlich ohne weiteres mit einem Rechenprogramm durchgeführt werden, das als Versorgung nur die Element-Spezies-Matrix benötigt.)

Aus den stöchiometrischen Gleichungen der Schlüsselreaktionen lassen sich durch Linearkombination weitere Reaktionsgleichungen erzeugen. So erhält man z. B. durch Subtraktion der Gl. (a) von Gl. (b) die ebenfalls plausible Reaktionsgleichung (e) (Konvertierung!).

$$CO + H_2O = CO_2 + H_2 \tag{e}$$

Linear abhängige Reaktionsgleichungen sind für die Bilanzierung eines Systems überflüssig. Häufig benötigt man sie jedoch zur Beschreibung der chemischen Kinetik. Ist ein Satz Schlüsselreaktionen bekannt, so lassen sich aus ihm durch Linearkombination die Gleichungen aller denkbaren Reaktionen zwischen den beteiligten Spezies erzeugen, wobei gleichgültig ist, von welchem Satz Schlüsselreaktionen man ausgeht.

Meist geht man aber in der Praxis den umgekehrten Weg, indem man aus einem Satz

2. Schlüsselkomponenten und Schlüsselreaktionen

vorgegebener Reaktionsgleichungen, der im allgemeinen linear abhängige Reaktionen enthält, einen Satz Schlüsselreaktionen für eine ausreichende „Minimalbeschreibung" sucht. Man wendet hierzu zweckmäßig die Gaußsche Elimination auf die Matrix der stöchiometrischen Koeffizienten des vorgegebenen Reaktionsschemas an. Voraussetzung für den Erfolg ist allerdings, daß das gegebene Reaktionsschema auch einen vollständigen Satz aus $N - R_\beta$ Schlüsselreaktionen enthält. Dies ist jedoch bei intuitiver Formulierung eines Satzes von Reaktionsgleichungen keineswegs gewährleistet, da man – insbesondere bei umfangreichen Systemen – Gefahr läuft, Schlüsselreaktionen zu übersehen; in diesem Fall wird sich $R_v < N - R_\beta$ ergeben, was nicht sein darf!

Beispiel 2.3. Als Beispiel sei wieder die Synthesegaserzeugung aus Methan betrachtet, für die in der Literatur z.B. folgende Reaktionsgleichungen als relevant angegeben werden[3]

$$CH_4 + H_2O = CO + 3H_2 \quad (a)$$
$$CO + H_2O = CO_2 + H_2 \quad (e)$$
$$CH_4 = C + 2H_2 \quad (c)$$
$$C + H_2O = CO + H_2 \quad (f)$$
$$2CO = C + CO_2 \quad (g)$$
$$2CH_4 = C_2H_6 + H_2 \quad (d)$$

mit der Matrix der stöchiometrischen Koeffizienten.

i Spezies	1	2	3	4	5	6	7
j Reaktion	CH_4	H_2O	H_2	CO	CO_2	C	C_2H_6
1 (a)	−1	−1	3	1	0	0	0
2 (e)	0	−1	1	−1	1	0	0
3 (c)	−1	0	2	0	0	1	0
4 (f)	0	−1	1	1	0	−1	0
5 (g)	0	0	0	−2	1	1	0
6 (d)	−2	0	1	0	0	0	1

Die Anwendung des Gaußschen Algorithmus auf diese Matrix der stöchiometrischen Koeffizienten führt nach vier Schritten und nach Vertauschen von 3. und 6. Zeile zu der Matrix

$$v = \begin{bmatrix} -1 & -1 & 3 & 1 & 0 & 0 & 0 \\ 0 & -1 & 1 & -1 & 1 & 0 & 0 \\ 0 & 0 & 3 & -4 & 2 & 0 & 1 \\ 0 & 0 & 0 & -2 & 1 & 1 & 0 \\ 0 & 0 & 0 & 0 & 0 & 0 & 0 \\ 0 & 0 & 0 & 0 & 0 & 0 & 0 \end{bmatrix} M,$$

mit N über der Matrix.

d.h. es wurden vier Schlüsselreaktionen ermittelt, hier (a), (e), eine Linearkombination anderer Reaktionen und (g). Bei der Formulierung des Systems der Reaktionsgleichung wurden also keine Schlüsselreaktionen übersehen, da in diesem Fall auch gerade (s. oben) $R_v = N - R_\beta = 7 - 3 = 4$ Schlüsselreaktionen existieren.

3. Reaktionsfortschritt

In einem reagierenden System, für das die Zahl der Schlüsselreaktionen $R_v = N - R_\beta > 1$ ist, wird die Molzahländerung Δn_i einer Komponente meist durch mehrere Teilreaktionen j verursacht. (Dabei soll hier die Betrachtung nicht auf R_v Schlüsselreaktionen beschränkt bleiben, sondern auch berücksichtigen, daß durchaus mehr als R_v Reaktionen ablaufen können.) Ihre Zahl sei M, wobei meist $M \geq R_v$ ist.

Bezeichnet man den Beitrag der j-ten Reaktion zu Δn_i mit δn_{ij}, so läßt sich als reaktionsspezifische Größe

$$\frac{\delta n_{ij}}{v_{ij}} = \xi_j \text{ (kmol)}$$

$$= \frac{n_{ij,0} - n_{ij}}{v_{ij}} \tag{2.10}$$

die sog. Reaktionslaufzahl, definieren, die den Fortschritt der j-ten Reaktion mißt. Sie ändert sich um eine Einheit, wenn die Reaktion um einen Formelumsatz fortschreitet. Die gesamte Molzahländerung einer Komponente setzt sich aus den Beiträgen aller M Reaktionen zusammen:

$$\Delta n_i = \sum_{j=1}^{M} \delta n_{ij} = \sum_{j=1}^{M} v_{ij} \xi_j \qquad i = 1, \ldots, N. \tag{2.11}$$

Nach Gl. (2.11) lassen sich daher aus gemessenen Molzahländerungen die Reaktionslaufzahlen berechnen. Gl. (2.11) stellt mathematisch gesehen ein inhomogenes Gleichungssystem aus N Bilanzgleichungen in M Unbekannten dar. Die Koeffizientenmatrix dieses Gleichungssystems ist die Matrix der stöchiometrischen Koeffizienten, allerdings nicht in der Form von Schema (2.9), sondern in der transponierten (durch Vertauschen von Zeilen und Spalten entstandenen) Form. Sie hat die Dimension $N \times M$ und den Rang $R_v = N - R_\beta$.

Man braucht also zur Berechnung der M Reaktionslaufzahlen von den N Gleichungen (2.11) nur R_v linear unabhängige zu berücksichtigen und kann die restlichen $R_\beta = N - R_v$ weglassen, vorausgesetzt natürlich, die Gleichungen sind miteinander verträglich. (Sie sind es sicher, wenn nur R_v Molzahländerungen vorgegeben sind!)

Die Lösung der (verbleibenden) Gleichungen besteht in der Ermittlung der gebundenen Unbekannten als lineare Funktion der $M - R_v$ freien Unbekannten. Werden im Reaktionsschema nur die Schlüsselreaktionen berücksichtigt, so ist $M = R_v$ und die Lösung ist eindeutig.

Werden $M > R_v$ Reaktionen berücksichtigt, so sind die gebundenen Unbekannten wieder so zu wählen, daß die zugehörigen Spaltenvektoren der Koeffizientenmatrix linear unabhängig sind, also einem Satz Schlüsselreaktionen entsprechen.

Beispiel 2.4. Die Ermittlung der Reaktionslaufzahlen soll am Beispiel des Reaktionsschemas von S. 13 gezeigt werden. Die gemessenen Molzahländerungen seien die gleichen wie im Beispiel S. 10. Die Koeffizientenmatrix und die „rechten" Seiten vom Gleichungssystem (2.11) lauten dann:

3. Reaktionsfortschritt

$\rightarrow M\ (> R_v)$

i	j / Spezies / Reaktion Nr.	1 (a)	2 (e)	3 (f)	4 (d)	5 (c)	6 (g)	rechte Seite Δn_i (kmol)
↓ N		Schlüsselkomponenten R	Schlüsselreaktionen R_v					
1	H_2	3	1	1	1	2	0	3,3
2	CO	1	−1	1	0	0	−2	0,8
3	CO_2	0	1	0	0	0	1	0,2
4	C_2H_6	0	0	0	1	0	0	10^{-7}
5	CH_4	−1	0	0	−2	−1	0	Δn_{CH_4}
6	H_2O	−1	−1	−1	0	0	0	Δn_{H_2O}
7	C	0	0	−1	0	1	1	Δn_C

Die Spezies sind dort bereits so angeordnet, daß die $R = 4$ Schlüsselkomponenten oben stehen, d. h. die unteren drei Gleichungen werden nicht benötigt. Die vier ersten Spalten entsprechen den oben definierten R_v Schlüsselreaktionen. Ihre Reaktionslaufzahlen ξ_j sollen als gebundene Unbekannte angesehen werden. Damit ergibt sich das Gleichungssystem

$$\boxed{v \cdot \xi = \Delta n}$$

$$i \begin{bmatrix} 3 & 1 & 1 & 1 & 2 & 0 \\ 0 & -4 & 2 & -1 & -2 & -6 \\ 0 & 0 & 2 & -1 & -2 & -2 \\ 0 & 0 & 0 & 1 & 0 & 0 \end{bmatrix} \begin{bmatrix} \xi_1 \\ \xi_2 \\ \xi_3 \\ \xi_4 \\ \xi_5 \\ \xi_6 \end{bmatrix} = \begin{bmatrix} 3,3 \\ -0,9 \\ -0,1 \\ 10^{-7} \end{bmatrix},$$

wobei die 2. und 3. Gleichung mit drei bzw. vier multipliziert wurden, ehe die 1. bzw. 2. Gleichung davon abgezogen wurde, um das Auftreten gebrochener Zahlen zu vermeiden. Die Aufrechnung nach den gebundenen Unbekannten ergibt

$$\xi_1 = -\xi_5 \qquad + 1,05 - 1,5 \cdot 10^{-7}$$
$$\xi_2 = \qquad -\xi_6 + 0,2$$
$$\xi_3 = \xi_5 + \xi_6 - 0,05 + 0,5 \cdot 10^{-7}$$
$$\xi_4 = \qquad 10^{-7}.$$

Nimmt man also an, daß nur die vier Schlüsselreaktionen ablaufen würden, so ist natürlich

$$\xi_5 = \xi_6 = 0$$

und man erhält als gerundetes Ergebnis

$$\xi_1 = 1,05 \text{ kmol für Reaktion } (a)$$
$$\xi_2 = 0,2 \text{ kmol für Reaktion } (e)$$
$$\xi_3 = -0,05 \text{ kmol für Reaktion } (f)$$
$$\xi_4 = 10^{-7} \text{ kmol für Reaktion } (d).$$

Mit diesen Reaktionslaufzahlen errechnen sich aus den drei letzten Zeilen der Koeffizientenmatrix dieselben Umsätze für CH_4, H_2O und C wie oben. Die negative Reaktionslaufzahl ξ_3 besagt, daß Reaktion (*f*) von rechts nach links abgelaufen ist. Da die Auswahl der Schlüsselreaktionen willkürlich ist, ist natürlich nicht zu erwarten, daß die errechneten Reaktionslaufzahlen dem wirklichen chemischen Reaktionsablauf entsprechen; sie beschreiben aber die Beobachtung stöchiometrisch richtig. Müssen zur Beschreibung der Kinetik mehr als die vier Reaktionen berücksichtigt werden, so sind ξ_5 und/oder ξ_6 ungleich Null und die Werte von ξ_1 bis ξ_4 ändern sich entsprechend den obigen Gleichungen.

4. Zusammenhang zwischen Stöchiometrie und Reaktionskinetik

Ziel der chemischen Kinetik ist es, aus der zeitlichen Veränderung reagierender Systeme physikalisch und chemisch sinnvolle Gesetzmäßigkeiten über den Reaktionsablauf oder gar die Reaktionsmechanismen abzuleiten. Dagegen haben die – lediglich aus stöchiometrischen Überlegungen abgeleiteten – Gleichungen bzw. Schlüsselreaktionen, meist keine kinetische Bedeutung. Trotzdem besteht ein Zusammenhang zwischen Stöchiometrie und Kinetik, denn zum einen müssen in der Kinetik stets die stöchiometrischen Gesetzmäßigkeiten beachtet werden, zum anderen ist es in der Stöchiometrie empfehlenswert, die Schlüsselreaktionen so zu definieren, daß sie im Hinblick auf eine kinetische Beschreibung den tatsächlich ablaufenden chemischen Reaktionen entsprechen. Schließlich kann aus kinetischen Gründen die Zahl der Schlüsselreaktionen auch kleiner sein, als von der Stöchiometrie gefordert.

Die Stöchiometrie liefert nur den Rahmen für die Kinetik in Form des Zusammenhanges zwischen den Reaktionsgeschwindigkeiten für verschiedene Reaktionen und den Stoffmengenänderungsgeschwindigkeiten für verschiedene Reaktanden. Dividiert man nämlich Gl. (2.11) für den Zusammenhang zwischen den Δn_i und ξ_j durch das (als konstant vorausgesetzte Reaktionsvolumen V und differenziert nach der Zeit, so erhält man als Zusammenhang zwischen der zeitlichen Konzentrationsänderung der einzelnen Spezies des Reaktionsgemisches und den Reaktionsgeschwindigkeiten (für ein geschlossenes System):

$$R_i = \frac{dc_i}{dt} = \sum_{j=1}^{M} v_{ij} r_j \qquad i = 1, \ldots, N, \qquad (2.12)$$

wobei die Reaktionsgeschwindigkeiten r_j (auch Äquivalentreaktionsgeschwindigkeiten genannt) definiert sind als

$$r_j = \frac{1}{V} \frac{d\xi_j}{dt} = \frac{d\lambda_j}{dt} \qquad j = 1, \ldots, M^*. \qquad (2.13)$$

Gl. (2.12) dient im allgemeinen dazu, aus gemessenen Stoffmengenänderungsgeschwindigkeiten dc_i/dt die Reaktionsgeschwindigkeiten r_j zu berechnen. Die Rechenvorschrift ist die gleiche wie bei der Ermittlung der Reaktionslaufzahlen aus gemessenen Molzahländerungen (s. Beispiel S. 15). Auch hier brauchen nur R Konzentrationsverläufe ausgewertet (gemessen) werden, um die r_j Reaktionsgeschwindigkeiten zu berechnen.

---

* Die extensive Reaktionslaufzahl ξ kann außer auf das Reaktionsvolumen natürlich auch auf die Masse bezogen werden (s. Kap. 1, S. 4).

4. Zusammenhang zwischen Stöchiometrie und Reaktionskinetik

Im folgenden sei kurz erörtert, welche Schwierigkeiten jedoch auftreten können, wenn man mit einem aus der Stöchiometrie ermittelten Satz von $R = N - R_\beta$ Schlüsselreaktionen versucht, eine komplexe Reaktion kinetisch zu beschreiben, bei der die Zahl der wirklich ablaufenden chemischen Reaktionen M ist. Es können dann drei Fälle auftreten.

a) $M = R_v = N - R_\beta$

Die Zahl der wirklichen Reaktionen ist hier zwar gleich derjenigen der Schlüsselreaktionen, es besteht jedoch die Möglichkeit, daß die Reaktionsgleichungen der willkürlich gewählten Schlüsselreaktionen nicht mit den kinetisch wirklich ablaufenden Reaktionen übereinstimmen. Ein einfaches Beispiel möge dies erläutern.

Es seien A_1, A_2, A_3 drei Isomere. Es gibt $R = 2$ Schlüsselreaktionen; aus der Stöchiometrie seien sie folgendermaßen definiert worden:

$$A_1 = A_2$$
$$A_1 = A_3$$

Die wirkliche chemische Reaktion sei aber eine Folgereaktion

$$A_1 \rightarrow A_2 \rightarrow A_3.$$

Mit dem zunächst angenommenen Reaktionsschema einer Parallelreaktion, läßt sich die Folgereaktion kinetisch nicht beschreiben. Es genügt jedoch die einfache Beobachtung, daß die Konzentration von A_3 als Funktion der Reaktionszeit eine Anfangssteigung (bei $t = 0$) von Null hat (s. Kap. 4, S. 42), um festzustellen, daß das Schema nicht dem wirklichen Reaktionsablauf entspricht; wenn A_3 direkt aus A_1 gebildet würde, müßte $dc_3/dt|_{t=0} \neq 0$ sein! Es wäre also geschickter, als Schlüsselreaktion zu definieren

$$A_1 = A_2$$
$$A_2 = A_3,$$

was durch einfache Subtraktion der oberen von der unteren Gleichung möglich ist.

b) $M > R_v = N - R_\beta$

Die Zahl der wirklichen Reaktionen ist größer als von der Stöchiometrie gefordert, d. h. für die Kinetik müssen auch linear abhängige Reaktionen berücksichtigt werden.

Dieser Fall kann ebenfalls an obigem Beispiel gezeigt werden. Die Schlüsselreaktionen seien nun chemisch sinnvoll als Folgereaktionen definiert, die wirkliche Reaktion sei jedoch

$$\begin{array}{c} A_1 \rightarrow A_2 \\ \downarrow \\ \hookrightarrow A_3. \end{array}$$

Auch dieser Fall kann aufgrund einer einfachen kinetischen Beobachtung erkannt werden. Falls die Anfangskonzentration an A_2 Null ist, gilt für die Folgereaktion (s. Kap. 4, S. 42)

$$\left.\frac{dc_3}{dt}\right|_{t=0} = 0$$

während bei der Dreiecksreaktion

$$\left.\frac{dc_3}{dt}\right|_{t=0} > 0$$

sein muß.

c) $M < N - R_\beta$

Eine oder mehrere der von der Stöchiometrie geforderten Schlüsselreaktionen sind kinetisch unmöglich, d.h. ihre Geschwindigkeitskonstanten sind Null. Dieser Fall tritt häufig auf, wenn im Reaktionsgemisch Isomere vorliegen, die sich nicht ineinander umwandeln können.

Ein einfaches konkretes Beispiel ist die Rohrzuckerinversion

$$C_{12}H_{22}O_{11} \text{ (Sacharose)} + H_2O = C_6H_{12}O_6 \text{ (Glucose)} + C_6H_{12}O_6 \text{ (Fructose)}$$

Die zugehörige Element-Spezies-Matrix hat den Rang 2, es sind also $4 - 2 = 2$ linear unabhängige Reaktionsgleichungen zu erwarten. Die 2. Schlüsselreaktion wäre die Isomerisierung

$$C_6H_{12}O_6 \text{ (Glucose)} = C_6H_{12}O_6 \text{ (Fructose)},$$

die chemisch unmöglich ist, was man experimentell daran erkennt, daß das Umsatzverhältnis $n_{Glucose}/n_{Fructose}$ unabhängig von der Zeit stets eins beträgt. Es gibt also nur eine Schlüsselreaktion und zur Bilanzierung der Reaktion braucht nur die Molzahländerung einer Schlüsselkomponente bekannt zu sein.

Für die Zahl der Schlüsselkomponenten gemäß ihrer obigen Definition gilt also die allgemeine Beziehung

$$R \leq N - R_\beta,$$

mit anderen Worten, da $R = R_v$ ist, liefert die Stöchiometrie nur eine obere Grenze für die Zahl der Schlüsselreaktionen. Falls an einer komplexen Reaktion z. B. J Isomere ein und derselben Verbindung beteiligt sind, ist die Zahl der linear unabhängigen Isomerisierungsreaktionen $J - 1$. Sind alle Isomerisierungen kinetisch nicht möglich, so gibt es nur

$$R_v = N - R_\beta - J + 1$$

Schlüsselreaktionen und ebensoviel Schlüsselkomponenten. Eine allgemein anwendbare experimentelle Methode zur Ermittlung der Zahl R erfordert die Messung der Umsätze aller N Spezies zu N verschiedenen Reaktionszeiten, also kinetische Messungen[4].

Aus den Ausführungen dieses Abschnitts folgt, daß sowohl zur chemisch sinnvollen Auswahl der Schlüsselreaktionen, als auch zur sicheren Festlegung ihrer Zahl kinetische Beobachtungen benötigt werden. Die Stöchiometrie steckt also nur den äußeren Rahmen für die mathematische Behandlung eines Reaktionssystems ab.

Literatur

[1] Zachmann, H. G. (1974), Mathematik für Chemiker, Verlag Chemie, Weinheim.
[2] Hoffmann, J., u. Mitarb. (1977), Chem. Techn. **29**, 304.
[3] Hougen, O. A., Ragatz, R. A., Watson, K. M. (1959), Chemical Process Principles, Part 2, Wiley & Sons, New York.
[4] Aris, R. (1969), Elementary Chemical Reactor Analysis, Prentice Hall, Englewood Cliffs.

Kapitel 3
Chemische Thermodynamik

Für die Berechnung des Ablaufes chemischer Reaktionen sind die thermodynamischen Gesetzmäßigkeiten oft von großer Wichtigkeit, denn alle stofflichen Umwandlungen vollziehen sich nur bis zu dem durch die Thermodynamik gegebenen Gleichgewichtsumsatz. Die thermodynamischen Gesetze weisen ferner die Richtung, in der stoffliche Umwandlungen freiwillig verlaufen, und gestatten es, die Mindestarbeitsbeträge zu berechnen, die aufgewendet werden müssen, um eine Reaktion in umgekehrter Richtung zu erzwingen.

Bei der Projektierung von Verfahren ist allerdings zu beachten, daß chemische Reaktionen sehr oft innerhalb der von den thermodynamischen Gesetzen gewiesenen Richtung nicht nach dem kürzesten Weg verlaufen, sondern über Umwege, die durch kinetische Faktoren bedingt sind und die z.B. durch eine selektive Katalyse sehr weitgehend zu beeinflussen sind. Aber auch in diesen Fällen liefern die thermodynamischen Beziehungen als Grenzgesetze oft wertvolle Richtlinien für die Ausführung der betreffenden Verfahren, wie die bei der Reaktion frei werdende bzw. verbrauchte Wärmemenge oder die maximal erreichbaren Umsätze (Gleichgewichtsumsätze).

Mit der folgenden Aufzählung sollen einige thermodynamische Beziehungen zusammengestellt und Berechnungsmethoden behandelt werden, die für reaktionstechnische Probleme besonders wichtig sind. Für ausführliche thermodynamische Studien sei auf entsprechende Standardwerke verwiesen [1-5, 17-19].

1. Reaktionsenthalpie ΔH_R und Gibbssche freie Standard-Bildungsenthalpie

Bei chemischen Reaktionen tritt eine – oft recht beträchtliche – Wärmetönung auf; sie entspricht der Differenz zwischen den Bindungsenergien der Reaktionsprodukte und denen der Ausgangsstoffe. Die Wärmetönung einer Reaktion bei konstantem Volumen und diejenige derselben Reaktion bei konstantem Druck unterscheiden sich um die im letzteren Fall geleistete äußere Arbeit ($p \Delta V$). Von praktischem Interesse ist in erster Linie die Wärmetönung bei konstantem Druck, deren negativer Wert als Reaktionsenthalpie (ΔH_R) bezeichnet wird. Analog der Festsetzung bei den stöchiometrischen Koeffizienten wird die Enthalpie der Produkte positiv und die der Ausgangsstoffe negativ eingesetzt. Daraus folgt, daß die Reaktionsenthalpie einer exothermen Reaktion negativ, die einer endothermen Reaktion positiv ist.

Wie alle thermodynamischen Zustandsgrößen ist die Reaktionsenthalpie nur abhängig vom Anfangs- und Endzustand, nicht aber vom Weg, d.h. vom speziellen Verlauf der Reaktion. Daraus ergibt sich die Möglichkeit einer Berechnung von Reaktionsenthalpien nach dem Heßschen Satz: Läßt sich die stöchiometrische Gleichung einer Reaktion durch Linearkombination der Reaktionsgleichungen zweier oder mehrerer anderer Reaktionen darstellen, dann ist die Reaktionsenthalpie gleich derselben Linearkombination der Reaktionsenthalpien der anderen Reaktionen.

Zweckmäßig verwendet man für die Berechnung der Reaktionsenthalpie einer Reaktion die Bildungsenthalpien der Reaktanden.

$$\Delta H_R = \sum_{i=1}^{N} v_i \Delta H_{fi} \tag{3.1}$$

Unter der (molaren) Bildungsenthalpie ΔH_{fi} einer Verbindung versteht man die Enthalpie der Reaktion, bei der ein Mol der Verbindung aus den Elementen im Normzustand gebildet wird. Der Normzustand eines Elementes, für den $\Delta H_f = 0$ gilt, ist einheitlich festgelegt; z. B. H_2-Gas für Wasserstoff, Graphit für Kohlenstoff, S_{fest} (rhombisch) für Schwefel usw. In gleicher Weise kann ΔH_R auch aus den Verbrennungswärmen der Reaktanden ΔH_{vi} berechnet werden nach

$$\Delta H_R = -\sum_{i=1}^{N} v_i \Delta H_{vi}. \tag{3.2}$$

Bei komplexen Reaktionen ergibt sich der gesamte Wärmeumsatz zu

$$(\Delta H_R)_{tot} = \sum_{j=1}^{M} \xi_j (\Delta H_R)_j \tag{3.3a}$$

bzw. der durch die Reaktordimensionierung wichtige spezifische Wärmeumsatz $\dot{Q}$ (freiwerdende Wärmemenge pro Zeit und Volumen) zu

$$\dot{Q} = \sum_{j=1}^{M} r_j (-\Delta H_R)_j. \tag{3.3b}$$

Von vielen Verbindungen sind die Bildungsenthalpien tabelliert. Wie andere thermodynamische Größen können sie auch aus Inkrementen der einzelnen Atomgruppen abgeschätzt werden[6].

2. Berechnung thermodynamischer und kalorischer Werte nach Näherungsverfahren

Sofern irgend möglich, wird man zu thermodynamischen Berechnungen immer experimentell ermittelte Werte verwenden. Für alle wichtigen thermodynamischen und kalorischen Größen existieren umfangreiche Tabellenwerke.

Darüber hinaus sind die latenten Wärmen (Schmelzwärmen, Verdampfungswärmen, Sublimationswärmen, Umwandlungswärmen), die beispielsweise bei der Berechnung von Absolutwerten der Enthalpie und Entropie benötigt werden, Dichten, spezifische Volumina, Dampfdrücke, Viskositäten, Wärmeleitfähigkeiten, Joule-Thompson-Koeffizienten, Diffusionskoeffizienten, Oberflächenspannungen usw., also eine ganze Reihe weiterer Stoffkonstanten, die mit den thermodynamischen Größen indirekt zusammenhängen, für viele Stoffe tabelliert[20-22].

In der Literatur werden oft auch Zustandsdiagramme angegeben, das sind Diagramme, in denen die thermodynamischen Eigenschaften eines bestimmten Stoffes (meist die Enthalpie H, Entropie S und das spezifische Volumen V') in Abhängigkeit von Druck und Temperatur graphisch dargestellt sind (s. Abb. 3.1).

2. Berechnung thermodynamischer und kalorischer Werte

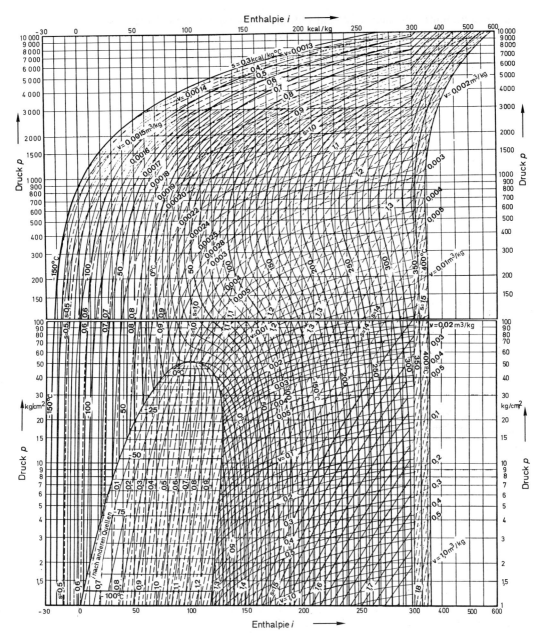

Abb. 3.1 Zustandsdiagramm für Ethylen (aus [7])

Vielfach ist man jedoch bei verfahrenstechnischen Berechnungen auch darauf angewiesen, thermodynamische und kalorische Größen mangels experimenteller Daten nach Näherungsverfahren abzuschätzen. Man kann diese im wesentlichen in drei Kategorien einteilen [6]:

- Inkrementenmethoden, die sich darauf gründen, daß jedes in einem Molekül vorhandene Atom bzw. jede Atomgruppe sowie jede Bindung einen gewissen Beitrag zur betreffenden thermodynamischen Eigenschaft liefert.

— Berechnungsmethoden (meist Inter- und Extrapolationen), die sich auf das Theorem der übereinstimmenden Zustände[6] stützen.
— Empirische Gleichungen, die meist nur für eine enge Stoffgruppe (Stoffe einer homologen Reihe usw.) zutreffen.

Eine Methode sei hier wegen ihrer besonderen Bedeutung für die Reaktionstechnik vorgestellt, das ist die Berechnung der Gibbsschen freien Standard-Bildungsenthalpie ΔG_B^0 bei einem Standarddruck von $p^0 = 101{,}3$ kPa aus Inkrementen. Ihr kommt insofern Bedeutung zu, als aus den ΔG_B^0-Werten der Bildung die ΔG_R^0-Werte für eine Reaktion und daraus unmittelbar die Gleichgewichtskonstante des reagierenden Systems berechnet werden kann. Da oft die gesamte Temperaturabhängigkeit $\Delta G_B^0 = f(T)$ interessiert, sind hier die von van Krevelen[8] entwickelten Inkrementtafeln besonders geeignet, in denen die ΔG_B^0-Inkremente in der Form

$$\Delta G_B^0\text{-Inkrement} = A + BT \quad (\text{kcal} \cdot \text{mol}^{-1}) \tag{3.4}$$

aufgeführt sind. Durch die Aufteilung der Werte A und B in zwei Temperaturbereiche (300–600 K, 600–1500 K) und eine weitgehende Differenzierung der Bindungstypen wird im allgemeinen ein Fehler von ≤ 4 kJ $\cdot$ mol^{-1} (bei Kohlenwasserstoffen) und von ≤ 20 kJ $\cdot$ mol^{-1} bei allen übrigen Stoffen erreicht[6].

Wegen des Entropieterms in ΔG_B^0 ist noch eine Symmetriekorrektur $RT \ln \sigma$ zu berücksichtigen, wobei σ eine Symmetriezahl darstellt, so daß die Gibbssche freie Standard-Bildungsenthalpie berechnet wird nach

$$\Delta G_B^0 = \sum \Delta G_B^0\text{-Inkremente} + RT \ln \sigma. \tag{3.5}$$

Die Symmetriezahl σ gibt die Zahl der identischen Lagen an, die das starr gedachte Molekül bei Rotation um eine (bzw. mehrere) beliebige Symmetrieachsen einzunehmen in der Lage ist. Zahlenwerte sind z. B. im Tabellenwerk[17] zu finden, sie werden nach Regeln von Herzberg[9] berechnet. Beispielsweise gilt für

Methan	$\sigma = 12$	
Ethan	$\sigma = 2$	
1,3-Butadien	$\sigma = 2$	
Ethylamin	$\sigma = 3$	
Chinolin	$\sigma = 1$	
Isopropanol	$\sigma = 1$	} wegen der abgewinkelten OH-Gruppe
Methanol	$\sigma = 1$	
Methylcyclohexan	$\sigma = 1$	

Die nach dieser Inkrementenmethode berechneten ΔG_B^0-Werte gelten für den idealen Gaszustand und eine Fugazität $f = 1 \cdot 10^5$ Pa. Um entsprechende Werte für die Flüssigkeit zu erhalten, muß die Gibbssche freie Standard-Verdampfungsenthalpie ΔG_V^0 abgezogen werden. Die Gibbssche freie Standard-Reaktionsenthalpie errechnet sich analog zur Reaktionsenthalpie als Differenz der Gibbsschen freien Standard-Bildungsenthalpie von Reaktionsprodukten und Ausgangsstoffen

$$\Delta G_R^0 = (\sum \Delta G_B^0)_\text{Produkte} - (\sum \Delta G_B^0)_\text{Ausgangsstoffe} \tag{3.6}$$

2. Berechnung thermodynamischer und kalorischer Werte

Beispiel 3.1. Isomerisierungsverfahren dienen bei der Verarbeitung von Erdölschnitten zur Herstellung von Isoparaffinen aus geradkettigen Kohlenwasserstoffen und liefern Treibstoffe hoher Oktanzahlen sowie Zwischenprodukte für Alkylierungen und sonstige Synthesen. Die Gleichgewichtslage einer solchen Reaktion soll am Beispiel des n-Pentans nach der Methode [8] berechnet werden. n-Pentan kann durch die katalytische Wirkung von Aluminiumtrichlorid in folgender Weise reagieren:

n-Pentan $(A_1) \longrightarrow$ 2-Methyl-butan (A_2) (I)

n-Pentan $(A_1) \longrightarrow$ 2,2-Dimethyl-propan (A_3) (II)

Es gilt allgemein:

$$\Delta G^0_{B_i} = \Sigma \Delta G^0_B\text{-Inkremente} + RT\ln\sigma;$$
$$R = 0{,}00198 \text{ kcal} \cdot \text{mol}^{-1} \cdot K^{-1}$$

Für die freien Bildungsenthalpien der Reaktanden ergibt sich also*

n-Petan $= A_1$, 300–600 K, $\sigma = 3^{17,6}$

$$\begin{aligned}
2\,CH_3: \quad & 2 \cdot (-10{,}943 + 2{,}215 \cdot 10^{-2} \cdot T) = -21{,}88 + 4{,}43 \cdot 10^{-2} \cdot T \\
3\,CH_2: \quad & 3 \cdot (-5{,}193 + 2{,}430 \cdot 10^{-2} \cdot T) = -15{,}58 + 7{,}29 \cdot 10^{-2} \cdot T \\
RT\ln\sigma: \quad & RT\ln 3 \qquad\qquad\qquad\qquad\quad = \qquad\quad\; 0{,}22 \cdot 10^{-2} \cdot T \\
\hline
& \Delta G^0_{B_1} = -37{,}46 + 11{,}94 \cdot 10^{-2} \cdot T \text{ (kcal} \cdot \text{mol}^{-1})
\end{aligned}$$

2-Methyl-butan $= A_2$, 300–600 K, $\sigma = 1$

$$\begin{aligned}
3\,CH_3: \quad & 3 \cdot (-10{,}94 + 2{,}215 \cdot 10^{-2} \cdot T) = -32{,}82 + 6{,}64 \cdot 10^{-2} \cdot T \\
1\,CH_2: \quad & \qquad\qquad\qquad\qquad\qquad\qquad\; = -\; 5{,}19 + 2{,}43 \cdot 10^{-2} \cdot T \\
1\,CH: \quad & \qquad\qquad\qquad\qquad\qquad\qquad\; = -\; 0{,}71 + 2{,}91 \cdot 10^{-2} \cdot T \\
RT\ln\sigma: \quad & RT\ln 1 \qquad\qquad\qquad\qquad\quad = \qquad\qquad\qquad 0 \\
\hline
& \Delta G^0_{B_2} = -38{,}72 + 11{,}98 \cdot 10^{-2} \cdot T \text{ (kcal} \cdot \text{mol}^{-1})
\end{aligned}$$

2,2-Dimethyl-propan $= A_3$, 300–600 K, $\sigma = 12$

$$\begin{aligned}
4\,CH_3: \quad & 4 \cdot (-10{,}94 + 2{,}215 \cdot 10^{-2} \cdot T) = -43{,}76 + 8{,}86 \cdot 10^{-2} \cdot T \\
1\,C: \quad & \qquad\qquad\qquad\qquad\qquad\qquad\; = +\; 1{,}96 + 3{,}74 \cdot 10^{-2} \cdot T \\
RT\ln\sigma: \quad & RT\ln 12 \qquad\qquad\qquad\qquad\; = \qquad\quad\; 0{,}49 \cdot 10^{-2} \cdot T \\
\hline
& \Delta G^0_{B_3} = -41{,}82 + 13{,}09 \cdot 10^{-2} \cdot T \text{ (kcal} \cdot \text{mol}^{-1})
\end{aligned}$$

Die Berechnung der Gleichgewichtskonstanten für den Temperaturbereich von 300–600 K erfolgt nach der Formel[5]

$$\Delta G^0_R = \Sigma \Delta G^0_{\text{Ende}} - \Sigma \Delta G^0_{\text{Anfang}} = -RT\ln K_p$$

$$\log K_p = -\frac{\sum_{i=1}^{n} v_i \Delta G^0_B}{2{,}3\,RT} = -\frac{\Delta G^0_R}{2{,}3\,RT}.$$

Die Ergebnisse sind in der folgenden Übersicht zusammengefaßt.

---

* Zur Umrechnung der Einheit kcal/mol in die gültige SI-Einheit kJ · mol^{-1} müssen die Zahlenwerte mit dem Faktor 4,187 multipliziert werden.

T (K)	ΔG^0_{B1} (kcal·mol^{-1})	ΔG^0_{B2} (kcal·mol^{-1})	ΔG^0_{B3} (kcal·mol^{-1})	ΔG^0_R I	ΔG^0_R II	$2{,}3\,RT$	$\log K_I$	$\log K_{II}$
300	−1,64	−2,80	−2,56	−1,16	−0,92	1,365	+0,850	+0,674
400	+10,30	+9,18	+10,59	−1,12	+0,29	1,820	+0,615	−0,159
500	+22,24	+21,18	+23,64	−1,06	+1,40	2,278	+0,465	−0,615
600	+34,18	+33,08	+36,69	−1,10	+2,51	2,732	+0,403	−0,919

3. Das chemische Gleichgewicht

3.1 Grundgleichungen

Bei der Behandlung thermodynamischer Funktionen im Lehrgebiet der physikalischen Chemie wird gezeigt, z. B. [5], daß für jeden Gleichgewichtszustand, also auch für das chemische Gleichgewicht (bei konstanter Temperatur und konstantem Druck), die Beziehung

$$dG = 0 \tag{3.7}$$

gilt. Mit anderen Worten, ein reagierendes System wird dann im Gleichgewicht sein, d. h. Hin- und Rückreaktion werden gleich schnell sein und es wird nach außen keine Veränderung mehr auftreten, wenn die Gibbssche freie Enthalpie des Systems ihren Minimalwert erreicht hat.

Für ein aus N Komponenten bestehendes chemisches System bezeichnet man die Differentialquotienten

$$\left(\frac{\partial G}{\partial n_i}\right)_{p,T,n_k} = \mu_i \tag{3.8}$$

als das chemische Potential der Komponente i. Es gilt dann für die Gibbssche freie Enthalpie eines Reaktionsgemisches

$$G = \sum_{i=1}^{N} n_i \mu_i \tag{3.9}$$

und für die Änderung der Gibbsschen freien Enthalpie bei einer Reaktion

$$\Delta G_R = G_{\text{Ende}} - G_{\text{Anfang}} = \left(\sum_{i=1}^{N} n_i \mu_i\right)_{\text{Ende}} - \left(\sum_{i=1}^{N} n_i \mu_i\right)_{\text{Anfang}} = \sum_{i=1}^{N} \nu_i \mu_i, \tag{3.10}$$

wobei die Indizes „Anfang" und „Ende" den Zuständen des Reaktionsgemisches vor bzw. nach der Reaktion entsprechen. Die allgemeine Gleichgewichtsbeziehung $dG = 0$ kann also für ein reagierendes chemisches System präzisiert werden zu dem Kriterium

$$\sum_{i=1}^{N} \nu_i \mu_i = 0. \tag{3.11}$$

3.2 Massenwirkungsgesetz

Für die Gibbssche freie Enthalpie gilt andererseits die Beziehung

$$dG = -S dT + V dp + \Sigma v_i \mu_i d\xi \tag{3.12}$$

bzw. für konstante Temperatur und konstanten Druck aber reagierendem Reaktionsgemisch

$$\Delta G_R^0 = \left(\frac{\partial G}{\partial \xi}\right)_{p,T} = \sum_{i=1}^{N} v_i \mu_i^0 \tag{3.13}$$

bzw. mit der Druck- und Temperaturabhängigkeit des chemischen Potentials

$$\mu_i(p,T) = \mu_i^0 + RT \ln \frac{p_i}{p^0}. \tag{3.14}$$

Daraus folgt für eine chemische Reaktion

$$\sum_{i=1}^{N} v_i \mu_i^0 + RT \sum_{i=1}^{N} v_i \ln p_i' = 0. \tag{3.15}$$

Da entsprechend dem Massenwirkungsgesetz

$$\ln K_p = \sum_{i=1}^{N} v_i \ln p_i' \tag{3.16}$$

ist, folgt

$$\sum_{i=1}^{N} v_i \mu_i^0 + RT \ln K_p = 0;$$

d. h.

$$K_p = \exp\left(-\frac{\Sigma v_i \mu_i^0}{RT}\right).$$

Mit Gleichung (3.10)

$$K_p = \exp\left(-\frac{\Delta G_R^0}{RT}\right)$$

folgt damit aber auch

$$\Delta G_R^0 = -RT \ln K_p. \tag{3.17}$$

Diese Beziehung ermöglicht also die Gleichgewichtskonstante des Massenwirkungsgesetzes K_p – und damit die Lage eines chemischen Gleichgewichts – aus thermodynamischen Daten zu berechnen.

3.3 Gleichgewichtskonstanten

Analog der Berechnung der Reaktionsenthalpie mit Hilfe des Heßschen Satzes, läßt sich auch der Logarithmus der Gleichgewichtskonstanten einer Reaktion aus den Logarithmen der K_p-Werte der Bildungsreaktionen berechnen, da ΔG_R^0 als thermodynamische Zustandsgröße aus den freien Bildungsenthalpien berechenbar ist; diese Konstanten sind für zahlreiche Verbindungen tabelliert. Es gilt analog Gl. (3.1)

$$\log K_p = \Sigma \, v_i \log K_{\text{pfi}}, \tag{3.18}$$

dabei bedeutet K_{pfi} die Gleichgewichtskonstante für die Bildung von A_i aus den Elementen im Normzustand.

Die Temperaturabhängigkeit der Gleichgewichtskonstanten ist durch die Beziehung von van't Hoff gegeben (s.[6]).

$$\frac{d \ln K_p}{dT} = \frac{\Delta H_R^0}{RT^2}. \tag{3.19}$$

Danach sind exotherme Reaktionen bei tieferen Temperaturen und endotherme Reaktionen bei höheren Temperaturen begünstigt, ebenso wie Reaktionen unter Volumenverminderung ($\Sigma v_i < 0$) bei höheren Drücken und solche unter Volumenvermehrung bei niedrigeren Drücken begünstigt werden (Prinzip von Le Chatelier und Braun).

3.4 Maximaler Umsatz (Gleichgewichtsumsatz)

Der maximal erzielbare Umsatz einer Ausgangskomponente des Reaktionsgemisches k bei einer einfachen Reaktion ist unter gegebenen Bedingungen von p und T durch das chemische Gleichgewicht bestimmt. Um diesen maximalen Umsatz (X_k^*) für eine Gasreaktion, bei der die Gültigkeit des idealen Gasgesetzes vorausgesetzt werden kann, zu berechnen, drückt man unter Berücksichtigung des Gesamtdrucks die Partialdrücke der Reaktanden durch die Stoffmengenanteile des Anfangsgemisches und den Umsatzgrad aus und setzt diese Ausdrücke in Gl. (3.16) ein.

$$\sum_{i=1}^{N} v_i \log \frac{x_{i0} - \dfrac{v_i}{v_k} x_{k0} X_k^*}{1 - \dfrac{\Sigma v_i}{v_k} x_{k0} X_k^*} = \log K_p - (\Sigma v_i) \log p \tag{3.20}$$

Diese Gleichung läßt sich nur in seltenen Fällen nach X_k^* auflösen. Es ist aber die linke Seite der Gl. (3.20) nur vom Umsatz, die rechte Seite mit $\log K_p$ nur von der Temperatur abhängig. Daher berechnet man zweckmäßig $\log K_p$ aus Gl. (3.20) für verschiedene willkürlich gewählte X_k^*-Werte und ermittelt dann aus einem Diagramm $\log K_p$ gegen T, die zu den gewählten Umsätzen gehörenden Temperaturen. Man erhält damit gleich den maximalen Umsatz in Abhängigkeit von der Temperatur.

4. Berechnung von Simultangleichgewichten

Bei technisch bedeutsamen Prozessen tritt oft der Fall ein, daß die chemische Umsetzung nicht eindeutig verläuft, sondern vielmehr Parallel- und Folgereaktionen auftreten. Beispielsweise bilden sich bei der Dehydrierung gesättigter Kohlenwasserstoffe nach einem komplexen Reaktionsschema aus Folge- und Parallelreaktionen nebeneinander Olefine, Diolefine, Polyolefine und schließlich auch Acetylenkohlenwasserstoffe und Aromaten.

Die Berechnung der Gleichgewichtslage bei einem derartigen Reaktionsverlauf erfordert die Berücksichtigung mehrerer chemischer Gleichgewichte. Man spricht deshalb von Simultangleichgewichten. Die Berechnung von Simultangleichgewichten läuft immer auf die

Auflösung eines (meist nicht-linearen) Gleichungssystems mit mehreren Unbekannten hinaus, der Rechenaufwand ist im allgemeinen groß.

Als Lösungsmethoden gibt es eine Reihe von Verfahren, man kann sie einteilen in
- graphische Methoden (wie z. B. die Methode von Damköhler [10]) und
- numerischen Näherungsverfahren [11,12]. Eine gute Zusammenstellung solcher Verfahren findet sich in [13].

4.1 Graphische Methode zur Lösung von Simultangleichgewichten

Solange es sich nur um zwei Gleichgewichte handelt und die verlangte Genauigkeit nicht zu groß ist, lassen sich diese Simultangleichgewichte graphisch lösen; andernfalls müssen numerische Methoden (s. nächster Abschnitt) benutzt werden.

Beispiel 3.2. Bei der Dehydrierung von Methan bei Temperaturen über 1273 K stellen sich folgende Gleichgewichte ein

$$2\,CH_4 \rightleftharpoons C_2H_4 + 2\,H_2$$
$$2\,CH_4 \rightleftharpoons C_2H_2 + 3\,H_2$$
$$CH_4 \rightleftharpoons C\ \ \ + 2\,H_2.$$

Es entstehen also nebeneinander Ethylen, Acetylen und Ruß. Die Rußbildung ist bei der technischen Durchführung unerwünscht und man verhindert die Einstellung des Gleichgewichts durch schnelles Abschrecken des Reaktionsgemisches. Es soll ermittelt werden, wieviel C_2H_4 und C_2H_2 bei dieser Reaktion im Höchstfall erhalten werden kann, wenn die Rußbildung ganz unterdrückt werden könnte und die Reaktion unter Atmosphärendruck ausgeführt wird ($p = 10^5$ Pa). Ausgangsgas soll reines Methan sein.

An den Gleichgewichten sind vier gasförmige Stoffe – CH_4, C_2H_4, C_2H_2, H_2 – beteiligt. Sie sollen in den Stoffmengenanteilen x_{CH_4}, $x_{C_2H_4}$, $x_{C_2H_2}$, x_{H_2} vorliegen. Zu ihrer Bestimmung müssen neben den beiden Gleichgewichten folgende Bilanzen herangezogen werden:

1. Gesamtmolbilanz (aus der Definition der x_i)

$$x_{CH_4} + x_{C_2H_4} + x_{C_2H_2} + x_{H_2} = 1$$

2. z. B. Wasserstoffbilanz (aus der Stöchiometrie)

$$x_{H_2} = 2\,x_{C_2H_4} + 3\,x_{C_2H_2}$$

Die H_2-Bilanz besagt, daß sich die Menge an Wasserstoff immer zusammensetzt aus der bei der Bildung von Ethylen und Acetylen entstehenden Menge, wenn am Anfang kein H_2 vorhanden ist.

Die Gleichgewichte lassen sich, da die Partialdrücke der Komponenten aus dem Gesamtdruck der Mischung p, unter Annahme der Idealität, leicht errechenbar sind ($p_{H_2} = x_{H_2} \cdot p$ usw.), schreiben

3. Gleichgewicht (Methan/Ethylen)

$$K_{p1} = \frac{x_{C_2H_4} x_{H_2}^2}{x_{CH_4}^2} \cdot p$$

4. Gleichgewicht (Methan/Acetylen)

$$K_{p2} = \frac{x_{C_2H_2} \cdot x_{H_2}^3}{x_{CH_4}^2} p^2$$

Die Zahlenwerte für die Gleichgewichtskonstanten K_{p1} und K_{p2} können mit Hilfe thermodynamischer Daten für verschiedene Temperaturen errechnet werden. Man erhält für $T = 1300$, 1400 und 1500 K folgende Zahlenwerte

T	$\log K_{p1}$	K_{p1}	$\log K_{p2}$	K_{p2}
1300 K	−1,52	0,030	−1,99	0,010
1400 K	−0,89	0,129	−0,83	0,148
1500 K	−0,34	0,457	+0,17	1,479

Wegen $p = 1$ vereinfachen sich die obigen Beziehungen zu

$$x_{CH_4} + x_{C_2H_4} + x_{C_2H_2} + x_{H_2} = 1$$

$$x_{H_2} = 2x_{C_2H_4} + 3x_{C_2H_2}$$

$$K_{p1} = \frac{x_{C_2H_4} \cdot x_{H_2}^2}{x_{CH_4}^2}$$

$$K_{p2} = \frac{x_{C_2H_2} \cdot x_{H_2}^3}{x_{CH_4}^2}.$$

Man wird zunächst versuchen, daraus drei Gleichungen mit drei Unbekannten herzuleiten, indem man z. B. x_{H_2} aus den Gleichungen eliminiert (Einsetzverfahren).

$$x_{CH_4} + 3x_{C_2H_4} + 4x_{C_2H_2} = 1 \tag{1}$$

Kombination der letzten beiden Gleichungen (Quotient von Potenzen!) liefert

$$\frac{K_{p1}^3}{K_{p2}^2} = \frac{x_{C_2H_4}^3}{x_{C_2H_2}^2 \cdot x_{CH_4}^2}, \tag{2}$$

und einfache Division der beiden letzten Gleichungen mit anschließender Eliminierung von x_{H_2} entsprechend der zweiten Gleichung liefert als dritte Beziehung

$$\frac{x_{C_2H_4}}{x_{C_2H_2}} = \frac{K_{p1}(2x_{C_2H_4} + 3x_{C_2H_2})}{K_{p2}}. \tag{3}$$

Diese drei Gleichungen, von denen die letzte sogar nur zwei Variable enthält, können graphisch gelöst werden.

Das von Fuchs[14] angegebene graphische Verfahren arbeitet in einer Darstellung, in der $x_{C_2H_2}$ und x_{CH_4} über $x_{C_2H_4}$ aufgetragen wird (s. Abb. 3.2).

In diese Darstellung sind oben Kurven für die Gleichgewichts-Stoffmengenanteile $x_{C_2H_4}$ und $x_{C_2H_2}$ bei den Temperaturen 1300, 1400 und 1500 K entsprechend Gl. (3) und für vorgegebene x_{CH_4}-Werte, die Bilanzgeraden entsprechend Gl. (1) eingetragen. Im unteren Teil sind die Lösungskurven $x_{C_2H_4} - x_{CH_4}$ aus Gl. (1) und (3) aus den oberen Quadraten einerseits und andererseits die Kurven der x_{CH_4} gegen $x_{C_2H_4}$-Werte eingetragen, wie sie sich aus Gl. (2) für die jeweils entsprechend Gl. (3) zusammengehörigen Werte von $x_{C_2H_2}$ und $x_{C_2H_4}$ errechnen lassen. Damit kann man dann am Schnittpunkt der beiden Kurven im unteren Diagramm Wertetripel von x_{CH_4}, $x_{C_2H_2}$ und $x_{C_2H_4}$ ermitteln, die alle Beziehungen (1), (2) und (3) erfüllen. Die noch fehlenden x_{H_2}-Werte können aus der Gesamtbilanz berechnet werden.

Für $T = 1300$, 1400 und 1500 K findet man auf diese Weise folgende Gleichgewichtsumsätze:

T (K)	x_{H_2}	x_{CH_4}	$x_{C_2H_4}$	$x_{C_2H_2}$
1300	0,344	0,518	0,070	0,068
1400	0,494	0,322	0,055	0,128
1500	0,614	0,169	0,034	0,182

Mit höherer Temperatur zerfällt also immer mehr Methan, und es entsteht zunehmend mehr Acetylen: Bei 1300 K hält sich das gebildete Ethylen und Acetylen etwa die Waage, bei 1500 K ist die Acetylen-Bildung bevorzugt.

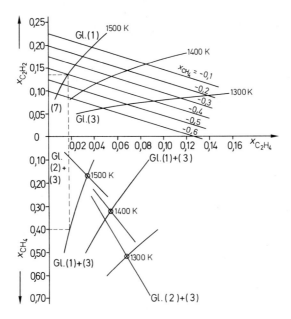

Abb. 3.2 Zeichnerische Lösung für die Berechnung von Simultangleichgewichten (nach [14])

4.2 Numerische Methoden zur Lösung von Simultangleichgewichten

4.2.1 Relaxationsmethode

Bei dieser Methode werden die nicht-linearen Gleichungen gedanklich entkoppelt und iterativ bessere Werte für den gesuchten Gleichgewichtsumsatz bestimmt. Die Vorgehensweise kann durch das Modell in Abb. 3.3 anschaulich gemacht werden [13]. (Die Ableitung der Algorithmen erfolgt hier mit Hilfe der Reaktionslaufzahlen ξ_j, um zu zeigen, daß diese alternativ zu den Stoffmengenanteilen benutzt werden können.)

Das Reaktionsgemisch mit der Ausgangs-Zusammensetzung n_{i0} ($i = 1, \ldots, N$) durchströmt Reaktor 1, in dem ausschließlich Reaktion 1 ablaufen soll. In ihm wird – gekennzeichnet durch die Reaktionslaufzahl $\{\xi_{1e}\}_1$ – das Gleichgewicht für Reaktion 1 erreicht. Im anschließend durchströmten Reaktor 2 wird das Gemisch nur nach Reaktion 2 bis zu deren Gleichgewicht $\{\xi_{2e}\}_1$ umgesetzt. Für die R_v Schlüsselreaktionen gibt es daher R_v Reaktoren. Das Gemisch fließt danach wieder zu Reaktor 1 zurück und durchläuft die Reaktorkette so oft, bis praktisch keine Molzahländerungen mehr in den Reaktoren auftreten.

Für den r-ten Durchlauf (Iteration) ergibt sich folgende Beziehung (Algorithmus) für den „R-stufigen Prozeß" (s. Abb. 3.3).

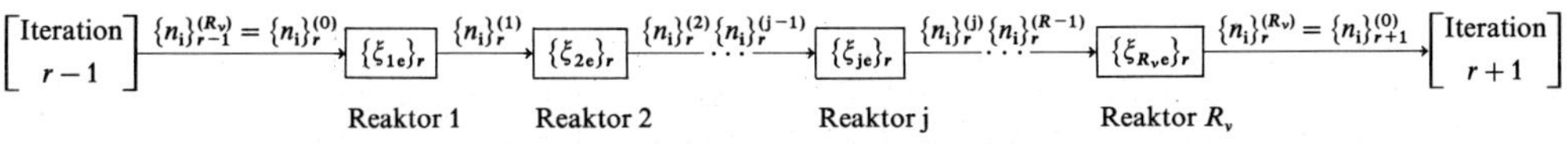

$$\begin{bmatrix}\text{Iteration}\\r-1\end{bmatrix} \xrightarrow{\{n_i\}_{r-1}^{(R_v)} = \{n_i\}_r^{(0)}} \boxed{\{\xi_{1e}\}_r} \xrightarrow{\{n_i\}_r^{(1)}} \boxed{\{\xi_{2e}\}_r} \xrightarrow{\{n_i\}_r^{(2)}} \cdots \xrightarrow{\{n_i\}_r^{(j-1)}} \boxed{\{\xi_{je}\}_r} \xrightarrow{\{n_i\}_r^{(j)}} \cdots \xrightarrow{\{n_i\}_r^{(R-1)}} \boxed{\{\xi_{R_ve}\}_r} \xrightarrow{\{n_i\}_r^{(R_v)} = \{n_i\}_{r+1}^{(0)}} \begin{bmatrix}\text{Iteration}\\r+1\end{bmatrix}$$

Reaktor 1   Reaktor 2   Reaktor j   Reaktor R_v

Abb. 3.3 Reaktorkette für die r-te Iteration der Relaxationsmethode

$$\{n_{ie}\}_r^{(j)} = \{n_{ie}\}_r^{(j-1)} + \nu_{ij}\{\xi_{je}\}_r \qquad (i = 1 \ldots N); \ (j = 1 \ldots R_\nu) \qquad (3.21\text{a})$$

Die $\{\xi_{je}\}_r$ für jede Reaktion werden jeweils mit den $\{n_{ie}\}_r^{(j-1)}$ als Anfangszusammensetzung (n_{i0}!!) einer einfachen Reaktion über das zugehörige Massenwirkungsgesetz errechnet (s. Abschn. 3.4, S. 26, über den Gleichgewichtsumsatz einer einfachen Reaktion).

Das den R_ν-ten Reaktor verlassende Gemisch wird als Einspeisung für den 1. Reaktor des folgenden Durchlaufs verwendet

$$\{n_i\}_{r+1}^{(0)} = \{n_i\}_r^{(R_\nu)} \qquad (i = 1 \ldots N). \qquad (3.21\text{b})$$

Das Verfahren konvergiert gegen die Gleichgewichtsmolzahlen n_{ie} bei allen Gas- oder Flüssigphasenreaktionen und bei heterogenen Reaktionen, wenn $\{n_i\}_r^{(j)} \geq 0$ stets erfüllt bleibt. Die Konvergenz ist in praktisch allen Fällen dadurch gesichert, daß durch das Modell ein Weg beschrieben ist, den das System auch kinetisch gehen könnte.

Beispiel 3.3. Für das Beispiel der Synthesegaserzeugung ohne C-Bildung nach den Reaktionen

$$CH_4 + H_2O \rightleftharpoons 3H_2 + CO \qquad \text{mit} \qquad K_{p1} = \frac{p_{3e}^3 \cdot p_{4e}}{p_{1e} \cdot p_{2e}}$$

$$CO + H_2O \rightleftharpoons H_2 + CO_2 \qquad \text{mit} \qquad K_{p2} = \frac{p_{3e} \cdot p_{5e}}{p_{2e} \cdot p_{4e}}$$

erhält man

$$K_{p1} = \frac{[\{n_3\}_r^{(0)} + 3\{\xi_{1e}\}_r]^3 \, [\{n_4\}_r^{(0)} + \{\xi_{1e}\}_r]}{[\{n_1\}_r^{(0)} - \{\xi_{1e}\}_r]\,[\{n_2\}_r^{(0)} - \{\xi_{1e}\}_r]} \left[\frac{p^2}{\sum_{i=1}^{N} (\{n_1\}_r^{(0)} + 2\{\xi_{1e}\}_r)} \right]^2 \qquad (3.22\text{a})$$

$$K_{p2} = \frac{[\{n_3\}_r^{(1)} + \{\xi_{2e}\}_r]\,[\{n_5\}_r^{(1)} + \{\xi_{2e}\}_r]}{[\{n_2\}_r^{(1)} - \{\xi_{2e}\}_r]\,[\{n_4\}_r^{(1)} - \{\xi_{2e}\}_r]} \qquad (3.22\text{b})$$

wobei in das Massenwirkungsgesetz für n_i die Molzahlen im Eintritt des jeweiligen Reaktors und die $\xi_{j',e} = 0$ für $j' \neq j$ gesetzt werden.

Die Methode kann durchgeführt werden, indem man z. B. aus Gl. (3.22a) $\{\xi_{1e}\}_r$ iterativ und aus Gl. (3.22b) $\{\xi_{2e}\}_r$ durch Lösen der quadratischen Gleichung bestimmt und dies unter Verwendung der Gl. (3.21) so lange wiederholt, bis die $\{\xi_{je}\}_r$ gegen Null gehen.

Da sowieso iteriert werden muß, kann man sich auch mit einer Näherungslösung für $\{\xi_{1e}\}_r$ in Reaktion 1 begnügen. Einen einfachen und häufig erfolgreichen Weg bietet z. B. die Linearisierung nach Goldwasser[15]. Danach wird Gl. (3.22a) ausmultipliziert und unter der Voraussetzung, daß $\{\xi_{1e}\}_r$ klein gegen alle $\{n_i\}_r^{(0)}$ ist, alle Glieder mit einer Ordnung > 1 bezüglich $\{\xi_{je}\}_r$ vernachlässigt, so daß man die entstehende lineare Gleichung nach dem Näherungswert $\{\xi_{1e}\}_r$ auflösen kann, also ohne Iteration zur Bestimmung von $\{\xi_{1e}\}_r$ auskommt. Diese Vorgehensweise scheitert aber bei Gl. (3.22a), da sich damit im 1. Zyklus ergibt, daß $\{\xi_{1e}\}_1 > \{n_1\}_0^{(0)}$ ist, womit die Ungleichungen $\{n_i\}_r^{(j)} \geq 0$ nicht erfüllt wären. Physikalisch sinnvolle Lösungen ergeben sich jedoch sofort wieder, wenn man für Gl. (3.22a), nur die Glieder mit der Ordnung > 2 bezüglich $\{\xi_{1e}\}_r$ vernachlässigt. Dann sind für beide Gleichgewichtsbeziehungen quadratische Gleichungen zu lösen, was ebenfalls noch explizit ohne Iteration möglich ist.

4. Berechnung von Simultangleichgewichten

Zahlenwerte einer solchen Rechnung, die nach vier Iterationen abgebrochen werden konnte, sind unten zusammengestellt.

	r i,j	0	1	2	3	4
$\{n_i\}_r$	1	1	0,0148	0,0841	0,0893	0,0897
	2	5	3,3162	3,4166	3,4243	3,4249
	3	0	3,6542	3,4152	3,3972	3,3956
	4	0	0,2866	0,2482	0,2457	0,2454
	5	0	0,6986	0,5675	0,6650	0,6648
$\{\xi_{je}\}_r$	1	0,9852	−0,0693	−0,00521	−3,11·10^{-5}	−2,4·10^{-6}
	2	0,6986	−0,0311	−0,00244	−1,46·10^{-5}	−1,1·10^{-6}

(Rechnung auf Tischrechner mit 11 Stellen, gerundete Werte, Abbruch nach 4 Iterationen.)

Die im Beispiel geschilderte Methode konvergiert schnell, wenn die Kopplung zwischen den Gleichungen nicht sehr stark ist.

4.2.2 Quadratsummenminimierung

Wird die Zahl $R_v + R_\beta$ der Reaktionsgleichungen groß, so kommen zu deren Lösung Optimierprogramme, am besten solche zur iterativen Quadratsummenminimierung in Frage[23].

Die Vorgehensweise sei am Beispiel der Synthesegaserzeugung mit $n_{10} = 1$ und $n_{20} = 5$ erläutert: Massenwirkungsgesetz-Beziehungen und atomare Bilanzen werden dazu auf folgende Form gebracht:

$$f_1 = K_{p1} - \frac{[\{n_{3e}\}_r]^3 \{n_{4e}\}_r}{\{n_{1e}\}_r \{n_{2e}\}_r} \frac{p^2}{\left[\sum_{i=1}^{N} \{n_{i0}\}_r\right]^2} \quad (3.23a)$$

$$f_2 = K_{p2} - \frac{\{n_{3e}\}_r \{n_{5e}\}_r}{\{n_{2e}\}_r \{n_{4e}\}_r} \quad (3.23b)$$

$$f_3 = 14 - 4\{n_{1e}\}_r - 2\{n_{2e}\}_r - 2\{n_{3e}\}_r \quad \text{(H-Bilanz)} \quad (3.23c)$$

$$f_4 = 1 - \{n_{1e}\}_r - \{n_{4e}\}_r - \{n_{5e}\}_r \quad \text{(C-Bilanz)} \quad (3.23d)$$

$$f_5 = 5 - \{n_{2e}\}_r - \{n_{4e}\}_r - 2\{n_{5e}\}_r \quad \text{(O-Bilanz)} \quad (3.23e)$$

Für einen Satz, der während der r-ten Iteration erhaltenen Variablenwerte $\{n_{ie}\}_r$ sind die f_k und deren Quadratsumme

$$S = \sum_{k=1}^{R_v + R_\beta} f_k^2 \quad (3.24)$$

von Null verschieden. Werden nun die Variablen $\{n_{ie}\}_r$ iterativ so verändert, daß S minimiert wird (Optimierstrategie), so werden für den Minimalwert $S = 0$ die Gleichgewichtskonzentrationen n_{ie} erhalten.

Bei der iterativen Veränderung der $\{n_{ie}\}_r$ ist es nicht auszuschließen, daß physikalisch sinnlose Werte ($\{n_{ie}\}_r < 0$) auftreten, womit die Vorgehensweise scheitern kann. Dies kann aber durch eine Variablentransformation der Art

bzw.
$$\{n_{ie}\}_r = |\{n'_{ie}\}_r|^2 \quad (3.25a)$$

$$\{n_{ie}\}_r = |\{n''_{ie}\}_r| \quad (3.25b)$$

vermieden werden.

Eine der schnellsten Methoden zur Quadratsummenminimierung ist die Methode von Powell[16]. Mit ihr wurden die Gln. (3.23) gelöst. Die Ergebnisse sind unten aufgeführt, wobei die Transformation (3.25b) und ein zufälliger Satz von Startwerten $\{n_{ie}\}_0$ verwendet wurden.

Molzahlen	$\{n_{1e}\}_r$	$\{n_{2e}\}_r$	$\{n_{3e}\}_r$	$\{n_{4e}\}_r$	$\{n_{5e}\}_r$
Startwert ($r = 0$)	0,5	0,5	1,0	0,1	0,5
Endwerte ($r^* = 34$)	0,0897	3,4249	3,3957	0,2454	0,6649

Abbruch: Genauigkeit auf 5 Stellen.

Die Schnelligkeit des Verfahrens hängt natürlich stark von der Wahl des Startpunktes und der Festlegung interner Parameter der Methode zur Quadratsummenminimierung ab. Aber auch andere Methoden zur Minimierung (Optimierung) der Zielfunktion (3.25) sind hier brauchbar.

Literatur

[1] Jost, W., Ulich, H. (1954), Kurzes Lehrbuch der physikalischen Chemie, Verlag Steinhoff, Darmstadt.

[2] Kortüm, G. (1960), Einführung in die chemische Thermodynamik, Verlag Chemie, Weinheim.

[3] Brdicka, R. (1958), Grundlagen der physikalischen Chemie, Deutscher Verlag der Wissenschaft.

[4] Graßman, P. (1961), Physikalische Grundlagen der Chemie-Ingenieur-Technik, Sauerländer Verlag, Aarau.

[5] Wedler, G. (1982), Lehrbuch der physikalischen Chemie, Verlag Chemie, Weinheim, Deerfield Beach, Florida, Basel.

[6] Reid, R.C., Prausnitz, J.M., Sherwood, T.K. (1977), The Properties of Gases and Liquids, McGraw Hill, New York, Toronto, London.

[7] Benzler, H., v. Koch, A. (1955), Chem. Ing. Tech. **27**, *71*.

[8] Van Krevelen, D.W., Chermin, H.A.G. (1951), Chem. Eng. Sci. **1**, 66; (1952) **1**, 238.

[9] Herzberg, G. (1945), Infrared and Raman Spectra of Polyatomic Molecules, van Nostrand, New York.

[10] Damköhler, G., Edse, R. (1943), Z. Elektrochem. Angew. Phys. Chem. **49**, 178.

[11] Danulat, F. (1936), Dissertation, Berlin.

[12] Von Stein, M.R. (1943), Forsch. Ingenieurwes. (B) **14**, 113.

[13] Storey, S.H., van Zeggeren, F. (1970), The Computation of Chemical Equilibra, Cambridge at the University Press, Cambridge.

[14] Fuchs, O. (1959), Physikalische Chemie als Einführung in die chemische Technik, Verlag Sauerländer, Aarau.

[15] Goldwasser, S.R. (1959), Ind. Eng. Chem., **51**, 595.

[16] Powell, M.J.D. (1965), Comput. J. **7**, 303.

[17] Landolt-Börnstein, (Herausgeb.) (1967 u. 1972), Band IV, Technik, 4. Teil, Wärmetechnik, Springer Verlag, Berlin, Heidelberg, New York.

[18] Barrow, G.M. (1973), Physical Chemistry, McGraw Hill, Düsseldorf.

[19] Moore, W.J. (1972), Physical Chemistry, Prentice Hall Inc., Englewood Cliffs, N.J.

[20] Perry, R.H., Chilton, C.H. (1973), Chemical Engineer Handbook, McGraw Hill Inc., New York.

[21] Weast, R.C. (Herausgeb.) (1981), Handbook of Chemistry and Physics, CRC Press Inc., Boca Raton, Florida.

[22] D'Ans-Lax (1964), Taschenbuch für Chemiker und Physiker, Springer Verlag, Berlin, Heidelberg, New York.

[23] Hoffmann, U., Hofmann, H. (1971), Einführung in die Optimierung, Verlag Chemie, Weinheim.

Kapitel 4
Kinetik chemischer Reaktionen – Mikrokinetik

Grundlage für die quantitative Beschreibung des zeitlichen Ablaufs einer chemischen Reaktion ist deren Kinetik; sie gibt den funktionalen Zusammenhang zwischen der Geschwindigkeit der Reaktion und den sie beeinflussenden Größen wieder. Diese Einflußfaktoren sind bei chemischen Umsetzungen, die in homogener Phase, d. h. Gasen oder Flüssigkeiten, verlaufen, im allgemeinen die Konzentrationen der Reaktionsteilnehmer, der Absolutdruck und die Temperatur sowie bei katalytischen Reaktionen die Art und Konzentration des Katalysators. In bestimmten Fällen wird die Reaktionsgeschwindigkeit auch durch Diffusionsvorgänge, insbesondere in hochviskosen Flüssigkeiten, beeinflußt. Setzt sich ein Reaktionssystem aus mehreren Phasen – beispielsweise Gas/Flüssigkeit oder Gas/Feststoff – zusammen, so müssen die Reaktionspartner entweder an der Phasengrenzfläche aufeinandertreffen oder von der einen in die andere Phase übergehen, um miteinander reagieren zu können. Bei solchen heterogenen Reaktionssystemen hängt die Geschwindigkeit der Umsetzung häufig nicht nur von der Kinetik der chemischen Reaktion („Mikrokinetik") sondern auch von deren Zusammenwirken mit der Kinetik der Transportvorgänge an der Phasengrenzfläche und in den Phasen selbst ab („Makrokinetik"). Diese Vorgänge umfassen sowohl den Transport von Stoff als auch von Wärme. Die Transportvorgänge an der Phasengrenzfläche werden als Stoff- bzw. Wärmeübergang bezeichnet, während sie im Inneren der Phasen durch die molekularen Transportparameter für die Diffusion bzw. Wärmeleitung oder entsprechende effektive Werte, wenn beispielsweise eine erzwungene Konvektion vorliegt, beschrieben werden. Sowohl bei heterogen katalysierten Gasreaktionen als auch bei Reaktionen zwischen einem Festostoff und einem fluiden Medium sind darüber hinaus auch noch Adsorptions- und Desorptionsvorgänge neben der Oberflächenreaktion am Katalysator bzw. auf der Feststoffoberfläche zu berücksichtigen, die gleichfalls den zeitlichen Ablauf der Reaktion beeinflussen können.

Im Anschluß an die im vorliegenden Kapitel behandelte Mikrokinetik chemischer Reaktionen wird nach einer Darlegung der Kinetik von Transportvorgängen in Kap. 5 deren Zusammenwirken mit der Mikrokinetik in Kap. 6 besprochen. Den katalytischen Gasreaktionen wird wegen ihrer großen Bedeutung in der chemischen Technik besonderer Raum gewidmet.

Die Mikrokinetik kann in Einzelfällen Hinweise auf zugrundeliegende Mechanismen, d. h. Modellvorstellungen über die ablaufenden Reaktionsschritte geben, ohne daß sie es jedoch allein ermöglicht, einen angenommenen Mechanismus eindeutig zu bestätigen. Hingegen ist es auf kinetischem Wege durchaus möglich, einen postulierten Mechanismus zu widerlegen, wenn eine daraus abgeleitete kinetische Gleichung die experimentellen Ergebnisse kinetischer Messungen nicht zu beschreiben vermag.

Für die chemische Reaktionstechnik stellt die Kinetik im wesentlichen ein Mittel dar, um den zeitlichen Ablauf einer Reaktion in Abhängigkeit der Reaktionsbedingungen quantitativ zu erfassen. Dies geschieht zweckmäßigerweise durch die Reaktionsgeschwindigkeitsgleichung. Für einfache Reaktionen des Typs

$$v_1 A_1 + v_2 A_2 \rightarrow v_3 A_3 + v_4 A_4 \tag{4.1}$$

ist dabei nur eine Gleichung erforderlich; bei Reaktionsnetzwerken, die Parallel- und/oder Folgereaktionen umfassen können, werden mehrere Geschwindigkeitsgleichungen benötigt, deren Zahl von der Anzahl der Schlüsselkomponenten und der stöchiometrischen Gleichungen der Reaktion (s. Kap. 2, S. 8–13) abhängt. Die weitestgehende kinetische Beschreibung beruht auf einem vorliegenden bzw. postulierten Mechanismus der Reaktion; ist ein solcher jedoch unbekannt bzw. fehlen geeignete Modellvorstellungen, werden formalkinetische Geschwindigkeitsansätze benutzt, wobei es sich häufig um Potenzansätze handelt. Die Geschwindigkeit der durch Gl. 4.1 gegebenen Reaktion würde dann beispielsweise wie folgt beschrieben.

$$r = k c_1^{m_1} c_2^{m_2} \tag{4.2a}$$

Hierin ist k die Geschwindigkeitskonstante der Reaktion, deren Temperaturabhängigkeit durch den Arrheniusansatz beschrieben wird.

$$k = k_0 \exp\left(-\frac{E}{RT}\right) \tag{4.2b}$$

Die Ordnungen m der Reaktion können positiv oder negativ sein; es kann sich dabei um ganzzahlige oder gebrochene Zahlen handeln. Solche Werte können nicht immer physikalisch interpretiert werden.

In der Reaktionstechnik ermöglicht die chemische Kinetik eine quantitative Beschreibung des zeitlichen Ablaufs der chemischen Reaktion in Abhängigkeit von den Prozeßbedingungen. Dabei wird häufig eine formale Beschreibung des Geschehens genügen, ohne daß alle Einzelheiten des zugrundeliegenden, oft nicht völlig aufgeklärten Mechanismus der Reaktion bekannt sein müssen.

Definition der Reaktionsgeschwindigkeit. Nach den IUPAC-Richtlinien[1] ist die Reaktionsgeschwindigkeit die durch Reaktion bedingte Änderung der auf den stöchiometrischen Koeffizienten bezogenen Molzahländerung mit der Zeit (s. hierzu auch Kap. 2, S. 16ff.). In vielen Fällen ist es aber zweckmäßig, die Reaktionsgeschwindigkeit auf bestimmte, das Reaktionssystem charakterisierende Größen zu beziehen. Bei homogenen Reaktionen ist dies im allgemeinen das Volumen oder auch die Masse des Reaktionsgemisches. Für heterogene Reaktionen empfiehlt es sich häufig, die Grenzfläche zwischen den beiden Phasen als Bezugsgröße heranzuziehen; vielfach wird hier aber auch auf die Masse eines Reaktionsteilnehmers bezogen; (dies gilt insbesondere für Fluid/Feststoff-Reaktionen). Bei heterogen katalysierten Reaktionen dient als Bezugsmaß meist die Masse oder das Volumen des Katalysators.

Es ergeben sich folgende Definitionen für die Reaktionsgeschwindigkeit, wenn eine einzige Reaktion abläuft (für andere Fälle, wie sie bei Reaktionsnetzwerken vorliegen, vergl. S. 16ff.):

a) Homogene Systeme

$$r = \frac{1}{v_i} \frac{dn_i}{V \, dt} \quad \left(\frac{\text{Mole}}{\text{Volumen} \cdot \text{Zeit}}\right) \tag{4.3a}$$

$$r_m = \frac{1}{v_i} \frac{dn_i}{m \cdot dt} \quad \left(\frac{\text{Mole}}{\text{Masse der Reaktionsmischung} \cdot \text{Zeit}}\right) \tag{4.3b}$$

b) Heterogene Systeme
- Gas/Feststoff-Reaktionen

$$r_s = \frac{1}{v_i} \frac{dn_i}{A \cdot dt} \qquad \left(\frac{\text{Mole}}{\text{Fläche} \cdot \text{Zeit}}\right) \qquad (4.4a)$$

$$r_m = \frac{1}{v_i} \frac{dn_i}{m_s \cdot dt} \qquad \left(\frac{\text{Mole}}{\text{Masse des festen Reaktanden} \cdot \text{Zeit}}\right) \qquad (4.4b)$$

- Katalytische Reaktionen

$$r_m = \frac{1}{v_i} \frac{dn_i}{m_{kat} \cdot dt} \qquad \left(\frac{\text{Mole}}{\text{Katalysatormasse} \cdot \text{Zeit}}\right) \qquad (4.4c)$$

Sowohl bei homogenen als auch bei heterogenen Reaktionen können sich die eingeführten Bezugsgrößen während der Umsetzung ändern. Beispielsweise beeinflussen bei Gasreaktionen Molzahländerungen durch Reaktion das Volumen stark; unter Annahme der Gültigkeit des idealen Gasgesetzes ist das Reaktionsvolumen in Abhängigkeit vom Reaktionsfortschritt, der durch den Umsatzgrad X gekennzeichnet wird, durch den folgenden Ausdruck gegeben.

$$V = V_0(1 + \alpha X) \qquad (4.5a)$$

Hierin ist α die relative Volumenänderung bei vollständigem Umsatz X der abreagierenden Schlüsselkomponente A_i.

$$\alpha = \frac{V_{X=1} - V_0}{V_0} \qquad (4.5b)$$

Laufen mehrere Reaktionen in dem betrachteten Gemisch ab, so müssen die durch die Einzelreaktionen hervorgerufenen Volumenänderungen addiert werden.

Für Flüssigphasenreaktionen wirken sich Molzahländerungen nur in sehr geringem Maße auf das Reaktionsvolumen aus; sie sind meist vernachlässigbar.

Die Grenzfläche zwischen zwei Reaktanden, von denen der eine in der Phase des anderen abreagiert (z. B. Oxidation flüssiger Kohlenwasserstoffe mit Sauerstoff oder chemische Absorption von Kohlendioxid in einer Kaliumcarbonat-Lösung unter Bildung von Kaliumhydrogencarbonat), kann sich stark mit fortschreitender Reaktion – im Grenzfall bis zum Verschwinden – verringern. Auch bei Fluid/Feststoff-Reaktionen nimmt die Reaktionsfläche mit der Abreaktion des Feststoffes ständig ab (z. B. Verbrennung eines Kohleteilchens oder Lösen eines Metalls in Mineralsäure).

Die beschriebenen Änderungen der Bezugsgrößen müssen gegebenenfalls bei der Kinetik chemischer Reaktionen in geeigneter Weise berücksichtigt werden. Hierauf wird im einzelnen bei der Behandlung der entsprechenden Probleme eingegangen.

Systematik der kinetischen Beschreibung. Für eine Systematisierung der kinetischen Beschreibung chemischer Reaktionen ist es zweckmäßig, zwischen einfachen Reaktionen und Reaktionsnetzwerken zu unterscheiden (im Angelsächsischen werden solche Umsetzungen als single step bzw. multiple step reactions bezeichnet). Diese Definition schließt nicht aus, daß auch sog. einfache Reaktionen über eine Mehrzahl von Elementarschritten verlaufen können, deren Zwischenstufen jedoch nicht identifizierbar sind, da sie nur in sehr geringen Konzentrationen vorliegen. Die wichtigsten dieser Reaktionstypen sollen eingehender untersucht und an praktischen Beispielen für homogene und heterogene Reaktionssysteme erläutert werden.

Sowohl der zeitliche Ablauf als auch der Einzelschritt eines Reaktionsnetzwerkes wird entweder durch Potenzansätze oder durch hyperbolische Geschwindigkeitsansätze beschrieben (s. Abschn. 2, S. 48).

1. Homogene Gas- und Flüssigkeitsreaktionen

Die Geschwindigkeiten einzelner Schritte homogener Reaktionen können prinzipiell theoretisch vorausberechnet werden. Hierfür ist sowohl die Stoßtheorie als auch die Theorie des Übergangszustandes geeignet. Dieser Fragenkomplex wird ausführlich in den Lehrbüchern der physikalischen Chemie und in Spezialmonographien (s. z. B. [2-4]) behandelt; er soll daher hier nicht weiter in die Betrachtungen einbezogen werden. Lediglich einige allgemeine, qualitative Ergebnisse der theoretischen Behandlung sollen erwähnt werden.

Die Geschwindigkeit einer chemischen Reaktion sollte bei gleichem Reaktionsmechanismus in der flüssigen Phase größer sein als in der Gasphase. Die Zahl der bimolekularen Stöße und damit die Geschwindigkeitskonstante erhöht sich in der flüssigen Phase um den Faktor V_g/V_l, der größenordnungsmäßig etwa 1000 beträgt. Eine umfassende experimentelle Bestätigung dieser Aussagen steht aber noch aus. Allgemein kann jedoch davon ausgegangen werden, daß die meisten Reaktionen in der flüssigen Phase mit dem theoretisch nach der Stoßtheorie zu erwartenden Frequenzfaktor der Arrhenius-Gleichung verlaufen. Wird die Reaktion hingegen in einem Lösungsmittel und nicht in reiner Phase des Reaktanden ausgeführt, so können sich in vielen Fällen durchaus Abweichungen in den Geschwindigkeitskonstanten ergeben; diese sind auf den Einfluß des Lösungsmittels, das einen unterschiedlichen Reaktionsmechanismus bedingen kann, zurückzuführen. Für praktische Bedürfnisse (Reaktorberechnung) wird es daher immer notwendig sein, die Geschwindigkeitskonstanten experimentell zu bestimmen.

1.1 Kinetik homogener chemischer Reaktionen

Im folgenden werden Geschwindigkeitsgleichungen für chemische Reaktionen und deren integrierte Form, die die Abhängigkeit der Konzentration einer oder auch mehrerer Komponenten von der Reaktionszeit wiedergibt, behandelt. Dabei wird jeweils ein geschlossenes System (satzweise betriebener Reaktor) betrachtet und vorausgesetzt, daß sich das Reaktionsvolumen bei konstantem Druck nicht ändert.

Reaktion erster Ordnung. Viele Reaktionen, wie beispielsweise die Isomerisierung von Kohlenwasserstoffen oder auch Zerfalls(Crack)reaktionen,

$$v_1 A_1 \xrightarrow{k} v_2 A_2 + v_3 A_3 + \ldots v_n A_n \qquad (4.6)$$

können durch Geschwindigkeitsansätze erster Ordnung beschrieben werden; d. h. die Geschwindigkeit der Reaktion ist der Konzentration an A_1 proportional.

$$r = k c_1. \qquad (4.7a)$$

Für die Abreaktion von A_1 mit $v_1 = -1$ gilt

$$v_1 r = \frac{dc_1}{dt} = -kc_1, \qquad (4.7b)$$

wobei $-dc_1/dt$ gleich dc_2/dt ist, wenn die Absolutwerte der stöchiometrischen Koeffizienten gleich sind. Die Integration von Gl. (4.7b) in den angegebenen Grenzen

$$\int_{c_{1,0}}^{c_1} \frac{dc_1}{c_1} = -k \cdot \int_0^t dt \qquad (4.8)$$

ergibt

$$\ln \frac{c_1}{c_{1,0}} = -k \cdot t \qquad (4.9a)$$

oder

$$c_1 = c_{1,0} \exp(-k \cdot t). \qquad (4.10a)$$

Wird anstelle der Konzentration an A_1 der Umsatzgrad $X_1 = (c_{1,0} - c_1)/c_{1,0}$ eingeführt, so erhält man entsprechend Gl. (4.10b).

$$X_1 = 1 - \exp(-k \cdot t). \qquad (4.10b)$$

Nur in seltenen Fällen entspricht eine Reaktion erster Ordnung einer Elementarreaktion. Häufiger verläuft sie über Zwischenstufen, die zunächst bei einer umfassenden kinetischen Betrachtung zu berücksichtigen sind. Vielfach kann ein sich daraus ergebender komplexer Ansatz aber unter Zugrundelegung gewisser Annahmen so vereinfacht werden, daß eine Reaktion erster Ordnung resultiert. Dieses Problem wurde erstmals von Lindemann[5] für eine Gasphasenreaktion behandelt; seine Vorgehensweise, die später noch von anderen modifiziert wurde (s. z. B.[4]), soll wegen ihrer grundsätzlichen Bedeutung für die Ableitung kinetischer Ansätze in ihrer einfachsten Form beispielhaft erläutert werden.

Beispiel 4.1. Nach Lindemann kann auf ein Molekül A_1 Energie durch Zusammenstöße mit anderen Molekülen der gleichen Art übertragen werden. Der Energiebetrag kann so groß sein, daß das ursprüngliche Molekül A_1 über eine angeregte Form $A_1^\#$ in das stabile Endprodukt A_2 übergeht. Wenn die Geschwindigkeit, mit der angeregte Moleküle $A_1^\#$ in das Endprodukt übergehen, klein gegenüber der Rückbildung von A_1 aus $A_1^\#$ ist, wird sich eine stationäre Konzentration an $A_1^\#$ einstellen. Wird angenommen, daß die angeregten Moleküle im Gleichgewicht mit den nicht angeregten Molekülen A_1 stehen, folgt daraus, daß die Konzentration an $A_1^\#$ proportional der an A_1 ist. Da die Geschwindigkeit der Umwandlung von $A_1^\#$ zu A_2 – hierbei handelt es sich um eine monomolekulare Elementarreaktion – proportional $A_1^\#$ ist, ergibt sich über die Gleichgewichtsbeziehung für die Reaktionsgeschwindigkeit eine erste Ordnung hinsichtlich A_1. Bei niedrigen Drücken kann jedoch der Fall eintreten, daß die Zahl der Zusammenstöße so gering ist, daß die Bildungsgeschwindigkeit für $A_1^\#$ klein gegenüber der Abreaktion von $A_1^\#$ zu A_2 ist. Da der geschwindigkeitsbestimmende Schritt nunmehr die Bildung von $A_1^\#$ aus zwei Molekülen A_1 ist, handelt es sich um eine Reaktion zweiter Ordnung.
Die vorstehenden Überlegungen lassen sich quantitativ erfassen; der erste Schritt ist die reversible Bildung von $A_1^\#$ aus A_1

$$A_1 + A_1 \xrightleftharpoons[k_{-1}]{k_1} A_1^\# + A_1. \qquad (4.11)$$

Der nachfolgende Elementarschritt, beispielsweise eine Isomerisierung oder Zersetzung von $A_1^\#$, führt im geschwindigkeitsbestimmenden Schritt zum Produkt A_2.

$$A_1^\# \xrightarrow{k_2} A_2 \qquad (4.12)$$

Wird eine zeitunabhängige, d.h. stationäre Konzentration an $A_1^\#$ vorausgesetzt, (Quasi-Stationaritätsprinzip nach Bodenstein)

$$\frac{dc_1^\#}{dt} = k_1 c_1^2 - k_{-1} c_1^\# c_1 - k_2 c_1^\# = 0 \tag{4.13}$$

so wird für diese erhalten

$$c_1^\# = \frac{k_1 c_1^2}{k_{-1} c_1 + k_2}. \tag{4.14}$$

Ist die Konzentration (bzw. der Partialdruck) an A_1 hoch, so daß $k_{-1} c_1 \gg k_2$, dann ergibt sich für die Geschwindigkeit der Bildung von A_2 ($R_2 = k_2 c_1^\#$) bzw. der Abreaktion von A_1 (R_1).

$$R_2 = -R_1 = -\frac{dc_1}{dt} = \frac{k_1 k_2}{k_{-1}} c_1 = k \cdot c_1. \tag{4.15}$$

Hierbei handelt es sich also um eine Reaktion, die formal nach erster Ordnung verläuft. Bei niedrigen Drücken, d.h. wenn $k_{-1} c_1 \ll k_2$, wird der Reaktionsablauf durch einen Geschwindigkeitsansatz nach formal zweiter Ordnung beschrieben

$$R_2 = -R_1 = k_1 c_1^2. \tag{4.16}$$

Aus der vorangegangenen Darstellung wird deutlich, daß ein aus experimentellen Daten abgeleiteter Geschwindigkeitsansatz (s. Kap. 7, S. 165) in seiner Anwendbarkeit eingeschränkt sein kann; d.h. er ist möglicherweise nur für einen eingegrenzten Bereich der Reaktionsbedingungen gültig bzw. darüber hinaus nicht extrapolierbar.

Reaktionen zweiter Ordnung. Einfache Reaktionen zweiter Ordnung können allgemein durch die beiden folgenden Reaktionsgleichungen beschrieben werden.

$$2 A_1 \xrightarrow{k} A_2 \qquad \text{(Fall A)} \tag{4.17}$$

$$A_1 + A_2 \xrightarrow{k} A_3 \qquad \text{(Fall B)} \tag{4.18}$$

Hierbei kann es sich beispielsweise um eine Dimerisierung (Fall A) oder um eine Hydrierung bzw. Chlorierung (Fall B) eines olefinischen Kohlenwasserstoffs handeln.
Im Fall A ergibt sich für die Stoffmengenänderungsgeschwindigkeit (R_1)

$$R_1 = \frac{dc_1}{dt} = -2r = -2k \cdot c_1^2. \tag{4.19}$$

Für die Konzentration/Zeit-Abhängigkeit gilt nach Integration zwischen $t = 0$ und t bzw. $c_{1,0}$ und c_1 bei Annahme von Volumenkonstanz

$$c_1 = \frac{c_{1,0}}{1 + 2kt \cdot c_{1,0}} \tag{4.20}$$

bzw.

$$c_2 = \frac{kt \cdot c_{1,0}^2}{1 + 2kt \cdot c_{1,0}}. \tag{4.21}$$

Für Fall B lautet die entsprechende Geschwindigkeitsgleichung

$$r = -\frac{dc_1}{dt} = -\frac{dc_2}{dt} = k \cdot c_1 c_2, \tag{4.22}$$

da R_1 gleich R_2 ist.

Zur Integration dieser Gleichung ist es notwendig, c_1 oder c_2 durch die jeweils andere Komponente über den stöchiometrischen Zusammenhang

$$c_2 = c_{2,0} - (c_{1,0} - c_1) \tag{4.23}$$

zu ersetzen bzw. – soweit dies möglich ist – bestimmte vereinfachende Annahmen zugrundezulegen.

– Die Anfangskonzentrationen an A_1 und A_2 sind gleich. In diesem Fall ergibt sich für die Konzentration/Zeit-Abhängigkeit

$$c_1 = c_2 = \frac{c_0}{1 + kt \cdot c_0}, \tag{4.24}$$

wobei $c_0 = c_{1,0} = c_{2,0}$ ist, bzw.

$$c_3 = \frac{kt \cdot c_0^2}{1 + kt \cdot c_0}. \tag{4.25}$$

– Einer der beiden Reaktanden liegt in sehr großem Überschuß vor, so daß seine Konzentration näherungsweise als konstant angesehen werden kann. In diesem Fall vereinfacht sich das Problem in der Weise, daß ein formalkinetischer Ansatz erster Ordnung erhalten wird.

$$\frac{dc_1}{dt} = -k \cdot c_{2,0} c_1 = -k_{\text{eff}} c_1. \tag{4.26}$$

Hierin kann $k \cdot c_{2,0}$ gleich k_{eff} gesetzt werden, wenn $c_{2,0} \gg c_{1,0}$. Die Integration führt dann zu einem Gl. (4.10a) analogen Ergebnis.

Parallelreaktionen. Viele Reaktionen, an denen organische Moleküle beteiligt sind, führen ausgehend von den Edukten auf parallelen Wegen zu unterschiedlichen Produkten.

$$A_1 + A_2 \begin{array}{c} \xrightarrow{k_1} A_3 \\ \xrightarrow{k_2} A_4 \end{array} \tag{4.27}$$

Zur vereinfachten quantitativen Behandlung des Reaktionsschemas soll davon ausgegangen werden, daß es sich nur um einen Ausgangsstoff A_1 handelt bzw. daß A_2 in so großem Überschuß vorliegt, daß die Umsetzung von A_1 nur eine vernachlässigbare Änderung an A_2 ergibt. Die Reaktion verläuft dann formal nach erster Ordnung. (Auf komplexe kinetische Ansätze wird insbesondere bei der Besprechung heterogen katalysierter Gasreaktionen, vergl. Abschn. 2, eingegangen; im übrigen wird auf die Spezialliteratur[3,4] verwiesen.)
Die entsprechenden Geschwindigkeitsgleichungen für den Verbrauch an Edukt und die Bildung der Produkte lauten:

$$\frac{dc_1}{dt} = -(k_1 + k_2) \cdot c_1 \tag{4.28}$$

$$\frac{dc_3}{dt} = k_1 \cdot c_1 \tag{4.29}$$

$$\frac{dc_4}{dt} = k_2 \cdot c_1 \tag{4.30}$$

Die Integration von Gl. (4.28) führt zu

$$c_1 = c_{1,0} \exp[-(k_1 + k_2) \cdot t] \tag{4.31}$$

Die Lösung der Differentialgleichungen (4.29) und (4.30) kann wie folgt gefunden werden: Die Division der Gl. (4.29) und (4.30) durcheinander ergibt

$$\frac{dc_3}{dc_4} = \frac{k_1}{k_2}. \tag{4.32}$$

Das heißt, das Verhältnis der sich bildenden Produktanteile an A_3 und A_4 hängt nur vom Verhältnis der Geschwindigkeitskonstanten k_1 und k_2 ab. Über eine Bilanzierung aller Reaktanden bei Annahme von Volumenkonstanz der Reaktionsmischung sowie der Bedingung, daß die Anfangskonzentrationen für A_3 und A_4 gleich null sind,

$$c_{1,0} = c_1 + c_3 + c_4 \tag{4.33}$$

und Substitution der Beziehung (4.31) für c_1 folgt:

$$c_3 + c_4 = c_{1,0} \{1 - \exp[-(k_1 + k_2)t]\}. \tag{4.34}$$

Werden die Gl. (4.32) bis (4.34) kombiniert, so wird für die Abhängigkeit der Produktkonzentrationen an A_3 und A_4 von der Reaktionszeit erhalten

$$c_3 = \frac{k_1}{k_1 + k_2} \cdot c_{1,0} \{1 - \exp[-(k_1 + k_2)t]\} \tag{4.35}$$

$$c_4 = \frac{k_2}{k_1 + k_2} \cdot c_{1,0} \{1 - \exp[-(k_1 + k_2)t]\}. \tag{4.36}$$

Für eine aus einer beliebigen Anzahl von nach erster Ordnung verlaufenden Parallelreaktionen ($j = 1, \ldots, M$) bestehenden Umsetzung

$$A_1 + A_2 \xrightarrow{j=} \begin{cases} \xrightarrow{1} A_3 + A_4 \\ \xrightarrow{2} A_5 + A_6 \\ \xrightarrow{3} A_7 + A_8 \\ \xrightarrow{4} A_9 + A_{10} \end{cases}$$

ergibt sich allgemein für die Produkte i

$$c_{i(P)} = \frac{k_i}{\sum_{1}^{M} k_j} c_{1,0} \left[1 - \exp\left(-\sum_{1}^{M} k_j \cdot t\right)\right]. \tag{4.37}$$

Folgereaktionen treten bei vielen, industriell wichtigen chemischen Umsetzungen auf. Beispielhaft sei die thermische Spaltung (Pyrolyse) von Kohlenwasserstoffen der Benzinfraktion zu insbesondere Ethylen und Propen sowie Wasserstoff genannt. Der einfachste Fall einer Folgereaktion ist gegeben durch

$$A_1 \xrightarrow{k_1} A_2 \xrightarrow{k_2} A_3 \tag{4.38}$$

1. Homogene Gas- und Flüssigkeitsreaktionen

Die Stoffmengenänderungsgeschwindigkeit für dieses Reaktionssystem, für dessen Einzelschritte 1 und 2 eine Reaktionsordnung von eins angenommen werden soll, kann folgendermaßen behandelt werden.

$$R_1 = \frac{dc_1}{dt} = -k_1 c_1 \tag{4.39}$$

$$R_2 = \frac{dc_2}{dt} = k_1 c_1 - k_2 c_2 \tag{4.40}$$

$$R_3 = \frac{dc_3}{dt} = k_2 c_2 \tag{4.41}$$

In Gl. (4.40) kann c_1 durch den Ausdruck

$$c_1 = c_{1,0} \exp(-k_1 t), \tag{4.42}$$

der durch Integration der Gl. (4.39) erhalten wird, eliminiert werden

$$\frac{dc_2}{dt} = k_1 c_{1,0} \exp(-k_1 t) - k_2 c_2. \tag{4.43}$$

Die Lösung dieser linearen Differentialgleichung ergibt, wenn $k_1 \neq k_2$ ist, mit der Anfangsbedingung $c_2 = 0$ die Konzentration/Zeit-Abhängigkeit für das Zwischenprodukt A_2

$$c_2 = \frac{k_1}{k_2 - k_1} c_{1,0} \left[\exp(-k_1 t) - \exp(-k_2 t) \right]. \tag{4.44}$$

Der zeitliche Konzentrationsverlauf des Endprodukts A_3 läßt sich unter Zugrundelegung der Stöchiometrie, sofern die Anfangskonzentrationen an A_2 und A_3 gleich null sind, über

$$c_1 + c_2 + c_3 = c_{1,0} \tag{4.45}$$

wie folgt formulieren.

$$c_3 = c_{1,0} \left\{ 1 + \frac{1}{k_1 - k_2} \left[k_2 \exp(-k_1 t) - k_1 \exp(-k_2 t) \right] \right\} \tag{4.46}$$

Der zeitliche Konzentrationsverlauf hängt in charakteristischer Weise vom Verhältnis der Geschwindigkeitskonstanten ab. Dies ist für vier Fälle in den Abb. 4.1a bis 4.1d gezeigt. Ist $k_1 \gg k_2$, so bedeutet dies, daß das Zwischenprodukt A_2 sehr viel langsamer als der Ausgangsstoff A_1 abreagiert und daher vorübergehend eine hohe Konzentration an A_2 vorliegt, während A_1 bereits weitgehend verschwunden ist (s. Abb. 4.1a).

Sind k_1 und k_2 hingegen vergleichbar groß, dann liegen beide Komponenten A_1 und A_2 zeitweilig in vergleichbaren Anteilen vor; weiterhin hat sich, bis eine vollständige Abreaktion von A_1 erfolgt ist, bereits ein erheblicher Teil des Endprodukts A_3 gebildet (s. Abb. 4.1b).

Für den Fall, daß $k_2 \gg k_1$ ist, werden nur sehr geringe Mengen des Zwischenprodukts A_2 während des Reaktionsablaufs beobachtet, d.h. seine Konzentration wie auch seine zeitliche Änderung dc_2/dt ist im Vergleich zu den anderen Komponenten gering (s. Abb. 4.1c und d). Dieser Sachverhalt entspricht dem sog. Prinzip der Quasi-Stationarität für die Komponente A_2. Die Anwendbarkeit dieses Prinzips für die kinetische Beschreibung zusammengesetzter Reaktionssysteme soll im folgenden aufgezeigt werden, da es häufig eine mathematische Behandlung kinetischer Systeme vereinfacht. Es soll dabei geprüft werden, inwieweit die exakte von der nach dieser Näherungsmethode hergeleiteten Erfassung der kinetischen Zusammenhänge abweicht.

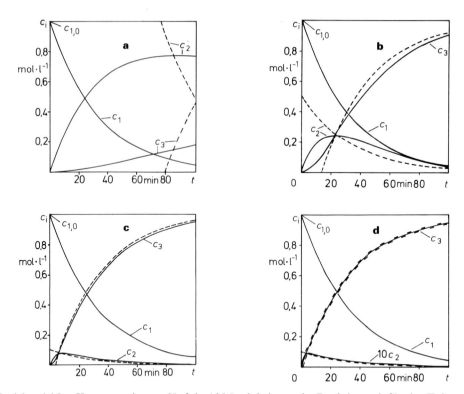

Abb. 4.1a–4.1d. Konzentrationsverläufe in Abhängigkeit von der Reaktionszeit für eine Folgereaktion erster Ordnung

$$A_1 \xrightarrow{k_1} A_2 \xrightarrow{k_2} A_3$$

für folgende Geschwindigkeitskonstanten

	k_1 (min^{-1})	k_2/k_1
a	0,03	0,1
b	0,03	2
c	0,03	10
d	0,03	100

——— exakte Lösung nach Gln. (4.42), (4.44)
– – – Näherungslösung nach Gln. (4.42), (4.49) und (4.50)

Die zeitliche Konzentrationsänderung des Zwischenprodukts A_2 wird durch Gl. (4.40) beschrieben. Wird zur Vereinfachung wieder das Quasi-Stationaritätsprinzip eingeführt, so ist

$$\frac{dc_2}{dt} \approx 0. \tag{4.47}$$

Daraus ergibt sich

$$k_1 \cdot c_1 = k_2 \cdot c_2. \tag{4.48}$$

Für die Konzentration an A_1 in Abhängigkeit von der Zeit galt Gl. (4.42); wird diese Beziehung in Gl. (4.48) eingesetzt, so resultiert

$$c_2 = \frac{k_1}{k_2} c_{1,0} \exp(-k_1 t). \tag{4.49}$$

Hiermit und über die Stöchiometrie läßt sich nunmehr auch die Konzentration/Zeit-Abhängigkeit für A_3 ermitteln.

$$c_3 = c_{1,0} - c_1 - c_2 = c_{1,0} \left[1 - \left(1 + \frac{k_1}{k_2}\right) \exp(-k_1 t) \right]. \tag{4.50}$$

Ein Vergleich läßt erkennen, daß die Näherungsgleichungen (4.49) und 4.50) sich aus den exakten Beziehungen (4.44) und (4.46) für den Fall ergeben, daß $k_2 \gg k_1$ ist. Die in Abb. 4.1a bis 4.1d eingezeichneten gebrochenen Kurvenzüge entsprechen den Näherungslösungen und die durchgezogenen Linien den exakten Lösungen. Die Anwendung der Näherungslösungen wird bei der Auswertung kinetischer Daten nur dann zweckmäßig und sinnvoll sein, wenn bei einer Folgereaktion das Zwischenprodukt nur in vernachlässigbaren Konzentrationen auftritt.

Folgereaktionen laufen in vielen Fällen über mehr als zwei Stufen ab.

$$A_1 \xrightarrow{k_1} A_2 \xrightarrow{k_2} A_3 \xrightarrow{k_3} \cdots \xrightarrow{k_{n-1}} A_n \tag{4.51}$$

Außerdem kommen auch andere Reaktionsordnungen als eins für die einzelnen Reaktionsschritte vor. Weiterhin können konkurrierende Folgereaktionen des Typs

$$A_1 + A_2 \rightarrow A_3 + A_4 \tag{4.52a}$$
$$A_1 + A_3 \rightarrow A_5 + A_4 \tag{4.52b}$$

auftreten. Ein Beispiel hierfür wäre die Verseifung eines Diesters A_2 mit Alkalihydroxid zum Monoester A_3 und nachfolgend zur Dicarbonsäure A_5. A_1 entspricht dem Hydroxy-Ion und A_4 dem gebildeten Alkohol. Die Behandlung solcher Systeme findet sich in Spezialmonographien (s. z. B.[6]). Eine wichtige Gruppe von Reaktionen, die nach den Reaktionsschemata (4.51) und (4.52) ablaufen, sind Polymerisationen.

Reaktionsnetzwerke aus Parallel- und Folgereaktionen. Zusammengesetzte Reaktionsnetzwerke, bei denen sowohl Parallel- als auch Folgereaktionen ablaufen, treten in chemischen Prozessen häufig auf: Beispiele hierfür sind die bereits erwähnte Benzinpyrolyse zur Erzeugung von kurzkettigen Olefinen, das in Raffinerien in großem Maßstab durchgeführte katalytische Reformieren von Kohlenwasserstoffen, wobei Spalt- und Isomerisierungsreaktionen auftreten, die selektive Oxidation von Kohlenwasserstoffen, bei der meist zusätzlich unerwünschte Parallel- und Folgereaktionen auftreten sowie Polymerisationsreaktionen.
Die quantitative kinetische Behandlung solcher Reaktionssysteme ist prinzipiell möglich. In bestimmen Fällen können die das Reaktionsnetzwerk beschreibenden Differentialgleichungen analytisch gelöst werden; häufig sind jedoch numerische Integrationsverfahren erforderlich. Analytische Lösungen für eine Vielzahl von Reaktionsnetzwerken, die auch reversible Reaktionsschritte umfassen, wurden beispielsweise in[6-8] beschrieben. Da die Lösungsverfahren vom Einzelfall abhängen, wird hier auf eine detaillierte Wiedergabe verzichtet; es wird aber auf Kap. 7 (Abschn. 2) verwiesen, wo diese Problematik nochmals berührt wird.

Reversible Reaktionen. Für einen großen Teil der technisch interessanten Reaktionen muß die Rückreaktion bei der kinetischen Behandlung berücksichtigt werden, d. h. es liegen reversible Reaktionen vor. Hierzu gehören beispielsweise in homogener Phase ablaufende Isomerisierungen, Hydrolysen von Carbonsäureestern bzw. deren Bildung aber auch heterogen katalysierte Reaktionen wie die SO_2-Oxidation und die Ammoniak- sowie Methanolsynthese (s. Abschn. 2, S. 45, Tab. 4.1a). Nachfolgend wird exemplarisch für eine reversible Reaktion erster Ordnung die Kinetik beschrieben. Die Kinetik reversibler Reaktionen höherer Komplexität (Reaktionsordnung ungleich 1, Reaktionsnetzwerke) findet sich in detaillierter Darstellung in der bereits erwähnten Literatur [6–8].

Die Kinetik einer einfachen Reaktion (erster Ordnung) des Typs

$$A_1 \underset{k_{-1}}{\overset{k_1}{\rightleftarrows}} A_2 \tag{4.53}$$

läßt sich folgendermaßen formulieren:

$$R_1 = \frac{dc_1}{dt} = -k_1 c_1 + k_{-1} c_2 \tag{4.54}$$

Bei Einführung von $c_2 = c_{1,0} - c_1$ ergibt sich

$$\frac{dc_1}{dt} = -k_1 c_1 + k_{-1}(c_{1,0} - c_1) \tag{4.55}$$

bzw. nach Integration dieser Gleichung

$$\ln \frac{k_1 c_{1,0}}{(k_1 + k_{-1})c_1 - k_{-1} c_{1,0}} = (k_1 + k_{-1})t. \tag{4.56}$$

Wird auf der linken Seite von Gl. (4.56) die Gleichgewichtskonzentration c_1^*, die sich aus der Gleichgewichtsbeziehung $dc_1/dt = 0$ ergibt,

$$c_1^* = \frac{k_{-1}}{k_1 + k_{-1}} c_{1,0} \tag{4.57}$$

eingesetzt, so vereinfacht sich Gl. (4.56) wie folgt

$$\ln \frac{c_{1,0} - c_1^*}{c_1 - c_1^*} = (k_1 + k_{-1})t. \tag{4.58}$$

Eine weitere Vereinfachung der Schreibweise wird erreicht, wenn in analoger Weise wie bei den Gl. (4.7b) bis (4.10b) (s. S. 37) der Umsatzgrad X_1 verwendet und k_{-1} durch $k_1 K_c$ substituiert wird, wobei zwischen K_c und dem Gleichgewichtsumsatz X_1^* folgender Zusammenhang besteht.

$$K_c = \frac{X_1^*}{1 - X_1^*} \tag{4.59}$$

Der Reaktionsfortschritt, gekennzeichnet durch den Umsatzgrad, hängt damit von der Zeit folgendermaßen ab

$$\ln \frac{X_1^*}{X_1^* - X_1} = k_{-1}(1 + K_c)t. \tag{4.60}$$

2. Heterogen katalysierte Reaktionen

Viele chemische Umsetzungen laufen nur in Gegenwart eines Katalysators mit merklicher Geschwindigkeit ab. Als Katalysatoren können in flüssiger Reaktionsmischung gelöste Substanzen (homogene Katalyse), Enzyme (Enzymkatalyse) und Feststoffe (heterogene Katalyse) verwendet werden. Beispiele hierfür sind die Ziegler-Natta-Polymerisation, die enzymatische Hydrolyse von Stärke zu Zucker sowie die Ammoniak- und Methanol-Synthese. Besteht die Möglichkeit, daß die Einsatzstoffe auf verschiedenen Reaktionswegen zu unterschiedlichen Produkten abreagieren, so kann durch Verwendung des Katalysators auch der Weg der Reaktion und damit die Produktart, d. h. die Selektivität der Reaktion beeinflußt werden; dies spielt beispielsweise eine sehr wesentliche Rolle bei der Oxidation von Kohlenwasserstoffen zu ihren unterschiedlichen Sauerstoff-Derivaten.

Einen Überblick über katalytische Reaktionen, die von technischer Bedeutung sind, gibt Tab. 4.1. Neben in der Reaktionsmischung homogen gelösten Katalysatoren (z. B. Niederdruck-Polyethylen-Synthese nach Ziegler-Natta) werden für die meisten Gas- aber auch Flüssigkeitsreaktionen sog. heterogene Katalysatoren, das sind Feststoffe mit katalytischen Eigenschaften, verwendet. Im Rahmen dieses Abschnitts werden die heterogen katalysierten Reaktionen wegen ihrer besonderen technischen Bedeutung ausführlich behandelt. Auf einige ausgewählte Gesichtspunkte homogen und enzymatisch katalysierter Reaktionen wird noch in Abschn. 4 (s. S. 65, 66) gesondert eingegangen.

Tab. 4.1a Heterogen katalysierte Verfahren (Richtwerte für Bedingungen und Raum-Zeit-Ausbeuten sowie Reaktoren)

Reaktion	Produkt	Katalysator	Bedingungen $T(°C)$	p (MPa)	RZA[a] t-Produkt · $h^{-1} \cdot m_{Kat}^{-3}$	Reaktor
Ammoniak-Synthese	NH_3	Fe_2O_3/Al_2O_3 (+K_2O)	450–500	25–40	1–4	Etagenöfen[d] (Röhrenofen)
Methanol-Synthese	CH_3OH	CuO/Cr_2O_3 ZnO/Cr_2O_3	230–280 250–400	6 20–30	0,5–2	Etagenofen[d]
Oxidation von SO_3	SO_3	V_2O_5/Träger	400–500		0,2–0,3	Etagenofen[d]
Oxidation von NH_3	NO (HNO_3)	Pt/Rh-Netze	ca. 900		0,1–0,2 t $h^{-1} m^{-2}$ [b] 0,8 t h^{-1} kg_{Kat}^{-1} [c]	Verbrennungsofen
Oxidation von Methanol	CH_2O	Ag	ca. 600		200	Verbrennungsofen
Polymerisation von Ethylen	$(C_2H_4)_x$	Cr_2O_3/MoO_3	50–150	2–8	1	Rührkessel

[a] Die angeführte Raum-Zeit-Ausbeute ist ein integraler Wert, der sich auf den gesamten Reaktor bezieht
[b] bezogen auf Katalysatornetzfläche
[c] bezogen auf Katalysatormasse
[d] entspricht einem katalytischen Festbettreaktor

Tab. 4.1b Heterogene katalysierte Verfahren der Petrochemie (Richtwerte für Bedingungen und Raum-Zeit-Ausbeuten sowie Reaktoren)

Reaktion	Produkt	Katalysator	Bedingungen T (°C)	p (MPa)	RZA t-Produkt· $h^{-1} \cdot m^{-3}$-Reaktorvolumen	Reaktor
Oxidation von Benzol oder Buten	Maleinsäureanhydrid	V_2O_5/Träger (Al_2O_3)	400–450	0,1–0,2	0,05–0,11	Rohrbündel*
Oxidation von o-Xylol oder Naphthalin	Phthalsäureanhydrid	V_2O_5/Träger (Al_2O_3)	400–450	0,12	0,03–0,04	Rohrbündel*
Oxidation von Ethylen	Ethylenoxid	Ag/Träger	200–250	1–2,2	0,13–0,26	Rohrbündel*
Oxidation von Propen	Aceton	SnO_2/MoO_3	100–300		n.b.	Rohrbündel*
Ammonoxidation von						
– Propen	Acrylnitril	Bi_2O_3/MoO_3/P_2O_5	400–450	0,1–0,3	0,02	Wirbelschicht
– Methan	Blausäure	Pt/Rh	800–1400	0,1	1,8	Verbrennungsofen
Dehydrierung von						
– Isopropanol	Aceton	ZnO	350–430		n.b.	
– Ethylbenzol	Styrol	Fe_3O_4	500–600	0,14	0,25	Röhrenofen*
– Butan	Butadien	Cr_2O_3/Al_2O_3	500–600	0,1	0,4–0,6	
Fetthydrierung	gehärtete Fette	Ni/Cu	150–200	0,5–1,5	n.b.	Rührkessel
Hydrierung von Aldehyden und Ketonen	Alkohol	Ni, Cu, Pt	100–150	bis 30	n.b.	Rieselreaktor
Hydrierung von Estern	Alkohol	$CuCr_2O_4$	250–300	25–50	n.b.	Rieselreaktor u.a.
Reduktion von Nitrilen, z.B. Adipinsäuredinitril	Hexamethylendiamin	Co oder Ni auf Al_2O_3	100–200	20–40	0,4	Rieselreaktor

* entspricht einem katalytischen Festbettreaktor   n.b. = nicht bekannt

2. Heterogen katalysierte Reaktionen

Tab. 4.1c Heterogen katalysierte Raffinierieverfahren (Richtwerte für Bedingungen und Raum-Zeit-Ausbeuten sowie Reaktoren)

Reaktion	Produkt	Katalysator	Bedingungen T (°C)	p (MPa)	RZA t-Produkt· $h^{-1} \cdot m_{Kat}^{-3}$	Reaktor
Cracken von Kerosin und Destillationsrückständen der atmosphärischen Erdöldestillation	Benzin	Al_2O_3/SiO_2; Zeolithe	500–550	0,1–2	5–75	Wirbelschicht
Hydrocracken von Vakuumdestillaten	Benzin	$MoO_3/CoO/$ Al_2O_3 Zeolithe	320–420	10–20	0,05–0,5	Dreiphasen-Wirbelschicht
Dehydrocyclisierung von Paraffinen		$Pt/Al_2O_3/$ SiO_2			unbekannt	
Reformieren von Benzin-Kohlenwasserstoffen	Reformatbenzin	$Cr_2O_3/Al_2O_3/$ K_2O	400–500	1–50	1–3	Vollraumreaktor*
Isomerisierung von Leichtbenzin	Isoparaffine	Pt/Al_2O_3	400–500	2–4	1,5–2,5	Vollraumreaktor*
Oligomerisierung von Olefinen	Benzin	$H_3PO_4/$ Kieselgur $H_3PO_4/$ A-Kohle	200–240	2–6	30–500	Festbettreaktor
Disproportionierung von Toluol	Benzol/ Xylole	$Pt/Al_2O_3/$ SiO_2	420–550	0,5–3	unbekannt	Vollraumreaktor*
Entalkylierung von Toluol	Benzol	MoO_3/Al_2O_3	500–600	2–4	0,5–1	Vollraumreaktor*
Alkylierung von Benzol	Alkylbenzole	$AlCl_3$	80–100	0,1	0,3	Blasensäule
Hydroraffination (Hydrofining) von Erdölfraktionen	Schwefelfreie Kohlenwasserstoff-Fraktionen	$NiS/WS_2/$ Al_2O_3 $CoS/MoS_2/$ Al_2O_3	300–450	2,0–50	2–8 1–3	Rieselreaktor Dreiphasen-Wirbelschicht
Isomerisierung von m-Xylol	o-/p-Xylol	$Pt/Al_2O_3/$ SiO_2	400–500	2,5	unbekannt	Vollraumreaktor*
Dampfspaltung von Erdgas oder Benzin	CO/H_2	$Ni/Al_2O_3/$ SiO_2	750–950	3–3,5	5–10	Röhrenofen

* entspricht einem katalytischen Festbettreaktor

Tab. 4.1d Homogen katalysierte Verfahren (Richtwerte für Bedingungen und Raum-Zeit-Ausbeuten sowie Reaktoren)

Reaktion	Produkt	Katalysator	Bedingungen T (°C)	p (MPa)	RZA t-Produkt · $h^{-1} \cdot m^{-3}$-Reaktionsvolumen	Reaktor
Oxidation von p-Xylol	Terephthalsäure	Co/Mn-Salze + Bromid	100–180	0,1–1,0	1	Blasensäule
Oxidation von Ethylen	Acetaldehyd	$PdCl_2/CuCl_2$	100	0,3	n.b.	Blasensäule
Hydroformylierung von Olefinen	$R-CH_2-CH_2-CHO$	$[CoH(CO)_4]$	110–180	20–35	0,1	Flüssigphasenreaktor
Polymerisation von Ethylen	$(C_2H_4)_x$	α-$TiCl_4$/ $Al(C_2H_5)_3$	70–160	0,2–2,5	0,3	Rührkessel

* nicht bekannt.

Die Kinetik heterogen katalysierter Reaktionen beruht nur in wenigen Fällen auf der vollständigen Kenntnis des zugrundeliegenden Reaktionsmechanismus. Kinetischen Ansätzen, wie sie für viele technisch wichtige Reaktionen auf der Grundlage experimenteller Untersuchungen abgeleitet werden, liegen meist Vereinfachungen und teils nicht voll abgesicherte Annahmen über den Mechanismus zugrunde. In vielen Fällen steht nur ein sog. formalkinetischer Ansatz zur Verfügung, mit dem der zeitliche Ablauf der Reaktion quantitativ erfaßt werden kann, ohne daß aber das Reaktionsgeschehen auf der Katalysatoroberfläche näher bekannt ist. Solche formalkinetischen Ansätze, die beispielsweise für eine Reaktion des Typs

$$A_1 + A_2 \rightarrow A_3 \tag{4.61}$$

als Potenzansätze

$$r = k c_1^{m_1} c_2^{m_2} \tag{4.62}$$

oder auch als hyperbolische Ansätze

$$r = \frac{k c_1^{m_1} c_2^{m_2}}{(1 + K_1 c_1 + K_2 c_2)^{m_3}} \tag{4.63}$$

in dieser oder ähnlicher Form vorliegen, reichen jedoch häufig für eine Reaktorauslegung völlig aus.

Für eine umfassende kinetische Beschreibung einer katalytischen Reaktion müssen die auf einer Katalysatoroberfläche ablaufenden Vorgänge betrachtet werden:
– Adsorption der Reaktanden auf der Oberfläche,
– katalytische Reaktion auf der Oberfläche,
– Desorption der Produkte.

Vielfach müssen darüber hinaus Transportvorgänge
- Diffusion der reagierenden Moleküle zur Oberfläche
- Diffusion der desorbierten Produkte in die umgebende Gasphase

in die kinetische Betrachtung einbezogen werden, wenn deren Geschwindigkeit im Vergleich zu den Oberflächenvorgängen langsam ist.

Im folgenden sollen jedoch nur die Vorgänge behandelt werden, die auf der Oberfläche ablaufen. Die Konsequenzen, die sich aus dem Zusammenwirken der Oberflächenvorgänge mit den Transportvorgängen ergeben, werden in Kap. 6 (s. S. 111 ff.) gesondert behandelt.

2.1 Adsorption und Desorption

Der chemischen Oberflächenreaktion vor- bzw. nachgeschaltet ist die Adsorption der Edukte und die Desorption der Produkte. Beide Prozesse sind aus thermodynamischer Sicht reversibel; häufig sind diese Vorgänge gegenüber der Reaktion sehr schnell, so daß sich das System im dynamischen Gleichgewicht in Bezug auf die Adsorption und Desorption befindet.

Die Adsorptionsgeschwindigkeit für eine an einem Oberflächenplatz z (aktives Zentrum) zu adsorbierende Komponente

$$A_1 + z \underset{k_{\text{des}}}{\overset{k_{\text{ad}}}{\rightleftarrows}} A_1 \text{---} z \quad (4.64)$$

wird durch deren Gasphasenkonzentration c_1 bzw. Partialdruck p_1 und die Zahl der freien aktiven Oberflächenplätze Z_{frei} sowie die gleichzeitig auftretende Desorption bestimmt; hierbei wird die energetische Gleichwertigkeit aller Oberflächenplätze (sog. Langmuir-Adsorption) vorausgesetzt.

$$R_{1,\text{ad}} = k'_{\text{ad}} p_1 Z_{\text{frei}} - k'_{\text{des}} Z_1 \quad (4.65)$$

Wird nur die Komponente A_1 auf Z_1 Oberflächenplätzen adsorbiert, dann entspricht $Z_{\text{frei}} = Z_{\text{ges}} - Z_1$ bzw. bei Einführung des Bedeckungsgrades $\theta_1 = Z_1/Z_{\text{ges}}$ ergibt sich mit $k'_{\text{ad}} Z_{\text{ges}}$ bzw. $k'_{\text{des}} Z_{\text{ges}}$ gleich k_{ad} bzw. k_{des}

$$R_{1,\text{ad}} = k_{\text{ad}} p_1 (1 - \theta_1) - k_{\text{des}} \theta_1 \quad (4.66)$$

Im Gleichgewichtszustand ergibt sich für die Belegung der Oberflächenplätze mit A_1, wenn die Adsorptionsgleichgewichtskonstante $K_1 = k_{\text{ad}}/k_{\text{des}}$ ist

$$\theta_1 = \frac{K_1 p_1}{1 + K_1 p_1}. \quad (4.67)$$

Diese Beziehung entspricht der Langmuirschen Adsorptionsisotherme für molekulare Adsorption. Sind mehrere Komponenten auf der Oberfläche reversibel adsorbiert, ergibt sich

$$\theta_i = \frac{K_i p_i}{1 + \Sigma K_i p_i}. \quad (4.68)$$

Bei einer dissoziativen Adsorption des Moleküls A_1, wie dies beispielsweise bei der Wasserstoff-Adsorption ($A_1 = H_2$) auf Nickel der Fall ist,

$$H_2 + 2z \underset{k_{\text{des}}}{\overset{k_{\text{ad}}}{\rightleftarrows}} 2H \text{---} z \quad (4.69)$$

gilt

$$\theta_1 = \frac{\sqrt{(k_{ad}/k_{des}) \cdot p_1}}{1 + \sqrt{(k_{ad}/k_{des}) \cdot p_1}} = \frac{\sqrt{K_1 p_1}}{1 + \sqrt{K_1 p_1}}. \quad (4.70)$$

Gelegentlich ist es notwendig oder auch zweckmäßig, anstelle der Langmuir-Adsorption, die für reale Katalysatoren eine Idealisierung darstellt, andere Beziehungen für die Adsorptionsgleichgewichte zu verwenden. Mit der Annahme, daß die Adsorptionswärme exponentiell mit der Bedeckung an A_1 abnimmt, läßt sich die Freundlich-Isotherme ableiten:

$$\theta_1 = C p_1^{1/n} \quad (4.71)$$

C und n sind Konstanten, wobei $n > 1$ ist.

In der vorliegenden Form führt die Beziehung zu keiner maximalen Bedeckung; sie ist daher nur für θ-Werte bis zu etwa 0,8 sinnvoll anwendbar. Es sei darauf hingewiesen, daß sich die Langmuir-Beziehung über einen begrenzten Druckbereich formal durch die Freundlich-Gleichung approximieren läßt, was einem Potenzansatz entspräche.

Für den Fall, daß die Adsorptionswärme linear mit der Bedeckung abnimmt, gilt anstelle von Gl. (4.71) die Temkin-Beziehung

$$\theta_1 = C_1 \ln(C_2 K_1 p_1). \quad (4.72)$$

Die Konstanten C_1 und C_2 hängen von der Adsorptionswärme bei $\theta_1 \to 0$ ab.

Die Geschwindigkeit der Desorption eines Produktes A_2

$$A_2\text{---}z \underset{k_{ad}}{\overset{k_{des}}{\rightleftarrows}} A_2 + z \quad (4.73)$$

läßt sich analog wie für die Adsorption formulieren.

$$R_{2,\text{des}} = k_{des}\theta_2 - k_{ad}(1 - \Sigma\theta_i)p_2. \quad (4.74)$$

Hieraus kann wiederum die Oberflächenbelegung mit A_2 abgeleitet werden.

2.2 Katalytische Oberflächenreaktion

Der für eine katalytische Oberflächenreaktion angenommene Mechanismus hängt von der jeweiligen Natur der betrachteten Reaktion ab. Dies wird an zwei einfachen Beispielen erläutert, bei denen angenommen wird, daß die Oberflächenreaktion nur einen einzigen Elementarschritt umfaßt.

Monomolekulare Reaktion. Es wird vorausgesetzt, daß ein Molekül A_1 nicht-dissoziativ adsorbiert ist und sich in ein nicht adsorbiertes Produkt umwandelt. Hierbei könnte es sich um eine Zerfallsreaktion oder auch eine Umlagerungsreaktion (Isomerisation) handeln.

$$A_1\text{---}z \to A_2 + z \quad (4.75)$$

Die Geschwindigkeit der entsprechenden Oberflächenreaktion ist gegeben durch

$$r = k_s \theta_1. \quad (4.76)$$

Bimolekulare Reaktion. Reagieren zwei adsorbierte Komponenten A_1 und A_2 miteinander,

$$A_1\text{---}z + A_2\text{---}z \to A_3 + 2z \quad (4.77)$$

so läßt sich für den zeitlichen Verbrauch an A_1 bzw. A_2 und die Bildung von A_3 ableiten

$$r = k_s \theta_1 \theta_2. \tag{4.78}$$

Das heißt, die Reaktionsgeschwindigkeit ist dem Produkt der Bedeckungen an A_1 und A_2 proportional, das gleich der Wahrscheinlichkeit für das Vorhandensein zweier benachbarter mit A_1 bzw. A_2 bedeckter Oberflächenplätze ist.

2.3 Abhängigkeit der Reaktionsgeschwindigkeit von den Gasphasenkonzentrationen

In den beiden vorangegangenen Abschnitten 2.1 und 2.2 sind die Geschwindigkeiten der Adsorption und Desorption sowie der katalytischen Oberflächenreaktion in Abhängigkeit von den Oberflächenbedeckungen an den Reaktionsteilnehmern beschrieben worden. Diese sind jedoch einer Messung im allgemeinen nicht zugänglich; daher ist es notwendig, sie durch die meßbaren Gasphasenkonzentrationen bzw. die ihnen entsprechenden Partialdrücke zu substituieren. Geeignete Vorgehensweisen, die durch den für die Reaktion angenommenen Mechanismus bestimmt sind, werden zunächst für den Fall behandelt, daß die Oberflächenreaktion der die Geschwindigkeit des Gesamtvorganges bestimmende Schritt ist. Anschließend werden die Überlegungen auf komplexere Geschwindigkeitsgleichungen übertragen, bei denen beispielsweise die Geschwindigkeiten von Adsorption, chemischer Reaktion und Desorption vergleichbar groß sind oder auch beim Ablauf der Oberflächenreaktion mehrere Elementarschritte, von denen einer geschwindigkeitsbestimmend ist, zu berücksichtigen sind.

2.3.1 Katalytische Oberflächenreaktion als geschwindigkeitsbestimmender Schritt

Die zuvor erwähnten mono- und bimolekularen Reaktionen werden nachstehend behandelt.

Monomolekulare Reaktion. Für eine monomolekulare Reaktion $A_1 \rightarrow A_2$ kann der Bedeckungsgrad θ_1 unter der Voraussetzung, daß das Adsorptionsgleichgewicht eingestellt ist, über einen der in Abschn. 2.1 dargestellten Zusammenhänge (s. Gl. (4.68) bis (4.71), S. 49/50) durch den Partialdruck p_1 ersetzt werden. Unter Zugrundelegung der Langmuir-Adsorption wird erhalten

$$r = \frac{k_s K_1 p_1}{1 + K_1 p_1} \tag{4.79a}$$

bzw. mit $k_s K_1 = k$

$$r = \frac{k p_1}{1 + K_1 p_1} \tag{4.79b}$$

Für Gl. (4.79b) ergeben sich unter bestimmten Voraussetzungen Vereinfachungen: Bei kleinem Bedeckungsgrad θ_1, der erhalten wird, wenn entweder K_1 oder p_1 klein ist, gilt $K_1 p_1 \ll 1$. In diesem Fall vereinfacht sich die für eine monomolekulare Reaktion geltende Gl. (4.79b) zu

$$r \doteq k p_1, \tag{4.80}$$

so daß die Reaktion formal nach erster Ordnung verläuft. Ist der Bedeckungsgrad hingegen ungefähr 1 – dies gilt, wenn A_1 infolge eines hohen Wertes für K_1 oder auch für p_1 stark adsorbiert wird – so ist $K_1 p_1 \gg 1$. Gl. (4.79a) geht nunmehr über in

$$r = k_s. \tag{4.81}$$

Das heißt, die Reaktionsordnung ist unter diesen Umständen formal null.
Ist mit einer merklichen Adsorption des Produktes A_2 zu rechnen, so wird die Reaktionsgeschwindigkeit hierdurch erniedrigt; es gilt

$$r = \frac{k p_1}{1 + K_1 p_1 + K_2 p_2}. \tag{4.82}$$

Ist die Oberflächenbedeckung durch A_1 sowohl absolut als auch gegenüber A_2 gering, d.h. $K_1 p_1 \ll (1 + K_2 p_2)$, so ist

$$r = \frac{k p_1}{1 + K_2 p_2}. \tag{4.83}$$

Wird das Produkt A_2 gegenüber A_1 sehr stark adsorbiert und ist $K_2 p_2 \gg (1 + K_1 p_1)$, dann gilt

$$r = \frac{k p_1}{K_2 p_2} = k' \frac{p_1}{p_2}. \tag{4.84}$$

Die Inhibitorwirkung des Produktes nach Gln. (4.82) bis (4.84) kann insbesondere bei hohen Umsatzgraden an A_1 stark zum Tragen kommen.

Für den Fall, daß die Adsorption nach der Freundlich-Beziehung zu beschreiben ist, wird erhalten

$$r = k_s C p_1^{1/n} \tag{4.85a}$$

bzw. mit $k_s C = k$ und $\frac{1}{n} = m$

$$r = k p_1^m \tag{4.85b}$$

Bimolekulare Reaktion. Für eine bimolekulare Reaktion zwischen zwei adsorbierten Spezies A_1 und A_2 ergibt sich analog mit $r = k' \theta_1 \theta_2$ bei Langmuir-Adsorption

$$r = \frac{k p_1 p_2}{(1 + K_1 p_1 + K_2 p_2)^2} \tag{4.86}$$

bzw. bei Freundlich-Adsorption wird ein Potenzansatz mit den formalen Reaktionsordnungen m_1 und m_2 erhalten

$$r = k p_1^{m_1} p_2^{m_2}. \tag{4.87}$$

Ähnliche Sonderfälle, wie sie für die monomolekulare Reaktion geschildert wurden, lassen sich in analoger Weise auch für bimolekulare Reaktionen ableiten; hierauf soll an dieser Stelle jedoch nicht näher eingegangen werden.

Eine besondere Art einer bimolekularen Reaktion ist gegeben, wenn eine Komponente A_1 adsorbiert und die andere Komponente A_2 mit ihr aus der Gasphase reagiert. Hierfür läßt sich über

$$r = k_s \theta_1 p_2, \tag{4.88}$$

wenn wieder Langmuir-Adsorption zugrundegelegt wird, folgender Zusammenhang für die entsprechende kinetische Gleichung herleiten

$$r = \frac{kp_1p_2}{1 + K_1p_1}. \tag{4.89}$$

Die Abhängigkeit der Reaktionsgeschwindigkeit vom Partialdruck der Komponente A_1 bei konstantem Partialdruck für A_2 ist in Abb. 4.2 gemäß Gl. (4.86), die auch als sog. Langmuir-Hinshelwood-Kinetik bezeichnet wird (Kurve a), und Gl. (4.89), sog. Eley-Rideal-Kinetik (Kurve b), dargestellt. Im ersten Fall durchläuft r in Abhängigkeit von p_1 ein Maximum, während im zweiten Fall mit steigendem p_1 ein maximaler Endwert erreicht wird.

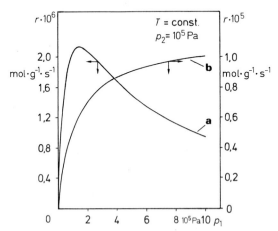

Abb. 4.2. Abhängigkeit der Geschwindigkeit einer Reaktion

$A_1 + A_2 \to A_3$

vom Partialdruck der Komponente A_1 bei konstantem Partialdruck an A_2
a Langmuir-Hinshelwood Kinetik nach Gl. (4.86)
b Eley-Rideal Kinetik nach Gl. (4.89)
(Parameterwerte: $k = 10^{-15}$ mol Pa^{-2} g^{-1} s^{-1}, $K_1 = 0{,}9 \cdot 10^{-5}$ Pa, $K_2 = 0{,}3 \cdot 10^{-5}$ Pa)

2.3.2 Komplexe Kinetik einer einfachen Reaktion

Bei heterogen katalysierten Reaktionen ist das Geschehen auf der Katalysatoroberfläche im allgemeinen weit komplexer, als es im vorangegangenen Abschnitt vereinfachend geschildert wurde. Um zu Vorstellungen über einen möglichen Mechanismus zu gelangen, ist es erforderlich, den Reaktionsablauf in einzelne Elementarschritte zu zerlegen; ein Elementarschritt ist so definiert, daß er in keine weiteren Einzelschritte zerlegbar ist und daß dabei eine chemische Bindung gebrochen bzw. gebildet oder beim Bindungsbruch gleichzeitig eine andere Bindung gebildet wird. Eine Zusammenstellung von Elementarschritten, wie sie auf katalytischen Oberflächen vorliegen können, enthält in Anlehnung an Burwell (s.[9]) Tab. 4.2.

Die weitestgehende Betrachtungsweise (Methode I) umfaßt alle möglichen Elementarschritte einschließlich der sich einstellenden Gleichgewichte. Dieses Verfahren ist jedoch, wie noch gezeigt wird, sehr aufwendig und nur begrenzt anwendbar, da es meist nicht gelingt, die Geschwindigkeitskonstanten für alle Einzelschritte experimentell zu ermitteln.

Tab. 4.2 Elementarschritte katalytischer Reaktionen an aktiven Oberflächenzentren z (nach Burwell, s.[9])

Elementarschritt		Aufspaltung	Knüpfung
			von Bindungen
Adsorption und Desorption			
a) $z + NH_3(g)$	$\rightarrow \overset{+}{H_3N}\text{---}\overset{-}{z}$	keine	A---z
b) $z + H(g)$	$\rightarrow H\text{---}z$	keine	A---z
Dissoziative Adsorption (bzw. assoziative Desorption)			
a) $2z + H_2(g)$	$\rightarrow 2H\text{---}z$	A−A	2(A---z)
b) $2z + CH_4(g)$	$\rightarrow CH_3\text{---}z + H\text{---}z$	A−B	A---z, B---z
c) $2z + H_2C=CH_2(g)$	$\rightarrow z\text{---}H_2C-CH_2\text{---}z$	A−A	2(A---z)
d) $2z + C_2H_6$	$\rightarrow H\text{---}z + (C_2H_5)\text{---}z$	A−B	A---z, B---z
Dissoziative (und assoziative) Oberflächenreaktion			
$2z + (C_2H_5)\text{---}z$	$\rightarrow H\text{---}z + z\text{---}CH_2-CH_2\text{---}z$	A−B	z---A---z, B---z
Reaktive Adsorption (bzw. Desorption)			
a) $H\text{---}z + C_2H_4(g)$	$\rightarrow C_2H_5\text{---}z$	A---z, B−B	A−B---z, B---z
b) $H_2C=CH_2 \atop \vert \atop z$ $+ D-D(g) + z$	$\rightarrow z\text{---}H_2C-CH_2-D + D\text{---}z$	A−A	A−B---z, B---z, A---z
c) $z\text{---}H_2C-CH_2\text{---}z + H_2(g) + z$	$\rightarrow z\text{---}C_2H_5 + z + H\text{---}z$	B---z, A−A	A−B---z, A---z
Reaktion zwischen Gas und Adsorbat			
a) $H(g) + H\text{---}z$	$\rightarrow H_2(g) + z$	A---z	A−A
b) $2H\text{---}z + C_2H_4(g)$	$\rightarrow 2z + C_2H_6(g)$	2(A---z), B−B	2(A−B)
c) $H\text{---}z + D_2(g) + z$	$\rightarrow z + HD(g) + D\text{---}z$	A---z, B−B	B---z, A−B
d) $D\text{---}z + H_2C=CH-CH_3(g)$	$\rightarrow DH_2C-CH=CH_2(g) + H\text{---}z$	A---z, B−C, D−E	E---z, A−B, C−D

Eine Vereinfachung gegenüber Methode I wird erreicht, wenn zwar weiterhin alle sich über Elementarschritte bildenden Oberflächenspezies (Zwischenstufen) berücksichtigt aber nur ein Elementarschritt als geschwindigkeitsbestimmend angesehen und dem kinetischen Ansatz zugrundegelegt wird (Methode II).

Schließlich hat sich ein Verfahren (Methode III) bewährt, das als weitere Vereinfachung gegenüber Methode II die Oberflächenspezies auf diejenige einschränkt, die in großem Überschuß vorliegt.

Die Methoden I bis III, die eine fortschreitende Vereinfachung des zugrundeliegenden Reaktionsmechanismus beinhalten, werden nachstehend exemplarisch erläutert.

2. Heterogen katalysierte Reaktionen

Methode I. Es wird eine einfache Umlagerungsreaktion des Typs

$$A_1 \rightleftarrows A_2, \tag{4.90}$$

wie sie beispielsweise die Isomerisierung eines Kohlenwasserstoffs darstellt, betrachtet. Für die auf der Oberfläche ablaufenden Vorgänge werden drei reversible Elementarschritte zugrundegelegt:

— Adsorption von A_1 an einem aktiven Oberflächenplatz z

$$A_1 + z \underset{k_{-1}}{\overset{k_1}{\rightleftarrows}} A_1 \text{---} z \tag{4.91}$$

— Chemische Oberflächenreaktion

$$A_1 \text{---} z \underset{k_{-2}}{\overset{k_2}{\rightleftarrows}} A_2 \text{---} z \tag{4.92}$$

— Desorption des Produkts A_2 von der Katalysatoroberfläche

$$A_2 \text{---} z \underset{k_{-3}}{\overset{k_3}{\rightleftarrows}} A_2 + z \tag{4.93}$$

Wird die Annahme eines quasi-stationären Zustandes (Bodenstein-Prinzip) auf der Katalysatoroberfläche getroffen, so ist die zeitliche Änderung der Bedeckungen an A_1 und A_2 gleich null.

$$\frac{d\theta_1}{dt} = k_1 p_1 \theta_{\text{frei}} - k_{-1}\theta_1 - k_2\theta_1 + k_{-2}\theta_2 = 0 \tag{4.94}$$

$$\frac{d\theta_2}{dt} = k_2\theta_1 - k_{-2}\theta_2 - k_3\theta_2 + k_{-3} p_2 \theta_{\text{frei}} = 0 \tag{4.95}$$

Weiterhin gilt im quasi-stationären Zustand, daß die Geschwindigkeit der Abreaktion von A_1 gleich derjenigen der Bildung an A_2 sein muß; d.h.,

$$-R_1 = R_2 \equiv r \tag{4.96}$$

für die sich im einzelnen ergibt:

$$R_1 = -k_1 p_1 \theta_{\text{frei}} + k_{-1}\theta_1 \tag{4.97}$$

$$R_2 = -k_3\theta_2 - k_{-3} p_2 \theta_{\text{frei}} \tag{4.98}$$

Die Bildungs- bzw. Verbrauchsgeschwindigkeit an A_2 bzw. A_1 ist über die direkt zugänglichen Partialdrücke p_1 und p_2 nach Elimination der Belegungen gegeben. Die drei Größen θ_1, θ_2 und θ_{frei} können mittels der Gl.(4.94) und (4.95) sowie der folgenden Beziehung

$$\theta_{\text{frei}} + \theta_1 + \theta_2 = 1 \tag{4.99}$$

in Abhängigkeit von p_1 und p_2 dargestellt werden. Nach Substitution dieser Abhängigkeiten in Gl.(4.97) bzw. (4.98) wird schließlich erhalten

$$r = \frac{k(p_1 - p_2/K)}{1 + k_\text{I} p_1 + k_\text{II} p_2}. \tag{4.100}$$

Hierin bedeuten:

$$k = \frac{k_1 k_2 k_3}{k_{-1}(k_{-2} + k_3) + k_2 k_3} \tag{4.101}$$

$$k_\text{I} = \frac{k_1(k_2 + k_{-2} + k_3)}{k_{-1}(k_{-2} + k_3) + k_2 k_3} \tag{4.102}$$

$$k_\text{II} = \frac{k_{-3}(k_{-1} + k_2 + k_{-2})}{k_{-1}(k_{-2} + k_3) + k_2 k_3} \tag{4.103}$$

$$K = \frac{k_1 k_2 k_3}{k_{-1} k_{-2} k_{-3}}. \tag{4.104}$$

Die sechs Geschwindigkeitskonstanten $k_1, k_2, k_3, k_{-1}, k_{-2}$ und k_{-3} für die einzelnen Elementarschritte können selbst bei Kenntnis von K aus einer experimentell ermittelten Abhängigkeit der Reaktionsgeschwindigkeit r von p_1 und p_2 nicht explizit bestimmt werden, wenn nicht die Möglichkeit einer getrennten quantitativen Untersuchung der Einzelschritte besteht. Daher mußten in der obigen Gl. (4.100) die neuen Konstanten k, k_{I} und k_{II} neben der Gleichgewichtskonstanten K der betrachteten Reaktion (Gl. (4.90)) eingeführt werden.

Liegt das Gleichgewicht der Reaktion (4.90) weitgehend auf der Seite des Produkts A_2, d.h. ist K sehr groß, dann geht Gl. (4.100) über in

$$r = \frac{k p_1}{1 + k_{\text{I}} p_1 + k_{\text{II}} p_2}. \tag{4.105}$$

Diese Beziehung stimmt formal mit Gl. (4.82) überein (s. S. 52), ohne daß die zugrundegelegten Mechanismen jedoch identisch sind. An diesem Beispiel wird deutlich, daß die Wiedergabe kinetischer Zusammenhänge durch einen bestimmten kinetischen Ansatz nicht ohne weiteres auf einen bestimmten Mechanismus der Reaktion und den geschwindigkeitsbestimmenden Schritt schließen läßt; hierfür sind zusätzliche Informationen erforderlich.

Methode II. Im vorangegangenen Fall wurden zur Ableitung des kinetischen Ansatzes (Gl. (4.100)) keinerlei Festlegungen über die Lage der Gleichgewichte der einzelnen Elementarreaktionen und der Geschwindigkeiten gemacht. Dies wird im folgenden für eine Reaktion des Typs

$$B_2 C + DC \rightleftharpoons B_2 + DC_2 \tag{4.106}$$
$$(A_1) \quad (A_2) \quad (A_3) \quad (A_4)$$

behandelt; hierbei könnte es sich beispielsweise um die Konvertierungsreaktion

$$H_2O + CO \longrightarrow H_2 + CO_2$$

handeln. Es wird angenommen, daß folgende zwei Elementarschritte (1) und (2), die einem sog. Eley-Rideal Mechanismus entsprechen, ablaufen:

$$B_2 C + z \underset{k_{-1}}{\overset{k_1}{\rightleftharpoons}} C\text{---}z + B_2 \tag{1}$$

$$C\text{---}z + DC \underset{k_{-2}}{\overset{k_2}{\rightleftharpoons}} z + DC_2. \tag{2}$$

Für diese beiden Schritte werden folgende Voraussetzungen getroffen:
– für Schritt (1) stellt sich das Gleichgewicht weitgehend ein.
– Schritt (2) verläuft vergleichsweise langsam und ist damit für die Gesamtreaktion geschwindigkeitsbestimmend.

Damit gelten folgende Zusammenhänge: Hin- und Rückreaktion des Schritts (1) sind annähernd gleich; d.h.

$$k_1 p_1 Z_{\text{frei}} \approx k_{-1} p_3 Z_C. \tag{4.107}$$

Für die Oberflächenplätze Z_{frei} und Z_C ergibt sich, wenn $Z_{\text{frei}} + Z_C = Z_{\text{ges}}$,

$$Z_C = Z_{\text{ges}} \frac{k_1 p_1}{k_{-1} p_3 + k_1 p_1} = Z_{\text{ges}} \frac{(k_1/k_{-1}) p_1/p_3}{1 + (k_1/k_{-1}) p_1/p_3} \tag{4.108}$$

$$Z_{\text{frei}} = Z_{\text{ges}} \frac{k_{-1} p_3}{k_{-1} p_3 + k_1 p_1} = Z_{\text{ges}} \frac{1}{1 + (k_1/k_{-1}) p_1/p_3} \tag{4.109}$$

Da für den stationären Zustand gelten muß, daß die Geschwindigkeiten der Abreaktion von $B_2 C(A_1)$ bzw. $DC(A_2)$ und der Bildung von $B_2(A_3)$ bzw. $DC_2(A_4)$ gleich sind, ist $-R_1 = R_3 \equiv r$.

$$r = k_2 p_2 Z_C - k_{-2} p_4 Z_{\text{frei}} \qquad (4.110)$$

Werden die Größen Z_C und Z_{frei} durch die Beziehungen (4.108) und (4.109) substituiert, wird schließlich erhalten

$$r = \frac{k_1 p_1 p_2 / p_3}{1 + K_1 p_1 / p_3} - \frac{k'_{-2} p_4}{1 + K_1 p_1 / p_3} \qquad (4.111)$$

mit

$$k_1 = K_1 k_2 Z_{\text{ges}}$$
$$k'_{-2} = k_{-2} Z_{\text{ges}}$$
$$K_1 = k_1 / k_{-1}$$

Methode III. Viele heterogen katalysierte Reaktionen verlaufen über eine größere Zahl von häufig nicht eindeutig identifizierbaren Zwischenstufen auf der Katalysatoroberfläche. In solchen Fällen ist es unmöglich, kinetische Ansätze auf der Grundlage aller Elementarschritte abzuleiten. Unter diesen Umständen hat sich ein von M. Boudart[9] vorgeschlagenes Konzept bewährt. Es wird wiederum ein geschwindigkeitsbestimmender Schritt für eine Elementarreaktion angenommen; weiter wird vorausgesetzt, daß unter den verschiedenen am Reaktionsgeschehen beteiligten Zwischenstufen auf der Katalysatoroberfläche eine bestimmte Spezies existiert, deren Oberflächenkonzentration sehr viel größer als die aller anderen ist; (letztere wird nach Boudart als *m*ost *a*bundant *s*urface *i*ntermediate „masi" bezeichnet). Mit diesen Vereinfachungen ist es möglich, auch bei einer größeren Zahl von aufeinanderfolgenden Reaktionsschritten nur zwei Schritte zu betrachten, wie im folgenden am Beispiel der durch Platin katalysierten Dehydrierung von Methylcyclohexan zu Toluol veranschaulicht ist:

$$H_3C-C_6H_{11} \longrightarrow H_3C-C_6H_5 + 3H_2.$$

Die Reaktion soll über eine Anzahl nicht näher identifizierter Einzelschritte zum adsorbierten Toluol verlaufen,

$$H_3C-C_6H_{11} + z \xrightarrow{(1)} \cdots \cdots \xrightarrow{(n-1)} H_3C-C_6H_5\text{---}z + 3H_2$$

das dann schließlich desorbiert.

$$H_3C-C_6H_5\text{---}z \xrightarrow{(n)} H_3C-C_6H_5 + z$$

Als geschwindigkeitsbestimmend wird der Schritt (1) und als masi das adsorbierte Toluol angesehen, so daß sich im stationären Zustand für die Abreaktion von Methylcyclohexan (M) und die Bildung von Toluol (T) formulieren läßt

$$-R_M = R_T \equiv r \qquad (4.112)$$
$$R_M = -k'_1 p_M Z_{\text{frei}} \qquad (4.113)$$
$$R_T = k'_n Z_T \qquad (4.114)$$

Die Zahl der Oberflächenplätze Z läßt sich mittels der Gl. (4.113) und (4.114) sowie der Beziehung

$$Z_{\text{ges}} = Z_{\text{frei}} + Z_T \qquad (4.115)$$

eliminieren, so daß sich schließlich ergibt

$$r = \frac{k_1 p_M}{1 + K p_M}. \qquad (4.116)$$

Hierin sind $k_1 = k'_1 Z_{\text{ges}}$ und $K = k'_1 / k'_n$.

Die Anwendung der erläuterten Methoden I bis III zur Ableitung einer quantitativen Beziehung für die Kinetik einer chemischen Reaktion wird immer davon abhängen, welche Informationen über den Mechanismus der Reaktion zur Verfügung stehen und in welchem Umfang die entsprechende Beziehung zu anderen Reaktionsbedingungen extrapolierbar sein muß. Aus dem Blickwinkel der Reaktionstechnik wird es im allgemeinen hinreichend sein, wenn der Reaktionsablauf für die vorliegenden Betriebsbedingungen mit genügender Genauigkeit beschreibbar ist, ohne daß damit alle mechanistischen Gesichtspunkte voll berücksichtigt werden müssen, d. h., häufig wird auch ein vereinfachter kinetischer Ansatz (Methode III) zur Beschreibung komplexerer Reaktionsabläufe ausreichen.

2.3.3 Hougen-Watson-Geschwindigkeitsansätze

In den vorangegangenen Abschnitten wurden die prinzipiellen Möglichkeiten zur Ermittlung kinetischer Ansätze für katalytische Reaktionen anhand ausgewählter Beispiele aufgezeigt. Eine umfassendere Beispielsammlung wurde von O. A. Hougen und K. M. Watson [10] gegeben. Sie haben für eine große Zahl von Reaktionstypen, für die unterschiedliche geschwindigkeitsbestimmende Schritte und Gleichgewichtseinstellungen vorausgesetzt wurden, entsprechend der im vorigen Abschnitt erläuterten Methode II kinetische Ansätze abgeleitet. Es wird jeweils zwischen einem kinetischen Term, einem Potentialterm und einem Adsorptionsterm unterschieden:

$$r = \frac{\text{(kinetischer Term) (Potentialterm)}}{\text{(Adsorptionsterm)}^n} \tag{4.117}$$

Der kinetische Term enthält die Geschwindigkeitskonstante der den zeitlichen Ablauf bestimmenden Elementarreaktion sowie meist noch Adsorptionsgleichgewichtskonstanten. Der Potentialterm entspricht der Triebkraft der Reaktion, die durch die Entfernung vom thermodynamischen Gleichgewicht gegeben ist. Durch den Adsorptionsterm wird die Hemmung der Reaktion durch Bedeckung der katalytisch aktiven Oberflächenplätze mit Reaktanden berücksichtigt. Der Exponent n schließlich ist gleich der Zahl der Oberflächenplätze, die an der geschwindigkeitsbestimmenden Elementarreaktion beteiligt sind. Die drei Terme sind für verschiedene Reaktionstypen und geschwindigkeitsbestimmende Schritte sowie Gleichgewichtseinstellungen in Tab. 4.3a bis 4.3d zusammengestellt.

Tab. 4.3a Kinetische Terme für heterogen katalysierte Reaktionen

Adsorption oder Desorption geschwindigkeitsbestimmend für $A_1 + A_2 \rightleftarrows A_3$				
Adsorption von A_1	k_1			
Adsorption von A_2	k_2			
Desorption von A_3	$k_3 K$ mit K = Gleichgewichtskonstante der Reaktion			
Dissoziative Adsorption von A_1	$\frac{n_z}{2} k_1$ mit n_z = Anzahl der an der Reaktion beteiligten aktiven Zentren			

Oberflächenreaktion geschwindigkeitsbestimmend				
Reaktionstyp	$A_1 \rightleftarrows A_3$	$A_1 \rightleftarrows A_3 + A_4$	$A_1 + A_2 \rightleftarrows A_3$	$A_1 + A_2 \rightleftarrows A_3 + A_4$
molekulare Adsorption von A_1	$k_s K_1$	$k_s n_z K_1$	$k_s n_z K_1 K_2$	$k_s n_z K_1 K_2$
dissoziative Adsorption von A_1	$k_s n_z K_1$	$k_s n_z K_1$	$k_s n_z (n_z - 1) K_1 K_2$	$k_s n_z (n_z - 1) K_1 K_2$
A_2 nicht adsorbiert A_1 molekular adsorbiert	$k_s K_1$	$k_s n_z K_1$	$k_s K_1$	$k_s n_z K_1$
A_2 nicht adsorbiert A_1 dissoziativ adsorbiert	$k_s n_z K_1$	$k_s n_z K_1$	$k_s n_z K_1$	$k_s n_z K_1$

2. Heterogen katalysierte Reaktionen

Tab. 4.3b Triebkraft heterogen katalysierter Reaktionen

Reaktionstyp geschwindigkeitsbestimmender Schritt	$A_1 \rightleftarrows A_3$	$A_1 \rightleftarrows A_3 + A_4$	$A_1 + A_2 \rightleftarrows A_3$	$A_1 + A_2 \rightleftarrows A_3 + A_4$
Adsorption von A_1	$p_1 - p_1/K$	$p_1 - p_3 p_4/K$	$p_1 - p_3/Kp_2$	$p_1 - p_3 p_4/Kp_2$
Adsorption von A_2	–	–	$p_2 - p_3/Kp_1$	$p_2 - p_3 p_4/Kp_1$
Desorption von A_3	$p_1 - p_3/K$	$p_1/p_4 - p_3/K$	$p_1 p_2 - p_3/K$	$p_1 p_2/p_4 - p_3/K$
Oberflächenreaktion	$p_1 - p_1/K$	$p_1 - p_3 p_4/K$	$p_1 p_2 - p_3/K$	$p_1 p_2 - p_3 p_4/K$

Tab. 4.3c Adsorptionsterm heterogen katalysierter Reaktionen (Der allgemeine Adsorptionsterm $(1 + K_1 p_1 + K_2 p_2 + K_3 p_3 + K_4 p_4 + K_I p_I)^n$ ist entsprechend nachfolgender Aufstellung zu substituieren. Ist eine Komponente A_i nicht vorhanden oder ist sie nicht adsorbiert, wird der jeweilige Ausdruck $K_i p_i = 0$. Der Index I steht für eine inerte, aber adsorbierte Komponente I.)

Reaktionstyp	$A_1 \rightleftarrows A_3$	$A_1 \rightleftarrows A_3 + A_4$	$A_1 + A_2 \rightleftarrows A_3$	$A_1 + A_2 \rightleftarrows A_3 + A_4$
Wenn Adsorption von A_1 bestimmend, wird $K_1 p_1$ ersetzt durch	$(K_1 p_3/K)$	$(K_1 p_3 p_4/K)$	$(K_1 p_3/Kp_2)$	$(K_1 p_3 p_4/Kp_2)$
Wenn Adsorption von A_2 bestimmend, wird $K_2 p_2$ ersetzt durch	–	–	$(K_2 p_3/Kp_1)$	$(K_2 p_3 p_4/Kp_1)$
Wenn Desorption von A_3 bestimmend, wird $K_3 p_3$ ersetzt durch	$(KK_3 p_1)$	$(KK_3 p_1/p_4)$	$(KK_3 p_1 p_2)$	$(KK_3 p_1 p_2/p_4)$
Wenn Adsorption von A_1 mit Dissoziation von A_1 bestimmend, wird $K_1 p_1$ ersetzt durch	$(K_1 p_3/K)^{1/2}$	$(K_1 p_3 p_4/K)^{1/2}$	$(K_1 p_3/Kp_2)^{1/2}$	$(K_1 p_3 p_4/Kp_2)^{1/2}$
Wenn Gleichgewichtsadsorption von A_1 mit Dissoziation von A_1 auftritt, wird $K_i p_i$ ersetzt durch	$(K_i p_i)^{1/2}$	$(K_i p_i)^{1/2}$	$(K_i p_i)^{1/2}$	$(K_i p_i)^{1/2}$

Tab. 4.3d Exponent n des Adsorptionsterms für heterogen katalysierte Reaktionen

Adsorption geschwindigkeitsbestimmend für $A_1 + A_2 \rightleftarrows A_3$				
molekulare Adsorption von A_1	$n = 1$			
molekulare Adsorption von A_2	$n = 1$			
dissoziative Adsorption von A_1	$n = 2$			

Oberflächenreaktion geschwindigkeitsbestimmend				
Reaktionstyp	$A_1 \rightleftarrows A_3$	$A_1 \rightleftarrows A_3 + A_4$	$A_1 + A_2 \rightleftarrows A_3$	$A_1 + A_2 \rightleftarrows A_3 + A_4$
A_1 (und gegebenenfalls A_2) molekular adsorbiert	1	2	2	2
A_1 dissoziativ adsorbiert, A_2 molekular adsorbiert	2	2	3	3
A_1 dissoziativ adsorbiert, A_2 nicht adsorbiert	1	2	1	2
A_1 molekular adsorbiert, A_2 nicht adsorbiert	1	2	1	2

Beispiel 4.2. Ableitung eines kinetischen Ansatzes für die durch Nickel katalysierte Methanisierung von Rest-CO in Wasserstoff (s.[11]).

In einem gradientenfreien, kontinuierlich betriebenen Kreislaufreaktor wurden für die Reaktion

$$CO + 3H_2 \rightleftarrows CH_4 + H_2O$$
$$(A_1) \quad (A_2) \quad\quad (A_3) \quad (A_4)$$

kinetische Daten zur Abhängigkeit der Bildungsgeschwindigkeit R_{CH_4} von den H_2- und CO-Partialdrücken sowie von der Temperatur erhalten.

Der Ableitung der Kinetik des Reaktionsablaufes wurden folgende Einzelschritte zugrundegelegt:

$$CO + 2z \underset{k_{-1}}{\overset{k_1}{\rightleftarrows}} C\text{---}z + O\text{---}z \qquad (1)$$

$$H_2 + 2z \underset{k_{-2}}{\overset{k_2}{\rightleftarrows}} 2H\text{---}z \qquad (2)$$

$$C\text{---}z + 2H\text{---}z \overset{k_3}{\longrightarrow} H_2C\text{---}z + 2z \qquad (3)$$

$$H_2C\text{---}z + 2H\text{---}z \overset{k_4}{\longrightarrow} CH_4 + 3z \qquad (4)$$

$$O\text{---}z + 2H\text{---}z \overset{k_5}{\longrightarrow} H_2O + 3z \qquad (5)$$

Zur Ermittlung eines kinetischen Ansatzes, der die Meßergebnisse gut beschreibt, wurden folgende Annahmen getroffen:
– Die Adsorptionsgleichgewichte nach Gl. (1) und (2) sind eingestellt.
– Die Hydrierung des Oberflächenkohlenstoffs $C\text{---}z$ zu der $H_2C\text{---}z$-Spezies ist der geschwindigkeitsbestimmende Schritt (3).
– Die Schritte (4) und (5) verlaufen gegenüber Schritt (3) sehr schnell.

Für die weitere Ableitung gilt:

a) Die Verbrauchs- bzw. Bildungsgeschwindigkeiten gemäß Gl.n. (3), (4) und (5) hängen von der Belegung θ mit den Spezies $i = C, H, CH_2$ und O ab:

$$-R_{C---z} = -R_{CO} = k_3 \theta_C \theta_H^2 \qquad \text{(I)}$$

$$R_{CH_4} = k_4 \theta_{CH_2} \theta_H^2 \qquad \text{(II)}$$

$$R_{H_2O} = k_5 \theta_O \theta_H^2. \qquad \text{(III)}$$

b) Die Gleichgewichtskonstanten für die dissoziative Adsorption von CO und H_2 nach Gln. (1) und (2) lassen sich wie folgt formulieren:

$$K_{CO,D} = \frac{\theta_C \theta_O}{p_{CO} \theta_{frei}^2} \qquad \text{(IV)}$$

$$K_{H_2,D} = \frac{\theta_H^2}{p_{H_2} \theta_{frei}^2}. \qquad \text{(V)}$$

c) Aus der Bilanz im stationären Zustand ergibt sich:

$$-R_{CO} = R_{CH_4} = R_{H_2O}. \qquad \text{(VI)}$$

d) Die Oberflächenbedeckung mit Sauerstoff und CH_2 resultiert aus den Gln. (I) bis (III)

$$\theta_O = \frac{k_3}{k_5} \theta_C \qquad \text{(VII)}$$

$$\theta_{CH_2} = \frac{k_3}{k_4} \theta_C. \qquad \text{(VIII)}$$

e) Die Oberflächenbeladung an Kohlenstoff- und Wasserstoff-Atomen wird aus Gln. (IV) und (V) sowie (VII) erhalten

$$\theta_C = K_C p_{CO}^{0,5} \theta_{frei}, \qquad \text{(IX)}$$

wobei

$$K_C = \sqrt{\frac{k_5}{k_3}} K_{CO,D}$$

$$\theta_H = K_H p_{H_2}^{0,5} \theta_{frei}, \qquad \text{(X)}$$

wobei

$$K_H = \sqrt{K_{H_2,D}}.$$

f) Die Oberflächenbedeckung kann vereinfachend bestimmt werden, wenn angenommen wird, daß nur adsorbierter Kohlenstoff und Wasserstoff einen signifikanten Beitrag zur Bedeckung leisten; in diesem Falle gilt

$$1 \approx \theta_{frei} + \theta_C + \theta_H. \qquad \text{(XI)}$$

g) Der Anteil θ_{frei} an nicht besetzten (vakanten) aktiven Zentren kann mit Hilfe der Gleichungen (IX) bis (XI) ermittelt werden

$$\theta_{frei} = \frac{1}{1 + K_C \sqrt{p_{CO}} + K_H \sqrt{p_{H_2}}}. \qquad \text{(XII)}$$

h) Die Gleichung für die Methanbildungsgeschwindigkeit kann durch Kombination der Gl. (I) mit Gl. (VI) und Gln. (IX) bis (XII) abgeleitet werden, sie ergibt sich zu

$$R_{CH_4} = \frac{k_3 K_C K_H^2 p_{CO}^{0,5} p_{H_2}}{(1 + K_C p_{CO}^{0,5} + K_H p_{H_2}^{0,5})^3}.$$

2.4 Desaktivierung heterogener Katalysatoren

Bei heterogen katalysierten Reaktionen tritt häufig eine Abnahme der Katalysatoraktivität mit zunehmender Betriebsdauer auf. Die Gründe hierfür sind vielfältig; die wichtigsten lassen sich in drei Gruppen unterteilen.

- Vergiftung der Katalysatoroberfläche durch irreversible Adsorption einer chemischen Spezies, durch die das für die katalytische Reaktion erforderliche aktive Zentrum chemisch unwirksam wird. Beispiel: CO-Adsorption auf Eisenkatalysatoren für die Ammoniak-Synthese.
- Belegung der Oberfläche mit Stoffen, die zu einer mechanischen Blockierung der katalytisch wirksamen Oberfläche führen. Beispiel: Koksabscheidung bei verschiedenen Kohlenwasserstoff-Reaktionen wie Isomerisieren, Cyclisieren und Cracken.
- Verkleinerung der aktiven Oberfläche durch Sinterungs- und Rekristallisationsvorgänge. Beispiel: Verringerung der aktiven Nickeloberfläche durch Rekristallisation bei Nickel-Aluminiumoxid-Trägerkontakten für Hydrierreaktionen.

Für den Ablauf einer katalytischen Reaktion, deren Kinetik in Anlehnung an Gl. (4.79a) (mit $k_s = k'_s Z_{ges}$)

$$r = \frac{k'_s Z_{ges} K_1 p_1}{1 + K_1 p_1} = \frac{k_1 p_1}{1 + K_1 p_1} \tag{4.79a}$$

beschrieben wird (s. S. 51), kann die Zahl Z_{ges} der aktiven Oberflächenplätze – beispielsweise durch Vergiftung mit einer im Einsatz vorhandenen, nicht an der Reaktion teilnehmenden Komponente – mit der Betriebszeit (oder auch Standzeit genannt) t' des Katalysators abnehmen. Die Geschwindigkeit der Desaktivierung, d. h. die zeitliche Abnahme einer Aktivitätsgröße a,

$$\frac{da}{dt'} = r_d \tag{4.118}$$

wird zweckmäßigerweise gesondert erfaßt. Im vorliegenden Fall entspricht die Desaktivierungsgeschwindigkeit r_d der Änderung der Zahl der aktiven Oberflächenplätze mit der Zeit dZ_{ges}/dt'. Vielfach kann bei desaktivierenden Katalysatoren die Geschwindigkeitskonstante wie folgt formuliert werden:

$$k(t') = k(t' = 0) \cdot a(t'). \tag{4.119}$$

Die Geschwindigkeit der Desaktivierung kann durch die Temperatur, die jeweils vorliegende Aktivitätsgröße a des Katalysators, die Konzentration c_{des} einer Komponente, die die Desaktivierung verursachen kann, sowie durch die Aktivierungsenergie E_d des Vorganges bestimmt werden.

$$-r_d = k_d^0 \exp\left(-\frac{E_d}{RT}\right) \cdot f(a, c_{des}) \tag{4.120}$$

Wird Gl. (4.120) vereinfachend als Potenzansatz formuliert, so ergibt sich

$$-r_d = -\frac{da}{dt'} = k_d a^n c_{des}^m \tag{4.121}$$

Für den Fall, daß $m = 0$, d. h., daß sich keine vergiftende Komponente im Reaktionsgas befindet, sondern beispielsweise ein Sinterungsvorgang vorliegt, und $n = 1$ ist, vereinfacht sich Gl. (4.120) zu

$$-\frac{da}{dt} = k_d a \tag{4.122}$$

bzw. nach Integration zwischen $t' = 0$, d.h. zur Zeit des Betriebsbeginns, und einer Betriebszeit t' ist

$$a(t') = a(t' = 0) \cdot \exp(-k_d t') \tag{4.123}$$

Nach der Definitionsgleichung (4.118) ist $a(t' = 0) = 1$, so daß

$$a(t') = \exp(-k_d t'). \tag{4.124}$$

Ist bei einem katalytischen Prozeß r_d auch von c_{des} abhängig, wird a in einem chemischen Reaktor, soweit er nicht ideal durchmischt ist und damit c_{des} ortsabhängig ist, nicht nur zeit- sondern auch ortsabhängig.

Für ein vertieftes Studium der Desaktivierungskinetik wird auf die weiterführende Literatur[12-14] verwiesen.

3. Gas/Feststoff-Reaktionen

Gas/Feststoff-Reaktionen haben große industrielle Bedeutung. In Tab. 4.4 sind einige dieser Reaktionen beispielhaft zusammengefaßt. Zur Gruppe dieser Reaktionen sind auch verschiedene Feststoff/Feststoff-Umsetzungen zu zählen, die über gasförmige Zwischenstufen eines der beiden Reaktanden verlaufen. So ist die Reduktion eines Metalloxids mit festem Kohlenstoff nur bei niedrigen Drücken, die meist erheblich unter $1 \cdot 10^5$ Pa liegen müssen, eine wahre Feststoff/Feststoff-Reaktion:

$$MO_n + nC \rightleftarrows M + nCO \tag{4.125}$$

Im allgemeinen verlaufen diese Umsetzungen bei Drücken um $1 \cdot 10^5$ Pa oder höher jedoch über eine gasförmige Zwischenstufe.

$$MO_n + nCO \rightleftarrows M + nCO_2 \tag{4.126}$$

$$CO_2 + C \rightleftarrows 2CO \tag{4.127}$$

Das heißt, die Gesamtreaktion besteht aus zwei gekoppelten Gas/Feststoff-Reaktionen. Ähnlich wie bei heterogen katalysierten Reaktionen setzt sich der Ablauf von Gas/Feststoffreaktionen aus aufeinanderfolgenden Einzelschritten nämlich zunächst Adsorption und dann Reaktion auf der Feststoffoberfläche zusammen. Bildet sich ein gasförmiges Produkt muß dieses anschließend noch desorbieren. Neben diesen Vorgängen auf der Oberfläche beeinflussen meist Stofftransportvorgänge den Ablauf der Umsetzung erheblich; hierauf wird gesondert in Kapitel 6 eingegangen.

Um die grundlegenden Prinzipien für die Ableitung eines Geschwindigkeitsansatzes für eine Gas/Feststoff-Reaktion aufzuzeigen, wird ein einfacher Fall erläutert.

$$A_{1,g} + A_{2,s} \rightleftarrows A_{3,g} \tag{4.128}$$

Der Reaktion soll die Adsorption des Reaktanden A_1 auf einem Oberflächenplatz z des Feststoffes A_2 vorangehen, wobei sich eine Zwischenstufe $X^{\#}$ bildet, die sich zu einem

Tab. 4.4 Ausgewählte Gas/Feststoff-Reaktionen (Reaktoren und Richtwerte für Bedingungen und Raum-Zeit-Ausbeuten)

Reaktion	Produkt	T (°C)	RZA t-Produkt· $h^{-1} \cdot m^{-3}$- Reaktorvolumen	Reaktor
Verhüttung von Erzen $Fe_2O_3 + 3CO \rightarrow 2Fe + 3CO_2$	Metalle Fe	1300–1600	0,10	Schachtofen
Oxidierende Röstung $2FeS_2 + 5,5O_2 \rightarrow Fe_2O_3 + 4SO_2$	Metalloxide Fe_2O_3	650– 850	0,03 1 0,02	Etagenofen Wirbelschicht Drehrohrofen
Kohlevergasung $2C + O_2 \rightarrow 2CO$ $C + H_2O \rightarrow CO + H_2$	Synthesegas CO, H_2	800–1100	3 1	Wirbelschicht Schachtofen
$C + S_2 \rightarrow CS_2$	CS_2	800– 900	0,04	Schachtofen
$CaC_2 + N_2 \rightarrow CaCN_2 + C$	Kalkstickstoff $CaCN_2$	1100–1300	0,01 0,06	Kanalofen Drehrohrofen
$6HF + Al_2O_3 \rightleftarrows 2AlF_3 + 3H_2O$	AlF_3	>500– 600	n.b.*	Wirbelschicht
$CaCO_3 \rightarrow CaO + CO_2$	Kalk CaO	900–1000	0,02 0,03	Drehrohrofen Schachtofen
$2NaHCO_3 \rightarrow Na_2CO_3 + H_2O + CO_2$	Soda Na_2CO_3	170– 200	0,03	Drehrohrofen
$Ca_3(PO_4)_2 + 5C + 3SiO_2$ $\rightarrow 3CaSiO_3 + P_2 + 5CO$	Phosphor P	1200–1400	0,01	elektr. Widerstandsofen

* nicht bekannt

weiteren Oberflächenkomplex $Y^\#$ umwandelt, der schließlich unter Zurücklassung eines neuen unbedeckten Oberflächenplatzes z als Produkt A_3 desorbiert.

$$A_1 + z \underset{k_{1,des}}{\overset{k_{1,ad}}{\rightleftarrows}} X^\# \tag{4.129a}$$

$$X^\# \underset{k_{-2}}{\overset{k_2}{\rightleftarrows}} Y^\# \tag{4.129b}$$

$$Y^\# \underset{k_{3,ad}}{\overset{k_{3,des}}{\rightleftarrows}} A_3 + z \tag{4.129c}$$

In analoger Weise, wie bei den heterogen katalysierten Reaktionen besprochen, können unter Annahme geschwindigkeitsbestimmender Schritte und der Quasi-Stationarität verschiedene Ansätze für die Geschwindigkeit R_1 der Abreaktion von A_1 abgeleitet werden. Ist die Oberflächenreaktion langsam und bestimmt sie den Gesamtreaktionsablauf, was meist zutreffend ist, so ergibt sich

$$-R_1 = k_2 K_1 \frac{p_1 - [K_3/(K_1 K_2)] p_3}{1 + K_1 p_1 + K_3 p_3} \tag{4.130}$$

bzw.

$$-R_1 = k_2 K_1 \frac{p_1 - p_3/K}{1 + K_1 p_1 - K_3 p_3} \tag{4.131}$$

mit $K_1 = k_{1,ad}/k_{1,des}$, $K_3 = k_{3,des}/k_{3,ad}$ und $K_2 = k_2/k_{-2}$ und $K = K_1 \cdot K_2/K_3$.
Wenn hingegen die Adsorption von A_1 der langsamste Schritt ist, wird erhalten

$$-R_1 = k_{1,ad} \frac{p_1 - p_3/K}{1 + (K_1/K + K_3)p_3}. \tag{4.132}$$

Wird schließlich die Desorption des Produkts A_3 als geschwindigkeitsbestimmend angesehen, so läßt sich für die Reaktionsgeschwindigkeit ableiten

$$-R_1 = k_{3,des} K \frac{p_1 - p_3/K}{1 + (K_1 + K_3 K)p_1}. \tag{4.133}$$

Die Beziehungen (4.130) bis (4.133) zeigen, daß die Geschwindigkeit für die Gas/Feststoff-Reaktion vom Partialdruck der gasförmigen Komponente nicht linear abhängt; häufig wird jedoch als Näherung ein linearer Zusammenhang vorausgesetzt. Lineare Ansätze können daher meist nur über einen sehr engen Partialdruckbereich, der experimentell verifiziert wurde, für reaktionstechnische Berechnungen angewendet werden.

4. Homogen katalysierte Reaktionen

Während bei der heterogenen Katalyse die chemische Umsetzung auf einem neuen Reaktionsweg, meist niedrigerer Aktivierungsenergie, gegenüber der nicht katalysierten Reaktion über die Ausbildung von Adsorptionskomplexen erfolgt, geschieht dies bei der homogenen Katalyse durch die Ausbildung eines Komplexes $X^\#$ zwischen Reaktanden A_1 und einem gelöstem Katalysator Kat; über diesen Komplex bildet sich das Produkt A_2.

$$A_1 + Kat \underset{k_{-1}}{\overset{k_1}{\rightleftarrows}} X^\# \overset{k_2}{\longrightarrow} A_2 + Kat. \tag{4.134}$$

Auf der Grundlage dieses Reaktionsschemas, das beispielsweise einer enzymkatalysierten Umsetzung entspricht, aber auch für viele andere homogen katalysierte Reaktionen gilt, kann ein kinetischer Ansatz abgeleitet werden. Häufig kann angenommen werden, daß die Gleichgewichtseinstellung gegenüber der Weiterreaktion von $X^\#$ zu A_2 schnell ist. Dies bedeutet, daß das Gleichgewicht zwischen dem Komplex $X^\#$, dem Reaktand A_1 und dem Katalysator durch die langsame Umwandlung des Komplexes kaum beeinflußt wird. Solange die Katalysatorkonzentration c_{K0} klein gegenüber der Reaktandenkonzentration c_1 ist, wird ein erheblicher Anteil des Katalysators für den Aufbau einer quasistationären Konzentration c_X des Komplexes verbraucht werden. Es gilt dann

$$c_{K,0} - c_X = c_K$$
$$c_1 - c_X \approx c_1.$$

Die Gleichgewichtskonstante ergibt sich damit zu

$$K = \frac{c_X}{(c_{K,0} - c_X)c_1}, \tag{4.135}$$

somit

$$c_X = \frac{Kc_{K,0}c_1}{1 + Kc_1}. \tag{4.136}$$

Für die Produktbildungsgeschwindigkeit wird schließlich erhalten:

$$R_2 = k_2 c_X = \frac{k_2 K c_{K,0} c_1}{1 + K c_1} = \frac{k_2 c_{K,0} c_1}{1/K + c_1} \tag{4.137}$$

Diese Beziehung ist insbesondere in der Enzymkatalyse auch unter dem Namen Michaelis-Menten-Kinetik allgemein bekannt, wobei lediglich die Größe $1/K$ als K_M bezeichnet wird. Formal entspricht sie dem für eine heterogen katalysierte Reaktion, bei der die Oberflächenreaktion geschwindigkeitsbestimmend ist, abgeleiteten Ansatz (s. S. 51, Gl. (4.79a)). Für $K c_1 \gg 1$ geht Beziehung (4.137) in eine Kinetik erster Ordnung hinsichtlich der Katalysatorkonzentration über.

$$R_2 = k_2 c_{K,0} \tag{4.138}$$

Das heißt, die Reaktandenkonzentration beeinflußt die Geschwindigkeit des Reaktionsablaufs nicht; dies wird häufig für homogen katalysierte Reaktionen beobachtet. Ist hingegen $K c_1 \ll 1$, hängt die Produktbildungsgeschwindigkeit nach jeweils erster Ordnung sowohl von der Konzentration des Katalysators als auch des Reaktanden A_1 ab.

$$R_2 = k_2 K c_{K,0} c_1 \tag{4.139}$$

Literatur

[1] McGlashan, M.L. (1970). Pure Appl. Chem. **21**, 1.
[2] Wedler, G. (1982), Lehrbuch der Physikalischen Chemie, Verlag Chemie, Weinheim, Deerfield Beach, Florida, Basel.
[3] Frost, A.A., Pearson, R. (1964), Kinetik und Mechanismen homogener chemischer Reaktionen, Verlag Chemie, Weinheim, Deerfield Beach, Florida, Basel.
[4] Laidler, K.J. (1965), Chemical Kinetics, McGraw Hill, New York.
[5] Lindemann, F.A. (1922), Trans. Faraday Soc. **17**, 598.
[6] Rodiguin, N.M., Rodiguina, E.N. (1964), Consecutive Chemical Reactions, Mathematical Analysis and Development, D. von Nostrand Comp., Princeton, N.J.
[7] Himmelblau, D.M., Jones, C.R., Bischoff, H.B. (1967), Ind. Eng. Chem. Fund. **8(4)**, 539.
[8] Yermakova, A., Voyda, S., Valko, P. (1982), Appl. Catal. **2**, 139.
[9] Boudart, M. (1968), Kinetics of Chemical Processes, Prentice-Hall Inc., New Jersey.
[10] Hougen, O.A., Watson, K.M. (1947), Chemical Process Principles, John Wiley, New York.
[11] Klose, J., Baerns, M. (1984), J. Catal. **85**, 105.
[12] Figueiredo, J.L. (1981), Carbon **19(2)**, 146.
Figueiredo, J.L., Trimm, D.L. (1978), J. Appl. Chem. Biotechnol. **28(9)**, 611.
Figueiredo, J.L., Trimm, D.L. (1977), Rev. Port. Quim. **19(1-4)**, 363.
[13] Froment, G.F., Bischoff, K.B. (1979), Chemical Reactor Analysis and Design, John Wiley, New York.
[14] Butt, J.B., Petersen, E.E. (1988), Activation, Deactivation and Poisoning of Catalysts, Academic Press, San Diego.

# Kapitel 5
Kinetik von Stoff- und Wärmetransportvorgängen

Die Geschwindigkeit des Stoff- und Wärmetransports spielt beim Ablauf chemischer Reaktionen und damit auch beim Verhalten chemischer Reaktoren häufig eine wichtige Rolle. Es handelt sich dabei um Vorgänge, die in homogenen Reaktionsmedien, in porösen Feststoffen und in unmittelbarer Nähe von Phasengrenzflächen auftreten. Die ersteren werden als Diffusion und Wärmeleitung bezeichnet, während für die letzteren die Begriffe Stoffübergang und Wärmeübergang verwendet werden. Dabei ist zu unterscheiden zwischen molekularen Transporteigenschaften, d. h. einerseits der molekularen Diffusion und Wärmeleitfähigkeit, und andererseits sog. effektiven Transporteigenschaften, die beispielsweise durch Strömungsvorgänge, die zur Turbulenz führen und der molekularen Bewegung überlagert sind, verursacht werden. Beim Stofftransport durch Diffusion in den Poren eines Feststoffes kann es zu einer Einschränkung der molekularen Bewegung kommen, wenn die Porenweite in die Größenordnung der freien Weglänge der Molekülbewegung kommt.

Die folgenden Abschnitte enthalten zunächst eine kurze Darstellung der molekularen Transporteigenschaften fluider Medien, insbesondere für binäre Mischungen und Mehrkomponentensysteme; für Einzelheiten wird auf Lehrbücher der Physikalischen Chemie verwiesen, in denen diese Problematik detailliert erläutert wird. Danach wird auf die Diffusion und Wärmeleitung in porösen Feststoffen eingegangen. Anschließend wird eine zusammenfassende Darstellung des Stoff- und Wärmeübergangs sowie des Druckabfalls durch Reibung (Impulstransport) in Feststoffschüttungen gegeben, soweit dies zum Verständnis der nachfolgenden Kapitel erforderlich ist; im übrigen wird auf die umfangreiche Speziallliteratur (s. z. B. [1,2]) verwiesen, deren wesentliche Ergebnisse für den Wärmeübergang und den Druckverlust im VDI-Wärmeatlas[3] dokumentiert sind, der auch eine Vielzahl von Rechenbeispielen enthält.

1. Molekulare Transportvorgänge

1.1 Diffusion

Bei Vorliegen eines Konzentrationsgradienten in y-Richtung einer ruhenden binären Fluidmischung ist die Diffusionsstromdichte J_1 unter stationären Bedingungen durch das erste Ficksche Gesetz gegeben.

$$J_1 = -D_{12} \frac{dc_1}{dy} = -D_{12} c_{ges} \frac{dx_1}{dy} \qquad (5.1)$$

Bei Gasen kann unter Zugrundelegung des idealen Gasgesetzes nach Einführung des Partialdruckes p_1 bzw. des Gesamtdruckes p auch geschrieben werden

$$J_1 = -\frac{D_{12}}{RT} \frac{dp_1}{dy} = -\frac{D_{12}}{RT} p \frac{dx_1}{dy}. \qquad (5.2)$$

In den beiden Beziehungen ist D_{12} der binäre Diffusionskoeffizient der Komponente 1, die durch 2 hindurchdiffundiert. Er wird von den molekularen Eigenschaften der beiden Komponenten bestimmt und hängt darüber hinaus von der Temperatur und der Gesamtkonzentration c_{ges} bzw. dem Gesamtdruck p ab. Für Gase und Flüssigkeiten gelten unterschiedliche Abhängigkeiten; hierauf wird weiter unten eingegangen.

Die Theorie der Diffusion in Mehrkomponentenmischungen ist komplex[4]. Die Diffusion einer Komponente i in stark verdünnten Mischungen m kann vereinfacht gleichfalls entsprechend Gl. (5.1) bzw. (5.2) dargestellt werden.

$$J_i = - D_{im} \frac{dc_i}{dy} \tag{5.3}$$

bzw.

$$J_i = - \frac{D_{im}}{RT} \frac{dp_i}{dy} \tag{5.4}$$

Der Diffusionskoeffizient D_{km} einer bestimmten Komponente k in der Mischung kann nach Wilke[5] vereinfacht wie folgt aus den binären Diffusionskoeffizienten D_{ki} berechnet werden.

$$D_{km} = \frac{1 - x_k}{\sum_{\substack{i=1 \\ i \neq k}}^{N} x_i / D_{ki}} \tag{5.5}$$

Molekulare Gasdiffusionskoeffizienten. Für Gase können die binären Diffusionskoeffizienten nach einer von Hirschfelder et al.[6] abgeleiteten Beziehung auf etwa 10% genau berechnet oder aus Werten bestimmt werden, die für bestimmte Temperaturen und Drücke experimentell ermittelt und auf andere Bedingungen extrapoliert werden.

$$D_{12} = \frac{18.583 \; T^{3/2} \; [(M_1 + M_2)/M_1 M_2]^{0,5}}{p \cdot \sigma_{12}^2 \Omega} \quad (cm^2 \cdot s^{-1}) \tag{5.6}$$

T absolute Temperatur (K)
M_i Molmasse (kg · kmol^{-1})
p Gesamtdruck (10^5 Pa)
Ω Kollisionsintegral
ε, σ Kraftkonstanten der Funktion für das Lennard-Jones-Potential (s. Tab. 5.1; σ (pm))
k Boltzmann-Konstante = $1,38062 \cdot 10^{-23}$ J · K^{-1}

Das Kollisionsintegral Ω hängt von der Kraftkonstante ε_{12} ab:

$$\Omega = f\left(\frac{kT}{\varepsilon_{12}}\right) \tag{5.7}$$

Dieser Zusammenhang ist in Tab. 5.2 enthalten. Die Kraftkonstanten σ_{12} und ε_{12} sind gegeben durch

$$\varepsilon_{12} = \sqrt{\varepsilon_1 \varepsilon_2} \tag{5.8}$$
$$\sigma_{12} = 0,5 \, (\sigma_1 + \sigma_2). \tag{5.9}$$

Für den Fall, daß für eine Komponente keine geeigneten Daten vorhanden sind, können diese Größen durch empirische Beziehungen abgeschätzt werden.

1. Molekulare Transportvorgänge

Tab. 5.1 Aus Viskositätsdaten berechnete Lennard-Jones-Kraftkonstanten (Zusammenstellung aus [7])

Verbindung	$\frac{\varepsilon}{k}$ (K)	σ (pm)
Aceton	560,2	460,0
Acetylen	231,8	403,3
Ammoniak	558,3	290,0
Argon	93,3	354,2
Benzol	412,3	534,9
Brom	507,9	429,6
i-Butan	330,1	527,8
Chlor	316	421,7
Chloroform	340,2	538,9
Chlorwasserstoff	344,7	333,9
Cyan	348,6	436,1
Cyanwasserstoff	569,1	363,0
Cyclohexan	297,1	618,2
Cyclopropan	248,9	480,7
Ethan	215,7	444,3
Ethanol	362,6	453,0
Ethylen	224,7	416,3
Fluor	112,6	335,7
Helium	10,22	255,1
n-Hexan	339,3	594,9
Iod	474,2	516,0
Iodwasserstoff	288,7	421,1
Kohlendioxid	195,2	394,1
Kohlendisulfid	467	448,3
Kohlenmonoxid	91,7	369,0
Kohlenoxidsulfid	336	413,0
Krypton	178,9	365,5
Luft	78,6	371,1
Methan	148,6	375,8
Methanol	481,8	362,6
Methylenchlorid	356,3	489,8
Methylchlorid	350	418,2
Neon	32,8	282,0
n-Pentan	341,1	578,4
Propan	237,1	511,8
n-Propanol	576,7	454,9
Propen	298,9	467,8
Quecksilber	750	296,9
Sauerstoff	106,7	346,7
Schwefeldioxid	335,4	411,2
Schwefelwasserstoff	301,1	362,3
Stickstoff	71,4	379,8
Stickstoffdioxid	116,7	349,2
Stickstoffmonoxid	232,4	382,8
Tetrachlorkohlenstoff	322,7	594,7
Wasser	809,1	264,1
Wasserstoff	59,7	282,7

Tab. 5.2 Werte für das Kollisionsintegral Ω in Abhängigkeit von kT/ε_{12} (aus [6])

$\dfrac{kT}{\varepsilon_{12}}$	Ω	$\dfrac{kT}{\varepsilon_{12}}$	Ω
0,30	2,662	2,7	0,9770
0,35	2,476	2,8	0,9672
0,40	2,318	2,9	0,9576
0,45	2,184	3,0	0,9490
0,50	2,066	3,1	0,9406
0,55	1,966	3,2	0,9328
0,60	1,877	3,3	0,9256
0,65	1,798	3,4	0,9186
0,70	1,729	3,5	0,9120
0,75	1,667	3,6	0,9058
0,80	1,612	3,7	0,8998
0,85	1,562	3,8	0,8942
0,90	1,517	3,9	0,8888
0,95	1,476	4,0	0,8836
1,00	1,439	4,1	0,8788
1,05	1,406	4,2	0,8740
1,10	1,375	4,3	0,8694
1,15	1,346	4,4	0,8652
1,20	1,320	4,5	0,8610
1,25	1,296	4,6	0,8568
1,30	1,273	4,7	0,8530
1,35	1,253	4,8	0,8492
1,40	1,233	4,9	0,8456
1,45	1,215	5,0	0,8422
1,50	1,198	6	0,8124
1,55	1,182	7	0,7896
1,60	1,167	8	0,7712
1,65	1,153	9	0,7556
1,70	1,140	10	0,7424
1,75	1,128	20	0,6640
1,80	1,116	30	0,6232
1,85	1,105	40	0,5960
1,90	1,094	50	0,5756
1,95	1,084	60	0,5596
2,00	1,075	70	0,5464
2,1	1,057	80	0,5352
2,2	1,041	90	0,5256
2,3	1,026	100	0,5130
2,4	1,012	200	0,4644
2,5	0,9996	400	0,4170
2,6	0,9878		

$$\frac{kT}{\varepsilon} = 1{,}30 \, \frac{T}{T_{\text{krit}}} \tag{5.10}$$

$$\sigma = 1{,}18 \, V_{\text{Kp}}^{1/3} \tag{5.11}$$

T_{krit} kritische Temperatur (K)
V_{Kp} Molvolumen am Kondensationspunkt bei Normaldruck ($cm^3 \cdot mol^{-1}$)

Das Molvolumen kann erforderlichenfalls aus den in Tab. 5.3 angegebenen Inkrementen additiv bestimmt werden.

Eine Auswahl experimentell ermittelter Diffusionskoeffizienten, die für Extrapolationen verwendet werden können, enthält Tab. 5.4 [7,8].

Molekulare Flüssigkeitsdiffusionskoeffizienten. Eine theoretische Vorausberechnung von Diffusionskoeffizienten in Flüssigkeiten ist im Gegensatz zur Gasdiffusion in der Regel bislang noch nicht möglich. Diffusionskoeffizienten in Flüssigkeiten müssen daher weitgehend experimentell ermittelt werden. Lediglich für verdünnte Lösungen gibt es eine empirische Beziehung, mit der der Diffusionskoeffizient für die gelöste Komponente abgeschätzt werden kann. Diese geht auf Wilke und Chang[9] zurück.

$$D_{12} = 7{,}4 \cdot 10^{-10} \, \frac{T(X \cdot M_2)^{0,5}}{\mu (V_{\text{Kp}})^{0,6}} \quad (cm^2 \cdot s^{-1}) \tag{5.12}$$

M_2 Molmasse des Lösungsmittels
μ dynamische Viskosität der Lösung ($g \cdot cm^{-1} \cdot s^{-1}$)
X Assoziationsparameter (2,6 für H_2O, 1,9 für CH_3OH, 1,5 für C_2H_5OH, 1 für C_6H_6)

Obwohl der Diffusionskoeffizient von der Konzentration abhängt, gelingt es bislang nicht, diesen Zusammenhang quantitativ vorauszusagen.

Gl. (5.12) ist nicht für große Moleküle, z. B. Polymere, anwendbar. In einem solchen Fall kann die Stokes-Einstein-Beziehung benutzt werden.

$$D_{12} = \frac{1{,}05 \cdot 10^{-9} \, T}{\mu (V_{\text{Kp}})^{1/3}} \quad (cm^2 \cdot s^{-1}) \tag{5.13}$$

Es wird indessen empfohlen, diese Beziehung nicht zu verwenden, wenn der damit berechnete Wert für D_{12} größer ist als der nach Gl. (5.12) ermittelte.

1.2 Wärmeleitung

Bei chemischen Reaktionen, die mit starken Wärmetönungen verbunden sind, können im Reaktionssystem Temperaturgradienten auftreten. Die hierdurch verursachte Wärmestromdichte J_W ist durch das Fouriersche Gesetz gegeben.

$$J_W = -\lambda \, \frac{dT}{dy} \tag{5.14a}$$

bzw.

$$J_W = -a \varrho c_p \, \frac{dT}{dy} \quad (J \cdot m^{-2} \cdot s^{-1}) \tag{5.14b}$$

λ Wärmeleitfähigkeit ($J \cdot m^{-1} \cdot s^{-1} \cdot K^{-1}$)
ϱ Dichte des Mediums ($kg \cdot m^{-3}$)
c_p Wärmekapazität ($J \cdot kg^{-1} \cdot K^{-1}$)
a Temperaturleitzahl ($m^2 \cdot s^{-1}$)

Tab. 5.3 Ausgewählte atomare Volumeninkremente in $cm^3 \cdot mol^{-1}$ für die Abschätzung des Molvolumens in $cm^3 \cdot mol^{-1}$ bei Siedetemperatur unter $1 \cdot 10^5$ Pa (nach einer Zusammenstellung in [7])

Kohlenstoff	14,8
Wasserstoff	3,7
Sauerstoff	
allgemein (−O−)	7,4
Carbonyl-Verbindungen, Säuren	12,0
in Methylestern	9,1
in höheren Estern und Ethern	11,0
verbunden mit S, P, N	8,3
Stickstoff	
doppelt gebunden	15,6
in primären Aminen	10,5
in sekundären Aminen	12,0
Brom	27,0
Chlor	
endständig	21,6
nicht-endständig	24,6
Fluor	8,7
Iod	37,0
Schwefel	25,6
Ringe	
dreigliedrig	− 6,0
viergliedrig	− 8,5
fünfgliedrig	−11,5
sechsgliedrig	−15,0
Naphthalin	−30,0
Anthracen	−47,5

Beispiele

Ethanol:
$2 \cdot 14,8 + 7,4 + 6 \cdot 3,7 = 59,2 \, cm^3 \cdot mol^{-1}$
$(62,4 \, cm^3 \cdot mol^{-1})$*

Benzol:
$6 \cdot 14,8 + 6 \cdot 3,7 − 15,0 = 96,0 \, cm^3 \cdot mol^{-1}$
$(96,0 \, cm^3 \cdot mol^{-1})$*

Pyridin:
$5 \cdot 14,8 + 5 \cdot 3,7 + 15,6 − 15,0$
$= 93,1 \, cm^3 \cdot mol^{-1}$
$(89,3 \, cm^3 \cdot mol^{-1})$*

* aus experimentellen Daten ermittelt.

Tab. 5.4 Eine Auswahl experimentell ermittelter binärer Diffusionskoeffizienten von Gasen bei $p = 1 \cdot 10^5$ Pa (nach [7, 8])

System	T (K)	D_{12} ($cm^2 \cdot s^{-1}$)
Ar/CH_4	307	0,216
$/O_2$	316	0,214
/Luft	282	0,177
$/CO_2$	276	0,133
	317	0,165
	348	0,208
	410	0,280
	473	0,363
H_2/CH_4	316	0,809
$/O_2$	316	0,891
$/NH_3$	298	0,783
$/C_2H_5OH$	340	0,578
$/C_2H_4$	298	0,602
$/CH_4$	288	0,694
$/C_3H_8$	300	0,450
CH_4/N_2	316	0,237
$/O_2$	294	0,215
	395	0,383
	517	0,613
	707	0,917
	840	1,420
/Luft	282	0,196
N_2/O_2	316	0,230
CO/Luft	282	0,196
	355	0,290
$/C_2H_4$	273	0,151
$/H_2$	273	0,651
$/N_2$	288	0,192
$/O_2$	273	0,185
$/CO_2$	282	0,152
CO_2/Luft	282	0,148
$/C_6H_6$	318	0,0715
$/C_2H_5OH$	273	0,0693
$/H_2$	273	0,550
$/CH_4$	273	0,153
Luft/NH_3	273	0,198
$/C_6H_6$	298	0,096
$/Cl_2$	273	0,124
$/C_2H_5OH$	298	0,132
/Hg	614	0,473
$/SO_2$	273	0,122
H_2O/H_2	307	1,020
/He	307	0,902
$/CH_4$	308	0,292
$/C_2H_4$	308	0,204
$/N_2$	308	0,256
$/O_2$	352	0,352
$/CO_2$	307	0,198

Zur Ermittlung der Wärmeleitfähigkeit von Gasen sind verschiedene Methoden verfügbar, die von Reid und Sherwood kritisch bewertet wurden [10]. Eine beispielsweise ursprünglich von Eucken [11] entwickelte und von Bromley und Wilke [12] modifizierte Beziehung ermöglicht es, die Wärmeleitfähigkeit von Gasen mit einer Genauigkeit von etwa 5 bis 13% zu bestimmen.

$$\lambda = \frac{3{,}33 \cdot 10^{-5} \, (T_{\text{krit}}/M)^{0{,}5} \cdot f(1{,}33 \, T_r)}{V_{\text{krit}}^{2/3}} \cdot (C_V + 18{,}72) \tag{5.15}$$

(in $J \cdot cm^{-1} \cdot s^{-1} \cdot K^{-1}$)

Die Funktion $f(1{,}33 \, T_r)$ kann über das Lennard-Jones Potential abgeleitet werden und lautet

$$f(1{,}33 \, T_r) = 1{,}058 \, T_r^{0{,}045} - \frac{0{,}261}{(1{,}9 \, T_r)^A}, \tag{5.16}$$

wobei $A = 0{,}9 \lg(1{,}9 \, T_r)$ und die reduzierte Temperatur $T_r (= T/T_{\text{krit}})$ kleiner als 0,3 ist; C_V ($J \cdot mol^{-1} \cdot K^{-1}$) wird unter der Annahme der Gültigkeit des idealen Gasgesetzes nach $C_V = C_p - R$ berechnet.

Mittels Gl. (5.15) ist es auch möglich, eine für eine bestimmte Temperatur bekannte Wärmeleitfähigkeit in andere Temperaturbereiche zu extrapolieren.

$$\frac{\lambda_{T1}}{\lambda_{T2}} = \frac{f(1{,}33 \, T_{r1}) \, (C_{V1} + 18{,}72)}{f(1{,}33 \, T_{r2}) \, (C_{V2} + 18{,}72)} \tag{5.17}$$

Bei Drücken, die nahe oder kleiner $1 \cdot 10^5$ Pa sind, ist der Druckeinfluß gering und kann in erster Näherung vernachlässigt werden.

Die Wärmeleitfähigkeit von Gasmischungen bei niedrigen Drücken kann nach einer von Mason und Saxena [13] vorgeschlagenen und von Bird et al. [14] modifizierten Beziehung bestimmt werden,

$$\lambda_m = \sum_{i=1}^{N} \frac{x_i \lambda_i}{\sum_{k=1}^{N} x_k \Phi_{ik}} \tag{5.18}$$

hierin sind x_i bzw. x_k die Stoffmengenanteile und λ_i die Wärmeleitfähigkeiten der reinen Komponenten; Φ_{ik} ist gegeben durch

$$\Phi_{ik} = \frac{\left[1 + \sqrt[4]{\dfrac{T_{\text{krit},i}}{T_{\text{krit},k}}} \sqrt[3]{\dfrac{V_{\text{krit},k}}{V_{\text{krit},i}}} \sqrt{\dfrac{f(1{,}33 \, T_{r,i})}{f(1{,}33 \, T_{r,k})}}\right]^2}{\sqrt{8} \sqrt{1 + M_i/M_k}}. \tag{5.19}$$

Die mit Gl. (5.18) berechneten Wärmeleitfähigkeiten stimmen für mehratomige, nichtpolare Gase innerhalb von etwa $\pm 4\%$ mit experimentell ermittelten Werten überein [14].

1.3 Viskosität

Bei der Strömung fluider Medien treten Energieverluste durch Reibung auf; weiterhin werden durch die Strömung konvektive Transportvorgänge ausgelöst, die der molekularen Bewegung überlagert sind. Zur quantitativen Beschreibung dieser Erscheinungen wird neben anderen Größen die Viskosität als molekulare Eigenschaft des fluiden Mediums benötigt. Die dynamische Viskosität μ kann nach Hirschfelder et al.[6] sowie nach Bromley und Wilke[12] wie folgt abgeschätzt werden.

$$\mu = \frac{3{,}33 \cdot 10^{-5} \sqrt{M T_{\text{krit}}}}{V_{\text{krit}}^{2/3}} \cdot f(1{,}33\, T_r) \quad (\text{g} \cdot \text{cm}^{-1} \cdot \text{s}^{-1}) \tag{5.20}$$

Die verschiedenen in Gl. (5.20) enthaltenen Größen wurden bereits in Abschn. 1.2 erläutert. Der mittlere Fehler, der bei der Berechnung der Viskosität im Vergleich zu experimentellen Werten auftritt, liegt bei etwa $\pm 3\%$; es können jedoch in Einzelfällen durchaus Fehler bis zu etwa $\pm 15\%$ auftreten. Der Druckeinfluß kann nach verschiedenen Verfahren berücksichtigt werden (s. z. B.[9,15,16]).

Die Viskosität von Gasmischungen wird in analoger Weise wie deren Wärmeleitfähigkeit ermittelt,

$$\mu_m = \sum_{i=1}^{N} \frac{x_i \mu_i}{\sum_{k=1}^{N} x_k \Phi_{ik}} \tag{5.21}$$

wobei Φ_{ik} wiederum durch Gl. (5.19) gegeben ist.

2. Diffusion in porösen Medien

Bei Gas/Feststoff-Reaktionen und bei heterogen katalysierten Gasreaktionen wird die Geschwindigkeit des Reaktionsablaufs häufig durch die Diffusionsgeschwindigkeit der reagierenden Komponenten ins Innere des Porengefüges, wo reaktionsfähige oder katalysierende Oberfläche zur Verfügung steht, beeinflußt.

Bei der quantitativen Behandlung des Problems ist zu unterscheiden, ob im Porengefüge molekulare oder Knudsen-Diffusion vorliegt. Bei großen Druckgradienten entlang einer Pore kann der molekularen und Knudsen-Diffusion noch ein Transport durch die sog. Poiseuille-Strömung überlagert sein. Schließlich kann in bestimmten Fällen auch die Oberflächendiffusion adsorbierter Moleküle zum Stofftransport in der Pore beitragen.

2.1 Molekulare Diffusion

Der Diffusionsstrom in die Poren eines Feststoffteilchens kann analog wie im freien Gasraum durch das erste Ficksche Gesetz unter Anwendung eines effektiven Diffusionskoeffizienten beschrieben werden. Dabei ist jedoch zu beachten, daß die Fläche der Porenöffnungen nur einen bestimmten Anteil ε_P der äußeren Gesamtfläche des porösen Feststoffteilchens ausmacht und daß die Poren keine ideale Zylinderform sondern unregelmäßige Gestalt haben und darüber hinaus noch labyrinthartig miteinander verknüpft sind, was durch einen sog. Labyrinthfaktor $1/\tau$ (τ wird als Tortuositätsfaktor bezeichnet) berücksichtigt wird. Für den auf die Oberfläche des Feststoffteilchens bezogenen Diffusionsstrom einer Komponente in einem binären Gasgemisch gilt dann

$$J_1 = -\frac{D_{12} \varepsilon_P}{\tau} \frac{dc_1}{dy} = -D_{12}^e \frac{dc_1}{dy}. \tag{5.22}$$

D_{12} ist hierin der binäre molekulare Diffusionskoeffizient und D_{12}^e ein effektiver (molekularer) Diffusionskoeffizient. Für ε_P wird meist vereinfachend angenommen, daß diese Größe dem relativen Porenvolumen des Feststoffes entspricht; charakteristische Werte liegen bei $0,2 < \varepsilon_P < 0,7$. Wegen der im allgemeinen sehr komplexen Porenstruktur ist es nicht möglich, τ a priori zu berechnen; es ist vielmehr notwendig, diesen Wert experimentell zu ermitteln. Unter bestimmten Voraussetzungen kann jedoch eine theoretisch begründete Abschätzung für τ erfolgen, wie Wheeler[17] gezeigt hat; typische Werte liegen zwischen etwa 3 und 7. Zur Ermittlung des effektiven Diffusionskoeffizienten wird für τ, soweit nicht experimentell bestimmt, üblicherweise ein Wert von 3 oder 4 als Näherung verwendet[18].

2.2 Knudsen-Diffusion

Bei kleinen Gasdrücken oder kleinen Porendurchmessern können die diffundierenden Moleküle weit häufiger gegen die Porenwand stoßen, als daß sie mit anderen Molekülen zusammentreffen. Dies ist dann der Fall, wenn die mittlere freie Weglänge $\bar{\lambda}$ größer als der Porendurchmesser d_P ist.

Die mittlere freie Weglänge eines Moleküls berechnet sich zu

$$\bar{\lambda} = \frac{1}{\sqrt{2}\pi\sigma^2} \frac{V}{N_A} \tag{5.23}$$

σ^2 Molekülquerschnitt (üblicherweise ca. 9 bis $20 \cdot 10^{-16}$ cm^2)
V Molvolumen des Gases unter dem herrschenden Druck p (in cm^3)
N_A Avogadro-Konstante $6,023 \cdot 10^{23}$ (Moleküle mol^{-1})

Die Größe N_A/V, die der Gesamtmolekülkonzentration c_{ges} entspricht, beträgt bei 298 K somit

$$c_{ges} \approx 3 \cdot 10^{19} \cdot p \quad (\text{Moleküle} \cdot \text{cm}^{-3}),$$

wenn p die Dimension 10^5 Pa hat. Die mittlere freie Weglänge läßt sich damit angeben zu

$$\bar{\lambda} \cong \frac{10^2}{p} \quad (\text{nm}).$$

Die Bedingungen für Knudsen-Diffusion, d.h. Porendurchmesser und Druck, lassen sich näherungsweise wie folgt abschätzen.

d_P (nm)	<1000	<100	<10	<2
p (10^5 Pa)	0,1	1	10	50

Der Knudsen-Diffusionsstrom durch eine zylindrische Pore, der auch als Knudsen-Strömung bezeichnet wird, beträgt nach der kinetischen Gastheorie

$$J_i = \frac{dn_i}{dt\,\pi r_P^2} = -\frac{4 d_P}{3\sqrt{2\pi M_i RT}} \frac{\Delta p_i}{\Delta y} \tag{5.24a}$$

bzw. bei Zugrundelegung des idealen Gasgesetzes und $d_P = 2r_P$

$$J_i = -\frac{d_P}{3}\sqrt{\frac{8RT}{\pi M_i}} \frac{\Delta c_i}{\Delta y}. \tag{5.24b}$$

Bei Einführung der Analogie zum ersten Fickschen Gesetz ergibt sich für den Knudsen-Diffusionskoeffizienten $D_{K,i}$

$$D_{K,i} = \frac{d_P}{3}\sqrt{\frac{8RT}{\pi M_i}}. \tag{5.25a}$$

(Der Wurzelausdruck entspricht hierbei der mittleren Molekülgeschwindigkeit.)

Nach Einsetzen der Zahlenwerte für R und π sowie der Dimension cm für d_P wird erhalten

$$D_{K,i} = 4850\, d_P \sqrt{\frac{T}{M_i}} \quad (\text{cm}^2 \cdot \text{s}^{-1}). \tag{5.25b}$$

Liegt nicht nur eine einzelne zylindrische Pore, sondern ein poröser Feststoff vor, in dem die Knudsen-Diffusion erfolgt, so muß analog zu Gl. (5.22) wieder das relative Porenvolumen ε_P und der Tortuositätsfaktor τ_K eingeführt werden; entsprechend Gleichung (5.25a) wird damit erhalten

$$D_{K,i}^{e} = \frac{\varepsilon_P}{\tau_K} \frac{d_P}{3} \sqrt{\frac{8RT}{\pi M_i}}. \tag{5.26}$$

Die Größe $\varepsilon_P d_P / 3\tau_K$ wird auch als Strukturfaktor K_0 für die Knudsen-Diffusion in porösen Medien bezeichnet. (Üblicherweise wird der gleiche Tortuositätsfaktor für molekulare und Knudsen-Diffusion zugrundegelegt; streng genommen muß jedoch zwischen den beiden Fällen unterschieden werden.)

Die Behandlung der durch die Porenabmessung begrenzten Diffusion wurde auf Gase beschränkt, da die freien Weglängen der Molekülbewegung bei Flüssigkeiten immer erheblich kleiner als praktisch vorkommende Porendurchmesser sind.

2.3 Diffusiver Stofftransport im Übergangsgebiet von molekularer zu Knudsen-Diffusion

Sowohl bei der heterogenen Gaskatalyse als auch bei Gas/Feststoff-Reaktionen können im porösen Feststoff aufgrund der Gaskonzentration(druck) und des Porendurchmessers Bedingungen vorliegen, bei denen sich das System im Übergangsgebiet zwischen molekularer und Knudsen-Diffusion befindet. Dies ist dann der Fall, wenn die mittlere freie Weglänge der diffundierenden Moleküle in der Größenordnung des Porendurchmessers liegt. Für binäre Gasmischungen wurde unabhängig von zwei Autorengruppen Evans, Truitt und Watson[19] sowie Scott und Dullien[20] eine quantitative Beziehung abgeleitet, die es erlaubt, den Diffusionsstrom unter diesen Bedingungen bei konstantem Gesamtdruck in der Pore zu berechnen.

$$J_1 = \frac{-1}{\dfrac{1-(1+J_2/J_1)x_1}{D_{12}^{e}} + \dfrac{1}{D_{K,1}^{e}}} \cdot \frac{p}{RT} \cdot \frac{dx_1}{dy} \tag{5.27}$$

Hierin ist D_{12}^{e} der effektive binäre molekulare Diffusionskoeffizient (s. Gl. (5.22)) und $D_{K,1}^{e}$ der effektive Knudsen-Diffusionskoeffizient für die Komponente 1 (s. Gl. (5.26)). Das Verhältnis der Ströme J_2/J_1 ist positiv für gleichgerichtete und negativ für entgegengerichtete Diffusion der Komponenten 1 und 2.

In Analogie zum ersten Fickschen Gesetz läßt sich formulieren

$$J_1 = -D^{e} \cdot \frac{p}{RT} \cdot \frac{dx_1}{dy} = -D^{e} \cdot \frac{dc_1}{dy}. \tag{5.28}$$

Aus den Gln. (5.27) und (5.28) folgt für den effektiven Diffusionskoeffizienten

$$D^e = \frac{1}{\frac{1-(1+J_2/J_1)x_1}{D_{12}^e} + \frac{1}{D_{K,1}^e}}. \tag{5.29}$$

Für das Übergangsgebiet vereinfacht sich Gl. (5.29), wenn äquimolare Gegenstromdiffusion vorliegt, d.h. $J_2 = -J_1$ wie folgt

$$D^e = \frac{1}{1/D_{12}^e + 1/D_{K,1}^e}. \tag{5.30}$$

Das heißt, D^e ist unabhängig von den beiden Diffusionsströmen sowie dem Stoffmengenanteil der Komponente 1.
Ist $D_{12}^e \ll D_{K,1}^e$, wird der Transportvorgang nur durch molekulare Diffusion bestimmt; in diesem Falle ergibt sich aus Gl. (5.29)

$$D^e = \frac{D_{12}^e}{1-(1+J_2/J_1)x_1}. \tag{5.31}$$

Diese Beziehung macht deutlich, daß aufgrund der obigen Definition der effektive Diffusionskoeffizient für den Transport der Komponente 1 vom Verhältnis der Diffusionsströme der beiden Komponenten 1 und 2 sowie dem Stoffmengenanteil der Komponente 1 abhängt. Sind die beiden Ströme entgegengerichtet und gleich groß, ($J_2 = -J_1$), dann vereinfacht sich Gl. (5.31) zu

$$D^e = D_{12}^e. \tag{5.32}$$

Für den Fall, daß $D_{12}^e \ll D_{K,1}^e$ und gleichzeitig der Diffusionsstrom J_2 gegen null geht bzw. null wird, und wenn $(1-x_1)$ durch x_2 substituiert wird, resultiert aus Gl.(5.29)

$$D^e = \frac{D_{12}^e}{x_2} \tag{5.33}$$

und damit ergibt sich für den Diffusionsstrom nach Gl. (5.28)

$$J_1 = -\frac{D_{12}^e}{x_2} \cdot \frac{dc_1}{dy} = \frac{D_{12}^e p}{p_2} \cdot \frac{dc_1}{dy}. \tag{5.34}$$

Ist $D_{12}^e \gg D_{K,1}^e$, dann wird die effektive Knudsen-Diffusion bestimmend; Gl. (5.28) nimmt dann mit $D^e \approx D_{K,1}^e$ folgende Form an

$$J_1 = -D_{K,1}^e \frac{dc_1}{dy}. \tag{5.35}$$

Aus den vorangegangenen Überlegungen wird deutlich, daß der formal in Analogie zum ersten Fickschen Gesetz definierte effektive Diffusionskoeffizient einer binären Gasmischung für ein poröses Material keine konstante Stoffgröße ist, wie es die Einzelkoeffizienten für die effektive molekulare bzw. Knudsen-Diffusion sind, sondern daß er von der Konzentration sowie der Größe und Richtung der Diffusionsströme der beiden Komponenten abhängt. Dies hat Bedeutung bei der Ermittlung effektiver Diffusionskoeffizienten durch stationäre Meßverfahren; ein solches Verfahren stellt beispielsweise die von Wicke und Kallenbach[21] entwickelte Methode der Gegenstromdiffusionsmessung dar, die in Abb. 5.1 veranschaulicht ist. Über die Integration der Differentialgleichung (5.28) würde

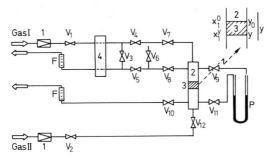

Abb. 5.1 Darstellung der experimentellen Methode zur Durchführung von Gegenstromdiffusionsmessungen (nach [21])
1 Druckminderer
2 Diffusionsmeßzelle
3 Feststoffpellet
4 Wärmeleitfähigkeitsdetektor zur Konzentrationsmessung
V_1, V_2 Feinregulierventile
V_3–V_{12} Kipphebelventile
F Strömungsmesser
P Quecksilberdifferenzdruckmanometer

zwar ein als konstant angenommener Diffusionskoeffizient D^e über entsprechende Messungen bestimmt werden können,

$$D^e = \frac{J_1(y - y_0)}{c_1^y - c_1^0} = \frac{J_1(y - y_0)}{(x_1^y - x_1^0)} \cdot \frac{RT}{p} \tag{5.36}$$

der jedoch nur für die Grenzfälle, deren Ergebnisse durch die Gl. (5.34) und (5.35) dargestellt sind, tatsächlich zutrifft. Für eine exakte Beschreibung des effektiven Diffusionsvorganges ist es jedoch erforderlich, Gl. (5.27) zu integrieren; dabei ergibt sich für konstanten Gesamtdruck

$$J_1 = \frac{D_{12}^e p}{RT(y - y_0)(1 + J_2/J_1)} \ln\left[\frac{1 - (1 + J_2/J_1)x_1^y + D_{12}^e/D_{K,1}^e}{1 - (1 + J_2/J_1)x_1^0 + D_{12}^e/D_{K,1}^e}\right]. \tag{5.37}$$

Durch Kombination der Gl. (5.36) und (5.37) läßt sich nunmehr ein mittlerer effektiver Diffusionskoeffizient entlang des Diffusionsweges $(y - y_0)$ definieren.

$$\bar{D}^e = \frac{D_{12}^e}{(1 + J_2/J_1)(x_1^0 - x_1^y)} \ln\left[\frac{1 - (1 + J_2/J_1)x_1^y + D_{12}^e/D_{K,1}^e}{1 - (1 + J_2/J_1)x_1^0 + D_{12}^e/D_{K,1}^e}\right] \tag{5.38}$$

Wenn die molekulare Diffusion den Gesamtvorgang bestimmt, vereinfacht sich Gl. (5.38) zu

$$\bar{D}^e = \frac{D_{12}^e}{(1 + J_2/J_1)(x_1^0 - x_1^y)} \ln\left[\frac{1 - (1 + J_2/J_1)x_1^y}{1 - (1 + J_2/J_1)x_1^0}\right]. \tag{5.39}$$

2.4 Poiseuille-Strömung

Heterogen katalysierte Gasreaktionen sowie Gas/Feststoffumsetzungen können gelegentlich mit starken Volumenänderungen verbunden sein, die zum Aufbau eines Gradienten des Gesamtdrucks in den Poren des Feststoffes und damit zu einer der Diffusion überlagerten

sog. Poiseuille-Strömung führen können. Solche Reaktionen sind beispielsweise das Cracken und Dehydrieren von Kohlenwasserstoffen sowie Hydrierreaktionen. In den beiden ersten Fällen ist infolge der Volumenzunahme die sich ausbildende Strömung nach außen gerichtet, während im letzten Fall, also bei Volumenabnahme, der Strom in die Pore hineingeht.
Der Poiseuille-Strom J_{Pois} durch die Pore ist gegeben durch

$$J_{\text{Pois}} = \frac{r_P^2 \varrho_M}{8\mu} \frac{\Delta p}{L_P} \qquad (5.40)$$

bzw.

$$J_{\text{Pois}} = \frac{r_P^2 \varrho_M RT}{8\mu} \frac{\Delta c_{\text{ges}}}{L_P}. \qquad (5.41)$$

r_P Porenradius (cm)
L_P Porenlänge (cm)
Δp Gesamtdruckänderung entlang der Porenlänge L_P (10^5 Pa)
Δc_{ges} Gesamtkonzentrationsänderung entlang der Porenlänge L_P (mol · cm^{-3})
ϱ_M molare Dichte des Gases (mol · cm^{-3})
μ dynamische Viskosität des Gases (g · s^{-1} · cm^{-1})

Wird dieser Stofftransport durch Strömung formal als Diffusion betrachtet, so läßt sich ein Poiseuille-Diffusionskoeffizient definieren.

$$D_{\text{Pois}} = \frac{r_P^2 \varrho_M RT}{8\mu} \quad (\text{cm}^2 \cdot \text{s}^{-1}) \qquad (5.42)$$

Die Gesamttransportstromdichte J_i^{ges} einer bestimmten Molekülart i einer Gasmischung in einer Pore setzt sich also aus dem partialdruckabhängigen Diffusionsstrom J_i und dem vom Gesamtdruck abhängigen Poiseuille-Strom $J_{i,\text{Pois}}$ zusammen

$$J_i^{\text{ges}} = J_i + J_{i,\text{Pois}}, \qquad (5.43)$$

wobei

$$J_{i,\text{Pois}} = x_i J_{\text{Pois}}. \qquad (5.44)$$

Nach Substitution von J_i und $J_{i,\text{Pois}}$ ergibt sich für den Gesamtdiffusionsstrom

$$J_i^{\text{ges}} = -D_i \frac{dc_i}{dy} + D_{\text{Pois}} x_i \frac{\Delta c_{\text{ges}}}{L_P}. \qquad (5.45)$$

Ob der konvektive Stofftransport durch Poiseuille-Strömung bei einer heterogenen katalysierten Reaktion, die an einem porösen Kontakt verläuft, berücksichtigt werden muß, ist in jedem Einzelfall durch einen Vergleich der beiden Terme auf der rechten Seite von Gl. (5.45) zu entscheiden.

2.5 Sonderfälle der Diffusion in porösen Feststoffen

Zwei Phänomene, die durch die Begriffe „Oberflächendiffusion" und „Konfigurelle Diffusion" gekennzeichnet sind und unter bestimmten Voraussetzungen den Ablauf einer katalytischen Gasreaktion in einem porösen Kontakt beeinflussen können, werden nachfolgend besprochen; für eine vertiefte Behandlung wird jedoch auf die Spezial-Literatur[22-24] verwiesen.

2. Diffusion in porösen Medien

Oberflächendiffusion. Moleküle, die nicht zu stark auf einer Oberfläche adsorbiert sind, besitzen häufig eine beträchtliche laterale Beweglichkeit. Der hierdurch in Richtung des Konzentrationsgefälles auf der Oberfläche hervorgerufene Stoffstrom wird als Oberflächendiffusion bezeichnet. Wenn vorausgesetzt werden kann, daß sich zwischen dem diffundierenden Gas und der Oberfläche des porösen Feststoffes das Adsorptionsgleichgewicht einstellt, verläuft der Konzentrationsgradient auf der Porenoberfläche in gleicher Richtung wie im Gasraum einer Pore. Der Oberflächendiffusionsstrom J_{si} kann wie folgt beschrieben werden.

$$J_{si} = \frac{D_{si}}{\tau_s} \cdot S_v \cdot \frac{dc_{si}}{dy} \quad (5.46)$$

D_{si} Oberflächendiffusionskoeffizient (cm$^2 \cdot$ s^{-1})
τ_s Oberflächentortuositätsfaktor (dimensionslos)
c_{si} Oberflächenkonzentration (mol $\cdot$ cm^{-2})
S_v spezifische innere Oberfläche eines porösen Feststoffs (cm$^2 \cdot$ cm^{-3})

Oberflächendiffusionskoeffizienten liegen für kleine physisorbierte Moleküle bei Raumtemperatur in der Größenordnung von etwa 10^{-3} bis 10^{-5} cm$^2 \cdot$ s^{-1}. Die Aktivierungsenergie E_s dieses Diffusionsvorganges entsprechend

$$D_s = D_s^0 \exp\left(-\frac{E}{RT}\right) \quad (5.47)$$

beträgt etwa die Hälfte der Adsorptionsenthalpie. Hieraus kann geschlossen werden, daß das diffundierende Molekül tatsächlich auf der Oberfläche wandert und diese nicht ver-

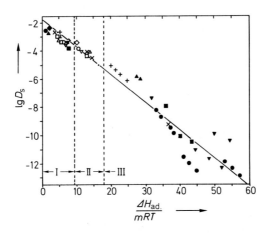

Abb. 5.2 Abhängigkeit des Oberflächendiffusionskoeffizienten D_s von der dimensionslosen Größe $\Delta H_{ad}/mRT$ (nach [23])

Bereich I:
„Carbolac"-Kohlenstoff; He (●), Ne (▲), H$_2$ (♦), SO$_2$ (▼), Kr (■)
„Vycor"-Glass; O$_2$ (·), N$_2$ (+), Kr (–), CH$_4$ (|), C$_2$H$_6$ (>)
SiO$_2$/Al$_2$O$_3$-Katalysator; N$_2$ (△), CH$_4$ (□), C$_2$H$_6$ (○), C$_3$H$_8$ (▽)

Bereich II
„Vycor"-Glass; SO$_2$ (▽), CO$_2$ (△), NH$_3$ (□), i-C$_4$H$_{10}$ (○), C$_2$H$_4$ (◊)
SiO$_2$-Pulver; CF$_2$Cl$_2$ (×), SO$_2$ (·)

Bereich III
H–Pt (▲), O–W (●), H–W (▼), H–Ni (■), Cs–W (+), Ba–W (×), Ar–W (▽)

läßt[25]. Einen von Sladek[23] aufgestellten Zusammenhang zwischen D_s und der dimensionslosen Größe $\Delta H_{ad}/mRT$ zeigt Abb. 5.2; hierin ist m ein empirisch zu ermittelnder Parameter, der bei etwa 1 liegt. In dem Diagramm sind mehr als 60 Wertepaare zusammengefaßt, die sowohl Physisorption als auch Chemisorption im Temperaturbereich von -230 bis $+600\,°C$ umfassen. Das Diagramm ist geeignet, Oberflächendiffusionskoeffizienten für vergleichbare Systeme abzuschätzen. Bei den für industrielle Prozesse üblichen Drücken und Temperaturen ist der Beitrag der Oberflächendiffusion zum gesamten diffusiven Stofftransport im allgemeinen jedoch gering, so daß er meist vernachlässigbar ist.

Konfigurelle Diffusion. Der Begriff „konfigurelle Diffusion" wird für solche Fälle angewandt, bei denen der Durchmesser der Poren des Feststoffs molekulare Dimensionen von etwa 0,3 bis 1 nm erreicht. Während die Diffusionskoeffizienten in hochporösen, also sehr oberflächenreichen Feststoffen mit Porenradien zwischen 2 und 5 nm bei etwa 10^{-3} bis $10^{-4}\,cm^2 \cdot s^{-1}$ liegen, wurden in Zeolithen, deren Porenweiten unter etwa 1 nm liegen, Werte von etwa 10^{-9} bis $10^{-13}\,cm^2 \cdot s^{-1}$ gefunden (s.[26,27]). Eine Zusammenstellung einiger in[28] berichteter Daten enthält Tab. 5.5. Die für konfigurelle Diffusionsvorgänge mitgeteilten Aktivierungsenergien betragen etwa 12 bis 45 $kJ \cdot mol^{-1}$.

Tab. 5.5 Diffusionskoeffizienten D_{konf} bei Vorliegen konfiguneller Diffusion[28]

Feststoff	Diffund. Komponente	T (K)	D_{konf} ($cm^2 \cdot s^{-1}$)
Na-Mordenit	CH_4	298	$3,3 \cdot 10^{-9}$
	n-C_4H_{10}	298	$1,2 \cdot 10^{-9}$
H-Offretit $(0,37 \cdot 0,41\,nm)$	n-C_6H_{14}	573–723	$<10^{-9}$
Na-Y-Zeolith in	Cumol	298	$9 \cdot 10^{-14}$
	Benzol	338	$1,5 \cdot 10^{-12}$
H-Mordenit	Cumol	298	10^{-14}
		338	10^{-13}
Chabazit	n-C_4H_{10}	423	$1,42 \cdot 10^{-13}$ bis $9,5 \cdot 10^{-13}$
		473	$2,89 \cdot 10^{-13}$ bis $23,6 \cdot 10^{-13}$

3. Wärmeleitfähigkeit in porösen Feststoffen

Die effektive Wärmeleitfähigkeit λ^e in porösen Feststoffen wird im wesentlichen zur Abschätzung von Temperaturgradienten in einem porösen Katalysator beim Ablauf stark exothermer oder endothermer Reaktionen benötigt (s. Kap. 6, S. 128). Über die Größe von λ^e liegen weitgehend nur empirische Daten vor; einige ausgewählte Werte sind für verschiedene Feststoffe unter verschiedenen Bedingungen in Tab. 5.6 zusammengestellt. Die Ergebnisse zeigen, daß λ^e selbst bei sehr unterschiedlichen Materialien wie Silber auf der einen sowie Aluminiumoxid auf der anderen Seite und auch bei Verwendung verschiedener Gase

3. Wärmeleitfähigkeit in porösen Feststoffen

Tab. 5.6 Effektive Wärmeleitfähigkeit ausgewählter poröser Feststoffe (nach einer Zusammenstellung aus [7])

Feststoff-Pellets	Gas	T (°C)	ϱ_{Pellet} (g·cm^{-3})	ε_{makro} [a]	ε_{mikro} [b]	λ^e (10^{-4} J·s^{-1}·cm^{-1}·K^{-1}) $1 \cdot 10^5$ Pa	λ^e Vakuum
Al$_2$O$_3$	Luft	50	1,12	0,134	0,409	21,8	16,3
(Boehmit)			0,67	0,450	0,275	12,6	6,9
Ag	Luft	34	2,96	0,144	0,574	71,1	6,3
Cu/MgO	Luft	25–170	0,7–1,20	n.b.[c]	n.b.	7,5	–
Pt(0,05 Ma-%)/Al$_2$O$_3$	Luft	n.b.	1,34	0,35	0,15	14,6	–
Pt/Al$_2$O$_3$	Luft	90	1,15	n.b.	n.b.	22,2	–
Pt/Al$_2$O$_3$	H$_2$	68	0,57	0,56	0,23	25,9	–
CoO (3,6%)/MoO (7,1%)/ α-Al$_2$O$_3$ (180 m^2/g)	Luft	90	1,63	n.b.	n.b.	34,7	–
CoO (3,4%)/MoO$_3$ (11,3%)/ β-Al$_2$O$_3$ (128 m^2/g)	Luft	90	1,54	n.b.	n.b.	24,3	–
Cr$_2$O$_3$/Al$_2$O$_3$	Luft	90	1,4	n.b.	n.b.	29,3	–
Aktivkohle	Luft	90	0,65	n.b.	n.b.	26,8	–

[a] ε_{makro}: $d_P > 10$ bis 12 nm
[b] ε_{mikro}: $d_P < 10$ bis 12 nm
[c] Angaben nicht bekannt.

(Luft bzw. Wasserstoff) größenordnungsmäßig nur wenig variiert. Typische Werte liegen zwischen 2 bis $3 \cdot 10^{-3}$ J·m^{-1}·s^{-1}·K^{-1}.

Eine theoretische Voraussage ist nur mit Hilfe bestimmter Annahmen über den Mechanismus des Wärmetransports im porösen Material möglich. Von Harriot[29] wird angenommen, daß sich λ^e aus zwei Anteilen, nämlich der effektiven Leitfähigkeit des fluiden Mediums in den Poren λ_P^e, die von der molekularen Leitfähigkeit des Fluids λ_f abhängt, und der des Feststoffes λ_s zusammensetzt. Folgender Ansatz wurde abgeleitet:

$$\frac{\lambda^e}{\lambda_s} = \delta^2 + \chi(1-\delta)^2 + \left(1 + d + \frac{1}{\chi\delta}\right)^{-1} \tag{5.48}$$

$\delta = d/(1+d)$
$d = 0,1\, d_P$
d_P = Partikeldurchmesser
$\chi = \lambda_P^e/\lambda_s$
$\lambda_P^e \approx \dfrac{\lambda_f}{1 + 2\bar{\lambda}/d}$
$\bar{\lambda}$ = mittlere freie Weglänge der Moleküle

Ein hieraus entwickeltes Diagramm, das die Abschätzung von λ^e in Abhängigkeit der Partikelporosität ε_P erlaubt, zeigt Abb. 5.3.

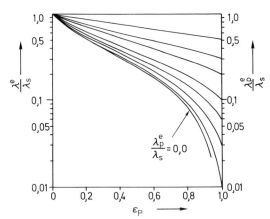

Abb. 5.3 Abschätzung der effektiven Wärmeleitfähigkeit λ^e für poröse Feststoffe in Abhängigkeit der Teilchenporosität ε_p für verschiedene Werte λ_p^e/λ_s (für $\varepsilon_p = 0$ ist $\lambda^e/\lambda_s = \lambda_p^e/\lambda_s$) (nach [29])

4. Stoff-, Wärme- und Impulstransport an Phasengrenzflächen

Transportvorgänge an Phasengrenzen treten in der chemischen Reaktionstechnik in vielfältiger Weise auf. Dem Stoffaustausch zwischen zwei Phasen, dem „Stoffübergang", kommt beim Ablauf heterogener Reaktionen (Gas/Feststoff, Gas/Flüssigkeit, Flüssigkeit/Flüssigkeit, Gas/Katalysator) erhebliche Bedeutung zu. Bei exothermen oder endothermen Umsetzungen muß dem Reaktionssystem Wärme ab- bzw. zugeführt werden, um dort bestimmte Temperaturen aufrechtzuerhalten; dieser Austausch von Wärme, der an einer Phasengrenzfläche erfolgt, wird als „Wärmeübergang" bezeichnet. Schließlich spielt in Reaktionssystemen, die kontinuierlich von einem fluiden Medium durchströmt sind, die „Reibung" zwischen dem Fluid und einer festen Oberfläche, die durch den Impulstransport im phasengrenznahen Bereich bestimmt wird, eine wichtige Rolle, da hierdurch der bei der Strömung auftretende Druckabfall im Reaktor bestimmt wird.

Eine detaillierte quantitative Behandlung dieser Erscheinungen führt über den Rahmen dieses Buches hinaus; es muß daher auf weiterführende Literatur verwiesen werden [30]. Es werden lediglich grundlegende, zum Verständnis notwendige Sachverhalte aufgezeigt und die für die nachfolgenden Kap. 6 bis 9 erforderlichen quantitativen Zusammenhänge dargestellt.

Grundlagen. Die Stoff- und Wärmestromdichte J_i bzw. J_W sowie die auf die Fläche bezogene Reibungskraft τ_W (Schubspannung) sind einer Triebkraft proportional und können beispielsweise für eine parallel angeströmte Platte am Ort x folgendermaßen formuliert werden (s. hierzu auch Abb. 5.4).

$$J_{i,x} = k_{i,x}(c_W - c_K) \tag{5.49}$$

$$J_{W,x} = h_x(T_W - T_K) \tag{5.50}$$

$$\tau_{W,x} = \frac{\lambda_{R,x}}{4} \cdot \frac{u_K^2 \varrho}{2} \tag{5.51}$$

Die Indices W und K beziehen sich auf die c-, T- und u-Werte an der Wand (W) bzw. im Kern (K) der Strömung.

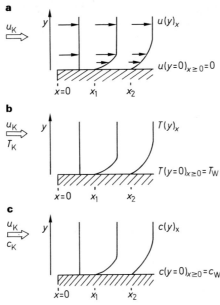

Abb. 5.4 Profile der Geschwindigkeit (**a**) der Temperatur (**b**), und der Konzentration (**c**) an längs angeströmten Platten
a Ausbildung eines Geschwindigkeitsprofils durch Wandreibung
b Ausbildung eines Temperaturprofils durch Kühlung ($T_w < T_K$)
c Ausbildung eines Konzentrationsprofils durch z. B. Desublimation, Trocknung ($c_w < c_K$)

Weiterhin sind $k_{i,x}$ der Stoffübergangskoeffizient, h_x der Wärmeübergangskoeffizient und $\lambda_{R,x}$ der Reibungskoeffizient jeweils am Ort x. Diese Größen stellen in den Gln. (5.49) bis (5.51) zunächst lediglich Proportionalitätsfaktoren dar, und hängen von den Modellvorstellungen ab, die der Auswertung experimenteller Messungen zugrundeliegen. Sie werden von den Strömungsverhältnissen und den Stoffeigenschaften des fluiden Mediums beeinflußt. Um diese Abhängigkeit vorauszusagen, ist es zweckmäßig, die Vorgänge unmittelbar an der Phasengrenzfläche zu betrachten, welche sich durch einander analoge Beziehungen beschreiben lassen.

Stoffmengenstromdichte

$$J_{i,x} = -D_i \frac{dc_i}{dy}\bigg|_{x, y=0} \tag{5.52}$$

Wärmestromdichte

$$J_{W,x} = -\lambda \frac{dT}{dy}\bigg|_{x, y=0} \tag{5.53}$$

Schubspannung

$$\tau_{W,x} = -\mu \frac{du}{dy}\bigg|_{x, y=0} \tag{5.54}$$

Hierin sind D_i der Diffusionskoeffizient, λ der Wärmeleitfähigkeitskoeffizient und μ die dynamische Viskosität.

Über die jeweilige Größe der drei Differentialquotienten dc_i/dy, dT/dy und du/dy bei

$y = 0$ für vorgegebene Strömungsverhältnisse und Stoffeigenschaften kann sodann die erwähnte Abhängigkeit der Koeffizienten $k_{i,x}$, h_x und $\lambda_{R,x}$ von den Strömungsverhältnissen und Stoffeigenschaften bestimmt werden. Die Differentialquotienten können über die Lösung der vollständigen Stoff-, Wärme- und Impulstransportgleichungen für einen differentiellen Raum, der sich von der Phasengrenzfläche bis in den gradientenfreien Bereich erstreckt und die Dicke dx hat, abgeleitet werden (s. Abb. 5.5). Analytische Lösungen sind

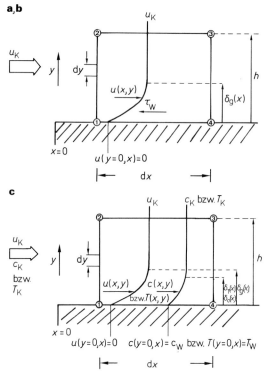

Abb. 5.5 Darstellung differentieller Volumenelemente für die Ermittlung der Impuls- (**a**), Massen- (**b**) und Wärmebilanzen (**c**)

nur für geometrisch einfache Verhältnisse möglich; einen solchen Fall, der hier zur Veranschaulichung behandelt wird, stellt die parallel und laminar angeströmte Platte dar, für die sich nach Pohlhausen[31] unter gewissen vereinfachenden Annahmen folgende Lösungen für die drei Differentialquotienten ergeben

$$\left.\frac{dc_i}{dy}\right|_{y=0} = \frac{0{,}332}{x}\sqrt{Re_x}\sqrt[3]{Sc}\,(c_W - c_K) \tag{5.55}$$

$$\left.\frac{dT}{dy}\right|_{y=0} = \frac{0{,}332}{x}\sqrt{Re_x}\cdot\sqrt[3]{Pr}\cdot(T_W - T_K) \tag{5.56}$$

$$\left.\frac{du}{dy}\right|_{y=0} = \frac{0{,}332}{x}\sqrt{Re_x}\cdot u_K. \tag{5.57}$$

Re_x örtliche Reynolds-Zahl ($u_K x/v$) mit $v = \mu/\varrho$,
Sc Schmidt-Zahl (v/D_i)
Pr Prandtl-Zahl (v/a; mit $a = \lambda/\varrho c_p$)

4. Stoff-, Wärme- und Impulstransport an Phasengrenzflächen

Werden die obigen Beziehungen in die Gln. (5.52) bis (5.54) eingesetzt und die resultierenden Ausdrücke mit den Gln. (5.49) bis (5.51) gleichgesetzt, werden folgende Beziehungen für den örtlichen Stoff- und Wärmeübergangskoeffizienten bzw. den örtlichen Reibungskoeffizienten an der Stelle x erhalten.

$$k_{i,x} = \frac{0{,}332\, D_i}{x} \sqrt{Re_x} \sqrt[3]{Sc} \tag{5.58}$$

$$h_x = \frac{0{,}332\, \lambda}{x} \sqrt{Re_x} \sqrt[3]{Pr} \tag{5.59}$$

$$\lambda_{R,x} = \frac{2{,}656}{\sqrt{Re_x}} \tag{5.60}$$

Durch eine Mittelung der örtlichen Koeffizienten K_x zwischen 0 und x

$$K = \frac{1}{x} \int_0^x K_x \, dx \tag{5.61}$$

kann gezeigt werden, daß der Mittelwert K (k_i, h und λ_R) um den Faktor 2 größer als der örtliche Wert ist. Bei Einführung dimensionsloser Kenngrößen können die Beziehungen (5.58) und (5.59) für die von $x = 0$ bis $x = x$ gebildeten Mittelwerte k_i und h wie folgt geschrieben werden.

$$Sh = \frac{k_i \cdot x}{D_i} = 0{,}664 \sqrt{Re_x} \sqrt[3]{Sc} \tag{5.62}$$

$$Nu = \frac{h \cdot x}{\lambda} = 0{,}664 \sqrt{Re_x} \sqrt[3]{Pr} \tag{5.63}$$

Sh sog. Sherwood-Zahl
Nu sog. Nusselt-Zahl

(Bei λ_R, Gl. (5.60), handelt es sich bereits um eine dimensionslose Größe, was sich aus der Definition von Gl. (5.51) ableiten läßt.)

Ein Vergleich der Beziehungen (5.62) und (5.63) zeigt die vollständige Analogie zwischen Stoff- und Wärmeübergang. Diese bleibt solange erhalten, wie der Diffusionsstrom in y-Richtung gegenüber dem konvektiven Massenstrom klein ist; d. h., ist entweder der Stoff- oder der Wärmeübergangskoeffizient bekannt, läßt sich jeweils der andere daraus berechnen.

$$Sh = Nu \left(\frac{Sc}{Pr}\right)^{1/3} \tag{5.64}$$

In den Abschn. 4.1 bis 4.3 (s. S. 86–97) werden die wichtigsten, meist empirisch ermittelten Zusammenhänge zur Berechnung des mittleren Stoff- und Wärmeübergangskoeffizienten sowie des Reibungskoeffizienten für in der chemischen Technik häufig vorkommende Systeme dargestellt.

Die a priori Ermittlung der Stoff- und Wärmeübergangskoeffizienten bzw. der ihnen entsprechenden dimensionslosen Kennzahlen in Abhängigkeit der sie beeinflussenden Variablen, nämlich im wesentlichen der Reynolds- und der Schmidt- bzw. Prandtl-Zahl, ist nur für eindeutig definierte und quantitativ beschreibbare Strömungsverhältnisse möglich. Diese sind in chemischen Reaktoren jedoch häufig nicht genau erfaßbar. Es werden daher empirische, a posteriori aus experimentellen Zusammenhängen ermittelte Korrelationen dimensionsloser Kennzahlen angewendet. Diese lassen sich meist auf beliebige geometrische Maßstäbe extrapolieren, soweit die geometrische Ähnlichkeit der betrachteten Systeme erhalten bleibt. Für die quantitative Darstellung solcher Korrelationen werden zwei ineinander überführbare und gleichwertige Konzepte benutzt. Im ersten Fall handelt es sich um die bereits dargestellte Form

$$Sh = f(Re, Sc)$$

bzw.

$$Nu = f(Re, Pr).$$

Im zweiten Fall werden sog. *j*-Faktoren verwendet, die mit den vorgenannten Größen in folgendem Zusammenhang stehen.

$$j_m = \frac{Sh}{Re \cdot Sc^{1/3}} \tag{5.65}$$

$$j_h = \frac{Nu}{Re \cdot Pr^{1/3}} \tag{5.66}$$

Die *j*-Faktoren werden meist zur Darstellung empirisch erhaltener Beziehungen für den Stoff- bzw. Wärmeübergang zwischen einem Fluid und den Feststoffpartikeln einer Schüttung verwendet.

Weitet man die bereits besprochene Analogie zwischen Stoff- und Wärmeübergang auch auf die Reibung aus (s. z. B.[32]), dann ist es prinzipiell auch möglich, die Stoff- bzw. Wärmeübergangskoeffizienten aus dem Reibungskoeffizienten nach der Colburn-Chilton-Analogie

$$j_m = 0{,}5 \, \lambda_R \tag{5.67}$$

zu ermitteln. Damit können die Stoff- bzw. Wärmeübergangskoeffizienten auch für solche Bereiche zumindest größenordnungsmäßig abgeschätzt werden, für die zwar Korrelationen für die Reibung aber nicht für den Stoff- und Wärmeübergang vorliegen.

Im folgenden werden trotz der erwähnten Analogien zwischen Wärme- und Stoffübergang sowie der Reibung die empirisch ermittelten Zusammenhänge für die drei Transportvorgänge jeweils getrennt mitgeteilt.

4.1 Wärmeübergang

Fluid/Wand

Der Wärmeübergang zwischen fluiden Medien und begrenzenden Apparatewänden ist ausführlich und weitgehend abschließend in der Literatur behandelt worden. Umfassende Darstellungen der hierfür gültigen und anwendbaren Korrelationen sind beispielsweise im VDI-Wärmeatlas[3] enthalten. Es wird daher an dieser Stelle auf eine detaillierte Wiedergabe verzichtet; lediglich für die laminare und turbulente Rohrströmung sind exemplarisch die Abhängigkeiten der Nusselt-Zahl von den sie beeinflussenden Variablen (Gln. (5.68a) und (5.68b)) in Tab. 5.7 enthalten.

Für Apparate, die ruhende oder bewegte Feststoffpartikeln enthalten, existieren sehr unterschiedliche Ansätze zur Vorhersage des Wärmeübergangskoeffizienten zwischen dem fluiden Medium (meist Gas) und der Wand; (die Forschung auf diesem Gebiet ist noch nicht abgeschlossen).

Ruhende Feststoffpartikeln liegen im wesentlichen in Schüttungen bzw. sog. Festbettreaktoren vor. Bei den hierfür in Tab. 5.7 beispielhaft aufgeführten Gln. (5.69) bis (5.73) ist zu

4. Stoff-, Wärme- und Impulstransport an Phasengrenzflächen

5.7 Korrelationen zur Ermittlung des Wärmeübergangskoeffizienten vom fluiden Medium an eine Wand (Rohr, Schüttschicht, Wirbelschicht, Blasensäule)

System	Korrelation	Gl.	Gültigkeitsbereich	Lit.	Bemerkungen
Rohrströmung laminar	$Nu = \sqrt[3]{3{,}66^3 + 1{,}61^3\, RePr d_R/L}$	(5.68a)	$Re < 2300$	1	$0{,}1 < RePr d_R/L < 10^4$
turbulent	$Nu = \dfrac{\xi/8\,(Re - 1000)\,Pr}{1 + 12{,}7\sqrt{\xi/8}\,(Pr^{2/3} - 1)} \left[1 + \left(\dfrac{d_R}{L}\right)^{2/3}\right]$	(5.68b)	$Re > 2300$	33	$\xi = (1{,}82\lg Re - 1{,}64)^{-2}$
ruhende Feststoffpartikel Schüttschicht	a) Aufheizen $Nu = 0{,}813\, Re^{0{,}9} \exp\left(-\dfrac{6 d_p}{d_R}\right)$ b) Abkühlen $Nu = 3{,}5\, Re^{0{,}7} \exp\left(-\dfrac{6 d_p}{d_R}\right)$	(5.69a) (5.69b)		34	$Nu = \dfrac{h \cdot d_p}{\lambda_f}$ $Re = \dfrac{u \cdot d_p}{\nu}$
	$Nu = Nu_0 + 0{,}033\, RePr$	(5.70)		35	$Nu_0 = \dfrac{h_0 \cdot d_p}{\lambda_f}$ $h_0 = \dfrac{10{,}25\, \lambda_0^e}{d_R^{4/3}}\, \text{kJ}\cdot\text{m}^{-2}\cdot\text{h}^{-1}\cdot\text{K}^{-1}$ (Lit. 36) für λ_0^e s. Tab. 5.8 (Lit. 37)
	$Nu = 5 + 0{,}054\, RePr$	(5.71)	$Re < 2000$	38	
	$Nu = 5 + \dfrac{1}{\dfrac{1}{4\, Pr^{1/3}\, Re^{1/2}} + \dfrac{1}{0{,}054\, RePr}}$	(5.72)	$Re > 2000$		
	$Nu = 5{,}73\, \dfrac{Pr(0{,}11\, Re + 20{,}64)}{Re^{0{,}262}} \sqrt{\dfrac{d_R}{d_p}}$	(5.73)		39	
Wirbelschicht Gas/Feststoff	$h_{\max} = 35{,}8\, \lambda_g^{0{,}6} \cdot \varrho_p^{0{,}2} \cdot d_p^{-0{,}36}$ SI-Einh.	(5.76)		40	s. auch 3
Blasensäulen Gas/Flüssig-	$St = 0{,}1\, (Re\, Fr_g\, Pr^2)^{-0{,}25}$	(5.78)		41	$St = \dfrac{h}{\varrho_l c_{p,l} u_{0,g}}$, $Re = \dfrac{u_{0,g} d_B}{\nu_l}$ $Fr_g = \dfrac{u_{0,g}^2}{g \cdot d_B}$, $Pr = \dfrac{\nu_l}{a_l}$ $u_{0,g}$ Gasgeschwindigkeit bezogen auf den Rohrquerschnitt d_B Blasendurchmesser

berücksichtigen, daß bei sehr kleinen Reynolds-Zahlen ($Re < 1$) und Partikelgrößen ($d_P \ll 1$ mm) häufig bis um zwei Größenordnungen zu kleine Werte für Nu bzw. j_h gefunden werden; Schlünder[42] sowie Martin[43] führen dies auf die radiale Abhängigkeit der Schüttungsporosität zurück. Die zur Anwendung der Gl. (5.70) benötigte Ruhewärmeleitfähigkeit λ_0^e, die bei Abwesenheit einer Strömung vorliegt, ist für verschiedene Reaktionssysteme in Tab. 5.8 angegeben.

Tab. 5.8 Werte für die effektive Ruhewärmeleitfähigkeit λ_0^e (nach Rodrigues[37])

Prozeß	λ_0^e (kJ·m^{-1}·h^{-1}·K^{-1})
SO$_2$-Oxidation zu SO$_3$	0,739
p-Xylol-Oxidation zu Phthalsäureanhydrid	1,012
Ammoniaksynthese	1,512

Auf Besonderheiten hinsichtlich des anzuwendenden Wärmeübergangskoeffizienten, die in mit Feststoffpartikeln gefüllten Reaktoren (z. B. mit Katalysatorpellets gefüllte Rohrreaktoren für die Gaskatalyse) vorkommen, wenn ein eindimensionales Modell zur Modellierung eines Rohrreaktors verwendet wird und gleichzeitig quer zur Strömungsrichtung Temperaturgradienten vorhanden sind, wird an anderer Stelle (s. Kap. 9, S. 362) eingegangen. Im übrigen wird auf die hierzu erschienene neuere Literatur verwiesen (s. z. B.[44]).

Bewegte Feststoffpartikeln. In fluiden Medien bewegte Feststoffpartikeln liegen in verschiedenen Reaktoren vor. Dies sind vor allem die gasdurchströmten Wirbelschichten sowie Gas/Flüssigkeits-Systeme mit suspendiertem Katalysator. Hierauf wird im folgenden eingegangen:

(1) *Gasdurchströmte Wirbelschicht.* Im Vergleich zu Schüttungen (Festbetten) liegen Wärmeübergangskoeffizienten zwischen der Wirbelschicht und der Apparatewand im allgemeinen um eine Größenordnung höher. Die Wärmeübergangskoeffizienten hängen von der Partikelgröße d_P und der Gasgeschwindigkeit u sowie der Wärmeleitfähigkeit des Gases ab. Beispielhaft ist ein solcher Zusammenhang zwischen h, d_P und u in Abb. 5.6 dargestellt[45]. Mit steigender Gasgeschwindigkeit wird ein maximaler Wärmeübergangskoeffizient erreicht, der für die betrachtete Wirbelschicht – solange sie nicht bei zu hohen Geschwindigkeiten betrieben wird – als charakteristisch angesehen werden kann.

Die zum Erreichen des maximalen Wärmeübergangskoeffizienten notwendige Strömungsgeschwindigkeit (u_{op}) kann aus der folgenden empirischen Beziehung[46] ermittelt werden,

$$Re_{P,op} = 7{,}5 \cdot Ga^{0{,}45} \qquad (5.74)$$

hierin ist $Ga = d_P^3 g/\nu^2$ die sog. Galilei-Zahl. Wird als Näherung der Exponent in Gl. (5.74) gleich 0,5 gesetzt, wodurch das Ergebnis nur wenig beeinflußt sird, so ergibt sich eine sehr einfache Abhängigkeit der optimalen Geschwindigkeit vom Partikeldurchmesser.

$$u_{op} = 7{,}5 \sqrt{g\,d_P} \qquad (5.75)$$

Hieraus kann abgeleitet werden (s. hierzu auch S. 251–254), daß der maximale Wärmeübergangskoeffizient für große Teilchen bei Geschwindigkeiten nahe am Auflockerungs-

4. Stoff-, Wärme- und Impulstransport an Phasengrenzflächen

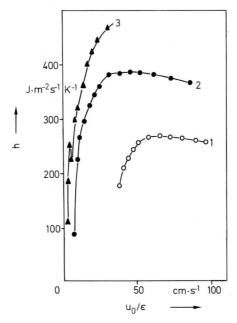

Abb. 5.6 Abhängigkeit des Wandwärmeübergangskoeffizienten h in einer gasdurchströmten Wirbelschicht von der Geschwindigkeit des Gases und von der Partikelgröße

Symbol	○	●	▲
Partikelgröße (mm)	0,42–0,50	0,18–0,21	0,088–0,105

punkt gefunden wird. Mit kleiner werdendem Durchmesser d_p verschiebt sich das Maximum zu größeren Fluid-Geschwindigkeiten und damit zunehmendem Zwischenkornvolumen ε der Wirbelschicht. Zur Abschätzung des maximalen Wärmeübergangskoeffizienten kann z. B. eine empirische Beziehung nach Zabrodsky[40] dienen (s. Tab. 5.7; G. (5.76)).

Ein empirischer Zusammenhang zwischen dem Wärmeübergangskoeffizienten h und der Reynolds-Zahl Re_P, der einen größeren Bereich der Betriebsvariablen abdeckt, wurde beispielsweise von Wender und Cooper[47] abgeleitet. Sie definieren eine den Wärmeübergangskoeffizienten h enthaltende dimensionslose Größe H:

$$H = \frac{h \cdot d_P / [(1 - \varepsilon_{mf})(c_{P,s} \varrho_s / c_{P,g} \varrho_g) \lambda_g]}{1 + 7{,}5 \exp[(-0{,}44 \, L/d_R)(c_{P,g}/c_{P,s})]} \tag{5.77}$$

$c_{p,g}$ Wärmekapazität des Gases (g) und des Feststoffes (s)
d_R Durchmesser der Wirbelschicht
ε_{mf} relatives Zwischenkornvolumen der Wirbelschicht am Auflockerungspunkt

H hängt von $Re = d_P u_0/v$ (u_0 ist auf den Querschnitt des leeren Rohres bezogen) in der in Abb. 5.7 gezeigten Weise ab.

Für die Abschätzung des Wärmeübergangs zwischen der Wirbelschicht und in ihr befindlichen senkrecht[47] und waagerecht[48,49] angeordneten Rohren sind ebenfalls in der Literatur Korrelationen zu finden.

Die vorgestellten Beziehungen und erläuterten Abhängigkeiten der Wärmeübergangskoeffizienten von den verschiedenen Einflußgrößen gelten nur für Partikeldurchmesser, die

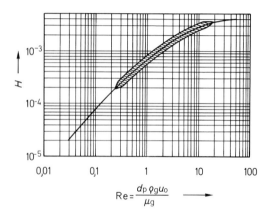

Abb. 5.7 Abhängigkeit der dimensionslosen Größen H für den Wärmeübergang Wirbelschicht/Wand von der Reynolds-Zahl.

größer als etwa 50 μm sind. Bei kleineren Partikeldurchmessern ($d_P \ll 50$ μm) kommen Kohäsionskräfte zum Tragen, die die Partikelbeweglichkeit und damit den guten Wärmeübergang behindern[50].

(2) *Gas/Flüssigkeitssysteme.* Durch die sich in der Flüssigkeit bewegenden Gasblasen wird der Wärmeübergang zwischen den fluiden Medien und der Wand im Vergleich zur unbegasten Flüssigkeit deutlich erhöht. Insbesondere für den Wärmeübergang in sog. Blasensäulenreaktoren (s. Kap. 8, S. 260–262), in denen viele Gas/Flüssigkeits-Reaktionen durchgeführt werden, ist eine zuverlässige Vorausberechnung möglich. Von Deckwer[41] wurde ein theoretisches Modell für den Wärmeübergang entwickelt, das auf dem Oberflächenerneuerungsmodell, wie es für den Stoffübergang angewandt wird, und der Theorie von Kolmogoroff für isotrope Turbulenz basiert. Das Ergebnis, das weitgehend mit einer von Kast[51] im Jahre 1962 empirisch abgeleiteten Korrelation übereinstimmt, ist der in Tab. 5.7, Gl. (5.78) dargestellte Zusammenhang zwischen dimensionslosen Kenngrößen.

Gas/Feststoffpartikeln
Diese Art des Wärmeübergangs spielt bei Reaktionen zwischen Gasen und Feststoffen bzw. bei katalytischen Gasreaktionen mit starker Wärmetönung eine Rolle. Durch die Geschwindigkeit der Wärmeab- bzw. -zufuhr im Vergleich zu Wärmeerzeugung bzw. -verbrauch durch die chemische Reaktion wird bestimmt, ob zwischen der fluiden Phase und der Feststoff- bzw. Katalysatoroberfläche Temperaturgradienten bestehen (s. auch Kap. 6, S. 128ff.).

Für den Wärmeübergang zwischen einer einzelnen Kugel und einem stagnierenden Fluid läßt sich theoretisch zeigen, daß

$$Nu = \frac{h \cdot d_P}{\lambda_f} = 2. \tag{5.79}$$

Eine vorhandene Strömung bedingt eine Zunahme von h und damit von Nu; nach Frössling[52] ergibt sich

$$Nu = 2 + 0{,}6\, Re^{0,5}\, Pr^{0,3}. \tag{5.80}$$

Rowe und Claxton[53] schlagen aufgrund einer umfangreichen Literaturstudie anstelle des

Vorfaktors 0,6 für Gase den Wert 0,63 und für Flüssigkeiten 0,76 vor. Die Zusammenhänge für Teilchenkollektive, wie sie beispielsweise in Schüttungen oder Wirbelschichten vorliegen, weichen hiervon ab; auf sie wird im folgenden näher eingegangen.

Gas/Feststoffpartikeln in ruhenden Schüttungen und Wirbelschichten. Für die Ermittlung von Temperaturgradienten zwischen Fluid und Einzelpartikel ist der Wärmeübergang zwischen diesen beiden Phasen in Schüttungen und Wirbelschichten, wie sie beispielsweise für katalytische Reaktionen eingesetzt werden, von großem praktischen Interesse. Hierzu wurde eine Vielzahl von Korrelationen publiziert; eine Auswahl ist in Tab. 5.9 aufgeführt. Bei Verwendung der angegebenen Beziehungen ist darauf zu achten, daß die in der Originalliteratur enthaltenen Angaben über die bei der Messung vorliegenden experimentellen Bedingungen denen des Anwendungszwecks möglichst nahe kommen.

Gas/Flüssigkeit/Feststoffpartikeln. In Dreiphasen-Reaktionssystemen (z.B. heterogen katalysierte Hydrierung ungesättigter flüssiger Fette mit Wasserstoff oder Fischer-Tropsch-Synthese mit einem in flüssigem Wachs suspendierten Kontakt) hängt bei exothermen Reaktionen eine mögliche Übertemperatur des Kontaktes gegenüber der fluiden Phase vom Wärmeübergang Fluid/Feststoffpartikeln ab. Hierüber liegen jedoch bislang nur vereinzelte Daten vor, ohne daß allgemeingültige Voraussagen möglich sind.

Von Calderbank [59] wurden Wärmeübergangskoeffizienten h_s für in einer gerührten Flüssigkeit suspendierte Partikeln mitgeteilt: Aufgrund der Stoff-/Wärmeübergangsanalogie wird ein dimensionsbehafteter Ansatz vorgeschlagen, der die in das Flüssigkeitsvolumen V eingebrachte Leistung P enthält (s. Tab. 5.9, Gl. (5.88)).

Um Wärmeübergangszahlen im Rieselbettreaktor zu erhalten, wird empfohlen, gleichfalls die Stoff-/Wärmeübergangsanalogie anzuwenden (s. Abschn. 4.2).

4.2 Stoffübergang

Unter Analogiegesichtspunkten können zur Abschätzung von Stoffübergangskoeffizienten prinzipiell die bereits in Abschn. 4.1 mitgeteilten Beziehungen herangezogen werden, bei denen dann die Nusselt- durch die Sherwood-Zahl und die Prandtl- durch die Schmidt-Zahl zu ersetzen ist. Für genauere Berechnungen empfiehlt sich jedoch die Verwendung speziell für den Stoffübergang ermittelter Korrelationen, soweit solche vorhanden sind. Eine Auswahl publizierter Beziehungen zur Berechnung der Stoffübergangskoeffizienten für verschiedene Reaktionssysteme enthält Tab. 5.10 (Gln. (5.89) bis (5.106)).

Gas/Flüssigkeit. Beim Stoffübergang Gas/Flüssigkeit sind zwei Transportwiderstände, nämlich auf der Gas- und auf der Flüssigkeitsseite zu unterscheiden (s. Abb. 5.8). Bei der Formulierung der entsprechenden zwei Stoffübergangsgleichungen ist zu berücksichtigen, daß es häufig nicht möglich ist, die Stoffübergangszahl isoliert zu messen, sondern nur als Produkt mit der spezifischen Austauschfläche a (Phasengrenzfläche/Reaktorvolumen); für die auf das Flüssigkeitsvolumen bezogenen gas- bzw. flüssigkeitsseitigen Stoffmengenstromdichten J_i gilt dann

$$J_{i,g} = \frac{k_g a}{RT}(p_{i,g} - p_{i,g}^*) \qquad (5.106\text{a})$$

bzw.

$$J_{i,l} = k_l a (c_{i,l}^* - c_{i,l}). \qquad (5.106\text{b})$$

(Die Indices g bzw. l beziehen sich auf die Gas- bzw. Flüssigkeitsseite)

Tab. 5.9 Ausgewählte Korrelationen zur Ermittlung des Wärmeübergangskoeffizienten zwischen einem fluiden Medium und Feststoffpartikeln (Schüttung, Wirbelschicht, Dreiphasen- Gas/Flüssigkeit/Feststoff-System)

System	Korrelation	Gl.	Gültigkeitsbereich	Lit.	Bemerkungen
Ruhende Schüttung	$j_h = \dfrac{1{,}15}{\sqrt{\varepsilon}} Re^{-0{,}5}$	(5.81)	$0{,}1 < Re < 1000$	54	
	$j_h = 0{,}250\, Re^{-0{,}33}$	(5.82)	$55 < Re < 1500$	55	
	$j_h = 1{,}09\, Re^{-0{,}66}$	(5.83)	$0{,}001 < Re < 55$		
	$j_h = 0{,}89\, Re^{-0{,}59}\, Pr^{-0{,}33}$	(5.84)	$0{,}6 < Re < 13$	56	
	$j_h = 1{,}75\, Re^{-0{,}51}$	(5.85)	$13 < Re < 180$	57	Gln. (5.85) und (5.86) wurden auf der Grundlage experimenteller Ergebnisse verschiedener Autoren erhalten
	$j_h = 1{,}03\, Re^{0{,}41}$	(5.86)	$Re > 180$		
Wirbelschicht	$j_h = 0{,}043 \cdot \left[\dfrac{d_p \cdot g\, (\varrho_s - \varrho_f)(1-\varepsilon)^2}{u^2\, \varrho_f}\right]^{0{,}25}$	(5.87)		58	Index f für Gas oder Flüssigkeit
Dreiphasensystem (Gas/Flüssigkeit/Feststoff)	$k_s Sc^{2/3} = \dfrac{h_s}{c_{p,1}\varrho_1} Pr^{2/3}$ $= 0{,}13 \left[\dfrac{(P/V)\mu_1}{\varrho_1^2}\right]^{0{,}25}$	(5.88)		59	$k_s(\mathrm{m\cdot s^{-1}})$, $h_s(\mathrm{kJ\cdot s^{-1}\cdot m^{-2}\cdot K^{-1}})$, $\varrho_1(\mathrm{kg\cdot m^{-3}})$, $P(\mathrm{W})$, $V(\mathrm{m^3})$, $c_{p,1}(\mathrm{kJ\cdot kg^{-1}\cdot K^{-1}})$, $\mu_1(\mathrm{kg\cdot m^{-1}\cdot s^{-1}})$ (Anwendung der Analogie von Stoff- und Wärmeübergang)

4. Stoff-, Wärme- und Impulstransport an Phasengrenzflächen

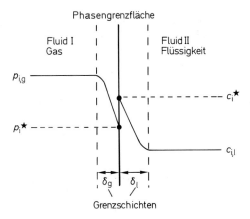

Abb. 5.8 Schematische Darstellung des Stoffübergangs Gas/Flüssigkeit; (den vereinfachenden Annahmen des Zweifilm-Modells entsprechen lineare Konzentrationsverläufe im Bereich der beiden Grenzschichten δ_g und δ_l)

Liegt ein stationärer Zustand vor, so sind beide Stoffmengenstromdichten gleich groß.

$$J_{i,g} = J_{i,l} = J_i$$

Wird die allgemein akzeptierte Annahme zugrundegelegt, daß sich für die übergehende Komponente i an der Phasengrenzfläche augenblicklich Gleichgewicht einstellt, d.h.

$$p_{i,g}^* = H_i c_{i,l}^* \tag{5.107}$$

läßt sich auch schreiben

$$J_i = \frac{1}{\dfrac{1}{k_g H} + \dfrac{1}{k_l RT}} \left(\frac{p_{i,g}}{H} - c_{i,l} \right) \tag{5.108a}$$

bzw.

$$J_i = \frac{1}{\dfrac{RT}{k_g} + \dfrac{H}{k_l}} (p_{i,g} - H c_{i,l}). \tag{5.108b}$$

Diese beiden Beziehungen lassen sich formal in der Weise deuten, als ob der gesamte Widerstand für den Stoffübergang im Fall a auf der Flüssigkeits- und im Fall b auf der Gasseite läge. Die Größen

$$\frac{1}{\dfrac{1}{k_g H} + \dfrac{1}{k_l RT}} = k_{t,l} \quad \text{bzw.} \quad \frac{1}{\dfrac{RT}{k_g} + \dfrac{H}{k_l}} = k_{t,g}$$

werden daher auch als flüssigkeits- bzw. gasseitige Gesamtstoffübergangskoeffizienten $k_{t,l}$ bzw. $k_{t,g}$ bezeichnet; sie unterscheiden sich lediglich um den Faktor HRT:

$$k_{t,l} = HRT \cdot k_{t,g}$$

Tab. 5.10 Ausgewählte Korrelationen zur Ermittlung von Stoffübergangskoeffizienten zwischen fluiden Medien und Feststoffoberflächen

System	Korrelation	Gl.	Gültigkeitsbereich	Lit.	Bemerkungen
Fluid/Wand Rohrströmung					
laminar	$Sh = 2\, Re^{0,5}\, Sc^{0,5}\, \Gamma^{0,5}$	(5.89)	$Re < 2300$	60	$\Gamma = d_R/L$
turbulent	$Sh = 0,027\, Re^{0,8}\, Sc^{0,33}$	(5.90)	$Re > 2300$ $Sc > 0,7$	61	
Fluid/Feststoffpartikeln Festbett					
a) Gas/Feststoffpartikeln	$j_m = 1,66\, Re^{-0,51}$	(5.91)	$Re < 190\ (\varepsilon = 0,37)$	62	charakteristische Länge hier und im folgenden d_p
	$j_m = 0,983\, Re^{-0,41}$	(5.92)	$Re > 190\ (\varepsilon = 0,37)$	62	ε Porosität der Schicht
	$j_m = \dfrac{1,15}{\sqrt{\varepsilon}}\, Re^{-0,5}$	(5.93)	$0,1 < Re < 1000$	54	u_0 Leerraumgeschwindigkeit (Strömungsgeschwindigkeit)
	$\varepsilon Sh = 0,357\, Re^{0,641}\, Sc^{0,33}$	(5.94)	$3 < Re < 1000$	63	
	$Sh = 2 + 1,9\, Re^{0,50}\, Sc^{0,33}$	(5.95)		64	
b) Flüssigkeit/ Feststoffpartikeln	$j_m = \dfrac{0,25}{\varepsilon}\, Re^{-0,33}$	(5.96)	$55 < Re < 1500$	55	
	$j_m = \dfrac{1,09}{\varepsilon}\, Re^{-0,66}$	(5.97)	$0,001 < Re < 55$	55	
Rührkessel mit suspendiertem Feststoff („Slurry")	$Sh = 2,0 + k\, Re^{0,5}\, Sc^{0,33}$	(5.98)	$1 < Re < 450$ $Sc < 250$	65	$k = 0,3 \ldots 1,0$, meist 0,69
	$Sh = 0,046\, Re^{0,283}\, Ga^{0,173}\, U^{-0,011}$ $\cdot (D/d_p)^{0,019}\, Sc^{0,461}$	(5.99)		66	U Masse Feststoff$/\varrho_{\text{Flüss.}}\, d_p^3$
Wirbelschicht	$\varepsilon Sh = 1,11\, Re^{0,33}\, Sc^{0,33}$	(5.100)	$0,01 < Re < 10$	67	
Gas/Partikeln	$\varepsilon Sh = 0,45\, Re^{0,59}\, Sc^{0,33}$	(5.101)	$10 < Re < 15000$	67	

Tab. 5.10 Fortsetzung

System	Korrelation	Gl.	Gültigkeitsbereich	Lit.	Bemerkungen
Flüssigkeit/Feststoffpartikeln in Gegenwart eines Gases					
Rieselbett (ruhender Reststoff)	$j_m = \dfrac{0{,}8}{\varepsilon} Re^{-0{,}5}$	(5.102)	$20 < Re < 200$	68	$Re = \dfrac{u_l^0 d_p}{\nu_l}$
	$j_m = \dfrac{0{,}53}{\varepsilon} Re^{-0{,}42}$	(5.103)	$200 < Re < 5000$	68	$j_m = \dfrac{k_{l,s} \cdot a_s}{u_l \cdot a_p} Sc_l^{2/3}$
					$k_{l,s}$ Stoffübergangskoeffizient flüssig/fest
					a_p Oberfläche der Feststoffpartikeln/Reaktorvolumen
					a_s flüssigkeitsbenetzte Feststoffoberfläche/Reaktorvolumen
	$j_m = 1{,}637\, Re^{-0{,}331}$	(5.104)		69	$j_m = \dfrac{k_{l,s}}{u_l} Sc^{2/3}$
	$\ln\left[\dfrac{k_{l,s} a_s d_p}{a_p D} Sc^{-0{,}33}\right]$ $= 7{,}82\sqrt{\ln(We')} - 1{,}29 \ln(We') - 7{,}61$	(5.105)		70	$We' = 1000\,(u_l^0)^2\, \varrho_l d_P / H_l^2 \cdot \sigma_l$ (modifizierte Weber-Zahl)
					H_l $\dfrac{\text{Flüssigkeitsanteil}}{\text{Leerreaktorvolumen}}$
					σ_l Oberflächenspannung
Dispergierte Feststoffpartikeln in gerührten Flüssigkeiten, Dreiphasen-Wirbelschichten und Blasensäulen	$Sh = 2{,}0 + 0{,}47\, Re^{0{,}62}\, Sc^{0{,}36} \left(\dfrac{d_R}{d_A}\right)^{0{,}17}$	(5.106)	Turbulenzballengröße $l_T \gg d_P$ (s.[71])	72	$Sh = \dfrac{k_{l,s} d_p}{D}$
					d_R Rührerdurchmesser
					d_A Apparatedurchmesser
					$Re = \dfrac{(P/m_l) \cdot d_p^4 \cdot \varrho_l^3}{\mu_l^3}$

Tab. 5.11 Korrelationen zur Ermittlung der volumetrischen Stoffübergangskoeffizienten $k_l a$ und $k_g a$

System	Korrelation	Gl.	Gültigkeitsbereich	Lit.	Bemerkungen
flüssigkeitsseitiger Stoffübergang	$k_l a = 0{,}0173 \sqrt{P/V} \sqrt{\dfrac{D_{l,i}}{2{,}4 \cdot 10^{-9}}}$	(5.109)	$P/V > 60\text{–}100 \text{ W} \cdot \text{m}^{-3}$	73	P/V Energiedissipationsterm in der Flüssigkeit (Rühren, Versprühen, Pulsen)*
	$k_l a = 0{,}011 \, (P/V) \dfrac{D_{l,i}}{2{,}4 \cdot 10^{-9}}$	(5.110)	$5 < P/V < 100 \text{ W} \cdot \text{m}^{-3}$	73	speziell für ionische Flüssigkeiten
gasseitiger Stoffübergang (gepackte Kolonnen)	$k_g a = 2{,}0 + 0{,}1 \, (P/V)^{0{,}66}$	(5.111)		73	$P/V = (\Delta p/L) u_g$; Gl. (5.111) ist nicht für Rieselbetten geeignet

*Bei unbeeinflußter Flüssigkeitsströmung mit der Geschwindigkeit u_1 in einem senkrechten Rohr der Höhe L mit einem Druckabfall Δp ist $P/V \approx (\Delta p/L) u_1$

Tab. 5.12 Korrelation zur Ermittlung von Reibungskoeffizienten

System	Korrelation	Gl.	Gültigkeitsbereich	Lit.	Bemerkungen
Rohr (leer)					
voll ausgebildete laminare Strömung	$\lambda_R = \dfrac{64}{Re}$	(5.114)	$Re < 2300$		
turbulente Strömung in glatten Rohren	$\lambda_R = 0{,}184 \, Re^{-0{,}2}$	(5.115)	$3000 < Re < 200000$	74	
	$\lambda_R = 0{,}316 \, Re^{-0{,}25}$	(5.116)	$3000 < Re < 200000$	75	
	$\lambda_R = 0{,}00540 + \dfrac{0{,}3964}{Re^{0{,}3}}$	(5.117)	$2 \cdot 10^4 < Re < 2 \cdot 10^6$	3, Lb 1	
	$\lambda_R^{-0{,}5} = -0{,}8 + 2 \lg(Re \sqrt{\lambda_R})$	(5.118)	$Re > 10^6$	3, Lb 1	
turbulente Strömung in rauhen Rohren	$\lambda_R^{-0{,}5} = -2 \lg \left[\dfrac{2{,}51}{Re \sqrt{\lambda_R}} + \dfrac{k/d_R}{3{,}71} \right]$	(5.119)		3, Lb 3	d_R Rohrdurchmesser (mm) k Rauigkeit (mm)
Schüttungen	$\lambda_R = \dfrac{2}{\psi} \dfrac{1-\varepsilon}{\varepsilon^3} \left(1{,}75 + 150 \dfrac{1-\varepsilon}{Re^*} \right)$	(5.120)	$Re/(1-\varepsilon) < 500$	76, 77	ε relatives Zwischenkornvolumen ψ Formfaktor[a] $\psi = \dfrac{S_K^{\,b}}{S_P} = \dfrac{\pi}{S_P} \left(\dfrac{6}{\pi} V_P \right)^{2/3}$
	$\lambda_R = \dfrac{2}{\psi} \dfrac{1-\varepsilon}{\varepsilon^3} \left(1{,}24 + 368 \dfrac{1-\varepsilon}{Re^*} \right)$	(5.121)	$500 < Re/(1-\varepsilon) < 1000$	78, 77	

[a] Ausgewählte Formfaktoren: Kugel (1), Zylinder mit $L = d$ (0,874), Raschig-Ringe (0,39), Berl-Sättel (0,37)

Erweiterter („volumetrischer") Stoffübergangskoeffizient $k_f a$ (*Index f: g oder l*). In Fällen, wo keine eindeutige Phasengrenzfläche a (cm^2 · cm^{-3}) zu ermitteln ist, wird das Produkt $k_1 a$ experimentell bestimmt und mit den Einflußgrößen korreliert. Entsprechende Beziehungen enthält Tab. 5.11. Stoffübergangskoeffizienten k_g und k_1, die aus den Produkten $k_g a$ bzw. $k_1 a$ bei Kenntnis der nach getrennten Methoden ermittelten Phasengrenzfläche a bestimmt wurden, wurden für verschiedene Reaktoren von Charpentier[73] angegeben.

4.3 Reibung

Bei der Strömung eines fluiden Mediums durch einen Reaktor tritt ein Druckverlust Δp_v auf, der durch Reibung bedingt ist.

$$\Delta p_v = \lambda_R \frac{\varrho_f u_0^2}{2} \frac{L}{d_{gl}} \qquad (5.112)$$

λ_R Reibungskoeffizient
u_0 auf den Reaktorquerschnitt bezogene Strömungsgeschwindigkeit
ϱ_f Dichte des fluiden Mediums
L Länge des Reaktors
d_{gl} gleichwertiger (hydraulischer) Durchmesser des Reaktors (bei Rohren $d_{gl} = d_R$) bzw. allgemein charakteristische Länge (bei Schüttungen $d_{gl} = d_p$)

Der gleichwertige Durchmesser von Feststoffpartikeln, die nicht Kugelgestalt haben, entspricht dem Durchmesser einer Kugel mit dem Volumen V_P der betrachteten Partikel

$$d_{gl} = \sqrt[3]{\frac{6}{\pi} V_P}. \qquad (5.113)$$

Zur Berechnung des Druckverlustes ist die Größe λ_R erforderlich, die von den durch die Reynolds-Zahl gekennzeichneten Strömungsverhältnissen sowie von der Oberflächenrauhigkeit des durchströmten Apparats bzw. dem freien Zwischenraumvolumen bei Schüttungen abhängt. In Tab. 5.12 sind einige Beziehungen zur Ermittlung von λ_R in Rohren und Schüttungen aufgeführt. Für nähere Einzelheiten und auch für andere Reaktorkonfigurationen wird auf die Spezialliteratur[3, 4a] verwiesen.

Literatur

[1] Schlünder, E. U. (1972), Einführung in die Wärme- und Stoffübertragung, Vieweg Verlag, Braunschweig.
[2] Schlünder, E. U. (1984), Einführung in die Stoffübertragung, Georg Thieme Verlag, Stuttgart, New York.
[3] VDI-Wärmeatlas (1984), Berechnungsblätter für den Wärmeübergang, (Verein Deutscher Ingenieure VDI-Gesellschaft Verfahrenstechnik und Chemieingenieurwesen (GVC), Herausgeb.), VDI-Verlag, Düsseldorf.
[4] a) Bird, R. B., Stewart, W. E., Lightfoot, E. N. (1960), Transport Phenomena, John Wiley & Sons, New York, London, Sydney, S. 554ff.
b) Cussler, E. L. (1976), Multicomponent Diffusion, Elsevier, Amsterdam.
[5] Wilke, C. R. (1950), Chem. Eng. Prog. **46**, 95.
[6] Hirschfelder, J. O., Curtiss, C. F., Bird, R. B. (1954), Molecular Theory of Gases, John Wiley & Sons, New York.
[7] Satterfield, C. N. (1970), Mass Transfer in Heterogeneous Catalysis, Massachusetts Institute of Technology. Cambridge, Mass.
[8] Marrero, T. R., Mason, E. A. (1972), J. Phys. Chem. Ref. Data **1**, 3.

[9] Wilke, C. R., Chang, P. (1955), AIChE J. **1**, 264.
[10] Reid, R. C., Sherwood, T. K. (1958), The Properties of Gases and Liquids, McGraw-Hill Book Co., New York.
[11] Eucken, A. (1913), Phys. Z., **14**, 324.
[12] Bromley, L. A., Wilke, C. R., Ind. Eng. Chem. (1951), **43**, 1641.
[13] Mason, A. E., Saxena, S. C. (1958), Phys. Fluids **1**, 361.
[14] Bird, R. B., Stewart, W. E., Lightfoot, E. N. (1960), Transport Phenomena, John Wiley & Sons, New York, S. 258.
[15] Carr, N. L., Parent, J. D., Peek, R. E. (1955), Viscosity of Gases and Gas Mixtures at Higher Pressures, Chem. Eng. Prog. Symp. Ser. No. 1b, **51**, 91.
[16] Perry, J. H., Chilton, C. H., Kirkpatrick, J. D. (1963), Perry's Chemical Engineers Handbook, McGraw-Hill Book Co., New York.
[17] Wheeler, A. (1951), Adv. Catal. **3**, 250.
[18] Katzer, J. R. (1969), Dissertation, Massachusetts Institute of Technology, Cambridge, Mass.
[19] Evans, R. B., Truitt, J., Watson, G. M. (1961), J. Chem. Phys. **33**, 2076.
[20] Scott, D. S., Dullien, F. A. L. (1962), AIChE J. **8**, 113.
[21] Wicke, E., Kallenbach, R. (1941), Kolloid, Z. **97**, 135.
[22] Dullien, F. A. L. (1969), Porous Media Fluid Transport and Pore Structure, Academic Press, New York, London.
[23] Sladek, K. J. (1967), Dissertation, Massachusetts Institute of Technology, Cambridge, Mass.
[24] Beek, W. J., Muttzall, K. M. K. (1975), Transport Phenomena, John Wiley & Sons, New York.
[25] Katzer, J. R. (1980), Mass Transfer in Reacting Systems, in Chemistry and Chemical Engineering of Catalytic Processes (Prins, R., Schuit, G. C. A., Herausgeb.), Sijthoff & Noordhoff, Alphen, Niederlande.
[26] Breck, W. (1974), Zeolite Molecular Sieves, John Wiley & Sons, New York, S. 667–688.
[27] Barrer, R. M., Brook, D. W. (1953), Trans. Faraday Soc. **49**, 1049.
[28] S. Lit. [7], S. 54.
[29] Harriot, P., (1975), Chem. Eng. J. **10**, 65.
[30] Frank-Kamenetzki, D. A. (1959), Stoff- und Wärmeübertragung in der chemischen Kinetik, Springer Verlag, Berlin.
Bennett, C. O., Myers, J. E. (1962), Momentum Heat and Mass Transfer, McGraw-Hill, New York.
Jischa, M. (1982), Konvektiver Impuls-, Wärme- und Stoffaustausch, Vieweg Verlag, Braunschweig.
[31] Pohlhausen, E. (1921), Z. Angew. Math. Mech., **1**, 115.
[32] Chilton, T. H., Colburn, A. P. (1934), Ind. Eng. Chem. **26**, 1183.
[33] Gnielinski, V. (1975), Forsch. Ingenieurwes., **41** Nr. 1, 8.
[34] Leva, M. (1949), Chem. Eng. (London) **56**, 115.
[35] De Wash, A. P., Froment, G. F. (1971), Chem. Eng. Sci. **26**, 629.
[36] Froment, G. F., Bischoff, K. B. (1979), Chemical Reactor Analysis and Design, New York.
[37] Rodrigues, A. E. (1981), Scientific Basis for the Design of Two Phase Catalytic Reactors, in Multiphase Chemical Reactors (Rodrigues, A. E., Calo, J. M., Sweed, N. H. Herausgeb.), Volume II – Design Methods, Sijthoff & Noordhoff, Alphen, Niederlande.
[38] Kunii, D., Suzuki, M., Ono, N. (1968), J. Chem. Eng. Jpn. **1**, 21.
[39] Patterson, W. R., Carberry, J. J. (1983), Chem. Eng. Sci. **38**, 175.
[40] Zabrodsky, S. S. (1966), Hydrodynamics and Heat Transfer in Fluidized Beds, MIT Press, Cambridge, Mass.
[41] Deckwer, W. D. (1980), Chem. Eng. Sci. **35**, 1341.
[42] Schlünder, E. (1978), Am. Chem. Soc. Symp. Ser. **72**, 110.
Schlünder, E. (1977), Chem. Eng. Sci. **32**, 845.
[43] Martin, H. (1978), Chem. Eng. Sci. **33**, 913.
[44] Vortmeyer, D., Berninger, R. (1982), Chem. Ing. Tech. **54**, 164; id. (1983), Ger. Chem. Eng. **6**, 9.
[45] Baerns, M. Lorenz, G., nicht veröffentlichte Ergebnisse.
[46] Martin, H. (1980), Chem. Ing. Tech. **52**, 139.
[47] Wender, L., Cooper, G. T. (1958), AIChE J. **4**, 15.
[48] Gelperin, N. I., Kruglikov, V. I., Einstein, V. G. (1958), Khim. Prom. **6**, 358.
[49] Vreedenberg, H. A. (1952), J. Appl. Chem. **2**, Suppl. 1, 526; id. (1958), Chem. Eng. Sci. **9**, 52.
[50] Baerns, M. (1966), Ind. Eng. Chem. Fundam. **5**, 508.
Baerns, M. (1968), Chem. Ing. Tech. **40**, 737.
Baerns, M. (1967), Proceedings of the International Symposium on Fluidization, Eindhoven, 6.–9. Juni 1967 (Drinkenburg, A. A. H., Herausgeb.) Netherlands University Press, Amsterdam.
[51] Kast, W. (1963), Chem. Ing. Tech. **35**, 785; id. (1962), Int. J. Heat Mass Trans. **5**, 329.
[52] Frössling, N. (1938), Gerlands Beitr. Geophys. **52**, 170.

[53] Rowe, P.N., Claxton, K.T. (1964), Berichte AERE – R 4673 u. R 4675, Chem. Eng. Division, Atomic Energy Establishment, Harwell.
[54] Carberry, J.J. (1976), Chemical and Catalytic Reaction Engineering, McGraw-Hill Book Co., New York.
[55] Wilson, F.J., Geankoplis, C.J. (1966), Ind. Eng. Chem. Fundam. **5**, 9.
[56] Littman, H., Silva, D.E. (1970), 4th Int. Heat Transfer Conference, Bd. 7, Paris–Versailles.
[57] Bird, R.B., Stewart, W.E., Lightfoot, E.N. (1960), Transport Phenomena, Wiley & Sons, New York, S. 411.
[58] Balakrishnan, A.R., Pei, C.D.T. (1975), Can. J. Chem. Eng. **53**, 231.
[59] Calderbank, P.H. (1967), Mass Transfer in Mixing, Theory and Practice, (Uni, V.W., Gray, J.B., Herausgeb.), Academic Press, New York, London.
[60] van Krevelen, D.W., Hoftijzer, P.J. (1949), Recl. Trav. Chim. Pays-Bas **68**, 221.
[61] Gilliland, E.R., Sherwood, T.K. (1934), Ind. Eng. Chem. **26**, 516.
[62] Hougen, O.A. (1961), Ind. Eng. Chem. **53**, 509.
Yoshida, F., Ramaswami, D., Hougen, O.A. (1962), AIChE J. **8**, 5.
[63] Petrovic, L.J., Thodos, G. (1968), Ind. Eng. Chem. Fundam. **7**, 274.
[64] Nelson, P.A., Galloway, T.R. (1975), Chem. Eng. Sci. **30**, 1.
[65] Hughmark, G.A. (1969), Chem. Eng. Sci. **24**, 291.
[66] Boon-Long, S., Laguerie, C., Couderc, J.P. (1978), Chem. Eng. Sci. **33**, 813.
[67] Dwivedi, P.N., Upadhyay, S.N. (1977), Ind. Eng. Chem. Proc. Des. Dev. **16**, 157.
[68] Hirose, T., Toda, N., Sato, Y. (1974), J. Chem. Eng. Jpn. **7**, 187.
[69] Dharwadkar, A., Sylvester, N.D. (1977), AIChE J. **23**, 376.
[70] Specchia, V., Baldi, G., Gianetto, A. (1976), Proceedings of the 4th International Symposium on Chemical Reactions and Engineering, Heidelberg, Dechema, Frankfurt, S. 390.
[71] Brian, P.L.T., Hales, H.B., Sherwood, T.K. (1969), AIChE J. **15**, 727.
[72] Levins, M., Glastonbury, J.R. (1972), Chem. Eng. Sci. **27**, 531.
[73] Charpentier, J. (1981), General Characteristics of Multiphase Gas-Liquid Reactors, Hydrodynamics and Mass Transfer, in Multiphase Chemical Reactors (Rodrigues, A.E., Calo, J.M., Sweed, N.H., Herausgeb.), Vol. II – Design Methods, Sijthoff & Noordhoff, Alphen, Niederlande.
[74] Knudsen, J.G., Katz, D.L. (1958), Fluid Dynamics and Heat Transfer, McGraw-Hill Book Co., New York.
[75] Blasius, H. (1908), Z. Angew. Math. Phys. **56**, 1, 1–37.
[76] Ergun, S. (1952), Chem. Eng. Prog. **48** (2), 89.
[77] Hicks, R.E. (1970), Ind. Eng. Chem. Fundam. **9**, 500.
[78] Handley, D., Heggs, P.J. (1968), Trans. Inst. Chem. Eng. **46**, T 251.

Kapitel 6

Zusammenwirken von chemischer Reaktion und Transportvorgängen – Makrokinetik

In den vorangegangenen Kap. 4 und 5 wurde bereits darauf hingewiesen, daß in heterogenen Reaktionssystemen, die vielfach in der chemischen Technik vorliegen, neben der chemischen Reaktion auch Transportvorgänge den Reaktionsablauf beeinflussen können. Auf deren Zusammenwirken mit der chemischen Reaktion, das im allgemeinen unter dem Begriff Makrokinetik erfaßt wird, sowie auf die sich daraus ergebenden Konsequenzen wird hier näher eingegangen. Quantitativ werden im einzelnen Gas/Feststoff-Reaktionen, heterogen katalysierte Gasreaktionen und Fluid/Fluid-Reaktionen behandelt; letztere umfassen sowohl Gas/Flüssigkeits-Systeme als auch Reaktionen zwischen nicht mischbaren Flüssigkeiten. Im Rahmen dieses Buches kann nur auf die grundlegenden Gesichtspunkte eingegangen werden; für ein weitergehendes Studium wird die entsprechende Spezialliteratur empfohlen, auf die noch wiederholt Bezug genommen wird (Gas/Feststoff-Reaktionen[1a,b], heterogen katalysierte Gasreaktionen[1b,2–5], Fluid/Fluid-Reaktionen[1b,6,7]).

1. Gas/Feststoff-Reaktionen

Reaktionen zwischen Gasen und Feststoffen spielen in vielen Zweigen der chemischen und verwandter, insbesondere auch der metallurgischen Industrie eine erhebliche Rolle. Einige wenige Reaktionen, die meist in Wanderbett-, Festbett- oder Wirbelschicht-Reaktoren durchgeführt werden (s. Kap. 8, S. 248), werden nachstehend zur Verdeutlichung aufgeführt (s. auch Tab. 4.4, S. 64).

– Erzverarbeitung

  Reduktion oxidischer Eisenerze

  $Fe_3O_4(s) + 4 CO(g) \longrightarrow 3 Fe(s) + 4 CO_2(g)$
  $FeO(s) + CO(g) \longrightarrow Fe(s) + CO_2(g)$

  Abrösten sulfidischer Erze

  $4 FeS_2(s) + 11 O_2(g) \longrightarrow 2 Fe_2O_3(s) + 8 SO_2(g)$
  $2 ZnS(s) + 3 O_2(g) \longrightarrow 2 ZnO(s) + 2 SO_2(g)$
  $2 CuS(s) + 3 O_2(g) \longrightarrow 2 CuO(s) + 2 SO_2(g)$
  $2 PbS(s) + 3 O_2(g) \longrightarrow 2 PbO(s) + 2 SO_2(g)$

– Kohleverbrennung und Vergasung

  Kohleverbrennung

  $C(s) + O_2(g) \longrightarrow CO_2(g)$

  (Hierzu gehört auch die Regenerierung von Katalysatoren mit Kohlenstoffablagerung)

1. Gas/Feststoff-Reaktionen

Vergasung

$$C(s) + CO_2(g) \longrightarrow 2\,CO(g)$$
$$C(s) + H_2O(g) \longrightarrow CO(g) + H_2(g)$$

– Absorption von SO_2

$$CaO(s) + SO_2(g) + 0.5\,O_2(g) \longrightarrow CaSO_4(s)$$

– Fluorierung von UO_2

$$UO_2(s) + 4\,HF(g) \longrightarrow UF_4(s) + 2\,H_2O(g)$$
$$UF_4(s) + F_2(g) \longrightarrow UF_6(g)$$

– Verbrennung fester Abfallstoffe
– Chlorierung von Ilmenit $FeTiO_3$

$$FeTiO_3(s) + 3\,Cl_2(g) + 3\,C(s) \longrightarrow TiCl_4(l) + FeCl_2(s) + 3\,CO(g)$$

– Kalkbrennen

$$CaCO_3(s) \longrightarrow CaO(s) + CO_2(g)$$

Eine Reaktion zwischen Gas und Feststoff kann entweder zu festen und möglicherweise zusätzlichen gasförmigen Produkten oder aber auch nur zu gasförmigen Produkten führen.

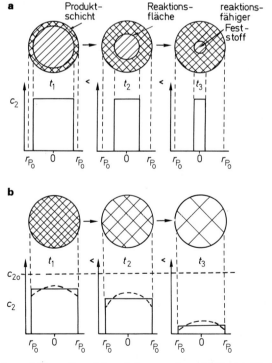

Abb. 6.1 Abreaktion einer nicht porösen (**a**) und einer porösen (**b**) Feststoffkugel unter Bildung eines festen Produktes (s. auch Abb. 6.2); **a** einfach schraffiert: reaktionsfähiger Feststoff A_2, gekreuzt schraffiert: Feststoffprodukt A_4; **b** abnehmende gekreuzte Schraffierung entspricht einer Abnahme der Konzentration des reaktionsfähigen Feststoffes A_2 (parabolische Konzentrationsprofile - - - - bilden sich bei Diffusionshemmung aus)

Der reagierende Feststoff kann porös oder kompakt, d.h. nicht-porös sein. Während bei den nicht-porösen Feststoffen eine örtlich scharf definierte Reaktionsfläche von außen nach innen fortschreitet, handelt es sich bei porösen Stoffen im allgemeinen um eine ausgedehnte Reaktionszone (s. Abb. 6.1). Für eine modellmäßige Erfassung der bei der Reaktion ablaufenden Vorgänge werden diese beiden Fälle getrennt besprochen.

Bei den Reaktionen, die ein festes Produkt ergeben, können während der Umsetzung strukturelle Änderungen des Feststoffes auftreten. Diese werden durch unterschiedliche Dichten oder auch Kristallstrukturen des Produkts bedingt. Dadurch kann die Größe des effektiven Diffusionskoeffizienten, der den diffusiven Transport der gasförmigen Reaktionskomponente im Feststoff charakterisiert und von dessen Porosität abhängt, durch den Reaktionsfortschritt beeinflußt werden. Diese Phänomene sind jedoch nur schwer quantitativ erfaßbar und im allgemeinen für den Reaktionsablauf von untergeordneter Bedeutung; sie werden daher im folgenden nicht weiter berücksichtigt.

Bei einigen der vorgenannten Reaktionen treten starke Wärmetönungen auf, die zu Temperaturgradienten zwischen Gas und Feststoff sowie im Feststoff selbst führen können. Für die folgenden allgemeinen Überlegungen wird jedoch vereinfachend von isothermen Verhältnissen ausgegangen, so daß die Reaktionsenthalpien bei der quantitativen Behandlung nicht berücksichtigt zu werden brauchen. Zum Studium der nicht-isothermen Verhältnisse wird die weiterführende Literatur [8-10] empfohlen.

1.1 Nicht-poröse Feststoffe

Bei der Abreaktion eines nicht-porösen Feststoffteilchens, für das im folgenden der Einfachheit halber jeweils Kugelgestalt vorausgesetzt wird, kann, wie in Abb. 6.2 veranschaulicht, entweder der Feststoff zu gasförmigen Produkten abreagieren (a), wobei das Teilchen schrumpft oder es kann eine feste Produktschicht, die als porös angesehen wird, gebildet werden (b). In beiden Fällen umfaßt die chemische Umsetzung mehrere hintereinandergeschaltete Teilvorgänge:

Teilvorgänge	Fall a	Fall b
1. Diffusion zur äußeren Kugeloberfläche („Stoffübergang")	+	+
2. Diffusion zur reaktiven Oberfläche durch die Poren der Produktschicht		+
3. Adsorption, Oberflächenreaktion, Desorption („chemische Reaktion")	+	+
4. Diffusion von der reaktiven Oberfläche durch die Poren der Produktschicht		+
5. Diffusion von der äußeren Kugeloberfläche in den Gasraum („Stoffübergang")	+	+

Die verschiedenen Teilvorgänge laufen im allgemeinen mit unterschiedlichen Geschwindigkeiten ab. Meist kann ein Teilschritt als geschwindigkeitsbestimmend angesehen werden. Zunächst werden für einige dieser Grenzsituationen quantitative Zusammenhänge zwi-

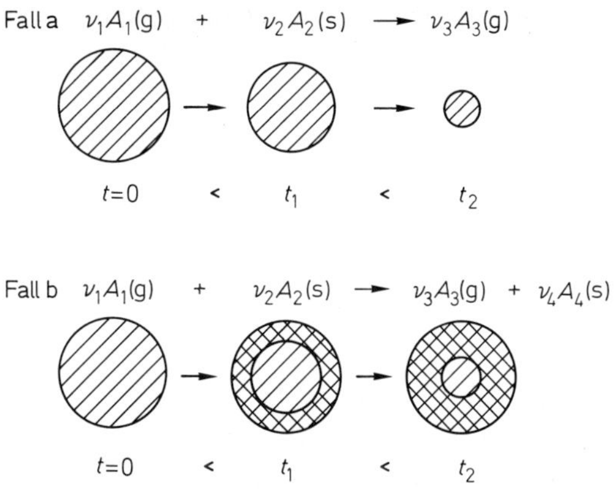

1. Gas/Feststoff-Reaktionen

Abb. 6.2 Abreaktion einer nicht-porösen Feststoffkugel aus A_1 unter Bildung **a** nur eines gasförmigen Produktes A_3 und **b** einer Produktschicht aus A_4

schen dem Reaktionsfortschritt (Umsatzgrad X) und der Reaktionszeit t abgeleitet; anschließend wird für den Fall b eine allgemeine Beziehung angegeben, ohne daß Festlegungen über den geschwindigkeitsbestimmenden Schritt erfolgen.

Es werden vier Modellvorstellungen für die Reaktion

$$v_1 A_1(g) + v_2 A_2(s) \longrightarrow v_3 A_3 + v_4 A_4$$

behandelt. Hierbei sollen die Produkte sowohl gasförmig und fest als auch nur gasförmig oder nur fest sein können.

Modell	Geschwindigkeitsbestimmender Teilschritt
I	chemische Reaktion, Fall a
II	chemische Reaktion, Fall b
III	Diffusion durch die Produktschicht, Fall b
IV	äußerer Stoffübergang, Fall a

Die Konzentrationsverläufe der reagierenden gasförmigen Komponente am bzw. im kugelförmigen Feststoffteilchen für die vier ausgewählten Modelle sind in Abb. 6.3 dargestellt.

Modell I. Für die geschwindigkeitsbestimmende Reaktion wird sowohl für die gasförmige Komponente A_1 als auch den Feststoff A_2 eine Reaktionsordnung 1 angenommen. Da der Feststoff nur aus A_2 bestehen soll, kann $c_{2,s}$ als konstant betrachtet werden. Da die chemische Reaktion geschwindigkeitsbestimmend ist, ergibt sich, daß die Konzentration $c_{1,s}$ der Oberfläche gleich $c_{1,g}$ im Gasraum ist. Für die auf die reaktive Feststoffoberfläche bezogene Reaktionsgeschwindigkeit folgt

$$v_1 r_s = \frac{dn_1}{4\pi r_p^2 dt} = -k' c_{1,g} c_{2,s} \tag{6.1}$$

bzw. mit $k' c_{2,s} = k$

$$v_1 r_s = -k c_{1,g}. \tag{6.2}$$

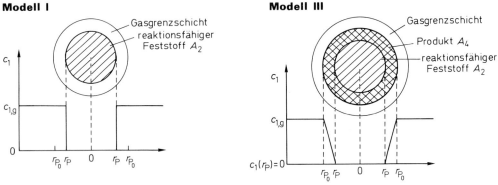
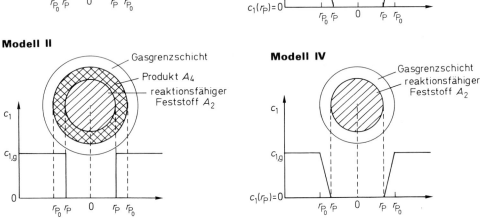

Abb. 6.3 Konzentrationsprofile des gasförmigen Reaktanden A_1 bei der Abreaktion eines nichtporösen Feststoffes A_2 entsprechend den Modellen I bis IV (s. Text)

Unter Berücksichtigung der stöchiometrischen Koeffizienten gilt

$$v_1 r_s = \frac{v_1}{v_2} \frac{dn_2}{4\pi r_P^2 dt}. \tag{6.3}$$

Die Änderung der Stoffmenge n_2 kann durch eine entsprechende Änderung des Kugelradius des verbleibenden reaktiven Kerns substituiert werden, da

$$n_2 = \varrho_s V_P. \tag{6.4}$$

ϱ_s molare Feststoffdichte
V_P Feststoffvolumen

$$V_P = \frac{4}{3}\pi r_P^3 \tag{6.5}$$

Durch Kombination der Gln. (6.4) und (6.5) sowie Bildung des Differentialquotienten

$$\frac{dn_2}{dr_P} = 4\pi r_P^2 \varrho_s \tag{6.6}$$

und dessen Auflösung nach dn_2 und Einführung dieser Größe in Gl. (6.3) ergibt sich schließlich

$$v_1 r_s = \frac{v_1}{v_2} \varrho_s \frac{dr_P}{dt} = -k \cdot c_{1,g}. \tag{6.7}$$

Durch Umformung und anschließende Integration dieser Beziehung wird die Zeit erhalten, die verstreicht, bis die Reaktion von r_{P_0} bis r_P fortgeschritten ist.

$$\frac{v_1}{v_2} \varrho_s \int_{r_{P_0}}^{r_P} dr_p = -k \cdot c_{1,g} \int_0^t dt \tag{6.8}$$

bzw.

$$t = \frac{(v_1/v_2)\varrho_s(r_{P_0} - r_P)}{k \cdot c_{1,g}} \tag{6.9a}$$

Bis zur vollständigen Abreaktion des Feststoffteilchens, d. h. $r_P = 0$, wird die Zeit t^* benötigt.

$$t^* = \frac{(v_1/v_2)\varrho_s r_{P_0}}{k \cdot c_{1,g}} \tag{6.9b}$$

Zwischen der reduzierten Zeit t/t^* und dem Kugelradius des verbleibenden Teilchens ergibt sich somit

$$\frac{t}{t^*} = \frac{r_{P_0} - r_P}{r_{P_0}} = 1 - \frac{r_P}{r_{P_0}}. \tag{6.10}$$

Der Umsatzgrad X

$$X = \frac{n_{2,0} - n_2}{n_{2,0}} \tag{6.11}$$

hängt mit dem Radius der Feststoffkugel zusammen (s. Gln. (6.4) und (6.5))

$$X = 1 - \left(\frac{r_P}{r_{P_0}}\right)^3. \tag{6.12}$$

Wird diese Beziehung in Gl. (6.10) eingeführt, so lautet der gesuchte Zusammenhang

$$\frac{t}{t^*} = 1 - (1 - X)^{1/3}. \tag{6.13}$$

Ist die Ordnung der betrachteten Reaktion hinsichtlich der Komponente A_1 ungleich 1, so gilt prinzipiell ebenfalls Gl. (6.13); lediglich t bzw. t^* sind in diesem Fall anders definiert

$$t = \frac{(v_1/v_2)\varrho_s(r_{P_0} - r_P)}{k \cdot c_{1,g}^m} \tag{6.14a}$$

bzw.

$$t^* = \frac{(v_1/v_2)\varrho_s r_{P_0}}{k \cdot c_{1,g}^m}. \tag{6.14b}$$

Modell II. Ein Vergleich der Modelle I und II (s. Abb. 6.3) zeigt, daß zwischen ihnen mit Ausnahme der Produktschicht (Modell II) kein grundsätzlicher Unterschied besteht. Der geschwindigkeitsbestimmende Schritt ist wiederum die chemische Reaktion; d. h. die Diffusion durch die poröse Produktschicht ergibt keinen Konzentrationsgradienten und beeinflußt den Reaktionsablauf nicht. Es lassen sich daher die gleichen quantitativen Überlegungen anstellen, die natürlich zum identischen Ergebnis für den Zusammenhang zwischen Reaktionszeit und Umsatzgrad wie bei Modell I und damit wieder zu Gl. (6.13) führen.

Modell III. Die Diffusion durch die Produktschicht ist vergleichsweise zur chemischen Reaktion sehr langsam. Daher wird an der Feststoffoberfläche des verbliebenen reaktiven Kerns die Gasphasenkonzentration $c_{1,s}$ gleich null. Für die nachfolgenden quantitativen Überlegungen wird angenommen, daß der Diffusionsvorgang durch die Produktschicht während einer kurzen Zeitspanne als quasistationär angesehen werden kann. Dies ist dann der Fall, wenn die Zeit für die Diffusion durch die Schicht klein gegenüber derjenigen Zeit ist, die für eine merkliche Änderung der Produktschichtdicke benötigt wird. Die Geschwindigkeit der Abreaktion von A_1 bzw. A_2 entspricht dann der Diffusionsstromdichte J_1 durch die Produktschicht zur Zeit t

$$v_1 r_s = -J_1 = -D_1^e \frac{dc_1}{dr_P} \tag{6.15}$$

bzw.

$$\frac{1}{4\pi r_P^2}\left(\frac{dn_1}{dt}\right)_t = -D_1^e \frac{dc_1}{dr_P}. \tag{6.16}$$

D_1^e ist der effektive Diffusionskoeffizient der durch die Produktschicht diffundierenden Komponente A_1; ein eventuell auftretender Stephanstrom infolge Molzahländerung ist aus Vereinfachungsgründen nicht berücksichtigt.

Nach Umformung ergibt sich aus Gl. (6.16)

$$\left(\frac{dn_1}{dt}\right)_t \frac{dr_P}{r_P^2} = -4\pi D_1^e dc_1. \tag{6.17}$$

Der Quotient $(dn_1/dt)_t$ kann im quasi-stationären Zustand als konstant betrachtet werden. Damit läßt sich nunmehr seine Größe, die zu einem bestimmten Radius r_P des verbliebenen reaktiven Kerns des Feststoffteilchens gehört, durch Integration der Gl. (6.17) ermitteln.

$$\left(\frac{dn_1}{dt}\right)_t \int_{r_{P_0}}^{r_P} \frac{dr_P}{r_P^2} = -4\pi D_1^e \int_{c_{1,g}}^{c_1=0} dc_1 \tag{6.18}$$

Nach erfolgter Integration führt die Auflösung dieser Beziehung nach $(dn_1/dt)_t$ zu

$$-\left(\frac{dn_1}{dt}\right)_t = \frac{4\pi D_1^e c_{1,g}}{(1/r_P - 1/r_{P_0})}. \tag{6.19}$$

Um den Umsatzgrad des Feststoffs in Abhängigkeit von der Reaktionszeit zu ermitteln, ist es wiederum notwendig, dn_1 über dn_2 durch dr_P in Gl. (6.19) zu substituieren (s. Gln. (6.3) bis (6.6)),

$$dn_1 = \frac{v_1}{v_2} 4\pi r_P^2 \varrho_s dr_P \tag{6.20}$$

so daß sich ergibt

$$-\frac{v_1}{v_2} 4\pi r_P^2 \varrho_s dr_P = \frac{4\pi D_1^e c_{1,g}}{(1/r_P - 1/r_{P_0})} dt \tag{6.21}$$

bzw.

$$-\frac{v_1}{v_2}\left(r_P - \frac{r_P^2}{r_{P_0}}\right) \varrho_s dr_P = D_1^e c_{1,g} dt. \tag{6.22}$$

Über die Integration dieser Gleichung zwischen r_{P_0} und r_P sowie $t = 0$ und t wird erhalten

$$t = \frac{v_1}{v_2} \frac{\varrho_s r_{P_0}^2}{6 D_1^e c_{1,g}} \left[1 - 3 \frac{r_P^2}{r_{P_0}^2} + 2 \frac{r_P^3}{r_{P_0}^3} \right]. \tag{6.23}$$

Nach Einführung des Umsatzgrades X anstelle von r_P (s. Gl. (6.12)) kann für den Zusammenhang zwischen der reduzierten Reaktionszeit t/t^* und X schließlich formuliert werden

$$\frac{t}{t^*} = 1 - 3(1-X)^{2/3} + 2(1-X). \tag{6.24}$$

Modell IV. Das Feststoffteilchen schrumpft unter Bildung eines gasförmigen Produkts. Die Geschwindigkeit des Reaktionsablaufs wird völlig durch den Stoffübergang aus der Gasphase an die Feststoffoberfläche kontrolliert; dies bedeutet, daß die Gaskonzentration $c_{1,g}$ an der Oberfläche des Feststoffes auf null absinkt. Die Geschwindigkeit der Abreaktion von A_1 bzw. A_2 ist damit durch die Stoffübergangsgeschwindigkeit gegeben.

$$v_1 r_s = -k_g (c_{1,g} - c_{1,s}) = -k_g c_{1,g} \tag{6.25}$$

Wird r_s nach Gl. (6.3) eingeführt und dabei dn_2 durch Gl. (6.6) (s. S. 104) ersetzt, so wird folgender Ausdruck erhalten

$$\frac{v_1}{v_2} \varrho_s dr_P = -k_g c_{1,g} dt. \tag{6.26}$$

Die Integration dieser Beziehung zwischen r_{P_0} und r_P sowie $t=0$ und t ergibt

$$\varrho_s r_{P_0} \left(1 - \frac{r_P}{r_{P_0}}\right) = \frac{v_2}{v_1} k_g c_{1,g} t. \tag{6.27}$$

Zwischen dem Umsatzgrad und der Reaktionszeit besteht damit folgender Zusammenhang

$$\frac{t}{t^*} = 1 - (1-X)^{1/3}. \tag{6.28}$$

Diese Beziehung ist formal mit dem für Modell I abgeleiteten Ausdruck (6.13) (s. S. 105) identisch; die Geschwindigkeitskonstante k ist jedoch durch den Stoffübergangskoeffizienten k_g ersetzt worden; (zu berücksichtigen ist, daß k_g vom Radius des Feststoffteilchens abhängt und sich daher mit fortschreitender Reaktion ändert).

Allgemeines Modell. Eine allgemeine Betrachtung des Reaktionsverlaufs eines nichtporösen Feststoffteilchens mit Ausbildung einer porösen Produktschicht führt zu den in Abb. 6.4 gezeigten Konzentrationsverläufen. Für die quantitative Behandlung dieses Falles wird wiederum vorausgesetzt, daß ein quasi-stationärer Zustand vorliegt; d.h. die Änderung der Produktschichtdicke mit der Zeit ist klein im Vergleich zur Diffusionsgeschwindigkeit. Unter dieser Voraussetzung müssen die drei nachfolgenden Geschwindigkeitsgleichungen für Stoffübergang, Porendiffusion und chemische Reaktion gleich sein.

– Stoffübergang

$$\frac{dn_1}{dt} = -4\pi r_{P_0}^2 k_g (c_{1,g} - c_{1,r_{P_0}}) \tag{6.29}$$

– Porendiffusion

$$\frac{dn_1}{dt} = -4\pi r_P^2 D_1^e \left(\frac{dc_1}{dr}\right)_{r_P} \tag{6.30}$$

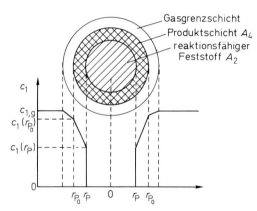

Abb. 6.4 Konzentrationsprofil des gasförmigen Reaktanden A_1 bei der Abreaktion eines nicht-porösen Feststoffes A_2, wenn Stoffübergang Gas/Feststoff und Diffusion durch die Produktschicht (A_4) den Ablauf der Umsetzung beeinflussen

— Chemische Reaktion

$$\frac{dn_1}{dt} = -4\pi r_P^2 k c_{1,r_P} \tag{6.31}$$

Die unbekannten Konzentrationen $c_{1,r_{P_0}}$ und c_{1,r_P} können durch Gleichsetzen der Gln. (6.29) bis (6.31) erhalten werden; dazu muß jedoch der Differentialquotient $(dc_1/dr)_{r_P}$ bekannt sein, dessen Wert im folgenden abgeleitet wird.

Wegen der Quasi-Stationarität sind die Diffusionsströme an den Orten r und $r + \Delta r$ gleich groß.

$$\left(4\pi r^2 D_1^e \frac{dc_1}{dr}\right)_r = \left(4\pi r^2 D_1^e \frac{dc_1}{dr}\right)_{r+\Delta r} \tag{6.32}$$

Beim Grenzübergang $\Delta r \to 0$ folgt hieraus

$$\frac{d}{dr}\left(r^2 \frac{dc_1}{dr}\right) = 0. \tag{6.33}$$

Wird dieser Ausdruck zweimal mit den Randbedingungen

$$c_1 = \begin{cases} c_{1,r_{P_0}} & \text{bei } r = r_{P_0} \\ c_{1,r_P} & \text{bei } r = r_P \end{cases}$$

integriert, so ergibt sich

$$c_1 - c_{1,r_P} = (c_{1,r_{P_0}} - c_{1,r_P}) \frac{1 - r_P/r}{1 - r_P/r_{P_0}}. \tag{6.34}$$

Dieser Ansatz gibt das Konzentrationsprofil in der Produktschicht für einen bestimmten Durchmesser r_P des reaktiven Kerns wieder. Durch Differentiation kann der Differentialquotient dc_1/dr an der Stelle r_P ermittelt werden.

$$\left(\frac{dc_1}{dr}\right)_{r_P} = \frac{c_{1,r_{P_0}} - c_{1,r_P}}{r_P(1 - r_P/r_{P_0})} \tag{6.35}$$

Damit kann für Gl. (6.30) auch geschrieben werden

$$\frac{dn_1}{dt} = -4\pi r_P D_1^e \frac{c_{1,r_P} - c_{1,r_{P_0}}}{1 - r_P/r_{P_0}}. \qquad (6.36)$$

Mit dieser Beziehung sowie den Gln. (6.29) und (6.31) können nunmehr sowohl $c_{1,r_{P_0}}$ als auch c_{1,r_P} durch $c_{1,g}$ und r_P ausgedrückt werden. Die in der Reaktionsgeschwindigkeitsgleichung (6.31) vorkommende Konzentration c_{1,r_P} kann durch die bekannten Größen $c_{1,g}$ und r_P folgendermaßen substituiert werden

$$c_{1,r_P} = \frac{c_{1,g}}{1 + (r_P/r_{P_0})^2 (k/k_g) + (kr_P/D_1^e)(1 - r_P/r_{P_0})}. \qquad (6.37)$$

Hiermit ergibt sich

$$\frac{dn_1}{dt} = -\frac{4\pi r_P^2 k c_{1,g}}{1 + (r_P/r_{P_0})^2 (k/k_g) + (kr_P/D_1^e)(1 - r_P/r_{P_0})}. \qquad (6.38)$$

Um die Geschwindigkeit der Abreaktion des Feststoffes zu erhalten, wird dn_1 wieder durch dn_2 bzw. die Änderung des Radius dr_P ersetzt (s. Gl. (6.3) bis (6.6), S. 104).

$$\frac{v_1}{v_2} \varrho_s \frac{dr_P}{dt} = -\frac{kc_{1,g}}{1 + (r_P/r_{P_0})^2 (k/k_g) + (kr_P/D_1^e)(1 - r_P/r_{P_0})}. \qquad (6.39)$$

Nach Integration und Einführung des Umsatzgrades ergibt sich schließlich für den Zusammenhang zwischen Reaktionszeit und Umsatzgrad

$$\frac{t}{t^*} = [1 - (1-X)^{1/3}] \left\{ 1 + \frac{k}{3k_g} [(1-X)^{2/3} + (1-X)^{1/3} + 1] \right.$$
$$\left. + \frac{kr_{P_0}}{6 D_1^e} [(1-X)^{1/3} + 1 - 2(1-X)^{2/3}] \right\} \qquad (6.40)$$

mit $\quad t^* = \dfrac{(v_1/v_2)\varrho_s r_{P_0}}{kc_{1,g}}.$

Diese Beziehung, die die charakteristischen Parameter für den Stoffübergang k_g, die Porendiffusion D_1^e und die chemische Reaktion k enthält, ermöglicht es nunmehr, den Reaktionsverlauf eines nicht-porösen Feststoffes mit einem Gas zu beschreiben, ohne daß irgendwelche Festlegungen über den geschwindigkeitsbestimmenden Schritt getroffen werden müssen. Liegt ein solcher jedoch vor, vereinfacht sich Gl. (6.40) zu den weiter oben abgeleiteten Gleichungen.

1.2 Poröse Feststoffe

Anders als bei den nicht-porösen Feststoffen vermag das reagierende Gas bei porösen Feststoffen bereits zu Beginn der Abreaktion in sein Inneres hineinzudiffundieren. Ob sich dabei, wie in Abb. 6.5 dargestellt, ein Konzentrationsgradient ausbildet oder nicht, hängt vom Verhältnis der Reaktions- zur Diffusionsgeschwindigkeit ab. Bei grobporigen und gleichzeitig feinkörnigen Feststoffen kann häufig davon ausgegangen werden, daß die Konzentration über den gesamten Teilchenquerschnitt konstant ist, während bei sehr feinporigen und grobkörnigen Materialien ein Konzentrationsgradient wahrscheinlich wird.

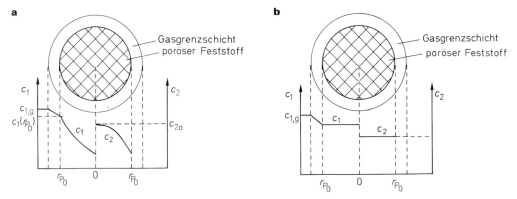

Abb. 6.5 Konzentrationsprofile eines gasförmigen Reaktanden A_1 und eines reaktionsfähigen, porösen Feststoffes A_2 bei dessen Abreaktion (in Anlehnung an [8], s. S. 241); **a** Geschwindigkeiten der Diffusion und der Reaktion in gleicher Größenordnung; **b** Geschwindigkeit der Diffusion groß gegenüber derjenigen der Reaktion

Bei den nicht-porösen Feststoffen mit poröser Produktschicht waren die verschiedenen Transportvorgänge und die chemische Reaktion sämtlich hintereinandergeschaltet. Im Gegensatz dazu verlaufen Porendiffusion und chemische Reaktion im porösen Feststoff parallel; dies hat zur Folge, daß sich keine Reaktionsfläche, die von außen nach innen fortschreitet, sondern eine ausgedehnte Reaktionszone ausbildet; analoge Erscheinungen treten im übrigen auch bei katalysierten Reaktionen an porösen Kontakten und bei Fluid/Fluid-Reaktionen auf, die in den folgenden Abschn. 2. und 3. besprochen werden. Bildet sich bei der Reaktion eines porösen Feststoffes eine Produktschicht aus, so erfolgt Diffusion nicht nur in der ursprünglich porösen Struktur, sondern zusätzlich noch in dieser Schicht.

Eine ausführliche mathematische Behandlung der Reaktion zwischen Gas und porösem Feststoff führt über den Rahmen dieses Buches hinaus. Es wird daher auf zusammenfassende Darstellungen zu dieser Thematik in [1,11,12] sowie auf einige zu Einzelaspekten veröffentlichte Arbeiten [13] verwiesen. An dieser Stelle sei abschließend auch auf eine quantitative Behandlungsmethode der vorgestellten Problematik für poröse und nicht-poröse Feststoffe hingewiesen [14], die der Vorgehensweise bei transportbeeinflußten heterogen katalysierten Reaktionen (s. Abschn. 2.) weitgehend entspricht.

Beispiel 6.1. Beeinflussung einer Gas/Feststoff-Reaktion durch Porendiffusion in einer sich ausbildenden Produktschicht.

Nichtporöse, kugelförmige Zinksulfidpartikeln werden in Gegenwart von Luft bei Temperaturen zwischen 870 und 1000 K in festes ZnO und gasförmiges SO_2 umgewandelt. Nachstehend sind die in Abhängigkeit von der Reaktionszeit t_R für zwei Reaktionstemperaturen, nämlich 873 K und 1093 K erzielten Umsatzwerte X aufgeführt. Die Gasgeschwindigkeit wurde so hoch gewählt, daß der Reaktionsablauf nicht durch den äußeren Stoffübergang beeinflußt wurde. (Quelle: Gokarn, A. N., Doraiswamy, L. K., (1971) Chem. Eng. Sci. **26**, 1521–1533.)

$T = 873$ K

$X/-$	0,199	0,359	0,488	0,611	0,710	0,796	0,856	0,903	0,941
t_R/s	1200	2400	3600	4800	6000	7200	8400	9600	10800

$T = 1093$ K

$X/-$	0,284	0,475	0,623	0,727	0,806	0,874	0,924	0,953	0,977	0,989	1,0
t_R/s	500	1000	1500	2000	2500	3000	3500	4000	4500	5000	5500

Aufgabe. Es ist zu überprüfen, ob der Reaktionsablauf durch die Geschwindigkeit der chemischen Reaktion (Modell II) oder der Diffusion durch die sich ausbildende poröse Zinkoxidschicht (Modell III) bestimmt wird.

Lösungsweg. Die geforderte Überprüfung kann auf graphischem Wege unter Zugrundelegung der Gl. (6.13) (Modell II) bzw. Gl. (6.24) (Modell III) erfolgen. Eine Auftragung der Größen

Modell II: $1 - (1 - X)^{1/3}$
Modell III: $1 - 3(1 - X)^{2/3} + 2(1 - X)$

in Abhängigkeit von der Reaktionszeit muß bei Gültigkeit einer der beiden Modelle eine Gerade mit der Steigung t^* ergeben (s. nachstehende Auftragung).

Ergebnis. Bei 873 K ist der Reaktionsablauf durch die Geschwindigkeit der chemischen Reaktion bestimmt. Hingegen ist bei 1093 K keine Zuordnung zu den beiden Grenzfällen der Modelle II und III möglich; der Verlauf der Auftragungen für die beiden Modelle weist darauf hin, daß der Reaktionsablauf im Übergangsgebiet der beiden Grenzfälle erfolgt.

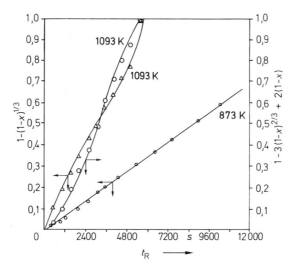

Abb. 6.5a Graphische Überprüfung auf Anwendbarkeit der Modelle II und III für den Ablauf der Reaktion $ZnS + 1,5 O_2 \rightarrow ZnO + SO_2$

2. Heterogen katalysierte Gasreaktionen

Für die Durchführung heterogen katalysierter chemischer Reaktionen können Katalysatoren, die entweder nicht-porös oder porös sind, eingesetzt werden. Im ersten Fall sind der chemischen Reaktion der Transport der reagierenden Komponente aus der Hauptgasphase (angelsächsisch „bulk") zur Katalysatoroberfläche und des Produktes von dort zurück, d. h. der Stoffübergang zwischen Gas und Katalysatoroberfläche, vor- bzw. nachgeschaltet. Bei porösen Katalysatoren schließt sich dem Stoffübergang noch die Diffusion in die Poren des Kontaktes an. Trifft das Molekül während des Diffusionsvorganges auf die katalytisch wirksame Porenwand, so kann es dort reagieren. Das einzelne Molekül hat in der Pore also immer die Möglichkeit, den Diffusionsvorgang fortzusetzen oder beim Auftreffen auf die Wand abzureagieren. Wie in Abb. 6.6 veranschaulicht, stellen sich am und im Katalysator

Konzentrationsgradienten ein, wenn die Geschwindigkeit der Transportvorgänge klein gegenüber derjenigen der chemischen Reaktion ist.

Der Einfachheit halber soll der Begriff der „chemischen Reaktion" hier die Adsorption, die katalytische Oberflächenreaktion und die Desorption umfassen, soweit nichts anderes ausdrücklich festgelegt ist.

Bei Reaktionen, die entweder stark exotherm oder stark endotherm sind, können ähnlich den Gradienten der Konzentration auch solche der Temperatur auftreten, wenn die Geschwindigkeiten des inneren und/oder äußeren Wärmetransports klein gegenüber der Wärmeerzeugungs- bzw. -verbrauchsgeschwindigkeit sind. Bei komplexen Reaktionen, d.h. wenn Parallel- und/oder Folgereaktionen vorliegen, kann die Selektivität der Umsetzung durch die Transportvorgänge beeinflußt werden.

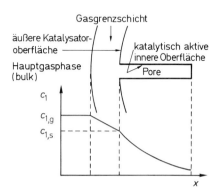

Abb. 6.6 Konzentrationsprofil der reagierenden Komponente A_1 bei Vorliegen von Stofftransporthemmung für einen porösen Katalysator

Im folgenden wird zunächst das Zusammenwirken der chemischen Reaktion mit dem äußeren und inneren Stofftransport getrennt behandelt, bevor anschließend ihr gemeinsamer Einfluß auf die Geschwindigkeit des Reaktionsablaufs besprochen wird. Danach wird auf die Nicht-Isothermie des Katalysators und auf das Problem der Selektivitätsbeeinflussung eingegangen. Den Betrachtungen wird, soweit nichts anderes vermerkt ist, eine Reaktion des Typs

$$v_1 A_1 \rightarrow v_2 A_2$$

zugrundegelegt, wobei vereinfachend $v_1 = -1$ und $v_2 = 1$ angenommen wird.

2.1 Äußere Transportvorgänge

Ob und in welchem Maße Konzentrations- und/oder Temperaturgradienten an der äußeren Oberfläche eines Katalysators auftreten, kann durch Kopplung der jeweiligen Gleichungen für die Geschwindigkeit des Stoff- bzw. Wärmeübergangs mit der Reaktionsgeschwindigkeitsgleichung unter der Annahme eines stationären Zustandes bestimmt werden. Für die anschließenden Überlegungen wird ein nicht-poröser Katalysator zugrundegelegt. Bei der quantitativen Behandlung des Zusammenwirkens zwischen der chemischen Reaktion und den Transportvorgängen wird zunächst von isothermen Bedingungen ausgegangen, bevor nachfolgend auch das Auftreten von Temperaturgradienten zwischen Gasphase und Katalysatoroberfläche einbezogen wird.

2.1.1 Stoffübergang und chemische Reaktion

Wird ein System betrachtet, daß sich im stationären Zustand befindet, so muß gelten, daß die Geschwindigkeiten der Abreaktion einer Komponente A_1 und ihres Übergangs aus der Gasphase durch die Grenzschicht an die Katalysatoroberfläche gleich sind.

$$r_{\text{eff}} = k_g a (c_{1,g} - c_{1,s}) \tag{6.41a}$$

bzw.

$$r_{\text{eff}} = \frac{k_g a}{RT} (p_{1,g} - p_{1,s}) \tag{6.41b}$$

Vereinbarungsgemäß ist r_{eff} hierbei die beobachtbare, effektive Reaktionsgeschwindigkeit, die der Konzentration $c_{1,g}$ in der Hauptgasphase zugeordnet wird. Unter der Annahme, daß die Kinetik durch einen Potenzansatz beschrieben werden kann, gilt

$$r_{\text{eff}} = k_{\text{eff}} c_{1,g}^m, \tag{6.42}$$

hierin ist k_{eff} eine effektive Geschwindigkeitskonstante für den Reaktionsablauf. Wird die an der Oberfläche vorliegende Konzentration $c_{1,s}$ eingeführt und zunächst die dort ablaufende katalytische Oberflächenreaktion betrachtet, so gilt für deren Geschwindigkeit r_s

$$r_s = k_s c_{1,s}^m, \tag{6.43a}$$

hierin ist k_s die auf die katalytische Oberfläche bezogene Geschwindigkeitskonstante der chemischen Reaktion. Wenn r_s mit der spezifischen äußeren Oberfläche a multipliziert wird, ergibt sich mit $k = k_s a$

$$r_s a = k_s a c_{1,s}^m = r_{\text{eff}} = k c_{1,s}^m. \tag{6.43b}$$

Die Beschreibung einer heterogen katalysierten Gasreaktion durch einen derartigen Potenzansatz stellt in der Regel eine Vereinfachung einer komplexeren Reaktionsgeschwindigkeitsgleichung dar (s. Kap. 4, S. 48), der daher meist nur für einen begrenzten Konzentrationsbereich gilt. Aus Gründen einer übersichtlichen Darstellung werden in diesem und den folgenden Abschnitten nur solche Potenzansätze verwendet; sie sind häufig zur Beschreibung des Reaktionsablaufs für praktische Bedürfnisse der Reaktorauslegung hinreichend. Da im stationären Zustand $r_s a$ gleich r_{eff} sein muß, gilt auch

$$k c_{1,s}^m = k_g a (c_{1,g} - c_{1,s}). \tag{6.44}$$

Mit dieser Beziehung kann die Unbekannte $c_{1,s}$ ermittelt und damit auch der Konzentrationsgradient bestimmt werden. Für den einfachen Fall der Reaktionsordnung $m = 1$ ergibt sich

$$c_{1,s} = \frac{c_{1,g}}{1 + k/k_g a}. \tag{6.45}$$

Für die Konzentrationsdifferenz zwischen Gasphase und Oberfläche gilt damit

$$c_{1,g} - c_{1,s} = c_{1,g} \left(1 - \frac{1}{1 + k/k_g a}\right). \tag{6.46}$$

Für die effektive Reaktionsgeschwindigkeit wird nach Einführung von Gl. (6.45) in

Gl. (6.43) mit $m = 1$

$$r_{eff} = k_{eff} c_{1,g} = \frac{k}{1 + k/k_g a} c_{1,g} \qquad (6.47)$$

erhalten. Ist der Quotient $k/k_g a \ll 1$ – dies bedeutet, daß der Stoffübergang schnell gegenüber der chemischen Reaktion ist – so liegen praktisch keine Konzentrationsgradienten in der Grenzschicht vor.

Das Verhältnis $k/k_g a$ wird auch als Damköhler-Zahl zweiter Art $DaII$ bezeichnet, die im Fall einer beliebigen Reaktionsordnung wie folgt definiert ist

$$DaII = \frac{k c_{1,g}^m}{k_g a c_{1,g}} = \frac{k c_{1,g}^{m-1}}{k_g a}. \qquad (6.48)$$

Sie entspricht dem Verhältnis der Geschwindigkeit der Reaktion ohne Stoffübergangshemmung ($c_{1,s} = c_{1,g}$) zu der mit maximaler Stoffübergangshemmung ($c_{1,s} \to 0$).

Der Quotient der effektiven Reaktionsgeschwindigkeit r_{eff} zu derjenigen ohne Diffusionshemmung r entspricht dem sog. äußeren (externen) Wirkungsgrad η_{ext} des Katalysators; für eine Reaktion erster Ordnung ergibt sich

$$\eta_{ext} = \frac{r_{eff}}{r} = \frac{k_{eff} c_{1,g}}{k c_{1,g}} = \frac{1}{1 + DaII}. \qquad (6.49)$$

Nach Cassiere und Carberry[15] ist der äußere Wirkungsgrad für die Reaktionsordnungen 0,5 und 2 durch folgende Beziehungen gegeben.

$m = 0,5$

$$\eta_{ext} = \sqrt{\frac{2 + DaII^2}{2} \left[1 - \sqrt{1 - \frac{4}{(2 + DaII^2)^2}}\right]} \qquad (6.50)$$

$m = 2$

$$\eta_{ext} = \frac{1}{DaII} + \frac{1}{2(DaII)^2}\left[1 - \sqrt{1 + 4 DaII}\right] \qquad (6.51)$$

Für diese beiden Reaktionsordnungen sowie zusätzlich für $m = -1$ ist η_{ext} in Abb. 6.7 zur

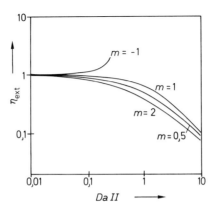

Abb. 6.7 Abhängigkeit des äußeren Katalysatorwirkungsgrades η_{ext} von der zweiten Damköhler-Zahl $DaII$ für die Reaktionsordnung $m = 0,5, 1, 2$ und -1 (nach [15])

2. Heterogen katalysierte Gasreaktionen

Veranschaulichung in Abhängigkeit von *DaII* graphisch dargestellt. Werte für η_{ext} über 1 bei $m = -1$ sind damit zu erklären, daß durch Stoffübergangshemmung eine Konzentrationsverarmung an der Oberfläche und damit erwartungsgemäß eine Beschleunigung der chemischen Reaktion erfolgt.

Zur Ermittlung der Kinetik einer chemischen Reaktion werden häufig Reaktionsgeschwindigkeiten gemessen (s. Kap. 7, S. 174ff.). Um festzustellen, ob die so erhaltenen Reaktionsgeschwindigkeiten durch Stoffübergang beeinflußt sind, kann folgendes Verfahren herangezogen werden: Die gemessene Reaktionsgeschwindigkeit wird mit der Konzentration im Gasraum verknüpft

$$r_{\text{eff}} = \eta_{\text{ext}} \cdot k \cdot c_{1,\text{g}}^m. \tag{6.52}$$

Division von Gl. (6.52) durch die Beziehung (6.41 a) für den Stoffübergang zur Katalysatoroberfläche, wenn $c_{1,\text{s}}$ gleich 0 ist, ergibt

$$\frac{r_{\text{eff}}}{k_{\text{g}} a c_{1,\text{g}}} = \eta_{\text{ext}} \frac{k c_{1,\text{g}}^m}{k_{\text{g}} a c_{1,\text{g}}} = \eta_{\text{ext}} \, DaII. \tag{6.53}$$

Da a durch die Geometrie des Katalysators vorgegeben ist und k_{g} berechnet werden kann (s. Kap. 5), ist die Größe $\eta_{\text{ext}} DaII$ bekannt. Über den in Abb. 6.7 dargestellten Zusammenhang bzw. die Gln. (6.49) bis (6.51) für die verschiedenen Reaktionsordnungen kann η_{ext} in Abhängigkeit von $\eta_{\text{ext}} DaII$ bestimmt werden. Der Zusammenhang ist beispielhaft in Abb. 6.8 gezeigt. Hieraus kann η_{ext} für eine gemessene, effektive Reaktionsgeschwindigkeit ermittelt werden.

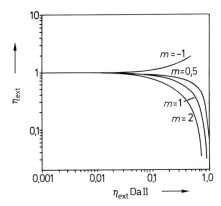

Abb. 6.8 Abhängigkeit des äußeren Katalysatorwirkungsgrades η_{ext} von der meßbaren Größe $\eta_{\text{ext}} DaII$ (nach [15])

Eine Möglichkeit, qualitativ abzuschätzen, ob die Geschwindigkeit des Reaktionsablaufs durch den Stoffübergang beeinflußt wird, besteht in einem Vergleich der nach

$$r_{\text{eff}}^{\text{max}} \equiv k_{\text{g}} a c_{1,\text{g}} \tag{6.54}$$

berechneten Reaktionsgeschwindigkeit mit der beobachteten Reaktionsgeschwindigkeit. Ist $r_{\text{eff}}^{\text{max}} \gg r_{\text{eff}}$, so wird der Ablauf der Umsetzung durch die chemische Reaktion bestimmt. Für den einfachen Fall einer Reaktion erster Ordnung kann k aus einem gemessenen k_{eff} bei Kenntnis von $k_{\text{g}} a$ auf der Grundlage von Gl. (6.47) nach Gl. (6.55) berechnet werden.

$$k = \frac{k_{\text{eff}}}{1 - k_{\text{eff}}/k_g a} \qquad (6.55)$$

Das hier vorgestellte Verfahren, den Einfluß des äußeren Stoffüberganges auf den Reaktionsablauf durch eine effektive Geschwindigkeitskonstante bzw. den äußeren Wirkungsgrad zu beschreiben, vereinfacht das heterogene, zweiphasige Reaktionssystem (Gas/Katalysator) auf ein quasi-homogenes Ersatzmodell. In diesem ist formal nicht die Konzentration der reagierenden Komponente an der Katalysatoroberfläche, sondern diejenige in der Hauptgasphase die für die Reaktionsgeschwindigkeit bestimmende Bezugsgröße.

Beispiel 6.2. Beeinflussung des Reaktionsablaufs der Methanisierung von CO durch den Stoffübergang vom Gas an die äußere Katalysatoroberfläche (Grundlage: Lit.[60]).
Die effektive Geschwindigkeit der Reaktion

$$CO + 3H_2 \longrightarrow CH_4 + H_2O,$$

die unter Porendiffusionseinfluß an/in einem zylindrischen porösen Katalysatorpellet ($d = 6$ mm, $L = 5$ mm) abläuft, kann durch folgenden formalkinetischen Ansatz beschrieben werden.

$$r^e = \frac{a_1 p_{CO,s} p_{H_2,s} p^{-0,5}}{(1 + a_2 p_{CO,s} + a_3 p_{H_2,s})^2} \quad (\text{mol} \cdot \text{h}^{-1} \cdot \text{g}^{-1})$$

bzw.

$$r_v^e = r^e \varrho_s \quad (\text{mol} \cdot \text{h}^{-1} \cdot \text{cm}^{-3})$$

Hierin ist $a_i = a_i^\circ \exp(-A_i/T)$; der Index s weist darauf hin, daß es sich um die an der äußeren Katalysatoroberfläche herrschenden Partialdrücke handelt.
Für die Parameter gilt:

$$\begin{aligned}
a_1^\circ &= 4,8 \text{ mol} \cdot \text{bar}^{-1,5} \cdot \text{g}^{-1} \cdot \text{h}^{-1} \\
A_1 &= 9,3 \cdot 10^2 \text{ K} \\
a_2^\circ &= 2,4 \cdot 10^{-4} \text{ bar}^{-1} \\
A_2 &= -5,5 \cdot 10^3 \text{ K} \\
a_3^\circ &= 3,2 \cdot 10^{-2} \text{ bar}^{-1} \\
A_3 &= -7,5 \cdot 10^2 \text{ K} \\
\varrho_s &= 1,67 \text{ g} \cdot \text{cm}^{-3}
\end{aligned}$$

Die Reaktionstemperatur soll 573 K, der Gesamtdruck $p = 25$ bar, das H_2/N_2-Verhältnis 3 : 1 und der CO-Partialdruck $p_{CO,g}$ im Gasraum 0,04 bar betragen.

Aufgabe a. Ermittlung der Größe des Stoffübergangskoeffizienten k_g für CO, der erforderlich ist, damit $p_{CO,s}$ mindestens 95% von $p_{CO,g}$ beträgt ($p_{CO,s} \geqq 0,95 \, p_{CO,g}$).

Lösung

$$r_v^e = k_g a \frac{p_{CO,g} - p_{CO,s}}{RT}$$

$$r_v^e = 5,5 \text{ mol} \cdot \text{m}_{Kat}^{-3} \cdot \text{s}^{-1}$$

mit

$$p_{CO,s} = 0,95 \, p_{CO,g}$$

und

$$p_{H_2,s} = p_{H_2,g}$$

$$a = \frac{(2\pi d^2/4 + L\pi d)}{L\pi d^2/4}$$

$$k_g = 0{,}12 \text{ m} \cdot \text{s}^{-1}$$

Aufgabe b. Die Reaktion verläuft unter den oben angegebenen Bedingungen im p_{CO}-Bereich zwischen 0 und 0.04 bar mit guter Näherung nach erster Ordnung für CO. Es ist zu überprüfen, ob für $k_g = 0{,}002$, $0{,}02$ und $0{,}2$ m/s die Reaktion stoffübergangslimitiert ist; gleichzeitig sind die jeweiligen äußeren Katalysatorwirkungsgrade zu bestimmen.

Lösung

$$r_v^e = k p_{CO,s} \varrho_s = 6{,}35 \text{ mol} \cdot \text{m}_{Kat}^{-3} \cdot \text{s}^{-1}$$

mit

$$k \approx \frac{a_1 p_{H_2,g} p^{-0,5}}{(1 + a_3 p_{H_2,g})^2} = 0{,}342 \text{ mol} \cdot \text{g}^{-1} \cdot \text{h}^{-1} \cdot \text{bar}^{-1}$$

$$DaII = \frac{k p_{CO,g} \varrho_s}{k_g a p_{CO,g}/RT}$$

$$\eta_{ext} = \frac{1}{1 + DaII}$$

k_g (m·s^{-1})	$DaII(-)$	$\eta_{ext}(-)$
0,2	$3{,}55 \cdot 10^{-2}$	0,966
0,02	$3{,}55 \cdot 10^{-1}$	0,738
0,002	3,55	0,220

Aufgabe c. Für die unter b) genannten k_g-Werte sind die CO-Partialdrücke an der äußeren Katalysatoroberfläche zu ermitteln.

Lösung

$$r_v^e = k p_{CO,s} \varrho_s = k_g a \frac{p_{CO,g} - p_{CO,s}}{RT}$$

(Vereinfachung: Bei der Berechnung von k wird angenommen, daß $a_2 p_{CO,s}$ durch $a_2 p_{CO,g}$ und $a_3 p_{H_2,s}$ durch $a_3 p_{H_2,g}$ angenähert werden kann).

k_g (m·s^{-1})	$p_{CO,g}$ (bar)	$p_{CO,s}$ (bar)
0,2	0.04	0,0386
0,02	0.04	0,0295
0,002	0.04	0,0088

2.1.2 Zusammenwirken von chemischer Reaktion mit Stoff- und Wärmeübergang

Bei schnell verlaufenden chemischen Reaktionen mit starker Wärmetönung tritt in der Grenzschicht zwischen Hauptgasphase und Katalysatoroberfläche häufig neben einem äußeren Konzentrationsgradienten auch ein Temperaturgradient auf. Das heißt, die Temperatur in der Hauptgasphase T_g ist ungleich T_s auf der Katalysatoroberfläche. Für den äußeren Wirkungsgrad, der das Verhältnis der Reaktionsgeschwindigkeiten an der Katalysatoroberfläche bei T_s zu derjenigen ohne Stoff- und Wärmeübergangswiderstand bei T_g

darstellt, gilt

$$\eta_{\text{ext}} = \frac{k_{T_s} c_{1,s}^m}{k_{T_g} c_{1,g}^m}. \tag{6.56}$$

Im stationären Zustand ist die effektive Reaktionsgeschwindigkeit gegeben durch

$$r_{\text{eff}} = \eta_{\text{ext}} k_{T_g} c_{1,g}^m = k_g a (c_{1,g} - c_{1,s}). \tag{6.57}$$

Hieraus läßt sich ableiten

$$\frac{c_{1,s}}{c_{1,g}} = 1 - \frac{\eta_{\text{ext}} k_{T_g} c_{1,g}^m}{k_g a c_{1,g}} = 1 - \eta_{\text{ext}} \, DaII. \tag{6.58}$$

Durch Kopplung der Gln. (6.58) und (6.56) ergibt sich

$$\eta_{\text{ext}} = \frac{k_{T_s}}{k_{T_g}} (1 - \eta_{\text{ext}} \, DaII)^m \tag{6.59}$$

bzw. nach Einführung der Arrhenius-Abhängigkeit für die beiden Geschwindigkeitskonstanten ist

$$\eta_{\text{ext}} = \exp\left[-\gamma_g \left(\frac{T_g}{T_s} - 1\right)\right] (1 - \eta_{\text{ext}} \, DaII)^m, \tag{6.60}$$

wobei $\gamma_g = E/RT_g$; γ wird häufig als Arrhenius-Zahl bezeichnet.

Um η_{ext} über die zugängliche Größe ($\eta_{\text{ext}} \, DaII$) ermitteln zu können, muß neben γ_g das Verhältnis T_g/T_s bekannt sein. Dieses kann folgendermaßen bestimmt werden.

Im stationären Zustand ist die abgeführte gleich der durch Reaktion erzeugten bzw. verbrauchten Wärmemenge.

$$ha(T_s - T_g) = r_{\text{eff}}(-\Delta H_R) \tag{6.61}$$

Für den Fall, daß die Stoff- und Wärmeübergangsanalogie gilt (s. Kap. 5, S. 82ff.), ist h mit k_g wie folgt verknüpft.

$$h = k_g \frac{\lambda}{D_1} (Le)^n \tag{6.62}$$

λ Wärmeleitfähigkeit der Gasmischung
D_1 Diffusionskoeffizient der reagierenden Komponente A_1 in der Gasmischung
Le Lewis-Zahl (Pr/Sc)
n empirischer Exponent

Wird Beziehung (6.62) in Gl. (6.61) substituiert, so ergibt sich nach Umformung

$$\frac{T_g}{T_s} = \frac{1}{1 + \frac{(-\Delta H_R) c_{1,g}}{(\lambda/D_1) Le^n T_g} \cdot \frac{r_{\text{eff}}}{k_g a c_{1,g}}} \tag{6.63}$$

bzw. nach Einführung von

$$\beta = \frac{(-\Delta H_R) c_{1,g}}{(\lambda/D_1) Le^n T_g}$$

$$\frac{T_g}{T_s} = \frac{1}{1 + \beta \eta_{ext} \, DaII}. \tag{6.64}$$

Schließlich wird nach Substitution von Gl. (6.64) in Gl. (6.60) erhalten

$$\eta_{ext} = \exp\left[-\gamma_g\left(\frac{1}{1 + \beta \eta_{ext} \, DaII} - 1\right)\right](1 - \eta_{ext} \, DaII)^m. \tag{6.65}$$

Für vorgegebene Parameter γ_g und β kann nunmehr der Zusammenhang zwischen η_{ext} und der meßbaren Größe ($\eta_{ext} \, DaII$) hergestellt werden, wie er beispielhaft in den Abb. 6.9 und 6.10 gezeigt ist. Es ist zu erkennen, daß η_{ext} auch Werte größer als 1 annehmen kann, wenn $\beta > 0$ ist. In einem solchen Fall läuft die Reaktion auf der Katalysatoroberfläche bei einer höheren als der Gasphasentemperatur T_g ab. Bei Reaktionen mit stark exothermem oder endothermem Charakter können erhebliche Temperaturunterschiede zwischen Gas und Katalysator auftreten, die unter Umständen 10 bis 30 K oder mehr betragen können.

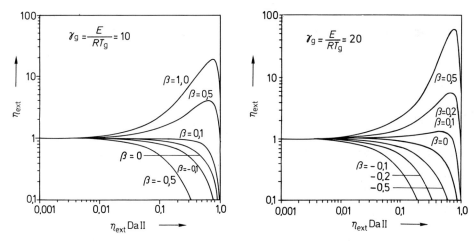

Abb. 6.9 und **6.10** Abhängigkeit des äußeren Katalysatorwirkungsgrades von der meßbaren Größe $\eta_{ext} DaII$ für verschiedene Werte der Arrhenius-Zahl γ_g und der Prater-Zahl β (s.[16])

2.2 Innere Transportvorgänge und chemische Reaktion

Ähnlich wie bei dem in Abschn. 2.1 geschilderten Zusammenwirken zwischen Stoffübergang und chemischer Reaktion wird auch, wenn Porendiffusion den Ablauf der Reaktion beeinflußt, zweckmäßigerweise zwischen einem isothermen und einem nicht-isothermen Fall unterschieden.

2.2.1 Porendiffusion und chemische Reaktion

Zur Einführung in das Problem wird zunächst eine einzelne zylindrische Pore, deren Wände katalytisch wirksam sind, behandelt. Wenn dieser Fall auch nur wenig praktische Bedeutung haben mag, so wird er der besseren Anschaulichkeit wegen vorangestellt. Danach werden die Überlegungen auf ein kugelförmiges poröses Katalysatorpellet und andere Pelletgeometrien ausgedehnt. Zum Abschluß dieses Abschnitts wird der Einfluß der Porendiffusion auf die „beobachtbare" Aktivierungsenergie und Ordnung der Reaktion eingegangen.

Zylindrische Einzelpore. Zur quantitativen Erfassung des Zusammenwirkens zwischen Porendiffusion und chemischer Reaktion wird für ein differentielles Volumenelement der Pore mit katalytisch wirksamer Wand (s. Abb. 6.11) eine Stoffbilanz aufgestellt. Dabei wird vorausgesetzt, daß in der Pore stationäre, d. h. zeitlich konstante Konzentrationsverhältnisse vorliegen und daß keine radialen Konzentrationsgradienten bestehen. Dies bedeutet, daß die Differenz der in das Volumenelement hinein- und herausdiffundierenden Moleküle gleich ihrem Verbrauch durch die katalytische Wandreaktion ist. Die entsprechende Stoffbilanz lautet dann

$$\frac{dn_1}{dt} = 0 = -D_1 \pi r_P^2 \frac{dc_1}{dx} - \left[-D_1 \pi r_P^2 \left(\frac{dc_1}{dx} + \frac{d^2 c_1}{dx^2} dx \right) \right] - r_s dS. \quad (6.66)$$

Hierin sind r_s die auf die Porenoberfläche bezogene Reaktionsgeschwindigkeit (mol/Fläche · Zeit), r_P der Porenradius und dS die differentielle Wandfläche der Pore ($= 2\pi r_P dx$).

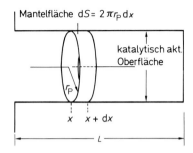

Abb. 6.11 Veranschaulichung des differentiellen Volumenelements in einer zylindrischen Pore mit katalytisch aktiver Wand für die Aufstellung der Stoffbilanz entsprechend Gl. (6.66)

Für den Fall einer Reaktion m'ter Ordnung mit

$$r_s = k_s c_1^m \quad (6.67)$$

ergibt sich aus Gl. (6.66) nach Umformung

$$0 = \frac{d^2 c_1}{dx^2} - \frac{2 k_s}{r_P D_1} c_1^m \quad (6.68a)$$

bzw. nach Einführung der dimensionslosen Größen $c_1/c_{1,s}$ und x/L

$$0 = \frac{d^2 (c_1/c_{1,s})}{d(x/L)^2} - L^2 \frac{2 k_s c_{1,s}^m}{r_P D_1 c_{1,s}} \left(\frac{c_1}{c_{1,s}} \right)^m \quad (6.68b)$$

wobei

$$L \sqrt{\frac{2 k_s c_{1,s}^m}{r_P D_1 c_{1,s}}} \equiv \Phi \quad (6.69)$$

der sog. Thiele-Modul ist, der eine dimensionslose Größe darstellt. Er ist dem Verhältnis der Reaktionsgeschwindigkeit ohne Beeinflussung durch Porendiffusion zum diffusiven Stofftransport in der Pore, wenn hier die Konzentration auf null absinkt, proportional. Um das Konzentrationsprofil entlang der Porenlänge zu erhalten, muß die Differentialgleichung (6.68b) unter Zugrundelegung folgender Randbedingungen integriert werden:

für $x/L = 0$ ist $c_1/c_{1,s} = 1$
für $x/L = 1$ ist $c_1/c_{1,s} = c_{1,L}/c_{1,s}$
und $d(c_1/c_{1,s})/d(x/L) = 0$

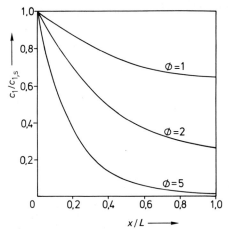

Abb. 6.12 Abhängigkeit der dimensionslosen Konzentration $c_1/c_{1,s}$ in Abhängigkeit der dimensionslosen Porenlänge x/L für verschiedene Werte des Thiele-Moduls Φ bei Vorliegen der Reaktionsordnung $m = 1$

Als Lösung wird für eine Reaktion erster Ordnung ($m = 1$) erhalten

$$\frac{c_1}{c_{1,s}} = \frac{\cosh[\Phi(1 - x/L)]}{\cosh \Phi}. \tag{6.70}$$

In Abb. 6.12 ist $c_1/c_{1,s}$ in Abhängigkeit von x/L für verschiedene Φ-Werte graphisch dargestellt. Für $\Phi = 0$ ist $c_1/c_{1,s}$ gleich 1 und unabhängig von x/L; unter diesen Bedingungen ist die Geschwindigkeit der chemischen Reaktion vernachlässigbar klein gegenüber der Diffusionsgeschwindigkeit. Im umgekehrten Fall geht Φ gegen unendlich; dies bedeutet, daß das Gas bereits am Poreneingang völlig abregiert und $c_1/c_{1,s}$ dort auf null absinkt.

Um eine der Gesamtpore zuzuordnende effektive Reaktionsgeschwindigkeit $r_{s,\text{eff}}$ zu erhalten, ist es notwendig, die örtliche Reaktionsgeschwindigkeit $r_s(x)$ über die Porenlänge zu mitteln:

$$r_{s,\text{eff}} = \frac{1}{L} \int_{x=0}^{x=L} r_s \, dx \tag{6.71}$$

Für eine Reaktion erster Ordnung ($m = 1$) wird mit $r_s = k_s c_1$ erhalten

$$r_{s,\text{eff}} = \frac{1}{L} \int_{x=0}^{x=L} k_s c_1 \, dx. \tag{6.72}$$

In diese Beziehung ist c_1 entsprechend Gl. (6.70) zu substituieren.

$$r_{s,\text{eff}} = \frac{1}{L} k_s c_{1,s} \int_{x=0}^{x=L} \frac{\cosh[\Phi(1 - x/L)]}{\cosh \Phi} \, dx \tag{6.73}$$

Nach Lösung des Integrals ergibt sich

$$r_{s,\text{eff}} = k_s \frac{\tanh \Phi}{\Phi} c_{1,s}. \tag{6.74}$$

Das Verhältnis dieser effektiven Reaktionsgeschwindigkeit zu derjenigen ohne Porendiffusionshemmung, d.h. wenn $c_1(x) = c_{1,s}$, wird als Porennutzungsgrad η bezeichnet.

$$\eta = \frac{k_s \dfrac{\tanh \Phi}{\Phi} c_{1,s}}{k_s c_{1,s}} = \frac{\tanh \Phi}{\Phi} \tag{6.75}$$

Gl. (6.75) vereinfacht sich unterhalb und oberhalb bestimmter Werte für Φ.

für $\Phi < 0{,}3$: $\dfrac{\tanh \Phi}{\Phi} \approx 1$ bzw. $\eta \approx 1$

für $\Phi > 3$: $\tanh \Phi \approx 1$ bzw. $\eta \approx \dfrac{1}{\Phi}$.

In Abb. 6.13 ist die Abhängigkeit des Porennutzungsgrads vom Thiele-Modul für die hier behandelte Reaktionsordnung $m = 1$ sowie zusätzlich für $m = 0$ und 2 aufgetragen.

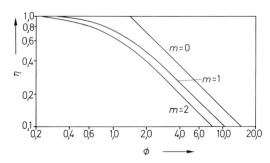

Abb. 6.13 Abhängigkeit des Nutzungsgrades η einer katalytisch wirksamen Einzelpore vom Thiele-Modul Φ für verschiedene Reaktionsordnungen m (nach [17])

Poröse Katalysatoren. Für die Betrachtung wird eine poröse Katalysatorkugel zugrundegelegt, die als pseudo-homogenes System betrachtet wird. Folgende Voraussetzungen werden getroffen:

– Der Diffusionsvorgang in der porösen Struktur ist durch eine dem ersten Fickschen Gesetz analoge Beziehung beschreibbar

$$J_i = -D_i^e \frac{dc_i}{dx},$$

wobei D_i^e der effektive Diffusionskoeffizient für die reagierende Komponente i (s. auch Kap. 5, S. 73 ff.) und x die radiale Ortskoordinate ist.

– Es wird eine Reaktion gewählt, für deren Ablauf nur das Zusammenwirken von chemischer Reaktion und Porendiffusion für die Komponente $i = 1$ entscheidend ist; d.h. Stoffübergangsvorgänge sollen keine Rolle spielen.

– Die Geschwindigkeit der katalytischen Reaktion wird durch den Ansatz

$$r = k_s S_V c_1^m \tag{6.76}$$

beschrieben. Hierin ist k_s die auf die Katalysatoroberfläche bezogene Geschwindigkeitskonstante, während sich das Produkt $k_s S_V$ auf das Katalysatorvolumen bezieht; $S_V (m^2/m^3)$ ist die spezifische innere Oberfläche der Katalysatorkugel.

– Die Katalysatorkugel ist isotherm und die Reaktion befindet sich im stationären Zustand.

Für eine Schale mit der differentiellen Dicke dx der in Abb. 6.14 schematisch dargestellten Katalysatorkugel wird eine Stoffbilanz für den stationären Zustand aufgestellt.

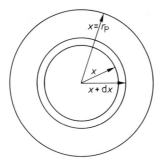

Abb. 6.14 Veranschaulichung der differentiellen Volumenschale einer porösen Katalysatorkugel für die Aufstellung der Stoffbilanz entsprechend Gl. (6.77)

$$\frac{dn_1}{dt} \stackrel{!}{=} 0 = + D_1^e 4\pi (x+dx)^2 \frac{dc_1}{dx} - D_1^e 4\pi x^2 \left(\frac{dc_1}{dx} - \frac{d^2c_1}{dx^2} dx \right)$$
$$- k_s S_V c_1^m (4\pi x^2 dx) \qquad (6.77)$$

Hieraus ergibt sich bei Vernachlässigung der Glieder, die die Größe $(dx)^2$ enthalten

$$k_s S_V c_1^m = \frac{2}{x} D_1^e \frac{dc_1}{dx} + D_1^e \frac{d^2 c_1}{dx^2} \qquad (6.78)$$

bzw. nach Umformung und Einführung des Kugelradius r_p und der Konzentration von A_1 an der äußeren Katalysatoroberfläche $c_{1,s}$

$$r_p^2 \frac{k_s S_V c_{1,s}^{m-1}}{D_1^e} \frac{c_1^m}{c_{1,s}^m} = \frac{2}{x/r_p} \frac{d(c_1/c_{1,s})}{d(x/r_p)} + \frac{d^2(c_1/c_{1,s})}{d(x/r_p)^2}, \qquad (6.79)$$

wird der Thiele-Modul Φ_K für ein kugelförmiges Partikel eingeführt

$$\Phi_K = r_p \sqrt{\frac{k_s S_V c_{1,s}^{m-1}}{D_1^e}} \qquad (6.80)$$

und Gl. (6.79) mit den für die Einzelpore gegebenen Randbedingungen gelöst, ergibt sich für eine Reaktion erster Ordnung ($m = 1$)

$$\frac{c_1}{c_{1,s}} = \frac{\sinh [\Phi_K (x/r_p)]}{(x/r_p) \sinh \Phi_K}. \qquad (6.81)$$

Damit ist das Konzentrationsprofil in der Katalysatorkugel gegeben.
Um die die gesamte Katalysatorkugel mit dem Volumen $V_K (= 4/3 \pi r_p^3)$ charakterisierende „mittlere" oder „effektive" Reaktionsgeschwindigkeit zu erhalten, kann in analoger Weise wie für die Einzelpore vorgegangen werden.

$$r_{eff} = \frac{1}{V_K} \int_0^{r_p} r(x) 4\pi x^2 dx \qquad (6.82)$$

Für eine Reaktion erster Ordnung wird nach Substitution von r nach Gl. (6.76) und von c_1 nach Gl. (6.81) erhalten

$$r_{eff} = 3 k_s S_V c_{1,s} \int_{x=0}^{x=r_p} \frac{\sinh [\Phi_K (x/r_p)]}{(x/r_p) \sinh \Phi_K} \left(\frac{x}{r_p} \right)^2 d\left(\frac{x}{r_p} \right) \qquad (6.83)$$

124 Zusammenwirken chemischer Reaktion und Transportvorgänge – Makrokinetik

bzw. nach Durchführung der notwendigen Integration

$$r_{\text{eff}} = \frac{3}{\Phi_K} \left(\frac{1}{\tanh \Phi_K} - \frac{1}{\Phi_K} \right) k_s S_V c_{1,s}. \tag{6.84}$$

Der Katalysatorwirkungsgrad $\eta_K = r_{\text{eff}}/r(c_{1,g})$ für einen kugelförmigen Katalysator ist somit

$$\eta_K = \frac{3}{\Phi_K} \left(\frac{1}{\tanh \Phi_K} - \frac{1}{\Phi_K} \right). \tag{6.85}$$

Hieraus ergeben sich für bestimmte Größenbereiche des Thiele-Moduls Vereinfachungen.

für $\Phi_K > 3 \quad \eta_K \approx \dfrac{3}{\Phi_K}$

für $\Phi_K < 0{,}3 \quad \eta_K \approx 1 \ (>0{,}99)$

Der Katalysatorwirkungsgrad η_K kann auch auf anderem Wege als geschildert erhalten werden: Im stationären Zustand muß gelten, daß die in dem Katalysatorpellet reagierenden Mole an A_1 gleich dem Diffusionsstrom von A_1 durch die äußere Katalysatoroberfläche ($x = r_p$) sein müssen.

$$r_{\text{eff}} V_K = \eta_K r_s V_K = D_1^e \, 4\pi r_p^2 \left(\frac{dc_1}{dx} \right)_{x=r_p} \tag{6.86}$$

Der Differentialquotient $(dc_1/dr)_{x=r_p}$ ergibt sich über Gl. (6.81)

$$\left(\frac{dc_1}{dx} \right)_{x=r_p} = -\frac{\Phi_K c_{1,s}}{r_p} \left[\frac{1}{\tanh \Phi_K} - \frac{1}{\Phi_K} \right]. \tag{6.87}$$

Durch Substitution seines Wertes in Gl. (6.86) und Einführung von $r_s = k_s S_V c_{1,s}$ wird derselbe Wert für η_K erhalten wie nach Gl. (6.85).
Die für die Einzelpore und eine poröse Katalysatorkugel abgeleiteten Wirkungsgrade η_P und η_K unterscheiden sich für große Werte von Φ nur durch die Konstanten 1 bzw. 3. Aris[18] konnte zeigen, daß dieser Unterschied für die beiden vorliegenden aber auch für andere Geometrien weitgehend verschwindet, wenn ein verallgemeinerter Thiele-Modul ψ durch Einführung einer charakteristischen Länge L_C definiert wird. Diese Länge ist gegeben durch

$$L_C = \frac{V_P}{S_P}, \tag{6.88}$$

wobei V_P das Volumen des Katalysatorpellets und S_P seine äußere Oberfläche ist.
Für den verallgemeinerten Thiele-Modul ergibt sich bei der Reaktionsordnung $m = 1$

$$\psi = L_C \sqrt{\frac{k_s S_V}{D_1^e}}. \tag{6.89}$$

Bei Werten für ψ, die größer als etwa 3 sind, wird für den Zusammenhang zwischen η und ψ erhalten

$$\eta \approx \frac{1}{\psi}. \tag{6.90}$$

Der Zusammenhang zwischen η und ψ für verschiedene Geometrien zeigt nur noch geringe Abweichungen zwischen den einzelnen Fällen.

Wenn die vorstehenden Betrachtungen für irreversible Reaktionen auf andere Ordnungen m angewendet werden, ist es zweckmäßig, eine weitere Modifizierung für den Thiele-Modul einzuführen [19], um eine weitgehende Unabhängigkeit nicht nur von der Katalysatorgeometrie sondern auch von der Reaktionsordnung für die Beziehung $\eta = f(\psi)$ zu erhalten.

$$\psi = \frac{V_P}{S_P} \sqrt{\frac{m+1}{2} \frac{k_s S_V c_{1,s}^{m-1}}{D_1^e}} \qquad (6.91)$$

In Abb. 6.15 ist η in Abhängigkeit von ψ für die Reaktionsordnungen $m = 0$, 0,5, 1 und 2 aufgetragen. Es besteht eine gute Übereinstimmung für die verschiedenen Ordnungen; lediglich für $m = 0$ gibt es bei kleinen ψ-Werten größere Abweichungen. Diese sind darauf zurückzuführen, daß auch bei sehr niedrigen relativen Konzentrationen $c_1/c_{1,s}$ im Pelletinneren – solange die Konzentration nur bis ins Zentrum reicht – $\eta = 1$ ist, da die Reaktionsgeschwindigkeit konzentrationsunabhängig ist.

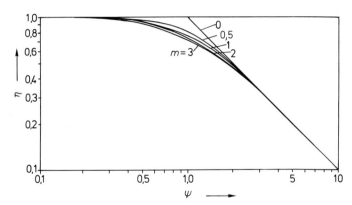

Abb. 6.15 Abhängigkeit des Katalysatorwirkungsgrades η vom modifizierten Thiele-Modul ψ für verschiedene Reaktionsordnungen m (nach [8], S. 186)

Auf die Behandlung von Reaktionen, deren Geschwindigkeit in Abhängigkeit von der Reaktandenkonzentration nicht durch Potenzansätze sondern durch hyperbolische Funktionen (s. Kap. 4, S. 48 ff.) beschrieben werden, wird hier verzichtet; es wird jedoch auf die ausführlichen Darstellungen von Satterfield[20] verwiesen. Der Vollständigkeit halber sei erwähnt, daß in solchen Fällen, wie übrigens auch bei negativen Reaktionsordnungen von Potenzansätzen, Katalysatorwirkungsgrade größer als 1 auftreten können, wenn die Konzentrationsabnahme zu einer Beschleunigung der Reaktion führt. Schließlich sei auf Besonderheiten verwiesen, die durch Mehrkomponentendiffusion verursacht werden können[21].

Experimentelle Ermittlung des Katalysatorwirkungsgrads. In vielen Fällen wird die Geschwindigkeit einer katalytischen Reaktion gemessen (s. Kap. 7, S. 174), ohne daß mit dem bislang beschriebenen Verfahren der Katalysatorwirkungsgrad ermittelt werden könnte, da die nicht durch Porendiffusion beeinflußte Geschwindigkeitskonstante der Reaktion unbekannt ist. Unter solchen Bedingungen ist es in analoger Weise, wie in Abschn. 2.1.1 bei

Vorliegen einer Stoffübergangshemmung erläutert, zweckmäßig, η in Abhängigkeit einer meßbaren Größe darzustellen. Dies ist für einfache Reaktionen durch den sog. Weisz-Modul ψ' möglich.

$$\psi' = \eta \psi^2 = \frac{\eta L_C^2 (m+1) k_s S_V c_{1,s}^m}{2 D_1^e c_{1,s}} \tag{6.92}$$

Hierin ist $\eta k_s S_V c_{1,s}^m$ gleich der meßbaren effektiven Reaktionsgeschwindigkeit r_{eff}. Alle übrigen Größen sind bekannt bzw. können gleichfalls ermittelt werden. In anderer Schreibweise ergibt sich

$$\psi' = L_C^2 \frac{m+1}{2} \frac{r_{\text{eff}}}{D_1^e c_{1,s}}. \tag{6.93}$$

Der Zusammenhang zwischen η und ψ' ist in Abb. 6.16 für Reaktionen verschiedener Ordnung dargestellt. Entsprechende Darstellungen für hyperbolische Geschwindigkeitsansätze finden sich beispielsweise bei Satterfield[2].

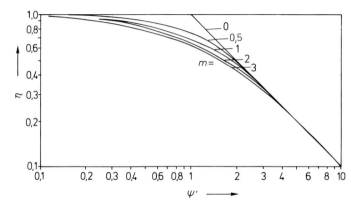

Abb. 6.16 Abhängigkeit des Katalysatorwirkungsgrades η vom Weisz-Modul ψ' für verschiedene Reaktionsordnungen m (nach [8], S. 195)

Beispiel 6.3. Beeinflussung des Reaktionsablaufs der Methanisierung von CO durch Porendiffusion im Katalysatorpellet.
(Grundlage: Lit. [60])

Die auf das Katalysatorpelletvolumen bezogene effektive Geschwindigkeit der Reaktion, die nicht durch äußere Transportvorgänge beeinflußt sein soll, kann über einen größeren Bereich der Partialdrücke ($p_{\text{CO}} \leq 0{,}5$ bar; $1 \leq p_{\text{H}_2} \leq 25$ bar) durch folgenden formalkinetischen Ansatz beschrieben werden:

$$r_{\text{eff}} = \frac{a_1 p_{\text{CO,g}} p_{\text{H}_2,\text{g}} p^{-0,5}}{(1 + a_2 p_{\text{CO,g}} + a_3 p_{\text{H}_2,\text{g}})^2} \cdot \varrho_{\text{Kat}} \quad (\text{mol} \cdot \text{h}^{-1} \cdot \text{cm}_{\text{Katalysator}}^{-3})$$

hierin ist $a_i^0 = a_i \exp(-A_i/T)$; die an der äußeren Katalysatoroberfläche herrschenden Partialdrucke sind gleich denen der Gasphase.
Für die Parameter gilt:

$a_1^0 / \text{mol} \cdot \text{bar}^{-1,5} \cdot \text{g}^{-1} \cdot \text{h}^{-1} = 4,8$

$A_1 / \text{K} = 9,3 \cdot 10^2$

$a_2^0 / \text{bar}^{-1} = 2,4 \cdot 10^{-4}$

$A_2 / \text{K} = -5,5 \cdot 10^3$

$a_3^0 / \text{bar}^{-1} = 3,2 \cdot 10^{-2}$

$A_3 / \text{K} = -7,5 \cdot 10^2$

$\varrho / \text{g} \cdot \text{cm}^{-3} = 1,67$

Aufgabe. Es ist für die nachstehenden Bedingungen jeweils durch Ermittlung des Porennutzungsgrades η quantitativ zu bestimmen, ob der Reaktionsablauf durch Porendiffusion beeinflußt wird.

Die Bestimmung von η soll für Reaktionstemperaturen von 523 K und 573 K, einen H_2-Partialdruck von 18,75 bar sowie verschiedene CO-Partialdrücke (0,05 – 0,1 – 0,2 – 0,5 bar) bei einem Gesamtdruck p von 25 bar erfolgen. Die Differenz zwischen p und der Summe der Partialdrücke an H_2 und CO soll in jedem Fall durch N_2, das sich als Inertgas im System befindet, ergänzt werden. Unter den gewählten Reaktionsbedingungen beträgt der Porendiffusionskoeffizient $D^e = D_{CO} \cdot (\varepsilon/\tau) = 0,0045 \text{ cm}^2 \cdot \text{s}^{-1}$.

Lösungshinweis.
1. Für das zylindrische Pellet wird vereinfachend Kugelgestalt vorausgesetzt; der gleichwertige Kugelradius beträgt $r_K = 0,3$ cm.
2. Für die Verwendung des $\eta = f(\psi')$-Diagramms (s. Abb. 6.16) kann vereinfachend angenommen werden, daß die Reaktion nach erster Ordnung für CO verläuft. Das heißt, die Größe

$$a_1 p_{H_2,g} p^{-0,5} (1 + a_2 p_{CO,g} + a_3 p_{H_2,g})^{-2}$$

soll dafür in erster Näherung als konstant angesehen werden; dies trifft zu, wenn $(1 + a_3 p_{H_2,g}) > a_2 p_{CO,g}$.

Lösung. Der Weisz-Modul ψ' ergibt sich zu

$$\psi' = L_C^2 \frac{r_{\text{eff}}}{D_{CO}^e c_{CO,g}}$$

Die charakteristische Länge L_C ist gegeben durch

$$L_C = \frac{\text{Kugelvolumen}}{\text{äußere Kugeloberfläche}} = \frac{r_K}{3}$$

Folgende Ergebnisse werden für die verschiedenen gewählten Bedingungen erhalten:

T (°C)	p_{CO} (bar)	$r_{\text{eff}} \left(\frac{\text{mol}}{\text{h cm}^3}\right)$	$c_{CO,g} \left(\frac{\text{mol}}{\text{cm}^3}\right)$	ψ'	η
573	0,05	$2,54 \cdot 10^{-2}$	$1,05 \cdot 10^{-6}$	15	0,1
573	0,1	$4,60 \cdot 10^{-2}$	$2,10 \cdot 10^{-6}$	14	0,1
573	0,2	$7,60 \cdot 10^{-2}$	$4,20 \cdot 10^{-6}$	11	0,1
573	0,5	$11,75 \cdot 10^{-2}$	$10,50 \cdot 10^{-6}$	7	0,14
523	0,05	$1,60 \cdot 10^{-2}$	$1,15 \cdot 10^{-6}$	8,5	0,12
523	0,1	$2,59 \cdot 10^{-2}$	$2,30 \cdot 10^{-6}$	7	0,14
523	0,2	$3,58 \cdot 10^{-2}$	$4,60 \cdot 10^{-6}$	5	0,20
523	0,5	$3,95 \cdot 10^{-2}$	$11,50 \cdot 10^{-6}$	2	0,47

Aus der Aufstellung ergibt sich, daß der Reaktionsablauf sowohl bei 573 K als auch 523 K stark durch Porendiffusion bestimmt wird.

2.2.2 Zusammenwirken von chemischer Reaktion, Diffusion und Wärmeleitung im porösen Katalysator

Bei Reaktionen, die stark endotherm oder exotherm sind, können bei Transportlimitierung im Katalysatorpellet neben Konzentrations- auch Temperaturgradienten auftreten. Um beide Gradienten zu erfassen, muß zusätzlich zu der differentiellen Stoffbilanz für ein kugelförmiges Pellet (s. Abschn. 2.2.1, Gl. (6.78))

$$k_s^0 \exp\left(-\frac{E}{RT}\right) S_V c_1^m = \frac{2}{x} D_1^e \frac{dc_1}{dx} + D_1^e \frac{d^2 c_1}{dx^2} \qquad (6.78)$$

auch die entsprechende Wärmebilanz aufgestellt werden; für diese gilt im stationären Zustand

$$k_s^0 \exp\left(-\frac{E}{RT}\right) S_V c_1^m (-\Delta H_R) = -\frac{2}{x} \lambda^e \frac{dT}{dx} - \lambda^e \frac{d^2 T}{dx^2}. \qquad (6.94)$$

Die Kombination der beiden Gln. (6.78) und (6.94) ergibt

$$-\frac{\lambda^e}{(-\Delta H_R)} \frac{2}{x} \frac{dT}{dx} - \frac{\lambda^e}{(-\Delta H_R)} \frac{d^2 T}{dx^2} = D_1^e \frac{2}{x} \frac{dc_1}{dx} + D_1^e \frac{d^2 c_1}{dx^2}. \qquad (6.95)$$

Zweimalige Integration dieser Beziehung führt zu einem Zusammenhang zwischen der Temperatur T und der Konzentration c_1, die am gleichen Ort innerhalb des Katalysators vorliegen:

$$T - T_s = \frac{D_1^e(-\Delta H_R)}{\lambda^e} (c_{1,s} - c_1). \qquad (6.96)$$

Damit ist es möglich, entweder die Temperatur oder die Konzentration in einer der beiden Differentialgleichungen (6.78) bzw. (6.94) zu eliminieren, so daß nur eine Gleichung mit einer der beiden Variablen T bzw. c_1 zu lösen ist, um diese in Abhängigkeit der radialen Position x zu ermitteln.

Gl. (6.96) erlaubt es auch, die maximale Temperaturdifferenz zwischen äußerer Oberfläche (T_s) und dem Inneren des Katalysators (T) zu ermitteln; sie ist dann gegeben, wenn c_1 null wird. Die relative maximale Temperaturdifferenz beträgt

$$\frac{(T - T_s)_{max}}{T_s} = \frac{(-\Delta H_R) D_1^e c_{1,s}}{\lambda^e T_s} \equiv \beta. \qquad (6.97)$$

Ohne auf Einzelheiten näher einzugehen (s. hierzu beispielsweise [2, 22]), beeinflussen die Prater-Zahl β und die Arrhenius-Zahl γ (E/RT_s) die Ausbildung der Konzentrations- und Temperaturprofile entscheidend. Über die Lösung der Differentialgleichungen (6.78) oder (6.94) kann in analoger Weise, wie in Abschn. 2.2.1 für den isothermen Fall gezeigt, der Porennutzungsgrad für nicht-isotherme Verhältnisse in Abhängigkeit des Thiele-Moduls Φ_K ermittelt werden. Beide Größen sind hier folgendermaßen definiert

$$\eta_K = \frac{r_{eff}}{r(T_s, c_s)} \qquad (6.98)$$

$$\Phi_K^2 = r_p^2 \frac{k_s^0 S_V c_{1,s}^{m-1}}{D_1^e} \exp(-\gamma). \qquad (6.99)$$

Sowohl r als auch γ sind auf die Temperatur T_s an der äußeren Katalysatoroberfläche bezogen.

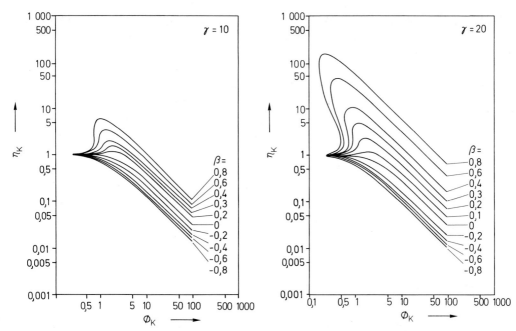

Abb. 6.17 Abhängigkeit des Katalysatorwirkungsgrades η_K in Abhängigkeit des Thiele-Moduls Φ_K für verschiedene Arrhenius-Zahlen γ und Prater-Zahlen β (nach [22])

Für den Fall einer exothermen Reaktion erster Ordnung wurde von Weisz und Hicks[22] der Porennutzungsgrad in Abhängigkeit vom Thiele-Modul für vorgegebene Werte von β und γ berechnet. Einige ausgewählte Ergebnisse enthält Abb. 6.17.

Die Darstellung zeigt, daß für $\beta > 0$ Porennutzungsgrade größer als 1 erhalten werden können. Dies kann wie folgt erklärt werden: Die Zunahme der Reaktionstemperatur im Katalysatorinneren durch mangelnde Wärmeableitung bewirkt einen Anstieg der Reaktionsgeschwindigkeitskonstanten, der die Abnahme der Konzentration im Inneren überkompensiert; dadurch wird die Reaktionsgeschwindigkeit im Katalysator größer als den Bedingungen an der äußeren Oberfläche entspricht.

Ein weiterer interessanter Gesichtspunkt, der sich aus Abb. 6.17 ergibt, ist die Tatsache, daß sich für große β-Werte Mehrfachlösungen für η in einem begrenzten Bereich von Φ_K ergeben. Weisz und Hicks[22] zeigten, daß der mittlere η-Wert einen instabilen Zustand darstellt und nur der höchste und niedrigste Wert für ein vorgegebenes Φ_K verwirklicht werden können. Bei technisch interessanten Reaktionen ist β meist jedoch kleiner als etwa 0,1 bis 0,3, so daß mit keinen Instabilitäten gerechnet werden muß; Anhaltswerte hierzu enthält Tab. 6.1, die auf Angaben von Hlavacek et al.[23] beruht. Wird in diesem Zusammenhang Abb. 6.17 herangezogen, so ist ersichtlich, daß Porennutzungsgrade größer als 1 bei Reaktionen, die nach erster Ordnung verlaufen, wegen der meist sehr kleinen Werte für β, die nahe bei null liegen, nur selten auftreten werden. Dies bedeutet natürlich auch, daß mit größeren Temperaturgradienten innerhalb eines Katalysatorpellets im allgemeinen nicht gerechnet werden muß.

Eine Zusammenstellung von Abhängigkeiten zwischen η_K und Φ_K für unterschiedliche Reaktionsordnungen und auch bestimmte Arten von Hougen/Watson-Geschwindigkeitsansätzen findet sich bei Satterfield[2].

130 Zusammenwirken chemischer Reaktion und Transportvorgänge – Makrokinetik

Tab. 6.1 Thiele-Moduli sowie Prater- und Arrhenius-Zahlen für einige exotherme, heterogen katalysierte Gasreaktionen (aus [23])

Reaktion	Φ_K	β	γ
NH_3-Synthese	1,2	0,000061	29,4
Synthese höherer Alkohole aus CO und H_2	–	0,00085	28,4
Oxidation von CH_3OH zu CH_2O	1,1	0,0109	16,0
Synthese von Vinylchlorid aus Acetylen und HCl	0,27	0,25	6,5
Ethylenhydrierung	0,2–2,8	0,066	23–27
Oxidation von H_2	0,8–2,0	0,10	6,7–7,5
Oxidation von Ethylen zu Ethylenoxid	0,08	0,13	13,4
N_2O-Zerfall	1–5	0,64	22,0
Benzolhydrierung	0,05–1,9	0,12	14–16
Oxidation von SO_2	0,9	0,012	14,8

2.3 Gleichzeitiges Auftreten äußerer und innerer Konzentrations- und Temperaturgradienten

Bei den folgenden Überlegungen, für die neben dem Porendiffusionswiderstand ein zusätzlicher Transportwiderstand in dem das kugelförmige Katalysatorteilchen umgebenden Gasfilm angenommen werden soll, wird zwischen isothermen und nicht-isothermen Bedingungen unterschieden.

2.3.1 Isotherme Bedingungen

Im Unterschied zu den in Abschn. 2.2.1 zugrundegelegten Bedingungen ist bei Vorliegen eines zusätzlichen Konzentrationsgradienten im Gasfilm die Konzentration $c_{1,s}$ an der äußeren Katalysatoroberfläche nicht vorgegeben bzw. bekannt. Für die Lösung der Differentialgleichung (6.78) muß daher dort ($x = r_p$) eine neue Randbedingung gefunden werden: Im stationären Zustand ist die Menge an A_1, die durch den Gasfilm hindurchgeht (Stoffübergang), gleich dem Betrag, der an der Stelle $x = r_p$ durch Diffusion in das Katalysatorinnere transportiert wird; d. h.

$$k_g(c_{1,g} - c_{1,s}) = D_1^e \left.\frac{dc_1}{dx}\right|_{x=r_p}. \qquad (6.100)$$

Mit dieser Randbedingung kann Gl. (6.78) gelöst werden. Im folgenden wird jedoch ein anderer Lösungsweg für eine Reaktion erster Ordnung aufgezeigt, dem folgende Überlegung zugrundeliegt.

Die Molzahländerung der Komponente A_1 durch Reaktion im Katalysatorpellet muß im stationären Zustand gleich ihrer Nachlieferung durch Stoffübergang sein.

$$\left|\frac{dn_1}{dt}\right|_{\text{Reaktion}} = \left|\frac{dn_1}{dt}\right|_{\text{Stoffübergang}}$$

Bezogen auf ein einzelnes Katalysatorteilchen mit dem Radius r_p gilt in diesem Falle für die effektive Reaktionsgeschwindigkeit

$$r_{\text{eff}} \frac{4}{3}\pi r_p^3 = \eta_K k_s S_V c_{1,s} \frac{4}{3}\pi r_p^3 = k_g 4\pi r_p^2 (c_{1,g} - c_{1,s}). \qquad (6.101)$$

Hieraus läßt sich die unbekannte Konzentration $c_{1,s}$ an der äußeren Katalysatoroberfläche ermitteln

$$c_{1,s} = \frac{1}{\frac{\eta_K k_s S_V r_p}{3 k_g} + 1} c_{1,g}. \qquad (6.102)$$

Nach Substitution von $c_{1,s}$ in Gl. (6.101) wird für die effektive Reaktionsgeschwindigkeit erhalten

$$r_{eff} = \frac{1}{\frac{r_p}{3 k_g} + \frac{1}{\eta_K k_s S_V}} c_{1,g}. \qquad (6.103)$$

Wird r_{eff} zu der Reaktionsgeschwindigkeit ohne Transporthemmung

$$r = k_s S_V c_{1,g} \qquad (6.104)$$

ins Verhältnis gesetzt, ergibt sich für den Gesamtporennutzungsgrad $\eta_{K, ges}$

$$\eta_{K, ges} = \frac{1}{\frac{1}{\eta_K} + \frac{k_s S_V r_p}{3 k_g}}. \qquad (6.105)$$

Nach Einführung der sog. Biot-Zahl für den Stofftransport

$$Bi_m = \frac{k_g r_p}{D_1^e} \qquad (6.106)$$

und des Porennutzungsgrades η_K (ohne Berücksichtigung des Stoffüberganges) wird schließlich erhalten:

$$\eta_{K, ges} = \frac{1}{\frac{1}{\eta_K} + \frac{\Phi_K^2}{3 Bi_m}} \qquad (6.107)$$

Der Gesamtporennutzungsgrad berücksichtigt also die Stofftransportwiderstände sowohl im Gasfilm als auch im porösen Katalysator.

2.3.2 Nicht-isotherme Bedingungen

Temperaturgradienten innerhalb eines Katalysatorpellets, für die die Prater-Zahl β ein Maß ist, sind üblicherweise klein. In vielen Fällen kann vereinfachend davon ausgegangenen werden, daß ein Temperaturgradient nur zwischen der Katalysatoroberfläche und der umgebenden Gasphase besteht. Für die Konzentrationsgradienten hingegen ist eine solche Vereinfachung nicht zulässig; sie können sowohl im Gasfilm als auch im Katalysatorinneren vorliegen.

Zur quantitativen Behandlung des Problems sind in ähnlicher Weise, wie in Abschn. 2.2.2 gezeigt, die differentiellen Stoff- und Wärmebilanzen für das Katalysatorpellet aufzustellen; unterschiedlich sind jedoch die für die Lösung erforderlichen Randbedingungen. Für die Stoffbilanz gilt im stationären Zustand, daß an der äußeren Begrenzung des Katalysators der nach innen gerichtete Diffusionsstrom gleich dem Stoffübergang von der Gasphase an die Katalysatoroberfläche ist (vgl. auch Gl. (6.100)). In Analogie läßt sich für die Wärmebilanz zeigen, daß der nach außen (exotherm) bzw. nach innen (endotherm) gerichtete Wärmestrom durch Leitung an der Katalysatoroberfläche gleich dem Wärmeübergang zwischen Katalysator und umgebender Gasphase ist. Lee und Luss [24] haben eine Beziehung für die sich maximal einstellenden Konzentrations- und Temperaturgradienten unter Zugrundelegung des meßbaren Weisz-Moduls ψ', (s. Abschn. 2.2.1, Gln. (6.92) und (6.93)), abgeleitet. Ihre Darstellung wird in Anlehnung an [25] im folgenden der Einfachheit halber für eine nur einseitig durchlässige Katalysatorplatte mit der Dicke $x = L$ wiedergegeben. Die entsprechenden differentiellen Stoff- und Wärmebilanzgleichungen lauten

$$D_1^e \frac{d^2 c_1}{dx^2} = -r \tag{6.108}$$

$$-\lambda^e \frac{d^2 T}{dx^2} = r(-\Delta H_R). \tag{6.109}$$

Für die Randbedingungen gilt bei $x = L$

$$D_1^e \frac{dc_1}{dx} = k_g(c_{1,g} - c_{1,s}) \tag{6.110}$$

$$\lambda^e \frac{dT}{dx} = h(T_g - T_s). \tag{6.111}$$

Durch Kombination der beiden Gln. (6.108) und (6.109) zu

$$\frac{d^2}{dx^2}\left[D_1^e c_1 + \frac{\lambda^e}{(-\Delta H_R)} T\right] = 0 \tag{6.112}$$

und Integration dieser Beziehung von innen nach außen ($x = 0$ bis $x = L$) und Berücksichtigung der Gln. (6.110) und (6.111) wird erhalten

$$D_1^e \frac{dc_1}{dx}\bigg|_{x=L} + \frac{\lambda^e}{(-\Delta H_R)} \frac{dT}{dx}\bigg|_{x=L} = 0$$

$$= k_g(c_{1,g} - c_1) - \frac{h}{(-\Delta H_R)}(T_s - T). \tag{6.113}$$

Durch erneute Integration dieser Gleichung ergibt sich

$$T - T_g = (T_s - T_g) - \frac{D_1^e(-\Delta H_R)}{\lambda^e}(c_1 - c_{1,s}) =$$

$$= (-\Delta H_R)\frac{k_g}{h}(c_{1,g} - c_{1,s}) + (-\Delta H_R)\frac{D_1^e}{\lambda^e}(c_{1,s} - c_1). \tag{6.114}$$

Die maximal auftretende Temperaturdifferenz zwischen dem Katalysatorinneren und der Gasphase liegt vor, wenn die Komponente A_1 im Katalysator völlig abreagiert, d.h. wenn $c_1 = 0$ wird.

$$\frac{(T - T_g)_{max}}{T_g} = \beta_g \frac{Bi_m}{Bi_h}\left(1 - \frac{c_{1,s}}{c_{1,g}}\right) + \beta_g \frac{c_{1,s}}{c_{1,g}} \tag{6.115}$$

Hierin ist β_g auf die Bedingungen der Gasphase bezogen,

$$\beta_g = \frac{(-\Delta H_R) D_1^e c_{1,g}}{\lambda^e T_g},$$

die beiden Biot-Zahlen für den Stoff(m)- bzw. Wärme(h)-Transport sind wie folgt definiert

$$Bi_m = \frac{k_g L}{D_1^e},$$

$$Bi_h = \frac{h \cdot L}{\lambda^e}.$$

Um die Temperaturdifferenz mittels Gl. (6.115) berechnen zu können, muß noch die unbekannte Konzentration $c_{1,s}$ eliminiert werden. Dies geschieht auf folgende Weise: Die effektive (meßbare) Reaktionsgeschwindigkeit ergibt sich zu

$$r_{eff} = \frac{1}{L}\int_0^L r\,dz = +\frac{D_1^e}{L}\frac{dc_1}{dz}\bigg|_L = \frac{k_g}{L}(c_{1,g} - c_{1,s}). \qquad (6.116)$$

Sie ist im auf die Gasphasenbedingungen bezogenen Weisz-Modul ψ' enthalten.

$$\psi' = \frac{L^2 r_{eff}}{D_1^e c_{1,g}}. \qquad (6.117)$$

Damit ergibt sich für die Konzentration an der Oberfläche

$$\frac{c_{1,s}}{c_{1,g}} = 1 - \frac{\psi'}{Bi_m} \qquad (6.118)$$

und schließlich für die maximale Temperaturdifferenz

$$\frac{(T-T_g)_{max}}{T_g} = \beta_g\left[1 + \psi'\left(\frac{1}{Bi_h} - \frac{1}{Bi_m}\right)\right]. \qquad (6.119)$$

Die maximale Katsalysatorübertemperatur $(T-T_g)$ kann somit über die experimentell zugängliche Größe ψ' (s. Gl. (6.117)) ermittelt werden.

Wird eine Reaktion erster Ordnung betrachtet, so kann für die Übertemperatur einer Katalysatorkugel abgeleitet werden [30].

$$\frac{(T-T_g)_{max}}{T_g} = \frac{2(\Phi^*/\tanh\Phi^* - 1)}{\frac{Nu}{\beta g} + \frac{2Nu}{Sh \cdot \beta g(\Phi^*/\tanh\Phi^* - 1)}} \qquad (6.120)$$

Hierin sind

$$Nu = \frac{h \cdot d_p}{\lambda_g},$$

$$Sh = \frac{k_g d_p}{D_{i,g}}$$

sowie Φ^* ein modifizierter Thiele-Modul,

$$\Phi^* = \Phi \exp\frac{\gamma}{2}\left(1 - \frac{T_g}{T}\right)$$

der die unbekannte Temperatur T enthält.

Ergänzende und weiterführende Arbeiten zu der behandelten Problematik finden sich beispielsweise in [27] und [28].

134 Zusammenwirken chemischer Reaktion und Transportvorgänge – Makrokinetik

2.4 Beeinflussung der Temperaturabhängigkeit und der Ordnung der Reaktion durch Stofftransportvorgänge

Wenn Stoffübergang oder Porendiffusion den Ablauf einer katalytischen Umsetzung bestimmen, weicht die beobachtbare, d.h. effektive Aktivierungsenergie, durch die die Temperaturabhängigkeit der Reaktion gekennzeichnet wird, von derjenigen der katalytischen Reaktion ab. Auch die beobachtbare Ordnung der Reaktion kann sich bei Transporteinfluß ändern.

2.4.1 Temperaturabhängigkeit der Reaktion

Die Temperaturabhängigkeit der katalytischen Reaktion wird üblicherweise über den Arrheniusansatz für deren Geschwindigkeitskonstanten durch die Aktivierungsenergie E beschrieben.

$$k = k_0 \exp\left(-\frac{E}{RT}\right)$$

Wird nun jedoch die Temperaturabhängigkeit der effektiven Geschwindigkeitskonstanten einer durch Stofftransportvorgänge beeinflußten Reaktion entsprechend der Arrhenius-Gleichung betrachtet, so werden scheinbar niedrigere Aktivierungsenergien als E erhalten, wie in Abb. 6.18 veranschaulicht. Dies wird im folgenden für zwei Fälle, nämlich Beeinflussung durch Stoffübergang bzw. durch Porendiffusion erläutert.

Stoffübergang. Für den Fall, daß der Stoffübergang die Geschwindigkeit mitbestimmt, gilt für eine Reaktion erster Ordnung nach Gl. (6.55)

$$k_{\text{eff}} = \frac{1}{\dfrac{1}{k} + \dfrac{1}{k_g a}} \, . \tag{6.55}$$

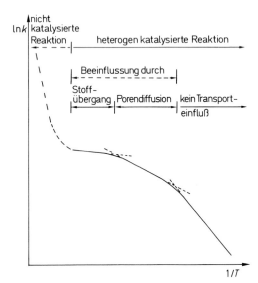

Abb. 6.18 Temperaturabhängigkeit der Geschwindigkeitskonstante einer chemischen Umsetzung für eine heterogen katalysierte Reaktion mit und ohne Beeinflussung durch Stofftransportvorgänge

Ist $k_g a \ll k$, so ergibt sich

$$k_{\text{eff}} = k_g a.$$

k_g wird weitgehend durch die Temperaturabhängigkeit des Diffusionskoeffizienten bestimmt, wenn der nur geringfügige Temperatureinfluß auf die hydrodynamische Grenzschichtdicke vernachlässigt wird.

$$D \sim T^{1,5} \quad \text{bzw.} \quad k_g \sim T^{1,5} \tag{6.121}$$

Formal kann dieser Zusammenhang auch durch eine Arrheniusabhängigkeit beschrieben werden.

$$k_g \sim \exp\left(-\frac{E_{\text{eff}}}{RT}\right)$$

wobei

$$E_{\text{eff}} = E_{\text{Diff}} \tag{6.122}$$

Die Aktivierungsenergie der Diffusion beträgt unter Berücksichtigung von Gl. (6.121) etwa 5 kJ · mol^{-1}. Wird aus Meßdaten eine Aktivierungsenergie, die in dieser Größenordnung liegt, abgeleitet, so ist dies ein Hinweis, daß der Ablauf der Reaktion durch Stoffübergang bestimmt wird.

Porendiffusion. Für eine an einem porösen Katalysator ablaufende Reaktion, die stark durch Porendiffusion beeinflußt ist, wird eine effektive Aktivierungsenergie erhalten, die nur die Hälfte derjenigen der katalytischen Reaktion beträgt. Dies läßt sich beispielsweise für eine poröse Katalysatorkugel bei einer Reaktion m-ter Ordnung über die Temperaturabhängigkeit der effektiven Geschwindigkeitskonstanten $k_{\text{eff}} = \eta_K k_s$ (s. z. B. Gl. (6.74), S. 121) ableiten: Unter Zuhilfenahme des Zusammenhangs zwischen dem Porennutzungsgrad und dem Thiele-Modul Φ_K ergibt sich mit $\eta_K \approx 3/\Phi_K$ für $\Phi_K \gg 3$ (s. Gl. (6.85))

$$k_{\text{eff}} = \frac{3 k_s}{\Phi_K}. \tag{6.123}$$

Wird die Temperaturabhängigkeit des Diffusionskoeffizienten, wie oben erläutert wurde, formal durch einen Arrhenius-Ansatz beschrieben, so wird bei Zusammenfassung der konstanten präexponentiellen Größen Gl. (6.124) erhalten.

$$k_{\text{eff}} = \text{const} \cdot \exp\left(-\frac{E + E_{\text{Diff}}}{2RT}\right) \tag{6.124}$$

Für die effektive, d. h. beobachtbare Aktivierungsenergie einer stark durch Porendiffusion beeinflußten katalytischen Reaktion gilt somit

$$E_{\text{eff}} = \frac{E + E_{\text{Diff}}}{2}. \tag{6.125}$$

Unter der vereinfachenden Voraussetzung, daß $E \gg E_{\text{Diff}}$ ist, ergibt sich schließlich

$$E_{\text{eff}} \approx 0,5 E. \tag{6.126}$$

Für Thiele-Moduli kleiner als 5 haben Gupta und Douglas[29] gezeigt, daß

$$E_{\text{eff}} = \frac{E(2 + \varphi) - E_{\text{Diff}}}{2}. \tag{6.127}$$

136 Zusammenwirken chemischer Reaktion und Transportvorgänge – Makrokinetik

Hierin ist $\varphi = d(\ln \eta_K)/d(\ln \Phi_K)$. Die Größe φ strebt für $\eta \to 1$ gegen null und wird -1, wenn η_K sehr klein wird. Im letzten Fall geht Gl. (6.127) in Gl. (6.125) über.

2.4.2 Reaktionsordnung

Für eine katalytische Reaktion, die durch einen Potenzansatz

$$r_s = k_s c_{1,g}^m \qquad (6.128a)$$

bzw.

$$r = k_s S_V c_{1,g}^m \qquad (6.128b)$$

beschrieben wird, kann die Reaktionsordnung m verfälscht werden, wenn bei einer äußeren oder inneren Stofftransportlimitierung der äußere Wirkungsgrad oder der Porennutzungsgrad des Katalysators konzentrationsabhängig ist. Dies ist immer dann der Fall, wenn $m \neq 1$ (s. für das Stoffübergangsproblem Abschn. 2.1.1, Gl. (6.50) und (6.51), S. 114, sowie für das Problem der Porendiffusion Abschn. 2.2.1, Gl. (6.80) gemeinsam mit Gl. (6.85), S. 123, 124). Unter diesen Umständen würde eine experimentelle Bestimmung der Reaktionsordnung ohne Berücksichtigung der erwähnten quantitativen Zusammenhänge irreführende Resultate hinsichtlich der nicht-transportlimitierten Reaktion ergeben. Zusätzliche Komplikationen treten auf, wenn der Diffusionskoeffizient konzentrations- bzw. druckabhängig ist, was bei molekularer Diffusion, jedoch nicht bei Knudsen-Diffusion zutrifft; nähere Einzelheiten hierzu finden sich bei Weisz und Prater[30].

Am Beispiel der Porendiffusionsbeeinflussung wird die Problematik nachstehend näher erläutert. Für Gl. (6.128) ist bei Verwendung einer porösen Katalysatorkugel zu schreiben

$$r_{eff} = \eta_K k_s S_V c_{1,g}^m . \qquad (6.129)$$

Wird vorausgesetzt, daß $\Phi_K > 3$ und damit $\eta_K \approx 3/\Phi_K$, dann gilt

$$r_{eff} = \frac{3}{\Phi_K} k_s S_V c_{1,g}^m . \qquad (6.130)$$

Nach Einführung von Gl. (6.80) für Φ_K wird erhalten

$$r_{eff} = \frac{3}{r_p} \sqrt{k_s S_V D_1^e} \; c_{1,g}^{0,5(m+1)} . \qquad (6.131)$$

Würde die effektive Reaktionsgeschwindigkeit in Abhängigkeit der Konzentration gemessen, ergäbe sich eine scheinbare Reaktionsordnung m_{schein}, die sich von der wahren Ordnung m unterscheiden kann.

m	0	1	2
m_{schein}	0,5	1	1,5

2.5 Einfluß der Transportvorgänge auf die Selektivität

In dem vorangegangenen Abschn. 2.3 (S. 130–133) wurde gezeigt, in welchem Maße Stoff- und Wärmetransportvorgänge die Geschwindigkeit einer heterogen katalysierten chemischen Umsetzung beeinflussen können. Als quantitatives Maß wurde hierfür der Katalysatornutzungsgrad η eingeführt. Viele katalytische Reaktionen, die insbesondere auch von technischem Interesse sind, verlaufen jedoch nicht nur auf einem einzigen Weg zu den Produkten; vielmehr können Reaktionsnetzwerke unterschiedlichster Struktur vorliegen, die aus Parallel- und/oder Folgeschritten bestehen. In diesen Fällen interessiert meist primär nicht die Geschwindigkeit der Reaktion, sondern der Anteil des gewünschten Produkts, der sich im Vergleich zu den übrigen Produkten bildet. Ein geeignetes Maß hierfür ist die Selektivität der Reaktion für das jeweils betrachtete Produkt i, wobei zweckmäßigerweise zwischen einer integralen ($S_{i,k}$) und differentiellen ($s_{i,k}$) Selektivität ($S_{i,k}$ = Ausbeute an i : Umsatz der Bezugskomponente k; $s_{i,k}$ = Verhältnis der Stoffmengenänderungsgeschwindigkeiten für i und k) sowie dem Verhältnis der differentiellen Selektivitäten für zwei unterschiedliche Reaktionswege unterschieden wird.

In den beiden folgenden Abschn. 2.5.1 und 2.5.2 wird der Einfluß der äußeren und inneren Transportvorgänge auf die Selektivität von Parallelreaktionen (Typ 1: ein gemeinsames Edukt; Typ 2: zwei Edukte, die zu unterschiedlichen Produkten abreagieren) und Folgereaktionen (Typ 3) behandelt.

2.5.1 Einfluß der äußeren Transportvorgänge auf die Selektivität

Der Einfluß äußerer Transportvorgänge auf die Selektivität wird exemplarisch für nichtporöse Katalysatoren, wie sie unter anderem für die Methanoloxidation zu Formaldehyd, die Ammoniakoxidation zu NO, die oxidative Umsetzung von Methan plus Ammoniak zu HCN sowie bei der katalytischen Abgasumwandlung eingesetzt werden, erläutert.

Parallelreaktionen. Es wird angenommen, daß die betrachteten Parallelreaktionen des Typs 1 und 2 durch Potenzansätze beschrieben werden können.

Typ 1

$$A_1 \begin{array}{c} \xrightarrow{(1)} A_2 \\ \xrightarrow{(2)} A_3 \end{array} \qquad (6.132)$$

Im stationären Zustand gilt, daß die effektiven Bildungsgeschwindigkeiten $r_{1,\text{eff}}$ bzw. $r_{2,\text{eff}}$ für A_2 bzw. A_3 gleich denen der unter den Bedingungen der Oberflächenkonzentration an A_1 ablaufenden katalytischen Reaktionen sind.

$$r_{1,\text{eff}} = k_1 \cdot c_{1,s}^{m_1} \qquad (6.133)$$

$$r_{2,\text{eff}} = k_2 \cdot c_{1,s}^{m_2} \qquad (6.134)$$

Für die Abreaktion von A_1 gilt entsprechend

$$R_{1,\text{eff}} = k_1 \cdot c_{1,s}^{m_1} + k_2 \cdot c_{1,s}^{m_2} = k_g a (c_{1,g} - c_{1,s}). \qquad (6.135)$$

Grundsätzlich könnte über diese Beziehung die Oberflächenkonzentration $c_{1,s}$ berechnet und damit in den Gln. (6.133) und (6.134) eliminiert werden. Dies ist jedoch für die nachfolgenden Überlegungen nicht notwendig.

Die differentiellen Selektivitäten für die beiden Produkte A_2 und A_3 sind

$$s_{2,1} = \frac{k_1 \cdot c_{1,s}^{m_1}}{k_g a (c_{1,g} - c_{1,s})} \qquad (6.136)$$

138 Zusammenwirken chemischer Reaktion und Transportvorgänge – Makrokinetik

$$s_{3,1} = \frac{k_2 \cdot c_{1,s}^{m_2}}{k_g a (c_{1,g} - c_{1,s})}. \tag{6.137}$$

Für das Verhältnis der differentiellen Selektivitäten $s_{2,1}/s_{3,1} = s'_{2,3}$ ergibt sich im Falle einer vorliegenden Transportlimitierung, d. h. $c_{1,s} < c_{1,g}$ folgender Zusammenhang.

$$\left.\frac{s_{2,1}}{s_{3,1}}\right|_{eff} = (s'_{2,3})_{eff} = \frac{k_1}{k_2}(c_{1,s})^{m_1-m_2} \tag{6.138}$$

Ohne Transportlimitierung wäre $c_{1,s}$ gleich $c_{1,g}$, bzw.

$$\left.\frac{s_{2,1}}{s_{3,1}}\right| = s'_{2,3} = \frac{k_1}{k_2}(c_{1,g})^{m_1-m_2}. \tag{6.139}$$

Die Größe $s'_{2,3}$ entspricht dem Verhältnis der Bildungsgeschwindigkeiten von A_2 und A_3. Gl. (6.139) zeigt, daß die Bildung des Produkts A_2 in Abhängigkeit von der Konzentration an A_1 ansteigt, wenn die Ordnung m_1 der gewünschten Reaktion (Schritt (1)) größer ist als die des unerwünschten Reaktionsschrittes (2). Wird das Verhältnis der beiden Selektivitätsquotienten mit und ohne Transportlimitierung betrachtet,

$$\frac{(s'_{2,3})_{eff}}{s'_{2,3}} = \left(\frac{c_{1,s}}{c_{1,g}}\right)^{m_1-m_2} \tag{6.140}$$

so wird deutlich, daß dieses bei vorgegebenem Verhältnis $c_{1,s}/c_{1,g}$ von den Ordnungen der beiden parallelen Reaktionen abhängt. Es lassen sich folgende qualitativen Aussagen treffen:

$m_1 = m_2 \qquad (s'_{2,3})_{eff} = s'_{2,3}$
$m_1 > m_2 \qquad (s'_{2,3})_{eff} < s'_{2,3}$
$m_1 < m_2 \qquad (s'_{2,3})_{eff} > s'_{2,3}$.

Das heißt, verlaufen die beiden Parallelreaktionen nach gleicher Ordnung, hat der Stoffübergang keinen Einfluß auf die Selektivität. Ist hingegen die Ordnung m_1 größer als m_2 führt eine Stofftransportlimitierung des Reaktionsablaufs zu einer Verminderung der Selektivität für das Produkt A_2. Um diese Selektivitätsverminderung zu vermeiden, können zwei Maßnahmen ergriffen werden.

– Erhöhung der Stoffübergangszahl durch eine höhere Strömungsgeschwindigkeit des Gases (s. Kap. 5, S. 91).
– Erniedrigung der Temperatur, da hierdurch im allgemeinen die Reaktionsgeschwindigkeitskonstante stärker als die Stoffübergangszahl wegen der unterschiedlichen Temperaturabhängigkeit der beiden Vorgänge herabgesetzt wird; hierbei ist jedoch gleichzeitig die durch die Aktivierungsenergien E_1 und E_2 charakterisierte Temperaturabhängigkeit der beiden parallelen Reaktionswege zu berücksichtigen, die die Selektivität bei Temperaturänderungen ebenfalls beeinflußt.

In beiden Fällen wird das Verhältnis von Reaktionsgeschwindigkeit zur Stoffübergangsgeschwindigkeit herabgesetzt, so daß der Einfluß des Stoffübergangs zurückgedrängt wird.

Typ 2

$$A_1 \xrightarrow{k_1} A_3 \tag{6.141}$$

$$A_2 \xrightarrow{k_2} A_4 \tag{6.142}$$

2. Heterogen katalysierte Gasreaktionen

Das Verhältnis $(s'_{3,4})_{\text{eff}}$ der Bildungsgeschwindigkeiten der Produkte A_3 und A_4 ist bei Stoffübergangslimitierung $(c_{i,s} < c_{i,g})$ gegeben durch

$$(s'_{3,4})_{\text{eff}} = \frac{r_{1,\text{eff}}}{r_{2,\text{eff}}} = \frac{k_1 \cdot c_{1,s}^{m_1}}{k_2 \cdot c_{2,s}^{m_2}} \tag{6.143}$$

bzw.

$$(s'_{3,4})_{\text{eff}} = \frac{\eta_{\text{ext},1} k_1 \cdot c_{1,g}^{m_1}}{\eta_{\text{ext},2} k_2 \cdot c_{2,g}^{m_2}} \tag{6.144}$$

(Wegen der Einführung des äußeren Wirkungsgrades η_{ext}, s. Abschn. 2.1, S. 112).
Sind beide Reaktionen erster Ordnung, dann ergibt sich nach Einführung der Damköhler-Zahl $DaII = k/k_g a$ (s. Abschn. 2.1.1, S. 113)

$$(s'_{3,4})_{\text{eff}} = \frac{1 + DaII_2}{1 + DaII_1} \frac{k_1}{k_2} \frac{c_{1,g}}{c_{2,g}}. \tag{6.145}$$

Ist sowohl $DaII_1$ als auch $DaII_2$ sehr viel größer als 1, d. h. wird der Ablauf der Reaktion durch den Stoffübergang bestimmt, dann vereinfacht sich Gl. (6.145) zu

$$(s'_{3,4})_{\text{eff}} = \frac{k_{g,1}}{k_{g,2}} \frac{c_{1,g}}{c_{2,g}}. \tag{6.146}$$

Da sich die Stoffübergangszahlen für A_1 und A_2 nur unwesentlich unterscheiden, ist das Verhältnis der Bildungsgeschwindigkeiten für A_3 und A_4 gleich dem Konzentrationsverhältnis der beiden Edukte in der Gasphase und auch nicht mehr von den Geschwindigkeitskonstanten abhängig.
Ist der Stoffübergang für beide Reaktionsschritte nicht limitierend, d. h. $DaII_1$ und $DaII_2$ streben gegen null, wird $(s'_{3,4})_{\text{eff}} = s'_{3,4}$, d. h.

$$s'_{3,4} = \frac{k_1 \cdot c_{1,g}}{k_2 \cdot c_{2,g}}. \tag{6.147}$$

Aus dem Vergleich der beiden Beziehungen (6.146) und (6.147) folgt, daß bei Parallelreaktionen des Typs 2 die Selektivität der Reaktion durch den Stoffübergang beeinflußt wird, wenn sich die Geschwindigkeitskonstanten der beiden Reaktionsschritte (1) und (2) von einander unterscheiden.
Sowohl für Parallelreaktionen des Typs 1 als auch des Typs 2 wird die Selektivität der Umsetzung erheblich durch eine Stoffübergangshemmung beeinflußt.

Folgereaktionen (Typ 3). Der einfacheren quantitativen Behandlung wegen wird hier zugrundegelegt, daß beide Reaktionsschritte der Folgereaktion

$$A_1 \xrightarrow{k_1} A_2 \xrightarrow{k_2} A_3$$

nach erster Ordnung verlaufen. Schließlich soll angenommen werden, daß A_2 das gewünschte Produkt darstellt. Für die Geschwindigkeit der Abreaktion von A_1 und der Bildung von A_2 sowie A_3 gilt im stationären Zustand, d. h. wenn der Stofftransport zur bzw. von der Oberfläche mit der jeweiligen katalytischen Reaktion gleichgesetzt werden kann.

$$-R_{1,\text{eff}} = r_{1,\text{eff}} = k_{g,1} a(c_{1,g} - c_{1,s}) = k_1 c_{1,s} \tag{6.148}$$

$$R_{2,\text{eff}} = k_{g,2} a(c_{2,s} - c_{2,g}) = k_1 c_{1,s} - k_2 c_{2,s} \tag{6.149}$$

$$R_{3,\text{eff}} = k_{g,3} a(c_{3,s} - c_{3,g}) = k_2 c_{2,s} \tag{6.150}$$

Nach Einführung der Damköhler-Zahl zweiter Art *DaII* (s. Abschn. 2.1.1, Gl. (6.48), S. 114) lassen sich über die Gln. (6.148) bis (6.150) für die unbekannten Konzentrationen der Komponenten A_1 und A_2 an der Oberfläche folgende Beziehungen ableiten.

$$c_{1,s} = \frac{c_{1,g}}{1 + DaII_1} \tag{6.151}$$

$$c_{2,s} = \frac{DaII_1 \, c_{1,g}}{(1 + DaII_1)(1 + DaII_2)} + \frac{c_{2,g}}{1 + DaII_2} \tag{6.152}$$

Für die weitere Behandlung, d.h. die Ableitung der differentiellen Selektivität $s_{2,1}$ werden folgende Festlegungen getroffen

$$k_{g,1} = k_{g,2} = k_{g,3}.$$

Diese Annahme ist sehr gut erfüllt, da sich die Diffusionskoeffizienten, durch die k_g bei sonst gleichen Bedingungen bestimmt wird, für ähnliche Komponenten nur unwesentlich unterscheiden.

$$DaII_1 \frac{k_2}{k_1} = DaII_2$$

Damit ergibt sich für die differentielle Selektivität

$$s_{2,1} = \frac{R_{2,\text{eff}}}{r_{1,\text{eff}}} = \frac{dc_2}{dc_1}$$

$$= 1 - \frac{k_2}{k_1} \frac{DaII_1}{(1 + DaII_2)} - \frac{k_2}{k_1} \frac{c_{2,g}}{c_{1,g}} \frac{1 + DaII_1}{1 + DaII_2} \tag{6.153}$$

bzw.

$$= \frac{1}{1 + DaII_2} - \frac{k_2}{k_1} \frac{c_{2,g}}{c_{1,g}} \frac{1 + DaII_1}{1 + DaII_2} \tag{6.154}$$

Wenn $k_g a$ gegenüber k_1 und k_2 sehr groß ist, gehen $DaII_1$ und $DaII_2$ gegen null. In diesem Fall hat der Stoffübergang keinen Einfluß auf die Selektivität, für die dann erhalten wird

$$s_{2,1} = 1 - \frac{k_2}{k_1} \frac{c_{2,g}}{c_{1,g}}. \tag{6.155}$$

Gl. (6.154) zeigt, daß bei einer großen Damköhler-Zahl für den zweiten Reaktionsschritt, also einer starken Beeinflussung der Reaktionsgeschwindigkeit durch den Stoffübergang, die differentielle Selektivität für A_2 herabgesetzt wird. In gleichem Sinne wirkt eine hohe Gasphasenkonzentration des Zwischenprodukts A_2 wie sie mit fortschreitendem Umsatz an A_1 auftritt. Um eine hohe Selektivität für A_2 zu erzielen, ist es also notwendig, durch geeignete Maßnahmen einerseits Stoffübergangseinflüsse möglichst weitgehend zurückzudrängen und andererseits die Konzentration an A_2 in der Gasphase niedrig zu halten.

Nicht-isotherme Verhältnisse. Bei den vorstehenden Überlegungen wurde vorausgesetzt, daß Gasphase und Katalysatoroberfläche die gleiche Temperatur hatten. Stark exotherme bzw. endotherme Reaktionen können jedoch zu Temperaturgradienten führen, wenn ein Wärmeübergangswiderstand vorhanden ist. Im folgenden wird der Einfluß eines Temperaturgradienten in Anlehnung an [31] behandelt.

Wie bereits gezeigt wurde, beeinflußt sowohl bei Parallel- als auch Folgereaktion das Verhältnis k_1/k_2, das sich für die jeweils betrachteten Reaktionsschritte ergab, die Selektivität.

Wenn die Oberflächentemperatur von der Gasphasentemperatur infolge eines Wärmeübergangswiderstandes abweicht, wirkt sich dies zusätzlich auf die Selektivität aus, wenn sich die Aktivierungsenergie der beiden katalytischen Reaktionsschritte unterscheiden.

Mit der bereits früher eingeführten Arrhenius-Zahl γ (s. Abschn. 2.1.2, S. 118) kann für die Geschwindigkeitskonstante $k(T_s)$ bzw. das Verhältnis $k_1(T_s)/k_2(T_s)$ geschrieben werden

$$k(T_s) = k(T_g) \exp\left[-\gamma_g\left(\frac{T_g}{T_s} - 1\right)\right] \qquad (6.156)$$

bzw.

$$\frac{k_{1,T_s}}{k_{2,T_s}} = \frac{k_{1,T_g}}{k_{2,T_g}} \exp\left[-(\gamma_{1,g} - \gamma_{2,g})\left(\frac{T_g}{T_s} - 1\right)\right] \qquad (6.157a)$$

oder in zweckmäßiger Schreibweise

$$\frac{k_{1,T_s}}{k_{2,T_s}} = \frac{k_{1,T_g}}{k_{2,T_g}} \exp\left[(\gamma_{1,g} - \gamma_{2,g})\frac{T_s - T_g}{T_s}\right]. \qquad (6.157b)$$

Die Temperaturdifferenz $(T_s - T_g)$ kann folgendermaßen in Gl. (6.157b) ersetzt werden: Im stationären Zustand ist die durch Reaktion erzeugte bzw. verbrauchte Wärmemenge $\dot{q}$ (kW · m^{-3}) gleich dem Wärmeübergang zwischen Katalysatoroberfläche und umgebender Gasphase

$$\dot{q} = h \cdot a\,(T_s - T_g) \qquad (6.158a)$$

bzw.

$$T_s - T_g = \frac{\dot{q}}{h \cdot a}. \qquad (6.158b)$$

(Ist die Reaktion exotherm, ist $\dot{q}$ positiv und im endothermen Fall negativ.)

Nach Substitution in Gl. (6.157b) wird erhalten

$$\frac{k_{1,T_s}}{k_{2,T_s}} = \frac{k_{1,T_g}}{k_{2,T_g}} \exp\left[(\gamma_{1,g} - \gamma_{2,g})\frac{\dot{q}}{h \cdot a\,T_s}\right]. \qquad (6.159)$$

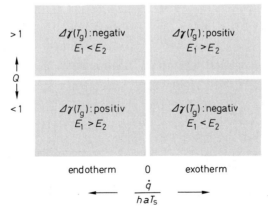

Abb. 6.19 Abhängigkeit des Quotienten $Q = (k_{1,T_s}/k_{2,T_s})/(k_{1,T_g}/k_{2,T_g})$ von der Differenz der Arrhenius-Zahlen $\Delta\gamma_j$, T_g und dem endothermen bzw. exothermen Charakter der Umsetzung (nach [31])

Über Gl. (6.159) wird die Selektivität von Parallelreaktionen des Typs 1 und 2 sowie bei Folgereaktionen bei Auftreten von Temperaturgradienten beeinflußt. Der Quotient Q aus den beiden Verhältnissen der Geschwindigkeitskonstanten bei Oberflächen- und Gasphasentemperatur

$$Q = \frac{k_{1,T_s}/k_{2,T_s}}{k_{1,T_g}/k_{2,T_g}} \tag{6.160}$$

wird von der Differenz der Aktivierungsenergien für die jeweiligen Reaktionsschritte (1) und (2) sowie dem endo- bzw. exothermen Charakter der Umsetzung beeinflußt, wie abschließend in Abb. 6.19 veranschaulicht ist.

2.5.2 Einfluß der inneren Transportvorgänge (Porendiffusion) auf die Selektivität

In vielen porösen Katalysatoren laufen zusammengesetzte Reaktionen (Reaktionsnnetzwerke) unter Bedingungen ab, die zu einer Beeinflussung ihrer Selektivität durch innere Transportvorgänge führen können. Es handelt sich dabei meist um eine Limitierung der Reaktionsgeschwindigkeit durch Porendiffusion, so daß sich Konzentrationsgradienten im Katalysator ausbilden. Temperaturgradienten sind in der Regel zu vernachlässigen; daher wird hierauf nicht näher eingegangen. Eine ausführliche Behandlung findet sich jedoch bei Butt[32].

In Anlehnung an Wheeler[33] ist es wiederum zweckmäßig, drei Typen von Reaktionen, wie bereits im vorangehenden Abschnitt gezeigt wurde, zu unterscheiden.

Typ 1

$$A_1 \begin{array}{c} \xrightarrow{(1)} A_2 \\ \xrightarrow{(2)} A_3 \end{array}$$

Bei gleicher Ordnung der beiden Reaktionsschritte (1) und (2) verlaufen diese unabhängig davon, ob ein Porendiffusionseinfluß vorliegt oder nicht, an jedem Ort des porösen Gefüges mit der gleichen relativen Geschwindigkeit zueinander, da diese nur von c_1 abhängt.

$$\frac{r_1}{r_2} = \frac{k_1}{k_2} = \frac{r_{\text{eff},1}}{r_{\text{eff},2}} \tag{6.161}$$

Das heißt auch, daß sowohl die örtliche („differentielle") als auch die über den gesamten porösen Katalysator gemittelte („integrale") Selektivität, die sich im vorliegenden Fall wegen ihrer Konzentrationsunabhängigkeit nicht unterscheiden, unbeeinflußt bleiben.

$$s_{2,1} = S_{2,1} = \frac{k_1}{k_1 + k_2} \tag{6.162a}$$

$$s_{3,1} = S_{3,1} = \frac{k_2}{k_1 + k_2} \tag{6.162b}$$

Sind die Ordnungen der beiden Reaktionsschritte jedoch unterschiedlich, ist es erforderlich für die poröse Struktur des Katalysators eine differentielle Stoffbilanz für A_1 aufzustellen und daraus die örtlichen Bildungsgeschwindigkeiten für die Produkte A_2 und A_3 abzuleiten. Durch Mittelbildung über die Länge x des porösen Katalysators (z. B. einseitig geschlossene poröse Platte mit der Länge L) kann dann das Selektivitätsverhältnis $(s_{2,3})_{\text{eff}}$ bzw. die differentielle Selektivität der beiden Produkte bestimmt werden.

Die differentielle Stoffbilanz lautet im stationären Zustand

$$D_1^e \frac{d^2 c_1}{dx^2} - (k_1 c_1^{m_1} + k_2 c_1^{m_2}) = 0. \tag{6.163}$$

Für das Verhältnis der beiden Bildungsgeschwindigkeiten an einem beliebigen Ort x gilt

$$\frac{r_1}{r_2} = \frac{dc_2}{dc_3} = \frac{k_1}{k_2} c_1^{m_1 - m_2}, \tag{6.164}$$

wobei c_1 gemäß Gl. (6.163) eine Funktion von x ist. Das außerhalb des Katalysators beobachtbare, effektive Selektivitätsverhältnis ergibt sich schließlich zu

$$(s'_{2,3})_{\text{eff}} = \frac{r_{1,\text{eff}}}{r_{2,\text{eff}}} = \frac{\int_0^L r_1(x)dx}{\int_0^L r_2(x)dx} = \frac{k_1}{k_2} \frac{\int_0^L c_1^{m_1} dx}{\int_0^L c_1^{m_2} dx}. \tag{6.165}$$

Einzelheiten über die mathematische Vorgehensweise und entsprechende Lösungen für ausgewählte Fälle wurden von Roberts[34] publiziert.

Typ 2

$$A_1 \xrightarrow{k_1} A_3$$

$$A_2 \xrightarrow{k_2} A_4$$

Für zwei voneinander unabhängige Parallelreaktionen gilt
– ohne Porendiffusionseinfluß

$$r_1 = -\frac{dc_1}{dt} = \frac{dc_3}{dt} = k_1 \cdot c_{1,s}^{m_1} \tag{6.166}$$

und

$$r_2 = -\frac{dc_2}{dt} = \frac{dc_4}{dt} = k_2 \cdot c_{2,s}^{m_2} \tag{6.167}$$

– mit Porendiffusionseinfluß

$$r_{1,\text{eff}} = -\frac{dc_1}{dt} = \frac{dc_3}{dt} = \eta_1 k_1 c_{1,s}^{m_1} \tag{6.168}$$

und

$$r_{2,\text{eff}} = -\frac{dc_2}{dt} = \frac{dc_4}{dt} = \eta_2 k_2 c_{2,s}^{m_2} \tag{6.169}$$

Hierin sind $c_{i,s}$ die an der äußeren Katalysatoroberfläche herrschenden Konzentrationen. Für den Fall starker Porendiffusionshemmung, d.h. wenn $\eta \approx 1/\psi$ ergibt sich für das Verhältnis

$$\frac{dc_1}{dc_2} = \frac{dc_3}{dc_4} = \sqrt{\frac{(m_2 + 1)}{(m_1 + 1)} \frac{k_1}{k_2} \frac{D_1^e}{D_2^e} \frac{c_{1,s}^{m_1+1}}{c_{2,s}^{m_2+1}}}. \tag{6.170}$$

Wird berücksichtigt, daß die Diffusionskoeffizienten D_1^e und D_2^e meist in erster Näherung als gleich groß anzusehen sind, und wird angenommen, daß beide Reaktionen nach erster Ordnung verlaufen, vereinfacht sich Gl. (6.170) zu

$$\frac{dc_1}{dc_2} = \frac{dc_3}{dc_4} = \sqrt{\frac{k_1}{k_2} \frac{c_{1,s}}{c_{2,s}}}. \tag{6.171}$$

Das Verhältnis dc_3/dc_4 ist mit Porendiffusionseinfluß also $\sqrt{k_1/k_2}$ und ohne Diffusionseinfluß k_1/k_2 (s. Gln. (6.166) und (6.167)) proportional. Dies bedeutet, daß – solange k_1 nicht gleich sondern größer k_2 ist – die Bildung des Produkts A_3 durch Porendiffusionshemmung zurückgedrängt wird; d.h., die Geschwindigkeiten der beiden chemischen Reaktionen kommen gegenüber den Diffusionsgeschwindigkeiten weniger zum Tragen.

Typ 3

Die differentielle Selektivität der Reaktion

$$A_1 \xrightarrow{(1)} A_2 \xrightarrow{(2)} A_3$$

ist für das Zwischenprodukt A_2, wenn beide Reaktionsschritte nach erster Ordnung verlaufen und keine Diffusionshemmung vorliegt

$$s_{2,1} = \frac{v_{2,j} r_j}{r_1} = \frac{R_2}{r_1} = \frac{k_1 c_{1,s} - k_2 c_{2,s}}{k_1 c_1} = 1 - \frac{k_2}{k_1} \frac{c_{2,s}}{c_{1,s}}. \tag{6.172}$$

Beeinflußt Porendiffusion die Reaktionsgeschwindigkeit, d.h. bestehen Konzentrationsgradienten im Katalysator, müssen ähnlich wie im Typ 1 für zwei der Komponenten differentielle Stoffbilanzen aufgestellt werden.

$$D_1^e \frac{d^2 c_1}{dx^2} - k_1 c_1 = 0 \tag{6.173}$$

$$D_2^e \frac{d^2 c_2}{dx^2} + k_1 c_1 - k_2 c_2 = 0 \tag{6.174}$$

Die Lösung von Gl. (6.173) erfolgt analog wie in Abschn. 2.2.1 erläutert (s. S. 119 ff.); sie wird herangezogen, um Gl. (6.174) zu lösen. Für die differentielle Selektivität ergibt sich schließlich allgemein

$$(s_{2,1})_{\text{eff}} = \frac{R_{2,\text{eff}}}{r_{1,\text{eff}}} = \frac{\int_0^L R_2 \, dx}{\int_0^L r_1 \, dx} \tag{6.175}$$

bzw. für den Fall, daß beide Reaktionsschritte nach erster Ordnung verlaufen

$$(s_{2,1})_{\text{eff}} = \frac{\int_0^L (k_1 c_1 - k_2 c_2) \, dx}{\int_0^L k_1 c_1 \, dx}$$

$$= \frac{1 - (\psi_1/\psi_2)^2 (\eta_2/\eta_1)}{1 - (\psi_1/\psi_2)^2} - \frac{\eta_2}{\eta_1} \frac{k_2}{k_1} \frac{c_{2,s}}{c_{1,s}}. \tag{6.176}$$

Hierin sind

$$\eta_i = \frac{\tanh \psi_i}{\psi_i}$$

$$\psi_i = L \sqrt{\frac{k_i}{D_i^e}}$$

$$\left(\frac{\psi_1}{\psi_2}\right)^2 = \frac{k_2 D_1^e}{k_1 D_2^e}$$

Wird der Fall starker Diffusionshemmung betrachtet, wenn $\eta_i \approx 1/\psi_i$, und wiederum vereinfachend angenommen, daß die Diffusionskoeffizienten für A_1 und A_2 gleich groß sind, vereinfacht sich Gl. (6.176) wie folgt.

$$(s_{2,1})_{\text{eff}} = \frac{R_{2,\text{eff}}}{r_{1,\text{eff}}} = \frac{1}{1 + \sqrt{k_2/k_1}} - \sqrt{\frac{k_2}{k_1}} \frac{c_{2,s}}{c_{1,s}} \qquad (6.177)$$

Der wesentliche Unterschied zwischen den Beziehungen (6.172) und (6.177) besteht darin, daß der erste Term der beiden Gleichungen bei Porendiffusion durch das additive Glied $\sqrt{k_2/k_1}$ im Nenner vermindert wird und im zweiten Term $\sqrt{k_2/k_1}$ anstelle k_2/k_1 enthalten ist.

Weichen die Diffusionskoeffizienten der reagierenden Komponenten stark voneinander ab (Beispiel: Hydrierung von Aromaten), ist die hier beschriebene, vereinfachte Darstellung nicht mehr möglich; in einem solchen Fall müssen die Diffusionsvorgänge durch die entsprechenden Stephan-Maxwell Ansätze erfaßt werden (s. z.B.[35]).

2.6 Kriterien zur Abschätzung des Einflusses von Stoff- und Wärmetransportvorgängen auf den Reaktionsablauf

Ist für eine bestimmte Reaktionsbedingung die Reaktionsgeschwindigkeit bekannt, die entweder aus einer gemessenen Konzentrations/Zeit-Abhängigkeit abgeleitet oder auch unmittelbar experimentell ermittelt wurde, so kann für einfache Reaktionen durch bestimmte Kriterien abgeschätzt werden, ob der Reaktionsablauf durch Transportvorgänge beeinflußt wird. Diese Kriterien (s. Tab. 6.2) enthalten neben der charakteristischen Abmessung des Katalysators noch die kennzeichnenden Transportgrößen (Stoff- bzw. Wärmeübergangskoeffizient sowie den effektiven Porendiffusionskoeffizienten bzw. den effektiven Wärmeleitfähigkeitskoeffizienten) (s. hierzu auch Kap. 9, S. 366). Bei komplexen Reaktionen ist die Anwendung solcher Kriterien im allgemeinen mit Unsicherheiten behaftet; in diesen Fällen müssen die Massen- und Energiebilanzen für das entsprechende Reaktionssystem gelöst werden.

3. Fluid/Fluid-Reaktionen

Bei Fluid/Fluid-Reaktionen sind die Reaktanden häufig zunächst auf zwei fluide Phasen, z.B. Gas und Flüssigkeit oder zwei nicht-mischbare Flüssigkeiten, verteilt. Damit es zu einer Reaktion kommt, muß zwischen den Phasen ein Stoffaustausch erfolgen; meist laufen

Tab. 6.2 Kriterien zur Abschätzung vernachlässigbarer Transportwiderstände für das Katalysatorkorn beim Ablauf einfacher Reaktionen

Transportwiderstand	Kriterium	Gültigkeitsbereich Bemerkungen	Lit.
äußerer Stoffübergang am Katalysatorkorn	$\dfrac{k_{v,eff} d_p^{1,5}}{(1-\varepsilon)11\sqrt{u D_{i,k}}} < 0{,}1$	$\eta > 0{,}9$ $m = 1$ $k_{v,eff}$ (s^{-1})	36
	$\dfrac{r_{v,eff} d_p}{2(1-\varepsilon) k_g c_{i,g}} < \dfrac{0{,}15}{|m|}$	$\eta \geq 0{,}95$ für $m = 1$ $r_{v,eff}$ (mol · cm^{-3} · s^{-1})	37
	$\dfrac{2{,}32\, r_{v,eff} d_p}{D_{i,k} a\, Re^{0,7} Sc^{0,3} c_{i,g}} < 0{,}01$	$Re = \dfrac{4u\varepsilon}{\nu a}$ $Sc = \nu / D_{i,k}$ a äußere Partikeloberfläche/Volumen	38
Porendiffusion im Katalysator	$\dfrac{r_{v,eff} d_p^2}{4(1-\varepsilon) D_i^e c_{i,g}} \begin{cases} < 1 \\ < 6 \quad m = 0 \\ < 0{,}6 \quad m = 1 \\ < 0{,}3 \quad m = 2 \\ < \dfrac{1}{|m|} \quad m \neq 0 \end{cases}$	$\eta \geq 0{,}95;\ m \neq 0;\ m > 0$ $\eta \geq 0{,}95$ $\eta \geq 0{,}95;\ m \neq 0,\ m > 0$	30 39 u. 39 40 u. 37
äußerer Wärmeübergang am Katalysator	$\dfrac{(-\Delta H_R) r_{v,eff} d_p}{(1-\varepsilon) h T_g 2} \cdot \dfrac{E}{RT_g} < 0{,}15$	$0{,}95 \leq \eta \leq 1{,}05$ h Wärmeübergangskoeffizient Gas/Katalysator	37
Wärmetransport im Katalysator	$Bi_h = \dfrac{h d_p}{\lambda_p} \begin{cases} < 1 \\ < 7 \\ < 10 \end{cases}$	 $0{,}95 \leq \eta \leq 1{,}05$	41 42 37
	$\dfrac{(-\Delta H_R) r_{v,eff} d_p^2}{4(1-\varepsilon) \lambda^e T_s} < \dfrac{RT_s}{E}$	$0{,}95 \leq \eta \leq 1{,}05$	43
Kombinierte Stoff- und Wärmetransportvorgänge für den Katalysator		$|m - \gamma \beta| \neq 0$ $0{,}95 \leq \eta \leq 1{,}05$	44
Wärme- und Stofftransport im Katalysator	$|m - \gamma_s \beta_s| \alpha_{1,s} < 1$	$\alpha_1 = \dfrac{(-\Delta H_R) r_{v,eff} d_p}{2(1-\varepsilon) h T_g}$	
Wärme- und Stofftransport am und im Katalysator	$\dfrac{1 + 0{,}33 \gamma_s \alpha_1}{|m - \gamma_g \beta_g|(1 + 0{,}33 m \alpha_2) \alpha_{3,g}} > 1$	$\alpha_2 = \dfrac{r_{v,eff} d_p}{2(1-\varepsilon) k_g c_{i,g}}$ $\alpha_3 = \dfrac{r_{v,eff} d_p^2}{4(1-\varepsilon) D_i^e c_{i,g/s}}$ $\beta_{g,s} = \dfrac{(-\Delta H_R) D_i^e c_{i,g}}{\lambda T_{g/s}}$ $\gamma_{g/s} = \dfrac{E}{RT_{g/s}}$	37

dabei die Reaktionen nur in einer Phase ab. Solche Reaktionen spielen in der chemischen Technik eine wichtige Rolle. Flüssig/Flüssig-Systeme können gelegentlich auch so zusammengesetzt sein, daß die Reaktion nur in einer Phase abläuft, während die zweite Phase zur Aufnahme des Reaktionsprodukts dient; diese Verfahrensweise (Extraktivreaktion) wird beispielsweise angewandt, um eine Weiterreaktion des Produkts zu verhindern oder aber auch um das Produkt auf einfache Art aus der Reaktionsmischung unter Reaktionsbedingungen abzutrennen. Im weiteren Sinne ist den Gas/Flüssigkeits-Systemen auch die physikalische Absorption von Gasen in Flüssigkeiten hinzuzurechnen. In Tab. 6.3 sind beispielhaft einige technisch wichtige Fluid/Fluid-Umsetzungen aufgeführt.

Tab. 6.3 Ausgewählte Fluid/Fluid-Reaktionen (Richtwerte für Reaktionsbedingungen und Raum-Zeit-Ausbeuten sowie verwendete Reaktoren)

Reaktionssystem	Bedingungen T (°C)	p (MPa)	RZA (t-Prod· $m^{-3} \cdot h^{-1}$)	Bemerkungen
Gas/Flüssigkeit				
Absorption von SO_3 in H_2SO_4 $SO_3 + H_2SO_4 \rightleftarrows H_2S_2O_7$	60–80	0,1	0,15	Füllkörperkolonne Höhe ca. 3–5 m
Pottasche-Wäsche $CO_2 + H_2O$ $+ K_2CO_3 \rightleftarrows 2 KHCO_3$	a) 30–50 b) 100	> 1,8 0,1	n.b. n.b.	Füllkörperkolonne
NO_2-Absorption $2 NO_2 \rightleftarrows N_2O_4$ $N_2O_4 + H_2O \rightleftarrows HNO_3 + HNO_2$	10–20	0,7	0,06	Bodenkolonne
Flüssigkeit/Flüssigkeit				
Nitrierung von Aromaten $C_6H_6 + HNO_3 \rightleftarrows C_6H_5NO_2 + H_2O$	40–60	0,1	0,05	Rührkesselkaskaden
Sulfurierung von Alkylbenzolen	70–140	0,1	0,02	Satzweise betriebener Rührkessel oder kontinuierlich betriebene Rührkesselkaskade
Purexverfahren zur Kernbrennelementaufarbeitung	< 130			
Furfurol aus Xylose-Extrakten	180	0,4	0,001	Satzweise betriebener Rührkesselreaktor

n.b. = nicht bekannt

In Fluid/Fluid-Systemen ist die chemische Reaktion immer mit Stofftransportvorgängen verbunden. So muß bei Gas/Flüssigkeits-Reaktionen die gasförmige Komponente, bevor sie mit der Flüssigkeit reagieren kann, zunächst an die Phasengrenzfläche und, wenn sie dort nicht bereits abreagiert, in das Flüssigkeitsinnere gelangen. Entsprechendes gilt für nicht-mischbare Flüssigkeitssysteme. Das heißt, bei der quantitativen Behandlung von Reaktionen in Fluid/Fluid-Systemen wird allgemein der Stoffübergang in beiden Phasen zu berücksichtigen sein. Ist die Stoffübergangsgeschwindigkeit verglichen mit der chemischen Reaktionsgeschwindigkeit groß, so wird sich trotz der ablaufenden chemischen Reaktion zwischen den einzelnen Phasen das Phasengleichgewicht einstellen können, und durch Einführung der entsprechenden Gleichgewichtskonstanten kann dann die Verteilung der Produkte und Reaktanden zwischen den Phasen durch Kopplung der nicht reagierenden Phase über das Verteilungsgewicht an die reagierende Phase berechnet werden. Ist die Stoffübergangsgeschwindigkeit hingegen in der gleichen Größenordnung wie die chemische Reaktionsgeschwindigkeit, so bestimmt sie den unter vorgegebenen Betriebsbedingungen erzielbaren chemischen Umsatz mit.

Im folgenden wird einleitend auf Vorstellungen über die Transportvorgänge an der Phasengrenzfläche Fluid/Fluid eingegangen, bevor am Beispiel des Systems Gas/Flüssigkeit das Zusammenwirken von chemischer Reaktion und Stoffübergang behandelt wird.

3.1 Modellvorstellungen zum Stoffübergang an Fluid/Fluid-Phasengrenzflächen

In bewegten fluiden Medien erfolgt der Konzentrationsausgleich durch aufgezwungene Konvektion, die beispielsweise durch turbulente Strömung oder durch Rühren verursacht sein kann. Liegen zwei Phasen vor, so kann unter diesen Umständen meist davon ausgegangen werden, daß im Inneren („Kern") jeder Phase keine Konzentrationsgradienten vorliegen. Erfolgt zwischen den Phasen ein Stoffaustausch, dann stellen sich jedoch in den Phasengrenzschichten Konzentrationsgradienten ein, die die Stoffaustauschgeschwindigkeit bestimmen. Für die Erfassung der Geschwindigkeit des Stoffaustauschs zwischen zwei fluiden Medien bestehen verschiedene Modellvorstellungen, deren Hauptmerkmale im folgenden erläutert werden; für weiterführende Studien wird auf Spezialmonographien[7,45-47] und die jeweilige Originalliteratur[48-50] verwiesen.

Zweifilmtheorie nach Lewis und Whitman[48]. Der Theorie liegt der Gedanke zugrunde, daß auf beiden Seiten der Phasengrenzfläche ein stagnierender Fluidfilm existiert und daß in diesem der gesamte, durch die Konzentrationsgradienten gekennzeichnete Transportwiderstand liegt (s. Abb. 6.20). Weiter wird angenommen, daß der Stofftransport durch den Film mittels molekularer Diffusion erfolgt. Die Diffusionsstromdichte J_i durch die Grenzschicht (s. Abb. 6.20) kann dann formal nach dem 1. Fickschen Gesetz wie folgt beschrieben werden:

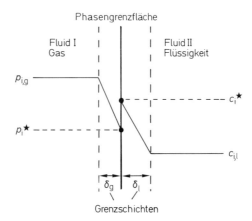

Abb. 6.20 Verlauf der Konzentrationen in den Volumenphasen und Grenzschichten in einem Gas/Flüssigkeits-System nach dem Filmmodell

$$J_i = -D_i \frac{\Delta c_i}{\delta}. \tag{6.178}$$

Hierin sind D_i der molekulare Diffusionskoeffizient, δ eine effektive Dicke der Grenzschicht und Δc_i die Differenz der Konzentrationen c_i^* an der Phasengrenzfläche und $c_{i,1}$ im Inneren der betrachteten fluiden Phase. Der Quotient D_i/δ wird als Stoffübergangskoeffizient k_i bezeichnet (s. hierzu auch Kap. 5, S. 82).

Schließlich wird postuliert, daß an der Grenzfläche Phasengleichgewicht vorliegt; das Gleichgewicht kann beispielsweise für Gas/Flüssigkeits-Systeme durch das Henrysche Gesetz beschrieben werden:

$$p_i^* = H_i c_i^* \tag{6.178}$$

Für die Geschwindigkeit des Stoffaustauschs zwischen den beiden Phasen muß bei Annahme eines stationären Zustandes gelten, daß die Diffusionsstromdichten durch die beiden Grenzschichten der Medien I und II gleich groß sind,

$$J_{i,I} = J_{i,II} = J_i \tag{6.179}$$

wobei gilt

$$J_{i,I} = k_{i,I}(c_{i,I} - c_{i,I}^*) \tag{6.180a}$$
$$J_{i,II} = k_{i,II}(c_{i,II}^* - c_{i,II}). \tag{6.181a}$$

Die unbekannten Konzentrationen c_i^* können durch Gleichsetzen der Beziehungen (6.180a) und (6.181a) sowie Einführung einer Beziehung für das Phasengleichgewicht (s. z. B. Gl. (6.178)) eliminiert werden. Dies wird am Beispiel des Systems Gas/Flüssigkeit erläutert, wobei die Konzentrationen in der Gasphase durch die entsprechenden Partialdrücke ersetzt werden sollen. Damit ergibt sich

$$J_{i,g} = \frac{k_{i,g}}{RT}(p_{i,g} - p_i^*) \tag{6.180b}$$

$$J_{i,1} = k_{i,1}(c_i^* - c_{i,1}). \tag{6.181b}$$

Nach Elimination von p_i^* und c_i^* wird für die Stoffmengenstromdichte J_i erhalten

$$J_i = \frac{1}{\frac{1}{k_{i,1}} + \frac{RT}{H_i}\frac{1}{k_{i,g}}}\left(\frac{p_{i,g}}{H_i} - c_{i,1}\right) \tag{6.182}$$

oder

$$J_i = \frac{1}{\frac{1}{k_{i,g}} + \frac{H_i}{RT}\frac{1}{k_{i,1}}}\frac{(p_{i,g} - H_i c_{i,1})}{RT}. \tag{6.183}$$

Gl. (6.182) setzt formal voraus, daß sich der gesamte Transportwiderstand im Flüssigkeitsfilm befindet; dabei liegt die hypothetische Annahme zugrunde, daß sich der Partialdruck $p_{i,g}$ bis zur Phasengrenzfläche erstreckt. In analoger Weise entspricht Gl. (6.183) der Annahme, daß der gesamte Transportwiderstand auf der Gasseite liegt. Die Größen

$$\frac{1}{\frac{1}{k_{i,1}} + \frac{RT}{H_i}\frac{1}{k_{i,g}}}$$

und
$$\frac{1}{\dfrac{1}{k_{i,g}} + \dfrac{H_i}{RT}\dfrac{1}{k_{i,l}}}$$

werden gelegentlich auch als auf die Flüssigkeits- bzw. Gasseite bezogene Stoffdurchgangskoeffizienten (oder auch: globale Stoffübergangskoeffizienten) bezeichnet. Die im Nenner der beiden Beziehungen stehenden Summanden geben an, wie sich die Transportwiderstände auf die einzelnen Phasen aufteilen.

Wenn die Zweifilmtheorie auch eine starke Vereinfachung der tatsächlichen Verhältnisse an der Phasengrenzfläche darstellt, so hat ihre Anwendung bei der quantitativen Beschreibung von Austauschprozessen, insbesondere der Absorption, Extraktion und teilweise auch der Rektifikation erhebliche praktische Bedeutung erlangt und sich dort bewährt.

Oberflächenerneuerungstheorien[49, 50]. Bei diesen Theorien wird angenommen, daß sich an beiden Seiten der Phasengrenzfläche Fluidelemente befinden, die dort eine gewisse Zeit verweilen, während der ein stationärer Austausch über die Grenzfläche mit Fluidelementen der jeweils anderen Phase erfolgt. Während Higbie[49] bei seiner sog. Penetrationstheorie noch annahm, daß die Verweilzeit der einzelnen Fluidelemente gleicht ist, führte Danckwerts[50] eine Häufigkeitsverteilung der Verweilzeit der einzelnen Elemente ein. Beiden Vorstellungen ist also gemeinsam, daß sich die Phasengrenzfläche stetig erneuert; hieraus leitet sich auch der Begriff „Oberflächenerneuerungstheorie" ab.

Sowohl die Higbieschen als auch die Danckwertsschen Ansätze führen zu dem Ergebnis, daß der Stoffübergangskoeffizient der Wurzel des Diffusionskoeffizienten proportional ist.

$$k_i \sim \sqrt{D_i} \tag{6.184}$$

Die Zweifilmtheorie ergibt hingegen, wenn die Abhängigkeit der Konzentrationsgrenzschichtdicke von den Stoffeigenschaften berücksichtigt wird, daß k_i wie folgt von D_i abhängt:

$$k_i \sim D_i^{2/3}. \tag{6.185}$$

Trotz dieser Unterschiede führt die Anwendung der Zweifilm- und der beiden Oberflächenerneuerungstheorien für die Ermittlung der Stoffaustauschgeschwindigkeiten zum nahezu gleichen Ergebnis; (s. hierzu auch den folgenden Abschn. 3.2). In vielen Fällen wird daher die wesentlich einfacher zu handhabende Zweifilmtheorie für entsprechende Berechnungen zugrundegelegt.

Der Vollständigkeit halber sei an dieser Stelle noch auf die sog. Film-Penetrationsmodelle[51, 52] hingewiesen, bei denen eine instationäre Diffusion in einem dünnen, sich erneuernden Fluidfilm an der Phasengrenzfläche zugrundegelegt wird.

3.2 Chemische Reaktion und Stoffübergang

Bei der quantitativen Behandlung dieses Problems, das wiederum beispielhaft am System Gas/Flüssigkeit erläutert wird, kann zwischen zwei Grenzfällen unterschieden werden.

a) Die chemische Reaktion läuft überwiegend im Inneren der Flüssigkeit ab, so daß die Umsetzung in der Grenzschicht vernachlässigt werden kann. (Diese Situation kann vereinfachend so betrachtet werden, als ob dem Ablauf der chemischen Reaktion in der

Kernflüssigkeit ein Stoffübergangswiderstand in der flüssigkeitsseitigen Grenzschicht vorgelagert ist.)

b) Die aus der Gasphase absorbierte Komponente reagiert praktisch vollständig in der Grenzschicht ab.

Die beiden Fälle a) und b) werden im folgenden am Beispiel der Reaktion

$$v_1 A_1 + v_2 A_2 \rightarrow v_3 A_3,$$

die hinsichtlich A_1 und A_2 nach erster Ordnung verlaufen soll, erläutert. Hierbei ist A_1 die Komponente, die zunächst aus der Gasphase in die flüssige Phase übergehen muß, um dort mit A_2 zu dem gleichfalls in der flüssigen Phase gelösten Produkt A_3 abreagieren zu können; der Einfachheit halber wird angenommen, daß die Absolutwerte der stöchiometrischen Koeffizienten v_i gleich 1 sind, daß kein Transportwiderstand auf der Gasseite liegt und daß die Partialdrücke an A_2 und A_3 vernachlässigbar klein sind.

Fall (a)

Der auf die Volumeneinheit der Flüssigkeit bezogene Stoffmengenstrom

$$J_1 a = k_{1,1} a (c_1^* - c_{1,1}) \tag{6.186}$$

ist im stationären Zustand gleich der Geschwindigkeit der Abreaktion in der Flüssigkeit, die durch folgende Kinetik beschreibbar sein soll

$$r = k' c_{1,1} c_{2,1}. \tag{6.187a}$$

Liegt die Komponente A_2 in großem Überschuß vor, kann $c_{2,1}$ vereinfachend als konstant angesehen werden ($k = k' c_{2,1}$); es wird dann erhalten

$$r = k c_{1,1}. \tag{6.187b}$$

Durch Gleichsetzen der beiden Beziehungen (6.186) und (6.187b) läßt sich die unbekannte Konzentration $c_{1,1}$ eliminieren, so daß sich ergibt

$$J_1 a = r_{\text{eff}} = \frac{1}{\dfrac{1}{k_{1,1} a} + \dfrac{1}{k}} c_1^*. \tag{6.188}$$

Die Konzentration c_1^* ist gemäß Gl. (6.178) durch den Partialdruck der Komponente A_1 in der Gasphase gegeben (s. auch Kap. 5, S. 91).

Fall (b)

Um die Abreaktion der Komponenten A_1 und A_2 in der Grenzschicht zu erfassen, müssen für ein differentielles Element dieser Schicht (s. Abb. 6.21) für A_1 und A_2 die Stoffbilanzen aufgestellt werden; diese lauten im stationären Zustand

$$D_{1,1} \frac{d^2 c_1}{dy^2} - k' c_1 c_2 = 0 \tag{6.189a}$$

$$D_{2,1} \frac{d^2 c_2}{dy^2} - k' c_1 c_2 = 0. \tag{6.189b}$$

Die durch diese beiden Differentialgleichungen beschriebene Situation ist dem Problem der Wechselwirkung zwischen Porendiffusion und chemischer Reaktion in der heterogenen Katalyse völlig analog.

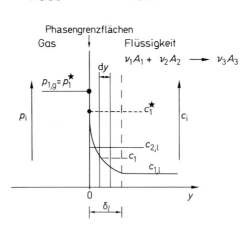

Abb. 6.21 Veranschaulichung eines differentiellen Volumenelements in der flüssigkeitsseitigen Grenzschicht für die Aufstellung der Stoffbilanz entsprechend Gl. (6.189)

Durch Integration dieser beiden Differentialgleichungen lassen sich die Konzentrationsprofile für A_1 und A_2 in der flüssigkeitsseitigen Grenzschicht ermitteln. Die hierfür erforderlichen Randbedingungen sind

$$y = 0: \quad c_1 = c_1^* \quad c_2 = c_{2,l}$$
$$y = \delta_l: \quad c_1 = c_{1,l} \quad c_2 = c_{2,l}$$

Bei Anwendung der gleichen Vereinfachungen wie im Fall (a) ($c_1^* = p_{1,g}/H_1$ und $k = k' c_{2,l}$) ist, da c_2 unabhängig von y ist, nur Gl. (6.189a) zu lösen, die dann wie folgt lautet

$$D_{1,1} \frac{d^2 c_1}{dy^2} - k c_1 = 0. \tag{6.190}$$

Die Integration zwischen $y = 0$ und $y = \delta_1$ bzw. $c_1 = c_1^*$ und $c_1 = c_{1,l}$ führt zu

$$c_1 = K_1 \cosh\left(Ha \frac{y}{\delta_1}\right) + K_2 \sinh\left(Ha \frac{y}{\delta_1}\right). \tag{6.191}$$

Hierin ist Ha die dimensionslose Hatta-Zahl.

$$Ha \equiv \delta_1 \sqrt{\frac{k}{D_{1,1}}} = \frac{\delta_1}{D_{1,1}} \sqrt{k D_{1,1}} = \frac{1}{k_{1,1}} \sqrt{k D_{1,1}} \tag{6.192}$$

Mit Hilfe der angegebenen Randbedingungen lassen sich die Integrationskonstanten K_1 und K_2 bestimmen, so daß sich schließlich ergibt:

$$c_1 = \frac{c_1^* \sinh[Ha(1 - y/\delta_1)] + c_{1,l} \sinh[Ha\, y/\delta_1]}{\sinh Ha} \tag{6.193}$$

Die effektive, auf das Gesamtflüssigkeitsvolumen bezogene Reaktionsgeschwindigkeit r_{eff} ist gleich dem ebenfalls auf das gesamte Flüssigkeitsvolumen bezogenen Diffusions- bzw. Stoffübergangsstrom $J_1 a$ unmittelbar an der Phasengrenzfläche.

$$r_{\text{eff}} = (J_1 a)_{y=0} = -D_{1,1} \cdot a \left(\frac{dc_1}{dy}\right)_{y=0} \tag{6.194}$$

Nach Einführung des aus Gl. (6.193) hergeleiteten Wertes für den Differentialquotienten $(dc_1/dy)_{y=0}$ wird erhalten

$$r_{\text{eff}} = J_1 a = \frac{D_{1,1}}{\delta_1} a Ha \frac{c_1^* \cosh Ha - c_{1,1}}{\sinh Ha} \tag{6.195}$$

bzw. nach Umformung mit $D_{1,1}/\delta_1 = k_{1,1}$

$$r_{\text{eff}} = \frac{Ha}{\tanh Ha} \left(1 - \frac{c_{1,1}}{c_1^*} \frac{1}{\cosh Ha}\right) k_{1,1} a c_1^*. \tag{6.196}$$

Für den allgemeinen Fall, daß auch ein Konzentrationsgradient auf der Gasseite vorliegt, läßt sich anstelle von Gl. (6.196) folgende Beziehung ableiten

$$r_{\text{eff}} = a \frac{Ha}{\tanh Ha} \frac{p_{1,g} - \dfrac{H_1 c_{1,1}}{\cosh Ha}}{\dfrac{RT}{k_{1,g}} + \dfrac{H_1}{k_{1,1}} \cdot \dfrac{\tanh Ha}{Ha}}. \tag{6.197}$$

Geht die Geschwindigkeitskonstante der chemischen Reaktion gegen null und damit auch Ha gegen null, liegt der Fall der physikalischen Absorption vor; Gl. (6.197) entspricht dann der bereits in Abschn. 3.1 (s. S. 149) hergeleiteten Beziehung (6.183). Ist hingegen die chemische Reaktionsgeschwindigkeitskonstante sehr groß, so daß die Hatta-Zahl gleichfalls groß wird, ergibt Gl. (6.197) für $Ha \geq 3$ folgende Beziehung

$$r_{\text{eff}} \approx a Ha \frac{p_{1,g}}{\dfrac{RT}{k_{1,g}} + \dfrac{H_1}{k_{1,1} Ha}}. \tag{6.198}$$

Dieser Ansatz zeigt, daß die treibende Kraft durch $p_{1,g}$ gegeben ist; dies ist gleichbedeutend mit der Aussage, daß die Konzentration an A_1 im Kern der Flüssigkeit auf null abgesunken ist. Formal erhöht sich darüber hinaus der flüssigkeitsseitige Stoffübergang um einen Faktor, der gleich Ha ist ($k_{1,1}^e = k_{1,1} Ha$); hierauf wird weiter unten noch näher eingegangen.

Ausnutzungsgrad der Flüssigkeit. In Analogie zu dem in Abschn. 6.2 behandelten Porennutzungsgrad für poröse Katalysatoren, kann auch für Gas/Flüssigkeits-Systeme ein Ausnutzungsgrad η definiert werden.

$$\eta = \frac{r_{\text{eff}}}{r_{\max}} \tag{6.199}$$

Hierin ist $r_{\max}$ die Reaktionsgeschwindigkeit, die vorliegen würde, wenn im gesamten Flüssigkeitsvolumen die Konzentration c_1^* herrschte, die an der Grenzfläche vorliegt.
Im Fall (a) gilt für die dort behandelte Reaktion erster Ordnung

$$\eta = \frac{1}{k/(k_{1,1} a) + 1}. \tag{6.200}$$

Bei der Anwendung dieser Beziehung ist zu beachten, daß sie nur unter der getroffenen

Annahme gültig ist, daß der Anteil der Reaktion, der in der Grenzschicht abläuft, gegenüber demjenigen in der übrigen Flüssigkeit klein ist. Trifft diese Voraussetzung nicht zu, muß die sich aus Fall (b) ergebende Lösung herangezogen werden:

$$\eta = \frac{\frac{Ha}{\tanh Ha}\left(1 - \frac{c_{1,1}}{c_1^*}\frac{1}{\cosh Ha}\right)}{k}\,(k_{1,1}a) \tag{6.201}$$

Diese Beziehung läßt sich jedoch nicht ohne weiteres zur Ermittlung von η verwenden, da die Konzentration $c_{1,1}$ unbekannt ist. Bei sehr schnellen Reaktionen jedoch, für die $Ha > 3$ und damit $\cosh Ha > 70$ und $\tanh Ha \approx 1$ sowie $c_{1,1}/c_1^* \ll 1$ ist, vereinfacht sich Gl. (6.201) zu

$$\eta = \frac{Ha\, k_{1,1} a}{k} \tag{6.202a}$$

bzw. mit $Ha = \sqrt{k D_{1,1}}/k_{1,1}$ folgt, daß

$$\eta = a\sqrt{\frac{D_{1,1}}{k}}. \tag{6.202b}$$

Wie nachfolgend noch gezeigt wird, verläuft für Hatta-Zahlen größer 3 die Reaktion nur noch in der Grenzschicht, während die übrige Flüssigkeit keinen Reaktanden A_1 mehr enthält. Unter diesen Bedingungen kann η nur durch eine Vergrößerung von a erhöht werden. In diesen Fällen muß jedoch meist der gasseitige Stoffübergang mitberücksichtigt werden.

Die Wechselwirkung zwischen flüssigkeitsseitigem Stoffübergang und chemischer Reaktion in der flüssigen Phase kann in analoger Weise wie bei einer Reaktion in einem porösen Katalysator bei Vorliegen einer Beeinflussung des Reaktionsablaufs durch Porendiffusion betrachtet werden. In beiden Fällen verarmt die fluide Reaktionsphase in der Flüssigkeitsgrenzschicht bzw. im porösen Katalysator an reagierender Komponente von der jeweiligen Phasengrenzfläche zum Inneren. Als bestimmende Bezugsgröße für die Reaktionsgeschwindigkeit wird jedoch die Konzentration an der Phasengrenzfläche bzw. an der äußeren Katalysatoroberfläche angesehen, wobei der vorhandene Konzentrationsgradient durch einen Ausnutzungs- bzw. Wirkungsgrad berücksichtigt wird. Dieser hängt für das Fluid/Fluid-System von der Hatta-Zahl

$$Ha = \delta_1 \sqrt{\frac{k}{D_{1,1}}} \qquad \text{für } m = 1$$

bzw. für den porösen Katalysator vom Thiele-Modul

$$\Psi = L_c \sqrt{\frac{k}{D_1^e}} \qquad \text{für } m = 1$$

ab; beide Größen, die das Verhältnis der Geschwindigkeiten von chemischer Reaktion und Diffusion beinhalten, können als einander gleichwertig angesehen werden.

Verstärkung des flüssigkeitsseitigen Stoffübergangs. Anhand der Beziehung (6.198) war bereits aufgezeigt worden, daß bei Ablauf einer schnellen Reaktion ($Ha > 3$) der Stoffübergang beschleunigt wird. Dieses Phänomen wird im folgenden näher erläutert. Dazu soll die Stoffaustauschgeschwindigkeit zwischen den beiden Phasen bei Ablauf einer chemischen

Reaktion (s. Gl. (6.196)) mit derjenigen für rein physikalische Absorption (s. Gl. (6.183)) verglichen werden. Das Verhältnis der beiden Geschwindigkeiten wird als Verstärkungsfaktor E (angelsächsisch: Enhancement factor) für den Stoffübergang durch chemische Reaktion auf der Flüssigkeitsseite bezeichnet.

$$E = \frac{J_1(\text{mit Reakt.})}{J_1(\text{ohne Reakt.})} = \frac{\frac{Ha}{\tanh Ha}\left[1 - \frac{c_{1,1}}{c_1^*}\frac{1}{\cosh Ha}\right]k_{1,1}c_1^*}{k_{1,1}(c_1^* - c_{1,1})} \qquad (6.203)$$

Vereinfachend kann bei einer schnell verlaufenden Reaktion davon ausgegangen werden, daß $c_{1,1} \approx 0$ ist (diese Annahme bedeutet, daß die Umsetzung lediglich in der Grenzschicht erfolgt). Für die Stoffaustauschgeschwindigkeit mit Reaktion gilt in diesem Fall:

$$J_1 = E k_{1,1} c_1^* \qquad (6.204)$$

und der Verstärkungsfaktor ergibt sich zu

$$E = \frac{Ha}{\tanh Ha}. \qquad (6.205)$$

Bei der Betrachtung von Fluid/Fluid-Systemen werden zweckmäßigerweise drei, durch unterschiedliche Größen der Hatta-Zahl charakterisierte Bereiche der Reaktionsgeschwindigkeit unterschieden:

1. Langsame Reaktion mit $Ha < 0{,}3$
   Die Stoffaustauschgeschwindigkeit wird praktisch nicht durch die chemische Reaktion erhöht; d.h. $E \approx 1$; (s. Fall a, S. 151).

2. Reaktion mittlerer Geschwindigkeit mit $0{,}3 < Ha < 3$
   Unter diesen Bedingungen wird E größer als 1; d.h. die chemische Reaktion führt zu einer Zunahme der Stoffaustauschgeschwindigkeit.

3. Schnelle Reaktion mit $Ha > 3$
   Für diesen Fall wird $E = Ha$; die Reaktion läuft nur noch in der Grenzschicht ab. Dies entspricht der durch Gl. (6.198) beschriebenen Situation. Gl. (6.204) bzw. (6.198) (unter der Annahme, daß $RT/k_{1,g} \ll H_1/k_{1,1}Ha$) gehen dann über in

$$J_1 = \sqrt{k D_{1,1}}\, c_1^* \qquad (6.206)$$

Die vorangehenden Überlegungen wurden für Reaktionen angestellt, die durch ein Geschwindigkeitsgesetz erster Ordnung für die aus der Gasphase in die Flüssigkeit übergehende Komponente A_1 beschrieben werden konnten. Der Einfluß der Flüssigphasenkomponente A_2 – sie lag immer in großem Überschuß vor – brauchte daher nicht berücksichtigt zu werden. Für den Fall, daß diese Vereinfachung nicht mehr aufrechterhalten werden kann, oder aber, daß eine andere kinetische Gleichung vorliegt, muß dies entsprechend in die Ableitungen einfließen. Auf einige ausgewählte, in der Literatur behandelte Fälle sei hingewiesen:

– Reaktion zwischen A_1 und A_2 zu einem Produkt A_3 mit einem Geschwindigkeitsansatz $r = k c_1 c_2$ (s. [54–56]) bzw. $r = k c_1^{m_1} c_2^{m_2}$ (s. [57])
– Gleichgewichtsreaktion $A_1 \rightleftarrows A_2$ (s. [58]).

Die Konzentrationsverläufe der reagierenden Komponenten A_1 und A_2 sind für die geschilderten Bedingungen in Abb. 6.22 dargestellt. Die Abhängigkeit des Verstärkungsfaktors E von der Hatta-Zahl ist in Abb. 6.23 wiedergegeben; die erzielbaren Maximalwerte für E, die

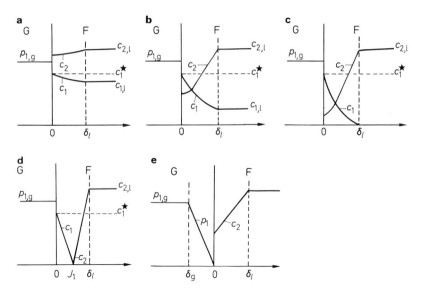

Abb. 6.22 Konzentrationsverläufe in Gas (G) und Flüssigkeit (F) für durch Stoffübergang beeinflußte chemische Reaktionen

$$\nu_1 A_1 + \nu_2 A_2 \rightarrow \nu_3 A_3$$

in der flüssigen Phase bei unterschiedlichen Verhältnissen der Geschwindigkeiten des Stoffübergangs und der chemischen Reaktion

a langsame Reaktion: $Ha < 0{,}3$, $E = 1$
b Reaktion mittlerer Geschwindigkeit: $0{,}3 < Ha < 3$
c schnelle Reaktion: $Ha > 3$, $E \approx Ha$
d momentane Reaktion in der Phasengrenzschicht: $Ha \gg 3$,

$$E = 1 + \frac{\nu_1}{\nu_2} \frac{D_{2,1}}{D_{1,1}} \frac{c_{2,1}}{c_1^*}$$

e momentane Reaktion in der Phasengrenzfläche: $c_1^* = 0$

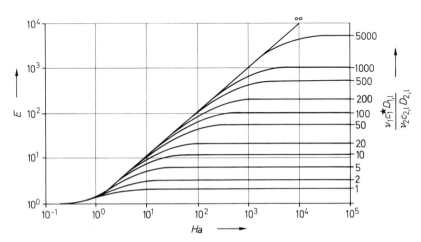

Abb. 6.23 Abhängigkeit des Verstärkungsfaktors E von der Hatta-Zahl Ha für verschiedene Werte der stöchiometrischen Kenngröße $(\nu_1 c_{2,1} D_{2,1}/\nu_2 c_1^* D_{1,1})$ für eine Reaktion zweiter Ordnung $(\nu_1 A_1 + \nu_2 A_2 \rightarrow \nu_3 A_3)$ (nach Trambouze[53])

bei großen Hatta-Zahlen (> 10) gleich groß wie diese sind, werden durch das Verhältnis der Konzentrationen von A_1 an der Phasengrenzfläche und von A_2 im Flüssigkeitsinneren bestimmt (s. Gln. (6.207) bis (6.209)).

Die geschilderten Erscheinungen können physikalisch wie folgt gedeutet werden: Bei sehr kleinen Reaktionsgeschwindigkeiten ($Ha < 0,3$) bleibt der Konzentrationsgradient der Komponente A_1 in der Grenzschicht durch den Ablauf der chemischen Reaktion nahezu unbeeinflußt. Nimmt die Reaktionsgeschwindigkeit jedoch zu ($0,3 < Ha < 3$) führt die Abreaktion von A_1 in der Grenzschicht zu einem merklich steileren Konzentrationsgradienten, so daß der Stoffaustausch zwischen den beiden fluiden Phasen beschleunigt wird. Wird schließlich die Reaktionsgeschwindigkeit so groß, daß die Reaktion nur noch in der Grenzschicht verläuft ($Ha > 3$), kann die Konzentration $c_1 = 0$, bereits für $y < \delta_1$ erreicht werden; in diesem Fall kommt zu dem ansteigenden Konzentrationsgradienten noch eine Verringerung der effektiven Konzentrationsgrenzschicht hinzu. Die Stoffaustauschgeschwindigkeit hängt hier nicht mehr vom Stoffübergangskoeffizienten sondern von der Geschwindigkeitskonstanten k und dem Diffusionskoeffizienten $D_{1,1}$ ab (s. Gl. (6.206)).

Momentane Reaktionen. Abschließend wird die Situation behandelt, daß die Reaktion zwischen A_1 und A_2 momentan verläuft (z. B.: SO_2 + NaOH; NH_3 + H_2O; HCl + H_2O).

$$v_1 A_1 + v_2 A_2 \to v_3 A_3$$

Beide Reaktanden können unter diesen Umständen nicht gleichzeitig nebeneinander existieren; die Reaktion verläuft daher in einer Fläche, die entweder in der Grenzschicht oder in der Phasengrenzfläche liegt (s. Abb. 6.22, S. 156). Für die Stoffmengenstromdichte in die Grenzschicht gilt im stationären Zustand

$$J_1 = \frac{D_{1,1}}{y_1} c_1^* \tag{6.207a}$$

$$J_2 = \frac{D_{2,1}}{(\delta_1 - y_1)} c_{2,1} \tag{6.207b}$$

Da $J_1/v_1 = J_2/v_2$ gleich sein muß, läßt sich die unbekannte Größe y_1 eliminieren, so daß sich schließlich nach Einführung von $k_{1,1} = D_{1,1}/\delta_1$ ergibt

$$J_1 = k_{1,1} c_1^* \left(1 + \frac{D_{2,1}}{D_{1,1}} \frac{v_1 c_{2,1}}{v_2 c_1^*}\right). \tag{6.208}$$

Gl. (6.208) zeigt, daß eine Erhöhung des flüssigkeitsseitigen Stoffübergangs für A_1 vorliegt; der Verstärkungsfaktor E_{mom} für die momentan verlaufende Reaktion beträgt

$$E_{\text{mom}} = 1 + \frac{D_{2,1}}{D_{1,1}} \frac{c_{2,1}}{c_1^*} \tag{6.209}$$

Da die Diffusionskoeffizienten der Komponenten A_1 und A_2 im allgemeinen nicht sehr unterschiedlich sind, wird der Verstärkungsfaktor im wesentlichen durch das Konzentrationsverhältnis $c_{2,1}/c_1^*$ bestimmt. Mit zunehmender Konzentration der Komponente A_2 verschiebt sich die Reaktionszone immer weiter zur Phasengrenzfläche, bis schließlich die Stoffübergangsgeschwindigkeit J_1 durch den gasseitigen Stoffübergang bestimmt wird.

$$J_1 = k_{1,g} \frac{p_{1,g}}{RT} \tag{6.210}$$

Hieraus wird ersichtlich, daß die Annahme eines fehlenden Konzentrationsgradienten auf der Gasseite in der vorliegenden Situation auch für das Übergangsgebiet, in dem die Reaktionszone noch in der Grenzschicht liegt, nicht mehr zulässig sein dürfte. Im stationären Zustand muß gelten

$$J_1 = \frac{k_{1,g}}{RT}(p_{1,g} - p_1^*) = k_{1,1} c_1^* E_{\text{mom}}. \tag{6.211}$$

Mit $p_1^* = H_1 c_1^*$ ergibt sich dann schließlich

$$J_1 = \frac{1}{\dfrac{RT}{k_{1,g}} + \dfrac{H_1}{k_{1,1} E_{\text{mom}}}} p_{1,g}. \tag{6.212}$$

Anwendung unterschiedlicher Modellvorstellungen. Die voranstehende quantitative Beschreibung des Zusammenwirkens von chemischer Reaktion und Transportvorgängen beruht auf der Annahme der Gültigkeit des Filmmodells nach Lewis und Withman[48]. Bereits in Abschn. 3.1 (s. S. 148) war darauf hingewiesen worden, daß die wesentlich aufwendiger zu handhabenden Oberflächenerneuerungsmodelle zu weitgehend ähnlichen Ergebnissen wie das Filmmodell führen. In Tab. 6.4 sind beispielhaft Verstärkungsfaktoren, die nach den verschiedenen Modellen ermittelt wurden, für eine irreversible Reaktion erster Ordnung und für eine momentan verlaufende Reaktion zusammengestellt. Es ist offensicht-

Tab. 6.4 Beziehungen zur Ermittlung des Verstärkungsfaktors E nach verschiedenen Modellvorstellungen zum Stoffaustausch Fluid/Fluid und beispielhaft ermittelte E-Werte (nach Trambouze[53])

Reaktionstyp	Bereich der Reaktionsgeschwindigkeit und der Hatta-Zahl	Zwei-Film-Theorie (n. Whitman)	Penetration Theorie (n. Higbie)	Oberflächenerneuerungstheorie (n. Danckwerts)
	langsame Reaktion $Ha < 0{,}3$		$E = 1$	
$m = 1$ $v_1 A_1 \rightarrow v_2 A_2$	mittlere Reaktionsgeschwindigkeit $0{,}3 \leq Ha < 3$	$E = \dfrac{Ha}{\tanh \cdot Ha}$	$E = Ha \cdot \left[1 + \dfrac{\pi}{8(Ha)^2} erf\left(\dfrac{2 Ha}{\sqrt{\pi}}\right) + \dfrac{1}{2} \exp\left[-\dfrac{4}{\pi}(Ha)^2\right]\right]$ a)	$E = \sqrt{1 + (Ha)^2}$
	für $Ha = 1$ ist E:	1,31	1,38	1,41
	schnelle Reaktion $Ha \geq 3$		$E = Ha$	
$m = 2$ $v_1 A_1 + v_2 A_2$ $\rightarrow v_3 A_3$	Momentane Reaktion	$E_{\text{mom}} = 1 + \dfrac{v_1}{v_2} \dfrac{D_2}{D_1} \dfrac{c_{2,1}}{c_1^*}$	$E_{\text{mom}} = \sqrt{\dfrac{D_{1,1}}{D_{2,1}}} \left(1 + \dfrac{v_1}{v_2} \dfrac{D_2}{D_1} \dfrac{c_{2,1}}{c_1^*}\right)$	

a) $erf\, x = \dfrac{2}{\sqrt{\pi}} \int_0^x \exp(-z^2)\, dz$

lich, daß die Ergebnisse weitgehend übereinstimmen; die Abweichungen liegen erheblich unter den üblichen Ungenauigkeiten bei der Ermittlung von Stoffübergangszahlen, die gleichfalls für die Beschreibung von Fluid/Fluid-Systemen erforderlich sind. Es ist daher gerechtfertigt, im allgemeinen das einfachere Filmmodell anzuwenden.

Beispiel 6.4. Absorption von CO_2 in einer wäßrigen NaOH-Lösung: Wechselwirkung zwischen chemischer Reaktion und Stoffübergang.

Reines CO_2 soll bei 1 bar und 20 °C in einer wäßrigen NaOH-Lösung adsorbiert werden, die in einer Füllkörperkolonne ($a = 5 \text{ cm}^{-1}$, $k_1 = 0,05 \text{ cm} \cdot \text{s}^{-1}$) im Kreislauf geführt wird. Die NaOH-Anfangskonzentration der Lösung $c_{2_0,1}$ ist gleich $10^{-3} \text{ mol} \cdot \text{cm}^{-3}$. Unter den genannten Bedingungen beträgt die Löslichkeit des CO_2 $c^*_{1,1} = 2,7 \cdot 10^{-5} \text{ mol} \cdot \text{cm}^{-3}$, der Diffusionskoeffizient für CO_2 $D_{1,1} = 1,47 \cdot 10^{-5} \text{ cm}^2 \cdot \text{s}^{-1}$ und für NaOH $D_{2,1} = 2,5 \cdot 10^{-5} \text{ cm}^2 \cdot \text{s}^{-1}$; die Geschwindigkeitskonstante k' der Reaktion

$$CO_2 + 2\,NaOH \longrightarrow Na_2CO_3 + H_2O$$
$$(A_1) \qquad (A_2) \qquad\quad (A_3) \qquad (A_4)$$

die nach 2. Ordnung verläuft,

$$r = k' c_{2,1} c_{1,1} \text{ mol} \cdot \text{s}^{-1} \cdot \text{cm}^{-3}$$

hat den Wert $10^7 \text{ cm}^3 \cdot \text{mol}^{-1} \cdot \text{s}^{-1}$.

Aufgabe. Für den Beginn des Absorptionsvorganges in der mit frischer NaOH gefüllten Kolonne sind unter der Annahme, daß die NaOH-Konzentration als konstant angesehen werden kann ($k' c_{2,1} = k$), zu berechnen:

a) die Hatta-Zahl Ha.
b) die Absorptionsgeschwindigkeit $J_1 a = r_{\text{eff}}$,
c) der Ausnutzungsgrad η der Flüssigkeit.

Lösungsweg. Die Hatta-Zahl wird für die nach pseudo-erster Ordnung verlaufende Reaktion gemäß Gl. (6.192) berechnet:

$$Ha = \frac{1}{k_{1,1}} \sqrt{(k' c_{2_0,1}) D_{1,1}} = 7,7$$

Da es sich wegen $Ha > 3$ um eine schnelle Reaktion handelt, die nur noch in der Grenzschicht verläuft, kann die Absorptionsgeschwindigkeit mit Gl. (6.198) ermittelt werden, wobei gasseitig wegen der Verwendung von reinem CO_2 kein Stoffübergangswiderstand zu berücksichtigen ist:

$$r_{\text{eff}} = \frac{a p_{1,g}}{\dfrac{RT}{k_{1,g}} + \dfrac{H}{k_{1,1} Ha}} = 5,2 \cdot 10^{-5} \text{ mol} \cdot \text{cm}^{-3} \cdot \text{s}^{-1}$$

mit $RT/k_{1,g} \to 0$ und $H = p_{1,g}/c_{1,1} = 3,7 \cdot 10^4 \text{ bar} \cdot \text{cm}^3 \cdot \text{mol}^{-1}$.

Das gleiche Ergebnis wird unter den vorliegenden Bedingungen ($Ha > 3$) bei Verwendung des Verstärkungsfaktors E unter Zugrundelegung der Gl. (6.204) und (6.205) erhalten:

$$E = Ha/\tanh Ha = 7,7$$
$$r_{\text{eff}} = a E k_{1,1} c^*_{1,1} = 5,2 \cdot 10^{-5} \text{ mol} \cdot \text{cm}^{-3} \cdot \text{s}^{-1}.$$

Durch den Verstärkungsfaktor wird deutlich, daß die Absorptionsgeschwindigkeit bei Ablauf der chemischen Reaktion um den Faktor 7,7 größer ist, als wenn CO_2 in Wasser nur physikalisch absorbiert würde.

Der Ausnutzungsgrad der Flüssigkeit wird nach Gl. (6.202) berechnet:

$$\eta = a \sqrt{\frac{D_{1,1}}{(k' c_{2,1})}} = 1,92 \cdot 10^{-4}.$$

Das heißt, nur ein sehr geringer Anteil des Flüssigkeitsvolumens wird für die chemische Reaktion ausgenutzt.

Anmerkung: Mit fortschreitender Reaktion in der Flüssigkeit wird die NaOH-Konzentration $c_{2,1}$ erniedrigt, so daß dann die Annahme einer pseudo-ersten Ordnung nicht mehr zutreffend ist, da die Geschwindigkeitskonstante k von $c_{2,1}$ abhängt (s. oben). Die zeitliche Änderung von $c_{2,1}$ kann wie folgt erfaßt werden:

$$\frac{dc_{2,1}}{dt} = v_2 r_{\text{eff}}(c_{2,1}).$$

Hieraus kann auch die Zeit ermittelt werden, die benötigt wird, um die NaOH-Konzentration auf einen bestimmten Wert abzusenken:

$$t = \int_{c_{2o,1}}^{c_{2,1}} \frac{dc_{2,1}}{v_2 r_{\text{eff}}(c_{2,1})}$$

Das Integral muß numerisch gelöst werden. Für eine genaue Berechnung müssen dabei die Änderungen von $c_{2,1}^*$, $D_{1,1}$ und $D_{2,1}$ mit $c_{2,1}$ berücksichtigt werden.

3.3 Einfluß des Stoffübergangs bei Fluid/Fluid-Reaktionen auf die Selektivität

Bei Vorliegen von Reaktionsnetzwerken, d. h. Parallel- und Folgereaktionen sowie deren Kombination, kann die Selektivität der Umsetzung durch die Stofftransportvorgänge insbesondere durch die flüssigkeitsseitige Phasengrenzschicht beeinflußt werden. Im Prinzip sind für die quantitative Erfassung dieser Zusammenhänge analoge Überlegungen anzustellen, wie sie für Stoffübergangs- und/oder Porendiffusionshemmung bei heterogen katalysierten Reaktionen besprochen wurden (s. Abschn. 2.5, S. 136). Auf eine detaillierte Behandlung dieser Problematik, die in den bereits erwähnten Monographien [4,5] ausführlich behandelt ist, wird hier verzichtet.

In manchen Fällen wird die Beschreibung des Reaktionsgeschehens bei Transporteinflüssen in Fluid/Fluid-Systemen noch zusätzlich kompliziert. So führt beispielsweise bei der homogen katalysierten Oxidation von flüssigem p-Xylol mit Luft die Sauerstoffverarmung der Kernflüssigkeit außerhalb der Grenzschicht zu Umsetzungen der meist radikalischen Zwischenstufen, die in Gegenwart von Sauerstoff nicht zum Tragen kommen würden[59]. Hierdurch kann die Selektivität ebenfalls erheblich beeinflußt werden.

Literatur

[1a] Szekeley, J., Evans, J. W., Sohn, H. Y. (1976), Gas-Solid Reactions, Academic Press, New York, London.

[1b] Carberry, J. J., Varma, A. (1987), Chemical Reaction and Reactor Engineering, Marcel Dekker, New York.

[2] Satterfield, C. N. (1977), Mass Transfer in Heterogeneous Catalysis, Colonial Press Clinton, MA.

[3] Thomas, J. H., Thomas, W. J. (1975), Introduction to the Principles of Heterogeneous Catalysis, Academic Press, New York, London.

[4] Schlosser, E. G. (1972), Heterogene Katalyse, Verlag Chemie, Weinheim, Deerfield Beach, Florida, Basel.

[5] Bremer, H., Wendlandt, K.-P. (1978), Heterogene Katalyse – Eine Einführung, Akademie Verlag, Berlin.

[6] Danckwerts, P. V. (1970), Gas-Liquid Reactions, McGraw-Hill, Book Comp. New York.

[7] Astarita, G. (1967), Mass Transfer with Chemical Reaction, Elsevier, Amsterdam, New York.

[8] Froment, G. F., Bischoff, K. B. (1979), Chemi-

cal Reactor Analysis and Design, John Wiley and Sons, New York, Chichester, S. 264.

[9] Ishida, M., Wen, C.Y., Shirai, T. (1971), Chem. Eng. Sci. **26**, 1043.

[10] Luss, D., Amundson, N.R. (1969), AIChE J. **15**, 194.

[11] Wen, C.Y. (1968), Ind. Eng. Chem. **60**, (9), 34.
Ishida, M., Wen, C.Y. (1968), AIChE J. **14**, 311.
Ishida, M., Wen, C.Y. (1971), Chem. Eng. Sci. **26**, 1031.

[12] Fritz, W. (1970), Chem. Ztg. **94**, 377.

[13] Park, J.Y., Levenspiel, O. (1975), Chem. Eng. Sci. **30**, 1207.
Weisz, P.B., Goodwin, R.D. (1963), J. Catal. **2**, 397.
Sohn, H.Y., Szekely, J. (1972), Chem. Eng. Sci. **27**, 763.
Szekely, J., Evans, J.W. (1970), Chem. Eng. Sci. **25**, 1091.
Gokaru, A.N., Doraiswama, L.K. (1971), Chem. Eng. Sci. **26**, 1521.

[14] Richter, E., Hofmann, H. (1976), Chem. Ing. Tech. **48**, 57 und 151.

[15] Cassiere, G., Carberry, J.J. (1973), Chemical Engineering Education, Winter Edition, S. 22.

[16] Carberry, J.J., Kulkarni, A.A. (1973), J. Catal. **31**, 41.

[17] Petersen, E.E. (1965), Chemical Reactor Analysis, S. 55, Prentice-Hall, Englewood Cliffs, N.J.

[18] Aris, R. (1957), Chem. Eng. Sci. **6**, 262.

[19] s. Lit. [8], S. 185.

[20] s. Lit. [2], S. 164.

[21] Ky, X.M., Salzer, C., (1982), Chem. Tech. (Leipzig) **34**, 450.
Hugo, P. (1965), Chem. Eng. Sci. **20**, 975.
Hesse, D. (1974), Ber. Bunsenges. Phys. Chem. **78**, 744; *ibid.* (1975) **79**, 767.
Klusacek, K., Schneider, P. (1981), Chem. Eng. Sci. **36**, 517.

[22] Weisz, P.B., Hicks, J.S. (1962), Chem. Eng. Sci. **17**, 265.

[23] Hlavacek, V., Kubicek, M., Marek, M. (1969), J. Catal. **15**, 17 und 31.

[24] Lee, J.C.M., Luss, D. (1969), Ind. Eng. Chem. Fundam. **8**, 597.

[25] s. Lit. [8], S. 208.

[26] Schlosser, E.G. (1974), Chem. Ing. Tech. **46**, 1011–1060.

[27] Carberry, J.J. (1975), Ind. Eng. Chem. Fundam. **14**, 129.

[28] Wohlfahrt, K., Hoffmann, K. (1979), Chem. Eng. Sci. **24**, 493.

[29] Gupta, V.P., Douglas, W.J.M. (1967), Can. J. Chem. Eng. **45**, 117.

[30] Weisz, P.B., Prater, C.D. (1954), Interpretation of Measurements in Experimental Catalysis, Adv. Catal. **6**, 143.

[31] Carberry, J.J. (1976), Chemical and Catalytic Reaction Engineering, McGraw-Hill Book Comp., New York, S. 215.

[32] Butt, J.B. (1966), Chem. Eng. Sci. **21**, 275.
Butt, J.B. (1980), Reaction Kinetics and Reactor Design, Prentice Hall, Englewood Cliffs, N.J., S. 370.

[33] Wheeler, A. (1951), Adv. Catal. **3**, 313.

[34] Roberts, G. (1972), Chem. Eng. Sci. **27**, 1409.

[35] Bird, R.B., Stuart, W.E., Lightfoot, E.N. (1960), Transport Phenomena, John Wiley and Sons, New York, Chichester.
Schlünder, E.U. (1984), Einführung in die Stoffübertragung, Georg Thieme Verlag, Stuttgart, New York.

[36] Ruthven, D.M. (1968), Chem. Eng. Sci, **23**, 759.

[37] Mears, D.E. (1971), Ind. Eng. Chem. Process Des. Dev. **10**, 541; *id.* (1973), J. Catal. **30**, 283.

[38] Rosahl, B., Gelbin, D. (1966), Chem. Tech. (Leipzig), **18**, 647.

[39] Weisz, P.B. (1957), Z. Phys. Chem. (Frankfurt am Main) **11**, 1.

[40] Stewart, W.E., Villadsen, J. (1969), AIChE J. **15**, 28.

[41] Carberry, J.J. (1966), Ind. Eng. Chem. **58**, 40.

[42] Ferguson, B., Finlayson, B.A. (1974), AIChE J. **20**, 539.

[43] Anderson, J.B. (1963), Chem. Eng. Sci. **18**, 147.

[44] Hudgins, R.R. (1968), Chem. Eng. Sci. **23**, 93.

[45] Danckwerts, P.V. (1970), Gas-Liquid Reactions, McGraw-Hill Book Comp., New York.

[46] Shah, Y.T. (1979), Gas-Liquid-Solid Reactor Design, McGraw-Hill Book Comp., New York.

[47] Rodrigues, A.E., Calo, J.M., Sweed, N.H. (Herausgeb.) (1981), Multiphase Chemical Reactors, Vol. I, Fundamentals, Sijthoff & Noordhoff, Rockville, Maryland, USA.

[48] Whitman, W.G. (1923), Chem. Metall. Eng. **29**, 147.
Lewis, W.K., Whitman, W.G. (1924), Ind. Eng. Chem. **16**, 1215.

[49] Higbie, R. (1935), Trans. Am. Inst. Chem. Eng. **31**, 365.

[50] Danckwerts, P.V. (1951), Ind. Eng. Chem. **43**, 1460.

[51] Dobbins, W.E. (1956), in Biological Treatment of Sewage and Industrial Wastes (McCabe, W.L., Eckenfelder, W.W., Herausgeb.) Part 2–1, Reinhold, New York.

[52] Toor, H.L., Marcello, I.M. (1957), AIChE J. **4**, 97.

[53] Trambouze, P. (1981), in Multiphase Chemical Reactors (Rodrigues, A.E., Calo, J.M., Sweed, N.H., Herausgeber), Volume 1 – Fundamentals, Sijthoff & Nordhoff, Rockville, Maryland, USA.
[54] Van Krevelen, D.W., Hoftyser, P.J. (1953), Chem. Eng. Sci. **2**, 145.
[55] Porter, K.E. (1966), Trans. Inst. Chem. Eng. (London) **44**, T 25.
[56] Kishinevskii, M.K., Kormenko, T.S., Papat, T.M. (1971), Theor. Found. Chem. Eng. **4**, 641.
[57] Hikita, H., Asai, S. (1964), Int. Chem. Eng. **4**, 332.
[58] Huang, C.J., Kuo, C.H. (1965), AIChE J. **11**, 901.
[59] Jacobi, R., Baerns, M. (1983), Erdöl, Kohle, Erdgas, Petrochem. **36**, 322.
[60] Kreuzer, D. (1985), Dissertation, Ruhr-Universität, Bochum.

Kapitel 7
Messung und Auswertung kinetischer Daten

Zur Ermittlung kinetischer Daten, aus denen insbesondere im Hinblick auf reaktionstechnische Fragestellungen Geschwindigkeitsgleichungen für den Reaktionsablauf abgeleitet werden können, werden Laborreaktoren unterschiedlicher Betriebs- und Bauart verwendet. Hierauf wird in Abschn. 1 des vorliegenden Kapitels eingegangen. Anschließend wird die Auswertung der in den verschiedenen Reaktoren erhaltenen kinetischen Meßergebnisse in Abschn. 2 behandelt.

1. Laborreaktoren

Laborreaktoren werden eingesetzt, um Informationen über den Ablauf homogener und heterogener chemischer Reaktionen zu gewinnen. Solche Informationen können im einzelnen sehr unterschiedlichen Zwecken dienen.
- Ein wesentliches Ziel kann es sein, die Reaktionsbedingungen zu ermitteln, die zum Erreichen eines bestimmten Umsatzes erforderlich sind.
- Weiterhin wird es bei Parallel- und/oder Folgereaktionen notwendig sein, die erzielbare Ausbeute an einem gewünschten Produkt zu ermitteln.

Die hierbei erzielten Ergebnisse werden in sogenannten Aktivitäts- und Selektivitätsdiagrammen dargestellt, die den Zusammenhang zwischen differentiellen oder integralen Größen für Aktivität und Selektivität in Abhängigkeit von den Reaktionsbedingungen zeigen. Differentielle Aktivitäts- bzw. Selektivitätsmaße sind die Reaktionsgeschwindigkeit bzw. die differentielle Selektivität; letztere entspricht dem Verhältnis der Bruttobildungsgeschwindigkeit der gewünschten Produktkomponente zur Verbrauchsgeschwindigkeit einer Eduktbezugskomponente (s. z.B. Kap. 6, S. 137). Als integrales Aktivitätsmaß wird im allgemeinen der für vorgegebene Reaktionsbedingungen erzielte Umsatzgrad X_k und als integrales Selektivitätsmaß $S_{i,k}$ die auf diesen bezogene Ausbeute Y_i ($S_{i,k} = Y_i/X_k$) verwendet.

Auf der Grundlage von Ergebnissen aus Laborreaktoren hat der Chemiker oder Verfahrensingenieur die Möglichkeit, das Entwicklungspotential chemischer Reaktionen für ihren industriellen Einsatz und damit auch die Notwendigkeit und den Umfang weiterer Forschungsarbeiten zu beurteilen.
- Ein weiteres Anwendungsgebiet von Laborreaktoren, das im Rahmen dieses Kapitels im Vordergrund steht, ist die Ermittlung kinetischer Daten über den Reaktionsablauf, die die Grundlage für die Auslegung von technischen Reaktionsapparaten und der reaktionstechnischen Simulierung ihres Betriebsverhaltens für die betrachtete Reaktion darstellen.

Die folgenden Überlegungen beziehen sich im wesentlichen auf solche Laborreaktoren, mit denen kinetische Zusammenhänge ermittelt werden können. Zunächst werden die Zielsetzungen kinetischer Messungen erläutert, bevor die generellen Prinzipien der Betriebweise und der Bauart der Laborreaktoren sowie die damit zusammenhängende Methodik der Auswertung der ausgeführten Messungen zur Ermittlung kinetischer Daten behandelt werden. Anschließend werden allgemeine apparative Gesichtspunkte besprochen; zum Abschluß wird im einzelnen auf die Besonderheiten eingegangen, die sich für homogene (Gase, Flüssigkeiten) und heterogene (Gaskatalyse, Gas/Feststoff, Gas/Flüssigkeit) Reaktionssysteme ergeben.

1.1 Zielsetzungen kinetischer Untersuchungen

Kinetische Messungen können auf unterschiedliche Zielsetzungen ausgerichtet sein; dabei kann es sich um grundlegende Untersuchungen handeln, die zur Aufklärung des Mechanismus einer Reaktion beitragen sollten, oder um sehr anwendungsbezogene Fragestellungen der Reaktionstechnik (s. oben), für die häufig bereits eine formalkinetische Beschreibung durch Potenzansätze (s. Kap. 4, S. 34, 36 und 48) ausreichend sein kann. Kinetische Untersuchungen können in ähnlicher Weise, wie von Jordan[1] und Rase[2] vorgeschlagen, entsprechend ihrem Anwendungszweck unterteilt werden.

Mikrokinetik. Der Begriff „Mikrokinetik" beinhaltet, daß der zeitliche Ablauf der betrachteten chemischen Reaktion nicht durch Transportvorgänge irgendwelcher Art (s. Kap. 6, S. 100 ff.) beeinflußt wird. Bei der Ableitung eines mikrokinetischen Ansatzes ist zu unterscheiden, ob dieser auf einer weitgehend vollständigen Kenntnis („intrinsische" Kinetik) oder auf vereinfachenden Annahmen des zugrundeliegenden Reaktionsmechanismus beruht (s. Kap. 4, S. 34).

Die intrinsische Kinetik kann im allgemeinen nicht allein aus kinetischen Messungen abgeleitet werden; vielmehr sind meist unterstützende und ergänzende physikalisch-chemische und chemische Untersuchungen nötig, um eine mechanistische Vorstellung abzusichern. Der zeitliche und experimentelle Aufwand zur Ermittlung einer intrinsischen Kinetik ist außerordentlich groß: Obwohl die Ammoniak-Synthese bereits seit mehr als 70 Jahren bekannt ist, wurden erst in jüngster Zeit zuverlässige mechanistische Vorstellungen über diese Reaktion erhalten[3]. Bei einer Prozeßentwicklung, für die reaktionstechnische Probleme auf der Grundlage einer Kinetik zu bearbeiten sind, wäre daher die Suche nach der intrinsischen Kinetik, obwohl diese ohne Frage die bestmögliche Information über den Ablauf einer chemischen Reaktion bietet, der falsche Weg. Für ein schon bestehendes Verfahren kann es jedoch durchaus zweckmäßig sein, einen solchen Weg einzuschlagen, um mittels einer mechanistisch begründeten Kinetik den Prozeß weiter zu verbessern. Um das Reaktionsgeschehen über einen weiten Bereich, der auch durch Extrapolation über die angewandten experimentellen Bedingungen hinaus ausgedehnt werden kann, mit hinreichender Genauigkeit zu beschreiben, reichen vereinfachte kinetische Ansätze jedoch häufig nicht aus. Solche Geschwindigkeitsgleichungen, die häufig die Form von Potenz- oder hyperbolischen Funktionen haben, werden aber erfolgreich für reaktionstechnische Berechnungen eingesetzt, wenn ihr Gültigkeitsbereich eingehalten wird; auch ihre dafür erforderliche Kopplung mit Transportvorgängen bei heterogenen Reaktionen ist meist zufriedenstellend.

Makrokinetik. Bei der Untersuchung heterogener Reaktionen ist es oft nicht möglich, die chemische Kinetik getrennt von Stoff- und Wärmetransportvorgängen im Bereich der für den technischen Reaktor erforderlichen experimentellen Bedingungen zu ermitteln. Die

Beschreibung des zeitlichen Ablaufs der Reaktion unter Einschluß der Transportvorgänge wird als Makrokinetik bezeichnet. In solchen Fällen ist es zweckmäßig, den Laborreaktor durch Maßstabsverkleinerung („scale-down") des voraussichtlich einzusetzenden technischen Reaktors so zu gestalten, daß eine hydrodynamische Ähnlichkeit besteht, um die Transportparameter in beiden Systemen gleich zu halten.

Formale mathematische Beschreibungen – Regressionstechniken. Gelegentlich stehen entweder nicht genügend geeignete kinetische Meßdaten zur Verfügung, oder sie können nicht über einen genügend großen Bereich der experimentellen Bedingungen variiert werden, um eine aussagefähige kinetische Gleichung ableiten zu können. In diesen Fällen kann es für Zwecke der Reaktorauslegung oder der quantitativen Beschreibung des Betriebsverhaltens eines technischen Reaktors ausreichen, lediglich einen funktionellen Zusammenhang zwischen den betrachteten Zielgrößen, z. B. Umsatzgrad, Ausbeute, und den Betriebsvariablen, z. B. Konzentration bzw. Partialdruck der Reaktanden, Temperatur, Reaktionszeit, durch eine Regressionsanalyse herzustellen. Auch hier empfiehlt es sich wieder, einen Laborreaktor zu verwenden, der eine maßstabsverkleinerte Version des technischen Reaktors darstellt. Zweckmäßigerweise werden die erforderlichen Experimente nach statistischen Versuchsplänen konzipiert [4]. Es sei ausdrücklich darauf hingewiesen, daß den ermittelten Korrelationen zwischen Zielgrößen und unabhängigen Variablen keinerlei physikalische Bedeutung zugrundeliegt; daher ist ihre Extrapolation zu anderen Bedingungen nicht zulässig.

1.2 Prinzipien der Betriebsweise und Bauart

Die Betriebsweise und die damit verbundene Bauart von Laborreaktoren folgt bestimmten Prinzipien, die sich aus dem Reaktionstyp und der beabsichtigten Auswertungsmethodik für die kinetischen Daten herleiten.

Für die Art der Ermittlung kinetischer Daten spielt es eine wesentliche Rolle,

– ob es sich um einfache Reaktionen des Typs

$$v_1 A_1 + v_2 A_2 \rightarrow v_3 A_3 + v_4 A_4$$

oder um aus Parallel- und/oder Folgereaktionen bestehende Netzwerke handelt,
– ob die Reaktion mit einer starken Wärmetönung verbunden ist, so daß gegebenenfalls besondere Maßnahmen zur Gewährleistung der Isothermie getroffen werden müssen,
– ob homogene oder heterogene Reaktionssysteme vorliegen.

Kinetische Messungen werden häufig so ausgeführt, daß die Konzentrationen der Reaktanden in Abhängigkeit von der Reaktions- bzw. Verweilzeit ermittelt und diese Zusammenhänge differentiell oder integral ausgewertet werden. Differentielle Auswertung heißt, durch Differentiation der gemessenen Konzentration/Zeit-Abhängigkeiten werden zunächst die Reaktions- bzw. Stoffmengenänderungsgeschwindigkeiten für die einzelnen Reaktionsteilnehmer hergeleitet (s. Abb. 7.1). Diese Geschwindigkeiten werden dann mit den jeweils vorliegenden Konzentrationen korreliert, um entweder zwischen verschiedenen kinetischen Ansätzen zur Beschreibung des Reaktionsablaufs zu unterscheiden oder bei deren Vorgabe ihre Parameter zu ermitteln. Bei der integralen Auswertung werden durch geeignete mathematische Methoden die Meßdaten, $c_i = f(t)$, mit der integrierten Form der in Frage stehenden Geschwindigkeitsansätze zu deren Diskriminierung verglichen und dabei die entsprechenden Parameter bestimmt. Reaktionsgeschwindigkeiten können aber

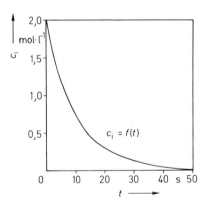 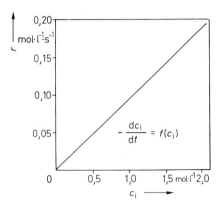

Abb. 7.1 Exemplarische Darstellung der differentiellen Auswertung integraler kinetischer Meßdaten für eine Reaktion erster Ordnung $r = kc_i$

auch direkt in der Weise gemessen werden, daß nur ein differentiell kleiner Umsatzgrad X_i der betrachteten Ausgangskomponente (Edukt) verwirklicht wird – es wird in diesem Fall von einem Differentialreaktor gesprochen – und die daraus ermittelte Reaktionsgeschwindigkeit (Betrachtung einer einfachen Reaktion)

$$v_i r = \frac{c_{i,0} - (c_{i,0} + dc_i)}{dt} = -\frac{c_{i,0} dX_i}{dt} \tag{7.1}$$

der vorliegenden Konzentration c_i

$$c_i = c_{i,0} + \frac{dc_i}{2}$$

zugeordnet wird.

Für die beschriebenen Meßmethoden werden üblicherweise diskontinuierlich betriebene Reaktoren (Satzreaktor) oder ideale Strömungsrohrreaktoren verwendet (s. Abb. 7.2); ihr

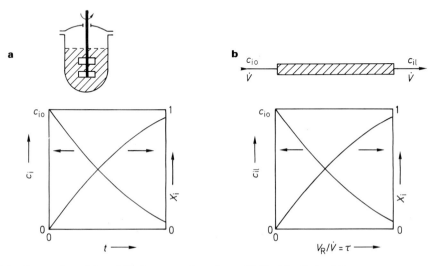

Abb. 7.2 Satzreaktor (**a**) und Strömungsrohrreaktor (**b**) für kinetische Messungen

reaktionstechnisches Verhalten ist ausführlich in Kap. 9 (s. S. 270ff.) beschrieben. Mit diesen Reaktoren können differentielle oder integrale Umsätze erhalten werden.

Der Differentialreaktor erfährt jedoch eine gewisse Einschränkung dadurch, daß die zeitlichen Konzentrationsänderungen dc_i/dt durch die entsprechenden Differenzenquotienten ersetzt werden müssen und Δc_i bzw. ΔX_i aus Gründen der analytischen Meßgenauigkeit nicht beliebig klein gewählt werden können. Umsatzgrade von etwa 5 bis maximal 10% sollten in der Regel nicht überschritten werden [5], damit die Aussagefähigkeit des so abgeleiteten Zusammenhangs zwischen Stoffmengenänderungsgeschwindigkeit und den sie beeinflussenden Konzentrationen nicht verlorengeht

Der differentielle Betrieb eines Rohrreaktors weist gegenüber seiner integralen Arbeitsweise einen weiteren Nachteil bei zusammengesetzten Reaktionen (Netzwerke) auf: Die Weiterreaktion von Zwischenprodukten kann nicht erfaßt werden, da ihre Konzentrationen bzw. die ihrer Folgeprodukte meist analytisch nicht genügend genau erfaßbar sind oder sich überhaupt noch nicht in nachweisbarer Menge, insbesondere bei kleineren Umsatzgraden, gebildet haben. Diese Schwierigkeit kann durch eine der folgenden Maßnahmen (a) bis (c) überwunden werden:

(a) Den reinen Edukten werden die Zwischenprodukte vor Eintritt in einen differentiell betriebenen Strömungsrohrreaktor zugemischt, so daß ihre Reaktionsgeschwindigkeiten ebenfalls über ihre differentiellen Konzentrationsänderungen erhalten werden (s. Abb. 7.3).

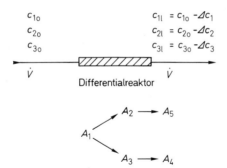

Abb. 7.3 Differentialreaktor mit Zugabe von Zwischenprodukten A_2 und A_3 zum Edukt A_1 für ein Reaktionsnetzwerk

(b) Produktströme aus einem integral betriebenen Strömungsrohrreaktor, die unterschiedlichen Umsätzen der Edukte entsprechen, werden als Einsatz für einen nachfolgenden Differentialreaktor verwendet (s. Abb. 7.4).

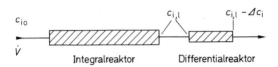

Abb. 7.4 Integralreaktor zur Erzeugung von Zwischenprodukten als Einsatz für einen nachfolgenden Differentialreaktor

(c) Ein mit „Zapfstellen" versehener Integralreaktor wird verwendet (s. Abb. 7.5). Über die Zapfstellen werden Produktströme zur chemischen Analyse abgezogen, wobei die Konzentrationsunterschiede zwischen den aufeinanderfolgenden Zapfstellen durch Wahl ge-

168 Messung und Auswertung kinetischer Daten

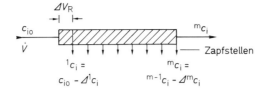

Abb. 7.5 Zapfstellenreaktor zur Messung differentieller Konzentrationsänderungen für in einem Reaktionsnetzwerk entstehende Zwischenprodukte

eigneter Volumenströme in solcher Größenordnung liegen, daß das Auswertungsprinzip des Differentialreaktors angewandt werden kann. Der Differenzenquotient einer Komponente i zwischen zwei Zapfstellen m und m − 1, $\Delta c_i/\Delta t$ mit $\Delta t = \Delta V_R/\dot{V}$, wird zur Ermittlung kinetischer Zusammenhänge den mittleren Konzentrationen $c_i = {}^{m-1}c_i + \Delta c_i/2$ zugeordnet. (Im übrigen kann dieses Prinzip natürlich auch für einen Satzreaktor angewandt werden; hier muß das Reaktionsgemisch in genügend kurzen Zeitabständen analysiert werden, die nur kleinen Umsatzänderungen entsprechen).

Reaktions- bzw. Stoffmengenänderungsgeschwindigkeiten können aber auch unter Bedingungen experimentell ermittelt werden, bei denen beliebig große Umsatzgrade im Reaktor verwirklicht werden können, so daß die oben erwähnte Einschränkung durch die analytische Meßgenauigkeit entfällt. Geeignet hierfür sind der kontinuierlich betriebene, ideal durchmischte Rührkesselreaktor und der kontinuierlich betriebene, gradientenfreie Kreislaufreaktor (s. Abb. 7.6a und 7.6b). Beiden Reaktoren ist gemeinsam, daß die Reaktanden-

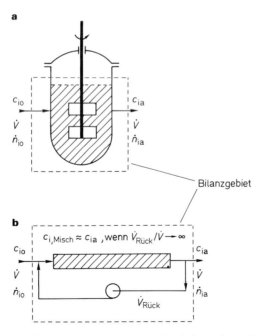

Abb. 7.6 Reaktoren zur unmittelbaren Messung von Reaktions- bzw. Stoffmengenänderungsgeschwindigkeiten; **a** kontinuierlich betriebener, ideal durchmischter Rührkesselreaktor, **b** Strömungsrohrreaktor mit Rückführung (schraffierte Fläche: Reaktionsvolumen)

konzentration im gesamten Reaktionsvolumen gleich ist; für den Kreislaufreaktor ist es nötig, daß der rückgeführte Volumenstrom $\dot{V}_{\text{Rück}}$ im Vergleich zum Zustrom $\dot{V}$ sehr groß ist. Die Reaktions- bzw. Stoffmengenänderungsgeschwindigkeiten ergeben sich aus der Differenz der in den Reaktor ein- und ausströmenden Reaktandenströme. Die Geschwindigkeiten werden zweckmäßigerweise auf das Reaktionsvolumen, die Reaktionsmasse oder bei heterogenen Reaktionen auf die Reaktionsfläche bezogen; bei katalytischen Gasreaktionen bezieht man meist auf die Katalysatormasse. Für eine Flüssigphasenreaktion würde sich beispielsweise ergeben

$$R_i = -\frac{\dot{n}_{i,0} - \dot{n}_i}{V} \quad (\text{Mole} \cdot \text{Zeit}^{-1} \cdot \text{Volumen}^{-1}),$$

wobei V das Reaktionsvolumen und $\dot{n}_{i,0}$ bzw. $\dot{n}_i$ die ein- bzw. ausströmenden Molenströme sind ($\dot{n}_i = c_i \dot{V}$). Handelt es sich um die abreagierende Schlüsselkomponente $i = k$, so kann nach Einführung ihres Umsatzgrades X_k auch formuliert werden

$$R_k = -\frac{\dot{n}_{k,0} X_k}{V} \quad (\text{Mole} \cdot \text{Zeit}^{-1} \cdot \text{Volumen}^{-1}).$$

Für eine heterogen katalysierte Reaktion lautet die analoge Beziehung, wenn auf die Katalysatormasse m_{kat} bezogen wird

$$R_k = -\frac{\dot{n}_{k,0} X_k}{m_{\text{kat}}} \quad (\text{Mole} \cdot \text{Zeit}^{-1} \cdot \text{Katalysatormasse}^{-1}).$$

Die so ermittelten Reaktions- bzw. Stoffmengenänderungsgeschwindigkeiten können für die weitere kinetische Behandlung unmittelbar mit den im Reaktor vorliegenden Reaktandenkonzentrationen verknüpft werden.

Der Einsatz von Reaktoren bzw. die Anwendung einer Betriebsweise, durch die Reaktionsgeschwindigkeiten unmittelbar zugänglich sind, hat insbesondere bei Vorliegen von Reaktionsnetzwerken zur Ermittlung ihrer Kinetik Vorteile: Die Stoffmengenänderungsgeschwindigkeiten aller Zwischen- und Nebenprodukte können unmittelbar bestimmt werden. Für die Diskriminierung zwischen verschiedenen kinetischen Modellen und deren Parameterschätzung sind nur algebraische Gleichungssysteme zu bearbeiten. Hierdurch wird die mathematische Behandlung der kinetischen Meßdaten gegenüber der Auswertung integraler Messungen aus Satz- oder Strömungsrohrreaktor erheblich vereinfacht, da für die sich ergebenden Differentialgleichungen analytische Lösungen häufig fehlen, so daß numerische Verfahren angewandt werden müssen. Diese Verfahren stellen bei Einsatz der heute allgemein verfügbaren schnellen Rechenautomaten zwar kein grundsätzliches Problem dar, sie machen jedoch meist einen nicht zu vernachlässigenden Programmieraufwand erforderlich, wenn nicht sog. Standardroutineprogramme vorhanden sind.

Bei den vorstehenden Überlegungen wurde stillschweigend vorausgesetzt, daß die betrachteten Reaktoren bei der Durchführung der kinetischen Messungen als isotherm angesehen werden können. Bei Vorliegen von größeren Wärmetönungen beim Ablauf der jeweiligen chemischen Umsetzungen kann dies jedoch nicht allgemein vorausgesetzt werden, wodurch die kinetische Auswertung beträchtlich erschwert werden kann.

Isothermie läßt sich meist ohne große Schwierigkeiten im kontinuierlich betriebenen Rührkessel- und Strömungsrohrreaktor mit Rückführung sowie im Differentialreaktor erreichen. Hingegen können im Satzreaktor und im integral betriebenen Strömungsrohrreaktor erhebliche zeitliche bzw. örtliche Temperaturgradienten auftreten, wenn nicht zur Erzielung isothermer Verhältnisse für einen geeigneten Wärmeaustausch mit der Umgebung gesorgt wird. Wenn es von der Reaktion her zulässig ist, wird in solchen Fällen häufig eine adiabate Betriebsweise des Reaktors bevorzugt, da hierbei die Temperaturprofile über die Reaktionsenthalpien eindeutig mit den zeitlichen (Satzreaktor) bzw. örtlichen (Strömungsrohrreaktor) Umsatzgradprofilen korreliert werden können. (Die reaktionstechnischen Eigenschaften dieser Reaktoren werden ausführlich in Kap. 9, s. S. 270 ff. behandelt).

1.3 Allgemeine apparative Gesichtspunkte

Für die Ermittlung der Kinetik homogener Reaktionen werden überwiegend der Satzreaktor, der Strömungsrohrreaktor mit und ohne Rückführung sowie der kontinuierlich betriebene Rührkesselreaktor verwendet. Diese Grundformen werden auch bei heterogenen Reaktionen eingesetzt; auf bestimmte dabei auftretende Besonderheiten und spezielle Ausführungsformen wird im Abschn. 1.4 (s. S. 172) noch näher eingegangen.

Satzreaktor. Der Satzreaktor ist konstruktiv sehr einfach gestaltet. Er benötigt keine Strömungsregelung für die reagierenden Komponenten; meist ist lediglich eine Temperaturregelung notwendig. Die Einstellung einer gewünschten Temperatur kann über die Wand des Reaktors, eingebaute Heiz- bzw. Kühlelemente oder, wenn die Reaktion bei Siedetemperatur durchgeführt wird, über eine Kondensatregelung erfolgen. Für Flüssigphasen- aber auch Gasphasenreaktionen werden meist Behälter verwendet, in denen die Reaktionsmischung intensiv durchmischt wird. Die Vermischung ist notwendig, um im gesamten Reaktor gleiche Reaktandenkonzentrationen und Temperaturen zu gewährleisten.

Die Verwirklichung gleicher Konzentrationen und Temperaturen stellt insbesondere zu Beginn der Reaktion ein Problem dar. Die Reaktionsteilnehmer müssen zu einem definierten Zeitpunkt $t = 0$ bei der vorgegebenen Temperatur zur Reaktion gelangen. Dies kann beispielsweise dadurch erreicht werden, daß beide Reaktionspartner, die sich auf Reaktionstemperatur befinden, bei $t = 0$ getrennt in den Reaktor gegeben werden. Eine Variante, die sich jedoch hiervon prinzipiell nicht unterscheidet, besteht darin, daß ein Reaktand vorgelegt und der zweite bei $t = 0$ schlagartig unter starker Durchmischung hinzugefügt wird. Bei Flüssigphasenreaktionen werden zur Vermischung meist Rührer verwendet, während bei Gasphasenreaktionen beispielsweise Umlaufgebläse eingesetzt werden können (s. Kap. 8). Hohe Rührgeschwindigkeiten bewirken in einem Behälter auch den Abbau von Temperaturgradienten innerhalb des Fluids und einen guten Wärmeübergang zwischen dem fluiden Medium und der Reaktorwand, wenn mit der Umgebung Wärme ausgetauscht wird, so daß auch in Wandnähe weitgehend Temperaturgradienten zwischen Fluid und Reaktorwand vermieden werden.

Für die Homogenisierung der Reaktionsmischung ist es also nötig, beide Reaktionspartner schnell bei guter Durchmischung in den Reaktor zu geben. Es ist offensichtlich, daß die Festlegung von $t = 0$ mit Fehlern behaftet sein kann, die immer dann die kinetische Auswertung beeinträchtigen, wenn die Reaktionszeiten in vergleichbarer Größenordnung wie die Vermischungszeiten liegen.

Um die Konzentration der Reaktanden in Abhängigkeit von der Zeit verfolgen zu können, müssen bei Satzreaktoren bestimmte Anforderungen an die Analytik gestellt werden. Die einfachste Analysenmethode ist, die Konzentrationen unmittelbar im Reaktionsgefäß zu bestimmen, so daß keine zeitlichen Verzögerungen zwischen dem gewählten Reaktionszeitpunkt und der analytischen Messung auftreten. Geeignete Verfahren hierfür sind beispielsweise für Flüssigkeiten die Ermittlung ihrer elektrischen Leitfähigkeit oder ihrer Viskosität, wenn diese mit der Konzentration verknüpft sind; eine direkte Bestimmung der Konzentration einzelner Reaktanden ist häufig auch durch photometrische Methoden (UV- und/oder IR-Absorption) möglich. Bei Gasreaktionen mit Molzahländerung können Konzentrationen bzw. Partialdrücke auch über die Änderung des Volumens bei konstantem Druck bzw. des Druckes bei konstantem Volumen erhalten werden. Solche *in situ* Bestimmungen der Konzentrationen sind jedoch nicht immer möglich. In diesen Fällen müssen Proben genommen werden, die erst nach einer gewissen Zeit zur Analyse gelangen; dabei muß sichergestellt sein, daß die Reaktion in der Analysenprobe nicht weiterverläuft, sondern „eingefroren" wird. Wenn eine Probenentnahme während der Reaktion aus apparativen Gründen (beispielsweise Druck) unmöglich ist, kann es auch notwendig sein, die gesamte Reaktionsmischung „abzuschrecken" und zu analysieren.

Strömungsrohrreaktor ohne Rückführung. Ein Strömungsrohrreaktor kann sowohl differentiell als auch integral betrieben werden. Welche der beiden Betriebsarten zutrifft, hängt von den jeweils gewählten Bedingungen ab. In beiden Fällen ist es jedoch notwendig, den Fluiddurchsatz möglichst genau zu regeln, um entsprechend genaue Angaben über die sich einstellenden Reaktionszeiten zu erhalten. Bevor eine kinetische Messung ausgeführt wird, muß sich nach Änderung der Bedingungen ein stationärer Zustand eingestellt haben.

Für die anschließende kinetische Auswertung von integralen Messungen ist es zweckmäßig, wenn eine sog. ideale Rohrströmung vorliegt. Diese wird weitgehend bei turbulenter Strömung und einem großen Verhältnis L/d_R erreicht (L = Länge und d_R = Durchmesser des Rohres). Laborreaktoren erfüllen diese Forderungen häufig nicht völlig. Die notwendigen hohen Fluidgeschwindigkeiten können jedoch zu einem unerwünscht hohen Druckabfall führen, der insbesondere bei Gasreaktionen den Partialdruck der reagierenden Konponente beeinflußt. Die durch Druckabfall bedingte Partialdruckänderung der Reaktanden sowie die von der idealen Rohrströmung auftretenden Abweichungen können eine exakte kinetische Auswertung erheblich erschweren; häufig können solche Fehler jedoch in erster Näherung vernachlässigt werden. Für differentielle Messungen spielen die gemachten Einschränkungen im übrigen keine Rolle.

Für die Analyse der Reaktionsmischung zur Konzentrationsbestimmung gelten weitgehend dieselben Überlegungen, die bereits für den Satzreaktor angestellt wurden. Auch hier ist, wenn die Analyse nicht unmittelbar *in situ* erfolgen kann, erforderlich, daß die Reaktion bei der Probenentnahme zum Stillstand kommt. Besondere Aufmerksamkeit muß dieser Problematik beim Zapfstellenreaktor gewidmet werden, da Nachreaktionen in Rohrleitungen wegen der geringen Umsatzänderungen zwischen den Entnahmeorten zu erheblichen Fehlern führen können.

Bei Reaktionen mit starker Wärmetönung ist Isothermie in Rohrreaktoren nur schwer zu erreichen. Temperaturgradienten in radialer und axialer Richtung können in diesen Fällen nur dann unterdrückt werden, wenn der Rohrdurchmesser klein ist – die absolute Größe muß in jedem Einzelfall ermittelt werden – und für guten Wärmeaustausch mit der Umgebung gesorgt wird. Die Reaktoren werden zur Erzielung einer einheitlichen Temperatur

– in beheizte bzw. gekühlte Metallblöcke eingebaut,
– mit einem flüssigkeitsdurchströmten Heiz- bzw. Kühlmantel versehen,
– in Salzschmelzen oder
– in Wirbelschichten getaucht.

Temperaturgradienten können auch dadurch vermindert werden, daß die Reaktionsmischung mit einem Inertstoff verdünnt wird, so daß die pro Zeit- und Volumeneinheit entstehende bzw. verbrauchte Wärme vermindert wird.

Kontinuierlich betriebener Rührkesselreaktor und Strömungsrohrreaktor mit Rückführung. Beide Arten von gradientenfrei betriebenen Reaktoren sind, wie bereits ausgeführt wurde, zur direkten Ermittlung von Reaktions- bzw. Stoffmengenänderungsgeschwindigkeiten unter eindeutig definierten Konzentrations- und Temperaturbedingungen geeignet. Ähnlich wie beim Strömungsrohreaktor ist eine gute Regelung des Zu- und Abflusses erforderlich.

Beim Rührkesselreaktor ist durch Wahl geeigneter Rührer und Rührgeschwindigkeiten vollständige Vermischung zu gewährleisten; hier gelten prinzipiell die gleichen Voraussetzungen wie für technische Reaktoren (s. Kap. 8, S. 239–242). Die Volumina typischer Laborrührkesselreaktoren für Flüssigkeiten liegen bei etwa 2 bis 400 ml und die darin erzielbaren Verweilzeiten bei etwa 1 s bis 1 h, was Durchsätzen zwischen 0,1 bis 2 ml s^{-1} entspricht[6]. Beim Strömungsrohrreaktor mit Rückführung ist der Kreislaufstrom so hoch zu wählen, daß die im Reaktionsraum verbleibenden Gradienten der Konzentration und möglicherweise auch der Temperatur klein genug bleiben, um die spätere kinetische Auswertung der Meßergebnisse nicht signifikant zu beeinträchtigen. Verhältnisse von $\dot{V}_{\text{Rück}}/\dot{V}$ in der Größenordnung von etwa 20 bis 30 sind häufig ausreichend. Bei homogenen Reaktionen ist es nötig, das Volumen V_R des eigentlichen Reaktors und des Förderaggregats (Pumpe oder Gebläse) $V_{\text{Förd}}$ einschließlich der notwendigen Rohrleitungen V_{Rohr} auf gleicher Temperatur zu halten und gemeinsam als Gesamtreaktionsvolumen zu betrachten, um die für die Ermittlung der Stoffmengenänderungsgeschwindigkeiten $R_{i,T}$ notwendigen Größen eindeutig festlegen zu können.

$$R_{i,T} = -\frac{\dot{n}_{i,0} - \dot{n}_i}{V_R + V_{\text{Förd}} + V_{\text{Rohr}}} \tag{7.5}$$

Bei Gas/Feststoff- und heterogen katalysierten Gasreaktionen wird die Reaktionsgeschwindigkeit üblicherweise auf das Volumen oder die Masse des Feststoffs bzw. Katalysators bezogen, an dem die Reaktion erfolgt, so daß die für homogene Reaktionen dargelegte Problematik nicht besteht. Bei den katalytischen Reaktionen ist jedoch darauf zu achten, daß in dem von Katalysator freien Volumen keine zusätzlichen homogenen Reaktionen ablaufen, da hierdurch die kinetische Auswertung verfälscht würde; es empfiehlt sich daher, dieses Volumen möglichst klein zu halten.

Aufgrund der intensiven Vermischung des Reaktionsgemisches bestehen praktisch in beiden Reaktortypen keine Temperaturgradienten. Für die erforderliche Wärmezu- oder -abfuhr gilt analoges wie bereits für die anderen Reaktoren erläutert.

1.4 Spezielle Laborreaktoren

In den vorangegangenen Abschn. 1.1 bis 1.3 wurden die Zielsetzungen kinetischer Untersuchungen für die chemische Reaktionstechnik und die allgemeinen Prinzipien der hierfür geeigneten Laborreaktoren erläutert. Dabei wurde bewußt auf solche apparativen und methodischen Lösungen verzichtet, die insbesondere unter dem Gesichtspunkt der Aufklärung bestimmter Reaktionsmechanismen entwickelt wurden (beispielsweise: Photochemie, Spektroskopie, NMR, Relaxation, „Stopped Flow", Stoßwellen, Differentialthermoanaly-

1. Laborreaktoren

se); hierzu wird auf entsprechende Monographien [7,8] bzw. auch Lehrbücher der physikalischen Chemie [9-11] verwiesen. In diesem Zusammenhang sei erwähnt, daß häufig auch gleichzeitig zusätzliche Informationen über den Reaktionsmechanismus erhalten werden können, wenn ein kontinuierlich betriebener Laborreaktor bei den kinetischen Messungen instationär betrieben wird. Im folgenden werden im wesentlichen nur solche Laborreaktoren behandelt, die unmittelbar für die chemische Reaktionstechnik anwendbare kinetische Informationen liefern; es wird nach homogenen und heterogenen Reaktionen unterschieden. Das Schwergewicht liegt dabei auf den in der chemischen Technik sehr wichtigen heterogenen Umsetzungen, die in der Reihenfolge heterogen katalysierte Gasreaktionen, Gas/Feststoff- und Gas/Flüssigkeit-Reaktionen behandelt werden.

1.4.1 Laborreaktoren für homogene Reaktionen

Langsam verlaufende Gas- oder Flüssigkeitsreaktionen, deren Zeitkonstante sehr viel größer als die der notwendigen Zeiten für die anfängliche Vermischung der Reaktionspartner und die Analyse der Reaktionsmischung ist, können in Satzreaktoren ohne Schwierigkeiten kinetisch vermessen werden. Für Flüssigreaktionen werden dafür üblicherweise Rührkesselreaktoren verwendet, die bereits weiter oben beschrieben wurden. Gasreaktionen mit Molzahländerungen können in geschlossenen Behältern kinetisch verfolgt werden, wobei über schnell meßbare Druckänderungen bei konstantem Volumen auch Reaktionen höherer Geschwindigkeit mit Reaktionszeiten im Sekundenbereich und darunter erfaßt werden können.

Wegen der Einfachheit, mit der stationäre Betriebszustände, d.h. insbesondere die sich einstellenden Konzentrationen, in kontinuierlich betriebenen Reaktoren über einen weiten Bereich der Reaktionszeiten realisierbar sind, werden für kinetische Messungen häufig der Rührkessel oder das Strömungsrohr verwendet. Typische Versuchsapparaturen mit diesen beiden Reaktortypen zeigen beispielhaft die Abb. 7.7[12] und 7.8[13]. Wie aus diesen beiden Darstellungen erkenntlich, enthalten solche Apparaturen im wesentlichen neben dem kontinuierlich betriebenen Reaktor mit Temperaturregelung Dosier- und Druckmeßvorrich-

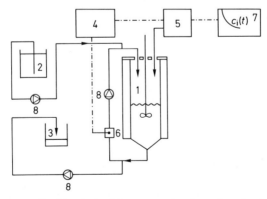

Abb. 7.7 Versuchsapparatur für kinetische Messungen in einem kontinuierlich betriebenen Rührkessel[12] (enzymatische Esterspaltung bei pH = const.)
1 thermostatisierter Reaktor
2 Esterlösung
3 Produktlösung
4 pH-Regelung
5 Alkali-Zugabe
6 pH-Elektrode
7 Schreiber für $c_i(t)$-Verlauf
8 Pumpe

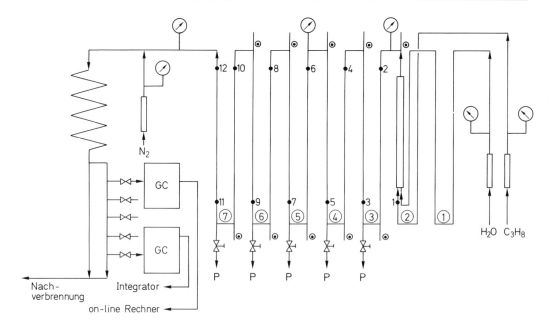

Abb. 7.8 Versuchsapparatur für kinetische Messungen zur thermischen Dampfspaltung von Propan in einem Strömungsreaktor [13]
○ Rohrnummer
⊙ Messung der Gastemperatur
P Probeentnahme
● Messung der Wandtemperatur

tungen für die fluiden Medien und Analysengeräte zur Ermittlung der Konzentrationen der Reaktanden in der Reaktionsmischung.

1.4.2 Laborreaktoren für heterogen katalysierte Gasreaktionen

Für die Ermittlung der Kinetik katalytischer Gasreaktionen sind sehr unterschiedliche Reaktoren in Gebrauch, die den in Abschn. 1.2 (s. S. 165) beschriebenen Grundtypen völlig oder zumindest teilweise entsprechen. Dies sind im wesentlichen kontinuierlich betriebene Reaktoren:

- Rohrreaktor mit Katalysatorfüllung (katalytischer Festbettreaktor),
- gradientenfreier Reaktor mit innerem oder äußerem Kreislauf,
- Einzelpelletdiffusionsreaktor,
- gaschromatographischer Reaktor,
- mikrokatalytischer Pulsreaktor.

In Einzelfällen finden auch satzweise betriebene Reaktoren mit Gasumwälzung Anwendung. Beim Betrieb aller Reaktoren ist mit Hilfe geeigneter Kriterien (s. Kap. 6, Tab. 6.2, S. 146) zu überprüfen, ob unter den gewählten Bedingungen die Mikrokinetik durch Transportvorgänge überlagert wird. Um eine sinnvolle Auswertung kinetischer Daten zu gewährleisten, sollten grundsätzlich äußere Konzentrations- und Temperaturgradienten, d.h. zwischen Fluidphase und Katalysator vermieden werden. Ob die chemische Umsetzung durch äußere Transportvorgänge beeinflußt wird, kann vielfach experimentell einfach überprüft werden:

– Im katalytischen Festbettreaktor wird der Umsatzgrad in Abhängigkeit von der Strömungsgeschwindigkeit des Fluids, mit deren Zunahme sich der Stoff- und Wärmeübergang erhöht (s. Kap. 5, S. 84ff.), bei konstanter Verweilzeit ($m_{Kat}/\dot{n}_{ges}$) gemessen (s. Abb. 7.9a); die konstante Verweilzeit wird bei Erhöhung des Durchsatzes $\dot{n}_{ges}$ über eine proportionale Erhöhung der Katalysatormasse m_{Kat} eingehalten. Bringt eine Steigerung der Strömungsgeschwindigkeit keine Erhöhung des Umsatzes, dann ist dies ein Hinweis, daß der Ablauf der chemischen Reaktion nicht durch äußere Transportvorgänge behindert wird. Nur bei sehr kleinen Katalysatorteilchen ($d_p \ll 1$ mm), die auch zu sehr kleinen Reynolds-Zahlen ($Re \ll 1$) führen, kann dieser Test versagen (s.[14]).

– Wird beim gradientenfreien Reaktor mit innerer oder äußerer Gasrückführung bei konstanter Austrittskonzentration $c_{i,ex}$ der Kreislaufstrom soweit gesteigert, daß er keinen Einfluß mehr auf die Reaktionsgeschwindigkeit hat (s. Abb. 7.9b), gilt ebenfalls, daß die Kinetik der Reaktion nicht durch äußere Transportvorgänge beeinflußt wird.

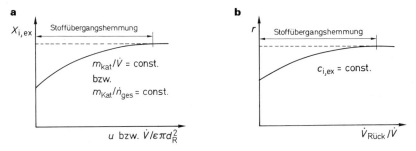

Abb. 7.9 Messungen zur Prüfung auf Stoffübergangslimitierung; **a** Abhängigkeit des Umsatzgrades $X_{i,ex}$ im Strömungsreaktor von der linearen Gasgeschwindigkeit u bei konstanter Verweilzeit; **b** Abhängigkeit der Reaktionsgeschwindigkeit r im Kreislaufreaktor vom Rückführungsverhältnis $\dot{V}_{Rück}/\dot{V}$ bei konstanter Konzentration $c_i = c_{i,ex}$ im Reaktor

Bei der Ermittlung der Kinetik an einem für den technischen Einsatz vorgesehenen Katalysatorpellet lassen sich häufig innere Konzentrationsgradienten nicht umgehen; Temperaturgradienten im Inneren des Katalysators sind meist zu vernachlässigen. Für „homogene" Katalysatorpellets (einheitliche Porenstruktur und Verteilung der katalytisch aktiven Komponente über das gesamte Volumen) kann gleichfalls experimentell festgelegt werden, ob ein Porendiffusionseinfluß vorliegt; Grundlage hierfür ist, daß sich der Porendiffusionseinfluß mit abnehmendem Durchmesser des Katalysatorteilchens verringert. Ist der im Strömungsrohrreaktor erzielbare Umsatzgrad bzw. die im gradientenfreien Kreislaufreaktor gemessene Reaktionsgeschwindigkeit unabhängig von der Katalysatorteilchengröße, kann eine Begrenzung des Reaktionsablaufs durch Porendiffusion ausgeschlossen werden. Liegt eine Reaktionshemmung durch Porendiffusion am technischen Katalysator vor, kann aus den kinetischen Daten nur eine Makrokinetik (gelegentlich auch „effektive Kinetik" genannt) erhalten werden, die jedoch für reaktionstechnische Berechnungen im allgemeinen ausreichend ist[15]. Unter Umständen kann es sogar vorteilhafter sein, eine solche Makrokinetik zu verwenden, da durch die rechnerische Kopplung der intrinsischen Kinetik mit der Porendiffusion, die auch nur mit begrenzter Genauigkeit (± 10 bis 20%) experimentell bestimmt werden kann, zusätzliche Fehler auftreten, die zu einer Verschlechterung des Ergebnisses der Berechnung führen würden.

Nachfolgend wird auf die Wirkungsweise und die apparativen Besonderheiten dieser Reaktoren näher eingegangen.

Katalytischer Festbettreaktor. Der katalytische Festbettreaktor, der entweder integral oder differentiell betrieben werden kann, wird häufig zur Ermittlung der Kinetik katalytischer Gasreaktionen eingesetzt, da er konstruktiv einfach zu verwirklichen ist. Um die Auswertung kinetischer Messungen, z. B. für die Abreaktion des Edukts i

bzw.
$$c_i = f(m_{Kat}/\dot{V})$$

bzw.
$$c_i = f(m_{Kat}/\dot{n}_{i,0})$$

bzw.
$$R_i = -\frac{X_i}{(m_{Kat}/\dot{n}_{i,0})} = f(c_i)$$

zur Ableitung kinetischer Beziehungen möglichst einfach zu gestalten, ist eine isotherme Betriebsweise notwendig. Da katalytische Reaktionen oft eine erhebliche Wärmetönung haben, müssen insbesondere bei integraler Betriebsweise geeignete Maßnahmen (s. auch Abschn. 1.3 S. 173) getroffen werden, um Isothermie zu erreichen; hierzu gehören: Guter Wärmeaustausch mit der Umgebung durch Verwendung eines geeigneten Heiz- oder Kühlmediums, kleiner Rohrdurchmesser und Wahl möglichst hoher Strömungsgeschwindigkeiten im Reaktor, um einen guten Wärmeübergang Gas/Wand zu erzielen. Häufig reicht eine solche Mantelkühlung (s. Abb. 7.10a) jedoch nicht aus. Es bestehen dann zwei zusätzliche Möglichkeiten:

- Der Reaktor wird in mehrere Abschnitte unterteilt (s. Abb. 7.10b), die getrennt in unterschiedlichem Maße gekühlt oder beheizt werden. (Infolge der Konzentrationsabnahme der reagierenden Komponente entlang des Reaktors ändert sich die Reaktionsgeschwindigkeit und damit die pro Reaktorvolumen- und Zeiteinheit freiwerdende bzw. verbrauchte Wärmemenge.)
- Die Katalysatorschüttung wird mit Inertmaterial verdünnt (s. Abb. 7.11a), um die je Reaktorvolumeneinheit zeitlich erzeugte bzw. verbrauchte Wärmemenge zu erniedrigen;

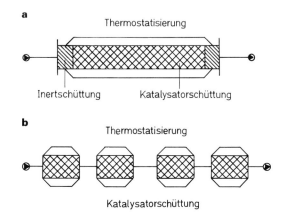

Abb. 7.10 Gewährleistung isothermer Verhältnisse im katalytischen Festbettreaktor; **a** Mantelkühlung/-heizung des gesamten Rohrreaktors, **b** Mantelkühlung/-heizung für einen in Abschnitte unterteilten Rohrreaktor

unter Umständen ist es zweckmäßig, am Reaktoranfang stärker zu verdünnen als im nachfolgenden Teil. Die Verdünnung der katalytisch aktiven Schüttung kann jedoch zu einer Beeinflussung des erzielbaren Umsatzgrades im Vergleich zur unverdünnten, hypothetisch isothermen Fahrweise durch Änderung der Verweilzeitverteilung des Gases (s. Kap. 9, S. 316) oder durch „Schlupf" des Gases führen. Dieser Verdünnungseffekt ist jedoch klein, wenn folgende Beziehung gilt[16]:

$$\frac{m_{\text{inert}}}{m_{\text{inert}} + m_{\text{Kat}}} \cdot \frac{d_p}{L\,e} < 4 \cdot 10^{-3}, \qquad (7.6)$$

e vorgegebene experimentelle Fehlergrenze (in %)

Eine Verdünnung kann aber auch in der Weise erfolgen (s. z. B.[17,18]), daß der Reaktor mit wechselnden Schichten aus Katalysator und Inertmaterial gefüllt wird (s. Abb. 7.11 b).

Abb. 7.11 Gewährleistung isothermer Verhältnisse durch Verdünnung der Katalysatorschüttung (●) mit Inertmaterial (○); **a** homogene Verteilung des Inertmaterials, **b** abschnittsweise Aufteilung des Reaktors in Schüttungen aus Katalysator und Inertmaterial

Die vorstehenden Überlegungen gelten analog auch für einen mit Zapfstellen versehenen Reaktor.

Bei einfachen Reaktionen des Typs $A_1 \rightarrow A_2$ kann der Reaktor auch adiabat betrieben werden, was eine vollständige Wärmeisolation erforderlich macht. In diesem Fall kann jeder Temperatur ein ganz bestimmter Umsatzgrad zugeordnet werden

$$T = T_0 + \Delta T_{\text{ad}} X_1. \qquad (7.7)$$

Die adiabate Temperaturerhöhung ΔT_{ad} ergibt sich über eine Wärmebilanz für das Reaktionssystem zu

$$\Delta T_{\text{ad}} = \frac{c_{1,0}(-\Delta H_{R,1})}{\bar{\varrho}\,\bar{c}_p}.$$

$c_{1,0}$ Anfangskonzentration der abreagierenden Komponente
$\Delta H_{R,1}$ Reaktionsenthalpie
$\bar{\varrho}$ mittlere Dichte der Reaktionsmischung
$\bar{c}_p$ mittlere Wärmekapazität der Reaktionsmischung.

Hierdurch wird die kinetische Auswertung erleichtert; gleichzeitig ist es möglich, sowohl die Aktivierungsenergie als auch den Häufigkeitsfaktor der Reaktion zu bestimmen.

Eine typische Versuchsanlage mit einem katalytischen Festbettreaktor ist beispielhaft in Abb. 7.12[19] dargestellt.

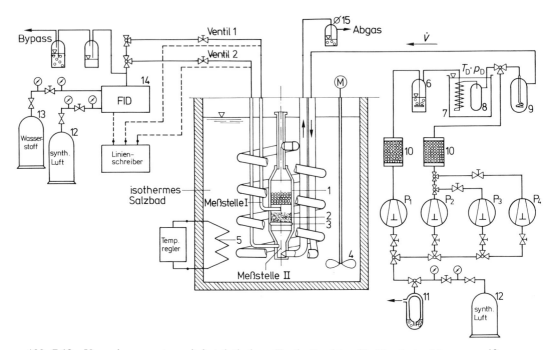

Abb. 7.12 Versuchsapparatur mit katalytischem Festbettreaktor für kinetische Messungen[19]
1 Festbettreaktor
2 Katalysatorschüttung
3 Glasfritte
4 Rührvorrichtung
5 Heizspirale
6 Waschflasche mit Frittenplatte PI
7 Dewargefäß
8 Kühlfalle
9 Mischgefäß
10 Aktivkohlefilter
P_1 bis P_4 Gasmischpumpen
11 Perlgefäß
12 Druckluftflasche
13 Wasserstoffflasche
14 Kohlenwasserstoff-Analysator
15 Waschflasche mit Wasservorlage
⋈ Absperrventil
⋈ Handregelventil
⋈ Dreiwegeabzweig

Gradientenfreie Reaktoren. Für die Ermittlung der Kinetik heterogen katalysierter Reaktionen werden in vielen Fällen kontinuierlich betriebene gradientenfreie Reaktoren eingesetzt, bei denen das Reaktionsgas wiederholt die Katalysatorschüttung durchströmt, bevor es den Reaktionsraum verläßt. Dabei sind die Strömungsbedingungen (Gasumwälzung) so zu gestalten, daß bei jedem Durchgang des Gases durch die Schüttung nur ein differentieller Umsatz erfolgt. Dies wird entweder durch „innere" oder „äußere" Gasumwälzung er-

1. Laborreaktoren

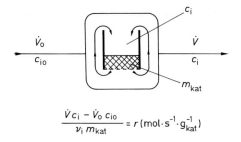

Abb. 7.13 Prinzip eines gradientenfreien Kreislaufreaktors mit Katalysatorschüttung

reicht, (s. Abb. 7.13 und 7.6b). Gegenüber dem katalytischen Rohrreaktor ist die konstruktive Realisierung des zugrundeliegenden Prinzips erheblich aufwendiger. Dieser Nachteil wird jedoch durch den Vorteil der Isothermie und die Möglichkeit, unmittelbar Reaktions- bzw. Stoffmengenänderungsgeschwindigkeiten zu messen, aufgehoben.

Einen Reaktor mit innerer Gasumwälzung (Typ Berty), die durch eine von einer Magnetkupplung angetriebenen Turbine erreicht wird, zeigt Abb. 7.14. Die lineare Gasgeschwindigkeit in der Katalysatorschüttung hängt von der Turbinendrehzahl und der Gasdichte ab[20]. Bei Umdrehungsgeschwindigkeiten zwischen 1500 bis 2500 Umdrehungen pro Minute und Drücken oberhalb 1 bis $2 \cdot 10^5$ Pa sind die Gasgeschwindigkeiten im allgemeinen hoch genug, um äußere Stoff- und Wärmetransportwiderstände für den Reaktionsablauf vernachlässigen zu können; dies konnte beispielsweise für die Oxidation von Buten zu Maleinsäurenanhydrid[21] und die Methanisierung von Kohlenmonoxid[22] bestätigt werden.

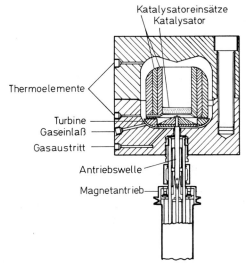

Abb. 7.14 Konstruktionsschema eines gradientenfreien Kreislaufreaktors mit Katalysatorschüttung (nach Berty[20])

Eine konstruktive Sonderform ist der von Carberry vorgeschlagene „Spinning Basket Reactor"[23]. Der den Katalysator enthaltende Korb, der in Einzelkammern unterteilt ist, dreht sich in einem zylindrischen Reaktionsraum (s. Abb. 7.15). Bei genügend hohen Umdrehungsgeschwindigkeiten können aufgrund der hohen Relativgeschwindigkeiten zwischen Gas und Katalysator wiederum Stoff- und Wärmeübergangswiderstände vernachlässigt werden. Der Einsatz dieses Reaktors kann jedoch nicht allgemein empfohlen werden: Durch die erforderlichen hohen Umdrehungsgeschwindigkeiten des Katalysatorkorbs entstehen bereits bei geringfügigen Abweichungen in der Packungsart und -dichte in den einzelnen Kammern des Korbes erhebliche Unwuchten, die schnell zu Lagerschäden der Antriebswelle führen können; gleichzeitig werden an den Katalysatorpellets erhebliche mechanische Kräfte wirksam, wodurch sie zerstört werden können. Schließlich kann bei stark viskosen Gasmischungen, die bei hohen Drücken zu erwarten sind, das Gas in rotierende Bewegung versetzt werden, was eine Verminderung der Stoff- und Wärmeübergangsgeschwindigkeiten zur Folge hat.

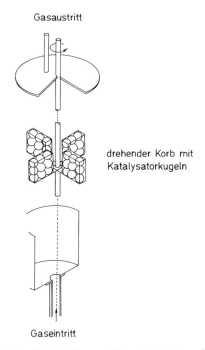

Abb. 7.15 Prinzip des „Spinning Basket Reactor" (nach Carberry[23])

Reaktoren mit äußerem Kreislauf (s. z. B.[24]) bieten den Vorteil, daß kondensierbare Produkte kontinuierlich aus dem umgewälzten Gas abgeschieden werden können, was unter Umständen aus experimentellen Gründen, z. B. Vermeidung der Abscheidung hochsiedender Kohlenwasserstoffe auf dem Katalysator bei der Fischer-Tropsch-Synthese[25], nützlich sein kann. Nachteilig kann gegenüber Reaktoren mit innerem Kreislauf das meist größere katalysatorfreie Volumen sein, in dem unerwünschte Homogenreaktionen ablaufen können. Das katalysatorfreie Volumen ist in dem von Luft[26] vorgeschlagenen gradientenfreien Reaktor mit Treibstrahlumwälzung sehr klein.

In allen vorgestellten Reaktoren kann experimentell leicht überprüft werden, ob ein Konzentrationsgradient der reagierenden Komponente zwischen Gas- und äußerer Katalysatoroberfläche vorliegt, durch den die Reaktionsgeschwindigkeit bei positiver Reaktionsordnung erniedrigt bzw. bei negativer Reaktionsordnung erhöht würde. Dazu wird die Reaktionsgeschwindigkeit bei konstantem Partialdruck der reagierenden Komponente in

1. Laborreaktoren

Abhängigkeit der Gasgeschwindigkeit bzw. der Umdrehungsgeschwindigkeit des Förderaggregats oder der Treibstrahlgeschwindigkeit gemessen; wird keine Beeinflussung der Reaktionsgeschwindigkeit beobachtet, liegt kein Gradient vor (s. Abb. 7.9b, S. 175).

Voraussetzung für das dem gradientenfreien katalytischen Reaktor mit innerer oder äußerer Gasumwälzung zugrundeliegende Auswertungsprinzip kinetischer Messungen ist, daß sich der Reaktor wie ein kontinuierlich betriebener idealer Rührkessel verhält und die Umsätze der reagierenden Komponente entlang der Katalysatorschüttung differentiell klein sind. Erste Hinweise auf das Rührkesselverhalten werden durch die Messung der Verweilzeitverteilung des strömenden Mediums erhalten (s. Kap. 9, S. 317ff.). Das Vorliegen von Umsätzen, die als differentiell anzusehen sind, kann auf zwei Wegen überprüft werden:

- Ist die Reaktion endotherm oder exotherm, wird eine Temperaturdifferenz ΔT_{gem} des Gases zwischen Anfang und Ende der Katalysatorschüttung gemessen. Kann der katalytisch wirksame Raum (Katalysatorschüttung) als adiabat angesehen werden, ergibt sich für die Änderung des Umsatzgrads ΔX bei einmaligem Durchgang durch die Schüttung aus Gl. (7.7)

$$\Delta X = \frac{\Delta T_{\text{gem.}}}{\Delta T_{\text{ad}}}. \tag{7.8}$$

Über ΔT_{gem} und die adiabatische Temperaturerhöhung ΔT_{ad}, die dem vollständigen Umsatz $X = 1$ einer Komponente A_1 im Reaktor entspricht, kann übrigens auch die Zahl der Durchgänge z des Gases durch die Schüttung und damit das Verhältnis $\dot{V}_{\text{Rück}}/\dot{V}$ für einen Gesamtumsatz X_a am Reaktorausgang abgeschätzt werden.

$$z = \frac{\dot{V}_{\text{Rück}} + \dot{V}}{\dot{V}} = \frac{X_a}{\Delta X} \tag{7.9}$$

Für das Rückführungsverhältnis φ ergibt sich somit

$$\varphi = \frac{\dot{V}_{\text{Rück}}}{\dot{V}} = \frac{X_a}{\Delta X} - 1. \tag{7.10}$$

Zur Erläuterung der Größen $\dot{V}$, $\dot{V}_{\text{Rück}}$, c_i, $c_{i,a}$ bzw. ΔX und X_a s. Abb. 7.6b, S. 168.

- Ist der durch das Förderaggregat rückgeführte Volumenstrom $\dot{V}_{\text{Rück}}$ bekannt, kann nach Gl. (7.10) die Größe ΔX ermittelt werden.

Der kleine Gradient ΔX in der Katalysatorschicht mit annähernd differentiellem Verhalten wird durch die Rückführung auf die größere, leichter meßbare Differenz zwischen $X = 0$ und $X = X_a$ verstärkt. Der gradientenfreie Reaktor mit Rückführung wird daher auch als Konzentrationsverstärker bezeichnet[27].

Katalysatordesaktivierung. Der gradientenfreie Reaktor eignet sich auch zur Ermittlung der Kinetik der Desaktivierung eines Katalysators (s. Kap. 4, S. 62), wenn die Konzentration der Schlüsselkomponente(n) i während dieses Vorgangs konstant gehalten wird („konzentrationsgeregelter gradientenfreier Kreislaufreaktor"). Die Aktivitätsfunktion $a(t)$ kann aus der gemessenen Stoffmengenänderungsgeschwindigkeit R_i ermittelt werden

$$a(t) = \frac{R_i(t)}{R_i(t=0)}. \tag{7.11}$$

Durch Differentiation dieser Funktion wird die Desaktivierungsgeschwindigkeit r_d erhalten,

$$r_\text{d} = -\frac{\mathrm{d}a(t)}{\mathrm{d}t} \tag{7.12}$$

deren Abhängigkeit von den sie beeinflussenden Größen entsprechend nachstehender Beziehung weiter untersucht werden kann.

$$-\frac{\mathrm{d}a(t)}{\mathrm{d}t} = k_\text{d}(T) \cdot g(p_\text{i}) \cdot f(a) \tag{7.13}$$

Einzelpelletdiffusionsreaktor. Der Einzelpelletdiffusionsreaktor, der schematisch in Abb. 7.16 dargestellt ist, ermöglicht es, in einem porösen Katalysatorpellet Diffusionsvorgänge und chemische Reaktion gleichzeitig, aber getrennt voneinander zu betrachten. Darüber hinaus ist er zur Ermittlung von Desaktivierungsmechanismen geeignet. Der Einzelpelletdiffusionsreaktor besteht aus zwei Kammern A und B, die durch das Katalysatorpellet voneinander getrennt sind. Kammer A wird kontinuierlich von der Reaktionsmischung durchströmt, während Gas zwischen den Kammern A und B nur durch Diffusion ausgetauscht werden kann. Im stationären Zustand stellen sich in beiden Kammern zeitlich konstante aber – wenn Porendiffusionshemmung vorliegt – unterschiedliche Konzentrationen ein; der Konzentrationsverlauf ist Abb. 7.17 zu entnehmen. Formal ist die Konzentration in Kammer B, die auch Zentrumsraum genannt wird, derjenigen gleich, die im Zentrum eines Katalysatorpellets doppelter Größe vorliegen würde, wenn dieses an beiden Stirnseiten mit der gleichen Reaktionsmischung beaufschlagt wäre. Kammer A wird im Hinblick auf die quantitative Behandlung des Einzelpelletdiffusionsreaktors entweder als Differentialreaktor oder als gradientenfreier Kreislaufreaktor betrieben. Die theoretischen Grundlagen des Einzelpelletdiffusionsreaktors werden nachfolgend erläutert; umfassendere Darstellungen sowie solche zu speziellen Einzelproblemen finden sich in der Literatur[28−32].

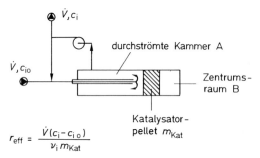

Abb. 7.16 Prinzip des Einzelpelletdiffusionsreaktors

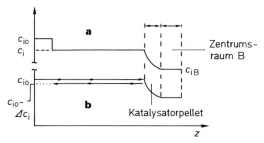

Abb. 7.17 Konzentrationsverlauf im Einzelpelletdiffusionsreaktor; **a** mit Gasrückführung (gradientenfreier Kreislaufreaktor), **b** ohne Gasrückführung (angenähert differentielles Verhalten: Δc_i)

Bei der folgenden Behandlung wird eine Reaktion des Typs
$$A_1 \to A_2$$
zugrundegelegt, deren Kinetik sich beispielsweise durch einen Potenzansatz der Form
$$r = k c_1^m$$
beschreiben läßt. Eine differentielle Stoffbilanz für das Katalysatorpellet (s. Abb. 7.17), das die Dicke L hat, führt im stationären Zustand zu (s. auch Kap. 6, S. 119ff.)

$$D^e \pi r_P^2 \frac{d^2 c_1}{dz^2} dz + \varrho_P S r_s \pi r_P^2 dz = 0. \tag{7.14}$$

ϱ_P scheinbare Dichte des Pellets (g·cm^{-3})
S spezifische innere Oberfläche des Pellets (cm^2·g^{-1})
r_s Reaktionsgeschwindigkeit (mol·s^{-1}·cm^{-2})
c_1 Konzentration der Komponente A_1 (mol·s^{-1}·cm^{-3})
r_P Radius des Pellets (cm)
D^e effektiver Porendiffusionskoeffizient (cm^2·s^{-1})
z Ortskoordinate (cm)

Nach Einführung dimensionsloser Größen

$$C' = \frac{c_1}{c_{1,g}}$$

$$Z' = \frac{z}{L}$$

$$r_s' = \frac{r_s}{r_s(c_{1,g})}$$

ergibt sich

$$\frac{d^2 C'}{d(Z')^2} + \frac{\varrho_P S L^2 r_s(c_{1,g})}{c_{1,g} D^e} r_s' = 0 \tag{7.15}$$

bzw. nach Einführung des Thiele-Moduls Φ

$$\Phi = L \sqrt{\frac{\varrho_P S r_s(c_{1,g})}{c_{1,g} D^e}} \tag{7.16}$$

$$\frac{d^2 C'}{d(Z')^2} + \Phi^2 r_s' = 0. \tag{7.17}$$

Die Randbedingungen zur Lösung dieser Beziehung lauten

$$Z' = 0 : C' = 1$$

$$Z' = 1 : \frac{dC'}{dZ'} = 0$$

Um C' in Abhängigkeit von Z' zu ermitteln, muß ein funktionaler Zusammenhang zwischen r_s und c_1 bekannt sein. Für eine Reaktion erster Ordnung ergibt sich

$$C' = \frac{\cosh \Phi (1 - Z')}{\cosh \Phi} \tag{7.18}$$

Durch Integration der örtlichen Reaktionsgeschwindigkeiten $r_s'(Z')$

$$r_s'(Z') = \frac{k_s C_1'(Z')}{k_s \cdot c_{1,g}} \tag{7.19}$$

über die gesamte Porenlänge von $Z' = 0$ bis $Z' = 1$ kann $r_{s,\text{eff}}'$ – diese Größe entspricht dem Katalysatorwirkungsgrad η – ermittelt werden.

$$r'_{s,\text{eff}} = \frac{r_{s,\text{eff}}}{r_s(c_{1,g})} = \eta = \frac{\tanh \Phi}{\Phi} \tag{7.20}$$

Da bei $Z' = 1$, d.h. im Zentrumsraum,

$$C' = \frac{1}{\cosh \Phi}$$

ist der Thiele-Modul und damit auch der Katalysatorwirkungsgrad unmittelbar aus der Zentrumsraumkonzentration $C'(Z' = 1)$ zugänglich. Über η kann nunmehr auch die Geschwindigkeitskonstante der chemischen Reaktion k_s mittels der gemessenen effektiven Reaktionsgeschwindigkeit $r_{s,\text{eff}}$ nach

$$\eta = \frac{r_{s,\text{eff}}}{r_s} = \frac{r_{s,\text{eff}}}{k_s c_{1,g}} \tag{7.21}$$

ermittelt werden. Über Gl. (7.16) ist dann auch gleichfalls der effektive Diffusionskoeffizient D^e zugänglich.

Wie Dougharty[33] sowie Hegedus und Petersen[34] gezeigt haben, ist der Einzelpelletdiffusionsreaktor auch anwendbar, um Vorstellungen über den Desaktivierungsmechanismus zu erhalten. Dazu ist es erforderlich, das Verhältnis der zu unterschiedlichen Zeiten ermit-

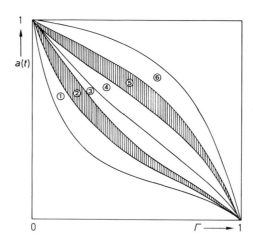

Abb. 7.18 Zusammenhang zwischen dimensionsloser Katalysatoraktivität und dimensionsloser Zentrumsraumkonzentration Γ (s. Gl. (7.22)) für eine Reaktion erster Ordnung bei unterschiedlichen Vergiftungsmechanismen[33, 34]

Bereich	Desaktivierungsmechanismus
1	Katalysatorgift im Edukt
2	a) Parallele Selbstvergiftung durch Edukt b) Selbstvergiftung durch Edukt und Produkt c) wie Bereich 1
3	wie 2b wie Bereich 1
4	wie 2b
5	Selbstvergiftung durch Produkt wie 2b
6	hypothetischer Fall: Katalysatorgift vom Pelletzentrum ausgehend

telten effektiven Reaktionsgeschwindigkeiten

$$r_{s,eff}(t)/r_{s,eff}(t=0) = a(t)$$

in Abhängigkeit einer normalisierten, relativen Zentrumsraumkonzentration Γ, die wie folgt definiert ist, zu betrachten.

$$\Gamma = \frac{C'_{1,x=1}(t) - C'_{1,x=1}(t=0)}{1 - C'_{1,x=1}(t=0)} \qquad (7.22)$$

Die für unterschiedliche Desaktivierungsmechanismen ableitbaren Zusammenhänge sind für eine Reaktion erster Ordnung in Abb. 7.18 dargestellt.

Instationär arbeitende Laborreaktoren. Kinetische Informationen über eine Reaktion können auch mit Hilfe von instationär betriebenen Reaktoren erhalten werden. Hierfür werden sowohl der katalytische Festbettreaktor und der gradientenfreie Kreislaufreaktor als auch sog. mikrokatalytische Reaktoren (Katalysatormenge: ca. 10 bis 1000 mg) eingesetzt. Eine spezielle Anwendung des katalytischen Festbettreaktors stellt die sog. Wellenfrontanalyse insbesondere zur Aufklärung mechanistischer Gesichtspunkte und zur Ermittlung kinetischer Parameter dar[35]. Bei diesen Reaktoren erfolgt eine zeitliche Änderung der Reaktandenkonzentrationen am Eingang, die wiederum eine Änderung am Reaktorausgang verursacht; aus dem Eingangssignal und der entsprechenden Antwort am Ausgang können die kinetischen Informationen abgeleitet werden. Das Prinzip dieser Betriebsweise eines Reaktors zur Ermittlung kinetischer Parameter wird am Beispiel von zwei mikrokatalytischen Reaktoren, dem „Pulsreaktor" und dem „gaschromatographischen Reaktor" erläutert.

– Pulsreaktor

Der in Abb. 7.19 dargestellte Pulsreaktor besteht definitionsgemäß aus dem katalytischen Reaktor und einer nachgeschalteten gaschromatographischen Trennsäule mit Detektor. Die Retentionszeit der betrachteten Komponente auf der gaschromatographischen Säule muß sehr groß gegenüber ihrer Verweilzeit im Reaktor sein, um im Detektor jeweils das Signal der umgesetzten und nichtreagierten Komponenten getrennt voneinander registrieren zu können. In einen inerten Trägergasstrom, der unter Umständen auch einen von zwei Reaktanden enthalten kann, wird kurzzeitig ein Puls des (zweiten) Reaktanden i gegeben. Aus dem am Reaktorausgang ermittelten Umsatzgrad X_i des eingegebenen Reaktanden kann unter Berücksichtigung der Form des Eingangspulses (z.B. Rechteck, Dreieck, Gaußsche Verteilung) für eine Reaktion, deren Kinetik beispielsweise einem Potenzansatz folgt,

$$r = k c_i^m$$

die kinetische Konstante prinzipiell ermittelt werden. Praktisch sind hier jedoch Grenzen

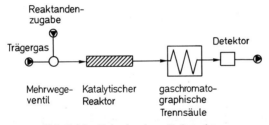

Abb. 7.19 Prinzip eines Pulsreaktors

gesetzt; diese sind im wesentlichen durch die sich örtlich und zeitlich entlang des Reaktors ändernden Partialdrücke bedingt, die von der Lage des Absorptionsgleichgewichts und dem Fortschritt der Reaktion abhängen. Die Berechnung der Partialdrücke und der Kontaktzeiten der Reaktanden wird dadurch außerordentlich kompliziert. Lediglich für eine monomolekulare Reaktion erster Ordnung lassen sich die quantitativen Zusammenhänge einfach auswerten, wie von Basset und Habgood[36] gezeigt werden konnte:

$$\ln \frac{1}{1 - X_i} = K_i k_i \frac{V_R}{\dot{V}} \qquad (7.23)$$

X_i Umsatzgrad
V_R gaschromatographisches Retentionsvolumen
$\dot{V}$ Volumenstrom des Gases
K_i Adsorptionskonstante
k_i Geschwindigkeitkonstante

Für von $m = 1$ abweichende Ordnungen der Reaktion wurden von Blanton et al.[37] numerische Lösungen als Abhängigkeit des Umsatzgrades X_i von einer dimensionslosen Geschwindigkeitskonstante

$$\hat{k} = \frac{V_R \varepsilon c_{i,0}^{m-1}}{\dot{V}} k \qquad (7.24)$$

ermittelt, wobei ε das relative freie Volumen der Katalysatorschüttung ist. Die Abhängigkeit $X_i = f(\hat{k})$ ist für verschiedene Reaktionsordnungen in Abb. 7.20 dargestellt. Um k und m einer Reaktion zu ermitteln, ist wie folgt vorzugehen:

1. X_i wird für verschiedene Werte von $c_{i,0}$ und $\dot{V}$ experimentell ermittelt.
2. Eine Reaktionsordnung m wird angenommen und X_i gegen die Größen $V_R \varepsilon c_{i,0}^{m-1}/\dot{V}$ aufgetragen.
3. Die erhaltene Kurve wird der Auftragung für dieselbe Reaktionsordnung der Abb. 7.20 überlagert. Die Schritte 2 und 3 werden solange mit anderen Werten für m wiederholt, bis Deckungsgleichheit erzielt ist.
4. Für einen gemessenen Umsatz wird aus dem Diagramm $\hat{k}$ abgelesen und hieraus mit dem Wert für $\dot{V}$ gemäß Gl. (7.24) k ermittelt.

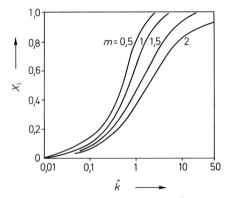

Abb. 7.20 Abhängigkeit des Umsatzgrades X_i von der dimensionslosen Geschwindigkeitskonstante $\hat{k}$ (Gl. (7.24)) in einem Pulsreaktor für verschiedene Reaktionsordnungen m

Werden solche Messungen bei verschiedenen Temperaturen durchgeführt, können auch der Häufigkeitsfaktor k_0 und die Aktivierungsenergie E bestimmt werden.

Hightower und Hall[38] haben entsprechende Lösungen für eine Langmuir-Hinshelwood-Kinetik abgeleitet; auch Lösungen für reversible Reaktionen und Reaktionsnetzwerke wurden in der Literatur beschrieben[39-43].

– Gaschromatographischer Reaktor
Bei dem in Abb. 7.21 schematisch dargestellten gaschromatographischen Reaktor stellt die katalytische Schüttung zugleich die gaschromatographische Trennsäule dar. Analog zum Pulsreaktor mit nachgeschalteter Trennsäule wird am Eingang des gaschromatographischen Reaktors ein Puls der reagierenden Komponente A_i in einen Trägergasstrom gegeben. Am Reaktorausgang werden hier jedoch die Momente der Elutionskurven von A_i gemessen; hieraus können Informationen über die Einzelgeschwindigkeiten der chemischen Reaktion, der Adsorption, des Stoffübergangs zwischen Gas und Katalysator sowie der Porendiffusion und schließlich über das Adsorptionsgleichgewicht und die axiale Vermischung des Gases erhalten werden. Die quantitative Behandlung des Zusammenwirkens aller Vorgänge ist außerordentlich komplex; es wird daher an dieser Stelle auf eine quantitative Darstellung verzichtet und lediglich auf einige ausgewählte, weiterführende Literaturstellen[43-46] verwiesen; eine reiche Literaturzusammenstellung findet sich in[47].

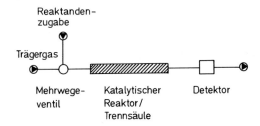

Abb. 7.21 Prinzip eines gaschromatographischen Reaktors

1.4.3 Laborreaktoren für Gas/Feststoff-Reaktionen

Kinetische Untersuchungen von Gas/Feststoff-Reaktionen haben zum Ziel, in einem Bereich der für die Reaktorberechnung vorgegebenen Bedingungen eine geeignete Modellvorstellung über den Reaktionsablauf und den jeweils geschwindigkeitsbestimmenden Schritt zu entwickeln (s. Kap. 6, S. 100) und die entsprechenden Parameter des kinetischen Ansatzes zu ermitteln. Die hierfür notwendigen Versuche werden am zweckmäßigsten mit einzelnen Feststoffpellets ausgeführt, die eine eindeutige Geometrie haben, um die Auswertung der Meßergebnisse zu erleichtern. Schüttungen bzw. Packungen von Feststoffpartikeln sind wegen der ungleichmäßigen Umströmung und der damit verbundenen asymmetrischen Abreaktion der Partikeln weniger geeignet. Für sehr feinkörniges Material, wie es beispielsweise in Wirbelschichtreaktoren eingesetzt wird, ist die Definition einer eindeutigen Teilchengröße oft nicht möglich; es können daher nur Mittelwerte des Teilchenkollektivs der quantitativen Auswertung zugrundegelegt werden. In Einzelfällen kann jedoch auch eine Wirbelschicht aus feinkörnigem Inertmaterial, in dem die reaktionsfähigen Partikeln verteilt sind, Vorteile für die kinetischen Messungen haben, wie weiter unten noch gezeigt wird.

Üblicherweise werden Reaktionsgeschwindigkeiten in der Weise gemessen, daß eine Feststoffpartikel mit strömendem Gas unter definierten Bedingungen (Konzentration und Temperatur) reagiert. Dabei wird der Reaktionsfortschritt meist in der Weise verfolgt, daß Änderungen der Eigenschaften des Feststoffes oder des Gases, das mit ihm in Kontakt war, betrachtet werden. Für den Feststoff wird dabei häufig seine Masse kontinuierlich gemessen oder es wird nach einem bestimmten Zeitpunkt das teilweise abreagierte Teilchen quantitativ chemisch analysiert. Die Gaszusammensetzung kann mit den üblichen Analysenmethoden wie Gaschromatographie, Infrarotspektroskopie usw. bestimmt werden.

Am gebräuchlichsten ist für die kinetischen Messungen die gravimetrische Methode, bei der sich ein einzelnes Pellet, aufgehängt an einem Waagebalken, in einem thermostatisierten Rohr befindet, das kontinuierlich von Reaktionsgas durchströmt wird. Eine solche Apparatur ist beispielhaft in Abb. 7.22 gezeigt. Anstelle der Waage kann auch eine Quarzfeder verwendet werden, deren von der Masse abhängige Ausdehnung mit einem Kathetometer verfolgt wird. Die Strömungsgeschwindigkeit des Reaktionsgases muß so bemessen sein, daß einerseits größere Stoffübergangswiderstände möglichst vermieden werden und andererseits die Funktionsweise der Waage nicht beeinträchtigt wird. Eine interessante Ausführungsform einer Waage zur Zurückdrängung von Transportwiderständen wurde von Massoth und Cowley[49] vorgeschlagen, die in das Reaktionsrohr einen magnetisch angetriebenen Rührer eingebracht hatten.

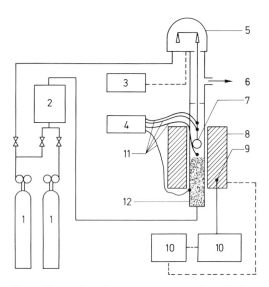

Abb. 7.22 Schematische Darstellung einer Apparatur zur gravimetrischen Messung des Reaktionsfortschritts einer Gas/Feststoff-Reaktion[48]; 1 Stahlflaschen für Reaktionsgase, 2 Strömungsmesser, 3 Registrierung der Feststoffmasse, 4 Temperaturregistrierung, 5 Waage, 6 Gasausgang, 7 reagierender Feststoff, 8 Ofen, 9 Thermoelement für 10 Temperaturregelung, 11 Thermoelemente, 12 Festbettschüttung zur Beruhigung der Gasströmung

Die Kinetik der Abreaktion eines feinkörnigen Feststoffes kann, wie bereits erwähnt wurde, auch in einem Wirbelschichtreaktor ermittelt werden[50]. Dazu wird eine kleine Menge der reaktionsfähigen Feststoffpartikeln in die Schicht aus inerten, fluidisierten Feststoffkörnern gegeben, und die Konzentration einer gasförmigen Schlüsselkomponente am Reaktorausgang gemessen. Aus der Konzentrations/Zeit-Abhängigkeit dieser Schlüsselkomponente kann die zu einem bestimmten Zeitpunkt abreagierte Menge an Feststoff und die

Geschwindigkeit seiner Abreaktion ermittelt werden [51]. Die Methode erfordert nur wenig apparativen Aufwand und ist einfach zu handhaben.

1.4.4 Laborreaktoren für Gas/Flüssig-Reaktionen

Bei Gas/Flüssig-Reaktionen sind neben der chemischen Reaktion sowohl die Geschwindigkeit des gasseitigen als auch des flüssigkeitsseitigen Stoffübergangs an der Phasengrenzfläche zu berücksichtigen. Laborreaktoren für Gas/Flüssigkeits-Reaktionen werden daher im allgemeinen nach folgenden Zielsetzungen eingesetzt:

a) Es ist die nicht durch Transportwiderstände beeinflußte chemische Kinetik (Mikrokinetik) zu ermitteln. Diese kann zur Entwicklung mechanistischer Vorstellungen über den Reaktionsablauf beitragen; insbesondere kann sie aber als Grundlage für die Auslegung technischer Gas/Flüssigkeits-Reaktoren dienen, wenn die Stofftransportvorgänge an der Phasengrenzfläche bekannt sind.

b) Die Makrokinetik wird in einem Laborreaktor gemessen, in dem die Fluiddynamik und die Austauschfläche zwischen den beiden Phasen bekannt sind, so daß chemische Reaktion und Stofftransportvorgänge rechnerisch voneinander getrennt werden können.

c) Die Makrokinetik des Absorptionsvorganges, die das Zusammenwirken von chemischer Reaktion und Stofftransportvorgängen umfaßt, ist unter hydrodynamischen Verhältnissen zu bestimmen, die den Bedingungen des technischen Reaktionsapparats entsprechen. Damit ist es dann möglich, das Verhalten des technischen Reaktors rechnerisch zu simulieren, ohne daß die Parameter der chemischen Kinetik und der Transportprozesse an der Phasengrenze im einzelnen bekannt sein müssen.

Um die Kinetik der chemischen Reaktion bei Gas/Flüssigkeits-Reaktionen unmittelbar zu bestimmen, dürfen Transportlimitierungen weder in der Gas- noch in der Flüssigkeitsgrenzschicht voliegen. Der gasseitige Stoffübergang verläuft im Vergleich zu dem auf der Flüssigkeitsseite erheblich schneller. Bei schnell verlaufenden chemischen Reaktionen besteht daher primär die Notwendigkeit, den flüssigkeitsseitigen Übergangskoeffizienten und die Austauschfläche zu erhöhen. Die erzielbaren Stoffübergangskoeffizienten und die spezifischen Austauschflächen für verschiedene Laborreaktoren sind in Tab. 7.1 zusammengestellt [52]. Hieraus wird deutlich, daß nur in wenigen Reaktortypen besonders hohe Stoff-

Tab. 7.1 Charakteristische Daten für Laborreaktoren zur Durchführung von Gas/Flüssigkeits-Reaktionen (nach [52]); k_g gasseitiger Stoffübergangskoeffizient, k_l flüssigkeitsseitiger Stoffübergangskoeffizient, a Stoffaustauschfläche/Reaktionsvolumen, A/V_l Stoffaustauschfläche/Flüssigkeitsvolumen

Reaktortyp	k_g (cm·s^{-1})	$10^2 k_l$ (cm·s^{-1})	a (cm^2·cm^{-3})	A/V_l (cm^2·cm^{-3})
Zylindrischer Fallfilm	0,2– 2,2	0,4 – 1,6	–	25–60
Kugelfallfilm	0,2– 2,2	0,5 – 1,6	–	20–60
Kugelstrangfallfilm	0,2– 6	0,4 – 1,6	–	20–60
Laminarstrahl	2,5–10	1,6 –16	–	20–80
Drehwalze	k.D.v.*	1,6 –36	–	100–1250
Rührkessel mit Phasentrennung [56, 57]	0,2–4	0,16– 2	–	0,002–0,54
Rührkessel mit Phasenvermischung [50]	k.D.v.*	50	50	k.D.v.*

* k.D.v. = keine Daten verfügbar

übergangskoeffizienten und spezifische Austauschflächen verwirklicht werden können. Es muß daher in jedem Einzelfall geprüft werden, welcher Laborreaktor für die Ermittlung der Mikrokinetik für eine bestimmte chemische Umsetzung geeignet ist.

Im folgenden werden verschiedene Laborreaktoren für Gas/Flüssigkeits-Reaktionen vorgestellt, die insbesondere den unter (a) und (b) genannten Gesichtspunkten Rechnung tragen. Für weiterführende Informationen wird auf die Monographien von Astarita[53], Danckwerts[54] und Shah[55] verwiesen.

Gradientenfreier Reaktor nach Manor und Schmitz[56]. In diesem kontinuierlich von Gas und Flüssigkeit durchströmten zylindrischen Reaktor wird die Flüssigkeit durch einen Rotor als sehr dünner Film auf der äußeren Reaktorwand verteilt, die als Kühl- oder Heizmantel dient. Die beiden Phasen können dabei als ideal vermischt angesehen werden, so daß experimentell unmittelbar Reaktionsgeschwindigkeiten gemessen werden können. Durch diese Betriebsweise werden außerordentlich hohe k_1- bzw. $k_1 a$-Werte erzielt (s. Tab. 7.1). Dieser Reaktor ist daher in vielen Fällen geeignet, von Transportvorgängen unbeeinflußte kinetische Messungen durchzuführen.

Reaktoren mit definierten Phasengrenzflächen und fluiddynamischen Verhältnissen. In den letzten 30 Jahren wurden mehrere Laborreaktoren entwickelt und eingehend in ihrem Verhalten untersucht, bei denen eine geometrisch eindeutig definierte Phasengrenzfläche vorliegt und in denen die fluiddynamischen Verhältnisse für beide Phasen weitgehend eindeutig definiert sind. Mit diesen Reaktoren ist es daher möglich, trotz einer eventuellen Limitierung der Geschwindigkeit der chemischen Reaktion durch Transportvorgänge, Informationen über die chemische Kinetik zu erhalten, wie unter (b) beschrieben wurde. Zu diesem Typ von Gas/Flüssigkeits-Reaktoren gehören der rotierende Trommelabsorber[57], der Bandabsorber[58], der Scheibenstrangabsorber[59], der Einzelkugel- und Kugelstrangreaktor[60], der Fallfilmabsorber[61], der Laminarstrahlabsorber[53] sowie schließlich der Rührzellenabsorber[62, 63]. Von diesen Reaktoren sollen die vier letztgenannten beispielhaft eingehender erläutert werden.

Der Fallfilm-, der Laminarstrahl- sowie der Einzelkugel- und Kugelstrangreaktor weisen verschiedene Gemeinsamkeiten auf. Sie sind insbesondere zur Ermittlung der Kinetik sehr schneller chemischer Reaktionen geeignet, die nur an der Phasengrenzfläche ablaufen. Besteht auf der Gasseite keine Stoffübergangshemmung, was beispielsweise durch den Einsatz eines Gases, das nur aus der reagierenden Komponente besteht, ohne Schwierigkeit erreichbar ist, und liegt die reaktionsfähige Flüssigkeitskomponente in großem Überschuß vor, so daß ihre Konzentration in der Phasengrenzfläche und im Flüssigkeitskern gleich groß ist, kann die chemische Kinetik in einfacher Weise abgeleitet werden. Solche Reaktionen, deren Kinetik auf die geschilderte Weise ermittelt wurde, können dann verwendet werden, um die Stoffaustauschflächen von Gas/Flüssigkeits-Reaktoren, z. B. Boden- und Füllkörperkolonnen, zu ermitteln. Aber auch wenn Stoffübergangshemmung auf der Gasseite vorliegt, kann dies bei der kinetischen Auswertung berücksichtigt werden, da der Stoffübergangskoeffizient aufgrund der weitgehend definierten Strömungsverhältnisse im Gas berechnet werden kann.

1. *Laminarer Fallfilmabsorber.* Eine schematische Darstellung dieses Apparats zeigt Abb. 7.23; der Bereich der experimentell verwirklichten Austauschflächen und Flüssigkeitsverweilzeiten liegt bei 10 bis 100 cm² bzw. 0,1 bis 1 s. Beim Betrieb dieses Reaktors sind für die Flüssigkeit Ein- und Auslaufeffekte sowie Wellenbildung zu berücksichtigen.

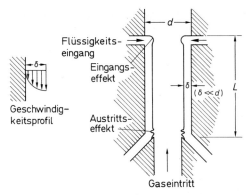

Abb. 7.23 Schematische Darstellung eines Fallfilmabsorbers[55]

Die Filmdicke δ sowie die Verweilzeit τ_s der strömenden Flüssigkeit auf ihrer Oberfläche, die zur Auswertung kinetischer Messungen bekannt sein müssen, können wie folgt berechnet werden [53, 54].

$$\delta = \sqrt[3]{\frac{3 v_1 \dot{V}_1}{\pi d g}} \qquad (7.25)$$

$$\tau_s = \frac{2}{3} L \sqrt[3]{\left(\frac{\pi d}{\dot{V}_1}\right)^2 \frac{3 v_1}{g}} \qquad (7.26)$$

Bei der Berechnung von τ_s wurde berücksichtigt, daß die Oberflächengeschwindigkeit der Flüssigkeit das 1,5fache der mittleren Geschwindigkeit beträgt.

2. *Laminarstrahlabsorber.* Der Laminarstrahlabsorber, der schematisch in Abb. 7.24 dargestellt ist, zeichnet sich durch einfache mathematische Behandlung (zylindrischer Strahl mit einheitlicher Strömungsgeschwindigkeit über den Strahlquerschnitt) und die Möglichkeit aus, die experimentellen Bedingungen durch Änderung des Flüssigkeitsstroms und der Strahllänge über einen großen Bereich zu variieren (Austauschfläche: 0,3 bis 10 cm²; Flüssigkeitsverweilzeit: 0,01 bis 1 s). Ähnlich wie beim Fallfilmabsorber sind auch hier Störeffekte im Eintrittsbereich und am Ende des Strahls zu berücksichtigen[54]. Für die Flüssig-

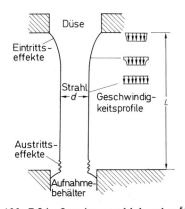

Abb. 7.24 Laminarstrahlabsorber[55]

keitsverweilzeit (Absorptionszeit) ergibt sich

$$\tau_s = \frac{\pi d^2 L}{4 \dot V_1} \qquad (7.27)$$

Für den flüssigkeitsseitigen Stoffübergangskoeffizienten k_1 wird bei physikalischer Absorption ohne Reaktion erhalten [53]

$$k_1 = \frac{4}{\pi d} \sqrt{\frac{D_i \dot V_1}{L}} \qquad (7.28a)$$

oder bei Einführung der dimensionslosen Sherwood-, Graetz- und Lewis-Kennzahlen

$$Sh = \sqrt{\frac{4}{\pi}} \sqrt{Gz} \sqrt{Le} \qquad (7.28b)$$

mit $Sh = k_1 d/D_i$, $Gz = \bar u d^2/aL$, $Le = a/D_i$.

Interessant ist der Umstand, daß das Produkt aus k_1 und der Austauschfläche $A = \pi d L$ und damit auch die Absorptionsgeschwindigkeit unabhängig vom Strahlradius ist.

3. *Einzelkugel- und Kugelstrangabsorber.* Beim Einzelkugelabsorber (s. Abb. 7.25) treten Störeffekte in geringerem Maße als bei den zuvor erläuterten Apparaten auf [53]. Die theoretische Behandlung, die auf Lynn et al. [60] zurückgeht, ergibt für die Absorptionszeit τ_s und den physikalischen Stoffübergangskoeffizienten k_1

$$\tau_s = \sqrt[3]{\frac{v_1 \pi^2 d^5}{9g \dot V_1^2}} \int_0^\pi \sin^{0,33} \alpha \, d\alpha \qquad (7.29)$$

$$k_1 = \sqrt{D_i} \sqrt[6]{\frac{9g \dot V_1^2}{64 \pi^5 d^5 v_1}} \int_0^\pi \frac{\sin \alpha \, d\alpha}{\left[\int_0^\alpha \sin^{0,33} \alpha \, d\alpha\right]^{0,5}} \qquad (7.30)$$

Die Integrale in den Gl. (7.29) und (7.30) haben die Zahlenwerte 2,58 Gl. (7.29) und 2,10 (7.30). Der Kugelstrangabsorber kann quantitativ als eine Serie von hintereinandergeschalteten Einzelkugelabsorbern behandelt werden. Er bietet die Möglichkeit, einen Rieselbettabsorber für die durch einen festen Kontakt katalysierte Umsetzung von Gas und Flüssigkeit zu simulieren.

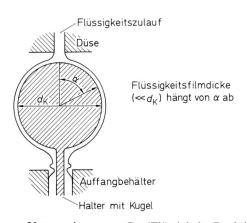

Abb. 7.25 Kugelabsorber zur Untersuchung von Gas/Flüssigkeits-Reaktionen [55]

4. *Rührzellenabsorber.* Der Rührzellenabsorber, der ursprünglich von Danckwerts und Gillham[62] vorgeschlagen und von Levenspiel und Godfrey[63] weiterentwickelt wurde, kann hinsichtlich der flüssigen und gasförmigen Phase, die als völlig vermischt, also gradientenfrei anzusehen sind, kontinuierlich oder diskontinuierlich betrieben werden. In Abb. 7.26 ist ein solcher Reaktor dargestellt. Dieser Apparat kann auch für Gas/Flüssigkeitsreaktionen mit suspendiertem Feststoff (Katalysator) verwendet werden. Durch Variation der Rührgeschwindigkeit im Gas- und im Flüssigkeitsraum können die Stoffübergangskoeffizienten und durch die Wahl der offenen Fläche der Phasentrennplatte die Phasengrenzfläche unabhängig voneinander gewählt werden.

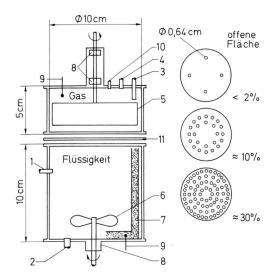

Abb. 7.26 Rührzellenabsorber mit definierter gradientenfreier Phasengrenzfläche[63]; 1 Flüssigkeitseintritt, 2 Flüssigkeitsaustritt, 3 Gaseintritt, 4 Gasaustritt, 5 Turbine zur Gasdurchmischung, 6 Propellerrührer für Flüssigkeitsdurchmischung, 7 Leitbleche, 8 Lager und Dichtungen, 9 Thermoelemente, 10 Manometeranschluß, 11 Trennplatte Gas/Flüssigkeit

2. Auswertung kinetischer Daten

Bei der Ermittlung kinetischer Zusammenhänge und der Erstellung eines kinetischen Modells für eine chemische Reaktion sind ausgehend von Versuchsergebnissen, die in einem Labor-Reaktor, in einem halbtechnischen oder technischen Reaktor gewonnen werden, folgende Aufgaben zu lösen.

– Aufstellung geeigneter Funktionen f zur Beschreibung der Abhängigkeit einer Größe y (hier der Geschwindigkeit einer Reaktion r, oder deren Umsatzgrad X als zeitliches Integral der Geschwindigkeit) von dem Vektor der frei wählbaren unabhängigen Variablen x, (hier den Konzentrationen c_i oder den Partialdrücken p_i, der Temperatur T, dem Druck p, der Katalysatorkonzentration usw.). Dies wird als kinetische Modellierung bezeichnet (bzw. als Modelldiskriminierung, wenn verschiedene Modelle zur Auswahl stehen).

– Ermittlung der kinetischen Modellparameter, wie Reaktionsordnung, Geschwindigkeitskonstanten und Gleichgewichtskonstanten für die gewählte Funktion, damit eine quantitative Beschreibung des experimentellen Befundes möglich ist. Dies wird Parameterschätzung genannt.

Vielfach ist mit diesen beiden Schritten verbunden:

- eine sog. Signifikanzanalyse, bei der festgestellt wird, welche der denkbaren Variablen x für eine hinreichend genaue Beschreibung des Prozesses notwendig bzw. ausreichend sind.

Handelt es sich um eine komplexe Reaktion, so kommt zu diesen Schritten noch ein weiterer Schritt hinzu,

- die Ermittlung der Struktur des Reaktionsschemas.

2.1 Klassische Methoden

Bei der Aufstellung des Reaktionsschemas komplexer Reaktionen ist neben der Stöchiometrie (Kap. 2) und der Thermodynamik (Kap. 3) vor allem das Konzentrations-Zeit-Diagramm der Gesamtumsetzung von Nutzen, aus dem sich erkennen läßt, ob Teilreaktionen nebeneinander (parallel) oder nacheinander (konsekutiv) ablaufen, bzw. ob reversible Reaktionen vorliegen.

Die Ermittlung der zutreffenden Geschwindigkeitsgleichung für jede der einzelnen Teilreaktionen kann auf zwei verschiedenen Wegen erfolgen.

Bei der Differentialmethode benutzt man die Geschwindigkeitsgleichung in der Form

$$r = f(c, T), \tag{7.31}$$

wobei c bedeutet, daß r von mehreren Konzentrationen abhängen kann (Vektor), während bei der Integralmethode die integrierte Form der Geschwindigkeitsgleichung

$$c_i = g(c, T, t) \tag{7.32}$$

zum Vergleich von Meßdaten und Modellgleichung benutzt wird.

Vom praktischen Standpunkt aus hat jede der beiden Methoden ihre Vor- und Nachteile. In der Regel ist die Differentialmethode mit geringerem mathematischen Aufwand verbunden und genereller anwendbar. Ihr Nachteil ist aber, daß die Reaktionsgeschwindigkeit r nur mit größerem experimentellen Aufwand (in Differentialreaktoren oder gradientenlosen Reaktoren) direkt meßbar ist oder häufig erst aus einem (in einem Integralreaktor ermittelten) Konzentrations-Zeit-Diagramm durch eine (natürlich auch fehlerbehaftete) graphische oder numerische Differentiation ermittelt werden muß.

Die Bestimmung der besten Parameter, aber auch die Auswahl der zutreffenden Geschwindigkeitsgleichung wird ganz allgemein wesentlich erleichtert, wenn es gelingt, die gemessenen Abhängigkeiten zwischen den Variablen in linearer Form darzustellen und durch geeignete versuchstechnische Maßnahmen die komplexe Abhängigkeit des kinetischen Modells von allen Variablen einzuschränken, indem man z. B. isotherme Messungen durchführt und/oder zunächst nur Anfangsreaktionsgeschwindigkeiten auswertet und so eine Abhängigkeit (Funktion und/oder Parameter) nach der anderen bestimmt. Erst in weiteren Schritten (Mehrstufenstrategie) wird man dann auch den Einfluß der Produktkonzentrationen und der Temperatur auf die Reaktionsgeschwindigkeit ermitteln und in dem Modell berücksichtigen. Bei heterogen-katalytischen Reaktionen ist unter Umständen noch die Alterungsfunktion des Katalysators zu berücksichtigen.

2.1.1 Einfache Reaktionen

Hängt die Reaktionsgeschwindigkeit, wie bei Dehydrierungen, Spaltreaktionen usw. neben der Temperatur nur von der Konzentration eines einzigen Reaktanden ab, oder kann sie wie z. B. bei der Ammoniak-, Schwefeltrioxid- und Methanol-Synthese oder der Kohlenoxid-Konvertierung mit Hilfe der Stöchiometrie für eine vorgegebene Anfangszusammensetzung des Reaktionsgemisches durch den Konzentrationsverlauf eines einzigen Reaktanden (mit anderen Worten einer einzigen Reaktionslaufzahl) eindeutig beschrieben werden, so genügt für praktische Zwecke der Reaktorplanung oft ein Geschwindigkeits-Temperatur-Diagramm mit dem sog. Vorumsatz als Parameter, ohne daß eine Geschwindigkeitsgleichung entwickelt werden muß.

Da in den meisten praktischen Fällen die Reaktionsgeschwindigkeit aber von mehr als zwei unabhängigen Variablen abhängt, ist es in der Regel das Ziel jeder kinetischen Untersuchung, aus den Versuchsdaten eine Geschwindigkeitsgleichung der Form $r = f(c, T, \ldots)$ aufzustellen, entweder auf rein empirische oder besser auf mechanistische Weise unter Benutzung aller Überlegungen der voraufgegangenen Kapitel. Letzteres hat den Vorteil, daß auch in gewissem Umfang über den untersuchten Variablenbereich hinaus extrapoliert werden kann.

Zur Ermittlung einer zutreffenden Geschwindigkeitsgleichung wird man entsprechend dem Typ der betreffenden Reaktion (homogen, heterogen, katalytisch usw.)

a) als Hypothese eine oder mehrere mögliche Modellgleichungen formulieren und

b) mit Hilfe bestimmter Kriterien zur Modellauswahl durch Vergleich mit den Meßwerten prüfen, welche der Modellgleichungen den experimentellen Befund am besten wiedergeben kann.

Derartige Kriterien sind:

– die Druck- oder Konzentrationsabhängigkeit der (Anfangs-)Reaktionsgeschwindigkeit,
– die Konstanz von Parameterwerten, unabhängig von den Einstellwerten der Variablen (leicht erkennbar z. B. bei einer Darstellung der Meßwerte in Linearform),
– die Temperaturabhängigkeit der Parameterwerte entsprechend dem Arrheniusansatz, über einen hinreichend großen Temperaturbereich,
– die minimale Abweichung zwischen berechneten und gemessenen Reaktionsgeschwindigkeiten oder Konzentrations-Zeit-Verläufen,
– ein der physikalischen Grundvorstellung entsprechendes Vorzeichen der Modellparameter.

Die Parameterschätzwerte der Modellgleichungen können bei den klassischen Auswertemethoden entweder graphisch oder numerisch bestimmt werden. Dazu formt man die Modellgleichung in eine Linearform um und bestimmt Ordinatenabschnitt und Steigung der durch die Meßwerte fixierten Geraden, oder benutzt Regressionsmethoden wie sie in Abschn. 2.2 (s. S. 215 ff.) noch eingehender diskutiert werden.

Differentialmethode (Geschwindigkeits-Konzentrations-Diagramm)

Sofern es sich um eine irreversibel ablaufende Reaktion handelt, deren Geschwindigkeitsgleichung einem einfachen Potenzansatz

$$r = k \cdot c_i^m \tag{7.33}$$

entspricht bzw. logarithmiert

$$\log r = \log k + m \cdot \log c_i \qquad (7.34)$$

ist leicht einzusehen, daß eine Auftragung des Logarithmus der Reaktionsgeschwindigkeit r gegen den Logarithmus der Konzentration c (s. Abb. 7.27) eine Gerade ergeben muß, deren Steigung der Exponent m, also die Ordnung der Reaktion bezüglich des Reaktanden i ist und deren Ordinatenabschnitt dem Logarithmus der Geschwindigkeitskonstanten entspricht.

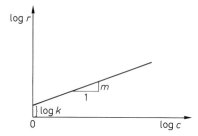

Abb. 7.27 Bestimmung der Reaktionsordnung und der Geschwindigkeitskonstante für eine einfache, nach einem Potenzgesetz ablaufende Reaktion

---

Beispiel 7.1. Sulfurylchlorid zerfällt nach der Gleichung

$$SO_2Cl_2 \longrightarrow SO_2 + Cl_2$$

Bei einer Temperatur von 552 K und konstantem Volumen wurden folgende Wertepaare von Reaktionszeit und zunehmendem Gesamtdruck gemessen:

t (min)	0	3,4	15,7	28,1	41,1	54,5	68,3	82,4	98,3
Gesamtdruck (kPa)	42,92	43,32	44,65	45,99	47,32	48,65	49,99	51,32	52,65

Gesucht ist die Ordnung der Zerfallsreaktion.

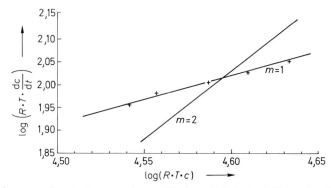

Abb. 7.28 Bestimmung der Reaktionsordnung für den Zerfall des Sulfurylchlorids

Lösung: Aus der Reaktionsgleichung folgt, daß für ein Mol zerfallendes Sulfurylchlorid zwei Mol Reaktionsprodukte entstehen. Damit ist die Konzentration des noch vorhandenen Sulfurylchlorids c — die Gültigkeit des idealen Gasgesetzes vorausgesetzt – gegeben durch die Beziehung

$$c = \frac{n}{V} = \frac{p_0 - (p - p_0)}{RT} = \frac{2p_0 - p}{RT}.$$

Trägt man also die berechneten Werte von $(2p_0 - p)$ gegen t auf, so erhält man aus der Steigung dieser Kurve die Zerfallsgeschwindigkeit als Funktion der noch vorhandenen Konzentration an Sulfurylchlorid und daraus nach dem oben geschilderten Verfahren die Ordnung der Reaktion.

t (min)	0	3,4	15,7	28,1	41,1	54,5	68,3	82,4	98,3
p (kPa)	42,92	43,32	44,65	45,99	47,32	48,65	49,99	51,32	52,65
$2p_0 - p$ (kPa)	42,92	42,52	41,19	39,86	38,52	37,19	35,86	34,52	33,19

t (min)	$-\dfrac{\Delta(2p_0 - p)}{\Delta t} = RT \cdot \dfrac{dc}{dt}$	Ordinate $-\log\left(RT \cdot \dfrac{dc}{dt}\right)$	Abszisse $\log(2p_0 - p) = \log(RT \cdot c)$
0	$112{,}66 \cdot 10^{-3}$	2,0518	4,6327
20	$107{,}07 \cdot 10^{-3}$	2,0297	4,6098
40	$101{,}48 \cdot 10^{-3}$	2,0064	4,5869
60	$95{,}90 \cdot 10^{-3}$	1,9818	4,5641
80	$90{,}32 \cdot 10^{-3}$	1,9558	4,5414

Aus dem Vergleich der in Abb. 7.28 eingetragenen Meßpunkte mit den beiden Geraden mit der Steigung $m = 1$ und $m = 2$ ergibt sich, daß der Zerfall des Sulfurylchlorids – vorbehaltlich einer Nachprüfung mittels der integrierten Geschwindigkeitsgleichung – nach 1. Ordnung verläuft.

Bei reversiblen Reaktionen bestimmt man zunächst nur die Anfangsreaktionsgeschwindigkeit in mehreren Versuchen mit verschiedener Anfangskonzentration des vergehenden Reaktanden, weil auf diese Weise der Einfluß der Reaktionsprodukte auf die Geschwindigkeit ausgeschlossen werden kann.

Auch bei einem hyperbolischen Geschwindigkeitsgesetz z. B. der Form

$$r = \frac{k \cdot p_i}{1 + K \cdot p_i} \tag{7.35}$$

kann man durch die Umformung

$$\frac{p_i}{r} = \frac{1}{k} + \frac{K}{k} \cdot p_i \tag{7.36}$$

zu einer linearen Darstellung kommen (s. Abb. 7.29), aus der sich die Parameter k und K bestimmen lassen.

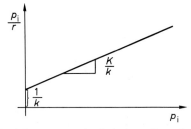

Abb. 7.29 Bestimmung der Reaktionsparameter bei einem hyperbolischen Geschwindigkeitsgesetz

Bezüglich weitergehender mathematischer Probleme, wie Wahl der Einstellungen für die unabhängigen Variablen, Änderung der Fehlerverteilungen usw., sei auf die Spezialliteratur verwiesen (z. B.[67,73]).

Beispiel 7.2. Distickstoffmonoxid zersetzt sich unter dem katalytischen Einfluß von Platin nach der Gleichung

$$2\,N_2O \longrightarrow 2\,N_2 + O_2$$

Folgende Messungen wurden bei 741 K und konstantem Druck von 95 kPa ausgeführt[73]:

Zeit t (s)	315	750	1400	2250	3450	5150
p_{O_2} (mm Hg)	10	20	30	40	50	60
p_{N_2O} (mm Hg)	85	75	65	55	45	35
$\dfrac{1}{r} = -\dfrac{dt^*}{dp_{N_2O}}$	26,7	55,9	73,1	97,7	142,8	196,0

Lösung. Es ist anzunehmen, daß entweder der Sauerstoff allein oder auch Sauerstoff und Stickstoffmonoxid zusammen am Platin adsorbiert werden. Es sollen daher die den beiden Möglichkeiten entsprechenden einfachsten Geschwindigkeitsgleichungen geprüft werden.

$$r = -\frac{dp_{N_2O}}{dt} = \frac{k \cdot p_{N_2O}}{1 + K_{N_2O} \cdot p_{N_2O} + K_{O_2} \cdot p_{O_2}}$$

$$r = -\frac{dp_{N_2O}}{dt} = \frac{k \cdot p_{N_2O}}{1 + K_{O_2} \cdot p_{O_2}}$$

Formt man die beiden Gleichungen so um, daß eine **lineare** Abhängigkeit von den beiden Partialdrücken erhalten wird, so ist

$$y = \frac{p_{N_2O}}{r} = \frac{1 + K_{N_2} \cdot p_{N_2} + K_{O_2} \cdot p_{O_2}}{k} = A + Bp_{N_2O} + Cp_{O_2} \tag{I}$$

und

$$y = \frac{p_{N_2O}}{r} = \frac{1 + K_{O_2} \cdot p_{O_2}}{k} = A' + B' \cdot p_{O_2} \tag{II}$$

Zur numerischen Bestimmung der Konstanten in Gl. (I) führt man (statt nach Augenschein die beste Gerade durch die nach Abb. 7.29 aufgetragenen Meßpunkte zu legen), eine Parameterschätzung nach der Methode der kleinsten Fehlerquadrate[64] durch (s. auch Abschn. 2.2.1, S.216), nach der die Parameter A, B und C durch Minimierung des Ausdruckes

$$\sum_{i=1}^{n} (A + Bp_{N_2O} + Cp_{O_2} - y)^2 \stackrel{!}{=} \text{Min}$$

bestimmt werden. Durch partielle Differentiation nach A, B und C für das Minimum ergeben sich die drei Bestimmungsgleichungen (lineares Gleichungssystem):

$$nA + B\sum_{i=1}^{n} p_{N_2O} + C\sum_{i=1}^{n} p_{O_2} - \sum_{i=1}^{n} y = 0$$

$$A\sum_{i=1}^{n} p_{N_2O} + B\sum_{i=1}^{n} p_{N_2O}^2 + C\sum_{i=1}^{n} p_{O_2} \cdot p_{N_2O} - \sum_{i=1}^{n} p_{N_2O} \cdot y = 0$$

$$A\sum_{i=1}^{n} p_{O_2} + B\sum_{i=1}^{n} p_{N_2O} \cdot p_{O_2} + C\sum_{i=1}^{n} p_{O_2}^2 - \sum_{i=1}^{n} p_{O_2} \cdot y = 0$$

---

* berechnet aus der Steigung der $p_{N_2O}t$-Kurve bzw. aus einer Stützstellenformel für 6 Punkte

2. Auswertung kinetischer Daten

In Tab. 7.2 sind aus den Messungen die Werte der betreffenden Ausdrücke berechnet und die Summen gebildet.

Tab. 7.2 Zahlenwerte für die lineare Regression

t (s)	p_{O_2} (mm Hg)	p_{N_2O} (mm Hg)	$1/r$	$y = p_{N_2O}/r$	$p_{N_2O}^2$	$p_{O_2} \cdot p_{N_2O}$	$p_{O_2}^2$	$p_{N_2O} \cdot y$	$p_{O_2} \cdot y$
315	10	85	26,7	2270	7200	850	100	193000	22700
750	20	75	55,9	4191	5600	1500	400	314000	83800
1400	30	65	73,1	4752	4230	1950	900	309000	143000
2250	40	55	97,7	5374	3030	2200	1600	296000	215000
3450	50	45	142,8	6426	2020	2250	2500	289000	321000
5150	60	35	196,0	6660	1220	2100	3600	240000	412000
$\sum_{i=1}^{n}$	210	360	–	29673	23300	10850	9100	1641000	1197500

Nach Einsetzen dieser Summen lauten die drei Gleichungen:

$$6A + 360B + 210C - 29673 = 0$$
$$360A + 23300B + 10850C - 1641000 = 0$$
$$210A + 10850B + 9100C - 1197500 = 0$$

Die Lösung ergibt für Fall I

$$A = 38940 \qquad B = -391,3 \qquad C = -360,5$$

Da der negative Wert für B und C eine negative Adsorptionskonstante bedeuten würde, was nach der Langmuirschen Theorie nicht sinnvoll ist, wird Gl. (I) ausgeschieden.

Für Gl. (II) ist analog

$$nA' + B' \cdot \sum_{i=1}^{n} p_{O_2} - \sum_{i=1}^{n} y' = 0$$

$$A' \sum_{i=1}^{n} p_{O_2} + B' \cdot \sum_{i=1}^{n} p_{O_2}^2 - \sum_{i=1}^{n} p_{O_2} y' = 0$$

$$6A' + 210B' - 29673 = 0$$
$$210A' + 9100B' - 1197000 = 0$$

woraus folgt

$$A' = \frac{1}{k} = 1790 \qquad B' = \frac{K_{O_2}}{k} = 90,4$$
$$k = 0,00056 \qquad K_{O_2} = B' \cdot k = 0,0506$$

Somit ist als brauchbare Geschwindigkeitsgleichung festgestellt:

$$r = \frac{0,00056 \cdot p_{N_2O}}{1 + 0,0506 \cdot p_{O_2}}.$$

Bei Meßdaten heterogen-katalytischer Oberflächenreaktionen besteht eine Schwierigkeit darin, daß man ihnen wegen des komplexen Zusammenwirkens mehrerer Teilschritte (Adsorption, Oberflächenreaktion, Desorption) nicht ohne weiteres ansehen kann, welches der mögliche Geschwindigkeitsgesetze für die betreffende Reaktion als geeignetes Modell benutzt werden sollte (s. Kap. 4, S. 51 ff.). In einem solchen Falle gewinnt das Problem der Modell-Diskriminierung größere Bedeutung.

Diese umfangreiche Arbeit wird dadurch erleichtert, daß man wieder in einer Zweistufenstrategie zunächst nur die Anfangsreaktionsgeschwindigkeiten der betreffenden Reaktion unter verschiedenen Bedingungen betrachtet. Für diesen Fall ist das jeweilige Geschwindigkeitsgesetz einfacher, weil die Konzentrationen der Endprodukte noch Null sind, die entsprechenden Terme der Geschwindigkeitsgleichung wegfallen und die Anzahl der möglichen Geschwindigkeitsgleichungen drastisch reduziert wird.

Mit der aus isothermen Versuchen ermittelten Abhängigkeit der Anfangsreaktionsgeschwindigkeit vom Gesamtdruck hat man bei heterogen-katalytischen Gasphasereaktionen zudem ein ausgezeichnetes Hilfsmittel zur Auffindung (des geschwindigkeitsbestimmenden Schrittes und damit) der zweckmäßigen Form einer Brutto-Geschwindigkeitsgleichung an der Hand, weil die Anfangsgeschwindigkeit, je nach dem als entscheidend angesehenen Teilschritt, bei den verschiedenen Reaktionstypen in recht charakteristischer Weise vom Gesamtdruck bzw. dem Partialdruck eines Reaktanden bei konstantem Gesamtdruck abhängt[65] (s. Abb. 7.30).

Wie diese Abhängigkeiten zustandekommen, sei an der Reaktion $A_1 + A_2 \rightarrow$ Produkte (die hier keine Rolle spielen) für den Fall, daß die beiden Reaktanden im Ausgangsgemisch in äquimolarer Menge vorliegen, d.h. $p_1 = p_2 = \frac{1}{2} p$, erklärt:

Wenn die Oberflächenreaktion zwischen adsorbiertem A_1 und nichtadsorbiertem A_2 der geschwindigkeitsbestimmende Schritt der Gesamtumsetzung ist, so kann man nach den in Kap. 4 (s. S. 52 ff.) angegebenen Methoden Gl. (7.37) für die Anfangsgeschwindigkeit ableiten

a) $\quad r_0 = \dfrac{k \cdot \dfrac{1}{4} \cdot p^2}{1 + \dfrac{1}{2} \cdot K_1 \cdot p} = \dfrac{a \cdot p^2}{(1 + b \cdot p)}.$ \hfill (7.37)

Wenn dagegen die Adsorption von A_1 entscheidend ist, so ergibt sich

b) $\quad r_0 = \dfrac{k \cdot \dfrac{1}{2} \cdot p}{1 + \dfrac{1}{2} \cdot K_1 \cdot p} = \dfrac{a' \cdot p}{(1 + b' \cdot p)}.$ \hfill (7.38)

Ist schließlich die Desorption der Produkte geschwindigkeitsbestimmend, so wird

c) $\quad r_0 = \dfrac{k \cdot \dfrac{1}{4} \cdot p^2}{1 + \dfrac{1}{2} \cdot K_1 \cdot p + \dfrac{1}{4} \cdot K_3 \cdot K \cdot p^2} = a''$ \hfill (7.39)

sofern $K \gg K_1, K_2$ und $\frac{1}{4} K_3 K p^2 > 1$.

Im Falle a ergibt sich bei niedrigen Drücken ein quadratischer Anstieg von r_0 mit p und bei hohen Drücken ein linearer Anstieg von r_0, im Falle b bei niedrigen Drücken ein linearer

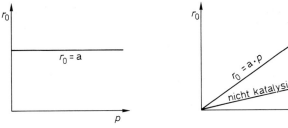

Desorption eines Produktes
geschwindigkeitsbestimmend

Adsorption von A_1 oder A_2
geschwindigkeitsbestimmend
wobei A_2 oder A_1 nicht adsorbiert
oder nicht anwesend ist

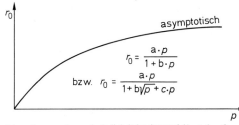

Adsorption von A_1 geschwindigkeitsbestimmend $(A_1 + A_2 \rightleftharpoons)$
Adsorption von A_2 geschwindigkeitsbestimmend $(A_1 + A_2 \rightleftharpoons)$
Oberflächenreaktion geschwindigkeitsbestimmend $(A_1 \rightleftharpoons A_3$ bzw. $A_2 \rightleftharpoons)$
Desorption eines Produktes geschwindigkeitsbestimmend $(K = \rightleftharpoons)$

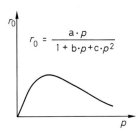

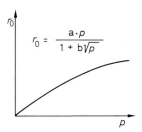

Oberflächenreaktion geschwindigkeitsbestimmend $A_1 \rightleftharpoons A_3 + A_4$)
Adsorption von A_1 geschwindigkeitsbestimmend mit Dissoziation $(A_1 + A_2 \rightleftharpoons A_3 + A_4)$

Adsorption von A_2 geschwindigkeitsbestimmend mit Dissoziation von A_1 $(A_1 + A_2 \rightleftharpoons)$

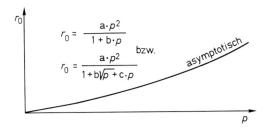

Oberflächenreaktion geschwindigkeitsbestimmend (A_2 nicht adsorbiert)
$(A_1 + A_2 \rightleftharpoons A_3)$: Stoß von A_1 geschwindigkeitsbestimmend (A_1 nicht adsorbiert)
$(A_1 + A_2 \rightleftharpoons A_3)$: Oberflächenreaktion geschwindigkeitsbestimmend (A_1 dissoziiert, A_2 nicht adsorbiert) $(A_1 + A_2 \rightleftharpoons)$

Abb. 7.30 Die Druckabhängigkeit der Anfangsgeschwindigkeiten einer isotherm durchgeführten Reaktion vom Typ $A_1 + A_2 \rightarrow$ Produkte (A_3) für verschiedene geschwindigkeitsbestimmende Teilschritte

Anstieg, bei hohen ein konstantes r_0 und im Falle c ist r_0 für den ganzen Druckbereich konstant.*

Um eine endgültige Auswahl zu treffen, werden dann in einer zweiten Stufe die verbleibenden Geschwindigkeitsgleichungen vollständig, d. h. einschließlich der Glieder für die Reaktionsprodukte formuliert und nach einer geeigneten Transformation in Linearform daraufhin geprüft, welche von ihnen die geringste Abweichung gegenüber den experimentell gemessenen Reaktionsgeschwindigkeiten für Bildung und Verbrauch sämtlicher Reaktanden ergibt.

Integralmethode (Konzentrations-Zeit-Diagramm)

Hat man bereits gewisse Hinweise auf den Typ der Geschwindigkeitsgleichung, so kommt man nach der Integralmethode häufig schneller zum Ziel. Dazu mißt man die Konzentration eines oder mehrerer Reaktanden oder Produkte, als Funktion der Reaktionsdauer und setzt die erhaltenen Werte in die integrierte Geschwindigkeitsgleichung ein. Aus jeweils zwei Konzentrationswerten bzw. aus einer Konzentration oder der Anfangskonzentration berechnet man dann die gesuchten Parameterwerte. Alternativ kann man natürlich auch wieder graphisch vorgehen mit einer Darstellung in Linearform, genau wie bei der Differentialmethode. Diejenige Geschwindigkeitsgleichung, bei der für alle Meßwerte die beste Konstanz der k-Werte erreicht wird bzw. die beste Anpassung an die Linearform, entspricht der wahrscheinlichsten Modellgleichung.

Dabei ist es sehr wichtig, verschiedene Versuchsserien mit unterschiedlichen Anfangskonzentrationen auszuwerten, damit Fehlschlüsse über die Reaktionsordnung vermieden werden. Das Resultat ist nur dann zuverlässig, wenn die Meßwerte mindestens bis zu 80% Umsatz mit der aus der Geschwindigkeitsgleichung erhaltenen Konzentrations-Zeit-Kurve übereinstimmen. Die Methode ist zu wenig empfindlich, um eine ganzzahlige von einer gebrochenen Reaktionsordnung zu unterscheiden bzw. ganz allgemein, um komplexe Reaktionsabläufe zu erkennen.

Die Konzentrations-Zeit-Kurve einer einzigen homogenen Reaktion, die dem Potenzansatz folgt, kann z. B. für sämtliche Reaktionsordnungen als Gerade dargestellt werden, wenn jeweils bestimmte Auftragungen gewählt werden. Aus der allgemeinen Geschwindigkeitsgleichung

$$-\frac{dc}{dt} = k \cdot c^m \qquad (V = \text{const.})$$

ergibt sich durch Integration für $c = c_0$ bei $t = 0$ (s. Kap. 4, S. 37)
für $m = 1$

$$\ln c - \ln c_0 = -k \cdot t \tag{7.40}$$

und für $m \neq 1$

$$\left(\frac{1}{c}\right)^{m-1} - \left(\frac{1}{c_0}\right)^{m-1} = (m-1) k \cdot t \tag{7.41}$$

---

* Bei heterogen katalytischen Flüssigphasereaktionen ergeben sich ganz analoge Abhängigkeiten von der Konzentration (bzw. dem Stoffmengenanteil) der Reaktanden.

Trägt man daher $\ln c$ bzw. $(1/c)^{m-1}$ gegen t auf, so ergibt sich für das richtige m eine lineare Darstellung der Konzentrations-Zeit-Kurve, aus deren Steigung der k-Wert zu berechnen ist (Abb. 7.31).

Das graphische Verfahren hat den Vorteil, daß sich „Ausreißer" in den Meßpunkten leicht erkennen lassen! Bei der Darstellung der Meßwerte ist es vorteilhaft, die Koordinatenmaßstäbe so zu wählen, daß die Gerade eine Steigung von etwa 45° erhält und daß die Fehler noch gut sichtbar bleiben. Wegen des großen Einflusses, den schon geringe Fehler haben, sollte man die Anfangs- und Endwerte nicht mit zu großem Gewicht belegen.

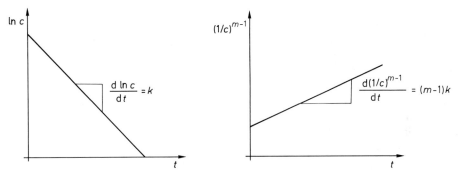

Abb. 7.31 Lineare Darstellung der Konzentrations-Zeit-Kurve für verschiedene Reaktionsordnungen

---

Beispiel 7.3. Bei der thermischen Zersetzung von Acetyldehyd in homogener Dampfphase bei 750 K nach der Gleichung

$$CH_3CHO \longrightarrow CH_4 + CO$$

wurden folgende Werte (s. Tab. 7.3) des mit der Zeit abnehmenden Partialdruckes des Acetaldehyds gefunden.

Tab. 7.3 Mit der Zeit abnehmender Partialdruck des Acetaldehyd

t (min)	p_{CH_3CHO} (kPa)	$\log p_{CH_3CHO}$	$1/p_{CH_3CHO}$ ($\cdot 10^{-2}$)
0	28,33	1,45219	3,53
4,0	26,91	1,43997	3,72
8,6	25,50	1,40655	3,92
13,8	24,07	1,38155	4,15
19,7	22,66	1,35528	4,41
26,5	21,25	1,32732	4,71
33,9	19,82	1,29714	5,04
42,8	18,41	1,26502	5,43
45,4	17,00	1,23034	5,88

Durch lineare Darstellung der Konzentrations-Zeit-Kurve ist die Ordnung der Reaktion zu bestimmen.

Lösung:

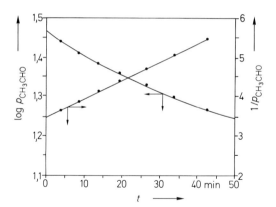

Abb. 7.32 Graphische Bestimmung der Reaktionsordnung der thermischen Zersetzung von Acetaldehyd

Die Reaktion verläuft offensichtlich nach zweiter Ordnung.

Numerisch würden für eine derartige Analyse zwei Meßpunkte, bzw. ein Meßpunkt und der Anfangs- bzw. Endwert der Umsetzung ausreichen, doch wird man hier die Parameterschätzung ebenfalls wieder auf der Basis möglichst vieler Meßwerte durchführen, um so den Meßfehler auszugleichen. Grundsätzlich sollte die Berechnung der Geschwindigkeitskonstanten niemals auf einem einzigen Versuch beruhen, selbst wenn dieser Versuch durch wiederholte Messungen belegt ist. Es ist vielmehr ratsam, mehrere Versuche mit unterschiedlicher Anfangskonzentration durchzuführen.

In gleicher Weise läßt sich die Integralmethode auch auf hyperbolische Geschwindigkeitsgesetze anwenden. Werden die Versuche – wie dies bei heterogen-katalytischen Oberflächenreaktionen meist der Fall ist – in einem kontinuierlich betriebenen Integralreaktor ausgeführt, dann gilt (s. Kap. 9, S. 298)

$$\frac{m_{Kat.}}{\dot{n}} = \int_1^{1-x} \frac{d(1-X)}{r} = \tau_{mod}, \tag{7.42}$$

wobei τ_{mod} eine modifizierte fluiddynamische Verweilzeit und $1 - X$ der Restanteil der abreagierenden Komponenten ist.

Beispiel 7.4. zeigt die Anwendung der Integralmethode für diesen Fall.
Für die Reaktion

$$A_1 + A_2 \rightleftarrows A_3 + A_4$$

bei alleiniger Adsorption von A_1 und A_2 am Kontakt kann man die entsprechende Geschwindigkeitsgleichung

$$r = \frac{k(p_1 p_2 - p_3 \cdot p_4/K)}{(1 + K_1 p_1 + K_2 p_2)} \tag{I}$$

integrieren zu einem Ausdruck für den Restanteil in einem isothermen Integralreaktor als Funktion der modifizierten Verweilzeit $m_{Kat}/\dot{n}$

$$\frac{m_{Kat}}{\dot{n}} = \int_1^{1-X} \frac{d(1-X)}{r} = \int_1^f \frac{(1+K_1 p_1 + K_2 p_2) df}{k(p_1 p_2 - p_3 p_4/K)} \quad \text{(II)}$$

wobei $f = (1-X) = p_1/p_{10}$ ist. Trennt man den Bruch unter dem Integralzeichen in

$$\frac{m_{Kat}}{\dot{n}} = \int_1^f \frac{df}{k(p_1 p_2 - p_3 p_4/K)} + \int_1^f \frac{K_1 p_1 df}{k(p_1 p_2 - p_3 p_4/K)} + \int_1^f \frac{K_2 p_2 df}{k(p_1 p_2 - p_3 p_4/K)}, \quad \text{(III)}$$

so kann man für die hier vorliegende Reaktion aus der Anfangszusammensetzung ($p_{10}, p_{20}, p_{30}, p_{40}$), dem Gesamtdruck p und der bekannten Stöchiometrie alle Partialdrücke als Funktion des Restanteils f ausdrücken. Es gilt dann z. B. mit $p_{10} = p_{20}$, $p_{30} = p_{40} = 0$ und $p = 10^5$ Pa

$$\frac{m_{Kat}}{\dot{n}} = 4a \underbrace{\int_1^f \frac{df}{(1-f)^2 - f^2/K}}_{I_1} + 2b \underbrace{\int_1^f \frac{(1-f) df}{(1-f)^2 - f^2/K}}_{I_2} + 2c \underbrace{\int_1^f \frac{(1-f) \cdot df}{(1-f)^2 - f^2/K}}_{I_3}. \quad \text{(IV)}$$

Die Werte der Integrale erhält man durch Auftragung der Ausdrücke unter dem Integralzeichen gegen f als Fläche unter der jeweiligen Kurve (s. Abb. 7.33)

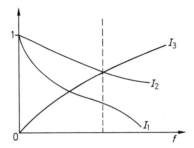

Abb. 7.33 Graphische Integration der Ausdrücke in Gl. (IV)

Mit dem vom Versuch her bekannten $m_{Kat}/\dot{n}$ und den Werten der Integrale für die bei den verschiedenen Versuchspunkten erhaltenen Restanteile f lassen sich dann a, b und c und damit die einzelnen Konstanten der Geschwindigkeitsgleichung bestimmen. Um die „besten" Konstanten zu finden, wendet man wieder die Methode der kleinsten Fehlerquadrate (s. dazu Kap. 7, S. 216) an. Da die Integralwerte für entsprechende f-Werte berechnet werden können, kann man dabei auch direkt die – hier mit $I_1(f)$, $I_2(f)$ und $I_3(f)$ bezeichneten – Integrale als Funktion von f benutzen und die Ausgleichsrechnung nach

$$D^2 = \sum_n (4a I_1(f) + 2b I_2(f) + 2c I_3(f) - (m_{Kat}/\dot{n}(f)))^2 \stackrel{!}{=} \underset{a, b, c}{\text{Minimum}} \quad \text{(V)}$$

durchführen, um die Konstanten zu bestimmen.

Temperaturabhängigkeit der kinetischen Parameter

Bisher wurde nur der Einfluß der Konzentrationen auf die Reaktionsgeschwindigkeit behandelt und stillschweigend vorausgesetzt, daß die Temperatur bei der Umsetzung konstant bleibt (isotherme Bedingungen). Untersucht man nun weiter die Temperaturabhängigkeit der Reaktionsgeschwindigkeit einfacher Reaktionen, so findet man, daß bei fast allen Reaktionen die Geschwindigkeit mit steigender Temperatur stark zunimmt, weil mit steigender Temperatur die Kollisionsenergie beim Zusammenstoß von Molekülen wächst, d. h. der Reaktionserfolg schneller eintritt. Als grober Richtwert für einfache homogene

Reaktionen gilt, daß bei einer Erhöhung der Temperatur um ca. 10 K die Reaktionsgeschwindigkeit etwa doppelt so groß wird.

In guter Näherung ist der Logarithmus der Reaktionsgeschwindigkeitskonstanten eine lineare Funktion der reziproken absoluten Temperatur. Diese Abhängigkeit wurde erstmals 1889 durch Arrhenius zunächst rein formal in der nach ihm benannten Gleichung ausgedrückt

$$\frac{d\ln k}{dT} = \frac{E}{RT^2} \tag{7.43}$$

bzw. integriert (unter der Voraussetzung, daß E seinerseits nicht temperaturabhängig ist)

$$\ln k = -\frac{E}{RT} + \text{const.} \tag{7.44}$$

oder entlogarithmiert

$$k = k_0 \cdot \exp\left(-\frac{E}{RT}\right). \tag{7.45}$$

Diese Gleichung gibt die Temperaturabhängigkeit der Reaktionsgeschwindigkeitskonstanten einfacher homogener Reaktionen meist so gut wieder, daß beim Auftreten von starken Abweichungen mit großer Sicherheit auf eine komplexe oder heterogen verlaufende Reaktion geschlossen werden kann.

In der Arrhenius-Gleichung bedeutet die Konstante E die sogenannte Aktivierungsenergie der Reaktion (J/mol) und k_0 den präexponentiellen Faktor ($(\text{mol/l})^{1-m} \cdot \text{min}^{-1}$), auch Stoßfaktor oder Aktionskonstante genannt.

In dem praktisch meist interessierenden relativ engen Temperaturbereich kann man die Aktivierungsenergie stets mit genügender Genauigkeit als konstant ansehen. Die experimentelle Bestimmung der Aktivierungsenergie kann graphisch oder numerisch erfolgen.

Zur graphischen Bestimmung trägt man die bei mehreren Temperaturen ermittelten Geschwindigkeitskonstanten in einem Diagramm $\log k$ gegen $1/T$ auf. Alle Meßpunkte müssen dann nach der Beziehung von Arrhenius auf einer Geraden

$$\log k = \log k_0 - 0{,}4343 \cdot \left(\frac{E}{RT}\right)$$

mit der Steigung $-0{,}4343\,(E/R)$ liegen.

Numerisch läßt sich die Aktivierungsenergie aus k-Wert-Messungen bei zwei verschiedenen Temperaturen ermitteln. Es gilt dann

$$k_1 = k_0 \cdot \exp\left(-\frac{E}{RT_1}\right)$$

und

$$k_2 = k_0 \cdot \exp\left(\frac{-E}{RT_2}\right)$$

bzw. logarithmiert

$$\ln k_1 = \ln k_0 - \frac{E}{RT_1}$$

und

$$\ln k_2 = \ln k_0 - \frac{E}{RT_2}$$

also

$$\ln k_1 + \frac{E}{RT_1} = \ln k_2 + \frac{E}{RT_2},$$

d.h.

$$E = \frac{8{,}313 \cdot T_1 \cdot T_2}{T_1 - T_2}(\log k_1 - \log k_2). \qquad [\text{J} \cdot \text{mol}^{-1}] \qquad (7.46)$$

Diese einfache numerische Methode hat gegenüber der graphischen den Nachteil, daß Fehlmessungen schwieriger auszugleichen sind. Sie empfiehlt sich also nur bei sehr exakten Messungen. Die übliche Genauigkeit bei der Bestimmung der Aktivierungsenergie einer Reaktion beträgt etwa $\pm 4 \,\text{kJ} \cdot \text{mol}^{-1}$.

Beispiel 7.5. Die Kinetik der homogenen Gasphasereaktion zwischen Methan und Schwefeldampf nach der Gleichung

$$\text{CH}_4 + 2\,\text{S}_2 \longrightarrow \text{CS}_2 + 2\,\text{H}_2\text{S}$$

ist im Temperaturbereich von 823–948 K untersucht worden. Die Meßwerte ließen sich durch eine Geschwindigkeitsgleichung für eine Reaktion zweiter Ordnung genügend genau korrelieren, wobei für die Geschwindigkeitskonstante k folgende Werte gefunden wurden:

T (K)	$k\,(\text{l} \cdot \text{mol}^{-1} \cdot \text{s}^{-1})$
823	1,1
848	1,9
873	3,0
948	6,4

Aus diesen Werten ist sowohl rechnerisch als auch graphisch die Aktivierungsenergie der Reaktion zu bestimmen.

Lösung: Für die Ermittlung der Aktivierungsenergie werden die Reziprokwerte der absoluten Temperaturen und die Logarithmen der Geschwindigkeitskonstanten benötigt.

T (K)	$1/T\,(\text{K}^{-1})$	$\log k$
823	$1{,}215 \cdot 10^{-3}$	0,0414
848	$1{,}179 \cdot 10^{-3}$	0,2788
873	$1{,}145 \cdot 10^{-3}$	0,4771
898	$1{,}114 \cdot 10^{-3}$	0,8062

Nach Gl. (7.46) ergibt sich aus den Werten für 823 K und 898 K die Aktivierungsenergie zu

$$E = \frac{4{,}575 \cdot 898 \cdot 823}{898 - 823}(0{,}8062 - 0{,}0414)$$

$$= 34\,400 \,\text{cal} \cdot \text{mol}^{-1} = 144{,}5 \,\text{kJ} \cdot \text{mol}^{-1}.$$

Trägt man $\log k$ gegen $1/T$ auf (s. Abb. 7.34), so erhält man als Steigung

$$-\frac{0{,}375}{0{,}05 \cdot 10^{-3}} = -0{,}4343 \left(\frac{E}{1{,}986}\right)$$

also übereinstimmend

$$E = 34400 \, \text{cal} \cdot \text{mol}^{-1} = 144{,}5 \, \text{kJ} \cdot \text{mol}^{-1}$$

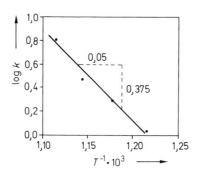

Abb. 7.34 Die graphische Ermittlung der Aktivierungsenergie für die Reaktion
$CH_4 + 2 S_2 \rightarrow CS_2 + 2 H_2S$

2.1.2 Komplexe Reaktionen

Im Unterschied zur kinetischen Analyse einer einzigen Reaktion wird die Aufklärung komplexer Reaktionen dadurch kompliziert, daß vor bzw. zusätzlich zur Modellauswahl und Parameterschätzung auch noch die Struktur des Reaktionsschemas ermittelt werden muß. Es ist herauszufinden, welche Reaktionen parallel und welche konsekutiv ablaufen. Stöchiometrie (Kap. 2) und Thermodynamik (Kap. 3) liefern dazu mit den Schlüsselreaktionen und dem Hinweis auf die Reversibilität nur sehr begrenzte Teilinformationen.

Das wichtigste Hilfsmittel zur Klärung der Struktur des Reaktionsschemas ist das experimentell bestimmte Konzentrations-Zeit-Diagramm aller Reaktanden (s. Abb. 7.35). Es unterscheidet sich charakteristisch, je nach dem, welcher Grundtyp komplexer Reaktionen vorliegt.

Ein proportionaler Konzentrationsverlauf mehrerer Reaktanden deutet auf Parallelreaktionen, ein Maximum im Konzentrationsverlauf ist typisch für eine Reaktionsfolge und eine Restkonzentration auch nach langer Reaktionszeit läßt ein Gleichgewicht vermuten.

Grundsätzlich läßt sich folgendes Schema für eine systematische Analyse komplexer Reaktionen angeben:

– Aus der Stöchiometrie und der Thermodynamik der Reaktion sowie der allgemeinen Kenntnis über den Ablauf chemischer Reaktionen zusammen mit dem experimentell ermittelten Konzentrations-Zeit-Diagramm wird man ein möglichst einfaches Reaktionsschema annehmen.

– Mit Hilfe der in Kap. 2 (S. 16, Gl. (2.12)) angegebenen Bilanzbeziehungen werden für dieses Schema Ausdrücke für die Konzentrationsänderungen aller Reaktanden

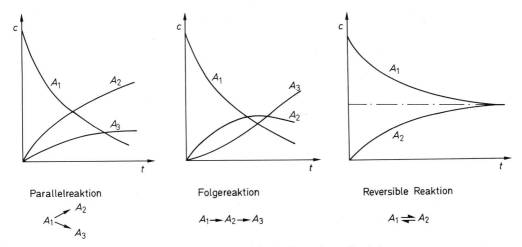

Abb. 7.35 Konzentrations-Zeit-Diagramme typischer komplexer Reaktionen

$dn_i/(V \cdot dt)$ aufgestellt, wobei (eventuell verschiedene) plausible Ansätze (Potenzansatz, hyperbolischer Ansatz) für jede Teilreaktion gemacht werden, an welcher der betreffende Reaktand teilnimmt (s. hierzu auch Kap. 4, S. 33 ff.).

- Nach der Differentialmethode werden die direkt experimentell bestimmten oder durch Differentiation der Konzentrations-Zeit-Kurven erhaltenen Werte $dn_i/(V \cdot dt)$ mit diesen Ansätzen verglichen, wobei die oben genannten Auswahlkriterien hilfreich sind.
- Nach der Integralmethode werden die gemessenen Konzentrations-Zeit-Kurven mit den integrierten Bilanzgleichungen für verschieden gewählte bzw. nach einer Optimierstrategie verbesserte Parameterwerte angepaßt.

Wenn die Übereinstimmung nicht befriedigt, ist dies ein Zeichen, daß das angenommene Reaktionsschema das Reaktionsgeschehen nicht genau genug wiedergibt, z.B. weil ein geschwindigkeitsbestimmender Teilschritt übersehen, oder ein falscher Geschwindigkeitsausdruck für einen wesentlichen Teilschritt gewählt wurde. In diesem Fall muß das hypothetische Reaktionsschema durch spekulative Überlegungen verbessert werden, und zwar so lange, bis die berechneten und gemessenen Zusammenhänge genügend genau übereinstimmen.

Beim Vergleich der Meßergebnisse mit den Beziehungen für die Konzentrationsänderung der Reaktanden wird man vorteilhaft wieder einen Teil der Variablen mit Hilfe der Stöchiometrie bzw. durch Einführung dimensionsloser Umsatzvariablen (Reaktionslaufzahlen) eliminieren (s. Kap. 2, S. 7).

Doch ist auch dann die erforderliche Integration des Systems simultaner Differentialgleichungen für die Konzentrationsänderung der Reaktanden, mit denen das Reaktionsgeschehen beschrieben wird, nur selten geschlossen möglich und man ist auf numerische (seltener graphische) Näherungslösungen angewiesen, was häufig noch spezielle Probleme numerischer Art (Konvergenz, Stabilität) mit sich bringt.

Eine wichtige experimentelle Voraussetzung dafür, daß diese Vorgehensweise zum Erfolg führt, ist, daß wirklich sämtliche analytisch faßbare Komponenten des Reaktionsgemisches erfaßt sind. Das ist dann der Fall, wenn die Massenbilanz über Edukte und Produkte bzw. die Elementenbilanzen (C, H, O usw.) eines Versuches praktisch zu 100% aufgehen, d.h., wenn der Versuch bilanzierbar ist.

Eine 100 %ige Erfüllung der Bilanzen wird man wegen der immer vorhandenen Meßfehler nie erreichen, aber andererseits ist der Versuch, Experimente mit mehr als $\pm 10\%$ Bilanzdefekt auszuwerten, meist vergeudete Zeit!

Ferner wird man auch den Einfluß verschiedener Mengenverhältnisse der Reaktanden auf die Gesamtumsetzungsgeschwindigkeit feststellen und schließlich untersuchen, inwieweit sich das Bild bei einer Änderung der Reaktionstemperatur verschiebt. Um bei dem komplexen Geschehen eindeutige Aussagen machen zu können, kommt der isothermen Durchführung der Versuche eine noch größere Bedeutung zu als bei einfachen Reaktionen, weil nur so eine leidlich einfache Auswertung möglich ist.

Ein wichtiges Hilfsmittel ist auch hier wieder die Methode der Anfangsgeschwindigkeiten zur Zeit $t = 0$, weil sich auf diese Weise der Einfluß der Reaktionsprodukte eliminieren läßt und weil vor allem zur Zeit $t = 0$ die Konzentrationen der einzelnen Reaktanden am genauesten bekannt sind. Ebenso wird man versuchen (z.B. nach der sog. Überschußmethode), den Einfluß einzelner Reaktanden isoliert zu studieren, indem man für alle anderen Reaktanden einen so großen Überschuß wählt, daß deren Konzentrationen sich während der Umsetzungen praktisch nicht ändern und mit in die Konstanten einbezogen werden können.

Für die Ermittlung der Geschwindigkeitsgesetze der einzelnen Teilreaktionen wird man vorteilhaft die Meßergebnisse nicht nur in einem Konzentrations-Zeit-Diagramm, sondern auch noch in einem Geschwindigkeits-Zeit- bzw. Geschwindigkeits-Konzentrations-Diagramm darstellen, da dieses das Geschwindigkeitsgesetz oft leichter erkennen läßt (s. Abschn. 2.1.1. Differentialmethode, S. 195).

Alle diese verschiedenartigen Erkenntnisse muß man bei der Formulierung eines möglichen Reaktionsschemas berücksichtigen und abschließend prüfen, ob die aus dem angenommenen Schema abgeleiteten Geschwindigkeitsgleichungen mit dem experimentellen Befund übereinstimmen. Hat sich eine derartige Übereinstimmungen ergeben, so ist dies aber noch keine sichere Bestätigung dafür, daß die Reaktion wirklich nach dem postulierten Schema abläuft. Oft führen ganz verschieden formulierte Reaktionsschemata zu derselben Geschwindigkeitsgleichung. Umgekehrt kann ein experimentell gefundener Reaktionsablauf innerhalb der immer vorhandenen Fehlergrenzen durch zwei ganz verschiedene Geschwindigkeitsgleichungen gleich gut wiedergegeben werden. Aus alledem geht hervor, daß die Aufklärung des wahren Reaktionsmechanismus stets eine Angelegenheit spezieller Untersuchungen sein wird, die über rein kinetische Messungen hinausgehen.

Andererseits wird für reaktionstechnische Berechnungen lediglich eine hinreichend genaue mathematische Beschreibung benötigt.

Man wird sich daher oft schon mit einfacheren Geschwindigkeitsgleichungen begnügen, sofern diese den experimentell gefundenen Umsatzverlauf wenigstens formal, d.h. ohne theoretische Begründung, mit genügender Genauigkeit wiedergeben. Ferner wird versucht, mit Hilfe geeigneter Theoreme (Bodensteins Quasi-Stationarität, geschwindigkeitsbestimmender Teilschritt o.ä.) die sonst zu komplexen Ausdrücke zu vereinfachen (s. dazu Kap. 4, S. 41 und 54). Dieses ist, wie bereits einleitend ausgeführt wurde, ein wichtiges und charakteristisches Prinzip der chemischen Reaktionstechnik, dessen Durchführung eine ausgesprochen schöpferische Leistung erfordert, für die sich keine allgemeinen Regeln angeben lassen.

Um bei den vielfältigen Möglichkeiten des Vorgehens eine Vorstellung über die im speziellen Fall (sozusagen probierend) anzuwendende Denkweise zu geben, soll ein noch relativ einfaches Beispiel behandelt werden.

Beispiel 7.6. Zur Berechnung eines Reaktors für die Gewinnung von Furfurol durch Dehydratisierung von Xylose durch Säurekatalyse in homogener, wäßriger Lösung nach der stöchiometrischen Beziehung[66]

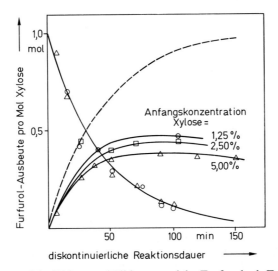

ist eine Gleichung für die Bildungsgeschwindigkeit des Furfurols aufzustellen. Grundlage dazu soll das bei diskontinuierlichen Versuchen für verschiedene Anfangskonzentrationen (1,25%, 2,5% und 5%) an Xylose gefundene Konzentrations-Zeit-Diagramm (s. Abb. 7.36) sein.

Abb. 7.36 Umsetzungsgrad der Xylose und Bildungsgrad des Furfurols als Funktion der Reaktionsdauer (Konzentrations-Zeit-Diagramm) und der Anfangskonzentration.
○ 1,25% Xylose, □ 2,5% Xylose, △ 5% Xylose, – – – theoretische Ausbeute, $T = 150\,°C$, 10 g HCl/l

Lösung. Trägt man die Werte für die Abnahme der Xylose-Konzentration in einem log c/t-Diagramm auf, so findet man, daß die Xylose, unabhängig von der Anfangskonzentration, stets nach einer Reaktion erster Ordnung umgesetzt wird. Die Furfurol-Ausbeute erreicht aber nicht entfernt den der Xylose-Abnahme entsprechenden theoretischen Wert. Es müssen also noch Furfurol verbrauchende Reaktionen auftreten. Auch bei vollständigem Umsatz der Xylose nimmt die Konzentration des gebildeten Furfurols weiter ab und zwar nach einer Reaktion erster Ordnung, was wohl als eine säurekatalysierte Zersetzung des Furfurols zu Harz gedeutet werden kann, die aus der Literatur bekannt ist. Aber die Tatsache, daß die Furfurol-Bildung von der Xylose-Anfangskonzentration abhängig ist, deutet auf eine weitere Fehlreaktion hin, an der die Xylose beteiligt sein muß; auch würde eine Verharzung unter den vorliegenden Reaktionsbedingungen nur $\approx 15\%$ des beobachteten Ausbeuteverlustes erklären.

Naheliegend wäre es, aufgrund der Aldehydnatur von Furfurol und Xylose, eine Kondensation zwischen beiden anzunehmen. Diese müßte dann eine Reaktion zweiter Ordnung sein, was jedoch im Widerspruch zu der Tatsache steht, daß die Xylosekonzentration eindeutig nach einer Reaktion erster Ordnung abnimmt. So muß man eine andere Hypothese aufstellen. Als solche kann man annehmen, daß die Xylose schrittweise dehydratisiert wird und sich zunächst ein ungesättigtes, d. h. aktives Zwischenprodukt ZW bildet, das seinerseits schnell in Furfurol übergeht. Dieses Zwischenprodukt könnte zusätzlich mit Furfurol kondensieren, wodurch sowohl die Abhängigkeit der Furfurol-Ausbeute von der Xylose-Anfangskonzentration als auch der Xylose-Verbrauch nach der ersten Ordnung erklärbar wäre. Damit würde sich folgendes Reaktionsschema ergeben.

$$\text{Xylose} \xrightarrow{k_1} \text{(Zwischenprodukt)} \xrightarrow{k_1'} \text{Furfurol} \xrightarrow{k_3} \text{Harz}$$
$$A_1 \qquad\qquad A_2 \searrow_{k_2}\nearrow A_3 \qquad\qquad A_4$$
$$\text{Kondensationsprodukt}$$
$$A_5$$

aus dem man – sofern alle Reaktionen irreversibel sind – die folgenden Bilanzgleichungen für die Konzentrationsänderung der einzelnen Reaktanden aufstellen kann, wobei sämtliche Konzentrationen zweckmäßig in Xyloseäquivalenten/Liter (d.h. Massenkonzentrationen) ausgedrückt werden.

Xylose-Abnahme:
$$\frac{dc_1}{dt} = -k_1 c_1$$

Zwischenproduktbildung:
$$\frac{dc_2}{dt} = k_1 c_1 - k_1' c_2 - k_2 c_2 c_3$$

Furfurol-Bildung:
$$\frac{dc_3}{dt} = k_1' c_2 - k_2 c_2 c_3 - k_3 c_3$$

Furfurol-Verharzung:
$$\frac{dc_4}{dt} = k_3 c_3$$

Kondensationsreaktion:
$$\frac{dc_5}{dt} = k_2 c_2 c_3 *$$

In der gesuchten Gleichung für die Bildungsgeschwindigkeit des Furfurols muß nun noch die Konzentration des analytisch nicht zu fassenden Zwischenproduktes A_2 durch meßbare Konzentrationen ausgedrückt werden. Nach der Bodensteinschen Methode der quasi-stationären Konzentrationen kann man die Konzentrationsänderung des Zwischenproduktes $dc_2/dt = 0$ setzen und erhält dann aus

$$k_1 c_1 = c_2 (k_1' + k_2 c_3)$$
$$c_2 = \frac{k_1 c_1}{k_1' + k_2 c_3}.$$

Diesen Ausdruck in die vorstehende Gleichung der Furfurol-Bildung eingesetzt, ergibt

$$\frac{dc_3}{dt} = \frac{k_1 \cdot k_1'}{k_1' + k_2 c_3} c_1 - \frac{k_2 \cdot k_1}{k_1' + k_2 c_3} c_1 c_3 - k_3 c_3$$

oder umgeformt

$$\frac{dc_3}{dt} = \frac{k_1}{1 + (k_2/k_1') c_3} c_1 - \frac{(k_2/k_1') \cdot k_1}{1 + (k_2/k_1') c_3} c_1 c_3 - k_3 c_3 .$$

Diese Geschwindigkeitsgleichung wäre nun an den Versuchsergebnissen auf ihre Richtigkeit zu prüfen.

---

* Bei Beachtung der Stöchiometrie der Teilreaktionsschritte ist das System der Reaktionsgeschwindigkeitsgleichungen auch stöchiometrisch richtig, d.h. die Geschwindigkeitskonstanten ein und derselben Terme in den verschiedenen Bilanzgleichungen unterscheiden sich nicht durch konstante Faktoren. Eine Kontrolle kann noch mit Hilfe der Materialbilanz $\sum_i \nu_i \, dc_i/dt$ erfolgen. Die ν_i erhält man bei Betrachtung der Bruttovorgänge von Xylose zu den einzelnen Spezies.

Zur Prüfung, ob die (wie in vorstehendem Beispiel) aufgrund eines angenommenen Reaktionsschemas aufgestellten Geschwindigkeitsgleichungen einer komplexen Reaktion den Reaktionsablauf richtig bzw. korrekter ausgedrückt mit genügender Genauigkeit beschreiben, müssen die daraus berechneten Konzentrations-Zeit-Kurven der einzelnen Ausgangsstoffe und Produkte mit den experimentell gefundenen Werten verglichen werden. Dazu ist es erforderlich, die Geschwindigkeitskonstanten der Teilreaktionen zu ermitteln und die Differentialgleichungen zu integrieren.

Für die Bestimmung der Geschwindigkeitskonstanten gibt es keine allgemein brauchbare Methode, die sich auf jede komplexe Reaktion mit gleicher Genauigkeit anwenden läßt. Trotzdem lassen sich natürlich manche der Methoden und Regeln einfacher Reaktionen nach entsprechender Modifikation auch hier anwenden, z. B. Integral- oder Differentialmethoden. Geschwindigkeitskonstanten sollten konstant und positiv sein usw.

Als erste Näherung kann man in jede der aufgestellten Bilanzgleichungen für die Stoffmengenänderungsgeschwindigkeit die zu verschiedenen Zeiten t_1, t_2 usw. gemessenen Konzentrationen der einzelnen Reaktanden und die bei eben diesen Zeiten gemessene Stoffmengenänderungsgeschwindigkeit dc/dt einsetzen (letztere wird aus der Steigung der Tangente an die Konzentrations-Zeit-Kurve der betreffenden Komponente erhalten). Aus N derartigen Gleichungen kann man deren unbekannte Geschwindigkeitskonstanten $k_1 \ldots k_j$ berechnen. Obgleich diese Methode grundsätzlich immer anwendbar ist, hat sie den Nachteil, daß sich geringe Meßfehler sehr stark auswirken können, weil oft mit kleinen Konzentrations-Differenzen bzw. (bei schnellen Reaktionen) mit kleinen Zeit-Differenzen gerechnet werden muß. Man wird daher zumindest so vorgehen, daß man in jede der Gleichungen nicht nur eine Wertegruppe (dc/dt, c_1, c_2 usw.) einsetzt, sondern mehrere Wertegruppen und auf diese Weise für jeden k-Wert drei oder vier Bestimmungsgleichungen hat, so daß man durch Mittelwertbildung Versuchsfehler kompensieren bzw. richtiger nach den später noch zu behandelnden Methoden der Fehler-Quadrat-Minimierung (s. Abschn. 2.2.1, S. 216) die besten k-Werte berechnen kann. Dabei wird sich natürlich nur dann eine Konstanz der k-Werte bzw. ein hinreichend kleines Fehlerquadrat ergeben, wenn die Ordnung jeder der einzelnen Teilreaktionen und das gesamte Reaktionsschema richtig angenommen war.

Beispiel 7.7. Für die im vorangegangenen Beispiel aufgestellten Geschwindigkeitsgleichungen der Bildung von Furfurol aus wäßriger Xylose-Lösung sollen für eine Salzsäure-Konzentration von 10 g/l die Geschwindigkeitskonstanten k_1, k_2/k_1' und k_3 aus Versuchswerten berechnet werden.

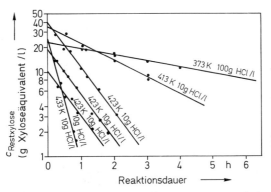

Abb. 7.37 Konzentrations-Zeit-Diagramm für die Xylose-Zersetzung bei verschiedenen Reaktionsbedingungen in halblogarithmischer Darstellung

Lösung: Die Geschwindigkeitskonstanten k_1 und k_3 können gesondert bestimmt werden, indem zunächst die Xylose-Zersetzung und, getrennt davon, die Verharzung von reinem Furfurol mit fortschreitender Zeit verfolgt werden (wobei allerdings angenommen werden muß, daß sich die Kinetik der Verharzung durch das Fehlen der Begleitstoffe nicht ändert). Man findet dabei die in Abb. 7.37 und Abb. 7.38 dargestellten Meßwerte für die verschiedenen Versuchsbedingungen.

Durch Ausmessen der Steigung m der halblogarithmisch aufgetragenen Werte erhält man nach der Beziehung $m = k/2{,}3$ z. B. für 423 K und 10 g HCl/l, die Werte

$$k_1 = 0{,}023 \text{ min}^{-1}, \qquad k_3 = 0{,}0043 \text{ min}^{-1}$$

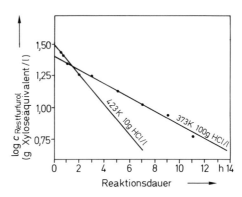

Abb. 7.38 Konzentrations-Zeit-Diagramm für die Furfurol-Verharzung bei verschiedenen Reaktionsbedingungen in halblogarithmischer Darstellung

Die (relative) Geschwindigkeitskonstante der Kondensationsreaktion $k_x = k_2/k_1'$ läßt sich nun in der oben beschriebenen Weise durch Einsetzen experimentell ermittelter Wertegruppen berechnen. Dafür mißt man zu verschiedenen Zeiten t die Xylose-Konzentration, die Furfurol-Konzentration und die Reaktionsgeschwindigkeit der Furfurol-Bildung als Steigung der Konzentrations-Zeit-Kurve des Furfurols und setzt diese Werte zusammen mit den gesondert bestimmten k_1 und k_3-Werten in die nach k_x aufgelöste Geschwindigkeitsgleichung der Furfurol-Bildung

$$k_x = \frac{k_1 c_1 - k_3 c_3 - (dc_3/dt)}{(dc_3/dt)c_3 + k_3 c_3^2 + k_1 c_1 c_3}$$

ein und findet

t (min)	c_1 g/l	c_3 g/l	$\dfrac{dc_3}{dt}$	k_x (423 K 10 g HCl/l)
10	39,7	6,4	0,615	0,0272
15	31,5	12,5	0,380	0,0206
30	25,0	14,8	0,160	0,0297
60	15,8	17,0	0,083	0,0234

$$\text{Mittel } 0{,}0252 \pm 18\,\% \\ \triangleq 1{,}512 \text{ h}^{-1}$$

Da die einzelnen k-Werte nur innerhalb der üblichen Fehlergrenze schwanken, insbesondere keinen Gang aufweisen, kann man (vorbehaltlich der Kontrolle, daß die mit der integrierten Geschwindigkeitsgleichung berechnete Umsatz-Zeit-Kurve sich mit den Versuchspunkten hinreichend deckt) die aufgestellten Gleichungen als hinreichend genau ansehen.

Zur Kontrolle sollte man stets die Geschwindigkeitsgleichung integrieren und das berechnete Konzentrations-Zeit-Diagramm mit den Meßwerten vergleichen. Diese Integration der Geschwindigkeitsgleichungen komplexer Reaktionen ist nur in einfachen Fällen geschlossen möglich. Um das Konzentrations-Zeit-Diagramm der Reaktanden aufzustellen, muß man daher meistens eine numerische Integration vornehmen.

2.2 Statistisch begründete Methoden der Versuchsplanung und Auswertung

Hat man nach den im vorstehenden Abschnitt diskutierten Methoden die Struktur eines Reaktionsschemas, die Form der Geschwindigkeitsgleichung(en) und die Zahlenwerte der einzelnen Konstanten (Parameter) bestimmt, so interessiert es für die Verwendung der Ergebnisse, wie zuverlässig das Resultat ist in Anbetracht der mit jeder Messung unweigerlich verbundenen Fehler.

Diese Frage läßt sich mit Hilfe der statistisch begründeten Methoden der Auswertung (Regression) und Beurteilung (Vertrauensintervalle, Tests und Streuungszerlegung) von Messungen beantworten, die heute bei jeder ernst zu nehmenden kinetischen Analyse benutzt werden sollten. Dies entwertet keinesfalls die „klassischen Methoden". Mit ihnen wird man jede kinetische Analyse beginnen, ja man muß sie sogar damit beginnen, wenn die statistischen Methoden optimal angewandt werden sollen.

Darüber hinaus wird in diesem Abschnitt die sog. Versuchsplanung für lineare Modelle behandelt, die es ermöglicht, Versuche so anzulegen, daß mit minimalem Aufwand ein maximaler Informationsgewinn erzielt wird. Einer richtig durchgeführten Versuchsplanung kommt in der Praxis noch größere Bedeutung zu als einer zu weitgehenden statistischen Analyse ungeplanter Versuche.

Für eine Vertiefung der hier angeschnittenen Probleme sei auf die einschlägige Literatur verwiesen[67].

2.2.1 Lineare Regression

Die Bestimmung der Parameterwerte in Beziehungen zwischen unabhängigen (x) und abhängigen (y) Variablen nennt man ganz allgemein Regression. Als einfache Regression bezeichnet man die Verknüpfung einer abhängigen mit einer einzigen unabhängigen Variablen, z. B.

$$y = b_0 + b_1 x + \varepsilon$$

oder

$$y = b_0 + b_1 x_1 + b_2 x_1^2 + b_3 x_1^3 \ldots + \varepsilon, \tag{7.47}$$

wobei ε ganz allgemein für den Fehler steht.

Von multipler Regression wird gesprochen, wenn mehr als eine unabhängige Variable mit der (oder den) abhängigen Variablen quantitativ verknüpft werden.

Beziehungen zwischen zwei Variablen kann man durch eine Kurve, zwischen drei Variablen durch eine Fläche noch anschaulich darstellen; bei n-dimensionalen Problemen mit n Variablen sind jedoch nur noch Gleichungen brauchbar.

Eine lineare Regression liegt dann vor, wenn die Regressionsgleichung linear in den zu bestimmenden Parametern (auch Koeffizienten genannt) ist, z. B. für die Geschwindigkeitsgleichung

$$r = b_0 + b_1 p_1 + b_2 p_2 + b_{12} p_1 p_2 \, . \tag{7.48}$$

Nichtlineare Regressionen müssen vorgenommen werden, wenn die Beziehungen in den Parametern nicht mehr linear sind, wie z. B. in den Langmuir-Hinshelwood-Modellen

$$r = \frac{b_1 p_1 p_2}{1 + b_2 p_1 + b_3 p_2 + b_4 p_1 p_2} \, . \tag{7.49}$$

Viele in den Parametern nicht lineare Beziehungen lassen sich aber durch geeignete Umformungen in lineare Probleme umwandeln. Doch wird dabei die Fehlerverteilung mit transformiert, was zu Regressionsparametern führen kann, die im statistischen Sinn nicht optimal sind.

Die einfache lineare Regression nach der Methode der kleinsten Fehlerquadrate sei erläutert an der Beziehung

$$y = b_0 + b_1 x + b_{11} x^2 + \varepsilon \tag{7.50}$$

als Näherungspolynom für einen Zusammenhang, der exakt durch die Beziehung

$$\eta = \beta_0 + \beta_1 x + \beta_{11} x^2 \tag{7.51}$$

beschrieben wird. Die unbekannten Koeffizienten, b_0, b_1 und b_{11} werden bestimmt nach dem Kriterium, daß die Summe der Abstandsquadrate der Meßwerte y_i von der Regressionskurve (in y-Richtung) ein Minimum sein soll (s. Abb. 7.39), d.h. als Formel

$$\sum_{i=1}^{n} [(y_i - b_0 - b_1 x_i - b_{11} x_i^2)]^2 = \sum_{i=1}^{n} \varepsilon^2 = \varepsilon^T \varepsilon \overset{!}{=} \text{Minimum}. \tag{7.52}$$

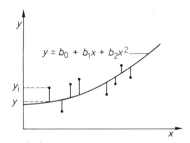

Abb. 7.39 Lineare Regression nach der Methode der kleinsten Fehlerquadrate

Zur Lösung der Aufgabe wird Gl. (7.52) nach den b_i differenziert und die Ableitung jeweils gleich Null gesetzt:

$$\frac{\partial \Sigma}{\partial b_0} = \frac{\partial}{\partial b_0} \left[\sum_{1}^{n} (y_i - b_0 - b_1 x_i - b_{11} x_i^2)^2 \right]$$

$$= \sum_{1}^{n} \left[\frac{\partial}{\partial b_0} (y_i - b_0 - b_1 x_i - b_{11} x_i^2)^2 \right]$$

$$= 2 \cdot \sum_{1}^{n} (y_i - b_0 - b_1 x_i - b_{11} x_i^2)(-1) \overset{!}{=} 0 \tag{7.53}$$

Das heißt

$$\sum y_i = n \cdot b_0 + b_1 \sum x_i + b_{11} \sum x_i^2 \, , \tag{7.54}$$

wobei n die Gesamtzahl der Meßpunkte $y_i = f(x_i)$ ist. Analog folgt aus

$$\frac{\partial \Sigma}{\partial b_1}: \quad b_0 \sum x_i + b_1 \sum x_i^2 + b_{11} \sum x_i^3 = \sum x_i y_i \qquad (7.55)$$

und

$$\frac{\partial \Sigma}{\partial b_2}: \quad b_0 \sum x_i^2 + b_1 \sum x_i^3 + b_{11} \sum x_i^4 = \sum x_i^2 y_i. \qquad (7.56)$$

Damit sind drei Gleichungen zur Bestimmung der drei Parameterwerte b_0, b_1 und b_{11} gewonnen. Die Größen $\sum x_i$, $\sum x_i^2$, $\sum x_i^3$, $\sum x_i^4$ und $\sum x_i y_i$, bzw. $\sum x_i^2 y_i$ werden aus den Meßwerten berechnet.

Beispiel 7.8. Abhängigkeit des Umsatzgrades von der Temperatur (bei gleichen Werten für die anderen Variablen)

Meßergebnisse

Versuch-Nr.	Umsatz $X_i \cdot 100$	Temperatur T_i (K)
1	92,30	480,1
2	92,58	483,3
3	91,56	473,4
4	91,63	474,1
5	91,83	476,4

Eine erste graphische Auftragung der Ergebnisse läßt eine lineare Abhängigkeit vermuten, nach $y = b_0 + b_1 x$.

Zur Koeffizientenbestimmung nach der Methode der kleinsten Fehlerquadrate bildet man

$$\frac{\partial \Sigma}{\partial b_0} = \sum y_i - n \cdot b_0 - b_1 \sum x_i \stackrel{!}{=} 0$$

$$\frac{\partial \Sigma}{\partial b_1} = \sum y_i x_i - b_0 \sum x_i - b_1 \sum x_i^2 \stackrel{!}{=} 0$$

Für eine Rechnung mit kleinen Zahlen ist es zweckmäßig, die Variablen zu skalieren, indem konstante Werte addiert bzw. substrahiert werden – was in dieser Form nur bei einer linearen Regression möglich ist –, z. B.

$y_i = (X_i \cdot 100) - 90$

$x_i = T_i - 473$.

Damit folgt für die x_i, y_i, x_i^2 und $x_i y_i$

Vers.-Nr.	x_i	x_i^2	y_i	$y_i x_i$
1	7,1	50,41	2,30	16,330
2	10,3	106,09	2,58	26,574
3	0,4	0,16	1,56	0,624
4	1,1	1,21	1,63	1,793
5	3,4	11,56	1,83	6,222
	$\sum x_i = 22,3$	$\sum x_i^2 = 169,43$	$\sum y_i = 9,9$	$\sum y_i x_i = 51,543$

d.h. die obigen Gleichungen lauten

$$5\, b_0 + 22{,}3\, b_1 = 9{,}90$$
$$22{,}3\, b_0 + 169{,}43\, b_1 = 51{,}543$$

und daraus $b_0 = 1{,}509;\ b_1 = 0{,}1056$.

Damit ergibt sich für den Zusammenhang zwischen Umsatz und Temperatur

$$(X_i \cdot 100) - 90 = 1{,}509 + 0{,}1056\,(T_i - 473)$$

bzw. unskaliert

$$X_i \cdot 100 = 40{,}051 + 0{,}1056 \cdot T_i\,.$$

2.2.2 Normalgleichungen und Standard-Normalgleichungen

Auch bei der multiplen linearen Regression geht man ganz analog vor, indem man z. B. für eine Beziehung

$$y = b_0 + b_1 x_1 + b_2 x_2 + b_3 x_3 + \varepsilon \qquad (7.57)$$

aus der Forderung

$$\varepsilon^T \varepsilon = \sum_{i=1}^{n} (y_i - b_0 - b_1 x_{1i} - b_2 x_{2i} - b_3 x_{3i})^2 \overset{!}{=} \text{Minimum} \qquad (7.58)$$

durch Differenzieren und Nullsetzen die vier Bestimmungsgleichungen für die b_i gewinnt.

$$n \cdot b_0 + b_1 \sum_i x_1 + b_2 \sum_i x_2 + b_3 \sum_i x_3 = \sum_i y \qquad (7.59)$$

$$b_0 \sum_i x_1 + b_1 \sum_i (x_1)^2 + b_2 \sum_i x_1 x_2 + b_3 \sum_i x_1 x_3 = \sum_i x_1 y \qquad (7.60)$$

$$b_0 \sum_i x_2 + b_1 \sum_i x_1 x_2 + b_2 \sum_i (x_2)^2 + b_3 \sum_i x_2 x_3 = \sum_i x_2 y \qquad (7.61)$$

$$b_0 \sum_i x_3 + b_1 \sum_i x_1 x_3 + b_2 \sum_i x_2 x_3 + b_3 \sum_i (x_3)^2 = \sum_i x_3 y \qquad (7.62)$$

Dieses Gleichungssystem läßt sich reduzieren, indem der Parameterwert b_0 aus Gl. (7.59) isoliert, und dann in die folgenden Gl. (7.60 bis 7.62) eingesetzt wird.
Man erhält so für Gl. (7.60)

$$b_1 \left[\sum (x_{1i})^2 - \frac{(\sum x_{1i})^2}{n}\right] + b_2 \left[\sum x_{1i} x_{2i} - \frac{(\sum x_{1i})(\sum x_{2i})}{n}\right]$$
$$+ b_3 \left[\sum x_{1i} x_{3i} - \frac{(\sum x_{1i})(\sum x_{3i})}{n}\right] = \sum x_{1i} y_i - \frac{(\sum x_{1i})(\sum y_i)}{n} \qquad (7.63)$$

bzw.

$$b_1 \sum (x_{1i} - \bar{x}_1)^2 + b_2 \sum (x_{1i} - \bar{x}_1)(x_{2i} - \bar{x}_2)$$
$$+ b_3 \sum (x_{1i} - \bar{x}_1)(x_{3i} - \bar{x}_3) = \sum (x_{1i} - \bar{x}_1)(y_i - \bar{y})^*. \qquad (7.64)$$

---

* b_0 fällt also heraus, indem man auf die Abweichungen $(x - \bar{x})$ und $(y - \bar{y})$ übergeht, denn

$$\sum (x_{1i}^2) - \frac{\sum (x_{1i})^2}{n} = \sum (x_{1i} - \bar{x})^2 \quad \text{usw.}$$

was graphisch gesehen einer Koordinatentransformation (Zentrierung) entspricht.

Dividiert man noch durch $(n-1)$, so erhält man schließlich für (7.64)

$$b_1 s_{x_1}^2 + b_2 s_{x_1 x_2} + b_3 s_{x_1 x_3} = s_{x_1 y}. \tag{7.65}$$

Die Größen $s_{x_j}^2 = \sum (x_{ij} - \bar{x}_j)^2/(n-1)$ werden dabei als Stichprobenvarianzen bezeichnet. Die Größen $s_{x_j x_k} = \sum (x_{ji} - \bar{x}_j)(x_{ki} - \bar{x}_k)/(n-1)$ werden als Stichprobenkovarianzen bezeichnet; sie sind ebenso gebildet wie $s_{x_j y} = \sum (x_{ji} - \bar{x}_j)(y_i - \bar{y})/(n-1)$.

Aus den Ausgangsgleichungen (7.59) bis (7.62) erhält man so den Satz der sog. Normalgleichungen zur Bestimmung von b_1, b_2 und b_3.

$$b_1 (s_{x_1}^2) + b_2 (s_{x_1 x_2}) + b_3 (s_{x_1 x_3}) = (s_{x_1 y}) \tag{7.66}$$
$$b_1 (s_{x_2 x_1}) + b_2 (s_{x_2}^2) + b_3 (s_{x_2 x_3}) = (s_{x_2 y}) \tag{7.67}$$
$$b_1 (s_{x_3 x_1}) + b_2 (s_{x_3 x_2}) + b_3 (s_{x_3}^2) = (s_{x_3 y}) \tag{7.68}$$

Anschauliche Einblicke in das Funktionieren der Methode der kleinsten Fehlerquadrate ergeben sich aus einer Betrachtung im sog. Stichprobenraum (sample space). Hier wird auf jeder der n Koordinaten eine der n Beobachtungen wiedergegeben, d. h. die Summe aller Beobachtungen ist ein einziger Punkt y eines n-dimensionalen Raumes.

Beispiel 7.9. Für eine 1,1-Folgereaktion $A_1 \to A_2 \to A_3$ mit den Geschwindigkeitskonstanten k_1 und k_2 (Parameterzahl $m=2$) sei die Eigenschaft dieses Probenraumes für den Fall von drei Meßpunkten (die sich noch graphisch darstellen lassen) gezeigt. Wenn (ausgehend von reinem A_1 zur Zeit $t=0$) aus den folgenden (fehlerbehafteten) Meßwerten

Meßpunkt	Reaktionszeit	Menge an A_2
1	0,5	0,263
2	1,0	0,455
3	1,5	0,548

die Konstanten k_1 und k_2 bestimmt werden sollen, so kann man alle drei Meßergebnisse als einen Punkt y (Vektor) im Probenraum darstellen, indem man jeweils die Menge an A_2 auf den drei Koordinatenachsen abträgt (s. Abb. 7.40).

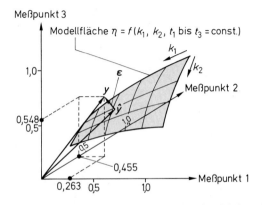

Abb. 7.40 Darstellung der linearen Regression im Stichprobenraum

Mit Hilfe des Modells einer 1,1-Folgereaktion

$$\eta = \frac{c_2}{c_{10}} \frac{k_1}{k_1 - k_2} \left[\exp(-k_2 t) - \exp(-k_1 t) \right]$$

läßt sich für jede Parameterkombination k_1, k_2 für die (festen) Reaktionszeiten $t = 0{,}5; 1{,}0; 1{,}5$ ein Punkt des Stichprobenraumes berechnen, und zwar jeweils mit den Koordinaten

    1   Menge an A_2 bei $t = 0{,}5$,
    2   Menge an A_2 bei $t = 1{,}0$,
    3   Menge an A_2 bei $t = 1{,}5$.

Die in Abb. 7.40 eingezeichnete Fläche ist das Ergebnis aller Modellrechnungen für unterschiedliche k_1- und k_2-Werte; man bezeichnet sie auch als Modell-Fläche.

y liegt wegen der Meßfehler im allgemeinen nicht auf der Modellfläche. Mit der Methode der kleinsten Fehlerquadrate wird nun derjenige Punkt $\hat{y}$ der Modellfläche gesucht, der den geringsten Abstand zu dem Punkt der Meßergebnisse y hat. Die Quadratsumme

$$S(k_1, k'_2) = \sum_{n=1}^{3} \{y_i - \eta_i\}^2 = \sum_{n=1}^{3} \varepsilon_i^2 \tag{7.69}$$

ist also das Abstandsquadrat zwischen Meßpunkt und Modellfläche. Die Minimierung dieser Quadratsumme entspricht daher der Auffindung des minimalen Abstandsquadrats.

Bei linearen Modellen ist $\hat{y}$ durch eine einfache Matrixinversion direkt als Fußpunkt der Normalen von y auf die Modellfläche zu finden. Weil diese für ein lineares Modell flach ist, steht der Vektor $(y - \hat{y})$ senkrecht zur Modellfläche*. Aus den Normalgleichungen wird also der Fußpunkt der Normalen vom Versuchspunkt zur Modellfläche bestimmt, daher der Name.

Für weitere statistische Berechnungen ist es nützlich, jede der Normalgleichungen durch $\sqrt{(s_{x_i})^2}$ und $\sqrt{(s_y)^2}$ zu teilen, um so zu „standardisierten" Größen zu kommen. Dies führt zu

$$\frac{b_1 \sqrt{(s_{x_1})^2}}{\sqrt{(s_y)^2}} + \frac{b_2 s_{x_1 x_2}}{\sqrt{(s_{x_1})^2} \sqrt{(s_y)^2}} + \frac{b_3 s_{x_1 x_3}}{\sqrt{(s_{x_1})^2} \sqrt{(s_y)^2}} =$$

$$= \frac{s_{x_1 y}}{\sqrt{(s_{x_1})^2} \sqrt{(s_y)^2}} . \tag{7.70}$$

Definiert man nun als bivarianten Korrelationskoeffizienten die Größe

$$r_{12} = \frac{s_{x_1 x_2}}{\sqrt{(s_{x_1})^2} \sqrt{(s_{x_2})^2}} \tag{7.71}$$

und als Standard-Regressionskoeffizienten die Größe

$$a_2 = \frac{b_2 \sqrt{(s_{x_2})^2}}{\sqrt{(s_y)^2}}, \tag{7.72}$$

so folgt mit ähnlichen Definitionen schließlich die sog. Standardform der Normalgleichungen,

---

* Wenn das Modell nichtlinear in den Parametern ist, kann dieser „Bestpunkt" $\hat{y}$ nur iterativ gefunden werden.

$$\begin{aligned}
a_1 \phantom{r_{11}} + a_2 r_{12} - a_3 r_{13} &= r_{1y} \\
a_1 r_{21} + a_2 \phantom{r_{22}} + a_3 r_{23} &= r_{2y} \\
a_1 r_{31} + a_2 r_{32} + a_3 \phantom{r_{33}} &= r_{3y}
\end{aligned} \qquad (7.73)$$

wobei $r_{11} = r_{22} = r_{33} = 1$ ist, bzw. zusammengefaßt in Matrixschreibweise

$$r_{xx} a = r_{xy} \qquad (7.74)$$

Nach Errechnung der r_{ij}-Werte aus den Versuchsergebnissen können die Koeffizienten a_1, a_2 und a_3 nach

$$a = r_{xx}^{-1} r_{xy}$$

und damit auch die b_k-Werte berechnet werden. Durch die Standardisierung können die a_k nur zwischen $-1 \ldots 0 \ldots +1$ variieren, so daß ihr absoluter Wert auch ein Maß für die relative Bedeutung ist, die der zugehörigen Variablen in der Regression zukommt.

In vielen Rechenprogrammen wird schließlich als globale (aber nicht sehr aussagekräftige) Maßzahl für die Qualität der Regression der multiple Korrelationskoeffizient berechnet nach

$$R^2 = \sum_{k=1}^{m} a_k r_{ky}. \qquad (7.75)$$

Wenn $R^2 < 0{,}97$ ist, ist eine Korrelation kaum noch aussagekräftig.

2.2.3 Beurteilung einer Regression

Die sog. Vertrauensbereiche von Regressionskoeffizienten, die ein Maß für die Güte einer Regression darstellen, seien eingeführt am Beispiel einer einfachen linearen Regression mit

$$y = b_0 + b_1 x \qquad (7.76a)$$

oder auch zentriert

$$y - \bar{y} = b_1 (x - \bar{x}) \qquad (7.76b)$$

Diese Regressionsgleichung sei erhalten worden aus einer Stichprobe der sog. Grundgesamtheit (aller möglichen Daten) für welche gelten soll

$$y - \mu_y = \beta_1 (x - \mu_x)$$

mit

$$\beta_1 = \frac{\sigma_{yx}^2}{\sigma_x^2} = \mu_{b_1} \qquad (7.77)$$

mit den σ_i^2 als Abweichungsquadraten (Varianzen) für die Grundgesamtheit und den μ_i als Mittelwerten.

Zur Bestimmung des Vertrauensbereiches innerhalb dessen der wahre Regressionskoeffizient β_1 liegen muß (der aber nur durch Regression über die Grundgesamtheit aller meßbaren Daten erhältlich wäre), setzt man voraus, daß für jedes feste x die y normalverteilt sind, d. h. daß der (immer vorhandene) Meßfehler ε rein durch Zufall bedingt ist und nicht von x abhängt. Die (unbekannte) Varianz aller Meßwerte der Grundgesamtheit σ_{yx}^2 kann also auch nicht von x abhängen. Wenn diese Voraussetzung erfüllt ist, muß aber auch der durch Regression aus der Stichprobe gefundene Parameter b_1 um den Mittelwert $\mu_{b_1} = \beta_1$ (dem wahren Parameter) normalverteilt sein mit der Varianz

$$s_{b_1}^2 = \frac{s_{yx}^2}{(n-1)s_x^2}. \tag{7.78}$$

Mittelwerte wie μ_{b_1} folgen der t-Verteilung[64] mit der Standardvariablen

$$t = \frac{b_1 - \mu_{b1}}{s_{b1}} = \frac{b_1 - \beta_1}{s_{b1}} \tag{7.79}$$

Die Größe t hängt von der Konfidenzzahl γ ab, d. h. der Wahrscheinlichkeit, mit der sich der wahre Wert im Intervall $b \pm s_b t_\gamma$ befindet, und dem Freiheitsgrad $f = (n - m)$, wobei n die Zahl der Meßwerte und m die Zahl der daraus errechneten Parameter ist. Bei $(n - 2)$ Freiheitsgraden (weil b_0 und b_1 in s_{yx} enthalten sind), liegt mit der Wahrscheinlichkeit γ der „wahre" Wert β_1 in dem Vertrauensintervall[64]

$$\mu_{b1} = \beta_1 = b_1 \pm t_\gamma \cdot s_{b1} = b_1 \pm t_\gamma \cdot \frac{s_{yx}}{s_x} \sqrt{(n-1)}. \tag{7.80}$$

Ebenso kann man ableiten, daß für den Regressionskoeffizienten β_0 gilt[64]

$$\mu_{b0} = \beta_0 = b_0 \pm t_\gamma \cdot s_{b0} = b_0 \pm t_\gamma \cdot s_{yx} \sum \frac{x_i^2}{n \cdot s_x} \cdot \sqrt{n-1} \tag{7.81}$$

Schließt nun das Konfidenzintervall den Wert Null ein, dann besteht keine Signifikanz dafür, daß der betreffende Regressionskoeffizient von Null verschieden ist, d. h. der betreffenden Variablen kommt nur eine Scheinbedeutung zu und sie kann aus der Regression eliminiert werden.

Interessiert man sich dafür, wie genau aus der Regressionsgleichung y für ein vorgegebenes x berechnet werden kann, so definiert man einen Mittelwert μ_{yx} und findet analog wie oben als Vertrauensintervall[64]

$$\mu_{yx} = y \pm t \cdot s_{yx} \sqrt{\frac{1}{n} + \frac{(x - \bar{x})^2}{(n-1)s_x^2}} \tag{7.82}$$

Das Vertrauensintervall für y hängt also von dem jeweiligen Wert von x ab (s. Abb. 7.41).

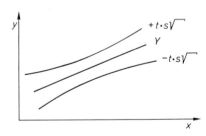

Abb. 7.41 Vertrauensintervall der abhängigen Variablen y bei der einfachen linearen Regression

2.2.4 Grenzen der „multiplen linearen Regression"

Die Grenzen der multiplen linearen Regression ergeben sich aus den Voraussetzungen:
a) Man muß ein lineares Modell wählen können, bzw. eine Transformation in Linearform vornehmen können.
b) Die y für jedes feste x müssen normalverteilt sein.

c) σ_{yx}^2 darf keine Funktion von x sein.

Wenn auch speziell b) und c) in der chemischen Kinetik vielfach nicht erfüllt sind, geht man als Näherung doch wie oben vor, da z. B. bei nichtlinearen Regressionen der Aufwand gleich so steigt, daß sie praktisch nur noch mit Rechenautomaten durchführbar sind.

Wenn Regressionsgleichungen empirischer Natur sind, sollten sie nur in dem Bereich der Variablen benutzt werden, aus dem sie entstanden sind. Extrapolationen können sehr gefährlich werden!

Beispiel 7.10. Eine multiple lineare Regression in der Reaktionstechnik. Untersucht wurde die Kinetik der Oxidation von Natriumsulfit mit Sauerstoff in wäßriger Lösung mit Co^{2+} als Katalysator. Ausgangspunkt für die Regression ist die Modellgleichung:

$$r = k_0 (c_{O_2}^{m_1} \cdot c_{Co^{2+}}^{m_2}) \exp\left(-\frac{E}{RT}\right)$$

Gemessen wurde im Labor in mehreren Versuchsreihen:

r	T	c_{O_2}	$c_{Co^{2+}}$
⋮	⋮	⋮	⋮
y	x_1	x_2	x_3

Die gesuchten Parameter sind

k_0, E, m_1 und m_2.

Um eine multiple lineare Regression durchführen zu können, muß die Modellgleichung umgeformt werden in die Linearform

$$\ln r = \ln k_0 - \frac{E}{R} \cdot \frac{1}{T} + m_1 \cdot \ln c_{O_2} + m_2 \cdot \ln c_{Co^{2+}}$$

mit den unabhängigen Regressionsvariablen

$$x_1 = \frac{1}{T}, x_2 = \ln c_{O_2}, x_3 = \ln c_{Co^{2+}}$$

Mit einem Rechenprogramm werden aus drei unabhängigen Serien von 8, 14 und 30 Einzelversuchen folgende Größen berechnet:
- Schätzwerte der Parameter b_k
- die zugehörigen Standardabweichungen s_b
- die Vertrauensbereiche der Parameter $\pm \Delta b$.

Die Ergebnisse sind in Tab. 7.4 zusammengestellt.

Diskussion der Ergebnisse. Folgende Fragen sollen geklärt werden:
1. Ist das gewählte Modell geeignet?
2. Stimmen die aus den unabhängigen Meßserien berechneten Parameterwerte überein?
3. Sind für die Reaktionsordnungen m_1 und m_2 die ganzen Zahlen 2 und 1 annehmbare Werte?
4. Welches ist der Vertrauensbereich für die bestimmten Parameterwerte und welchen Einfluß hat die Anzahl der Meßwerte darauf?

Zu 1. Ist das Modell geeignet?
- Um zu prüfen, ob das Modell geeignet ist, müßte ein sog. F-Test[64] ausgeführt werden zwischen der Varianz der Regression σ_y^2 (variance about regression) und der Fehlervarianz σ_ε^2 der Meßwerte.

Tab. 7.4 Ergebnisse

Versuchsserie	Zahl der Meßwerte Σn_i	β	b	s_b	Vertrauensbereich $\pm \Delta b (95\%)$	s_y^2	f
1	4	b_0^{**}	$-1{,}45$				0
		E/R	10 000				
		m_1	1,70				
		m_2	0,87				
2	8	b_0	$-1{,}82$	0,58	1,60	$1{,}90 \cdot 10^{-3}$	4
		E/R	7 000	740	2 000		
		m_1	1,906	0,17	0,47		
		m_2	0,92	0,12	0,33		
3	14	b_0	$-1{,}22$	0,46	1,00	$1{,}69 \cdot 10^{-3}$	10
		E/R	10 400	590	1 300		
		m_1	2,05	0,15	0,32		
		m_2	1,02	0,08	0,17		
4	20*	b_0	$-1{,}71$	0,37	0,80	$1{,}50 \cdot 10^{-3}$	16
		E/R	9 800	480	1 000		
		m_1	1,93	0,10	0,21		
		m_2	0,94	0,07	0,15		
5	30	b_0	$-1{,}96$	0,39	0,80	$1{,}56 \cdot 10^{-3}$	26
		E/R	9 500	540	1 100		
		m_1	1,96	0,06	0,12		
		m_2	0,92	0,05	0,10		

* Diese Messungen sind eine Kombination von 7 Werten der Serie 2 und 13 Messungen der Serie 3.
** $\ln k_0$

Beschreibt das Modell den experimentellen Befund richtig, dann stimmen beide im Rahmen des durch die Konfidenzzahl festgelegten Vertrauensbereiches überein. Da aber keine Wiederholungsmessungen gemacht wurden, kann σ_ε^2 nicht angegeben werden, d. h. der F-Test ist so nicht durchführbar.

– Größere Abweichungen vom Modell kann man aber auch an den Reststreuungen (Residuen) feststellen. Macht man für jede der Variablen eine Tabelle der Residuen als Funktion des Wertes der Variablen, dann muß sich eine große Abweichung durch einen systematischen Gang erkennen lassen im Gegensatz zu einer willkürlichen + oder − Abweichung. Hier ist kein systematischer Gang feststellbar, also sollte das Modell geeignet sein.

Zu 2. Stimmen die aus den einzelnen Meßreihen berechneten Parameterwerte überein?

Dies kann z. B. durch einen t-Test (Verteilung von Mittelwerten) geprüft werden, wenn man ihn auf die in den einzelnen Serien erhaltenen jeweiligen Werte für ein und denselben Parameter anwendet. Haben z. B. zwei derartige Parameterwerte b_1 und b_2 die Standardabweichungen s_1 und s_2, dann gilt (bei linearen Modellen) für die Standardabweichung der Differenz $d (= b_1 - b_2)$, daß

$$s_d^2 = s_1^2 + s_2^2,$$

wobei der Freiheitsgrad gleich der Summe der Freiheitsgrade von s_1 und s_2 ist. t ist in diesem Fall definiert als

$$t = \frac{b_1 - b_2}{s_d}.$$

Im vorliegenden Fall stimmen die einzelnen Parameterwerte stets recht gut überein; E/R weicht zwar etwas stärker ab, aber nicht signifikant; z. B. Vergleich der Serie 3 mit 2

Serie 3:

$b_0 = -1{,}22 \qquad s_{b_0} = 0{,}46$
$m_1 = 2{,}05 \qquad s_{m_1} = 0{,}15$

Serie 2:

$b_0 = -1{,}82 \qquad s_{b_0} = 0{,}58$
$m_1 = 1{,}906 \qquad s_{m_1} = 0{,}17$

$d_{b_0} = -1{,}22 + 1{,}82 = 0{,}59$
$s_d = \sqrt{0{,}58^2 + 0{,}46^2}$

daraus folgt

$t = 0{,}8 \quad \text{bei} \quad f = 10 + 4 = 14 \text{ Freiheitsgraden}$

Für einen einseitigen Test[64] findet man (durch Interpolation) für $t = 0{,}8$ bei $f = 14$ eine $P \approx 20\%$ige Überschreitungswahrscheinlichkeit, d. h. die Hypothese $b_0\,(2) = b_0\,(3)$ ist recht brauchbar, wenn man daran denkt, daß eine Differenz erst als signifikant angesehen wird, wenn $P = 2{,}5\%$ ist, d.h. $t = 2{,}145$.

Ebenso folgt:

$d_{m_1} = 2{,}05 - 1{,}906 = 0{,}144$
$s_d = \sqrt{0{,}17^2 + 0{,}15^2} = 0{,}22$

daraus folgt

$t = 0{,}7 \quad \text{bei} \quad f = 10$
$P = 25\%, \quad \text{d. h.} \quad n_1\,(2) = n_1\,(3)$

Zu 3. Ist $m_1 = 2$ und $m_2 = 1$ akzeptabel?

Hierzu wird wieder ein t-Test zwischen gefundenem m_1 und gefragtem $m_{1o} = 2$ bzw. gefundenem m_2 und gefragtem $m_{2o} = 1$ durchgeführt (wobei man annimmt, daß m_i normalverteilt um $m_i = m_{io}$ ist). Dazu wird t definiert als

$$t = \frac{m_i - m_{io}}{s_{m_i}}$$

Zahlenbeispiel aus der zweiten Meßreihe

$$m_1 = 1{,}906,\ m_{1o} = 2{,}0,\ s_{m_1} = 0{,}17,\ t = \frac{(m_1 - 2)}{s_{m_1}} = -0{,}6$$

Bei $f = 4$ liegt $t = 0{,}6$ deutlich unterhalb des 95% Wertes 2,132 für eine einseitige Überschreitungswahrscheinlichkeit, d. h. $m_1 = 2$ ist nicht signifikant verschieden von $m_1 = 1{,}906$. Das gleiche Ergebnis findet man für $m_2 = 1$.

Zu 4. Einfluß der Zahl der Meßwerte auf den Vertrauensbereich?

Man erkennt in Tab. 7.4, daß der Vertrauensbereich um so enger wird, je mehr Meßwerte vorliegen, und zwar weil t mit wachsenden Freiheitsgraden abnimmt. Andererseits besteht die Möglichkeit, daß in der Serie der eine oder andere Ausreißer enthalten ist, was bei wenig Meßwerten einen großen Einfluß auf s^2 und damit auf die Standardabweichung haben kann.

2.2.5 Versuchspläne für die lineare Regression

Grundsätzliches zur Aufstellung von Versuchsplänen

Bei der Besprechung der Regressionsmethoden wurde bisher stets davon ausgegangen, daß eine Stichprobe von Versuchswerten vorliegt, ohne daß eine Vorschrift darüber gegeben wurde, welche Versuche am zweckmäßigsten sind, um eine maximale Information mit minimalem Aufwand zu erhalten. Eine solche Versuchsplanung sollte vor Beginn eines jeden Experimentes erfolgen, um die Effizienz der Untersuchungen zu erhöhen. Dabei ist allerdings Voraussetzung, daß das Ziel der Versuche genau definiert wird, um den jeweils optimalen Versuchsplan zu entwerfen. Die Vorteile geplanter Versuche sind:

1. Mit minimalem Aufwand kann eine maximale Präzision der Parameterwerte erhalten werden.
2. Der Einfluß zeitlicher Trends oder statistischer Schwankungen „konstanter" Größen auf das Ergebnis kann ausgeschaltet werden.
3. Die Rechenarbeit für die statistische Auswertung der Versuche kann im Vergleich zu klassischen Methoden verringert werden bzw. bei Computer-Lösungen werden die Eigenschaften der zu invertierenden Matrizen verbessert.
4. Fehlschlüsse bezüglich optimaler Variablenkombinationen lassen sich ausschalten.

Zu 1. Eine maximale Präzision der Parameterwerte wird man dann erwarten können, wenn

– bei linearen Regressionen die Versuchspunkte möglichst am Rand des Variablenraumes gewählt werden, weil sich dann z. B. Meßfehler am wenigsten auf die Parameter auswirken (s. Abb. 7.42). Außerdem sollte bedacht werden, daß eine zu geringe Variation einer Variablen keinen genauen Parameterwert ergeben kann und daß Meßwerte nahe beim Schwerpunkt des Variablenraumes nicht viel zur Erhöhung der Genauigkeit beitragen, weil die Varianz

$$\sigma_x^2 = \frac{\sum (x_i - \bar{x})^2}{n}$$

dann nur wenig wächst. Vorbedingung eines jeden Versuchsplanes ist es daher, den maximalen Variationsbereich der einzelnen Versuchsvariablen, d. h. die Weite eines Versuchsplanes festzulegen.

– die Versuchspunkte symmetrisch zum Zentrum des untersuchten Variablenraumes festgelegt werden, weil dann die abhängige Variable für gleiche Abstände vom Schwerpunkt

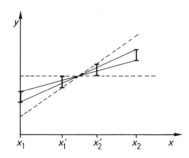

Abb. 7.42 Abhängigkeit der Präzision einer Regression von der Wahl der Einstellwerte der unabhängigen Variablen

des Planes mit gleicher Genauigkeit berechenbar ist (rotationssymmetrischer Versuchsplan).

Zu 2. Zeitliche Trends unkontrollierbarer Größen, die eventuell einen in Wirklichkeit gar nicht vorhandenen Einfluß vortäuschen könnten, lassen sich dadurch ausschalten, daß die zeitliche Abfolge der Versuche eines Versuchsprogramms aufgrund von Zufallszahlen festgelegt wird (random design). Die Auswirkungen von Veränderungen der Versuchsvoraussetzungen lassen sich durch sog. Blockbildung der Versuche eliminieren[70].

Zu 3. Um (stochastisch) unabhängige Schätzwerte der Parameter b_k zu erhalten, müssen die Einstellwerte der Variablen so gewählt werden, daß alle Variablen unabhängig voneinander verändert werden und nicht z. B. x_1 und x_2 bei allen Versuchen gleichzeitig hoch oder niedrig eingestellt wird. Dazu muß die Planmatrix der – zur Verringerung der Rechenarbeit um das Zentrum des Planes zu $+1$ und -1 (central design) – normierten Variablen orthogonal sein (orthogonale Spalten)[68].

Zu 4. Die vielfach üblichen „klassischen" Ein-Faktor-nach-dem-anderen-„Versuchspläne" sind in dieser Beziehung besonders schlecht, ja irreführend, wenn damit optimale Variablenkombinationen ermittelt werden sollen (s. Abb. 7.43).

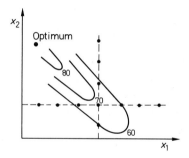

Abb. 7.43 Nachteil eines „Ein-Faktor-nach-dem-anderen-Versuchsplanes"

Einige Versuchspläne für lineare Regressionen

Box und Mitarbeiter[68] haben für lineare Regressionen geeignete Versuchspläne entwickelt, bei denen alle Variablen (Faktoren) gleichzeitig verändert werden. Sie lassen bei minimalem Rechenaufwand auch die eventuelle Signifikanz gemischter Glieder (das sind Glieder $x_1 x_2$, $x_1 x_3$, ..., $x_1 x_2 x_3$ usw.) mit Hilfe einer Streuungszerlegung[69] erkennen und hängen in ihrer Form davon ab,

– wieviel unabhängige Variable in die Regression eingehen,
– welchen Grad (x, x^2, x^3 ...) das Regressionspolynom haben soll,
– ob auch eine Abschätzung des Versuchsfehlers erfolgen soll, d. h. wieviele Versuche gemacht werden müssen.

Für mehr als drei Variablen kann der Versuchsplan nur noch in Tabellenform angegeben werden (dieser ist aus Statistik-Literatur zu entnehmen, z. B.[70]).

Im folgenden werden einige Beispiele dafür gegeben:

Regression 1. Grades

2 Variablen

Für

$$y = b_0 + b_1 x_1 + b_2 x_2$$

mindestens ein gleichseitiges Dreieck mit Zentralpunkt.

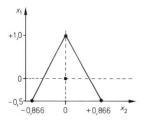

Alternativ ein 2^2-Faktor-Plan möglich, der aber nicht rotierbar ist! Dazu ist ein Zentralpunkt nötig.

3 Variablen

Für

$$y = b_0 + b_1 x_1 + b_2 x_2 + b_3 x_3$$

mindestens Tetraeder mit Zentralpunkt.

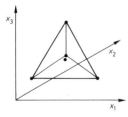

Zweckmäßiger ist ein Standard-2^3-Faktorplan,

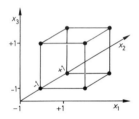

weil er leicht zu erweitern ist.

Regression 2. Grades

Für

$$y = b_0 + b_1 x_1 + b_2 x_2 + b_{11} x_1^2 \\ + b_{22} x_2^2 + b_{12} x_1 x_2$$

reguläre Polygone mit fünf und mehr Seiten; ein Fünfeck (als Minimum) erlaubt kein σ^2 für „lack of fit" zu berechnen.

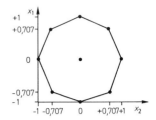

Ein 3^2 Faktorplan ist sehr ungeeignet, weil er astigmatisch ist.

Für

$$y = b_0 + b_1 x_1 + b_2 x_2 + b_3 x_3 \\ + b_{11} x_1^2 + b_{22} x_2^2 + b_{33} x_3^2 \\ + b_{12} x_1 x_2 + b_{13} x_1 x_3 \\ + b_{23} x_2 x_3$$

sog. central composit design,

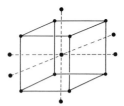

Ikosaeder oder Dodekaeder

Faktorielle Versuchspläne

Am gebräuchlichsten, weil vielfach ausbaubar, zentral, normiert, orthogonal und häufig auch rotationssymmetrisch sind faktorielle Versuchspläne; gleichzeitig sind sie relativ einfach auszuführen, leicht überschaubar und ohne großen Aufwand auswertbar. Man wählt hierbei die Niveaus der Variablen so, daß der Variablenbereich gleichabständig in Form eines Gitters überstrichen wird und begnügt sich für lineare Regressionsmodelle meist mit zwei Niveaus für jede der Variablen, was bei m Variablen zu sog. 2^m-Faktor-Plänen führt, mit $n = 2^m$-Versuchen.

Bei einer Regression erlauben solche 2^m faktoriellen Versuchspläne ganz allgemein allerdings nur die Bestimmung der b_k einer Regressionsgleichung 1. Grades der Form

$$y = b_0 + b_1 x_1 + b_2 x_2 \ldots + b_{12} x_1 x_2 + b_{13} x_1 x_3 \ldots + b_{123} x_1 x_2 x_3.$$

Für Regressionen 2. Grades mit quadratischen Abhängigkeiten (x_1^2 usw.) ist ein zusammengesetzter Zentral-Versuchsplan zweckmäßig (central composit design)[67].

Die Vereinfachung der Auswertung durch Normierung und die Bedeutung einer Planmatrix zur Schematisierung der Auswertung zeigt das folgende Beispiel.

Beispiel 7.11. Bei einer chemischen Reaktion hängt der Umsatz von der Katalysatormenge x_1, der Temperatur x_2 und der Rührintensität x_3 ab. Um dafür eine lineare Regressionsgleichung

$$y = b_0 + b_1 x_1 + b_2 x_2 + b_3 x_3$$

(ohne quadratische Glieder in den Variablen) zu ermitteln, wird ein 2^3-Faktor-Plan als optimaler Versuchsplan aufgestellt:

Plan-Nr.	Versuchsfolge	Katalysator (g)	Temperatur (K)	Rührintensität (Umdrehungen/min)
1	7	K_1	T_1	R_1
2	1	K_1	T_1	R_2
3	3	K_1	T_2	R_1
4	5	K_1	T_2	R_2
5	8	K_2	T_1	R_1
6	2	K_2	T_1	R_2
7	4	K_2	T_2	R_1
8	6	K_2	T_1	R_2

In den $2^3 = 8$ Versuchen kommt jede Kombination der Variablen auf den zwei Niveaus vor. (Der Plan würde es auch noch erlauben, die Wechselwirkungen $x_1 x_2$, $x_1 x_3$, $x_2 x_3$ und $x_1 x_2 x_3$ zu bestimmen.)

Die Normierung der Variablen erfolgt durch einfache algebraische Manipulation. Wenn z.B. $T_1 = 293$ K und $T_2 = 303$ K, der Mittelpunkt also 298 K ist und 293 K $= -1$ bzw. 303 K $= +1$ sein soll, dann ist die Skaleneinheit der Temperatur 5 K. Damit wird der Versuchsplan bei analoger Skalierung der anderen Variablen:

	Katalysatormasse K(g)	Temperatur T(K)	Rührintensität (Upm)	Norm
Untere Grenze	4	293	25	-1
Obere Grenze	8	303	35	$+1$
Basispunkt X_{jo}	6	298	30	0
Skaleneinheit c	2	5	5	

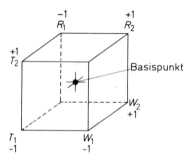

Übersichtlich geordnet, mit den Meßergebnissen folgt daraus:

Nr.	Nomen-klatur	Planmatrix P			Matrix der unabhängigen Variablen				Beobachtungs-vektor
		x_1	x_2	x_3	x_0^*	x_1	x_2	x_3	y
1	1	-1	-1	-1	1	-1	-1	-1	30
2	r	-1	-1	$+1$	1	-1	-1	$+1$	36
3	t	-1	$+1$	-1	1	-1	$+1$	-1	31
4	rt	-1	$+1$	$+1$	1	-1	$+1$	$+1$	34
5	k	$+1$	-1	-1	1	$+1$	-1	-1	43
6	kr	$+1$	-1	$+1$	1	$+1$	-1	$+1$	47
7	kt	$+1$	$+1$	-1	1	$+1$	$+1$	-1	42
8	ktr	$+1$	$+1$	$+1$	1	$+1$	$+1$	$+1$	45

Die Nomenklatur bei faktoriellen Versuchsplänen wird stets so gewählt, daß das (-1)-Niveau mit 1 bezeichnet wird, unabhängig um welche Variable x_1, x_2, x_3 usw. es sich handelt, während das $(+1)$-Niveau mit dem kleinen Buchstaben der Variablen bezeichnet wird.

Die Spalten der Planmatrix P sind orthogonal, d.h. daß alle Variablen unabhängig voneinander variiert wurden.

Die Berechnung der Regressionskoeffizienten nach

$$b_j = \frac{\sum x_{ji} \sum y_i - n \sum x_{ji} y}{(\sum x_{ji})^2 - n \sum x_{ji}^2}$$

wird nun wegen der Normierung und der Definition von x_0 ganz einfach

$$b_j = \frac{\sum x_{ji} y}{\sum x_{ji}^2} = \frac{\{x_j y\}}{\{x_j^2\}},$$

wobei $x_j y$ das Skalarprodukt des Spaltenvektors x_j mit dem Ergebnisvektor y ist. Die Bestimmungsgleichungen für die Regressionskoeffizienten lauten daher

$$b_0 = [(+1)y_1 + (+1)y_2 + (+1)y_3 + (+1)y_4 + (+1)y_5 + (+1)y_6 + (+1)y_7 + (+1)y_8]/8$$
$$= \frac{308}{8} = +38,50$$

$$b_1 = [(-1)y_1 + (-1)y_2 + (-1)y_3 + (-1)y_4 + (+1)y_5 + (+1)y_6 + (+1)y_7 + (+1)y_8]/8$$
$$= \frac{46}{8} = +5,75$$

---

* Es wird vereinbart, daß x_0 (die Variable bei b_0) stets $= 1$ ist.

$$b_2 = [(-1) y_1 + (-1) y_2 + (+1) y_3 + (+1) y_4 + (-1) y_5 + (-1) y_6 + (+1) y_7 + (+1) y_8]/8$$
$$= -\frac{4}{8} = -0{,}50$$
$$b_3 = [(-1) y_1 + (+1) y_2 + (-1) y_3 + (+1) y_4 + (-1) y_5 + (+1) y_6 + (-1) y_7 + (+1) y_8]/8$$
$$= +\frac{16}{8} = +2{,}00.$$

Damit ergibt sich als Regressionsgleichung

$$y = 38{,}50 + 5{,}75 \, x_1 - 0{,}50 \, x_2 + 2{,}00 \, x_3.$$

Dabei sind x_1, x_2 und x_3 jetzt in den oben definierten Skaleneinheiten gemessen, also z. B. $x_1 = +1 \triangleq +2$ g Katalysator über der Basis $x_1 = 0 \triangleq 6$ g Katalysator, also 8 g Katalysator. Man kann auch zu den Absolutwerten zurückkehren mit der Definition der skalierten Variablen

$$x_j = \frac{X_j - X_{j0}}{c},$$

d. h.

$$y = 38{,}50 + 5{,}75 \, \frac{K-6}{2} \, \text{g Kat} - 0{,}50 \, \frac{T-25}{5} \, K + 2{,}00 \, \frac{R-30}{5} \, \text{Upm}$$

Die Beurteilung der Regression (Streuungszerlegung, Signifikanztest mit F-Verteilung) ist bei faktoriellen Versuchsplänen wegen der Normierung ebenfalls besonders einfach, lediglich wegen der relativ kleinen Stichproben (z. B. acht Versuche ohne Wiederholung) sind gewisse Regeln zu beachten[69].

Man bezeichnet dazu als Effekt, d. h. Einfluß, der Variablen x_j auf y die Differenz aus den arithmetischen Mitteln der y_i auf dem oberen und unteren Niveau der x_{ji}, abgekürzt z. B. Effekt von $K = 1/4 \, (k + kr + kt + ktr) - 1/4 \, (1 + r + t + rt)$.

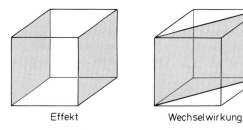

Abb. 7.44 Graphische Veranschaulichung von Effekten und Wechselwirkungen

Analog bezeichnet man als Wechselwirkung zwischen zwei Variablen x_k und x_t die Hälfte der Differenz zwischen dem Effekt der Variablen K beim oberen Niveau von T und dem Effekt von K beim unteren Niveau von T, abgekürzt als Zweifach-Wechselwirkung KT

$$KT = 1/2 \, \{[1/2 \, (kt + ktr) - 1/2 \, (t + tr)] - [1/2 \, (k + kr) - 1/2 \, (1 + r)]\}.$$

Wichtig ist nun, daß wegen der besonderen Normierung in 2^n-Faktorplänen die Effekte identisch mit den doppelten Regressionskoeffizienten $2 \, b_k$ sind und die Wechselwirkungen entsprechend mit den doppelten Regressionskoeffizienten $2 \, b_{jk}$ bzw. $2 \, b_{jkl}$ übereinstimmen (weil die $x_i = \pm 1$ sind!).

Wenn man daher die Effekte und Wechselwirkungen auf Signifikanz testet, ist dies identisch mit einem Test der Regressionskoeffizienten auf Signifikanz.

Da die notwendige Zahl an Versuchen bei faktoriellen Versuchsplänen mit wachsendem m sehr schnell wächst, z. B. $2^6 = 64$ Versuche bei sechs Variablen, begnügt man sich bei der Signifikanzanalyse vielfach mit verkürzten faktoriellen Versuchsplänen, die nur die Hälfte (half-replicate) oder ein Viertel der 2^m Versuche enthalten.

Verkürzte faktorielle Versuchspläne 2^{m-w} sind immer dann möglich, wenn man bei einer Regression davon ausgehen kann, daß bestimmte Wechselwirkungen (das sind Produkte von Variablen) insignifikant sind bzw. wenn man zunächst prüfen will, welche Effekte, d. h. welche Variablen, signifikant sind.

Für jede ausgeschiedene „Wechselwirkungs"-Variable $(x_i x_j)$ kann dann bei einem verkürzten Faktorplan eine neue Grundvariable eingeführt werden, aber Haupteffekte und Wechselwirkungen sind dann natürlich nicht mehr isoliert, sondern nur noch in vermischter Summe auf Signifikanz zu testen, was eventuell jedoch ausreichen kann, um vorweg bestimmte Variable auszuscheiden.

Als Beispiel für einen der vielen möglichen verkürzten faktoriellen Versuchspläne soll hier auf den extrem verkürzten Versuchsplan von Plackett und Burmann[71] näher eingegangen werden. Unter der Voraussetzung, daß alle Wechselwirkungen insignifikant sind, läßt sich mit diesem Plan in N Experimenten die Signifikanz von $N-1$ Variablen ermitteln.

Beispiel 7.12. Es sei die Entwicklung eines neuen Katalysators betrachtet[72]. Seine Aktivität soll über die prozentuale Ausbeute eines Produktes bei einer katalytischen Reaktion beurteilt werden. Hergestellt wird er als unlösliches, gemischtes Metallsalz nach (symbolisch)

$$M_1Cl + M_2Cl + HAn + OH^- \longrightarrow M_1 - M_2 - An + H_2O + Cl^-$$

wobei M_1Cl und M_2Cl Metallchloride und An Anionen sind. Es wird vermutet, daß die Temperatur der Ausfällung, der pH-Wert, das Mengenverhältnis der beiden Metallchloride und die Konzentration der Anionen die Aktivität beeinflussen. Zu prüfen ist, welche dieser Variablen signifikant sind, also nur eine Ja-/Nein-Aussage.

Lösung: In der Arbeit von Plackett und Burmann werden Versuchspläne für $N = 8, 12, 16, 20$ usw. Experimente zur Untersuchung von jeweils $N-1$ Variablen vorgeschlagen. Enthält ein Versuchsplan mehr Versuche als Variable vorhanden sind, so können die nicht benutzten Faktoren (Blindvariable) zur Schätzung der Varianz σ^2 herangezogen werden.

Für die hier in Betracht gezogenen 12 Variablen (s. Tab. 7.5) wird ein Versuchsplan für 16 Experimente gewählt. Er ermöglicht eine erste Auswahl der signifikanten Variablen (ein vollständiger faktorieller Versuchsplan auf zwei Niveaus hätte dafür $2^{15} = 32768$ Versuche benötigt. Abb. 7.45 zeigt die Versuchsmatrix.

Es bleiben drei Wiederholungsversuche zur Bestimmung des Meßfehlers übrig, weil die Variablen (G), (N) und (O) nur Scheinvariable sind. Man ersieht aus der Matrix, daß jede Variable achtmal auf dem höheren (+) und achtmal auf dem unteren (−) Niveau gehalten wird. Der Effekt (Einfluß) einer Variablen auf die Antwort ist daher die Differenz zwischen dem Mittelwert der Antwort für die acht Experimente auf dem höheren und dem für die acht Experimente auf dem unteren Niveau der Variablen. Es gilt also z. B. für die Variable A

$$E_A = \frac{\sum y(+)}{8} - \frac{\sum y(-)}{8}$$

wobei E_A dem Effekt von A und y den Resultaten bei den jeweiligen Versuchen entspricht.

Man kann einer Variablen A deshalb einen solchen Effekt zuordnen, weil sich die anderen Variablen bei den acht Versuchen jeweils viermal auf ihrem oberen und viermal auf ihrem unteren Niveau

2. Auswertung kinetischer Daten

Tab. 7.5 Variable und Effekte

	Variable		Niveau		Effekt (−) geg. (+)		Relative Signifikanz t-Test
	Code	Name	(−)	(+)			
1	A	pH	niedrig	hoch	−19,4	8,43	99%
2	B	M_1/M_2	niedrig	hoch	5,3	2,29	80%
3	C	Temperatur	20°	30°	6,6	2,85	90%
4	D	Anion-Überschuß	5%	20%	2,6	1,14	70%
5	E	Zulauf	2 l/h	3 l/h	0,5	0,19	
6	F	M_2-Quelle	1	2	1,2	0,52	
	(G)	Dummy	...	...	0,116		
7	H	Beginn	1	2	2,3	0,99	
8	I	Digestier-Zeit	0	20 h	0,3	0,12	
9	J	OH^- Quelle	NH_4^+	$NH_4^+ + Na^+$	−7,8	3,37	95%
10	K	Pelletisierung	1	2	1,5	0,66	
11	L	Menge an X	0	X	2,2	0,95	
12	M	Menge an Y	0	Y	−1,5	0,66	
	(N)	Dummy	...	...	3,974		
	(O)	Dummy	...	...	0,354		

Versuch Nr.	Reihen-folge	(x_0)	x_1	x_2	x_3	x_4	x_5	x_6	x_7	x_8	x_9	x_{10}	x_{11}	x_{12}	x_{13}	x_{14}	x_{15}
			A	B	C	D	E	F	(G)	H	I	J	K	L	M	(N)	(O)
1	1	+	+	+	+	+	−	+	−	+	+	−	−	+	−	−	−
2	4	+	+	+	+	−	+	−	+	+	−	−	+	−	−	−	+
3	7	+	+	+	−	+	−	+	+	−	−	+	−	−	−	+	+
4	5	+	+	−	+	−	+	+	−	−	+	−	−	−	+	+	+
5	16	+	−	+	−	+	+	−	−	+	−	−	−	+	+	+	+
6	10	+	+	−	+	+	−	−	+	−	−	−	+	+	+	+	−
7	12	+	−	+	+	−	−	+	−	−	−	+	+	+	+	−	+
8	15	+	+	+	−	−	+	−	−	−	+	+	+	+	−	+	−
9	6	+	+	−	−	+	−	−	−	+	+	+	+	−	+	−	+
10	3	+	−	−	+	−	−	−	+	+	+	+	−	+	−	+	+
11	2	+	−	+	−	−	−	+	+	+	+	−	+	−	+	+	−
12	13	+	+	−	−	−	+	+	+	+	−	+	−	+	+	−	−
13	11	+	−	−	−	+	+	+	+	−	+	−	+	+	−	−	+
14	9	+	−	−	+	+	+	+	−	+	−	+	+	−	−	+	−
15	14	+	−	+	+	+	+	−	+	−	+	+	−	−	+	−	−
16	8	+	−	−	−	−	−	−	−	−	−	−	−	−	−	−	−

Abb. 7.45 Verkürzter Versuchsplan, Planmatrix für 16 Versuche wenn alle Wechselwirkungen als insignifikant angesehen werden

befinden, wenn A auf dem höheren Niveau steht; das gleiche gilt für das untere Niveau von A. Damit sind also die Einflüsse der anderen Variablen „ausgeschaltet", wenn alle Wechselwirkungen tatsächlich nicht signifikant sind.

Die „Variablen" G, N und O sind Blindvariable. Sie können nicht variiert werden. Die Effekte dieser

Variablen (berechnet wie vorher) müßten Null sein, wenn keine Wechselwirkungen auftreten und keine Fehler bei der Messung der Antwort gemacht würden.

Tatsächlich sind diese Effekte aber von Null verschieden und man kann, vorausgesetzt es sind keine Wechselwirkungen vorhanden, daraus Schätzwerte für die Varianz des Meßfehlers berechnen nach

$$s_\varepsilon^2 = \frac{\sum (E_{\text{Blind}})^2}{n}$$

bzw. hier

$$s_\varepsilon^2 = \frac{E_G^2 + E_N^2 + E_O^2}{3} = \frac{0,116^2 + 3,974^2 + 0,354^2}{3} = 5,3105$$

$$s_\varepsilon = 2,304.$$

Die Signifikanz eines Effektes kann hier mit dem t-Test geprüft werden, weil die Einzeleffekte nur einen Freiheitsgrad besitzen und für diesen Fall $F = t^2$ wird [64].

$$t = \frac{Y(+)/8 - Y(-)/8}{s_{\text{eff}}}$$

mit s_{eff}^2 der Varianz eines Effektes, berechnet nach

$$s_{\text{eff}}^2 = \frac{\sum (x_i - \bar{x})^2}{f} = \frac{\text{Effekt}^2}{n}.$$

Tab. 7.5 zeigt in den beiden rechten Spalten für das Beispiel die gefundenen Effekte und die relative Signifikanz für einen t-Test mit 2 Freiheitsgraden; alle Variablen mit weniger als 70% Signifikanz haben wohl keinen Einfluß auf die Aktivität des Katalysators.

Literatur

[1] Jordan, D.G. (1968), Chemical Process Development, Part 1, Interscience, New York.
[2] Rase, H.F. (1977), Chemical Reactor Design for Process Plants, Vol. 1, Principles and Techniques, John Wiley and Sons, New York, Chichester.
[3] Ertl, G. (1980), Catal. Rev. – Sci. Eng. **21**, 201.
[4] Box, G.E.P., Hunter, W.G., Hunter, J.S. (1978), Statistics for Experimenters, An Introduction to Design, Data Analysis, and Model Building, John Wiley and Sons, New York, Chichester.
Davies, O.L. (Herausgeb.) (1956), The Design and Analysis of Industrial Experiments, Hafner Publishing Comp., New York.
[5] Massaldi, H.A., Maymo, J.A. (1969), J. Catal. **14**, 61.
[6] Page, F.M. (1953), Trans. Faraday Soc. **49**, 1033.
[7] Bamford, C.H., Tipper, C.F.H. (Herausgeb.) (1983), Comprehensive Chemical Kinetics, Bd. 24, Modern Methods in Kinetics, Elsevier, Amsterdam.
[8] Koch, E. (1977), Non-Isothermal Reaction Analysis, Academic Press, New York, London.
[9] Skinner, G.B. (1974), Introduction to Chemical Kinetics, Academic Press, New York, London.
[10] Moore, W.J., Hummel, D.O. (1973), Physikalische Chemie, Walter de Gruyter, Berlin, New York, Kap. 9.
[11] Wedler, G. (1982), Lehrbuch der Physikischen Chemie, Verlag Chemie, Weinheim, Deerfield Beach, Florida, Basel.
[12] Scheper, T., Halwachs, W., Schügerl, K., (1984), Chem. Eng. J. **29**, B 31.
[13] Van Damme, P.S., Narayawan, S., Froment, G.F. (1979), AIChEJ. **21**, 1067.
[14] Chambers, R.P., Boudart, M. (1966), J. Catal. **6**, 141.
[15] Klose, J., Kreuzer, D., Petersen, F., Tran-Vinh., L., Baerns, M. (1984), Chem. Ing. Tech. **56**, 52.
[16] Van den Bleek, C.M., van der Wiele, K., van den Berg, P.J. (1969), Chem. Eng. Sci. **24**, 681.
[17] McLean, D.D., Bacon, D., Downie, J. (1980), Can. J. Chem. Eng. **58**, 608.

18. Duy Duc, Le (1984), Dissertation, Ruhr-Universität Bochum.
19. Büdicker, K. (1984), Dissertation, Bochum.
20. Berty, J. M. (1974), Chem. Eng. Progr. **70** (5), 78.
21. Müller, B., Baerns, M. (1980), Chem. Ing. Tech. **52**, 826.
22. Klose, J., Baerns, M. (1984), J. Catal. **85**, 105.
23. Carberry, J. J. (1964), Ind. Eng. Chem. **56**, 39.
24. Häusser, F., Luft, G. (1980), Chem. Ing. Tech. **52**, 155.
25. Jacobs, J. (1982), Dissertation, Ruhr-Universität Bochum.
26. Schermuly, O., Luft, G. (1977), Chem. Ing. Tech. **49**, 907.
    Schermuly, O., Luft, G. (1979), Germ. Chem. Eng. **1**, 222.
    Dreyer, D., Luft, G. (1982), Chem. Tech. (Heidelberg) **11**, 1061.
27. Egerer, E., Hoffmann, U., Hofmann, H. (1977), Verfahrenstechnik (Mainz) **11**, 50.
28. Zeldovich, J. B. (1939), Zh. Fiz. Khim. **13**, 163.
29. Roiter, V. A., Korneichuk, G. P., Leperson, M. G., Stukanovskaya, N. A., Tolchina, B. J. (1950), ibid. **24**, 459.
30. Balder, J. R., Petersen, E. E. (1968), Chem. Eng. Sci. **23**, 1287.
31. Hegedus, L. L., Petersen, E. E. (1974), Catal. Rev. – Sci Eng. **9**, 245.
32. Christoffel, E. G. (1982), Catal. Rev. – Sci. Eng. **24** (2), 159.
    Christoffel, E. G., Tran-Vinh, L., Baerns, M. (1983), Chem. Ztg. **107**, 349.
33. Dougharty, N. A. (1970), Chem. Eng. Sci. **25**, 489.
34. Hegedus, L. L., Petersen, E. E. (1973), Chem. Eng. Sci. **28**, 69 und 345.
35. Fiolitakis, E., Hofmann, H. (1982), Am. Chem. Soc. Symp. Ser. **178**, 277.
36. Bassett, D. W., Habgood, H. W. (1960), J. Phys. Chem. **64**, 769.
37. Blanton Jr., W. A., Byers, C. H., Merril, R. P. (1968), Ind. Eng. Chem. Fundam. **7**, 611.
38. Hightower, J. W., Hall, W. K. (1968), J. Phys. Chem. **72**, 4555.
39. Magee, E. M. (1963), Ind. Eng. Chem. Fundam. **2**, 32.
40. Hattori, T., Murakami, Y. (1968), J. Catal. **10**, 114; (1968), **12**, 166; (1973), **31**, 127; (1974), **33**, 365.
41. Sica, A. M., Valles, E. M., Gigola, C. E. (1978), J. Catal. **51**, 115.
42. Christoffel, E. G., Surjo, T. I., Röbschläger, K. H. (1980), Can. J. Chem. Eng. **26**, 221.
43. Christoffel, E. (1982), Catal. Rev. – Sci. Eng. **24** (2), 159.
44. Furusawa, T., Suzuki, M., Smith, J. M. (1976), Cat. Rev. – Sci. Eng. **13**, 43.
45. Suzuki, M., Smith, J. M. (1971), Chem. Eng. Sci. **26**, 221.
46. Schweich, D., Villermaux, J. (1982), Ind. Eng. Chem. Fundam. **21**, 47, 51.
47. Doraiswamy, L. K., Sharma, M. M. (1984), Heterogeneous Reactions: Analysis, Examples and Reactor Design, Vol. 1, Gas-Solid and Solid-Solid Reactions, John Wiley and Sons, New York, Chichester, S. 186–187.
48. Szekely, J., Evans, J. W., Sohn, H. Y. (1976), Gas-Solid Reactions, Academic Press, New York, London, S. 210.
49. Massoth, F. E., Cowley, S. W. (1976), Ind. Eng. Chem. Fundam. **15**, 218.
50. Zheng, J., Yates, J. G., Rowe, P. N. (1982), Chem. Eng. Sci. **37**, 167.
51. Davis, G. F., Levenspiel, O. (1983), Ind. Eng. Chem. Fundam. **22**, 504.
52. Laurent, A., Charpentier, J. C. (1981), Chem. Ing. Tech. **53**, 244.
53. Astarita, G. (1967), Mass Transfer with Chemical Reaction, Elsevier, Amsterdam.
54. Danckwerts, P. V. (1970), Gas-Liquid Reactions, McGraw-Hill Book Comp., New York, N. Y.
55. Shah, Y. T. (1979), Gas-Liquid-Solid Reactor Design, McGraw-Hill Book Comp. New York, N. Y.
56. Manor, Y., Schmitz, R. A. (1984), Ind. Eng. Chem. Fundam. **23**, 243.
57. Danckwerts, P. V., Kennedy, A. M. (1954), Trans. Inst. Chem. Eng. **32**, 53.
58. Govindau, T. S., Quinn, J. H. (1964), AIChE J. **10**, 35.
59. Stephens, E. J., Morris, G. A. (1951), Chem. Eng. Prog. **47**, 232.
60. Lynn, S., Straatemeier, J. R., Kramers, H. (1955), Chem. Eng. Sci. **4** (III), 63.
61. Roberts, D., Danckwerts, P. V. (1962), Chem. Eng. Sci, **17**, 961.
62. Danckwerts, P. V., Gillham, A. J. (1966), Trans. Inst. Chem. Eng. **44**, T 42.
63. Levenspiel, O., Godfrey, J. H. (1974), Chem. Eng. Sci. **29**, 1723.
64. Kreyszig, E. (1972), Statistische Methoden und ihre Anwendungen, 4. Nachdruck, Verlag Vandenhoeck & Ruprecht, Göttingen.
65. Yang, K. H., Hougen, O. A. (1950), Chem. Eng. Prog. **46**, 146.
66. Schoenemann, K. (1957), Proc. 1. Eur. Symp. Chem. React. Eng. Amsterdam, Pergamon Press, Oxford, New York, S. 161.
67. Emig, G., Hoffmann, U., Hofmann, H. (1974), DECHEMA-Kurs, Planung und Auswertung von Versuchen zur Erstellung mathe-

matischer Modelle I u. II, Dechema, Frankfurt (Manuskriptdruck).
[68] Box, J.E.P., Wilson, K.B. (1951), J. R. Stat. Soc. Ser. B **13**, No. 1, 1.
[69] Weiß, S. (Herausg.) (1985), Verfahrenstechnische Berechnungsmethoden, Teil 8, VCH Verlagsges. mbH, Weinheim.
[70] Draper, N.R., Smith, H. (1966), Applied Regression Analysis, John Wiley and Sons, New York, Chichester.
[71] Plackett, R.L., Burmann, J.P. (1946), Biometrika **35**, 305.
[72] Siowe, R.A., Mayer, R.P. (1966), Ind. Eng. Chem. **58**, 2, 36.
[73] Hoffmann, U., Hofmann, H. (1971), Einführung in die Optimierung, Verlag Chemie GmbH, Weinheim.

Kapitel 8
Typen chemischer Reaktionsapparate

Der chemische Reaktor ist das Kernstück eines jeden chemischen Herstellungsprozesses. Die Wahl des geeigneten Reaktortyps und der Reaktionsführung beeinflußt die Qualität des Produktes und die Wirtschaftlichkeit des gesamten Verfahrens. Wegen der großen Vielfalt und der komplexen Zusammenhänge bei chemischen Reaktionen, sind auch die Bauformen und Betriebsweisen der Reaktionsapparate außerordentlich vielfältig. Die Bauformen umfassen beispielsweise Hochöfen, Drehrohröfen für Gas-Feststoff-Umsetzungen, Rohre und gerührte Behälter für fluide Medien aber auch Flammenreaktoren, Kneter und Extruder. Es ist daher nicht immer einfach, den chemischen Reaktionsapparat nach eindeutigen Gesichtspunkten zu diskutieren. Es wird zwischen ein- und mehrphasigen Reaktoren unterschieden, die diskontinuierlich, kontinuierlich und halbkontinuierlich betrieben werden können.

Im folgenden wird zunächst die Art der Betriebsweise erläutert, bevor in den Abschn. 1 und 2 auf die jeweiligen Besonderheiten der ein- und mehrphasigen Reaktionssysteme eingegangen wird.

Der diskontinuierliche oder absatzweise Betrieb ist dadurch gekennzeichnet, daß die Reaktionspartner zusammen mit unter Umständen notwendigen Katalysatoren und Lösungs- bzw. inerten Verdünnungsmitteln in den Reaktor gegeben werden, wo sie während einer definierten Reaktionszeit unter festgelegten Reaktionsbedingungen verweilen. Die Zusammensetzung des Reaktionsgemisches ändert sich mit fortschreitender Aufenthaltszeit, während durch gute Rührung dafür gesorgt wird, daß sich keine örtlichen Konzentrations- und Temperaturunterschiede ergeben. Der Reaktor arbeitet instationär.

Die Vorteile dieser Verfahrensweise sind:
- hohe Flexibilität, d.h. Einsatz ein und desselben Reaktors für verschiedene Produkte oder Produktspezifikationen,
- hohe Umsätze durch einheitliche, beliebig lang einstellbare Reaktionszeiten für das gesamte Gemisch.

Die Nachteile des absatzweisen Betriebes sind:
- auftretende Totzeiten zum Füllen, Entleeren, Aufheizen und Abkühlen des Reaktors,
- hoher Aufwand zum Steuern und Regeln des instationären Prozesses.

Chemische Reaktoren werden daher absatzweise betrieben, wenn Produkte nur in geringen Mengen hergestellt werden sollen (Arzneimittel, Farbstoffe, Spezialprodukte) und der Reaktor für die Herstellung unterschiedlicher Produkte einsetzbar sein soll, aber auch, wenn extreme Schwierigkeiten einen kontinuierlichen Betrieb verhindern, z.B. bei zusammenbackenden Feststoffen oder Schlämmen, die zum Verstopfen der Leitungen und Pumpen neigen.

Bei kontinuierlichem Betrieb eines Reaktors werden die Reaktionspartner in gleichbleibendem Mengenstrom dem Apparat zugeführt. Ebenso kontinuierlich wird das Reaktionsgemisch aus dem Reaktionsapparat entnommen. Alle Reaktionsparameter: Temperatur, Druck, Durchsatz und Konzentration der Reaktanden werden zeitlich konstant gehalten. Der Reaktor arbeitet stationär.

Die Vorteile des kontinuierlichen Betriebes sind:
- weitgehende Mechanisierung und Automatisierung,
- kleinere Reaktionsvolumina, da Totzeiten zum Beschicken des Reaktors entfallen,
- gleichbleibende Produktqualität infolge konstanter Betriebsbedingungen.

Die Nachteile der kontinuierlichen Reaktionsführung sind:
- geringe Flexibilität, da nur geringe Parameteränderungen (Durchsatz, Temperatur) möglich sind und daher
- Forderung nach gleichbleibender Rohstoffqualität,
- hohe Investitionskosten.

Die kontinuierliche Reaktionsführung wird dementsprechend in der modernen Massenproduktion angewendet.

Bei vielen technischen Umsetzungen werden Reaktoren eingesetzt, die nur für einzelne Reaktanden diskontinuierlich betrieben werden, während andere Reaktionspartner kontinuierlich zugeführt werden und/oder Reaktionsprodukte kontinuierlich den Reaktor verlassen. Folgende halbkontinuierliche Betriebsweisen sind anzutreffen:
- Ein Reaktand wird absatzweise mit einem Reaktionspartner umgesetzt, der kontinuierlich zu- und abgeführt wird (Chlorierung flüssiger Kohlenwasserstoffe mit Chlorgas, Gas-Feststoff-Reaktionen).
- Ein Reaktand wird vorgelegt, während der Partner langsam kontinuierlich zugegeben wird (Nitrierungen, Azofarbstoff-Herstellung).
- Ein Produkt wird aus dem Reaktor kontinuierlich während der Reaktionszeit abgezogen (Verschiebung der Gleichgewichtslage bei reversiblen Reaktionen: z.B. Wasseraustrag bei Veresterungen).

Der Reaktor arbeitet wie der absatzweise betriebene instationär.

Zur Auswahl des Reaktionsapparates müssen eine Reihe von Kriterien herangezogen werden, die wie folgt zusammengefaßt werden können[1]:
- Anzahl der bei der Reaktion vorliegenden Phasen
- Chemische Kinetik (Stöchiometrie, Nebenreaktionen)
- Lage des chemischen Gleichgewichts
- Reaktionsenthalpie (Wärmetausch mit der Umgebung)
- Einfluß von Stoff- und/oder Wärmetransport auf den Reaktionsverlauf.

Nachfolgend werden exemplarisch einige Reaktortypen vorgestellt, die nach der Anzahl der vorliegenden Phasen eingeteilt sind. Dabei wird auf charakteristische Kriterien und Besonderheiten eingegangen ohne daß eine vollständige Beschreibung angestrebt wird. Eine quantitative Auslegung und Berechnung chemischer Reaktoren erfordert die Berücksichtigung aller oben genannten Kriterien, wenn möglich auf der Grundlage von Modellvorstellungen, in denen neben der Kinetik der chemischen Reaktionen, Phänomene des Stoff- und Wärmeübergangs und das hydrodynamische Verhalten der Reaktionsphasen berücksichtigt sind. Hierauf wird im einzelnen in Kap. 9 eingegangen.

1. Einphasige Systeme

1.1 Rührkesselreaktoren/Mischapparate

Der klassische Apparat für homogene flüssige Reaktionssysteme ist der Rührkessel, der sowohl diskontinuierlich, also absatzweise, als auch kontinuierlich betrieben werden kann. Für die absatzweise Reaktionsführung ist vorteilhaft, daß die Reaktionszeit definiert und meist kürzer als im kontinuierlich betriebenen Rührkesselreaktor ist. Zudem können sehr lange Verweilzeiten eingestellt werden, was in kontinuierlich betriebenen Reaktoren nicht ohne weiteres möglich ist. Außerdem lassen sich die Reaktionsbedingungen wie Temperatur, pH-Wert oder Katalysatorkonzentrationen während der Reaktionszeit verändern und optimieren. Die Produktqualität ist jedoch wesentlich von der genauen Einhaltung der Betriebsvorschriften abhängig, so daß die Kontrolle des instationär ablaufenden Prozesses aufwendig ist. Der kontinuierlich betriebene Rührkesselreaktor arbeitet dagegen stationär und im Normalfall bei relativ niedrigen Eduktkonzentrationen. Durch die niedrige Konzentration werden Reaktionen mit kleiner Reaktionsordnung gegenüber denen mit höherer Ordnung bevorzugt, was bei komplexen Reaktionen hinsichtlich der Produktverteilung beachtet werden muß (s. Kap. 10, S. 400).

Ein Rührkessel üblicher Bauart ist in Abb. 8.1 gezeigt. Die zur Charakterisierung notwendigen Abmessungen sind mit in das Schema eingetragen. Rührkessel gibt es in einer großen Anzahl standardisierter Größen und Abmessungen, die in Tab. 8.1 aufgeführt sind. Wenn immer möglich, wird man aus Gründen der Kostenersparnis auf die Standardabmessungen und -materialien zurückgreifen und teure Sonderanfertigungen vermeiden.

Eine der Hauptaufgaben des Rührkesselreaktors besteht im Homogenisieren zweier ineinander löslicher Medien bis hinein in den molekularen Bereich. Daneben spielt der Wärmeaustausch über die Kesselwand und die unter Umständen eingebauten Rohrschlangen eine wesentliche Rolle für die Reaktorauslegung.

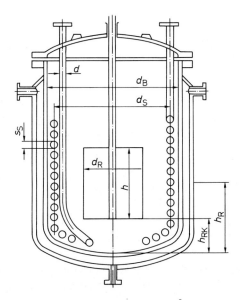

Abb. 8.1 Rührkesselreaktor (nach [5], Abschn. Ma)

Tab. 8.1 Standardrührkessel nach DIN [2]

Volumen V_R (m³)	Durchmesser d_B (m)	Wärmeaustauschfläche A (m²)
0,100	0,508	0,80
0,160	0,600	1,16
0,250	0,700	1,48
0,400	0,800	2,32
0,630	1,00	2,87
1,000	1,20	3,87
1,600	1,40	5,60
2,500	1,60	7,90
4,000	1,80	9,10
6,300	2,00	13,10
8,000	2,20	
10,000	2,40	18,7
12,500	2,40	
16,000	2,60	25,0
20,000	2,80	
25,000	3,00	34,6
32,000	3,40	
40,000	3,60	46,0

Das Mischen ist vor allem dann entscheidend, wenn die Reaktionsteilnehmer dem Gefäß getrennt zugeführt werden. Bei ungenügender, zu langsamer Vermischung kommt es zu Konzentrationsgradienten und damit bei komplexen Reaktionen zu Veränderungen der Produktverteilung und Ausbeuteverlusten. Bei sehr schnellen Reaktionen oder bei Reaktionen in hochviskosen Medien, z. B. Polymerisationen, kann es durch den Reaktandenverbrauch ebenfalls zu Konzentrationsdifferenzen kommen, die durch intensives Mischen aufgehoben werden müssen.

Das Durchmischen der Reaktionsmasse erfordert Energie. Für den wirtschaftlichen Betrieb des Reaktors ist daher maßgebend, daß zwar der technisch erforderliche Homogenitätsgrad erreicht wird, aber darüber hinaus keine unnötige Rührenergie eingebracht und damit vergeudet wird. Zur Beurteilung der Mischeffekte kann als Kriterium die sogenannte Mischzeit t_m herangezogen werden. Darunter soll die Zeit verstanden werden, die notwendig ist, um einen der Reaktionsmasse zugeführten löslichen Spurstoff praktisch vollständig mit ihr zu vermischen. Hierzu sind eine Reihe physikalischer und chemischer Meßmethoden ausgearbeitet worden [3]. Als Beispiel sei die örtliche Messung der elektrischen Leitfähigkeit nach der Zugabe eines Elektrolyten und der Farbumschlag eines Indikators bei Zugabe von Säuren oder Basen genannt.

Um eine homogene Reaktionsmasse im Behälter zu gewährleisten, sollte die Mischzeit t_m sehr viel kürzer als die Zeitkonstante der Reaktion t_r sein und unter praktischen Bedingungen höchstens 10% von letzterer betragen. Die Zeitkonstante der Reaktion wird auf die Reaktionsgeschwindigkeit unter Anfangs- bzw. Eingangsbedingungen r_0 bezogen und ist wie folgt definiert

$$t_r = \frac{c_{1,0}}{r_0}. \tag{8.1}$$

1. Einphasige Systeme

Bei kontinuierlich betriebenen Reaktoren muß der zufließende Reaktandenstrom möglichst schnell mit dem Reaktorinhalt homogen vermischt werden. Es ist daher zu fordern, daß die Mischzeit t_m klein im Vergleich zur mittleren hydrodynamischen Verweilzeit τ ist, mindestens jedoch $t_m \leq 0{,}1\,\tau$ eingehalten wird.

$$\tau = \frac{V}{\dot{V}_0} \tag{8.2}$$

Mit V soll das von der Reaktionsmasse eingenommene Volumen bezeichnet werden, $\dot{V}_0$ ist der volumetrische Zulauf. Zur Bewältigung der Rühraufgaben in unterschiedlichen Systemen wurden eine ganze Reihe von Rührertypen entwickelt, die in Abb. 8.2 schematisch gezeigt sind. Sie sind geordnet nach der Art der von ihnen hauptsächlich bewirkten Flüssigkeitsströmung und nach dem Zähigkeitsbereich, in dem sie eingesetzt werden[4] können. Zur Auswahl des für die Mischaufgabe geeigneten Rührers, d.h. desjenigen, der den gewünschten Homogenitätsgrad in der geforderten Zeit t_m mit minimalem Energiebedarf gewährleistet, müssen die unterschiedlichen Leistungs- und Mischzeitcharakteristiken bekannt sein (s. z. B.[4]).

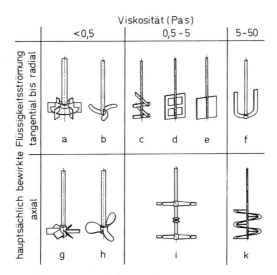

Abb. 8.2 Gebräuchliche Rührertypen (nach[4], S. 261)
a Scheibenrührer, b Impellerrührer (Pfaudler), c Kreuzbalkenrührer, d Gitterrührer, e Blattrührer, f Ankerrührer, g Schaufelrührer mit angestellten Schaufeln, h Propellerrührer, i MIG-Rührer (Ekato), k Wendelrührer

Ist die Stoffumwandlung im Reaktor mit erheblichen Wärmeeffekten verbunden, so ist neben der Homogenisierung der Reaktionsmasse der Wärmeübergang zwischen Flüssigkeit und Reaktorwand bzw. eingebauten Rohrschlangen zu beachten. Der Wärmeübergangskoeffizient liegt bei niederviskosen Flüssigkeiten in der Größenordnung von 500–1000 $W \cdot m^{-2} \cdot K^{-1}$.

Neben der Erhöhung der Wärmeaustauschfläche durch den Einbau von Rohrschlangen, werden außenliegende Wärmetauscher eingesetzt, durch die die Reaktionsmasse gepumpt wird. Dadurch kann die spezifische Austauschfläche erheblich vergrößert werden. Ein zusätzlicher Vorteil dieser Anordnung liegt in den meist höheren Wärmeübergangskoeffizienten im Wärmetauscher.

Schließlich soll auf eine weitere, in der Praxis häufig anzutreffende Möglichkeit der intensiven Wärmeabfuhr hingewiesen werden; sie besteht in einer direkten Kühlung des Gemisches unter Siedebedingungen durch Verdampfen eines Reaktionspartners oder Lösungsmittels. Die Reaktionswärme wird dann über einen Kondensator abgeführt.

Quantitative Zusammenhänge:

Vermischung. Zur Bestimmung der Mischzeit im Reaktor ist in Abb. 8.3 die mit der Rührerdrehzahl multiplizierte Mischzeit $n \cdot t_m$ in Abhängigkeit von der mit dem Rührerdurchmesser d_R gebildeten Reynoldszahl aufgetragen.

$$Re = \frac{\varrho \cdot n \cdot d_R^2}{\mu} \tag{8.3}$$

Im laminaren Strömungsbereich nimmt die charakteristische, auf die Umdrehungszeit des Rührers bezogene Mischzeit als Funktion der Re-Zahl ab und wird im turbulenten Bereich für viele Rührertypen konstant ($n \cdot t_m$ = const.).

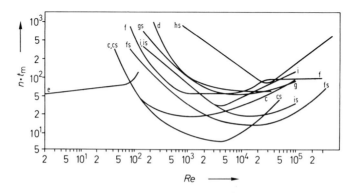

Abb. 8.3 Mischkennlinien zur Bestimmung der Mischzeit [4], S. 264.

Blattrührer   c, cs
Ankerrührer   d
Wendelrührer   e
MIG-Rührer   f, fs
Scheibenrührer   gs
Propellerrührer   hs
Impellerrührer   i, is
Kreuzbalkenrührer a = as = 1,8c (die Mischzeit beträgt das 1,8fache von c)
Gitterrührer   b = bs = 1,25c
s bedeutet mit Strombrecher

Rührerleistung. Der Leistungsbedarf des Rührers P kann Kennlinien entnommen werden, wie sie für einige Rührertypen in Abb. 8.4 wiedergegeben sind. Aufgetragen ist die Leistungskennzahl (Newton-Zahl) Ne als Funktion der Re-Zahl.

$$Ne = \frac{P}{\varrho \cdot n^3 \cdot d_R^5} = f(Re) \tag{8.4}$$

Ebenso wie die charakteristische Mischzeit, ist auch die Newton-Zahl für einen bestimmten Rührertyp und bei festgelegter geometrischer Anordnung nur eine Funktion der *Re*-Zahl. Nach der Abbildung können drei Strömungsbereiche unterschieden werden:

– Im laminaren Bereich I sind die Zähigkeitskräfte maßgebend. Der Einfluß von Massenkräften und damit von Strombrechern ist daher vernachlässigbar

$$Ne \approx Re^{-1} \text{ bzw. } Ne \cdot Re = \text{const.} \tag{8.5}$$

1. Einphasige Systeme

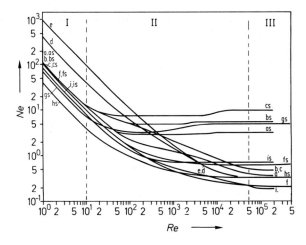

Abb. 8.4 Leistungskennlinie von Rührern (nach [4], S. 265)

Rührertyp (s bedeutet mit Strombrecher)		$Ne\ (Re = 1)$ (laminarer Bereich)	$Ne\ (Re = 10^5)$ (turbulenter Bereich)
Kreuzbalkenrührer	a	110	0,4
	as	110	3,2
Gitterrührer	b	110	0,5
	bs	110	5,5
Blattrührer	c	110	0,5
	cs	110	9,8
Ankerrührer	d	420	0,35
Wendelrührer	e	1000	0,35
MIG-Rührer	f	100	0,22
	fs	100	0,65
Scheibenrührer	gs	70	5,0
Propellerrührer	hs	40	0,35
Impellerrührer	i	85	0,20
	is	85	0,75

Die für den Mischvorgang aufzuwendende Leistung ergibt sich demnach zu

$$P = \text{const.}\ n^2 \cdot d_R^3 \cdot \mu. \tag{8.6}$$

– Im turbulenten Strömungsbereich III macht sich dagegen der Einfluß von Strombrechern im Behälter bemerkbar, die die Rührleistung um etwa den Faktor 10 im Vergleich zum unbewehrten Rührkessel erhöhen. Für beide Fälle gilt

$$Ne = \text{const.}\ \text{bzw.}\ P = \text{const.} \cdot n^3 \cdot d_R^5 \cdot \varrho \tag{8.7}$$

– Im Übergangsbereich II sind sowohl Zähigkeitskräfte als auch Trägheitskräfte maßgebend. Der Kurvenverlauf ändert sich dementsprechend mit zunehmender Re-Zahl.

Wärmeübergang. Der konvektive Wärmeübergang im Rührkessel kann mit genügender Genauigkeit durch folgende Beziehung beschrieben werden [5]

$$Nu = C \cdot Re^a \cdot Pr^b \left(\frac{\mu_{fl}}{\mu_w}\right)^c \tag{8.8}$$

mit

$$Nu = \frac{h \cdot d_R}{\lambda}$$

$$Pr = \frac{v}{a} = \frac{\mu \cdot c_p}{\lambda}$$

μ_{fl}, μ_w dynamische Viskosität im Flüssigkeitskern bzw. an der Austauscherwand.

In Anlehnung an die Verhältnisse bei turbulenter Rohrströmung ergibt sich in der Regel für die Exponenten

$$a \approx 2/3, \ b \approx 1/3, \ c \approx 0{,}14$$

Unterschiedliche Rührertypen und Kesselgeometrien können im allgemeinen durch Veränderung der Konstanten C berücksichtigt werden. Zu beachten ist, daß der Wärmeübergangskoeffizient h mit Erhöhung der Rührerdrehzahl nur nach

$$h = \text{const.} \ n^{2/3} \qquad (8.9)$$

ansteigt, während der Leistungsbedarf sehr viel stärker zunimmt. Im laminaren Strömungsbereich ist eine quadratische Abhängigkeit von der Drehzahl gegeben (s. Gl. 8.6)

$$P = \text{const.} \ n^2. \qquad (8.10)$$

Durch die Drehzahlsteigerung wird somit zwar der Wärmeabfuhrstrom gesteigert, andererseits aber durch den Rührer überproportional mehr Energie dissipiert und der Reaktionsmasse in Form von Wärme zugeführt.

Das Problem stellt sich vor allem bei stark exothermen Reaktionen in viskosen Medien, wie an folgendem Beispiel gezeigt wird.

Zur kontinuierlichen Substanzpolymerisation von Styrol steht ein Standardrührkessel von $V_R = 6{,}3 \ \text{m}^3$ mit einer äußeren Austauschfläche von $A = 13{,}1 \ \text{m}^2$ zur Verfügung. Der Kessel ist mit einem Ankerrührer ($d_R = 1{,}9$ m) ausgerüstet. Die mittlere Temperaturdifferenz zwischen Reaktionsmasse und Kesselwand betrage $\Delta T = 25$ K. Unter Reaktionsbedingungen ($T_R = 408$ K, $\tau = 1{,}5$ h) wird ein Monomerumsatz von $X_M = 0{,}4$ erreicht. Die mittlere Molekülmasse beträgt 360 000 kg·kmol^{-1}. Damit hat das Reaktionsgemisch die folgenden physikalischen Eigenschaften:

Dichte: $\varrho = 892 \ \text{kg} \cdot \text{m}^{-3}$
spezifische Wärme: $c_p = 1{,}88 \ \text{kJ} \cdot \text{kg}^{-1} \ \text{K}^{-1}$
Viskosität: $\mu = 10{,}3 \ \text{Pa} \cdot \text{s}$
Wärmeleitfähigkeit: $\lambda = 0{,}12 \ \text{W} \cdot \text{m}^{-1} \ \text{K}^{-1}$

Zur Berechnung des Wärmeübergangskoeffizienten wird folgende Beziehung benutzt, die in einem weiten Bereich von Reynolds-Zahlen gültig ist[4].

$$Nu = 0{,}24 \ (Re \cdot Pr^{1/2} + 4000)^{2/3}.$$
$$1 \leq Re \leq 10^5$$

Der Leistungsbedarf des Rührens ergibt sich für den Ankerrührer im laminaren Bereich zu

$$P = 420 \cdot \mu \cdot d_R^3 \cdot n^2.$$
$$Re \leq 100$$

In Abb. 8.5 ist die über die Austauschfläche abgeführte Wärmemenge ($\dot{Q}_a$) und die vom Rührer im Reaktionsgemisch dissipierte Energie (P) als Funktion der Rührerdrehzahl aufgetragen. Mit eingezeichnet ist die Differenz der beiden Werte $\Delta \dot{Q} = \dot{Q}_a - P$, die der effektiv aus dem Kessel abgeführten Reaktionswärme entspricht. Bei niedrigen Drehzahlen steigt $\Delta \dot{Q}$ mit n zunächst an, durchläuft ein Maximum bei $n = 13 \ \text{min}^{-1}$ und fällt dann sehr steil ab. Bei Drehzahlen größer als $n \approx 33 \ \text{min}^{-1}$ wird schließlich durch den Rührer eine größere Wärmemenge im Reaktor dissipiert als über den Kühlmantel abgeführt werden kann.

Wegen der hohen Reaktionsenthalpie würde jedoch die Wärmeabfuhr selbst unter optimalen Bedingungen nicht ausreichen, um den Reaktor kontinuierlich stationär zu betreiben. Die Austauschfläche müßte erheblich vergrößert werden, z. B. durch Einbau von Kühlschlangen.

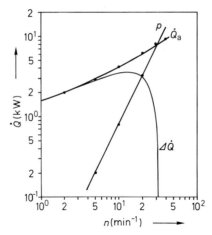

Abb. 8.5 Wärmeaustausch und Leistungsbedarf in Abhängigkeit von der Drehzahl eines Ankerrührers (s. Text)

Eine verbreitete Methode den Inhalt eines Reaktionsbehälters zu vermischen, ist das Strahlmischen (s. Abb. 8.6). Der Mischvorgang wird durch Einspritzen der umgepumpten Flüssigkeit in den Behälter hervorgerufen. Die charakteristische Mischzeit hängt im wesentlichen vom umgepumpten Flüssigkeitsstrom und dessen physikalischen Eigenschaften wie Dichte und Viskosität ab. Daneben spielen geometrische Faktoren eine Rolle: Flüssigkeitshöhe, Behälterdurchmesser, Düsenabstand vom Behälterboden und Düsendurchmesser[6]. Die zum Mischen aufzuwendende Energie ist für gleiche Mischzeiten t_m im Strahlmischer im allgemeinen höher als in einem mechanisch gerührten Kessel. Vorteile ergeben sich z.B. dadurch, daß, wie in der Abb. 8.6 angedeutet, über einen äußeren Wärmetauscher Wärme zu- oder abgeführt werden kann. Auch sind die Investitionskosten häufig geringer als für einen Rührkessel.

Wird das Volumen des Reaktionsbehälters verkleinert, so resultiert im Grenzfall ein Schlaufenreaktor, wie er in Abb. 8.7a schematisch gezeigt ist. Wird die Umwälzung in einem schlanken Gefäß mit einem Propellerrührer und Leitrohr durchgeführt (s. Abb. 8.7b), so wird ein Reaktor mit innerer Schlaufe erhalten. Da diese Konstruktionen nur geringe Betriebsinhalte aufweisen, werden kurze Zirkulationszeiten und damit eine intensive Vermischung erreicht. In kontinuierlich betriebenen Reaktoren sollte die umgewälzte Menge mindestens das 5- bis 10-fache des Zulaufstromes betragen, um eine hinreichende Mischzeit zu gewährleisten. Der Schlaufenreaktor wird eingehend in[7] diskutiert.

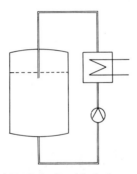

Abb. 8.6 Strahlmischer

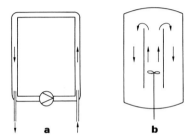

Abb. 8.7 Schlaufenreaktoren **a** mit äußerer, **b** mit innerer Schlaufe

1.2 Strömungsrohre

Während im diskontinuierlich betriebenen ideal durchmischten Rührkessel die einzelnen Stadien fortschreitenden Umsatzes an ein und demselben Reaktionsort zeitlich nacheinander durchlaufen werden, treten im Strömungsrohr dieselben Umsatzstadien gleichzeitig, aber örtlich hintereinander auf. Im Idealfall, bei Pfropfenströmung im Rohr, entspricht die Reaktionsdauer t_R beim diskontinuierlichen Ansatz der hydrodynamischen Verweilzeit (Volumenzeit) $\tau = V/\dot{V}_0$ des Reaktionsgemisches.

Wegen der im Vergleich zum Rührkessel großen wärmeabführenden Wandfläche im Verhältnis zum Inhalt, ist der Rohrreaktor besonders zur Durchführung stark endothermer oder exothermer Reaktionen geeignet. So wird Ethylen beispielsweise in indirekt, von außen geheizten Röhrenspaltöfen aus Leichtbenzin hergestellt (s. Abb. 8.8). In dem Ofen befinden sich die Spaltrohre mit einem Durchmesser von etwa 100 mm und einer Länge von 50–200 m[8]. Die Verweilzeit des Gases beträgt in modernen Anlagen weniger als 0,3 s, die Reaktionstemperatur liegt bei 850°C und es werden Reynolds-Zahlen von $Re > 10^6$ erreicht. Hauptproblem ist der Energieeintrag für die stark endotherme Reaktion, die Heizflächenbelastungen von bis zu 70 kW · m^{-2} erfordert.

Als weiteres Beispiel zum Einsatz eines Strömungsrohres als Reaktor sei die Hochdruckpolymerisation von Ethylen genannt. Wegen der für die Reaktion notwendigen hohen Drücke von $1,5–2,5 \cdot 10^8$ Pa werden Hochdruckrohre von 34 bis 50 mm Innen- und 71–120 mm Außendurchmesser verwendet. Die Gesamtlänge des Reaktors beträgt 400 bis 900 m, die Verweilzeit liegt bei 100 bis 150 s[8].

Im allgemeinen werden Rohrreaktoren im turbulenten Strömungsbereich betrieben ($Re > 10^4$). Das Verhältnis von Rohrlänge zu Rohrdurchmesser sollte $L/d_R > 50$ betragen, um den Einfluß von Dispersionsvorgängen gegenüber dem konvektiven Transport durch erzwungene Strömung im Reaktor vernachlässigen zu können.

Für langsame Reaktionen, dazu gehören häufig Flüssigphasenreaktionen, ist der Einsatz von Rohrreaktoren durch die erforderlichen langen Verweilzeiten und daher niedrigen Strömungsgeschwindigkeiten begrenzt. Eine gesicherte Reaktionsführung ist bei $Re < 1000$ vor allem bei niederviskosen Medien nicht mehr möglich. Durch Stoff- und Wärmeaustauschvorgänge kommt es zu Sekundärströmungen, die zu einem unvorhersehbaren quantitativ nicht erfaßbaren Reaktorverhalten führen können. In hochviskosen Medien, z. B. bei Polymerisationen, stellt sich ein laminares Geschwindigkeitsprofil ein, das zu einer sehr breiten Verweilzeitverteilung und häufig schlechter Produktqualität führt. Im Bereich niedriger Re-Zahlen müssen daher die Rohre mit Einbauten, z. B. statischen Mischern, oder mit Füllkörpern versehen werden[9,10]. Neben dem Zurückdrängen der uner-

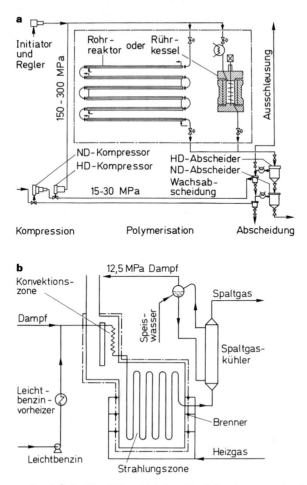

Abb. 8.8 Rohrreaktoren (nach [8], S. 323, 331); **a** Ethylen-Hochdruckpolymerisation, **b** Röhrenspaltofen zur Herstellung von Ethylen aus Leichtbenzin

wünschten axialen Dispersion wird durch die genannten Maßnahmen ein verbesserter radialer Konzentrations- und Temperaturausgleich erreicht. Zusätzlich wird der Wärmeübergangskoeffizient deutlich um das 2- bis 5-fache erhöht.

Eine weitere Möglichkeit zur Verbesserung des Reaktorverhaltens besteht in der Unterteilung des Rohres in Abschnitte, die z. B. mechanisch gerührt werden können.

2. Mehrphasige Systeme

In mehrphasigen Reaktionssystemen ist der chemischen Reaktion der Transport eines oder mehrerer Reaktanden in die andere Phase oder an deren Oberfläche vorgelagert. Die physikalischen Transportvorgänge können, wie dies in Kap. 6 (s. S. 103) eingehend beschrieben ist, den Umsatzgrad und die Selektivität für das gewünschte Produkt wesentlich beeinflussen. Die Stoffübergangsgeschwindigkeit und die Größe der Phasengrenzfläche sind daher entscheidende Parameter, die die Wahl des Reaktortyps beeinflussen. Der vorliegende Abschnitt ist aufgeteilt nach den zweiphasigen Systemen Fluid-Feststoff, Fluid-Fluid, und Systemen mit drei und mehr Phasen. Wegen der großen Vielfalt technischer Entwicklungen kann nur auf Grundtypen mehrphasiger Reaktoren eingegangen werden.

2.1 Fluid-Feststoff-Systeme

Die chemische Reaktion läuft in diesen Systemen an der Oberfläche des Feststoffes ab, der dabei selbst reagiert und verbraucht werden kann oder lediglich als Katalysator dient und somit unverändert im Reaktor bleibt. In jedem Fall muß für eine große Oberfläche gesorgt werden. Dazu wird der Feststoff häufig vermahlen und direkt bzw. zu größeren Formkörpern gepreßt oder gesintert eingesetzt. Nach der letztgenannten Methode wird eine große

	Schüttschicht		Wirbelschicht		Flugstaub
	überströmt 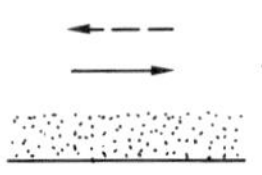	durchströmt 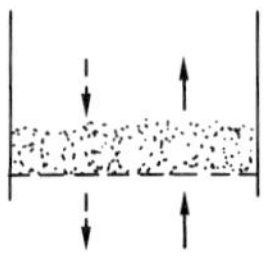	Fließbett 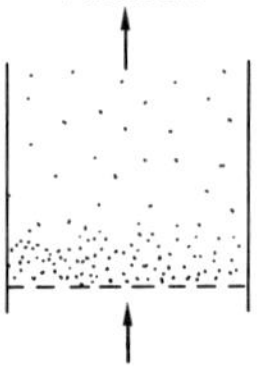	zirkulierende Wirbelschicht 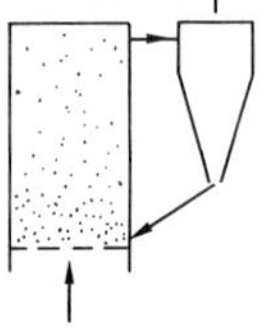	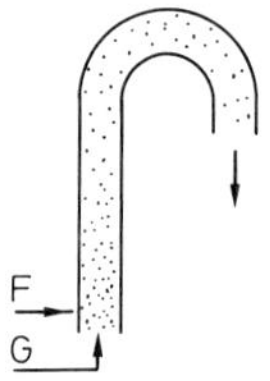
Reaktortyp					
Typische Reaktionsapparate	Muffeln, Etagenofen, Drehrohre, Bandtrockner	Schachtöfen, Wanderroste	Fließbettcracker, Wirbelschichtröster, Mehretagenfließbetten	zirkulierende Wirbelschicht, Venturi-Wirbelschicht	Stromtrockner Zyklonvorwärmer Schmelzzyklone Brenner
Feststoffbewegung durch	Mechanik	Schwerkraft Mechanik	Schwerkraft Gasströmung		Schwerkraft Gasströmung
Gas/Feststoff-Führung	Gegenstrom Gleichstrom Kreuzstrom		Einstrom Gegenstrom in Stufen Kreuzstrom in Stufen		Gleichstrom Einstrom der Rückführung Gegenstrom in Stufen
Teilchengröße	klein – sehr groß	mittel – sehr groß	mittel	sehr klein – klein	sehr klein
Feststoffverweilzeit	Stunden – Tage		Stunden	Minuten	Sekunden und kleiner
Gasverweilzeit	Sekunden		Sekunden		Sekundenbruchteile
Wärme- und Stoffübergang	sehr niedrig	niedrig – mittel	hoch	sehr hoch	sehr hoch
Temperatursteuerung	mittel – gut	schlecht – mittel	gut	sehr gut	mittel – gut
Raum-Zeit-Ausbeute	sehr niedrig – mittel	mittel	mittel – hoch	hoch	sehr hoch

Abb. 8.9 Reaktortypen, eingeteilt nach dem Bewegungszustand des Feststoffes (nach [11])

innere Oberfläche erhalten. Abhängig von der Geschwindigkeit der chemischen Reaktion, wird man eine geeignete Partikelgröße auswählen, die dann ihrerseits die Reaktorwahl beeinflußt.

Bei nicht-katalytischen Systemen wird der Feststoff umgesetzt und muß daher kontinuierlich dem Reaktor zugeführt und aus ihm abgezogen werden. Je nach zu fordernder Verweilzeit des Feststoffs, der Teilchengröße, der Art der Fluid-Feststoff-Führung und des Wärmeübergangs werden sehr verschiedenartige Reaktortypen eingesetzt. Typische Merkmale sind der Zusammenstellung in Abb. 8.9 zu entnehmen[11]. Bei heterogen-katalytischen Reaktionen bleibt der feste Katalysator meist für lange Zeit im System, so daß der Festbettreaktor der für diese Reaktionen häufigste Reaktortyp ist. Ausnahmen bilden Reaktionen, in denen wegen der schnellen Katalysatordesaktivierung für eine kontinuierliche Regenerierung gesorgt werden muß.

2.1.1 Festbettreaktoren

Der Festbettreaktor ist der am weitesten verbreitete Reaktortyp für heterogen-katalysierte Fluid-Feststoff-Reaktionen. Die technischen Ausführungen werden wesentlich durch die Art der Temperaturführung im Reaktor bestimmt. Es kann dabei grob zwischen adiabat und polytrop arbeitenden Festbettreaktoren unterschieden werden. Ist eine adiabate Reaktionsführung möglich, so wird diese wegen ihrer Einfachheit bevorzugt. Da keine Wärme über die Außenwand abgeführt wird, können sich keine radialen Temperaturprofile ausbilden, dagegen steigt die Temperatur in axialer Richtung proportional mit dem Umsatz an. Ist aus kinetischen Gründen die Reaktortemperatur zu begrenzen, z. B. wegen verstärkt einsetzenden Neben- oder Rückreaktionen, so wird der adiabate Reaktor häufig in Abschnitte (Horden) unterteilt, zwischen denen durch indirekten Wärmeaustausch oder durch Kaltgaseinmischung die Temperatur gesenkt wird. Die katalytische Oxidation von Schwefeldioxid ist ein Beispiel für die beschriebene Reaktionsführung (s. Abb. 8.10).

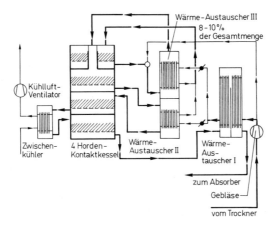

Abb. 8.10 Hordenreaktor (katalytische Oxidation von SO_2 zu SO_3, nach[56], S.73)

Weitere Beispiele für den Einsatz des adiabaten Festbettreaktors sind:
– Methanol-Synthese
– Styrol-Herstellung

- Dehydrierung von Buten
- Katalytische Reformierung
- Wassergas-Reaktion
- Katalytische Isomerisierung von C_5, C_6-Kohlenwasserstoffen
- Selektive Hydrierung von Acetylen zu Ethylen.

Muß für einen intensiven Wärmeaustausch gesorgt werden, so wird die Reaktion in mit Katalysatoren gefüllten Rohrbündelwärmetauschern durchgeführt. Solche Reaktoren, die aus bis zu 10 000 Parallelrohren bestehen können, werden für stark exotherme oder endotherme Reaktionen eingesetzt (s. Abb. 8.11). Um einen besonders intensiven Wärmeübergang und gleichmäßige Temperaturen zu erreichen, werden häufig siedende Flüssigkeiten im Außenraum zum Abtransport der Reaktionswärme verwendet. Rohrbündelreaktoren werden industriell z. B. für folgende Reaktionen eingesetzt:

- Synthesen durch Partialoxidation: Phthalsäureanhydrid, Maleinsäureanhydrid, Acrolein, Acrylnitril, Ethylenoxid, Formaldehyd;
- Fischer-Tropsch-Synthese;
- Synthese von Ammoniak und Methanol.

Hinsichtlich ihres Strömungsverhaltens entsprechen Festbetten den Strömungsrohrreaktoren mit einem recht einheitlichen Strömungsprofil und einheitlicher Verweilzeit.

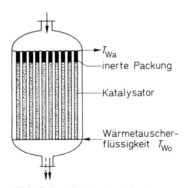

Abb. 8.11 Rohrbündelreaktor

Das Festbett wird charakterisiert durch den Rohrdurchmesser d_R, den Partikeldurchmesser d_P und den Anteil des freien Volumens im Reaktor ε, der als Porosität oder Lückengrad bezeichnet wird. Bei nicht kugelförmigen Teilchen entspricht d_P dem Durchmesser einer Kugel gleichen Volumens V_P.

$$d_P = \left(\frac{6}{\pi} \cdot V_P\right)^{1/3} \tag{8.12}$$

Von Einfluß auf die Porosität ist neben den Dimensionen der Teilchen und des Rohres auch die Partikelform, die durch die sog. Sphärizität (ψ_s) charakterisiert ist:

$$\psi_s = \frac{\pi}{S_P}\left(\frac{6}{\pi} \cdot V_P\right)^{2/3} \tag{8.12}$$

Dabei bedeutet S_P die äußere Oberfläche des Teilchens.

Die Porosität ε ist nicht immer über dem Rohrquerschnitt konstant. Deutliche Abweichungen, vor allem in der Nähe der Rohrwand sind zu erwarten, wenn das Verhältnis von Rohr- zu Partikeldurchmesser Werte von $d_R/d_P < 20$ annimmt. Durch ungleichmäßige Packungen kann es zu beträchtlichen

Kanalbildungen und damit uneinheitlicher Verweilzeit des Fluids kommen, was zu Leistungseinbußen des Reaktors führt. Bei dichtester Packung gleichartiger Kugeln beträgt die Porosität $\varepsilon = 0{,}256$, bei zufälliger Packung von Kugeln erhöht sich ε auf 0,3 bis 0,4.

Der Druckabfall im Festbett kann nach den in Kap. 5 (s. S. 97) vorgestellten Beziehungen abgeschätzt werden. Nach Ergun[12] ergibt sich

$$\Delta p = 150 \frac{(1-\varepsilon)^2}{\varepsilon^3} \cdot \frac{\mu \cdot u_0 \cdot L}{(d_P \cdot \psi_s)^2} + 1{,}75 \frac{1-\varepsilon}{\varepsilon^3} \frac{\varrho_f \cdot u_0^2}{(d_P \psi_s)} \cdot L \,. \tag{8.13}$$

Da der Druckabfall mit abnehmendem Partikeldurchmesser stark ansteigt, werden industriell nur Teilchen eingesetzt, die Abmessungen von $d_p > 2$ mm haben.
Eine eingehende Diskussion zur Modellierung von Festbettreaktoren erfolgt in Kap. 9 (s. S.359).

2.1.2 Wirbelschichtreaktoren

Die Anwendung der Wirbelschicht ist am weitesten für Gas-Feststoff-Reaktionen verbreitet, daneben wird sie aber auch für heterogen katalysierte Gasreaktionen und homogene Reaktionen, bei denen der Feststoff als Wärmeträger zum Einsatz kommt (s. Abb. 8.12), angewandt. Auch für rein physikalische Verfahren wie Mischen, Granulieren, Wärme- und Stoffübertragung (Trocknen) wird die Wirbelschicht eingesetzt. Beispiele für die Anwendung im Bereich der nicht-katalytischen Gas-Feststoff-Reaktion sind die Verbrennung und Vergasung von Kohle, die Verbrennung von Müll und Industrierückständen, das Calcinieren von Kalkstein und Tonerdehydrat sowie das Rösten sulfidischer Erze (Pyrit, Zinkblende). Das katalytische Cracken, die Herstellung von Acrylnitril, Ethylendichlorid und o-Phthalsäureanhydrid sind Beispiele aus dem Gebiet der heterogenen Gaskatalyse. Flüssigkeits-Feststoff-Wirbelschichten finden Anwendung in der elektrochemischen Verfahrenstechnik und in verstärktem Maße, in der Biotechnologie beim Einsatz von auf inerten Trägern immobilisierten Enzymen und Zellen.

Die Vor- und Nachteile der Wirbelschicht als Reaktor können wie folgt zusammengefaßt werden.

Vorteile:

– Fließfähigkeit des Feststoffes, daher leichte Handhabung und Transportmöglichkeit,
– Einsatz kleiner Feststoffpartikeln ($d_p \approx 10\text{--}800$ μm), daher große äußere Fluid-Feststoff-Oberfläche, keine Transportlimitierung in den Partikeln,
– intensive radiale und axiale Feststoffvermischung, daher gleichmäßige Feststoffverteilung und einheitliche Temperatur,
– große Wärmeübergangskoeffizienten, daher für Reaktionen mit großer Reaktionsenthalpie geeignet (s. Kap. 5, S. 88).

Nachteile:

– uneinheitliche Verweilzeit des Gases durch Dispersion und Bypass in Blasen,
– uneinheitliche Verweilzeit des Feststoffes durch Rückvermischung, wenn dieser kontinuierlich durchgesetzt wird,
– Erosion des Gefäßes und Abrieb der Feststoffteilchen,
– schwierige Maßstabsvergrößerung und Modellierung.

Wegen der Besonderheiten der Wirbelschicht im Vergleich zum Festbett werden einige wesentliche Grundlagen ihres Betriebs vorgestellt:

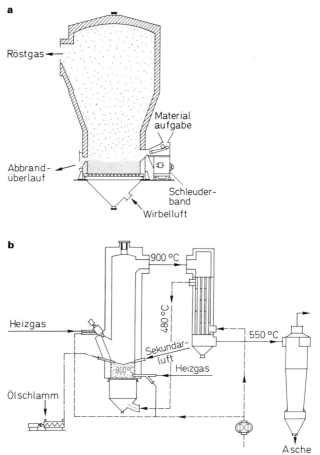

Abb. 8.12 Wirbelschichtreaktoren (nach [14], S. 453)
a Zinkblenderöstofen System Vieille Montagne
b Wirbelschichtanlage zur Ölschlammverbrennung

Auflockerungsverhalten und Druckverlust. Wird die Lineargeschwindigkeit eines Fluids in einer von unten angeströmten Schüttung über die sogenannte Auflockerungsgeschwindigkeit (u_1) hinaus erhöht, so werden die Einzelteilchen in Schwebe gehalten, sie sind im Fluid homogen suspendiert. In Gas-Feststoff-Wirbelschichten kommt es bei weiterer Steigerung des Durchsatzes bis auf etwa das zwei- bis dreifache der Auflockerungsgeschwindigkeit zu Inhomogenitäten: Es bilden sich praktisch feststofffreie Gasblasen aus, die in der Wirbelschicht aufsteigen und durch Koaleszenz wachsen. In hohen, schmalen Wirbelschichten können die Blasen den gesamten Querschnitt des Reaktors einnehmen. Diesem Verhalten kann häufig durch den Einbau von Schikanen (z. B. Leitblechen) entgegengewirkt werden. Bei weiterer Steigerung des Durchsatzes erreicht die Fluidgeschwindigkeit schließlich die freie Sinkgeschwindigkeit der Teilchen und der Feststoff wird ausgetragen (s. Abb. 8.13).

Im Lockerungspunkt befindet sich die Schüttung im Zustand der losesten Packung mit der Porosität ε_1. Die Porosität am Lockerungspunkt ist abhängig von der Größe der Partikeln (d_P) und deren Form, der Sphärizität (ψ_s), die in Gl. (8.12) definiert ist.

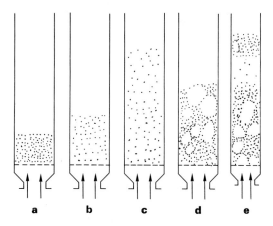

Abb. 8.13 Wirbelschichtzustände; **a** Festbett, **b** Auflockerungspunkt, **c** homogene Wirbelschicht, **d** Blasenbildung in Gas-Feststoff-Wirbelschichten, **e** stoßende Wirbelschicht

Die Voraussage von ε_l ist daher nur aufgrund von Erfahrungswerten möglich, bzw. sie muß durch Versuche ermittelt werden. Im Auflockerungspunkt herrscht Kräftegleichgewicht zwischen der um den Auftrieb verminderten Gewichtskraft der Teilchen und der von der Druckdifferenz auf den Querschnitt ausgeübten Kraft.

$$\Delta p \cdot S = (1 - \varepsilon_l) \cdot S \cdot L \cdot g (\varrho_p - \varrho_f) \tag{8.14}$$

Wird der Druckabfall nach der empirischen Beziehung von Ergun berechnet Gl. (8.13) und in Gl. (8.14) substituiert, so ergibt sich die Lockerungsgeschwindigkeit zu

$$u_l = 42{,}9 \, \frac{v(1-\varepsilon_l)}{d_p \psi_s} \left[\sqrt{1 + 3{,}11 \cdot 10^{-4} \frac{\varepsilon_l^3 \cdot (\psi_s \cdot d_p)^3 \cdot g \cdot (\varrho_p - \varrho_f)}{(1-\varepsilon_l)^2 v^2 \varrho_f}} - 1 \right]. \tag{8.15}$$

Die Bestimmung der mittleren Korngröße aus der Korngrößenverteilung und der Sphärizität bei unregelmäßig geformten Partikeln ist meist aufwendig und mit Ungenauigkeiten behaftet. Es ist daher vorzuziehen, die Auflockerungsgeschwindigkeit u_l und die Porosität am Auflockerungspunkt ε_l in einem kleinen Modell unter normalen Bedingungen (Raumtemperatur, Atmosphärendruck) zu messen [13]. Die experimentelle Bestimmung des Lockerungspunktes, charakterisiert durch u_l und ε_l, erfolgt wie in Abb. 8.14 schematisch dargestellt, durch Messung des Druckverlustes Δp in der Wirbelschicht in Abhängigkeit von der Leerrohrgeschwindigkeit. Dabei wird von hohen zu niedrigen Durchsätzen gegangen. Der Lockerungspunkt ergibt sich dann vereinbarungsgemäß als der Schnittpunkt zwischen der extrapolierten Festbettkennlinie und der Linie konstanten Druckabfalls in der Wirbelschicht. Die sich am Lockerungspunkt einstellende Höhe L dient zur Berechnung von ε_l nach Gl. (8.14). Der für den Feststoff charakteristische Parameter $d_p \cdot \psi_s$ läßt sich dann aus Gl. (8.15) abschät-

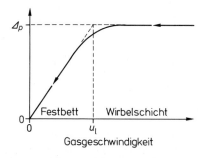

Abb. 8.14 Bestimmung des Lockerungspunktes in der Wirbelschicht

zen. Die Beziehung kann dazu dienen, den Lockerungspunkt unter Reaktionsbedingungen, also bei unterschiedlichen Drücken, Temperaturen und/oder Gasen zu bestimmen.

Für blasenfreie, d. h. homogene Fluidisierung erfolgt Feststoffaustrag, wenn die auf den freien Querschnitt bezogene lineare Fluidgeschwindigkeit der freien Sinkgeschwindigkeit der Partikel (u_s) entspricht, d. h. wenn Gleichgewicht zwischen der am Teilchen angreifenden Reibungskraft und seiner um den Auftrieb verminderten Gewichtskraft herrscht.

$$\frac{\pi}{6} \cdot d_p^3 \cdot g \cdot (\varrho_p - \varrho_f) = \frac{\varrho_f}{2} \cdot u_s^2 \cdot \frac{\pi}{4} d_p^2 \cdot \lambda_R (Re_{p,s}) \tag{8.16}$$

Der Reibungskoeffizient λ_R für das Einzelteilchen ist eine Funktion der auf den Teilchendurchmesser bezogenen Reynolds-Zahl[14]

$$\lambda_R = f(Re_p) \tag{8.17}$$

Zur Abschätzung des Ausdehnungsverhaltens kann eine von Richardson und Zaki[15] für Flüssig-Feststoff-Wirbelschichten aufgestellte empirische Gleichung benutzt werden.

$$\frac{u}{u_s} = \frac{Re_p}{Re_{p,s}} = \varepsilon^n \tag{8.18}$$

$$n = \frac{\ln (Re_{p,l}/Re_{p,s})}{\ln \varepsilon_l} \tag{8.19}$$

Damit läßt sich, zumindest näherungsweise, der Existenzbereich der Wirbelschicht voraussagen.

Wärmeübergang. Ein besonderer Vorteil der Wirbelschicht sind die in ihr zu erreichenden hohen Wärmeübergangskoeffizienten von ca. 150–300 $W \cdot m^{-2} \cdot K^{-1}$ zwischen dem fluidisierten Feststoff und festen Wänden wie eingetauchten Rohren, Rohrbündeln oder Platten. Der Reaktor läßt sich daher verhältnismäßig leicht isotherm betreiben, selbst wenn große Wärmemengen zu- oder abgeführt werden müssen. Im Gegensatz zum Festbett lassen sich zudem sehr hohe Temperaturdifferenzen zwischen Bett und Wand einstellen, wobei im Innern der Wirbelschicht praktisch keine Temperaturprofile auftreten. Der typische Verlauf des Wärmeübergangskoeffizienten in Abhängigkeit von der linearen Strömungsgeschwindigkeit ist Abb. 5.6 (s. S. 88) zu entnehmen. Der Wärmeübergangskoeffizient steigt beim Überschreiten des Lockerungspunktes sprunghaft an, durchläuft ein Maximum und fällt mit zunehmender Porosität des Bettes wieder ab[16]. Im Maximum erreicht der Wärmeübergangskoeffizient ein Vielfaches des im Festbett beobachteten Wertes.

Die technischen Wirbelschichten werden normalerweise bei niedriger Expansion betrieben. Die Porosität liegt angrenzend an den Schüttgutbereich in der Größenordnung von $\varepsilon = 0{,}45 - 0{,}85$. Der Feststoff bleibt unter diesen Bedingungen, vom Feinkornanteil abgesehen, im Reaktor. Wird die Anströmgeschwindigkeit zu weit gesteigert, so wird schließlich das Gebiet der pneumatischen Förderung erreicht, das durch eine relativ niedrige Feststoffkonzentration im Reaktor und kurze Verweilzeiten von Gas und Feststoff gekennzeichnet ist. Bevor jedoch der Bereich der pneumatischen Förderung erreicht ist, wird ein Zwischenzustand durchlaufen, der allgemein als hochexpandiert bezeichnet wird. Kennzeichnend für die hochexpandierte Wirbelschicht ist, daß die Gasgeschwindigkeiten oberhalb der freien Sinkgeschwindigkeit der Einzelteilchen liegen. Die Partikeln beeinflussen sich jedoch gegenseitig derart, daß sie teilweise wieder in den Reaktor zurückfallen können. Es kommt zu relativ schwer beschreibbaren Strömungsformen, der Ausbildung von Gaskanälen und Feststoffsträhnen. Der aus dem Reaktor ausgetragene Feststoff wird über einen Zyklon abgeschieden und zurückgeführt, wie dies schematisch in Abb. 8.15 gezeigt ist.

Wegen der hohen Relativgeschwindigkeiten zwischen Gas und Feststoff, der zu einem ver-

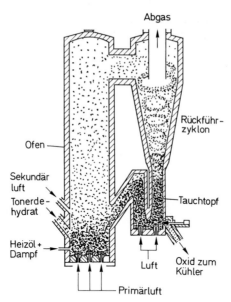

Abb. 8.15 Hochexpandierte zirkulierende Wirbelschicht zur Calcination von Tonerdehydrat (nach [14], S. 457)

stärkten Stoff- und Wärmetransport führt, und dem Einsatz feinkörnigen Materials von $d_p < 300$ µm, ist die zirkulierende Wirbelschicht vor allem für mit hohen Geschwindigkeiten ablaufende Reaktionen geeignet [11]. Beispiele für den technischen Einsatz sind Kohleverbrennung und Fluor-Entfernung aus Abgasen der Aluminiumindustrie durch Adsorption mit feinteiligem Aluminiumoxid [17].

2.1.3 Weitere Gas-Feststoff-Reaktoren

Wegen der starken Mischbewegung des Feststoffes in kontinuierlich betriebenen Wirbelschichten kommt es zu einer sehr breiten Verweilzeitverteilung der Partikeln im Reaktor, die derjenigen in einem kontinuierlich betriebenen Rührkesselreaktor entspricht. In sog. Wanderbetten, zu denen der Hochofen (Schachtofen) (s. Abb. 8.16) gehört, wird das Gas im Gegenstrom durch ein sich langsam bewegendes Festbett geführt. Beide Phasen zeigen ein sehr einheitliches Verweilzeitverhalten, so daß sich zeitlich konstante axiale Temperatur- und Konzentrationsgradienten ausbilden können. Auch Drehrohröfen (s. Abb. 8.17) zeigen ein dem Strömungsrohrreaktor ähnliches Verweilzeitverhalten. Charakteristisch für den Drehrohrreaktor ist, daß nur ein kleiner Teil des Ofenquerschnitts von dem umzusetzenden Feststoff ausgefüllt wird. Die Gase strömen im Gleich- oder Gegenstrom mit der festen Phase über diese hinweg, so daß zwischen den Phasen kaum Kontakt besteht. Im Vergleich zum Schachtofen können im Drehrohrofen leichter durch in der Rohrwandung angebrachte Brenner bestimmte Temperaturprofile eingestellt werden.

Haupteinsatzgebiet für den Drehrohrofen ist die thermische Behandlung von Feststoffen, wobei als wichtigstes Verfahren die Zementherstellung zu nennen ist. Daneben werden Calcinierungen und Röstungen im Drehrohrofen durchgeführt. Aus diesem Gebiet werden jedoch die Drehrohröfen in zunehmendem Maße von Wirbelschichtreaktoren verdrängt, die einfacher und flexibler zu betreiben sind.

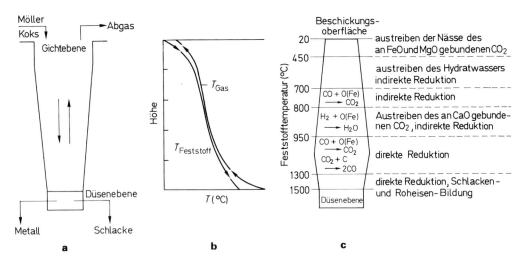

Abb. 8.16 Schachtofen/Hochofen (nach [57]); **a** Verfahrensprinzip des Schachtofens (Profil eines NE-Schachtofens); **b** mittlerer Verlauf der Temperaturen von Gas und Feststoff; **c** Zuordnung der Reaktionszonen (für den Eisenhochofen)

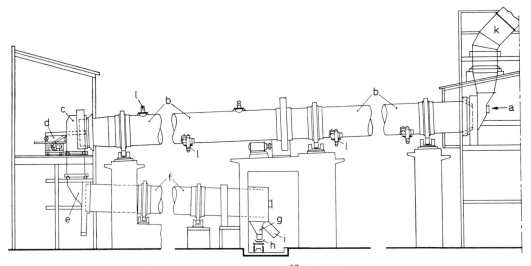

Abb. 8.17 Drehrohrofen (Eisenschwammanlage, nach [57], S. 427)
a Erz- und Kohleaufgabe, b Reduktionsofen, c Ofenauslaufkopf, d Zentralbrenner, e Kühlereinlaufkopf, f Drehrohrkühler, g Produktaustrag, h Transport zur Magnetscheidung, i Überkornschurre, k Abgasabzug, l Mantelbrenner

2.2 Fluid-Fluid-Systeme

Zu dieser großen Gruppe chemischer Umsetzungen gehören die Gas-Flüssigkeits-Reaktionen wie Absorption mit chemischer Reaktion: partielle Oxidation, Chlorierungen, Abgaswäsche zur Beseitigung toxischer Gase, aerobe Fermentation. Beispiele für Flüssig-Flüssig-Reaktionen in nicht mischbaren Flüssigkeiten sind Nitrierungen und Sulfonierungen von organischen Produkten und sogenannte Extraktivreaktionen, bei denen z. B. zur Verhinderung von Folgereaktionen das Zwischenprodukt in eine mit der Reaktionsphase nicht mischbare Phase extrahiert wird; ein praktisches Beispiel ist die Herstellung von Furfural aus Pentosan[18]. Im allgemeinen kann angenommen werden, daß die Reaktion nur in einer Phase abläuft. Der eigentlichen Reaktion geht daher der Transport des einen Reaktanden in diese Reaktionsphase voraus. Dementsprechend kommt dem Stoffaustausch und der

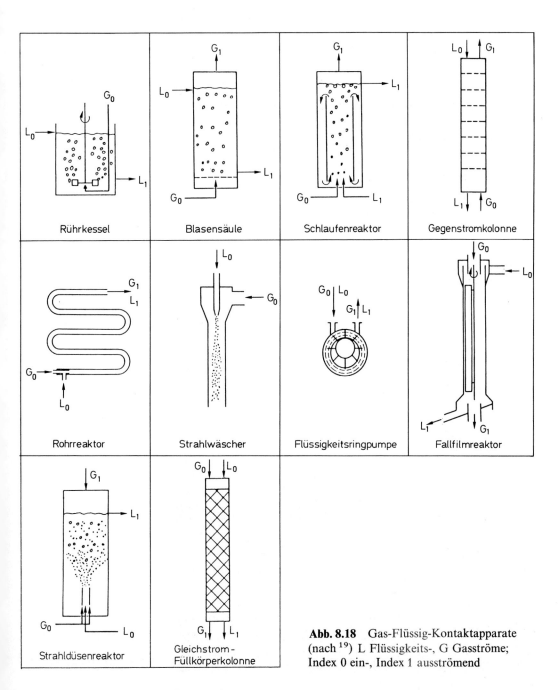

Abb. 8.18 Gas-Flüssig-Kontaktapparate (nach [19]) L Flüssigkeits-, G Gasströme; Index 0 ein-, Index 1 ausströmend

spezifischen Oberfläche zwischen den Phasen im Hinblick auf die Leistung eines Reaktors besondere Bedeutung zu (s. Kap. 6, S. 150). Die folgenden Ausführungen behandeln exemplarisch Gas-Flüssigkeits-Systeme.

Die beiden Phasen werden nach einer der folgenden Methoden in Kontakt gebracht (s. Abb. 8.18):

- Gas wird in der Flüssigkeit dispergiert: Blasensäule, Rührkessel, Bodenkolonne;
- Flüssigkeit wird in Gas dispergiert: Sprühturm, Strahlwäscher;
- Flüssigkeit wird als dünner Film mit dem Gas in Kontakt gebracht: Rieselkolonne, Fallfilmreaktor.

Die Auswahl der Kontaktart und die erreichbare Austauschfläche sind ein wichtiges Problem, das die Reaktorleistung und bei komplexen Reaktionen auch die erreichbaren Selektivitäten und Ausbeuten beeinflußt. Weitere Auswahlkriterien sind das Volumenverhältnis der beiden in Kontakt zu bringenden Phasen (s. Tab. 8.2) und das Verweilzeitverhalten von Gas und Flüssigkeit.

Tab. 8.2 Gas- zu Flüssigkeitsdurchsatz in unterschiedlichen Reaktoren [19]

	$\dot{V}_G/\dot{V}_L$ (m³/m³)	$u_{g,max}$ (m³/m²h)	disperse Phase	Blasen- bzw. Tropfengröße (µm)
Rührkessel		250	Gas	100–1000
Blasensäule		1000	Gas	>1000
Schlaufenreaktor	1–10		Gas	10–1000
Rohrreaktor	50–2000		Gas oder Flüssigkeit	50–3000
Rohrreaktor-Strahldüse	0,1–2		Gas	1–20
Strahlwäscher	100–1000		Flüssigkeit	100–500
Flüssigkeitsringpumpe	50–500		Flüssigkeit	100
Dünnschichtreaktor	10–1000		–	–
Strahldüsenreaktor	1–10		Gas	1–1000
Füllkörperkolonne (Gleichstrom)	5–50		Gas oder Flüssigkeit	100–500

Welche Austauschfläche zwischen Gas und Flüssigkeit in einem Reaktor zur Verfügung gestellt werden sollte, hängt im wesentlichen vom Verhältnis der Geschwindigkeit der chemischen Reaktion zu der des Stofftransportes ab.

Ist die Reaktionsgeschwindigkeit im Vergleich zur Transportgeschwindigkeit hoch (große Hatta-Zahlen), so wird ein Großteil der Reaktanden bereits in der grenzschichtnahen Zone abreagieren, die Konzentration im Flüssigkeitskern ist infolgedessen niedrig. Wird bei der Materialbilanz für die flüssige Phase eine einheitliche Konzentration vorausgesetzt und lediglich die chemische Reaktion berücksichtigt, so muß unter stationären Bedingungen der aus dem Grenzfilm an der Stelle $y = \delta$ in das Flüssigkeitsinnere tretende Molenstrom gleich dem Verbrauch durch Reaktion sein (s. Abb. 6.21, S. 152).

$$(J_1)_{y=\delta} \cdot A = -D_{1,1} A \left|\frac{dc_1}{dy}\right|_{y=\delta} = k_{1,1} A \frac{Ha}{\tanh(Ha)} \left[\frac{c_1^*}{\cosh(Ha)} - c_{1,1}\right]$$
$$= (V_1 - A\delta) k c_{1,1} \tag{8.20}$$

Mit V_1 wird das gesamte von der Flüssigkeit eingenommene Volumen bezeichnet, das Volumen der grenzschichtnahen Zone ergibt sich zu $A \cdot \delta$. Aus Gl. (8.20) kann die Konzentration im Flüssigkeitskern berechnet werden.

$$\frac{c_{1,1}}{c_1^*} = \frac{1}{\cosh(Ha)\left[1 + \left(\frac{V_1}{A \cdot \delta} - 1\right) Ha \tanh(Ha)\right]} \tag{8.21}$$

Einsetzen der Beziehung (8.21) in Gl. (6.201) (s. S. 154) führt nach Umformung zu dem gewünschten Zusammenhang zwischen dem Ausnutzungsgrad der Flüssigkeit, der Hatta-Zahl und dem Verhältnis von Grenzschichtvolumen zu Flüssigkeitsvolumen.

$$\eta = \frac{A \cdot \delta}{V_1 \cdot Ha} \frac{Ha\left(\frac{V_1}{A \cdot \delta} - 1\right) + \tanh(Ha)}{1 + \left(\frac{V_1}{A \cdot \delta} - 1\right) Ha \tanh(Ha)} \tag{8.22}$$

Abb. 8.19 zeigt den Ausnutzungsgrad η als Funktion von

$$B = \frac{A \cdot \delta}{V_1} = \frac{a \cdot D_{1,1}}{k_{1,1}(1-\varepsilon)} \tag{8.23}$$

für verschiedene Hatta-Zahlen.

Die Größe B wird im wesentlichen durch die pro Flüssigkeitsvolumen eingebrachte Austauschfläche bestimmt. Man erkennt, daß für langsame Reaktionen (kleine Hatta-Zahlen) die mit großem Energieaufwand eingebrachte Phasengrenzfläche nicht zu einer Leistungssteigerung des Reaktors führt. Erst bei im Vergleich zum Stofftransport hoher Reaktionsgeschwindigkeit muß eine große Austauschfläche erzeugt werden, um eine hohe Reaktorleistung zu gewährleisten. In industriell eingesetzten Gas-Flüssigkeitsapparaten ergeben sich Werte von $2 \cdot 10^{-4} < B < 10^{-1}$.

Bei komplexen Parallel- und Folgereaktionen wird die Selektivität ebenfalls stark vom Verhältnis der Reaktionsgeschwindigkeit zur Stoffübergangsgeschwindigkeit beeinflußt. Je nach Reaktionskinetik kann die Selektivität durch die Erhöhung des Stoffüberganges erhöht oder erniedrigt werden.

Die charakteristischen Merkmale von einigen häufig industriell eingesetzten Gas-Flüssig–Reaktoren sind in Tab. 8.3[21] wiedergegeben. Die Apparate sind nach zunehmender spezifischer Phasengrenzfläche geordnet. In der gleichen Reihenfolge werden die Apparate für immer schnellere Reaktionen eingesetzt, bei denen das Volumen der Grenzschicht für die Reaktorleistung entscheidend ist. Die in einem Kontaktapparat erreichbaren spezifischen Phasengrenzflächen werden von den Stoffeigenschaften, z. B. dem Koaleszensver-

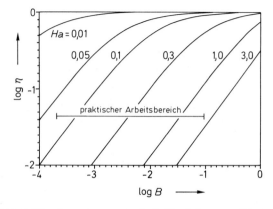

Abb. 8.19 Ausnutzungsgrad als Funktion von Ha und B

Tab. 8.3 Arbeitsbereich verschiedener Gas-Flüssigkeits-Reaktoren [21]

Reaktortyp	ε_g^* (%)	$10^{-1} k_g$ (mol·cm^{-2}·s^{-1}·Pa^{-1})	$10^2 k_l$ (cm·s^{-1})	a (cm^2·cm^{-3} Reaktor)
Füllkörperkolonne				
– Gegenstrom	75–98	0,03– 2	0,4 – 2	0,1– 3,5
– Gleichstrom	5–98	0,10– 3	0,4 – 6	0,1–17
Bodensäule				
– Glockenböden	5–90	0,5 – 2	1 – 5	1 – 4
– Siebböden	5–90	0,5 – 6	1 –20	1 – 2
Blasensäule	2–40	0,5 – 2	1 – 4	0,5– 6
Rührkessel	5–30	–	0,3 – 4	1 –20
Strahldüsenreaktoren	1– 6	–	0,15– 0,5	0,2– 1,2
Strahlwäscher	–	–	–	1 –20
Venturi-Wäscher	70–95	2 –10	5 –10	1,6–25

ε_g^* Gasanteil im Reaktor

halten, stark beeinflußt. Daneben spielt die zur Erzeugung der Phasengrenzfläche in den Reaktor eingebrachte Energie eine entscheidende Rolle. In experimentellen Arbeiten von Nagel et al.[22,23] konnte gezeigt werden, daß die erzeugte spezifische Phasengrenzfläche in vielen Gas-Flüssig-Reaktoren über weite Bereiche nach Gl. (8.24) beschrieben werden kann. Danach steht die spezifische Phasengrenzfläche mit der dissipierten Energie in folgender Beziehung.

$$a = \frac{A}{V_R} = C \left(\frac{E}{V_R}\right)^m \varepsilon^n \tag{8.24}$$

In der Konstanten C sind die Stoffwerte des Systems zusammengefaßt. Ist die Energiedissipation (E/V_R) in W·m^{-3} in allen Volumenelementen gleich, so ergibt sich für den Exponenten der Wert von $m = 0,4$, der aus der von Kolmogoroff[24] entwickelten Theorie der turbulenten Vermischung abgeleitet werden kann.

2.2.1 Blasensäulen-Reaktor

Wie aus den in Tab. 8.3 aufgeführten Daten hervorgeht, werden Blasensäulen-Reaktoren vornehmlich für Reaktionen eingesetzt, die mit relativ kleiner Geschwindigkeit im gesamten Volumen der Flüssigkeit ablaufen. Die Blasensäule ist konstruktiv einfach und sehr anpassungsfähig. Sie wird sowohl im Bereich der organischen Synthese z. B. für Oxidationen, Chlorierungen, Hydrierungen, Olefinadditionen als auch in immer größerem Maße in der Biotechnologie als Fermenter eingesetzt. Die installierten Volumina betragen bis zu 3000 m^3 zur Protein-Erzeugung auf Methanol-Basis und bis zu 20 000 m^3 bei der biologischen Abwasserreinigung[25].

Die Vorteile der Blasensäulen-Reaktoren liegen hauptsächlich in der meist sehr einfachen, kostengünstigen Konstruktion, der großen Anpassungsfähigkeit und dem Fehlen von bewegten Einbauten. Nachteilig kann die lange Flüssigkeitsverweilzeit sein und der relativ hohe Grad an Vermischung der flüssigen Phase in einfachen Typen, so daß die Blasensäule zur Verengung der Verweilzeitverteilung kaskadiert werden muß.

Neben der einfachen Blasensäule werden solche mit innerem und äußerem Kreislauf der Flüssigkeit eingesetzt, wie sie schematisch in Abb. 8.20 gezeigt sind. In solchen sogenannten

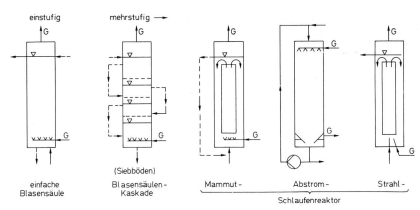

Abb. 8.20 Blasensäulen (nach [25])

Schlaufenreaktoren ist die Flüssigkeitsphase vollständig vermischt. Vorteile des Flüssigkeitsumlaufs liegen in einer wirkungsvolleren Gas-Flüssigkeits-Trennung und der Möglichkeit zum zusätzlichen Wärmetausch im äußeren Kreislauf. Beim Strahlschlaufenreaktor wird die Flüssigkeit in einem Treibstrahl so am Reaktorboden zugeführt, daß dieser das Gas erfassen und zerteilen kann [26]. Der Strahlschlaufenreaktor zeichnet sich durch homogene Verteilung von Gas und Flüssigkeit aus. Im Abstromschlaufenreaktor können sehr große Gasverweilzeiten bei niedriger Bauhöhe eingestellt werden [27]. Er bietet Vorteile, wenn kleinere spezifische Gasmengen umgesetzt werden sollen.

- Hydrodynamik. Bei niederviskosen Flüssigkeiten und bei auf den Säulenquerschnitt bezogenen linearen Gasgeschwindigkeiten von $u_{go} < 0{,}04 \text{ m} \cdot \text{s}^{-1}$ beeinflussen sich die Blasen beim Aufsteigen in der Säule wenig. Man spricht dann von homogener oder quasilaminarer Blasenströmung. Bei größerer Gasbelastung nimmt der Gasanteil im Reaktor zu, es kommt durch Koaleszenz zur Bildung größerer Blasen, die bei Überschreiten der hydrodynamischen Gleichgewichtsblasengröße wieder zerfallen. Dieser turbulente Strömungsbereich wird im System Luft/Wasser bei Gasleerrohrgeschwindigkeiten von $u_{go} \geq 0{,}1 \text{ m} \cdot \text{s}^{-1}$ erreicht.

- Gasgehalt. Der relative Gasgehalt (ε) in der Blasensäule ist für ein bestimmtes Gas-Flüssigkeits-System vom Strömungsbereich, d.h. von der Gas- und Flüssigkeitsgeschwindigkeit abhängig. Daneben spielen Gasverteiler und Energiedissipationsdichte eine Rolle. In den meisten praktischen Fällen ist die Geschwindigkeit des Gases erheblich höher als die der Flüssigkeit, so daß sich die folgende einfache Beziehung ergibt [28].

$$\varepsilon_g \sim u_{go}^n \tag{8.32}$$

Der Exponent n hängt im einzelnen vom Strömungszustand, von den Stoffeigenschaften und vom Gasverteiler ab. Für das System Luft/Wasser ergeben sich bei homogener Strömung Werte zwischen $n = 0{,}7 - 1{,}0$. Im heterogenen Betriebsbereich wird $n \approx 0{,}6$ gefunden.

- Stoffübergang. Der Hauptwiderstand für den Stoffübergang liegt meist in der Flüssigkeit, so daß lediglich der flüssigkeitsseitige Stoffübergangskoeffizient berücksichtigt zu werden braucht. Im turbulenten Strömungsbereich wird k_l durch die Hydrodynamik kaum beeinflußt und ist im wesentlichen von den physikalischen Eigenschaften des Gas/Flüssigkeits-Systems abhängig. Das gleiche gilt für Strahlschlaufenreaktoren mit turbulenter Strömungscharakteristik [29]. Für den Stoffübergangskoeffizienten ergibt sich nach experimentellen Untersuchungen die folgende Abhängigkeit [30].

$$k_l = 0{,}42 \left(\frac{D_l}{v_l}\right)^{1/2} \left(\frac{(\varrho_l - \varrho_g) \cdot \mu_l \cdot g}{\varrho_l^2}\right)^{1/3} \tag{8.33}$$

für Blasendurchmesser $d_B > 2 \text{ mm}$

$$k_1 = 0{,}31 \left(\frac{D_1}{v_1}\right)^{2/3} \left(\frac{(\varrho_1 - \varrho_g) \cdot \mu_1 \cdot g}{\varrho_1^2}\right)^{1/3} \qquad (8.34)$$

für formstabile Blasen mit $d_B < 0{,}8$ mm.

- Wärmeübergang. Durch die aufsteigenden Blasen wird der Wärmeübergang von der Flüssigkeit an die feste Wand im Vergleich zu einphasigen Systemen deutlich verbessert. Mit zunehmender Gasleerrohrgeschwindigkeit nimmt der Wärmeübergangskoeffizient bis zu einem Maximalwert zu, der bei etwa $u_{go} = 0{,}1$ m $\cdot$ s^{-1} erreicht wird[31] (s. auch Kap. 5, S. 90)
- Gasverteilung/Phasentrennung. Zur Dispergierung des Gases in die Flüssigkeit sind eine ganze Reihe von Verteilern wie Sinterplatten, Lochplatten, Siebböden aber auch Düsen unterschiedlicher Art vorgeschlagen und patentiert worden. Eine detaillierte Diskussion der einzelnen Konstruktionen und deren Einsatzgebiete ist in [25] durchgeführt. Das gleiche gilt für konstruktive Maßnahmen zur Gasabscheidung am Kopf der Kolonne.

2.2.2 Rührkessel für Fluid-Fluid-Reaktionen

Ebenso wie die Blasensäule, wird der Rührkessel für relativ langsam ablaufende Reaktionen eingesetzt. Einsatzgebiete sind biologische Fermentationen, Oxidationen, Chlorierungen und Nitrierungen. Neben der Vermischung der kontinuierlichen Phase, kommt dem Rührer als zusätzliche Aufgabe die Dispergierung des Gases bzw. der nicht mischbaren Flüssigkeit zu. Das Gas wird entweder von außen unter Vordruck über einen Gasverteiler zugeführt oder es werden selbstansaugende Hohlrührer eingesetzt. Der Hohlrührer wird vor allem in unter Druck arbeitenden Behältern verwendet, bei denen der Gas-Umsatz nach einmaligem Durchgang durch die Flüssigkeit gering ist, und das Gas vom Rührer eingesaugt und erneut dispergiert werden soll.

Werden hohe Begasungsdichten angestrebt, so muß Begasen und Dispergieren entkoppelt werden. Das Gas wird dann unterhalb des Rührers zugeführt. Durch die Gaszuführung wird die mittlere Dichte des Gemisches erniedrigt und die Leistungsaufnahme des Rührers nimmt mit zunehmendem Gasdurchsatz ab, bis ein Grenzwert maximaler Gaszuführung erreicht wird, bei dem der Rührer nicht mehr in der Lage ist, das Gas in die Flüssigkeit zu dispergieren. Der Rührer dreht sich nur noch im Gas: Er wird „überflutet"[4]. Um eine möglichst große Grenzfläche zwischen den fluiden Phasen zu erzeugen, werden bevorzugt Rührer eingesetzt, die große Scherkräfte bewirken, wie zum Beispiel der Scheibenrührer.

Die Zusammenhänge zwischen Energiedissipation, Gasanteil, Stoffübergang und spezifischer Oberfläche sind außerordentlich komplex und hängen von den Stoffeigenschaften und den Dimensionen des Rührkessels ab. Allgemein wird davon ausgegangen, daß der Stoffübergangskoeffizient (k_1) nur wenig vom Energieeintrag in den Reaktor abhängt. Eine Abschätzung kann nach den Beziehungen (8.33) und (8.34) vorgenommen werden. Die spezifische Phasengrenzfläche nimmt mit zunehmender Energiedissipation entsprechend Gl. (8.24) zu, wobei für den Exponenten m Werte zwischen 0,65 und 0,70 angegeben werden[32].

Weitere Einzelheiten zur Auslegung von Rührkesseln für Zweiphasen-Systeme können der Literatur entnommen werden[33, 34].

2.2.3 Bodenkolonnen

Bodenkolonnen, wie sie üblicherweise bei Destillationen verwendet werden, bestehen im wesentlichen aus einer Anzahl hintereinandergeschalteter Blasensäulen mit geringer Flüssigkeitshöhe. Der Flüssigkeitsinhalt ist relativ hoch, so daß die Bodenkolonne wie die zuvor besprochenen Reaktoren für Systeme niedriger bis mittlerer Reaktionsgeschwindigkeit eingesetzt wird. Der Vorteil der Bodenkolonne liegt in der Kaskadierung des Flüssigkeitsvolumens, was zu einem im Vergleich zu dem kontinuierlich betriebenen Rührkesselreaktor und der Blasensäule einheitlicherem Verweilzeitverhalten der Flüssigkeit führt. Die Bodenkolonne wird auch dann bevorzugt, wenn die Phasen im Gegenstrom geführt werden sollen.

Die Vorhersagen von Stoffübergang und spezifischer Phasengrenzfläche sind schwierig, da die fluiddynamischen Zusammenhänge sehr komplex sind. Empirisch gefundene Beziehungen, wie sie beispielsweise für Siebböden[30,35] oder Glockenböden[36] veröffentlicht wurden, können lediglich als Richtwert dienen.

Zur Dimensionierung der Bodenkolonne sind daher experimentelle Untersuchungen mit dem jeweiligen chemischen Stoffsystem unerläßlich.

2.2.4 Füllkörperkolonnen

Wegen ihrer einfachen Bauart ist die Füllkörperkolonne ein weit verbreiteter Gas-Flüssig-Kontaktapparat. Die Flüssigkeit wird gleichmäßig auf der obersten Schicht verteilt und rieselt als dünner Film von oben nach unten über Füllkörper möglichst hoher spezifischer Oberfläche. Das Gas kann im Gleich- oder Gegenstrom zur Flüssigphase geführt werden. Die Verweilzeit-Verteilung beider Phasen ist meist eng und entspricht weitgehend der eines idealen Strömungsrohres für das Pfropfenströmung angenommen wird. Eingesetzt wird die Füllkörperkolonne für Absorptionsprozesse, die in der Regel von schnellen chemischen Reaktionen begleitet werden.

Der Betriebsbereich einer Füllkörperkolonne wird begrenzt durch einen minimalen Flüssigkeitsstrom (minimale Berieselungsdichte) und bei Gegenstromfahrweise durch den Flutpunkt. Ist der am Kolonnenkopf zugeführte Flüssigkeitsstrom zu niedrig, so wird nicht die gesamte Oberfläche der Füllkörper benetzt. Die minimale Berieselungsdichte ist umgekehrt proportional zur spezifischen Oberfläche der Füllkörper[37] und hängt darüberhinaus von der Benetzbarkeit der Füllkörper ab. Mit zunehmender Berieselungsdichte steigt der Flüssigkeitsinhalt in der Kolonne, was zu einer Abnahme des freien Gasvolumens führt. Wird die Gasgeschwindigkeit zu weit gesteigert, so kann die Flüssigkeit nicht mehr frei abfließen und es kommt zum Fluten der Kolonne. Die Gasgeschwindigkeit am Flutpunkt ist um so niedriger, je höher die Berieselungsdichte ist[38,39].

Der Stoffübergang zwischen den Phasen steigt mit zunehmender Berieselungsdichte und Gasgeschwindigkeit bis zum Flutpunkt an. Im allgemeinen werden die Kolonnen mit Gasgeschwindigkeiten betrieben, die etwa 70 bis 80 % der Geschwindigkeit betragen, bei der es zum Fluten kommt. Eine Abschätzung der Zusammenhänge kann nach Gl. (8.35) erfolgen, die von Onda[40] aufgestellt wurde.

$$\frac{k_g}{a_p D_g} = 5{,}23 \, (a_p d_p)^{-2} \left(\frac{u_{go}}{v_g \cdot a_p}\right)^{0{,}7} \left(\frac{v_g}{D_g}\right)^{0{,}5} \tag{8.35}$$

$$\frac{k_l}{a_p D_L} = 0{,}0051 \, (a_p d_p)^{0{,}4} \left(\frac{u_{lo}}{v_l \cdot a_p}\right)^{4/3} \left(\frac{u_{lo} a_p}{g}\right)^{-1/3} \left(\frac{v_l}{D_l}\right)^{0{,}5} \tag{8.36}$$

Hierin bedeutet a_p die geometrische Oberfläche der Füllkörper pro Kolonnenvolumen, d_p der äquivalente Durchmesser der Füllkörper und u_o die auf den freien Querschnitt bezogene Gas- bzw. Flüssigkeitsgeschwindigkeit.

Die spezifische Phasengrenzfläche ist im allgemeinen zwei- bis viermal kleiner als die mit den geometrischen Abmessungen der Füllkörper berechnete. Sie ist abhängig von der Benetzbarkeit der Füllkörper, die durch die Oberflächenspannung charakterisiert wird. Sie nimmt im allgemeinen mit zunehmender Berieselungsdichte ab [40, 41].

2.2.5 Strahlwäscher

Als typischer Reaktor für schnelle chemische Reaktionen in der flüssigen Phase soll der Strahlwäscher vorgestellt werden. Das Gas bildet die zusammenhängende Phase, in die die Flüssigkeit über eine Düse dispergiert wird. Der Wäscher wird in erster Linie zur Beseitigung von Schadstoffen wie Schwefeldioxid, Chlor, Schwefelwasserstoff und Halogenwasserstoffen eingesetzt. Bei der Absorption von Schadstoffen aus Gasgemischen können im Strahlwäscher hohe Selektivitäten für die schneller reagierenden Komponenten erzielt werden. Beispiele sind die selektive Absorption von Schwefelwasserstoff oder Chlor aus kohlendioxidhaltigen Gasen. Daneben wird der Strahlwäscher als Hydrierreaktor eingesetzt. Der Wäscher arbeitet nach dem Prinzip der Strahlpumpe, bei der die Flüssigkeit in einer Düse unter Druck zerstäubt wird und im Gleichstrom mit dem Gas durch den Apparat strömt (s. Abb. 8.21). Das Verhältnis von Gas- zu Flüssigkeitsdurchsatz liegt zwischen 50 und 1000. Die Gasgeschwindigkeit beträgt 5 bis 20 m · s^{-1}. Unter den genannten Bedingungen erfolgt der Energieeintrag lediglich über die Flüssigkeit. Er liegt bei etwa 6 kW/1000 m^3 · h^{-1} Gas [42].

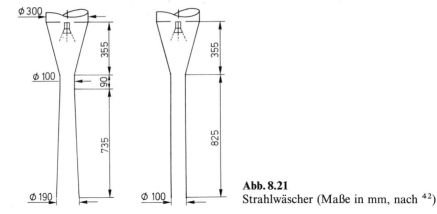

Abb. 8.21
Strahlwäscher (Maße in mm, nach [42])

Bei schnellen Reaktionen ($Ha > 3$) läuft die chemische Reaktion ausschließlich in der Nähe der Phasengrenze ab und der Austauschfläche kommt daher die entscheidende Bedeutung für die Leistungsfähigkeit des Reaktors zu. Für den wirtschaftlichen Einsatz des Apparates ist wichtig, die Phasengrenzfläche bei möglichst geringem Energieeintrag zu erzeugen. Eine systematische Studie zum Einfluß konstruktiver Maßnahmen auf die Leistungsfähigkeit ist in [42] zusammengefaßt.

2.3 Gas-Flüssig-Fest-Systeme

Reaktionen, an denen die drei Phasen Gas, Flüssigkeit und Feststoff beteiligt sind, werden in der chemischen Praxis relativ häufig angetroffen [43, 44]. In vielen Fällen dient der Feststoff

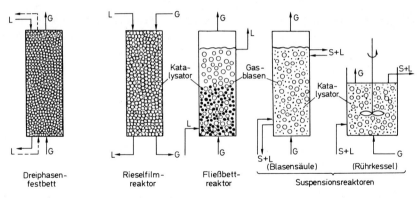

Abb. 8.22 Dreiphasen-Reaktoren (nach [45]) G Gas L Flüssigkeit S Suspension

als Katalysator und die Reaktanden sind auf die Gas- und die Flüssigphase verteilt. Bekannte Beispiele sind die katalytische Hydrierung von Nitroaromaten und die Hydrierung von Fetten. Daneben können auch die eingesetzten Reaktanden und die Produkte in jeweils unterschiedlichen Phasen vorliegen, wie z. B. bei der Herstellung von festem Natriumhydrogensulfit aus wäßriger Natronlauge und gasförmigem Schwefeldioxid.

Erfolgt die Reaktion an der katalytischen Oberfläche des Feststoffes, so wird die globale Reaktionsgeschwindigkeit sowohl durch den Stoffübergang Gas/Flüssigkeit als auch den zwischen Flüssigkeit und Feststoff beeinflußt. Die Stoffübergänge und die Oberflächenreaktion sind bei den Berechnungen als nacheinander ablaufende Schritte zu betrachten. Lediglich bei sehr feinen Katalysatorteilchen ($d_p < 10$ μm) muß mit einer Beeinflussung des Stoffübergangs durch die chemische Reaktion gerechnet werden [45].

Die industriell eingesetzten Dreiphasen-Reaktoren unterscheiden sich im wesentlichen durch die Bewegungsform der Phasen. So kann zwischen Suspensionsreaktoren, Wirbelbetten und Festbetten unterschieden werden. Die hauptsächlichen Reaktortypen sind in Abb. 8.22 wiedergegeben und deren charakteristische Merkmale in Tab. 8.4 zusammengefaßt [46].

Tab. 8.4 Charakteristische Parameter unterschiedlicher Dreiphasen-Reaktoren [46]

Parameter	Festbett		Dreiphasen-	Suspensionsreaktoren	
	Sumpfreaktor	Rieselreaktor	Wirbelschicht	Rührkessel	Blasensäule
Feststoffanteil* ε_p	0,6 –0,7	0,5	0,1 –0,5	0,01	0,01
Flüssigkeitsanteil* ε_l	0,2 –0,3	0,05–0,1	0,2 –0,8	0,8–0,9	0,8–0,9
Gasanteil* ε_g	0,005–0,1	0,2 –0,4	0,05–0,2	0,1–0,2	0,1–0,2
Partikeldurchmesser d_p (mm)	1–5	>5	0,1 –5	$\geq 0,1$	$\leq 0,1$
spez. Feststofffläche a_p (m^{-1})	1000–2000	500	500–1000	500	500
spez. Gas-Flüssig-Grenzfläche a_{gl} (m^{-1})	100–1000	100–500	100–1000	100–1500	100–400

* Bezogen auf das Volumen, in dem der Feststoff vorliegt

2.3.1 Festbettreaktoren

Im Festbettreaktor ist der Katalysator in Form einer Füllkörperschüttung angeordnet. Die Partikelgröße liegt bei 3 bis 7 mm. Hinsichtlich der Fahrweise wird zwischen einem Sumpfreaktor (Dreiphasen-Festbett) und einem Rieselreaktor unterschieden.

Im ersten Fall wird die Flüssigkeit meist von unten nach oben geführt und bildet die zusammenhängende Phase, in der das Gas dispergiert ist. Einsatzbeispiele sind die Aminierung von Alkoholen und die selektive Hydrierung von Acetylen oder Olefinen. Allgemein wird der Sumpfreaktor bevorzugt eingesetzt, wenn aus reaktionstechnischen Gründen große Flüssigkeitsverweilzeiten erforderlich sind und/oder wenn die Flüssigkeit mit einer relativ kleinen Gasmenge umzusetzen ist. Das Verhalten des Sumpfreaktors ist recht komplex, so daß eine a priori Auslegung bis heute noch nicht ohne weiteres möglich ist. Eine eingehende Diskussion zur Fluiddynamik und zum Stoff- und Wärmetransport sind in einem Übersichtsbeitrag von H. Hofmann[47] gegeben.

Beim Rieselreaktor können wie bei einer Füllkörperkolonne Gas und Flüssigkeit im Gleich- und Gegenstrom über das katalytische Festbett geführt werden. Eine breite technische Anwendung finden jedoch nur im Gleichstrom arbeitende Reaktoren. Beispiele sind die hydrierende Entschwefelung und das Hydrocracken in der Erdölindustrie. Die technisch realisierten Reaktoren haben ein Gesamtvolumen von bis zu 200 m³. Die Höhe beträgt 10 bis 30 m, der Durchmesser 1 bis 4 m. Die Reaktoren werden in der Regel adiabatisch betrieben, d.h. ohne Wärmeabführung. Dementsprechend spielen Wärmeübergangsvorgänge eine untergeordnete Rolle. Dagegen muß der gleichmäßigen Flüssigkeitsverteilung über den Reaktorquerschnitt Aufmerksamkeit gewidmet werden. Die Berieselungsdichte liegt bei 1 bis $8 \cdot 10^{-3}$ m³ · m^{-2} · s^{-1}. Die Gasbelastung beträgt typischerweise 0,1 bis 0,3 m³ · m^{-2} · s^{-1}.

Je nach Belastung stellen sich im Reaktor unterschiedliche Strömungsformen ein, so kann bei hohen Flüssigkeitsdurchsätzen die Flüssigkeit die kontinuierliche Phase bilden, oder es kann zu pulsierender Strömung kommen, bei der sich gas- und flüssigkeitsreiche Zonen im Reaktor abwechseln. Je nach Betriebsart ändert sich der Flüssigkeitsanteil und der Druckabfall. Typische Werte liegen im Bereich von $\varepsilon_l = 0{,}05 - 0{,}2$ und $\Delta p = 4 - 100$ hPa · m^{-1} [44,48].

Der Stoffübergang zwischen den Phasen wird ebenfalls stark durch die Strömungsform im Reaktor beeinflußt. Im Bereich hoher Belastung hängt der Stoffübergang Gas/Flüssigkeit im wesentlichen von der Energiedissipation im Reaktor ab[49,50].

$$k_l a \sim E_l^{1/2} \tag{8.37}$$

Hier bedeutet k_l der Stoffübergangskoeffizient zwischen Gas und Flüssigkeit, a die spezifische Gas-Flüssigkeits-Grenzschicht und E_l die Energiedissipation pro Volumeneinheit

$$E_l = \left(\frac{\Delta p}{L}\right) \cdot u_{lo} \quad \text{W} \cdot \text{m}^{-3} \tag{8.38}$$

Für Luft-Wasser-Systeme wurden volumetrische Stoffübergangskoeffizienten von $k_l \cdot a = 0{,}1 - 3$ s^{-1} bei Energiedissipation von $E_l \approx 50\,000$ W · m^{-3} gemessen. Für nicht-wäßrige Systeme muß der Einfluß des Diffusionskoeffizienten berücksichtigt werden, wobei $k_l \sim D^{0{,}5}$ angenommen werden kann.

Der Stoffübergang Flüssigkeit/Feststoff kann nach folgender Beziehung abgeschätzt werden[46], die für den Bereich $0{,}2 < Re < 2400$ gültig sein soll (s. Tab. 5.10, S. 93)

$$\frac{k_s}{u_{lo}} Sc_l^{2/3} = 1{,}637\, Re_l^{-0{,}33} \qquad (8.39)$$

mit

$$Re_l = d_p \cdot \frac{u_{10}}{v_1}.$$

2.3.2 Dreiphasen-Wirbelschicht

In der Dreiphasen-Wirbelschicht können die Feststoffpartikeln sowohl durch den Flüssigkeits- als auch den Gasstrom fluidisiert werden. Die nachfolgenden Ausführungen sollen sich auf den erstgenannten Fall beschränken, in dem wie bei der Blasensäule die Flüssigkeit die zusammenhängende Phase bildet. Von einer Wirbelschicht soll gesprochen werden, wenn relativ große Partikeln (1 mm $< d_p <$ 5 mm) eingesetzt werden. Die Dreiphasen-Wirbelschicht wird dem Festbettreaktor vorgezogen, wenn z. B. bei stark exothermen Reaktionen Wärme aus dem Reaktor abgeführt werden muß, oder wenn der Katalysator schnell vergiftet und häufig ausgetauscht werden muß. Eingesetzt wird die Wirbelschicht zum Entschwefeln und Hydrocracken von schweren Erdölfraktionen oder Destillationsrückständen (H-Oil-Prozeß, Hy-C-Prozeß)[51,52]. Ein weiteres Anwendungsgebiet ist in der Biotechnologie beim Einsatz immobilisierter Zellen zur Fermentation zu erkennen[53,54].

Das fluiddynamische Verhalten einer Dreiphasen-Wirbelschicht ist komplex und nur zum Teil voraussagbar. Eine Besonderheit ist beispielsweise, daß die Expansion einer Flüssig-Feststoff-Wirbelschicht durch einen zusätzlichen Gasstrom zunehmen, aber auch abnehmen kann. Eine Kontraktion der Wirbelschicht wird im allgemeinen bei Teilchen mit Durchmessern von $d_p <$ 2,5 mm beobachtet. Flüssigkeiten höherer Viskosität verstärken dieses Phänomen.

Gesicherte Beziehungen, die das fluiddynamische Verhalten der Dreiphasen-Wirbelschicht, wie minimale Fluidisierungsgeschwindigkeiten und Expansionsverhalten, quantitativ zu beschreiben gestatten, fehlen weitgehend. Vor allem für nichtwäßrige Systeme und Reaktoren mit großem Durchmesser fehlen Informationen. Dasselbe gilt für die Beschreibung des Stoff- und Wärmeüberganges. Es soll daher lediglich auf die einschlägige Speziallitatur hingewiesen werden[28,45,55], in der der Stand der heutigen Kenntnisse zusammengefaßt ist.

2.3.3 Suspensionsreaktoren

Als Suspensionsreaktoren werden Rührkessel und Blasensäulen verwendet. Die Flüssigkeit bildet immer die zusammenhängende Phase in die Gas und Feststoff verteilt werden. Die Teilchengröße des Feststoffes ist gewöhnlich unter 100 µm und die Feststoffkonzentration liegt typischerweise bei 1 % oder darunter. Daher ist für die Suspendierung ein nur geringer Energieaufwand nötig. Die Suspensionsreaktoren verhalten sich weitgehend wie Gas-Flüssig-Systeme. Wie dort, kann der Stoffübergang Gas-Flüssigkeit durch eine erhöhte Energiedissipation verbessert werden. Dagegen bleibt der Flüssig-Fest-Austausch weitgehend unbeeinflußt.

Theoretische Überlegungen zum Stoffübergang an Einzelteilchen führen zu der folgenden Beziehung (s. Kap. 5, S. 93).

$$(Sh)_s = 2 + C \cdot Re^{1/2} \cdot Sc_l^{1/3} \qquad (8.40)$$

mit

$$(Sh)_s = \frac{k_s d_p}{D_1}$$

$$Sc_1 = \frac{v_1}{D_1}$$

$$Re = \frac{u_{ls} d_p}{v_1}.$$

Für kleine Teilchen ist nur eine geringe Relativgeschwindigkeit (u_{ls}) zwischen Feststoff und Flüssigkeit zu erwarten. Im Extremfall bewegen sich die Teilchen mit derselben Geschwindigkeit wie die Flüssigkeit. Dann ergibt sich die minimale Sherwood-Zahl für den Stoffübergang im ruhenden Medium

$$(Sh)_s = 2$$

und

$$k_s = 2 \cdot \frac{D_1}{d_p}.$$

Der so berechnete Wert gibt den minimalen Stoffübergangskoeffizienten an und kann zum Vergleich mit den übrigen spezifischen Geschwindigkeiten herangezogen werden.

Rührkessel. Bezogen auf die Flüssigkeit wird der Rührkessel meist diskontinuierlich betrieben. Eingesetzt wird er beispielsweise für die Hydrierung von Fetten, von Nitroverbindungen und anderen organischen Zwischenprodukten. Der Rührer dient zum Suspendieren des Feststoffes und gleichzeitig zum Dispergieren des Gases. Turbinen-, und Scheibenrührer sind die gebräuchlichsten Typen für diese Aufgabe. Der Stoffübergang Gas-Flüssigkeit entspricht weitgehend dem in Zweiphasen-Systemen.

Blasensäulen. Im Unterschied zu den in Abschn. 2.2.1 (s. S. 260) besprochenen Blasensäulen kommt dem Gas die Aufgabe zu, den Feststoff zu suspendieren. Die technischen Bauformen entsprechen weitgehend denen der zweiphasigen Blasensäule (s. Abb. 8.2, S. 261). Der Einfluß der Feststoffpartikeln auf den Stoffübergang Gas-Flüssigkeit hängt von der Partikelgröße und der Konzentration ab. Die Zusammenhänge sind nicht in einfachen Beziehungen darzustellen, so daß auch hier auf die Spezialliteratur verwiesen werden soll[28].

Literatur

[1] Jottrand, R. (1965), Ind. Chim. Belge **30**, 119.
[2] Rührbehälter (1981), Deutsche Norm DIN 28136, Beuth Verlag, Berlin.
[3] Zlokarnik, M. (1967), Chem.-Ing.-Tech. **39**, 539.
[4] Zlokarnik, M. (1972), Rührtechnik, in Ullmanns Encyclopädie der technischen Chemie, Bd. 2, Verlag Chemie, Weinheim, Deerfield Beach, Florida, Basel.
[5] VDI-Wärmeatlas (1984), VDI-Verlag, Düsseldorf.
[6] Okita, N., Oyama, Y. (1963), Chem. Eng. (Tokyo) **27**, 252.
[7] Stein, W., Schneider, C. (1970), Verfahrenstechnik (Mainz) **4**, 17.
[8] Fetting, F. (1973), in Ullmanns Encyclopädie der technischen Chemie, Bd. 3, Verlag Chemie, Weinheim, Deerfield Beach, Florida, Basel, S. 321.
[9] Langensiepen, H.-W. (1980), Chem.-Ing.-Tech. **52**, 176.
[10] Flaschel, E., Nguyen, K.T., Renken, A. (1985), 5th European Conference on Mixing, Würzburg, John Stanburg, Ed., BHRA, The Fluid Engineering Centre Cranfield, Bedford, S. 549.
[11] Reh, L. (1977), Chem.-Ing.-Tech. **49**, 786.
[12] Ergun, S. (1952), Chem. Eng. Prog. **48**, 227.
[13] Werther, J. (1982), Chem.-Ing.-Tech. **54**, 876.
[14] Reh, L. (1973), in Ullmanns Encyclopädie der

technischen Chemie, Bd. 3, Verlag Chemie, Weinheim, Deerfield Beach, Florida, Basel, S. 433.
15 Richardson, J. F., Zaki, W. N. (1954), Trans. Inst. Chem. Eng. **32**, 35.
16 Wunder, R., Mersmann, A. (1979), Chem.-Ing.-Tech. **51**, 241.
17 Reh, L. (1984), Chem.-Ing.-Tech. **56**, 197.
18 Hofmann, H. (1961), Chem. Eng. Sci. **14**, 193.
19 Kürten, H., Magnussen, P. (1973), in Ullmanns Encyclopädie der technischen Chemie, Bd. 3, Verlag Chemie, Weinheim, Deerfield Beach, Florida, Basel, S. 359.
20 Thoenes, D. (1972), in Ullmanns Encyclopädie der technischen Chemie, Bd. 1, Verlag Chemie, Weinheim, Deerfield Beach, Florida, Basel, S. 197 u. 213.
21 Laurent, A., Charpentier, J.-C. (1981), Chem.-Ing.-Tech. **53**, 244.
22 Nagel, O., Kürten, H., Sinn, R. (1972), Chem.-Ing.-Tech. **44**, 367.
23 Nagel, O., Hegner, B., Kürten, H. (1978), Chem.-Ing.-Tech. **50**, 934.
24 Kolmogoroff, A. (1941), C. R. Acad. Sci. USSR **30**, 301.
25 Gerstenberg, H. (1979), Chem.-Ing.-Tech. **51**, 208.
26 Blenke, H., Bohner, K., Hirner, W. (1969), Verfahrenstechnik (Mainz) **3**, 444.
27 Herbrechtsmeier, P., Steiner, R. (1978), Chem.-Ing.-Tech. **50**, 944.
28 Deckwer, W.-D. (1985), Reaktionstechnik in Blasensäulen, in Grundlagen der chemischen Technik, (Dialer, R., Pawlowski, Y., Springer, W., Herausgeb.), Verlag Salle & Sauerländer, Verlag Salle, Frankfurt am Main, Verlag Sauerländer, Aarau.
29 Blenke, H., Hirner, W. (1974), Stoffübergang in Gas/Flüssigkeits-Strahlreaktoren und Blasenkolonnen, VDI-Berichte Nr. 218, VDI-Verlag, Düsseldorf.
30 Calderbank, P. H., Moo-Young, M. B. (1961), Chem. Eng. Sci. **16**, 39.
31 Mersmann, A. (1975), Chem.-Ing.-Tech. **47**, 869.
32 Reith, Th. (1968), Dissertation, Technische Hochschule Delft.
33 Midoux, N., Charpentier, J. C. (1979), Entropie **88**, 5.
34 Midoux, N., Charpentier, J. C. (1981), Entropie **101**, 3.
35 Calderbank, P. H. (1959), Trans. Inst. Chem. Eng. **37**, 179.
36 Danckwerts, P. V. (1970), Gas-Liquid Reactions, Mc-Graw Hill, Book Comp., New York, London.
37 Morris, G. A., Jackson, J. (1953), Absorption Towers, Butterworth London.
38 Mersmann, A. (1984), Druckverlust und Flutpunkt in berieselten Packungen, VDI-Wärmeatlas, VDI-Verlag, Düsseldorf.
39 Bratzler, K., Doerges, A. (1972), Gasreinigung und Gastrennung durch Absorption, in Ullmanns Encyclopädie der technischen Chemie, Bd. 2, Verlag Chemie, Weinheim, Deerfield Beach, Florida, Basel.
40 Onda, K., Takenchi, H., Okumoto, Y. (1968), J. Chem. Eng. Jpn. **1**, 56.
41 Puranik, S. S., Vogelpohl, A. (1974), Chem. Eng. Sci. **29**, 501.
42 Ulrich, M. (1980), Verfahrenstechnik **14**, 831.
43 Shah, Y. T. (1979), Gas-Liquid-Solid Reactor Design, McGraw-Hill, Book Comp., New York.
44 Joschek, H.-J. (1973), Reaktoren für Gas-Flüssig-Fest-Reaktionen, in Ullmanns Encyclopädie der technischen Chemie, Bd. 3, Verlag Chemie, Weinheim, Deerfield Beach, Florida, Basel.
45 Deckwer, W.-D., Schumpe, A. (1983), Chem.-Ing.-Tech. **55**, 591.
46 Trambouze, P., van Landeghem, H., Wauquier, J. P. (1984), Les Réacteurs Chimiques, Ed. Technip, Paris.
47 Hofmann, H. (1982), Chem.-Ing.-Tech. **54**, 865.
48 Gianetto, A. (1983), Ing. Chim. Ital. **19**, 68.
49 Reiss, L. P. (1967), Ind. Eng. Chem. Process Des. Dev. **6**, 486.
50 Satterfield, C. N. (1975), AIChE J. **21**, 209.
51 Chervenak, M. C., Johanson, E. S., Johnson, C. A., Schuman, S. C., Sze, M. (1960, Oil Gas J. **58**, 80.
52 Chervenak, MC., Feigelman, S., Wolk, R., Byrd, C. R., Hellwig, L. P., van Driesen, R. P. (1963), Chem. Eng. Prog. **59**, 53.
53 Scott, D. C. (1983), CHEMTECH, (Chemical Technology), June 1983, 364.
54 Berk, D., Behie, L. A. (1984), Can. J. Chem. Eng. **62**, 12.
55 Wild, G., Saberian, M., Schwarz, J.-L., Charpentier, J.-C. (1982), Entropie **106**, 3.
56 Winnacker, K., Kuechler, L. (1970), Chemische Technologie, C. Hanser Verlag, München.
57 Melin, A. (1973), in Ullmanns Encyclopädie der technischen Chemie, Bd. 3, Verlag Chemie, Weinheim, Deerfield Beach, Florida, Basel, S. 395.

Kapitel 9
Modellierung chemischer Reaktoren

Die meisten der in der Praxis eingesetzten Reaktionsapparate lassen sich nach einigen gemeinsamen Kriterien ordnen und aufgrund ihrer charakteristischen Merkmale auf sog. Grundtypen chemischer Reaktoren zurückführen. Das komplexe Zusammenwirken von chemischer Reaktion, Stoff-, Wärme- und Impulstransport und das daraus resultierende Reaktorverhalten läßt sich auf diese Weise übersichtlich beschreiben. Viele reale Reaktoren kommen in ihrem Verhalten idealen Grundtypen sehr nahe, so daß die hierfür gültigen Zusammenhänge häufig direkt zur Reaktorauslegung herangezogen werden können. In anderen Fällen läßt sich das Reaktorverhalten realer Apparate mit Modellen beschreiben, in welche die idealen Grundtypen als Elemente eingehen.

1. Ideale Reaktoren für homogene und quasi-homogene Reaktionssysteme

Bei den Idealreaktoren wird von sehr vereinfachenden Annahmen ausgegangen, wie etwa einer idealen Vermischung bis in den molekularen Bereich oder einer Pfropfenströmung. Man unterscheidet:
– den ideal durchmischten absatzweise betriebenen Rührkesselreaktor (RK),
– den ideal durchmischten kontinuierlich betriebenen Rührkesselreaktor (kRK),
– den idealen Strömungsrohrreaktor (SR).

1.1 Stoff- und Energiebilanzen

Die komplizierten Wechselwirkungen zwischen der chemischen Umsetzung und den gleichzeitig ablaufenden Transportvorgängen für Stoff, Energie und Impuls lassen sich durch die grundlegenden Erhaltungssätze für diese Größen mathematisch erfassen. Dazu wird ein sogenannter Bilanzraum oder Kontrollraum definiert, in dem die zeitliche Änderung bestimmter Zustandsgrößen beschrieben wird. Die Änderungen beruhen auf der Differenz zwischen den in den Bilanzraum eintretenden und austretenden Strömen und der Erzeugung oder dem Verbrauch im Innern des betrachteten Raumes.

Der Bilanzraum kann unterschiedlich groß gewählt werden. So kann er durch natürliche Grenzen festgelegt sein, wie durch die Phasengrenze, den Reaktionsapparat oder die Gesamtanlage oder durch ein kleines Volumenelement einer Phase, durch dessen gedachte Begrenzungen Stoff, Energie und Impuls ausgetauscht werden können (s. Abb. 9.1). Für eine eindeutige Beschreibung ist es notwendig, den Bilanzraum so zu wählen, daß die interessierenden Zustandsgrößen darin als konstant betrachtet werden können.

1. Ideale Reaktoren für homogene und quasi-homogene Reaktionssysteme

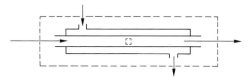

Abb. 9.1 Unterschiedlich groß gewählte Bilanzräume

Die Stoffbilanz für eine Komponente i läßt sich dann allgemein in Worten formulieren:

Zeitliche Änderung der Stoffmenge im Bilanzraum	=	Durch Konvektion in den Bilanzraum eintretender Stoffmengenstrom	−	Durch Konvektion aus dem Bilanzraum austretender Stoffmengenstrom
+ Durch effektive Diffusion in den Bilanzraum eintretender Stoffmengenstrom	−	Durch effektive Diffusion aus dem Bilanzraum austretender Stoffmengenstrom	+	Durch Reaktion im Bilanzraum pro Zeiteinheit hervorgerufene Stoffmengenänderung	(9.1)

Der vorstehende Zusammenhang läßt sich quantitativ durch Gl. (9.2) in allgemeiner Form angeben.

$$\frac{\partial c_i}{\partial t} = -\mathrm{div}(\boldsymbol{u} c_i) + \mathrm{div}(D_i^e \,\mathrm{grad}\, c_i) + \sum_j \nu_{ij} r_j \tag{9.2}$$

Akkumulation — erzwungene Konvektion — effektive Diffusion (Dispersion) — Reaktion

Von Sonderfällen abgesehen, genügt es in der chemischen Reaktionstechnik, die Energiebilanz auf eine Wärmebilanz zu beschränken. Andere Energieformen, wie z. B. die kinetische Energie der Reaktionsmasse können meist gesondert betrachtet werden, da sie auf das Reaktionsgeschehen keinen Einfluß haben. Mit dieser Vereinfachung folgt für die Bilanzgleichung:

Zeitliche Änderung der Wärme im Volumenelement	=	Durch Konvektion in das Volumenelement eintretender Wärmestrom	−	Durch Konvektion aus dem Volumenelement austretender Wärmestrom
+ Durch effektive Wärmeleitung in das Volumenelement eintretender Wärmestrom	−	Durch effektive Wärmeleitung aus dem Volumenelement austretender Wärmestrom	+	Durch Reaktion pro Zeiteinheit erzeugte Wärmemenge im Volumenelement	(9.3)

$$\frac{\partial(\varrho \cdot c_p T)}{\partial t} = -\mathrm{div}(\varrho \cdot c_p T \boldsymbol{u}) + \mathrm{div}(\lambda^e \,\mathrm{grad}\, T) + \sum_j r_j (-\Delta H_{Rj}) \tag{9.4}$$

Akkumulation — erzwungene Konvektion — effektive Wärmeleitung — Wärmeerzeugung

Für den Geschwindigkeitsvektor *u* wird bei turbulenter Strömung ein zeitlicher Mittelwert der Strömungsgeschwindigkeit eingesetzt. Die durch die Geschwindigkeitsfluktuationen hervorgerufenen turbulenten Vermischungsvorgänge werden durch die Einführung effektiver Diffusions- bzw. Dispersionskoeffizienten D^e und effektiver Wärmeleitkoeffizienten λ^e berücksichtigt. Diese Koeffizienten sind daher keine physikalischen Stoffgrößen, sondern hängen von der Art der Strömung und der Orientierung der Gradienten zur Strömungsrichtung ab. Sie sind durch das Modell definiert und damit nur im Zusammenhang mit diesem zu verwenden.

Die allgemeine Form der Stoff- und Wärmebilanz wird auf die im folgenden diskutierten idealen Reaktoren angewendet.

1.2 Absatzweise betriebener Rührkesselreaktor

Bei dem diskontinuierlich (absatzweise) betriebenen idealen Rührkesselreaktor (RK) wird von einer vollständigen Vermischung bis in den molekularen Bereich ausgegangen. Das Reaktionsgemisch ist homogen, d.h. es treten weder Temperatur- noch Konzentrationsgradienten auf, so daß die differentiellen Bilanzen über den gesamten Reaktorinhalt integriert werden können (s. Abb. 9.2). Da während der Reaktionszeit weder Reaktanden zu- noch abgeführt werden, reduziert sich die Massenbilanz auf zwei Terme:

Durch Reaktion im gesamten Reaktorvolumen hervorgerufene Stoffmengenänderung pro Zeiteinheit	=	Zeitliche Änderung der Stoffmenge im gesamten Reaktionsvolumen

$$VR_i = V \sum_j v_{ij} r_j = \frac{dn_i}{dt} \tag{9.5}$$

Die Stoffmengenänderungsgeschwindigkeit R_i umfaßt alle im System ablaufenden Reaktionen *j*, an denen die Komponente *i* beteiligt ist.

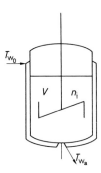

Abb. 9.2 Absatzweise betriebener Rührkesselreaktor

Das von der gesamten Reaktionsmasse eingenommene Volumen *V* ist keine konstante Größe, da es sich während der Reaktionszeit durch Änderung der Produktzusammensetzung aber auch durch physikalische Vorgänge wie Aufheizen und Abkühlen verändern kann.

1. Ideale Reaktoren für homogene und quasi-homogene Reaktionssysteme 273

Im Gegensatz zum Stoff, kann der RK Wärme durch die Reaktorwandung mit der Umgebung austauschen. Es ergibt sich daher ein Temperaturgradient an der Wand und für den ausgetauschten Wärmestrom gilt

$$\dot{Q} = U \cdot A(T_w - T). \tag{9.6}$$

U Wärmedurchgangskoeffizient
A Austauschfläche im Reaktor,
T_w mittlere Temperatur des Wärmeträgers,
T Temperatur des Reaktionsgemisches.

Damit folgt aus der allgemeinen Wärmebilanz

$$(\bar{C}_w + m\bar{c}_p)\frac{dT}{dt} = U \cdot A \cdot (T_w - T) + V\sum_j r_j(-\Delta H_{Rj}). \tag{9.7}$$

Die gesamte mittlere Wärmekapazität des Reaktors wird als $\bar{C}_w$ bezeichnet und als temperaturunabhängig angenommen. Das gleiche gilt für die mittlere spezifische Wärme $\bar{c}_p$ des Reaktionsgemisches, für die zusätzlich vorausgesetzt werden soll, daß sie sich nicht mit der Produktzusammensetzung ändert.

Gl. (9.5) und (9.7) dienen dazu, das Reaktorverhalten innerhalb der Reaktionszeit zu beschreiben und die Reaktorleistung zu ermitteln. Andererseits sind die vorgestellten Beziehungen für die Reaktorauslegung erforderlich, d.h. die Berechnung des für eine geforderte Leistung notwendigen Reaktorvolumens.

Als Leistung L_p soll die pro Zeiteinheit hergestellte Menge des Produktes A_i verstanden werden. Bei absatzweise betriebenen Reaktoren wird die Produktmenge auf die Dauer des gesamten Reaktionszyklus t_z bezogen. Der Zyklus besteht aus der zum Erreichen eines gewünschten Umsatzgrades notwendigen Reaktionszeit t_R und der Rüstzeit t_a, die zum Füllen, Leeren, Reinigen, Aufheizen und Abkühlen des Reaktors notwendig ist.

$$L_p = \frac{n_i - n_{i0}}{t_a + t_R} = \frac{n_i - n_{i0}}{t_z} \tag{9.8}$$

Durch n_{i0} wird die eventuell bereits zu Beginn des Zyklus vorliegende Produktmenge berücksichtigt.

Die Reaktionszeit t_R, die zum Erreichen eines gewünschten Umsatzgrades notwendig ist, ergibt sich durch Integration von Gl. (9.5). Für eine einzige Reaktion folgt nach Einführung des Umsatzgrades X, bezogen auf die Schlüsselkomponente A_1

$$A_1 \rightarrow A_2$$

$$X = \frac{n_{1,0} - n_1}{n_{1,0}} \tag{9.9}$$

$$t_R = n_{1,0} \int_{X_0}^{X'} \frac{dX}{v_1 r \cdot V}. \tag{9.10}$$

Bei der Berechnung der Reaktionszeit muß eine eventuelle Volumenänderung des Reaktionsgemisches berücksichtigt werden (s. Kap. 4, S.35). Im einfachsten Fall besteht ein linearer Zusammenhang zwischen dem von der Reaktionsmasse eingenommenen Volumen und dem Umsatzgrad X der Schlüsselkomponente. Ein Beispiel hierfür sind Reaktionen mit Molzahländerung in der Gasphase, für die das ideale Gasgesetz anwendbar ist.

$$V = V_0(1 + \alpha X) \tag{9.11}$$

Die Ausdehnungszahl α ist durch die bei vollständigem Umsatz hervorgerufene relative Volumenänderung definiert.

$$\alpha = \frac{V_{X=1} - V_{X=0}}{V_{X=0}} \tag{9.12}$$

Die Abhängigkeit des Volumens vom Druck und von der Temperatur soll in einem Faktor β zusammengefaßt werden, der die Volumenänderung durch physikalische Vorgänge berücksichtigt.

$$V = \beta \cdot V_0 (1 + \alpha X) \tag{9.13}$$

Bei Reaktionen in flüssiger Phase kann die Änderung des Volumens meist vernachlässigt werden. Gasreaktionen verlaufen dagegen sehr häufig unter Molzahländerung, so daß nicht mehr mit konstanten Reaktionsvolumina gerechnet werden kann. Dies spielt vor allem bei der Auslegung von Strömungsrohrreaktoren eine wesentliche Rolle, wie in Abschn. 1.4 (s. S. 299) eingehend diskutiert wird.

Die Berechnung der Reaktionszeit im absatzweise betriebenen Reaktor folgt dann aus Gl. (9.10) für eine einfache Reaktion mit $X_0 = 0$

$$t_R = c_{1,0} \int_0^{X_a} \frac{dX}{-R_1 \beta (1 + \alpha X)} \tag{9.14}$$

Die Reaktionszeit ergibt sich damit aus der Fläche unter der Kurve in Abb. 9.3.

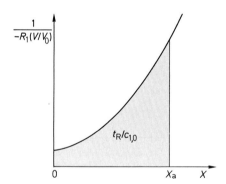

Abb. 9.3 Zur Berechnung der Reaktionszeit im absatzweise betriebenen Rührkesselreaktor

1.2.1 Isotherme Reaktionsführung

Für die isotherme Reaktionsführung wird vorausgesetzt, daß die gesamte durch Reaktion erzeugte oder verbrauchte Wärme zu- bzw. abgeführt werden kann. Die Temperatur des Reaktionsgemisches ist daher nicht nur örtlich, sondern auch zeitlich konstant. Der Reaktor muß mit Hilfe der Wärmebilanz für den maximal auszutauschenden Wärmestrom ausgelegt werden. Zur weiteren Reaktorberechnung wird dann nur noch die Stoffbilanz benötigt.

***

Beispiel 9.1. *Irreversible Reaktionen.* Für einfache irreversible Reaktionen, die in flüssiger Phase unter isothermen Bedingungen ablaufen, braucht die Volumenänderung mit fortschreitendem Umsatzgrad in der Regel nicht berücksichtigt zu werden. Für eine Reaktion erster Ordnung mit $v_1 = -1$ ergibt

1. Ideale Reaktoren für homogene und quasi-homogene Reaktionssysteme 275

sich aus der Stoff*bilanz Gl. (9.5)*

$$A_1 \xrightarrow{k_1} A_2$$

$$\frac{dc_1}{dt} = v_1 \cdot r = -k_1 \cdot c_1 = -k_1 \cdot c_{1,0}(1-X) = -c_{1,0}\frac{dX}{dt}$$

$$X = 1 - \exp(-k_1 t_R)$$

bzw.

$$t_R = \frac{1}{k_1}\ln\frac{1}{1-X}.$$

Analog folgt für eine irreversible Reaktion 2. Ordnung

$$v_1 A_1 + v_2 A_2 \xrightarrow{k_2} v_3 A_3$$

$$r = k_2 c_1 c_2 = \frac{k_2 \cdot v_2}{v_1}(M-X)(1-X)c_{1,0}^2.$$

Dabei gibt M den stöchiometrischen Überschuß von A_2 zu A_1 an.

$$M = \frac{v_1 c_{2,0}}{v_2 c_{1,0}} > 1$$

Die Konzentrationen in Abhängigkeit vom Umsatzgrad X ergeben sich zu

$$c_1 = c_{1,0}(1-X)$$

$$c_2 = \frac{v_2}{v_1}c_{1,0}(M-X).$$

Die Reaktionszeit, die zum Erreichen eines gewünschten Umsatzgrades notwendig ist, läßt sich dann durch Integration der Geschwindigkeitsgleichung berechnen, wobei für $t=0, X=0$ gesetzt wird.

$$t_R = \frac{1}{(M-1)k_2 \cdot (v_2/v_1) \cdot c_{1,0}} \cdot \ln\frac{M-X}{M(1-X)}$$

Das zum Erreichen einer vorgegebenen Leistung erforderliche Reaktionsvolumen, das beim Rührkessel etwa $2/3$ des Reaktorvolumens entspricht, ist somit vom gewünschten Umsatzgrad abhängig. Ist die Anfangskonzentration des Produktes Null, so ist die Menge A_3 proportional zum Umsatz X.

$$L_p = \frac{c_3 \cdot V}{t_R + t_a} = \frac{v_3}{|v_1|}\frac{c_{1,0} X \cdot V}{t_R + t_a}$$

$$V = \frac{L_p(t_R + t_a)}{c_{1,0} X} \cdot \frac{|v_1|}{v_3}$$

Damit ergibt sich für die oben genannten Beispiele:
Reaktion erster Ordnung

$$V = \frac{\frac{|v_1|}{v_3}L_p \cdot \ln\frac{1}{1-X}}{k_1 c_{1,0} X} + \frac{|v_1| L_p \cdot t_a}{v_3 c_{1,0} X}$$

Reaktion zweiter Ordnung

$$V = \frac{\frac{|v_1|}{v_3}L_p \ln\frac{M-X}{M(1-X)}}{(M-1)k_2 \cdot (v_2/v_1) c_{1,0}^2 \cdot X} + \frac{|v_1| L_p \cdot t_a}{v_3 c_{1,0} X}$$

Bei komplexen Reaktionen setzt sich die Leistung aus der Summierung aller Reaktionen zusammen, an denen das Produkt beteiligt ist. Da die Reaktionsgeschwindigkeiten durch die Konzentrationsänderungen aller Reaktionsteilnehmer beeinflußt werden, lassen sich die Bilanzgleichungen im allgemeinen nicht simultan lösen. Es sollen daher nachfolgend lediglich einige Beispiele für bestimmte Klassen von Reaktionen vorgestellt werden.

Beispiel 9.2. *Reversible Reaktionen.* Für den Fall isothermer reversibler Reaktionen erster Ordnung folgt

$$v_1 A_1 \xrightarrow{k_1} v_2 A_2$$

$$v_2 A_2 \xrightarrow{k_2} v_1 A_1$$

$$r_1 = k_1 c_1$$

$$r_2 = k_2 c_2$$

$$R_2 = v_{2,1} r_1 + v_{2,2} r_2 = k_1 c_1 - k_2 c_2 = k_1 (c_1 - \frac{c_2}{K_c})$$

Mit der Gleichgewichtskonstanten

$$K_c = \frac{k_1}{k_2} = \frac{c_2^*}{c_1^*} = \frac{M - X^*}{1 - X^*}$$

und $M = c_{2,0}/c_{1,0}$ ergibt sich

$$\frac{dX}{dt} = \frac{k_1 (M+1)}{M + X^*} (X^* - X),$$

wobei X^* der Gleichgewichtsumsatz ist.

Nach Einführung des Gleichgewichtsumsatzes (maximaler Umsatzgrad) X^*, der bei eingestelltem chemischen Gleichgewicht erreicht wird, folgt für den Zusammenhang zwischen Reaktionszeit und Umsatzgrad

$$t_R = \frac{M + X^*}{M + 1} \cdot \frac{1}{k_1} \cdot \ln \frac{X^*}{X^* - X}.$$

Für reversible Reaktionen zweiter Ordnung des Typs

$$A_1 + A_2 \underset{k_2}{\overset{k_1}{\rightleftharpoons}} A_3 + A_4$$

ergibt sich für den einfachen Fall $c_{1,0} = c_{2,0}, c_{3,0} = c_{4,0} = 0$ die folgende Beziehung

$$t_R = \frac{X^*}{2 k_1 (1 - X^*) c_{1,0}} \cdot \ln \frac{X^* - (2 X^* - 1) X}{X^* - X}.$$

Beispiel 9.3. *Herstellung von Essigsäuremethylester.* Die Bildung von Essigsäuremethylester erfolgt nach einer reversiblen Reaktion zweiter Ordnung. Die Reaktion wird durch Säuren katalysiert.

$$CH_3COOH + CH_3OH \underset{k_2}{\overset{k_1}{\rightleftharpoons}} CH_3COOCH_3 + H_2O$$

$$A_1 + A_2 \rightleftharpoons A_3 + A_4$$

$$R_3 = k_1 c_1 c_2 - k_2 c_3 c_4$$

1. Ideale Reaktoren für homogene und quasi-homogene Reaktionssysteme 277

In wäßriger Salzsäure-Lösung mit einer Konzentration von $1\ \text{mol} \cdot \text{l}^{-1}$ und der Reaktionstemperatur von $T = 298\ \text{K}$ werden die folgenden Werte für die Geschwindigkeitskonstanten gefunden:

$$k_1 = 1{,}13\ 10^{-5}\ \text{m}^3 \cdot \text{kmol}^{-1} \cdot \text{s}^{-1}$$
$$k_2 = 2{,}47\ 10^{-6}\ \text{m}^3 \cdot \text{kmol}^{-1} \cdot \text{s}^{-1}$$

Die Konzentration der Reaktanden in dem Einsatzgemisch beträgt 19,4% Essigsäure (Massenanteil) und 48,5% Methanol (Massenanteil). Die Dichte der Lösung wird als konstant zu $\varrho_{25} = 1030\ \text{kg} \cdot \text{m}^{-3}$ angenommen.

Welche Reaktionszeit benötigt man, um einen Umsatz von $X = 0{,}40$ zu erreichen?

Lösung: Die Konzentrationen der Ausgangslösungen betragen:

$$c_{1,0} = \frac{19{,}4\ \text{kg} \cdot \text{kmol} \cdot 1030\ \text{kg}}{100\ \text{kg} \cdot 60\ \text{kg} \cdot \text{m}^3} = 3{,}33\ \text{kmol} \cdot \text{m}^{-3}$$

$$c_{2,0} = \frac{48{,}5\ \text{kmol} \cdot 1030\ \text{kg}}{32\ \text{kg} \cdot \text{m}^3} = 15{,}61\ \text{kmol} \cdot \text{m}^{-3}$$

$$c_{4,0} = \frac{32{,}1\ \text{kmol} \cdot 1030\ \text{kg}}{100 \cdot 18\ \text{kg} \cdot \text{m}^3} = 18{,}36\ \text{kmol} \cdot \text{m}^{-3}$$

$$c_{3,0} = 0\ \text{kmol} \cdot \text{m}^{-3}.$$

Die Konzentrationen der Reaktionspartner können in Abhängigkeit vom Umsatz der Schlüsselkomponente Essigsäure angegeben werden.

$$c_1 = c_{1,0}(1 - X)$$
$$c_2 = c_{2,0} - c_{1,0} X$$
$$c_3 = c_{1,0} X$$
$$c_4 = c_{4,0} + c_{1,0} X$$

Damit erhält man für die Stoffbilanz des Satzreaktors

$$+\frac{dc_1}{dt} = -c_{1,0}\frac{dX}{dt} = +R_1 = k_2 c_3 c_4 - k_1 c_1 c_2$$

$$\frac{dX}{dt} = \frac{1}{c_{1,0}}(k_1 c_1 c_2 - k_2 c_3 c_4).$$

Nach Einsetzen der Zahlenwerte für die Anfangskonzentrationen und die Geschwindigkeitskonstanten ergibt sich:

$$\frac{dX}{dt} = 2{,}94\ 10^{-5}\ X^2 - 2{,}59\ 10^{-4}\ X + 1{,}77\ 10^{-4}$$

$$t_R = 10^4 \int_0^{0,4} \frac{dX}{0{,}294\ X^2 - 2{,}59\ X + 1{,}77}$$

$$t_R = 3350\ \text{s} \approx 1\ \text{h}$$

Beispiel 9.4. *Irreversible Folgereaktion.* Im allgemeinen laufen im Reaktor eine Reihe von Parallel- und/oder Folgereaktionen ab, die zu unerwünschten Nebenprodukten führen. In diesen Fällen werden die erreichbaren integralen Selektivitäten ($S_{k,i}$) und Ausbeuten ($Y_{k,i}$) für die Wirtschaftlichkeit des Prozesses von entscheidender Bedeutung. Die erreichte Ausbeute im absatzweise betriebenen Reaktor am Ende der Reaktionszeit wird durch Integration der differentiellen Selektivität $s_{k,i}$ erhalten.

$$Y_{k,i} = \int_{X_0}^{X_a} s_{k,i}\ dX = \int_{X_0}^{X_a} \frac{v_i R_k}{v_k R_i}\ dX$$

Es soll die Ausbeute bzw. die Konzentration der Produkte A_2 und A_3 in Abhängigkeit von der Reaktionszeit t_R im absatzweise betriebenen RK bestimmt werden

$$v_1 A_1 \xrightarrow{k_1} v_2 A_2 \xrightarrow{k_2} v_3 A_3$$

$$r_1 = k_1 c_1;\ r_2 = k_2 c_2$$

$$R_2 = v_{2,1} r_1 + v_{2,2} r_2 = k_1 c_1 - k_2 c_2$$

$$R_1 = v_{1,1} r_1 = -k_1 c_1$$

$$X = 1 - \frac{c_1}{c_{1,0}} = 1 - \exp(-k_1 t_R)$$

$$Y_{2,1} = \frac{c_2}{c_{1,0}} = \frac{k_1}{k_2 - k_1} [\exp(-k_1 t_R) - \exp(-k_2 t_R)] \qquad (k_1 \neq k_2)$$

$$Y_{3,1} = \frac{c_3}{c_{1,0}} = 1 - \frac{k_2 \exp(-k_1 t_R) - k_1 \exp(-k_2 t_R)}{k_2 - k_1} \qquad (k_1 \neq k_2)$$

1.2.2 Nicht-isotherme Reaktionsführung

Eine streng isotherme Reaktionsführung ist bei stark exothermen oder endothermen Reaktionen technisch nur schwer realisierbar. Häufig ist auch eine isotherme Betriebsweise gar nicht anzustreben, wenn zum Beispiel bei exothermen irreversiblen Reaktionen die Reaktionswärme zum Aufheizen der Reaktionsmasse ausgenutzt werden kann, um hohe Reaktionsgeschwindigkeiten und damit hohe Reaktorleistungen zu erreichen. Wesentlich ist die Festlegung einer Maximaltemperatur T_{max}, die aus Sicherheitsgründen oder aus Gründen der Produktqualität nicht überschritten werden darf. Zur Berechnung müssen die Stoff- und Wärmebilanzen simultan gelöst werden.

Adiabate Reaktionsführung. Der adiabatisch arbeitende Reaktor tauscht keine Wärme mit seiner Umgebung aus. Damit vereinfacht sich die Energiebilanz Gl. (9.7) zu

$$(\bar{C}_w + m \cdot \bar{c}_p) \frac{dT}{dt} = \sum_j r_j (-\Delta H_{R_j}) V. \qquad (9.15a)$$

Läuft nur eine stöchiometrisch unabhängige Reaktion ab ($A_1 \rightarrow$ Produkte), so folgt unter Berücksichtigung der Massenbilanz:

$$(\bar{C}_w + m\bar{c}_p) \frac{dT}{dt} = (-R_1)(-\Delta H_R) V = n_{1,0}(-\Delta H_R) \frac{dX}{dt} \qquad (9.15b)$$

Sind die Änderungen der Dichte, der Wärmekapazität und der Reaktionsenthalpie in Abhängigkeit vom Umsatzgrad und der Temperatur zu vernachlässigen, so ergibt die Integration von Gl. (9.15) den Zusammenhang zwischen der Reaktionstemperatur und dem Umsatz.

$$T = T_0 + \frac{n_{1,0}(-\Delta H_R)}{(\bar{C}_w + m \cdot \bar{c}_p)} \cdot X \qquad (9.16)$$

Die maximale Temperaturdifferenz wird bei vollständigem Umsatz erreicht ($X = 1$) und als adiabate Temperaturerhöhung bezeichnet.

$$\Delta T'_{ad} = \frac{n_{1,0}(-\Delta H_R)}{\bar{C}_w + m \cdot \bar{c}_p} \tag{9.17}$$

Abb. 9.4 gibt den linearen Zusammenhang zwischen Umsatzgrad und Temperatur wieder. Die Steigung der Geraden und damit die maximale Temperaturerhöhung wird sowohl durch die eingesetzte Molmenge $n_{1,0}$ und damit der Anfangskonzentration $c_{1,0}$ als auch durch die Wärmekapazität des Reaktors einschließlich der Reaktionsmasse beeinflußt. Der Herabsetzung der adiabaten Temperaturerhöhung kommt vor allem bei stark exothermen Reaktionen und mit zunehmender Temperatur einsetzenden exothermen Zersetzungen aus Sicherheitsgründen eine große Bedeutung zu.

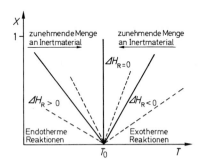

Abb. 9.4 Adiabate Trajektorien

Bei reversiblen Reaktionen wird die maximale Temperatur durch den Gleichgewichtsumsatz bestimmt. Die Maximaltemperatur kann dann z. B. durch Auftragung des Umsatzgrades X (Gl. (9.16)) und des Gleichgewichtsumsatzes X^* als Funktion der Temperatur ermittelt werden. Dies ist schematisch für eine reversible exotherme Reaktion in Abb. 9.5 gezeigt.

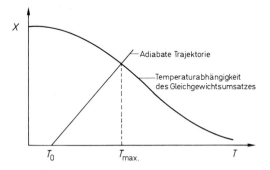

Abb. 9.5 Adiabate Trajektorie und maximale Temperatur bei einer exothermen Gleichgewichtsreaktion ($\Delta H_R < 0$)

Die zum Erreichen eines bestimmten Umsatzgrades erforderliche Reaktionszeit t_R ergibt sich nach Gl. (9.14), wobei die sich mit der Temperatur exponentiell ändernde Reaktionsgeschwindigkeit die Integration erschwert, so daß auf graphische oder numerische Methoden zurückgegriffen werden muß. Die Vorgehensweise wird anhand zweier Beispiele erläutert.

Beispiel 9.5. *Herstellung eines Säureanhydrids.* Beim Erhitzen einer Dicarbonsäure entstehen Wasserdampf und das entsprechende Anhydrid

$$R(COOH)_2 \rightarrow (H_2O)_g + R(CO)_2O \quad \Delta H_R = 75 \text{ kJ} \cdot \text{mol}^{-1}$$
$$A_1 \rightarrow A_2 + A_3$$

Die Kinetik kann durch einen Potenzansatz als Reaktion erster Ordnung bezüglich der Dicarbonsäure beschrieben werden.

$$-R_1 = kc_1$$
$$k = 6{,}4 \cdot 10^{17} \exp(-25000/T) \text{ min}^{-1} \quad (T \text{ in K})$$

Die Dehydratisierung soll in einem adiabaten diskontinuierlich betriebenen ideal durchmischten Rührkessel durchgeführt werden. Zu Reaktionsbeginn wird der Reaktor mit Dicarbonsäure bei einer Temperatur von $T_0 = 603$ K beschickt. Die adiabate Temperaturänderung beträgt $\Delta T'_{ad} = -200$ K. Welche Reaktionszeit benötigt man für einen Umsatz von 40%?

Lösung: Aus der Stoffbilanz ergibt sich die Reaktionszeit nach Gl. (9.10) zu

$$t_R = c_{1,0} \int_{X_0}^{X'} \frac{dX}{-R_1}.$$

Da die endotherme Reaktion unter adiabaten Bedingungen durchgeführt wird, nimmt die Reaktortemperatur mit zunehmendem Umsatz linear ab (Gl. (9.16)).

$$T = T_0 + \Delta T'_{ad} X$$

Einsetzen der kinetischen Beziehungen in obige Gleichung ergibt

$$t_R = \int_{X_0}^{X'} \frac{dX}{k_0 \exp[-E_A/(R(T_0 + \Delta T'_{ad}X))](1-X)}.$$

Einsetzen der Zahlenwerte ergibt

$$t_R = \int_0^{0,4} \frac{dX}{6{,}4 \cdot 10^{17} \exp[-25000/(603 - 200 X)](1-X)}.$$

Die Integration kann graphisch entsprechend Abb. 9.3 (s. S. 274) oder nach numerischen Methoden erfolgen. Als Ergebnis wird erhalten

$$t_R = 78 \text{ min}.$$

Beispiel 9.6. *Synthese eines Maleinsäurehalbesters.* Halbester der Maleinsäure sind wegen der beiden reaktionsfähigen Gruppen (Doppelbindung und Carboxy-Gruppe) technisch interessante Zwischenprodukte. Sie lassen sich durch Umsetzung von Maleinsäureanhydrid mit einem Alkohol herstellen.

A_1 + A_2 ⟶ A_3

Als Beispiel soll die Herstellung des *n*-Hexyl-Halbesters behandelt werden. Die Auflösung des Anhydrids erfolgt bei 323–328 K.

Die Reaktion verläuft nach 2. Ordnung. Die reaktionsspezifischen Daten sind der folgenden Aufstellung zu entnehmen[1]:

1. Ideale Reaktoren für homogene und quasi-homogene Reaktionssysteme

$-\Delta H_R = 33\,500\ \text{kJ} \cdot \text{kmol}^{-1}$
$c_{1,0} = 4{,}55\ \text{kmol} \cdot \text{m}^{-3}$
$c_{2,0} = 5{,}34\ \text{kmol} \cdot \text{m}^{-3}$
$\varrho = 990\ \text{kg} \cdot \text{m}^{-3}$
$c_p = 2\ \text{kJ} \cdot \text{kg}^{-1} \cdot \text{k}^{-7}$
$E = 105\,000\ \text{kJ} \cdot \text{kmol}^{-1}$
$k_0 = 4{,}92\ 10^{15}\ \text{m}^3 \cdot \text{kmol}^{-1} \cdot \text{h}^{-1}$

Die Wärmekapazität des Reaktors sei zu vernachlässigen.

Lösung. Es handelt sich um eine exotherme Reaktion zweiter Ordnung. Die Reaktionsgeschwindigkeit ergibt sich daher zu

$$-R_1 = k c_1 c_2 = k_0 \exp\left[\frac{E}{R(T_0 + \Delta T_{ad} X)}\right](1-X)(M-X) \cdot c_{1,0}^2$$

Die Reaktion wird bei 323 K begonnen. Mit den im Beispiel angegebenen Daten folgt

$$\Delta T_{ad} = \frac{c_{1,0}(-\Delta H_R)}{\varrho \cdot \bar{c}_p} = 77\ \text{K}$$

$$M = \frac{c_{1,0}}{c_{2,0}} = 1{,}17\ .$$

Die Temperatur steigt während der Reaktionszeit von $T_0 = 323$ K auf $T = 369{,}3$ K bei 60% Umsatz, so daß die Reaktionsgeschwindigkeit zum Ende stark beschleunigt wird. Graphische oder numerische Integration ergeben eine Reaktionszeit von $t_R = 33\ \text{min} = 0{,}55\ \text{h}$ (s. Abb. 9.6).

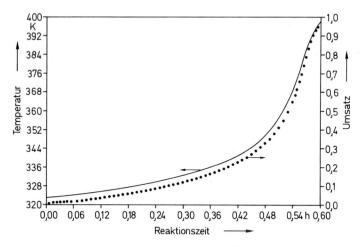

Abb. 9.6 Umsatz und Reaktortemperatur in Abhängigkeit von der Reaktionszeit

Polytrope Reaktionsführung und Reaktorstabilität. Wird die Reaktion weder adiabatisch noch isotherm durchgeführt, so spricht man von polytroper Reaktionsführung. Zur Reaktorberechnung müssen Stoff- und Wärmebilanzen simultan gelöst werden, was nur nach numerischen Methoden durchführbar ist. Für eine irreversible Reaktion erster Ordnung ergibt sich dann beispielsweise

$$\frac{dX}{dt} = k(1-X) \tag{9.18}$$

$$UA(T_w - T) = (\bar{C}_w + m \cdot \bar{c}_p)\frac{dT}{dt} - V(-\Delta H_R) \cdot c_{1,0}\frac{dX}{dt}, \tag{9.19}$$

d. h.

$$\frac{dT}{dt} = \frac{UA}{\bar{C}_w + m \cdot \bar{c}_p}(T_w - T) + \frac{V(-\Delta H_R)c_{1,0}}{\bar{C}_w + m \cdot \bar{c}_p}\frac{dX}{dt}. \tag{9.20}$$

Wird die Temperaturabhängigkeit der Reaktionsgeschwindigkeit nach der Arrhenius-Beziehung angenommen, so folgt

$$\frac{dX}{dt} = k_0 \exp\left(-\frac{E}{RT}\right)(1-X) \tag{9.21}$$

$$\frac{dT}{dt} = \frac{U \cdot A}{\bar{C}_w + m \cdot \bar{c}_p}(T_w - T) + \Delta T_{ad}\frac{dX}{dt}. \tag{9.22}$$

Der zeitliche Temperaturverlauf im Reaktor ist danach durch die folgenden Parameter bestimmt:

– die adiabate Temperaturerhöhung, die den spezifischen Energieinhalt des reaktionsfähigen Gemisches angibt,
– die Wärmeabfuhrgeschwindigkeit, die bestimmt wird vom Wärmeaustauschkoeffizienten, der Wärmeaustauschfläche und der mittleren Temperaturdifferenz zwischen Wärmeträger und Reaktionsgemisch,
– die Wärmeerzeugungsgeschwindigkeit durch Reaktion und deren Temperaturabhängigkeit.

Während bei konstanter Kühlmitteltemperatur die Wärmeabfuhr linear mit der Temperatur im Reaktor zunimmt, steigt die Wärmeerzeugung exponentiell entsprechend der Arrhenius-Beziehung. Dies kann zu außerordentlich hohen Temperaturspitzen führen.

Dem zeitlichen Temperaturverlauf im absatzweise betriebenen Reaktor muß besondere Aufmerksamkeit gewidmet werden. Häufig haben Nebenreaktionen eine höhere Aktivierungsenergie als die gewünschte Reaktion, so daß die Bildung von Nebenprodukten mit zunehmender Temperatur verstärkt einsetzt und die Ausbeute und Produktqualität vermindert wird. Bei den Neben- und Folgereaktionen handelt es sich oft um Zersetzungen und unerwünschte Weiteroxidationen, die ihrerseits eine hohe exotherme Reaktionsenthalpie aufweisen und zu einer zusätzlichen Aufheizung der Reaktionsmasse führen. Da mit zunehmender Temperatur die Reaktionsgeschwindigkeiten und damit die Wärmeerzeugungsgeschwindigkeiten exponentiell ansteigen, die Wärmeabfuhr jedoch nur linear mit der Temperatur zunimmt, können innerhalb sehr kurzer Zeiten große Wärmemengen freigesetzt werden, die zur thermischen Explosion des Reaktors führen können.

Das Auftreten solcher gefährlicher Reaktionszustände muß daher unbedingt vermieden werden, d. h. die während der Reaktionszeit auftretende Temperaturspitze muß auf einen sicheren Maximalwert begrenzt werden.

Die Zunahme der Reaktionsgeschwindigkeit und damit der Wärmeerzeugung bei konstantem Umsatz kann dabei wie folgt abgeschätzt werden.

$$\frac{d(r)}{dT} = \frac{E}{RT^2}k_0\exp\left(-\frac{E}{RT}\right)c_{1,0}(1-X) = \frac{E}{RT^2}(r). \tag{9.23}$$

1. Ideale Reaktoren für homogene und quasi-homogene Reaktionssysteme

Daraus ergibt sich

$$\frac{d(r)/(r)}{dT} = \frac{d\ln(r)}{dT} = \frac{E}{RT^2} \tag{9.24}$$

und mit $\bar{T} = \sqrt{T_1 T_2}$, dem geometrischen Mittelwert

$$\ln\frac{(r)_2}{(r)_1} = \frac{E}{R\bar{T}^2}(T_2 - T_1). \tag{9.25}$$

Der Ausdruck E/RT^2 wird als Temperatursensitivität bezeichnet. Das Produkt aus Temperatursensitivität und adiabater Temperaturerhöhung, das sogenannte Wärmeerzeugungspotential, beeinflußt das thermische Verhalten des Reaktors entscheidend[2] (s. Beispiel 9.7, S. 284).

$$S' = \Delta T_{ad} \cdot \frac{E}{RT^2} \tag{9.26}$$

Da die Betriebsparameter in bestimmten Grenzen vom Reaktionsansatz abhängen, muß zusätzlich bekannt sein, wie empfindlich der Reaktor auf kleine Änderungen der Betriebsbedingungen wie Anfangskonzentration oder Kühlmitteltemperatur reagiert. Zu diesem Problemkreis der sogenannten parametrischen Empfindlichkeit eines Reaktors sind eine Reihe von Arbeiten veröffentlicht worden[1,3-10]. Deren Ziel ist, einfache Kriterien anzugeben, nach denen abgeschätzt werden kann, ob der Reaktor in einem sicheren Gebiet arbeitet oder ob mit dem Auftreten von gefährlichen Reaktionszuständen gerechnet werden muß, die zum „Durchgehen" des Reaktors führen. Solche Kriterien wurden u. a. von Barkelew[5] vorgeschlagen, der die Stabilität kontinuierlich betriebener Festbettreaktoren untersuchte. Sie werden hier sinngemäß für den absatzweise betriebenen Rührkesselreaktor benutzt und sind in Abb. 9.7 aufgeführt. Abszisse dieses Stabilitätsdiagramms ist das Wärmeerzeugungspotential (Gl. (9.26)), das im vorliegenden Fall mit der mittleren Temperatur des Wärmeträgermediums gebildet wird.

$$S' = \Delta T_{ad} \cdot \frac{E}{RT_w^2} \tag{9.27}$$

Ordinate ist die Größe N/S', die dem Verhältnis von Wärmeaustauschgeschwindigkeit pro Volumeneinheit bei der dimensionslosen Temperaturdifferenz $\Delta T^* = 1$ zur Wärmeerzeugungsgeschwindigkeit pro Volumeneinheit bei $X = 0$ und $T = T_w$ entspricht.

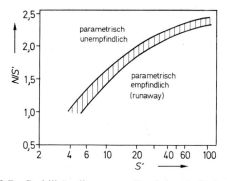

Abb. 9.7 Stabilitätsdiagramm (Reaktion 1. Ordnung)

$$\Delta T^* = \frac{(T - T_\text{w}) \cdot E}{R T_\text{w}^2} \tag{9.28}$$

$$N = \frac{U \cdot A}{(\bar{C}_\text{w} + m \cdot \bar{c}_\text{p}) \cdot k_0 \exp(-E/RT_\text{w})} \tag{9.29}$$

$$\frac{N}{S'} = \frac{U \cdot A}{V} \frac{R \cdot T_\text{w}^2}{E} \frac{1}{(-\Delta H_\text{R}) \cdot c_{1,0} \cdot k_0 \exp(-E/RT_\text{w})} \tag{9.30}$$

Wie aus dem Diagramm Abb. 9.7 hervorgeht, lassen sich für den Reaktor Bereiche großer parametrischer Empfindlichkeit von stabilen Bereichen abtrennen. Die Grenze ist, da es sich nur um Abschätzungen verschiedener Autoren handelt, nicht scharf einzuzeichnen sondern durch ein Band wiedergegeben.

Für eine sichere Reaktionsführung muß das Verhältnis von N/S', d.h. das Verhältnis von Wärmeabfuhr- zu Wärmeerzeugungsgeschwindigkeit um so größer gewählt werden, je größer das Wärmeerzeugungspotential S' wird. Beeinflußbar ist S' über die adiabate Temperaturerhöhung, d.h. die Konzentration der Reaktanden und die Wärmekapazität des Systems. Aus sicherheitstechnischen Gründen wäre demnach eine Verdünnung mit inerten Stoffen wünschenswert. Hohe Verdünnung bedeutet jedoch eine Erhöhung der Aufarbeitungskosten und nicht selten eine höhere Ökologiebelastung, so daß aus diesen Gründen versucht wird, die Konzentration zu erhöhen. Dies muß bei der Wahl der Betriebsparameter und der Auslegung des Reaktors berücksichtigt werden, z. B. durch Verbesserung des Wärmeaustausches und eventuell durch Erhöhung der Wärmekapazität des Reaktors. In Beispiel 9.7 wird das thermische Verhalten anhand einer konkreten Reaktion eingehend diskutiert.

Beispiel 9.7. *Stabilitätsverhalten von polytropen absatzweise betriebenen Rührkesselreaktoren.* Das Verhalten eines absatzweise betriebenen Rührkessels, in dem eine stark exotherme Reaktion abläuft, soll am Beispiel der durch Fe^{3+}-Ionen homogen katalysierten Zersetzung von Wasserstoffperoxid diskutiert werden. Die Reaktion ist in der Literatur hinreichend genau beschrieben und kann leicht experimentell verifiziert werden[11-13]

Die Zersetzungsreaktion verläuft nach einer irreversiblen Reaktion erster Ordnung in bezug auf H_2O_2.

$$H_2O_2 \xrightarrow{\text{Kat.}} H_2O + 0{,}5\, O_2 \tag{I}$$

$$r = k \cdot c \tag{II}$$

Die Geschwindigkeitskonstante ist abhängig von der Katalysatorkonzentration c_Fe und der Konzentration an Protonen c_H. Die Temperaturabhängigkeit läßt sich durch die Arrhenius-Beziehung beschreiben.

$$k = k_0 \exp\left(-\frac{E}{RT}\right) = k_0' \frac{c_\text{Fe}}{c_\text{H} + K_\text{f}} \cdot \exp\left(-\frac{E}{RT}\right) \tag{III}$$

Mit K_f wird die Hydrolysekonstante von Eisen(III)-nitrat bezeichnet. Da bei der H_2O_2-Zersetzung Sauerstoff gasförmig entweicht und Wasserdampf mitführt, muß die abgeführte Verdampfungswärme in der Energiebilanz des Reaktors mit berücksichtigt werden. Es wird angenommen, daß das Gas bei der jeweiligen Reaktortemperatur an Wasserdampf gesättigt ist. Somit ergeben sich entsprechend Gl. (9.18) und (9.20) (s. S. 282) die folgenden Bilanzen

$$\frac{dX}{dt} = k_0 \exp\left(-\frac{E}{RT}\right)(1-X) \tag{IV}$$

1. Ideale Reaktoren für homogene und quasi-homogene Reaktionssysteme

$$\frac{dT}{dt} = \frac{U \cdot a}{(\bar{C}_w + m\bar{c}_p)/V}(T_w - T) + \left[\frac{(-\Delta H_R)c_0}{(\bar{C}_w + m\bar{c}_p)/V} - \frac{1}{2}\frac{p_s}{p - p_s}\frac{\Delta H \cdot c_0}{(\bar{C}_w + m\bar{c}_p)/V}\right]\frac{dX}{dt}. \quad (V)$$

Dabei bedeuten p der Gesamtdruck im Reaktor und p_s der Sättigungspartialdruck von Wasser. Die verwendeten kinetischen und thermodynamischen Konstanten sind in Tab. 9.1 zusammengefaßt.

Tab. 9.1 Reaktionsspezifische Konstanten

Symbol	Wert	Einheit
k'_0	$1,5 \cdot 10^{16}$	s^{-1}
E	105 000	$J \cdot mol^{-1}$
K_f	10	$mol \cdot m^{-3}$
$-\Delta H_R$	94 800	$J \cdot mol^{-1}$
ΔH	40 660	$J \cdot mol^{-1}$
R	8,314	$J \cdot K^{-1} \cdot mol^{-1}$
$\bar{c}_p$	4100	$J \cdot K^{-1} \cdot kg^{-1}$
c_{Fe}	20	$mol \cdot m^{-3}$
c_H	100	$mol \cdot m^{-3}$
p_s	$4,97 \cdot 10^{10} \exp(-4890/T)$	Pa
c_0	3 000	$mol \cdot m^{-3}$

Die adiabate Temperaturerhöhung wird aus Gl. (V) berechnet, wobei der Wärmeaustauschterm zu Null gesetzt wird. Wegen der Temperaturabhängigkeit des Wasserdampfpartialdruckes muß $\Delta T'_{ad}$ durch numerische Integration ermittelt werden, wobei $\bar{C}_w$ gegen $m\bar{c}_p$ vernachlässigbar ist.
Unter den in Tab. 9.1 angegebenen Bedingungen wird das Reaktorverhalten bestimmt durch den Wärmeaustauschterm D

$$D = \frac{U \cdot a}{(\bar{C}_w + m\bar{c}_p)/V}, \quad (VI)$$

der den Wärmedurchgangskoeffizienten U, die spezifische Austauschfläche a und die mittlere Wärmekapazität des Reaktors $(\bar{C}_w + m\bar{c}_p)/V$ einschließlich der Reaktionsmasse enthält. D hat die Dimension einer reziproken Zeit, die als thermische Relaxationszeit bezeichnet werden kann. Der Einfluß von D

Tab. 9.2 Einfluß des Wärmeaustauschs auf das Reaktorverhalten
($\Delta T'_{ad} = 58,4$ K, $S' = 8,47$, $T_0 = T_w = 295$ K)

Kurve-Nr.	D (min^{-1})	N/S'	T_{max} (K)
1	0,05	0,14	351,5
2	0,10	0,28	349,5
3	0,20	0,56	344,1
4	0,30	0,85	335,3
5	0,35	0,99	328,1
6	0,40	1,13	318,6
7	0,425	1,20	314,1
8	0,45	1,27	310,6
9	0,50	1,41	306,3
10	0,60	1,69	302,4

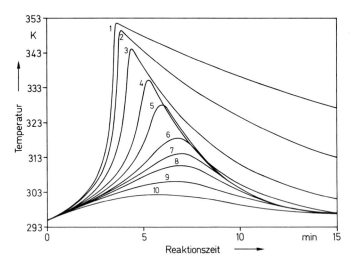

Abb. 9.8 Einfluß des Wärmeaustauschterms (D) auf den Temperaturverlauf im Reaktor (Parameterwerte in Tab. 9.2)

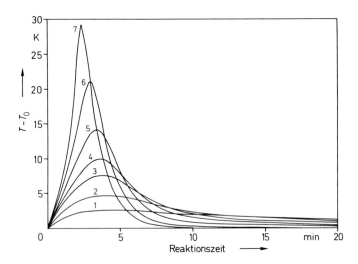

Abb. 9.9 Einfluß der Anfangstemperatur T_0 auf den Temperaturverlauf (Parameterwerte in Tab. 9.3)

auf den zeitlichen Temperaturverlauf ist Abb. 9.8 zu entnehmen. Kleine Werte von D führen zu extremen Temperaturerhöhungen, die etwa der adiabaten Temperaturerhöhung entsprechen, da der Umsatz am Temperaturmaximum nahezu vollständig ist (s. Abb. 9.10). Die wesentlichen Ergebnisse der Reaktorsimulierung sind in Tab. 9.2 zusammengefaßt. Mit aufgeführt sind die von Barkelew vorgeschlagenen Kennzahlen, die den Bereich hoher parametrischer Empfindlichkeit charakterisieren, Ein Vergleich mit Abb. 9.7 (s. S. 283) zeigt, daß bei Werten von $N/S' < 1{,}6$ eine sichere Reaktionsführung nicht mehr möglich ist, d.h. daß kleine Parameterschwankungen zu drastischen Änderungen des Temperaturverlaufs führen können. Dieses Verhalten soll am Beispiel des Einflusses von Kühlmittel- und Anfangstemperatur diskutiert werden.

Wie aus Tab. 9.3 hervorgeht, wird das Wärmeerzeugungspotential S' durch die unterschiedlichen Temperaturen des Kühlmediums bzw. der Anfangstemperatur nur wenig beeinflußt, dagegen nimmt

1. Ideale Reaktoren für homogene und quasi-homogene Reaktionssysteme

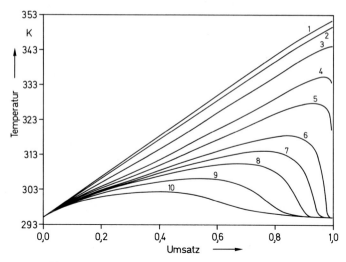

Abb. 9.10 Temperatur-Umsatz-Verlauf in absatzweise betriebenen Rührkesselreaktoren (Parameter: N, $S' = 8,47$, s. Tab. 9.2)

Tab. 9.3 Einfluß der Kühlmitteltemperatur auf das Reaktorverhalten ($D = 0,9\,\text{min}^{-1}$, $T_0 = T_w$)

Kurve-Nr.	T_w (K)	S'	N/S'	T_{max} (K)
1	293	8,64	3,34	295,6
2	296	8,39	2,22	300,7
3	298	8,21	1,70	305,5
4	299	8,12	1,49	309,0
5	300	8,03	1,31	314,2
6	301	7,94	1,15	322,1
7	302	7,85	1,02	331,3

N/S' mit zunehmender Kühlmitteltemperatur stark ab, so daß bei $T_w = T_0 \geq 299$ K der Bereich hoher Empfindlichkeit erreicht ist. Änderungen von 1 K in den Reaktionsbedingungen führen zu Erhöhungen der Maximaltemperatur von ca. 10 K (s. Abb. 9.9). Die Umsetzung erfolgt unter diesen Bedingungen innerhalb sehr kurzer Zeiten. Eine sichere Führung des absatzweise betriebenen Reaktors ist daher nicht mehr möglich. Das Beispiel zeigt, daß die von Barkelew angegebenen Kriterien benutzt werden können, um Bereiche hoher parametrischer Empfindlichkeit auch für absatzweise betriebene Reaktoren abzuschätzen. Eine sichere Vorhersage des Reaktorverhaltens kann jedoch nur durch eine Modellrechnung getroffen werden.

Beispiel 9.8. *Auslegung eines polytropen Satzreaktors.* Die in Beispiel 9.6 (s. S. 280) vorgestellte Reaktion soll bis zu hohem Umsatz durchgeführt werden. Aus kinetischen Gründen, wie z. B. der einsetzenden Diester-Bildung soll die Temperatur im Reaktor nicht über 100 °C ansteigen. Eine adiabatische Reaktionsführung ist daher nicht möglich. Die Reaktion wird in einem Satzreaktor mit Innenkühlung durchgeführt, für den folgende Daten angenommen werden:

$V_R = 5\,\text{m}^3$
$A\ = 20\,\text{m}^2$
$U\ = 0,5\,\text{kW}\cdot\text{m}^{-2}\cdot\text{K}^{-1}$.

Der Temperatur- und Umsatzverlauf in Abhängigkeit von der Reaktionszeit kann durch simultanes Lösen der Stoff- und Wärmebilanz berechnet werden.

$$\frac{dX}{dt} = k_0 \exp\left(\frac{E}{RT}\right)(1-X)(M-X) \cdot c_{1,0}$$

$$\frac{dT}{dt} = \frac{U \cdot A}{m \cdot \bar{c}_p}(T_w - T) + \Delta T_{ad}\frac{dX}{dt}$$

Abb. 9.11 zeigt das Ergebnis der Berechnung für zwei unterschiedliche mittlere Temperaturen des Wärmeträgers T_w unter sonst gleichen Bedingungen. Man erkennt das Auftreten einer erheblichen Temperaturspitze, die bei einer Temperatur des Wärmeträgers von 335 K den vorgegebenen Maximalwert von 373 K deutlich überschreitet.

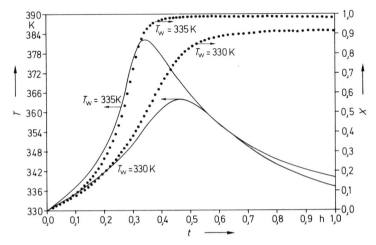

Abb. 9.11 Einfluß der Wärmeträgertemperatur T_w auf den Temperatur- und Umsatzverlauf

Der Reaktor reagiert zudem sehr empfindlich auf die Temperaturänderung des Wärmeträgers. Eine Erhöhung von T_w um 5 K führt zu einer um ca. 20 K höheren Temperaturspitze.

1.3 Kontinuierlich betriebener idealer Rührkesselreaktor

Im idealen kontinuierlich betriebenen Rührkesselreaktor (kRK) ist die Reaktionsmasse vollständig homogen. Die dem Reaktor zugeführten Komponenten werden am Reaktoreingang augenblicklich vermischt, so daß keine Konzentrations- oder Temperaturgradienten auftreten. Die Zusammensetzung der Reaktionsmasse am Reaktorausgang entspricht folglich derjenigen im Reaktor ($c_i = c_{ia}$).

1.3.1 Stoffbilanz des kontinuierlich betriebenen Rührkesselreaktors

Da die Reaktionsmasse nach den oben genannten Voraussetzungen homogen ist, können die Bilanzgleichungen über das gesamte Volumen erstreckt werden. Der Bilanzraum entspricht somit dem Reaktionsvolumen (s. Abb. 9.12). Die Stoffbilanz des kRK kann daher für die Komponente i folgendermaßen formuliert werden

1. Ideale Reaktoren für homogene und quasi-homogene Reaktionssysteme

$$\frac{dn_i}{dt} = \dot{n}_{i0} - \dot{n}_{ia} + V \sum_j v_{ij} r_j. \tag{9.31}$$

Wird der Stoffmengenstrom $\dot{n}_i$ durch den Volumenstrom $\dot{V}$ und die Konzentration c_i ersetzt, so folgt daraus

$$V\frac{dc_i}{dt} = \dot{V}_0 c_{i0} - \dot{V}_a c_i + V \sum_j v_{ij} r_j. \tag{9.32}$$

Das dem Reaktionsgemisch insgesamt zur Verfügung stehende Volumen V ist durch das Reaktorvolumen und der Anordnung von Zu- und Ablauf festgelegt und im Gegensatz zum Satzreaktor konstant. Treten durch chemische Reaktion oder physikalische Einflüsse Dichteänderungen des Reaktionsgemisches auf, so macht sich dies in der Differenz der Volumenströme am Ein- und Ausgang bemerkbar.

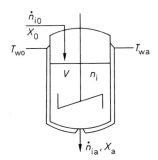

Abb. 9.12 Kontinuierlich betriebener Rührkesselreaktor

Das Verhältnis von Reaktionsvolumen zum volumetrischen Zufluß $\dot{V}_0$ wird als hydrodynamische Verweilzeit (Raumzeit) bezeichnet.

$$\tau = \frac{V}{\dot{V}_0} \tag{9.33}$$

τ gibt demnach die Zeit an, in der das dem Reaktionsvolumen entsprechende Gemischvolumen dem Reaktor zuläuft. Der reziproke Wert wird häufig als Raumgeschwindigkeit oder in der Biotechnologie als Verdünnungsgeschwindigkeit (space velocity, dilution rate) bezeichnet.
Es ist daher jeweils zwischen den so definierten Zeiten und der wirklichen mittleren Verweilzeit $\bar{t}$ der Reaktanden im Reaktor zu unterscheiden, auch wenn diese in manchen Fällen übereinstimmen können (s. Abschn. 2, S. 320).
Nach einer gewissen Einlaufzeit, die praktisch dem etwa fünffachen der hydrodynamischen Verweilzeit entspricht, arbeitet der Reaktor stationär, d. h. die Reaktionsmasse ändert ihre Zusammensetzung zeitlich nicht mehr. Die Stoffbilanz geht damit in eine einfache algebraische Gleichung über.

$$\dot{V}_0 c_{i0} - \dot{V}_a c_i + V \sum_j v_{ij} r_j = 0 \tag{9.34}$$

Nach Einführung des Umsatzgrades für den Reaktanden A_1 folgt daraus

$$X = \frac{\dot{n}_{1,0} - \dot{n}_{1a}}{\dot{n}_{1,0}} = \frac{-V \sum_j v_{ij} r_j}{\dot{V}_0 c_{1,0}} = \frac{-V R_1}{\dot{V}_0 c_{1,0}}. \tag{9.35}$$

Daraus ergibt sich die hydrodynamische Verweilzeit, die zum Erreichen eines vorgegebenen Umsatzgrades notwendig ist.

$$\tau = \frac{c_{1,0} X}{-R_1} \tag{9.36}$$

Für die Reaktionsgeschwindigkeiten im kRK gelten die gleichen Bedingungen, wie sie am Reaktorausgang gemessen werden. Aus Gl. (9.34) bis (9.36) geht hervor, daß sich die Stoffmengenänderungsgeschwindigkeit für eine Temperatur und Konzentration auf sehr einfache Weise durch Messen des Umsatzgrades und der Zulaufbedingungen bei bekanntem Volumen bestimmen läßt.

Volumenbeständige Reaktionen. Bei volumenbeständigen Reaktionen, hierzu können die meisten in flüssiger Phase ablaufenden gezählt werden, sind die Volumenströme am Ein- und Ausgang des Reaktors gleich ($\dot{V}_0 = \dot{V}_a$), so daß für eine einzige Reaktion mit $-R_1 = r$ gilt

$$X = \frac{c_{1,0} - c_1}{c_{1,0}} = \frac{\tau r}{c_{1,0}} = \frac{\tau(-R_1)}{c_{1,0}} \tag{9.37a}$$

$$\frac{1}{\tau}(c_{1,0} - c_1) = r = -R_1. \tag{9.37b}$$

Beispiel 9.9. *Einfache irreversible Reaktionen.* Für irreversible Reaktionen erster und zweiter Ordnung ergeben sich aus der allgemeinen Stoffbilanz (Gl. (9.34)) die folgenden Beziehungen.

$A_1 \xrightarrow{k_1} A_2$ $\qquad\qquad$ $A_1 \xrightarrow{k_2} A_2$

$r = k_1 c_1$ $\qquad\qquad$ $r = k_2 c_1^2$

$\dot{V}(c_{1,0} - c_1) = V \cdot k_1 c_1$ $\qquad\qquad$ $\dot{V}(c_{1,0} - c_1) = V k_2 c_1^2$

$1 - X = f_1 = \dfrac{1}{1 + k_1 \tau}$ $\qquad\qquad$ $1 - X = f_1 = \dfrac{-1 + \sqrt{1 + 4 k_2 c_{1,0} \tau}}{2 k_2 c_{1,0} \tau}$

Bei geforderter Leistung ist das notwendige Reaktionsvolumen abhängig vom Umsatz. Für Reaktionen erster und zweiter Ordnung erhält man

$$V = \frac{L_p}{k_1 c_{1,0}(1 - X)} \qquad\qquad V = \frac{L_p}{k_2 c_{1,0}^2 (1 - X)^2}.$$

Aus dem vorgestellten Beispiel geht hervor, daß der in dem Reaktor erreichbare Umsatz durch das Verhältnis von hydrodynamischer Verweilzeit zu der auf die Eingangsbedingungen bezogenen Zeitkonstanten der Reaktion bestimmt wird. Dieses Verhältnis wird als erste Damköhlersche Zahl bezeichnet.

$$Da\mathrm{I} = \frac{r_0 \cdot \tau}{c_{1,0}} = \frac{\tau}{t_r} \tag{9.38}$$

1. Ideale Reaktoren für homogene und quasi-homogene Reaktionssysteme

Für irreversible Reaktionen erster und zweiter Ordnung sind die Damköhler Zahlen entsprechend wie folgt definiert:

$$m = 1: \quad DaI = k\tau \qquad m = 2: \quad DaI = kc_{1,0}\tau$$

Der Restanteil der Schlüsselkomponente am Reaktorausgang wird daher nach Beispiel 9.9 zu

$$m = 1 \qquad\qquad m = 2$$

$$f_1 = \frac{1}{1 + DaI} \qquad f_1 = \frac{-1 + \sqrt{1 + 4DaI}}{2DaI}.$$

Bei unbekannter Reaktionskinetik läßt sich der Umsatz bei vorgegebener hydrodynamischer Verweilzeit leicht auf graphischem Wege ermitteln (s. Abb. 9.13). Danach wird die (gemessene) Stoffmengenänderungsgeschwindigkeit als Funktion der Konzentration aufgetragen (rechte Seite von Gl. (9.37b)). Der stationäre Arbeitspunkt des Reaktors und damit die Reaktandenkonzentration am Ausgang, ergibt sich aus dem Schnittpunkt dieser Kurve mit dem ebenfalls graphisch dargestellten Konvektionsterm (linke Seite von Gl. (9.37b)).

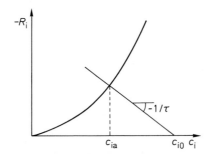

Abb. 9.13 Zur Bestimmung des Arbeitspunktes eines kontinuierlich betriebenen Rührkesselreaktors

---

Beispiel 9.10. *Komplexe Reaktionen.* Laufen im Reaktor mehrere Reaktionen ab, an denen der Reaktand i beteiligt ist, so gilt für den stationär betriebenen kRK entsprechend Gl. (9.31) (s. S. 289).

$$\dot{n}_{i0} - \dot{n}_{ia} = -V \sum_j \nu_{ij} r_j.$$

Für die an einer irreversiblen Folgereaktion beteiligten Reaktionsteilnehmer werden die folgenden Bilanzen aufgestellt.

$$A_1 \xrightarrow{k_1} A_2 \xrightarrow{k_2} A_3$$

$$\dot{n}_{1,0} - \dot{n}_{1,a} = -VR_1 = Vk_1 c_1$$
$$\dot{n}_{2,0} - \dot{n}_{2,a} = -VR_2 = -V(k_1 c_1 - k_2 c_2)$$
$$\dot{n}_{3,0} - \dot{n}_{3,a} = -VR_3 = -Vk_2 c_2$$

Für eine volumenbeständige Reaktion folgt mit $c_{2,0} = c_{3,0} = 0$

$$f_1 = \frac{c_1}{c_{1,0}} = \frac{1}{1 + k_1 \tau}$$

$$Y_{2,1} = \frac{c_2}{c_{1,0}} = \frac{k_1 \tau}{(1 + k_1 \tau)(1 + k_2 \tau)}$$

$$Y_{3,1} = \frac{c_3}{c_{1,0}} = \frac{k_1 k_2 \tau^2}{(1 + k_1 \tau)(1 + k_2 \tau)}.$$

Beispiel 9.11. *Substanzpolymerisation von Styrol.* Die Substanzpolymerisation von Styrol wird industriell in mehreren Stufen durchgeführt, um den Reaktor und die Reaktionsführung den sich mit steigendem Umsatz drastisch ändernden Viskositäten des Reaktionsmediums anzupassen[14]. Im folgenden soll die thermisch initiierte Vorpolymerisation in einem kRK diskutiert werden. Der Endumsatz von 90–98 % wird in Turmreaktoren, speziellen Rührkesseln und anderen Sonderkonstruktionen erreicht.

Es soll ein kRK zur Vorpolymerisation für eine Gesamtanlage ausgelegt werden, in der 20 000 t/a Polystyrol hergestellt werden können. Der Endumsatz betrage 95 %. Der geforderte Umsatz in der ersten Stufe sei 40 %. Zur Erzielung einer hohen mittleren Molekülmasse von $\bar{M}_w \approx 360000$ wird die Reaktionstemperatur auf 408 K festgelegt. Wie groß ist das benötigte Reaktorvolumen? Die globale Polymerisationsgeschwindigkeit ergibt sich nach Husain und Hamiliec at al.[15,16] zu

$$-R_M = R_P = \sqrt{2}\, A c_M^{5/2}.$$

c_M Monomerenkonzentration
$A = A_0 \exp(A_1 X + A_2 X^2 + A_3 X^3)$
$A_0 = 1{,}964 \cdot 10^5 \exp(-10040/T)$ (m^3/kmol)$^{3/2}$ 1/s
$A_1 = 2{,}57 - 5{,}05 \cdot 10^{-3}\, T$
$A_2 = 9{,}56 - 1{,}76 \cdot 10^{-2}\, T$
$A_3 = -3{,}03 + 7{,}85 \cdot 10^{-3}\, T$
(T in Kelvin)

Für die Dichte des Reaktionsgemisches wird folgende Beziehung gefunden (T in Kelvin)

$$\varrho_{Pst} = 10^3 \{0{,}845 - 0{,}001(T-353) + [0{,}2 + 0{,}001(T-353)]X\} \text{ (in kg} \cdot \text{m}^{-3})$$

Lösung: Es sollen 20 000 t/a Polystyrol hergestellt werden. Da der Endumsatz zu 95 % angegeben wird, beträgt der Eingangsmassenstrom

$$\dot{m}_0 = \frac{20\,000 \text{ t/a}}{0{,}95} = 21\,053 \text{ t/a}.$$

Bei einer effektiven Betriebszeit von 8000 h/a folgt

$\dot{m}_0 = 2632$ kg $\cdot$ h^{-1} Styrol
$\dot{n}_{M0} = 25{,}27$ kmol $\cdot$ h^{-1} Styrol.

Der Volumenstrom des Monomeren bei 25 °C errechnet sich zu

$$\frac{\dot{m}_0}{\varrho_{298}} = \frac{2632 \text{ kg m}^3}{\text{h} \cdot 10^3 [0{,}845 - 0{,}001(298-353)] \text{ kg}} = \frac{2632}{900} = 2{,}92 \text{ m}^3 \text{ h}^{-1}.$$

Die Eingangskonzentration des Monomeren ist

$c_{M0} = 8{,}64$ kmol $\cdot$ m^{-3}.

Das benötigte Volumen des Vorpolymerisators ergibt sich aus der Stoffbilanz

$$V = \frac{\dot{n}_{M0} - \dot{n}_M}{-R_M} = \dot{n}_{M0} \cdot X \cdot (-R_M)^{-1}$$

Mit den kinetischen Angaben berechnet sich die „Reaktionsgeschwindigkeitskonstante" A zu

$A = 7{,}324 \cdot 10^{-6}$ (m^3/kmol)$^{3/2}$ s^{-1}.

Die Konzentration des Monomeren beträgt

$c_M = c_{M0}(1-X)\varrho/\varrho_0 = 8{,}64 \cdot (1-0{,}4) \cdot 0{,}991 = 5{,}14$ kmol $\cdot$ m^{-3}

$-R_M = \sqrt{2} \cdot A \cdot c_M^{5/2} = 6{,}20 \cdot 10^{-4}$ kmol m$^{-3} \cdot$ s^{-1} = 2,23 kmol m$^{-3} \cdot$ h^{-1}

$$V = \frac{25{,}27 \text{ kmol} \cdot 0{,}4 \text{ m}^3 \text{ h}}{\text{h} \cdot 2{,}23 \cdot \text{kmol}} = 4{,}53 \text{ m}^3 \, .$$

1.3.2 Wärmebilanz des kontinuierlich betriebenen Rührkesselreaktors

Auch für die Aufstellung der Wärmebilanzen soll zunächst davon ausgegangen werden, daß sich der Reaktor im stationären Zustand befindet, d. h. Konzentrationen und Temperatur sich zeitlich nicht ändern. Ausgehend von der allgemeinen Wärmebilanz folgt daher für den kRK

$$\dot{V}_0 \varrho_0 c_{p0} T_0 - \dot{V}_a \varrho c_p T + U \cdot A (T_w - T) + V \sum_j r_j (-\Delta H_{R_j}) = 0 \, . \tag{9.39}$$

T_w ist die mittlere Temperatur des Wärmeträgers, T die Temperatur des Reaktionsgemisches im Reaktor, die identisch mit derjenigen am Reaktorausgang ist.
Für den einfachen Fall, daß nur eine einzige stöchiometrisch unabhängige Reaktion im Reaktor abläuft, ergibt sich unter Berücksichtigung der Materialbilanz für die Schlüsselkomponente A_1 (Gl. (9.35))

$$-R_1 V = r \cdot V = X c_{1,0} \dot{V}_0 \, .$$

$$\dot{V}_0 \varrho_0 c_{p0} T_0 - \dot{V} \varrho c_p T + U \cdot A (T_w - T) + \dot{V}_0 c_{1,0} X (-\Delta H_R) = 0 \tag{9.40}$$

oder, bei konstanter spezifischer Wärmekapazität ($c_p = c_{p0}$)

$$\dot{V}_0 \varrho_0 c_{p0} (T - T_0) + U \cdot A (T - T_w) = \dot{V}_0 c_{1,0} X (-\Delta H_R) \, . \tag{9.41}$$

Gl. (9.39) dient gemeinsam mit der Stoffbilanz zur Auslegung des Reaktors, d. h. zur Berechnung der Betriebsparameter bei vorgegebener Reaktorleistung. Meist wird auch die Temperatur des Reaktionsgemisches festliegen, so daß bei bekannter Zulauftemperatur die Temperatur des Wärmeträgers T_w und die Austauschfläche A bestimmt werden müssen. Wird die Wärme lediglich durch erzwungene Konvektion, d. h. durch den Durchfluß zu- bzw. abgeführt, so spricht man auch hier von einem adiabatisch arbeitenden Reaktor. Der Austauschterm in Gl. (9.39) verschwindet und man erhält

$$\dot{V}_0 \varrho_0 (c_{p0} T_0 - c_p T) + V \sum_j r_j (-\Delta H_{R_j}) = 0 \tag{9.42}$$

bzw. für eine einzige Reaktion und bei konstanter spezifischer Wärmekapazität

$$\dot{V}_0 \varrho_0 c_{p0} (T - T_0) = r (-\Delta H_R) V = \dot{V}_0 c_{1,0} X (-\Delta H_R) \, . \tag{9.43}$$

Der sich im Reaktor stationär einstellende Umsatz und die Reaktionstemperatur lassen sich also nur noch über die Zulauftemperatur und die hydrodynamische Verweilzeit beeinflussen.
Der lineare Zusammenhang zwischen der Temperaturerhöhung im adiabatischen kRK und dem Umsatz geht ebenfalls aus Gl. (9.43) hervor.

$$T - T_0 = \frac{c_{1,0} (-\Delta H_R)}{\varrho_0 c_{p0}} X = \Delta T_{ad} X \tag{9.44}$$

Die maximale adiabate Temperaturerhöhung ΔT_{ad} wird bei vollständigem Umsatz erreicht

($X = 1$). Im Gegensatz zu dem instationär arbeitenden Satzreaktor wird die Temperatur nicht durch die Wärmekapazität des Reaktors beeinflußt, da die Temperaturen von Reaktorinhalt und Reaktorwand identisch sind (s. Gl. (9.17), S. 279). Die durch Reaktion erzeugte (verbrauchte) Wärme kann daher nur vom zulaufenden Stoffmengenstrom aufgenommen (geliefert) werden.

Der Arbeitspunkt des Reaktors läßt sich durch simultanes Lösen der Wärme- und Stoffbilanz bestimmen. Die Lösung entspricht dem Schnittpunkt der Umsatz-Temperatur-Funktion bei festgehaltener Verweilzeit τ, mit der adiabaten Trajektorie wie dies in Abb. 9.14 dargestellt ist.

$$X = \frac{\varrho_0 c_{P_0}}{-\Delta H_R c_{1,0}} (T - T_0) = \frac{1}{\Delta T_{ad}} (T - T_0) = \frac{r \cdot \tau}{c_{1,0}} \qquad (9.45)$$

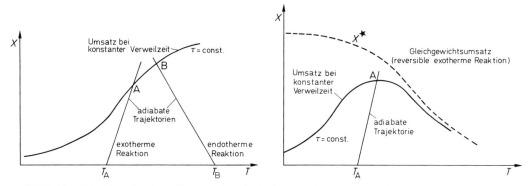

Abb. 9.14 Arbeitspunkt des adiabaten kontinuierlich betriebenen Rührkesselreaktors

Für endotherme irreversible Reaktionen ($\Delta T_{ad} < 0$) ergibt sich unabhängig von ΔT_{ad} nur ein Schnittpunkt, der einem stabilen Arbeitspunkt des Reaktors entspricht. Das gleiche gilt für exotherme Reaktionen, wenn die Steigung der Trajektorie, gegeben durch die reziproke adiabatische Temperaturerhöhung ($1/\Delta T_{ad}$) größer ist als die Tangente am Wendepunkt der Umsatz-Temperatur-Funktion. Im anderen Fall können je nach Zulauftemperatur T_0 drei Arbeitspunkte auftreten.

Dies ist z. B. der Fall für die Zulauftemperatur T_{03} in Abb. 9.15. Wie van Heerden zeigte [17,18], ist der mittlere Arbeitspunkt (5) instabil. Kleine Abweichungen im Reaktor zu höheren Temperaturen führen unweigerlich dazu, daß der Reaktor in den oberen stabilen Betriebspunkt (7) wandert, kleine Abweichungen zu niedrigeren Temperaturen lassen den Reaktor in den unteren Punkt (3) fallen. Kriterium für einen stabilen Arbeitspunkt ist, daß die Steigung der X-T-Kurve deutlich kleiner ist als die Steigung der adiabaten Trajektorie.

$$\left|\frac{dX}{dT}\right|_\tau < \frac{1}{\Delta T_{ad}} \qquad (9.46)$$

Sind die Steigungen der adiabaten Trajektorie und der Tangente am Wendepunkt der Kurve nur wenig verschieden, so kann es unter bestimmten Bedingungen zu oszillatorischen Instabilitäten im Reaktor kommen: Temperatur und Umsatz im Reaktor schwingen fortlaufend mit konstanter Frequenz und Amplitude, obwohl die äußeren Bedingungen konstant gehalten werden [12,19]. Eine weitere Besonderheit des adiabaten kRK ist sein Verhalten bei sich ändernden Zulauftemperaturen. Wird die Temperatur des Eduktstromes ausgehend

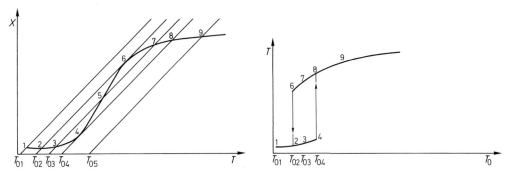

Abb. 9.15 Sprunghafte thermische Instabilität eines kontinuierlich betriebenen Rührkesselreaktors

von T_{01}, T_{02}, T_{03} erhöht, so wird die Reaktortemperatur entsprechend auf T_1, T_2, T_3 erhöht (s. Abb. 9.15). Bei der Zulauftemperatur T_{04} bildet die adiabate Trajektorie die Tangente an die Umsatz-Temperatur-Kurve (4), so daß kleinste Erhöhungen der Temperatur T_{04} zu einer sehr großen Temperaturerhöhung von T_4 auf T_8 im Reaktor führen. Man bezeichnet diesen Vorgang als „Zünden" des Reaktors. Einmal im oberen Betriebsbereich, führt die Abnahme der Edukttemperatur von $T_{05} \rightarrow T_{02}$ zunächst zur langsamen Temperaturabnahme von T_9 zu T_6 im Reaktor. Eine weitere kleine Temperaturverringerung führt zum „Verlöschen" und der Reaktor arbeitet im unteren Betriebsbereich. Insgesamt beobachtet man ein Hystereseverhalten, bei dem Reaktortemperaturen zwischen T_4 und T_6 und entsprechend mittlere Umsätze zwischen X_4 und X_6 nicht eingestellt werden können. Dieses Reaktorverhalten wird als sprunghafte thermische Instabilität bezeichnet. Sie kann grundsätzlich auch im gekühlten kRK beobachtet werden, wenn die Steigung der Wärmeabfuhrgeraden kleiner als die Steigung der Wärmeerzeugungskurve am Wendepunkt ist. Das Hystereseverhalten des Reaktors kann vor allem bei komplexen Reaktionen von Nachteil sein, wenn aus Gründen hoher Produktselektivitäten bei mittleren Umsätzen gearbeitet werden muß.

Andererseits werden Schwankungen der Betriebsparameter stark gedämpft, wenn der Reaktor im oberen Betriebspunkt arbeitet, was durch die damit verbundene erhöhte Stabilität Vorteile bringen kann.

Bei exothermen Gleichgewichtsreaktionen ergibt sich wegen des mit der Temperatur sinkenden Gleichgewichtsumsatzes ein Maximum in der Umsatz-Temperatur-Kurve. Zur optimalen Reaktionsführung, muß entsprechend die Trajektorie so gelegt werden, daß der Schnittpunkt in Maximum liegt (s. Abb. 9.14, rechte Seite).

Beispiel 9.12. *Auslegung eines kRK zur Vorpolymerisation von Styrol.* Zur Vorpolymerisation von Styrol entsprechend Beispiel 9.11 soll ein Standardkessel von 6,3 m³ Inhalt eingesetzt werden Die Wärmeaustauschfläche beträgt 20 m². Man bestimme die mittlere Temperatur des Wärmeträgers, wenn der effektive Wärmedurchgangskoeffizient im Reaktor zu $U = 0,05 \text{ kW} \cdot \text{m}^{-2} \cdot \text{K}^{-1}$ angenommen werden kann.

Die Reaktionsenthalpie beträgt $\Delta H_R = -69,92 \text{ kJ} \cdot \text{mol}^{-1}$
und die spezifische Wärme $c_p = 1,884 \text{ kJ} \cdot \text{kg}^{-1} \text{ K}^{-1}$

Lösung

$$\underbrace{\dot{m} \cdot c_p \cdot (T_0 - T)}_{\dot{Q}_1} + \underbrace{U \cdot A \cdot (T_w - T)}_{+\dot{Q}_2} + \underbrace{(-R_M) \cdot (-\Delta H_R) V_R}_{+\dot{Q}_3} = 0$$

Mit den Angaben aus Beispiel 9.11 beträgt die durch Reaktion pro Zeiteinheit erzeugte Wärmemenge

$$\dot{Q}_3 = 2{,}23 \text{ kmol} \cdot \text{m}^{-3} \cdot \text{h}^{-1} \cdot 4{,}53 \text{ m}^3 \; 69\,920 \text{ kJ} \cdot \text{kmol}^{-1} = 706\,324 \text{ kJ} \cdot \text{h}^{-1}$$
$$\dot{Q}_3 = 196{,}2 \text{ kW}$$

Durch Konvektion wird der Wärmestrom $\dot{Q}_1$ abgeführt.

$$\dot{Q}_1 = 2632 \text{ kg} \cdot \text{h}^{-1} \cdot 1{,}884 \text{ kJ} \cdot \text{kg}^{-1} \text{K}^{-1} \cdot (408 \text{ K} - 298 \text{ K}) = 545\,456 \text{ kJ} \cdot \text{h}^{-1}$$
$$\dot{Q}_1 = 151{,}5 \text{ kW}$$

Für den über den Außenmantel abzuführenden Wärmestrom ergibt sich

$$\dot{Q}_2 = \dot{Q}_3 - \dot{Q}_1 = 196{,}1 \text{ kW} - 151{,}5 \text{ kW} = 44{,}6 \text{ kW}.$$

Die mittlere Temperatur des Wärmeträgers muß daher den folgenden Wert haben

$$T_w = T - \frac{\dot{Q}_3 - \dot{Q}_1}{U \cdot A} = 408 \text{ K} - \frac{44{,}6 \text{ kW m}^2 \cdot \text{K}}{0{,}05 \text{ kW } 20 \text{ m}^2} = 363 \text{ K}.$$

Bemerkung. Bei der Berechnung wurde die durch den Rührer im Reaktor dissipierte Energie nicht berücksichtigt. Wegen der hohen Viskosität ist diese dem Reaktor zusätzlich zugeführte Energie häufig nicht mehr zu vernachlässigen.

1.3.3 Übergangsverhalten des kontinuierlich betriebenen Rührkesselreaktors

Im vorigen Abschnitt wurde davon ausgegangen, daß sich im kRK ein stationärer Zustand eingestellt hat, dementsprechend keine zeitlichen Änderungen von Konzentrationen und Temperaturen erfolgen. Beim Anfahren des Reaktors oder bei Änderung der Betriebsparameter wie der Temperatur des Wärmeträgers oder der Zulaufkonzentrationen wird jedoch eine instationäre Phase durchlaufen. Zur Beschreibung des Reaktorverhaltens in dieser Phase muß dann auch der Akkumulationsterm in den allgemeinen Bilanzen mit berücksichtigt werden.

Unter der Annahme einer einzigen volumenbeständigen Reaktion führt die Stoffbilanz für die Schlüsselkomponente A_1 zu

$$\dot{V}(c_{1,0} - c_1) + V \cdot R_1 = \frac{\text{d}(Vc_1)}{\text{d}t} \tag{9.47}$$

bzw. mit $V = \text{const.}$

$$\frac{1}{\tau}(c_{1,0} - c_1) - \frac{\text{d}c_1}{\text{d}t} = -R_1.$$

Nach Abschluß der Übergangsphase ($\text{d}c_1/\text{d}t \rightarrow 0$) erhält man daraus die bekannte Beziehung für den stationären kRK.

Wird z.B. ein Reaktor ausgehend von reinem Lösungsmittel $c_{1,0} = 0$ zur Zeit $t = 0$ angefahren, so ergibt sich für eine irreversible Reaktion von formal erster Ordnung die folgende Beziehung.

$$r = kc_1$$

$$\frac{c_1}{c_{1,0}} = \frac{1}{1+k\tau}\left[1 - \exp\left(-\frac{t(1+k\tau)}{\tau}\right)\right] \tag{9.48}$$

Treten während der Übergangszeit Temperaturänderungen auf, so ist dies in der Energiebilanz durch Einführen des Akkumulationsterms zu berücksichtigen.

$$\dot{m}\bar{c}_p(T_0 - T) + V\sum_j r_j(-\Delta H_{Rj}) + U \cdot A(T_w - T) = (m\bar{c}_p + \bar{C}_w)\frac{dT}{dt} \qquad (9.49)$$

Bei der Beschreibung des instationären Reaktorverhaltens muß die Wärmekapazität des Reaktors $\bar{C}_w$ mit berücksichtigt werden.

Die Bestimmung der im Übergangsgebiet erreichbaren Umsatzgrade und Ausbeuten ist vor allem dann von Interesse, wenn im Zulauf des Reaktors häufige Konzentrationsschwankungen auftreten, wie sie in der Praxis vorkommen können. Die vorgestellten Beziehungen dienen ebenfalls zur Berechnung halbkontinuierlich betriebener Reaktoren. Bei dieser Reaktionsführung wird dem Reaktor beispielsweise Reaktionsgemisch über einen Zeitraum kontinuierlich zugeführt, ohne daß gleichzeitig Produkt entnommen wird, wie es in Abb. 9.16 schematisch dargestellt ist. Volumen, Konzentrationen und Temperaturen können sich während der Zulaufphase ändern, an die sich unter Umständen noch eine Reaktionsphase anschließt, innerhalb der die Umsetzung abgeschlossen wird. Die mittlere Leistung des Reaktors ergibt sich dann durch Integration über den gesamten Arbeitszyklus.

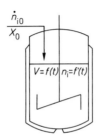

Abb. 9.16 Halbkontinuierliche Betriebsweise eines Rührkesselreaktors

1.4 Idealer Strömungsrohrreaktor

Unter stationären Bedingungen ist der Massenstrom im kontinuierlich durchflossenen Rohrreaktor an jedem Punkt gleich und unabhängig von der Zeit. Die Zusammensetzung des Reaktionsgemisches ändert sich dagegen mit zunehmendem Abstand vom Reaktoreingang. Für den idealen Strömungsrohrreaktor wird angenommen, daß Konzentration und Temperatur über dem gesamten Reaktorquerschnitt konstant sind, also keine radialen Profile auftreten. Hinzu kommt die Annahme einer Pfropfenströmung, bei der jede Dispersion oder Wärmeleitung in axialer Richtung unterbunden ist.

1.4.1 Stoffbilanz

Zur Berechnung des axialen Konzentrationsprofils im idealen Strömungsrohrreaktor wird die Stoffbilanz für ein differentielles Volumenelement an der Stelle z aufgestellt (s. Abb. 9.17). Da Stofftransport durch Dispersion ausgeschlossen wurde und keine radialen Gradienten auftreten, vereinfacht sich die Bilanz zu

$$\frac{\partial c_i}{\partial t} = -\frac{\partial (c_i u)}{\partial z} + \sum_j \nu_{ij} r_j. \qquad (9.50)$$

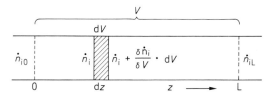

Abb. 9.17 Zur Stoffbilanz des idealen Strömungsrohrreaktors

Im instationären Zustand ändert sich die Gemischzusammensetzung in Abhängigkeit vom Ort und von der Zeit. Wird eine zeitliche Änderung durch Störung des Zulaufstromes hervorgerufen, so pflanzt sich diese mit der Geschwindigkeit u durch den Reaktor fort, so daß sich nach einer Verweilzeit $\tau = L/u$ im Reaktor bereits ein neues, den veränderten Eingangsbedingungen entsprechendes axiales Konzentrationsprofil eingestellt hat.

Für den stationär betriebenen idealen Strömungsrohrreaktor verschwindet die zeitliche Abhängigkeit und die Materialbilanz wird zu

$$-\frac{d(c_i u)}{dz} + \sum_j v_{ij} r_j = -\frac{d(c_i u)}{dz} + R_i = 0 \tag{9.51}$$

und für nur eine einzige stöchiometrisch unabhängige Reaktion erhält man

$$\frac{d(c_i u)}{dz} = \frac{d\dot{n}_i}{dV} = \frac{d(c_i \dot{V})}{S dz} = v_i r = R_i . \tag{9.52}$$

Nach Einführung des Umsatzes für die Schlüsselkomponente A_1 folgt mit $v_1 = -1$

$$\frac{dX}{dV} = \frac{-R_1}{\dot{n}_{1,0}} = \frac{-R_1}{\dot{V}_0 \cdot c_{1,0}} . \tag{9.53}$$

Daraus kann durch Integration das zum Erreichen eines bestimmten Umsatzes notwendige Reaktorvolumen bei bekannter Kinetik berechnet werden.

$$V = \dot{n}_{1,0} \int_{X_0}^{X_L} \frac{dX}{-R_1} \tag{9.54}$$

Die mittlere hydrodynamische Verweilzeit im Reaktor, die definitionsgemäß auf den Eingangsvolumenstrom bezogen wird, ergibt sich dann zu

$$\tau = \frac{V}{\dot{V}_0} = c_{1,0} \int_{X_0}^{X_L} \frac{dX}{-R_1} . \tag{9.55}$$

Handelt es sich um den Sonderfall eines volumenbeständigen Systems, so bleibt die lineare Geschwindigkeit des Reaktionsgemisches konstant

$$u = \frac{\dot{V}_0}{S} = \text{const.}$$

Gl. (9.51) läßt sich damit umformen mit $d\tau = dz/u$

$$u \frac{dc_i}{dz} = \frac{dc_i}{d\tau} = \sum_j v_{ij} r_j = R_i . \tag{9.56}$$

Die aufgestellten Beziehungen für den idealen Rohrreaktor gleichen also denen für den idealen absatzweise betriebenen Rührkesselreaktor. Die Reaktionszeit t_R ist hier durch die hydrodynamische Verweilzeit τ ersetzt, d. h. der im Satzreaktor erreichte Umsatz ist identisch mit demjenigen im idealen Strömungsrohr, wenn Reaktionszeit t_R und mittlere Verweilzeit τ gleich sind. Dieser Vergleich des Satzreaktors mit dem Strömungsrohr ist jedoch nicht mehr möglich, wenn eine nicht volumenbeständige Reaktion abläuft, d. h. mit zunehmendem Umsatzgrad eine Volumenänderung auftritt und die lineare Geschwindigkeit eine Funktion des Ortes wird. In diesen Fällen ist selbstverständlich die hydrodynamische Verweilzeit (Raumzeit), nicht mehr gleich der wirklichen mittleren Verweilzeit. Für die Reaktorauslegung ist die Kenntnis der tatsächlichen Verweilzeit unnötig, wichtig ist die Bestimmung des notwendigen Reaktorvolumens bei bekanntem Eingangstrom, bzw. allgemein die Kenntnis der mittleren hydrodynamischen Verweilzeit τ zur Erreichung des gewünschten Umsatzgrades (Gl. (9.55)).

Die wirkliche Verweilzeit im Strömungsrohr kann wie folgt berechnet werden. Mit der in Abschn. 1.2 (s. S. 274) eingeführten Abhängigkeit des Volumens vom Umsatz und der physikalisch bedingten Volumenänderung gilt für die wirkliche Verweilzeit dt in einem differentiellen Volumenelement dV

$$dt = \frac{dV}{\dot{V}} = \frac{dV}{\beta \cdot \dot{V}_0 (1 + \alpha X)}. \tag{9.57}$$

Die tatsächliche Verweilzeit im idealen Strömungsrohr ergibt sich dann unter Berücksichtigung von Gl. (9.51) zu

$$t_v = c_{1,0} \int_{X_0}^{X_L} \frac{dX}{\beta (1 + \alpha X)(-R_1)}. \tag{9.58}$$

Die tatsächliche Verweilzeit ist, wie leicht einzusehen, kleiner als die hydrodynamische, wenn im Reaktor eine Zunahme des Reaktionsvolumens und damit eine Zunahme der linearen Geschwindigkeit erfolgt, sie ist größer, wenn eine Kontraktion eintritt.

Beispiel 9.13. Die nicht-katalytische Spaltung von Buten zu Butadien kann nach K. M. Watson[20] durch folgende Beziehungen beschrieben werden:

$C_4H_8 \longrightarrow C_4H_6 + H_2$
$-R_1 = k \cdot p_1$ (kmol $\cdot$ h^{-1} m^{-3})
$k = 1{,}75 \cdot 10^{15} \exp(-30200/T)$ kmol $\cdot$ m$^{-3} \cdot$ h$^{-1} \cdot 10^{-5}$ Pa^{-1}

Welche mittlere hydrodynamische Verweilzeit τ muß in einem isothermen idealen Rohrreaktor eingehalten werden, um 90% des Butens unter den folgenden Bedingungen umzusetzen?

$T = 923$ K $\quad\quad \dot{n}_{10} = 1$ kmol $\cdot$ h^{-1} Buten
$p = 10^5$ Pa $\quad\quad \dot{n}_I = 1$ kmol $\cdot$ h^{-1} Wasserdampf

Lösung: Es handelt sich um eine Reaktion mit Volumenänderung, da bei konstantem Druck gearbeitet wird. Das Reaktionsgemisch soll sich wie ein ideales Gas verhalten, so daß sich das Volumen mit zunehmendem Buten-Umsatz linear ändert. Für den Ausdehnungskoeffizienten erhält man, da ein Gemisch von Buten und inertem Wasserdampf eingesetzt wird

$$\alpha = \frac{V_{X=1} - V_{X=0}}{V_{X=0}} = \frac{3-2}{2} = 0{,}5.$$

Den Partialdruck des Butens erhält man dann zu

$$p_1 = \frac{\dot{n}_1 \cdot RT}{\dot{V}} = RT \frac{\dot{n}_{10}(1-X)}{\dot{V}_0(1+\alpha X)} = c_{10} \cdot RT \frac{1-X}{1+\alpha X}.$$

Einsetzen in die Geschwindigkeitsgleichung und die Stoffbilanz ergibt

$$\tau = c_{10} \int_0^{X_L} \frac{dX}{-R_1} = \frac{1}{k \cdot RT} \int_0^{X_L} \frac{(1+\alpha X)}{(1-X)} dX$$

$$\tau = \frac{1}{k \cdot RT}[-\alpha X - (1+\alpha)\ln(1-X)].$$

Nach Einsetzen der Zahlenwerte erhält man damit:

$$\tau = \frac{\text{m}^3 \text{h } 10^5 \text{ Pa kmol K}}{1{,}75 \cdot 10^{15} \exp(-30\,200/923) \text{ kmol } 8313 \text{ J } 923 \text{ K}} \cdot 3{,}00 = 3{,}62 \cdot 10^{-3} \text{ h} = 13 \text{ s}$$

1.4.2 Wärmebilanz

Die Wärmebilanz für ein Volumenelement im idealen Strömungsrohrreaktor kann wie folgt formuliert werden

$$-\dot{m}\bar{c}_p \frac{\partial T}{\partial V} + \sum_j r_j(-\Delta H_{R_j}) + \frac{d\dot{Q}}{dV} = \left(\frac{d\bar{C}_w}{dV} + \varrho\bar{c}_p\right)\frac{\partial T}{\partial t}. \qquad (9.59)$$

Entsprechend der eingangs getroffenen Voraussetzungen, ist die Temperatur über dem Querschnitt konstant und nur eine Funktion der axialen Richtung. Im Vergleich zu Gl. (9.4) enthält Gl. (9.59) für den Wärmeaustausch den Term $(d\dot{Q}/dV)$, der aus der Integration von $(\lambda^e \text{ grad } T)$ über den Querschnitt resultiert. Der Term $(d\dot{Q}/dV)$ gibt den pro Volumenelement von außen zu- oder abgeführten Wärmestrom an.

In Gl. (9.59) wurde weiterhin zur Vereinfachung angenommen, daß die spezifische Wärmekapazität des Reaktionsgemisches konstant ist und sich auch die Wärmekapazität des Reaktors in dem betrachteten Temperaturintervall nicht ändert. Die Wärmekapazität $\bar{C}_w$ umfaßt dabei den Reaktor einschließlich aller Einbauten und Füllkörper bzw. Katalysatoren. Vor allem bei Gasphasenreaktionen wird daher das Übergangsverhalten des Reaktors entscheidend durch dessen Wärmekapazität bestimmt. Erfolgt der Wärmeaustausch lediglich über die Außenwand eines Rohres und befindet sich der Reaktor in einem stationären Zustand, so folgt

$$\dot{m}\bar{c}_p \frac{dT}{dV} = \sum_j r_j(-\Delta H_{R_j}) + U(T_w - T)\frac{dA}{dV}. \qquad (9.60)$$

Im allgemeinen Fall wird die über die Rohrwandung ausgetauschte Wärmemenge von Null verschieden, jedoch ungleich derjenigen sein, die durch Reaktion an der gleichen Stelle erzeugt oder verbraucht wird. Ein Teil der Reaktionswärme wird von dem Reaktionsgemisch aufgenommen bzw. abgegeben und es bildet sich ein axiales Temperaturprofil im Strömungsrohrreaktor aus. Zur Beschreibung und Auslegung dieses polytropen Reaktors müssen die Stoff- und Wärmebilanzen simultan gelöst werden. Die Reaktorberechnung wird vereinfacht, wenn die ausgetauschte Wärmemenge an jeder Stelle der erzeugten bzw. verbrauchten im Innern des Reaktors entspricht. Die Temperatur ist dann konstant und zur Auslegung des isothermen Reaktors genügt die Lösung der Stoffbilanzen. Der adiabate Reaktor tauscht dagegen keine Wärme mit der Umgebung aus und es besteht ein funktionaler Zusammenhang zwischen Konzentrations- und Temperaturprofil im Reaktor, derart, daß jeder Konzentrationsänderung eine bestimmte Temperaturänderung proportional ist.

1. Ideale Reaktoren für homogene und quasi-homogene Reaktionssysteme

Adiabate Reaktionsführung. Wird keine Wärme über die Rohrwandung mit der Umgebung ausgetauscht, so vereinfacht sich die Wärmebilanz Gl. (9.60) zu

$$\dot{m}\bar{c}_p \frac{dT}{dV} = \sum_j r_j (-\Delta H_{R_j}).\tag{9.61}$$

Für eine einzige stöchiometrisch unabhängige Reaktion folgt dann aus der Stoffbilanz für die Schlüsselkomponente A_1 (Gl. (9.53)) mit $\nu_1 = -1$

$$\dot{m}\bar{c}_p dT = \dot{V}_0 c_{1,0} (-\Delta H_R) dX.\tag{9.62}$$

$$dT = \frac{c_{1,0}(-\Delta H_R)}{\varrho_0 \bar{c}_p} dX = \Delta T_{ad} dX$$

Strenggenommen ist ΔT_{ad} keine Konstante, bedingt durch die Temperaturabhängigkeit der Reaktionsenthalpie und durch die Änderung der spezifischen Wärme mit der Temperatur und der Zusammensetzung des Reaktionsgemisches. In praktischen Fällen wird man jedoch auf die Einführung einer Temperaturabhängigkeit von ΔT_{ad} verzichten können und mit einer linearen Beziehung zwischen Temperaturerhöhung und Umsatz rechnen.

$$T = T_0 - \Delta T_{ad} X\tag{9.63}$$

Je nach Reaktionsenthalpie ergibt sich danach eine Temperaturzu- oder -abnahme als Funktion des Umsatzgrades. Bei gegebener Reaktionsenthalpie wird die Steigung der Geraden wesentlich durch die Anwesenheit von Inertkomponenten bestimmt (s. Abb. 9.4, S. 279).

Die Temperatur ist an jeder Stelle des Reaktors durch den Umsatzgrad X und die Eingangstemperatur T_0 festgelegt, so daß auch die Reaktionsgeschwindigkeit lediglich eine Funktion dieser beiden Größen ist.

$$r_{ad} = f(X, T_0)\tag{9.64}$$

Daraus ergibt sich z.B. für exotherme Gleichgewichtsreaktionen die Frage, welche Eingangstemperatur gewählt werden muß, um einen geforderten Umsatz bei möglichst kurzer hydrodynamischer Verweilzeit, d.h. eine maximale mittlere Produktionsgeschwindigkeit, zu erreichen. Auf das angedeutete Problem wird noch in Kap. 10 (s. S. 394) eingegangen.

Beispiel 9.14. Adiabate Spaltung von Buten in einem Rohrreaktor. Die nicht-katalytische Spaltung von Buten zu Butadien soll adiabatisch in einem Steam-Cracker durchgeführt werden (s. Beispiel 9.13). Die Eingangsmolenströme betragen

$\dot{n}_{10} = 1\,\mathrm{kmol \cdot h^{-1}}$ Buten
$\dot{n}_I = 10\,\mathrm{kmol \cdot h^{-1}}$ Wasserdampf als Inertgas

Die Eingangstemperatur beträgt $T_0 = 923$ K und der Gesamtdruck kann einheitlich zu 10^5 Pa angenommen werden.
Die Reaktion ist endotherm: $\Delta H_R = 126\,\mathrm{kJ \cdot mol^{-1}}$.
Die spezifische Wärme beträgt im betrachteten Temperaturbereich $\bar{c}_p = 2{,}2\,\mathrm{kJ \cdot kg^{-1} K^{-1}}$.
Wie groß ist die hydrodynamische Verweilzeit, wenn ein Butenumsatz von 50% gefordert wird?
Lösung: Die hydrodynamische Verweilzeit ergibt sich nach Gl. (9.55) zu

$$\tau = c_{10} \cdot \int_0^{X_L} \frac{dX}{-R_1}$$

Mit den kinetischen Beziehungen aus Beispiel 9.13 (s. S. 299) ergibt sich der folgende Zusammenhang, wobei wegen des hohen Inertgasanteils eine Volumenänderung nicht berücksichtigt zu werden braucht.

$$\tau = \frac{1}{k_0 R T_0} \int_0^{0,2} \frac{dX}{[\exp(E_A/R(T_0 + T_{ad}X))](1-X)}$$

$$\Delta T_{ad} = \frac{\dot{n}_{1,0}(-\Delta H_R)}{\dot{m}\bar{c}_p} = \frac{1 \text{ kmol}(-126 \cdot 10^3 \text{ kJ}) \text{ h kg K}}{\text{h kmol} \cdot (56+180) \text{ kg} \cdot 2,2 \text{ kJ}} = -243 \text{ K}$$

Einsetzen der Zahlenwerte und numerische Integration nach Simpson[67] ergibt

$$\tau = 98 \text{ s}$$

Polytrope Reaktionsführung. Wird der Strömungsrohrreaktor weder isotherm noch adiabatisch betrieben, so müssen die Wärme- und Stoffbilanzen simultan gelöst werden, um die axialen Konzentrations- und Temperaturprofile im Rohrreaktor zu ermitteln. Für eine einzige stöchiometrisch unabhängige Reaktion und bei stationären Bedingungen ergibt sich wiederum für die Schlüsselkomponente A_1

$$\frac{dX}{dV} = \frac{-R_1}{\dot{V}_0 \cdot c_{1,0}} = \frac{r}{\dot{V}_0 \cdot c_{1,0}} \qquad (9.65a)$$

$$\frac{dX}{dZ} = \frac{-R_1 \cdot \tau}{c_{1,0}} \qquad (9.65b)$$

$$U\left(\frac{dA}{dV}\right)(T_w - T) + r(-\Delta H_R) - \dot{m}\bar{c}_p \frac{dT}{dV} = 0 \qquad (9.66)$$

$$\frac{U \cdot \tau}{\varrho_0 \cdot \bar{c}_p}\left(\frac{dA}{dV}\right)(T_w - T) + \Delta T_{ad}\frac{r \cdot \tau}{c_{1,0}} = \frac{dT}{dZ} \qquad (9.67)$$

$Z = z/L$ (normierte Längskoordinate)

$\tau = V/\dot{V}_0$ (hydrodynamische Verweilzeit).

Handelt es sich bei dem Reaktor um ein Rohr mit konstantem Durchmesser d_R, d.h. bleibt die Austauschfläche pro Volumeneinheit konstant, so erhält man aus 9.67

$$\underbrace{\frac{U \cdot \tau}{\varrho_0 \cdot \bar{c}_p} \cdot \frac{4}{d_R}(T_w - T)}_{(A)} + \underbrace{\Delta T_{ad}\frac{r \cdot \tau}{c_{1,0}}}_{(B)} = \frac{dT}{dZ} \qquad (9.68)$$

Das Verhalten des idealen Rohrreaktors wird einerseits bestimmt durch die Wärmeaustauschgeschwindigkeit und die Wärmekapazität des Gemisches (Term A) und anderseits durch die Wärmeerzeugungsgeschwindigkeit (Term B) und deren Abhängigkeit von der Temperatur. Wegen der mit der Temperatur exponentiell ansteigenden Reaktionsgeschwindigkeit und damit der Wärmeerzeugungsgeschwindigkeit, kommt es bei exothermen Reaktionen zu sehr hohen örtlichen Temperaturspitzen. In Beispiel 9.15 wird dies für die Substanzpolymerisation von Styrol diskutiert.

In bestimmten Parameterbereichen können zudem kleine Verschiebungen der Eingangsparameter wie Temperatur oder Konzentration zu außerordentlich starken Änderungen im Temperatur- und Konzentrationsverlauf führen. Dieses Verhalten wird als parametrische

Empfindlichkeit bezeichnet. Der Bereich, in dem die Gefahr besteht, daß der Reaktor durchgeht, kann mit Hilfe der bereits im Abschn. 1.1 vorgestellten Kriterien N/S' und S' anhand von Abb. 9.7 (S. 283) abgeschätzt werden[21]. Die Kriterien sind für den Rohrreaktor und eine Reaktion formal erster Ordnung wie folgt definiert.

$$N/S' = \frac{U \cdot 4}{\varrho \bar{c}_p \cdot d_R \cdot k_0 (\exp(-E/RT_w))} \tag{9.69}$$

$$S' = \frac{(-\Delta H_R) \cdot c_{1,0}}{\varrho \cdot \bar{c}_p} \frac{E}{RT_w^2} = \Delta T_{ad} \cdot \frac{E}{RT_w^2} \tag{9.70}$$

Im Gegensatz zum absatzweisen Betrieb, ist die Wärmekapazität des Reaktors ohne Einfluß auf die oben definierten Kennzahlen und damit auf das stationäre Reaktorverhalten. Wegen der geringen Wärmekapazität kommt es vor allem bei Gasphasenreaktionen zu großen adiabaten Temperaturerhöhungen und Werten des Parameters S'', was die Gefahr erhöhter parametrischer Empfindlichkeit zur Folge hat. Eine sichere Reaktionsführung kann nur dadurch gewährleistet werden, daß die Kennzahl N/S' ebenfalls erhöht wird, was im allgemeinen nur durch Erhöhen der spezifischen Wärmeaustauschfläche, d. h. Verkleinerung des Rohrdurchmessers möglich ist. Stark exotherme Gasreaktionen werden daher in Rohrbündelreaktoren durchgeführt, die häufig aus mehreren tausend parallelen Rohren bestehen.

Beispiel 9.15. *Polymerisation von Styrol in einem Rohrreaktor.* Bei der Substanzpolymerisation von Styrol in einem kontinuierlich betriebenen Rührkesselreaktor ist der erreichbare Umsatz durch die hohen Viskositäten des Reaktionsmediums eingeschränkt. Zur Auspolymerisation soll daher ein Strömungsrohrreaktor eingesetzt werden. Nach dem als Vorpolymerisator verwendeten kRK (Beispiel 9.11, s. S. 292) beträgt der Umsatz an Monomeren 40%. Er soll auf ca. 95% erhöht werden. Der Reaktor wird für eine Jahresproduktion von 20 000 t/a Polystyrol ausgelegt. Die Eingangsbedingungen für das Strömungsrohr sind identisch mit denen am Ausgang des in Beispiel 9.11 berechneten Rührkessels.

$$X_0 = 0{,}4, \; T_0 = 408\,\text{K}, \; \dot{m} = 2632\,\text{kg} \cdot \text{h}^{-1}$$

Wegen der hohen Viskositäten und der notwendigen langen Verweilzeiten arbeitet der Reaktor im laminaren Strömungsbereich. Ein Leerrohr mit sich ausbildendem laminaren Strömungsprofil ist wegen der ungleichmäßigen Verweilzeitverteilung und der Gefahr einer von der Wandung her beginnenden Zupolymerisation des Reaktors nicht einsetzbar. Es wird daher ein mit sogenannten statischen Mischern[22] gefülltes Rohr verwendet. Statische Mischer bewirken durch fortlaufendes Aufspalten und Umlagern des strömenden Reaktionsgemisches einen radialen Geschwindigkeits-, Konzentrations- und Temperaturausgleich, so daß die oben genannten Probleme weitgehend vermieden werden. Zur Reaktorauslegung müssen die Stoff- und Wärmebilanzen (Gl. (9.65), (9.67)) durch numerische Integration gelöst werden.

$$\frac{dX}{dZ} = \frac{R_p \cdot \tau}{c_0} \tag{I}$$

$$\frac{dT}{dZ} = \frac{4}{d_R} \cdot \frac{U \cdot \tau}{\varrho_0 \cdot c_p}(T_w - T) + \Delta T_{ad} \frac{dX}{dZ} \tag{II}$$

Die Kinetik der Polymerisation und die Abhängigkeit der Dichte des Reaktionsgemisches von Zusammensetzung und Temperatur ist aus Beispiel 9.11 (s. S. 292) bekannt. Die adiabate Temperaturerhöhung beträgt

$$\Delta T_{ad} = \frac{-\Delta H_R \cdot c_0}{\varrho_0 \cdot c_p} = 358\,\text{K},$$

Die spezifische Wärmekapazität wird zu

$$c_p = 1,88 \text{ kJ} \cdot \text{kg}^{-1} \cdot \text{K}^{-1}$$

angenommen.

Der Wärmedurchgangskoeffizient kann im wesentlichen dem Wärmeübergangskoeffizienten an der Rohrinnenwand gleichgesetzt werden ($U \approx h$). Er kann nach der folgenden vereinfachten Beziehung berechnet werden [22].

$$Nu = \frac{h \cdot d_R}{\lambda} = 2,6 \, (Re \, Pr)^{0,35} \qquad \text{(III)}$$

Der Wärmeleitfähigkeitskoeffizient λ ist abhängig vom Umsatzgrad und der Temperatur [22]. Unter den angegebenen Reaktionsbedingungen beträgt er $\lambda \approx 0,13 \pm 0,01 \text{ W} \cdot \text{m}^{-1} \cdot \text{K}^{-1}$.

Bei der Auslegung des Rohrreaktors ist darauf zu achten, daß keine zu großen Temperaturgradienten auftreten, da dies zu einer Verbreiterung der Molekülmassenverteilung des Endproduktes führt. Wegen der hohen adiabaten Temperaturerhöhung und des niedrigen Wärmeübergangskoeffizienten muß der Rohrdurchmesser klein gehalten werden. Im Beispiel soll er $d_R = 80$ mm betragen. Zusätzlich wird der Reaktor in drei Abschnitte von je 5 m Länge unterteilt, die bei unterschiedlicher Temperatur betrieben werden. Schematisch ergibt sich das in Abb. 9.18 gezeigte Bild.

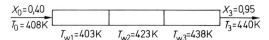

Abb. 9.18 Rohrreaktor zur kontinuierlichen Polymerisation von Styrol

Die Gesamtverweilzeit beträgt nahezu 3 h ($\tau = 10\,350$ s), um den geforderten Umsatz zu erhalten. Der Reaktandenstrom muß auf insgesamt 112 Einzelrohre aufgeteilt werden. Der Reaktor entspricht somit einem Rohrbündelwärmeaustauscher.

Der Umsatz und Temperaturverlauf im Reaktor ist Abb. 9.19 zu entnehmen. Trotz der relativ großen spezifischen Wärmetauscherfläche kommt es in jedem der Reaktorabschnitte zu Temperaturspitzen, die jedoch unter 10 K bezogen auf die jeweilige Abschnittsaustrittstemperatur liegen.

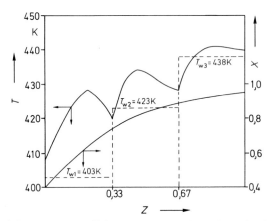

Abb. 9.19 Umsatz und Temperaturprofil im Strömungsrohr-Polymerisations-Reaktor ($X_0 = 0,4$, $T_0 = 408$ K, Daten aus Beispiel 9.11)

Beispiel 9.16. *Katalytische Oxidation von o-Xylol in einem katalytischen Festbettreaktor.* Wird eine exotherme Reaktion in einem Rohrreaktor bei konstanter Wandtemperatur durchgeführt, so ist die Ausbildung von Temperaturspitzen praktisch unvermeidlich. In bestimmten Bereichen reagiert der Reaktor zudem außerordentlich empfindlich auf kleine Parameterverschiebungen. Dieses Verhalten

1. Ideale Reaktoren für homogene und quasi-homogene Reaktionssysteme

soll am Beispiel der o-Xylol-Oxidation zu Phthalsäureanhydrid [23] näher diskutiert werden. Wegen der hohen Reaktionsenthalpie werden Rohrbündelreaktoren mit mehreren tausend Einzelrohren eingesetzt, wobei der Rohrdurchmesser auf etwa 25 bis 50 mm beschränkt ist. Die Reaktorlänge liegt bei 3 m.

Zur Berechnung des Reaktorverhaltens müssen die Stoff- und Energiebilanzen gelöst werden, für die sich unter Verwendung der Partialdrücke die folgenden Beziehungen ergeben

$$\frac{dp_x}{dz} = + \frac{M \cdot p \cdot \varrho_{Kat}}{u \cdot \varrho_g} \cdot R_x \tag{I}$$

$$\frac{dT}{dz} = \frac{(-\Delta H_R) \cdot \varrho_{Kat}}{u \cdot \varrho_g \bar{c}_p} (-R_x) - \frac{4 \cdot U}{d_R \cdot u \cdot \varrho_g \bar{c}_p} (T - T_w). \tag{II}$$

Die Parameterwerte werden wie folgt angegeben [23].

Gesamtdruck	p	$= 1{,}013 \cdot 10^5$ Pa
Sauerstoffpartialdruck	p_s	$= 0{,}211 \cdot 10^5$ Pa
mittlere Molekülmasse	M	$= 29{,}48$ kg kmol^{-1}
scheinbare Katalysatordichte	ϱ_{Kat}	$= 1300$ kg $\cdot$ m^{-3}
Gasdichte	ϱ_g	$= 1{,}293$ kg $\cdot$ m^{-3}
Reaktionsenthalpie	$-\Delta H_R$	$= 1{,}285 \cdot 10^6$ kJ $\cdot$ kmol^{-1}
spezifische Wärmekapazität	$\bar{c}_p$	$= 1{,}046$ kJ $\cdot$ kg^{-1} $\cdot$ K^{-1}
Wärmedurchgangskoeffizient	U	$= 96{,}2$ W $\cdot$ m^{-2} $\cdot$ K^{-1}
Rohrdurchmesser	d_R	$= 25$ mm
Leerrohrgeschwindigkeit	u	$= 1$ m $\cdot$ s^{-1}

Die Reaktionsgeschwindigkeit kann nach folgender Beziehung beschrieben werden

$$-R_x = k \cdot p_s \cdot p_x. \tag{III}$$

Wegen des relativ hohen Sauerstoffpartialdruckes p_s wird dieser über der gesamten Reaktorlänge als konstant angenommen, so daß eine Reaktion pseudo erster Ordnung resultiert. Für die Temperaturabhängigkeit der Geschwindigkeitskonstanten wird die Arrhenius-Beziehung benutzt:

$$k = 4{,}12 \cdot 10^8 \exp(-13636/T) \; [\text{kmol} \cdot \text{kg}_{Kat}^{-1} \cdot \text{h}^{-1} \cdot 10^{-10} \text{ Pa}^{-2}]$$

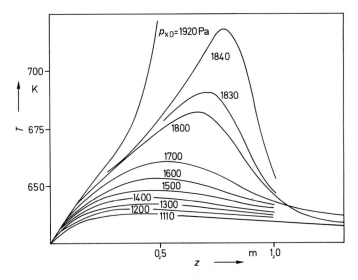

Abb. 9.20 Temperaturverlauf im Festbettreaktor (Parameter: Eingangskonzentration des o-Xylols)

Durch numerische Integration der Gl. (I) und (II) kann das Umsatz- und Temperaturprofil im Festbettreaktor berechnet werden (s. Abb. 9.20 und 9.21). Die Kurvenverläufe ergeben sich für Eingangstemperaturen von $T_0 = T_w = 625$ K und unterschiedlichen Eingangspartialdrücken von o-Xylol (p_{x0}). Bei Partialdrücken über 1,6 kPa kommt der Reaktor in das Gebiet hoher parametrischer Empfindlichkeit. Kleine Schwankungen der Eingangspartialdrücke der o-Xylol führen zu extremen Änderungen des Temperaturverlaufs. Unter solchen Bedingungen ist der Reaktor nicht mehr sicher zu betreiben.

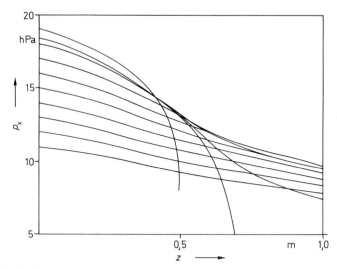

Abb. 9.21 Partialdruckverlauf im Festbettreaktor für unterschiedliche Eingangswerte (Parameter: Eingangspartialdruck von o-Xylol p_{x0})

Autotherme Reaktionsführung. Im Vergleich zu polytropen Rohrreaktoren sind adiabat betriebene konstruktiv sehr viel einfacher. Der adiabatischen Reaktionsführung wird daher wenn immer möglich der Vorzug gegeben. Reicht die Temperatur des eingesetzten Reaktionsgemisches nicht aus, um die Reaktion am Reaktoranfang zu starten, so muß ein Wärmetauscher vorgeschaltet werden. Aus Gründen der besseren Energieausnutzung wird dazu der heiße, den Reaktor verlassende Produktstrom genutzt, so daß sich schematisch die in Abb. 9.22 gezeigte Schaltung von Wärmetauscher und Rohrreaktor ergibt. Ist keine weitere äußere Energiequelle zum Aufheizen notwendig, so wird von einer autothermen Reaktionsführung gesprochen.

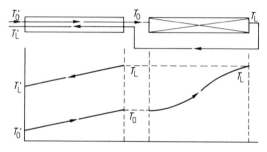

Abb. 9.22 Autotherme Reaktionsführung durch Kombination von adiabatem Strömungsrohrreaktor und Wärmetauscher

1. Ideale Reaktoren für homogene und quasi-homogene Reaktionssysteme

Unter stationären Verhältnissen ergibt sich für die Temperatur am Reaktorausgang

$$T_\mathrm{L} = T_0 + \Delta T_\mathrm{ad} X. \tag{9.71}$$

Zur Vereinfachung der Diskussion soll angenommen werden, daß die Wärmekapazität von Umsatzgrad und Temperatur unabhängig ist. Damit ist die Wärmekapazität des eintretenden und austretenden Reaktionsgemisches gleich und die Temperaturdifferenz zwischen den Fluiden konstant. Die Bilanz für den Wärmetauscher vereinfacht sich zu

$$\dot{m}\bar{c}_\mathrm{p}(T_0 - T'_0) = U \cdot A (T_\mathrm{L} - T_0). \tag{9.72}$$

und mit Gl. (9.71)

$$T_0 - T'_0 = X\Delta T_\mathrm{ad} \frac{UA}{\dot{m}\bar{c}_\mathrm{p}} = X\Delta T_\mathrm{ad} \cdot NTU \tag{9.73}$$

Die Temperaturerhöhung im Wärmetauscher ist gleich der mit der Anzahl der sog. Übertragungseinheiten des Wärmetauschers (NTU) multiplizierten Temperaturerhöhung im adiabaten Reaktor.

Die Arbeitspunkte des Reaktors können leicht durch eine graphische Methode ermittelt werden, indem die lineare Temperaturzunahme im Wärmetauscher (linke Seite von Gl. (9.73)) und die mit der Zahl der Übertragungseinheiten multiplizierte Differenz zwischen Ein- und Ausgangstemperatur des Reaktors (rechte Seite von Gl. (9.73)) in Abhängigkeit von der Reaktoreingangstemperatur T_0 aufgetragen werden. Bedingt durch die exponentielle Temperaturabhängigkeit der Reaktionsgeschwindigkeit ergibt sich ein S-förmiger Verlauf für die Temperaturerhöhung im Reaktor als Funktion von T_0. In bestimmten Bereichen werden daher mehrere Lösungen der Gl. (9.73) gefunden, was mehreren möglichen Arbeitspunkten der autothermen Reaktorkombination entspricht. Dies ist in Abb. 9.23 gezeigt.

Für das in Abb. 9.23 wiedergegebene Beispiel wurde eine irreversible Reaktion erster Ordnung mit folgenden kinetischen Parametern zugrundegelegt[24].

$k = 1{,}92 \cdot 10^9 \exp(-13\,500/T)\ (\mathrm{s}^{-1})$, (T in K)

$\Delta T_\mathrm{ad} = 50\ \mathrm{K}$

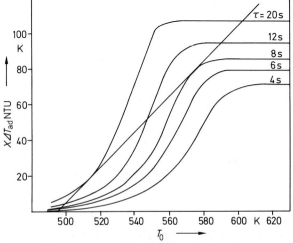

Abb. 9.23 Arbeitspunkte des autothermen Reaktors

Der Wärmedurchgangskoeffizient U, und damit die Zahl der Wärmeübertragungseinheiten, ändert sich mit der Durchsatzgeschwindigkeit bzw. mit der Verweilzeit τ des Reaktionsmediums. Für das betrachtete Beispiel werden die folgenden Zusammenhänge angenommen: $U \sim \dot{m}^{0,75}$, bzw. $NTU \sim \tau^{-0,75}$. Bei einer mittleren Verweilzeit von $\tau = 15$ s sei $NTU = 2$.

Geht man von niedrigen Reaktoreingangstemperaturen T_0 aus, so wird bei kurzen Verweilzeiten die Reaktionsgeschwindigkeit im gesamten Reaktor klein sein und die Temperatur am Reaktorausgang T_L ist nicht sehr verschieden von der Eingangstemperatur. Zunehmende Verweilzeiten führen jedoch zur Ausbildung steiler Temperaturprofile. Die Temperaturzunahme wird dann, durch die Rückkopplung zwischen Eingangs- und Ausgangstemperatur verstärkt, so daß der Reaktor von einem bestimmten Punkt an in den oberen stationären Arbeitspunkt springt. Eingangs- und Ausgangstemperatur und der erreichbare Umsatz für eine irreversible Reaktion erster Ordnung als Funktion der mittleren Verweilzeit sind in Abb. 9.24 wiedergegeben. Neben der Möglichkeit den Reaktor durch Herabsetzen des Durchsatzes zu starten, kann der obere stabile Arbeitspunkt durch zeitweises Vorheizen des Reaktionsgemisches mit einer zusätzlichen Wärmequelle angefahren werden.

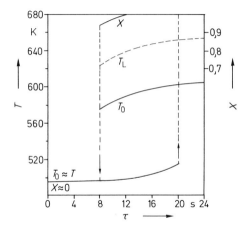

Abb. 9.24 Sprunghafte thermische Instabilität des autothermen Reaktors

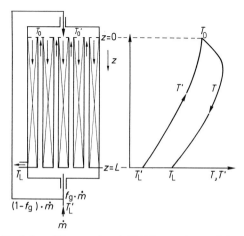

Abb. 9.25 Autotherme Reaktionsführung durch Kühlung mit Reaktionsgas in einem Rohrbündel

Eine weitere technisch realisierte Art der autothermen Reaktionsführung besteht in der direkten Kühlung des Reaktors mit dem frisch eintretenden Reaktionsgemisch im Gegenstrom. Schematisch ergeben sich dann die in Abb. 9.25 gezeigten axialen Temperaturverläufe[17]. Am Reaktoreingang ($z = 0$) ist durch Vorheizung die Temperatur genügend hoch, um die Reaktion zu starten. Wegen der im Anfangsbereich des Reaktors bereits hohen Temperatur des im Gegenstrom geführten Kühlmediums außerhalb der Reaktionsrohre und der hohen Reaktandenkonzentration im Reaktor, kommt es zunächst zur Ausbildung einer Temperaturspitze. Durch abnehmende Konzentration und zunehmenden Wärmeaustausch sinkt die Temperatur zum Reaktorausgang hin stark ab. Das sich einstellende Temperaturprofil ist besonders vorteilhaft bei exothermen Gleichgewichtsreaktionen, für die nach hoher Anfangstemperatur zur Erhöhung des Gleichgewichtsumsatzes eine fallende Temperatur notwendig ist (s. Kap. 10, S. 390). Die beschriebene Art der Reaktionsführung wurde großtechnisch bei der Ammoniak-Synthese eingesetzt. Geregelt wird die Eingangstemperatur des Reaktors, indem ein Teil des frischen Reaktionsgemisches im By-pass geführt und am Reaktorkopf mit dem aufgeheizten Reaktandenstrom vermischt wird.

Die Temperaturprofile im Reaktor und im Wärmetauscher lassen sich durch Lösen der folgenden Stoff- und Energiebilanzen für den stationären Zustand berechnen.

Wärmetauscher:

$$\frac{dT'}{dZ} = \frac{UA}{f_g \dot{m} \bar{c}_p}(T' - T) \qquad (9.74)$$

Reaktor:

$$\frac{dT}{dZ} = \frac{U\tau}{\varrho_0 \bar{c}_p} \frac{A}{V}(T' - T) + \Delta T_{ad} \frac{r\tau}{c_{1,0}} \qquad (9.75)$$

f_g ist der Anteil des Durchsatzes, der den Wärmetauscher durchströmt. Für die Randbedingungen gilt

$$Z = 0, \quad X = 0$$
$$T = T_0 = (1 - f_g) T'_L + f_g T'_0 \text{ bzw. } T_0 = T'_0 \text{ (für } f_g = 1\text{)}$$
$$Z = 1 \quad T' = T'_L$$

T'_L ist die Temperatur des in das System eintretenden Frischgases.

Zur Berechnung des Temperaturprofiles im Wärmetauscher und der Umsatz- und Temperaturprofile im Reaktor muß neben den Wärmebilanzen Gln. (9.74) und (9.75) die Stoffbilanz

$$\frac{dX}{dZ} = \frac{-R_1}{c_{1,0}} \cdot \tau \qquad (9.76)$$

gelöst werden.

1.5 Kombination idealer Reaktoren

Der kontinuierlich betriebene Rührkesselreaktor und der ideale Strömungsrohrreaktor stellen in ihrem reaktionstechnischen Verhalten Grenzfälle dar. Im kRK wird die Reaktionsmasse vollständig durchmischt, die Reaktionen laufen unter Bedingungen ab, die denen am Reaktorausgang entsprechen. Das bedeutet einheitliche Temperatur und einheitliche niedrige Konzentrationen der Edukte, sowie hohe Produktkonzentrationen. Im Strömungsrohr sinkt die Eduktkonzentration von hohen Werten am Eingang zu niedrigen am Ausgang entsprechend der ablaufenden Reaktionen. Es bilden sich im allgemeinen axiale Temperaturprofile aus.

Im vorliegenden Abschnitt werden Reaktorkombinationen vorgestellt, die ein zwischen den genannten Grenzfällen liegendes reaktionstechnisches Verhalten zeigen. Ein solches Verhalten wird häufig zur Optimierung komplexer Reaktionen erforderlich.

Die einfachen Reaktorkombinationen, die Rührkesselkaskade und das Strömungsrohr mit Rückführung können sich in ihrem Verhalten sowohl dem idealen kRK als auch dem idealen SR annähern. So kann das Verhalten des SR durch eine Hintereinanderschaltung von mehreren kRK angenähert werden, was für langsame Reaktionen, für die ein Rohrreaktor technisch nicht in Frage kommt, von Interesse ist. Bei Reaktionen in Mehrphasensystemen kann dagegen häufig eine ideale Vermischung der Reaktionsmasse technisch leichter in einem Kreislaufreaktor als in einem konventionellen Rührkessel erreicht werden.

1.5.1 Kaskade kontinuierlich betriebener Rührkesselreaktoren

Werden mehrere ideale kRK hintereinandergeschaltet, so gelten für jeden Einzelkessel die in Abschn. 1.3 (s. S. 288) vorgestellten Bilanzgleichungen (s. Abb. 9.26). Da innerhalb der Kaskade keine Reaktanden zugeführt bzw. Produkte abgeführt werden, entsprechen die Eingangskonzentrationen eines Kessels den Ausgangskonzentrationen seines Vorgängers. Für das m-te Element der Kaskade gilt demnach im stationären Zustand

$$\dot{V}_{m-1} c_{i,m-1} - \dot{V}_m c_{i,m} + V_m (\sum_j v_{ij} r_j)_m = 0 . \tag{9.77}$$

Handelt es sich um nur eine einzige stöchiometrisch unabhängige volumenbeständige Reaktion, so folgt für die Schlüsselkomponente A_1

$$\frac{1}{\tau_m} (c_{1,m-1} - c_{1,m}) = -v_1 r_m = -R_{1,m} \tag{9.78}$$

bzw. nach Einführung des Umsatzes

$$\frac{1}{\tau_m} (X_m - X_{m-1}) = -\frac{R_{1,m}}{c_{1,0}} . \tag{9.79}$$

Bei bekannter Kinetik der Reaktion läßt sich daraus schrittweise die Konzentration bzw. der Umsatzgrad in jedem Kessel der Kaskade ermitteln. Dies ist z. B. nach der in Abb. 9.27 gezeigten graphischen Methode möglich, bei der der Reaktionsterm (rechte Seite von Gl. (9.78)) in Abhängigkeit von der Konzentration aufgetragen wird. Aus dem Schnitt-

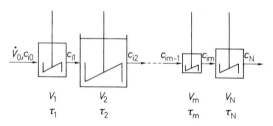

Abb. 9.26 Schematische Darstellung einer Rührkesselreaktorkaskade

1. Ideale Reaktoren für homogene und quasi-homogene Reaktionssysteme

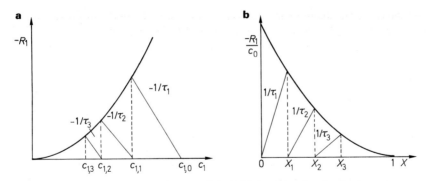

Abb. 9.27 Zur Auslegung einer Rührkesselreaktorkaskade

punkt der Kurve mit dem Konvektionsterm (linke Seite der Gl. (9.78)) ergibt sich der Arbeitspunkt des m-ten Kessels. Die Steigung der Geraden ist durch die mittlere hydrodynamische Verweilzeit gegeben. Entsprechende Überlegungen gelten für die Auftragung des Reaktionsterms gegen den Umsatz Abb. 9.27b.

Läßt sich die Kinetik der Reaktion mit Hilfe einer mathematischen Beziehung beschreiben, so kann der Reaktionsfortschritt natürlich ebenfalls schrittweise durch Lösen der Bilanzgleichungen errechnet werden.

Beispiel 9.17. *Einfache irreversible Reaktionen.* Für eine volumenbeständige irreversible Reaktion erster Ordnung erhält man mit

$$A_1 \rightarrow A_2 ; r = kc_1$$

$$c_{1,m-1} - c_{1,m} = \tau_m k c_{1,m} \tag{9.80}$$

$$\frac{c_{1,m}}{c_{1,m-1}} = \frac{1}{1 + k \cdot \tau_m}. \tag{9.81}$$

Besteht die Kaskade aus N gleich großen Kesseln ($V_m = $ const, $\tau_m = \tau/N$) so ergibt sich für den auf die Eingangskonzentration bezogenen Restanteil nach dem N-ten Kessel

$$\frac{c_{1,N}}{c_{1,0}} = \frac{c_{1,1}}{c_{1,0}} \frac{c_{1,2}}{c_{1,1}} \cdots \frac{c_{1,N}}{c_{1,N-1}} = \frac{1}{(1 + k\tau/N)^N} = \frac{1}{(1 + DaI/N)^N}. \tag{9.82}$$

Entsprechend gilt für eine irreversible Reaktion zweiter Ordnung

$$\frac{c_{1,m}}{c_{1,m-1}} = \frac{\sqrt{1 + 4kc_{1,m-1} \cdot \tau/N} - 1}{2 \cdot kc_{1,m-1} \cdot \tau/N}. \tag{9.83}$$

Den nach dem N-ten Kessel noch vorhandenen Restanteil bestimmt man dann wiederum durch Multiplikation der schrittweise bestimmten Einzelwerte.

In Abb. 9.28 ist der erreichbare Umsatz in Abhängigkeit von der Damköhler-Zahl DaI für Kaskaden unterschiedlicher Kesselzahl und für Reaktionen erster und zweiter Ordnung wiedergegeben. Man erkennt, daß die Umsätze in der Kaskade zwischen den Werten eines einzelnen Rührkessels ($N = 1$) und dem eines idealen kontinuierlichen Strömungsrohres ($N = \infty$) liegen.

Die Umsatzsteigerungen sind besonders ausgeprägt bei dem Übergang vom Einzelkessel zu

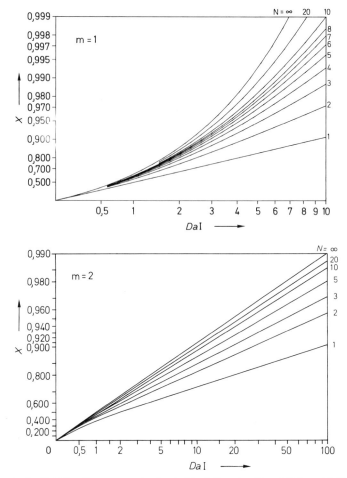

Abb. 9.28 Umsatz der Schlüsselkomponente A_1 als Funktion der Damköhlerzahl für unterschiedliche Kesselzahlen einer Kaskade

einer 2- bis 5-stufigen Kaskade. Bei einer höheren Kesselzahl werden die Vorteile der Leistungssteigerung meist durch die Nachteile erhöhter Investitionskosten für die Unterteilung aufgezehrt. Mit zunehmender Aufteilung in Einzelelemente nähert sich die Leistung dann asymptotisch derjenigen des idealen Strömungsrohres. Die Leitungszunahme steigt zudem mit zunehmenden Werten von $Da\mathrm{I}$.

1.5.2 Strömungsrohrreaktor mit Rückführung

Ausgehend vom ideal durchmischten Rührkessel als Einzelelement, läßt sich durch Serienschaltung das Verhalten eines Strömungsrohres in einer Kaskade annähern. Dieses Verhalten wird durch Aufteilen des Gesamtvolumens in immer kleinere Volumina erreicht, zwischen denen keine Rückvermischung erfolgt, bis schließlich bei Aufteilung in unendlich viele Einzelelemente der ideale Strömungsrohrreaktor erhalten wird. Umgekehrt kann vom Strömungsrohrreaktor als Basiselement ausgehend, das Verhalten eines Rührkessels dadurch angenähert werden, daß ein Teil des austretenden Reaktionsgemisches an den Ein-

1. Ideale Reaktoren für homogene und quasi-homogene Reaktionssysteme

gang zurückgeführt und mit dem Zustrom vermischt wird. Mit zunehmendem Rückführverhältnis und damit abnehmendem axialen Konzentrationsgradienten im Strömungsrohr wird die Leistung des Schlaufen- oder Kreislaufreaktors dem eines ideal durchmischten kontinuierlich betriebenen Rührkessels angenähert. Während die Verweilzeit des Reaktionsgemisches im Strömungsrohr pro Durchgang immer kleiner wird, bleibt die hydrodynamische Verweilzeit $\tau = V/\dot{V}_0$ von dem zurückgeführten Mengenstrom unbeeinflußt.

Zur Berechnung des Kreislaufreaktors werden mit Vorteil die Massenströme an den verschiedenen Positionen betrachtet, da diese durch etwaige Änderungen der Molzahl oder der Dichte nicht beeinflußt werden. Das Rückführverhältnis wird dann als das Verhältnis von zurückgeführtem zu eintretendem Massenstrom bezeichnet. Bei Verwendung von Molen- oder Volumenströmen muß auf die austretenden Ströme bezogen werden.

$$\varphi = \frac{\dot{m}_r}{\dot{m}_0} = \frac{\dot{n}_{i,r}}{\dot{n}_{i,a}} = \frac{\dot{V}_r}{\dot{V}_a} \tag{9.84}$$

Für die Massenströme $\dot{m}$ ergeben sich die folgenden Zusammenhänge:

$$\dot{m}_1 = \dot{m}_2 = \dot{m}_0 + \dot{m}_r = \dot{m}_0 \cdot (1 + \varphi). \tag{9.85}$$

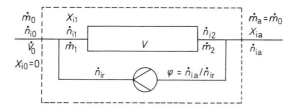

Abb. 9.29 Zur Stoffbilanz in einem Schlaufenreaktor

Durch die Rückführung erfolgt vor dem Rohrreaktor eine Verdünnung der zugeführten Reaktanden. Beträgt der Massenbruch der Komponente A_i am Eingang des Strömungsrohres $w_{i,0}$, so kann $w_{i,1}$ wie folgt berechnet werden

$$w_{i,1} = \frac{\dot{m}_0 \cdot w_{i,0} + \dot{m}_r \cdot \dot{w}_{i,a}}{\dot{m}_1} = \frac{w_{i,0} + \varphi \cdot w_{i,a}}{(1+\varphi)}. \tag{9.85}$$

Der Umsatz eines Reaktanden kann sowohl über die Molenströme als auch die Massenströme einer Komponente definiert werden. Für den Umsatz am Reaktorausgang erhält man dementsprechend:

$$X_{i,a} = \frac{\dot{n}_{i,0} - \dot{n}_{i,a}}{\dot{n}_{i,0}} = \frac{\dot{m}_{i,0} - \dot{m}_{i,a}}{\dot{m}_{i,0}} = \frac{w_{i,0} - w_{i,a}}{w_{i,0}} \tag{9.86}$$

Daraus ergibt sich für den Umsatz am Reaktoreingang

$$X_{i,1} = \frac{w_{i,0} - w_{i,1}}{w_{i,0}} = \frac{\varphi}{1+\varphi} \cdot X_{i,a} \tag{9.87}$$

Das Volumen der Rückführung wird vereinfachend als zu vernachlässigen angenommen, so daß das Reaktorvolumen dem des Rohrreaktors V entspricht. Das zum Erreichen eines bestimmten Umsatzes $X_{1,a}$ notwendige Volumen wird aus der Massenbilanz für die Schlüsselkomponente A_1 nach den Beziehungen (9.88) und (9.89) ermittelt.

$$V = \frac{\dot{m}_1 \cdot w_{1,0}}{M_1} \int_{X_{1,1}}^{X_{1,a}} \frac{dX}{-R_1} = \frac{\dot{m}_0 \cdot w_{1,0}}{M_1}(1+\varphi) \int_{X_{1,1}}^{X_{1,a}} \frac{dX}{-R_1} \tag{9.88}$$

bzw.
$$V = \dot{n}_{1,0}(1 + \varphi) \int_{X_{1,1}}^{X_{1,a}} \frac{dX}{-R_1} \quad (9.89)$$

Für die hydrodynamische Verweilzeit ergibt sich daraus:

$$\tau = \frac{V}{\dot{V}_0} = c_{1,0} \cdot (1 + \varphi) \int_{X_{1,1}}^{X_{1,a}} \frac{dX}{-R_1} = c_{1,0} \cdot (1 + \varphi) \int_{\frac{\varphi}{1+\varphi}X_{1,a}}^{X_{1,a}} \frac{dX}{-R_1} \quad (9.90)$$

Bei der Berechnung der Konzentration am Eingang des Rohrreaktors muß eine evtl. Volumenzunahme durch die Reaktion berücksichtigt werden.

$$c_{1,1} = \frac{\dot{n}_{1,0} + \dot{n}_{1r}}{\dot{V}_0 + \dot{V}_r} = \frac{\dot{n}_{1,0} + \dot{n}_{1,0}\varphi(1 - X_a)}{\dot{V}_0 + \varphi \dot{V}_0(1 + \alpha X_a)} = \frac{1 + \varphi(1 - X_a)}{1 + \varphi(1 - \alpha X_a)} = c_{1,0}. \quad (9.91)$$

Obwohl bei hohen Rückführverhältnissen die Umsätze pro Durchgang im Strömungsrohrreaktor differentiell klein sind, wird durch die Rückführung eine große Konzentrationsdifferenz zwischen Ein- und Ausgang erreicht. Diese Verstärkung des Umsatzgrades macht man sich häufig bei reaktionskinetischen Untersuchungen zunutze, bei denen aus thermischen oder kinetischen Gründen differentielle Umsetzungen notwendig sind (s. Kap. 7, S.168).

Das Verhalten des Kreislaufreaktors zeigt anschaulich Abb. 9.30. Dabei ist $c_{1,0}/-R_1$ als Funktion des Umsatzes aufgetragen. Die Umsätze $X_1 = (\varphi/\varphi + 1) X_a$ und X_a sind durch die Punkte A und B gekennzeichnet. Die Fläche unter der Kurve ($ABDF$) entspricht der hydrodynamischen Verweilzeit im Rohrreaktor und beträgt $\tau_1 = \tau/(1 + \varphi)$. Die mittlere Reaktionsgeschwindigkeit im Kreislaufreaktor ergibt sich durch die Verbindung $C-G$, wobei die Fläche $ABDF$ identisch mit der Rechteckfläche $ABCE$ ist. Die gesamte hydrodynamische Verweilzeit τ erhält man daher aus der Fläche des Rechtecks $OBCG$. Eine Erhöhung des Rückführverhältnisses erniedrigt die mittlere Reaktionsgeschwindigkeit und erhöht den Wert für $c_{1,0}/-R_1$. Die mittlere reziproke Reaktionsgeschwindigkeit im Reaktor nähert sich schließlich für $\varphi \to \infty$ dem Punkt D, so daß τ durch die Fläche $OBDG'$ gegeben ist und somit derjenigen des idealen kontinuierlich betriebenen Rührkesselreaktors entspricht. Mit abnehmendem Rückführungsverhältnis wird dagegen die mittlere Reaktionsgeschwindigkeit zunehmen, so daß sich der Reaktor in seinem Verhalten dem idealen Strömungsrohrreaktor für $\varphi \to 0$ nähert.

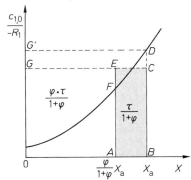

Abb. 9.30 Zur Berechnung der mittleren Verweilzeit τ in einem Schlaufenreaktor

Beispiel 9.18. *Einfache irreversible Reaktion 1. Ordnung.* Für eine irreversible volumenbeständige Reaktion erster Ordnung ergibt sich z. B. folgender Zusammenhang

$$r = kc_1$$

$$\tau = c_{1,0}(\varphi+1) \int_{\frac{\varphi}{\varphi+1}X_a}^{X_a} \frac{dX}{kc_{1,0}(1-X)} = \frac{1}{k}(\varphi+1) \int_{\frac{\varphi}{\varphi+1}X_a}^{X_a} \frac{dX}{(1-X)} \qquad (9.92)$$

$$Da\mathrm{I} = k\tau = (\varphi+1)\ln\frac{1-\frac{\varphi}{\varphi+1}X_a}{1-X_a}. \qquad (9.93)$$

Für eine vorgegebene hydrodynamische Verweilzeit folgt daraus der Umsatz am Ausgang zu

$$X_a = \frac{1-\exp\left(\frac{Da\mathrm{I}}{\varphi+1}\right)}{\frac{\varphi}{\varphi+1}-\exp\left(\frac{Da\mathrm{I}}{\varphi+1}\right)}. \qquad (9.94)$$

In Abb. 9.31 ist das Verhalten des Kreislaufreaktors mit dem einer Rührkesselreaktorkaskade für zwei unterschiedliche Damköhlerzahlen verglichen. Eingezeichnet ist das Rückführungsverhältnis φ bei dem sich im Kreislaufreaktor derselbe Umsatz wie in einer Kaskade mit N kRK ergeben würde.

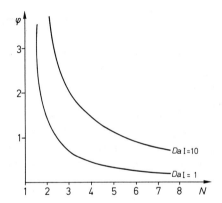

Abb. 9.31 Vergleich zwischen Schlaufenreaktor und Rührkesselkaskade

Bei Reaktionen mit formal positiver Reaktionsordnung bezüglich eines Reaktanden, nimmt die Reaktionsgeschwindigkeit mit sinkender Konzentration, d. h. mit zunehmendem Umsatz ab. Die Konsequenz ist eine Erniedrigung der Reaktorleistung bei zunehmender Rückvermischung. Bei dem hier besprochenen Kreislaufreaktor ergibt sich daher die maximale Leistung, d. h. die kleinste mittlere Verweilzeit bei vorgegebenem Umsatz, wenn die Rückführung gegen null geht. Es gibt jedoch eine Reihe von Reaktionen, bei denen die Reaktionsgeschwindigkeiten zunächst mit abnehmender Konzentration des Reaktanden bzw. mit zunehmender Konzentration des Produktes zunehmen, ein Maximum durchlaufen und schließlich wieder bei hohen Umsätzen abnehmen. Beispiele für ein solches Verhalten sind Reaktionen mit Eduktinhibierung, wie sie bei der heterogenen und enzymatischen Katalyse vorkommen, und autokatalytische Reaktionen, bei denen das Produkt die Reaktionsgeschwindigkeit beschleunigt, was z. B. bei manchen biologischen Reaktionen beobachtet werden kann (s. Kap. 10, S. 378). Der Strömungsrohrreaktor ist bei solchen Reaktionen nicht in allen Fällen der leistungsfähigste Reaktor. Vielmehr sind Reaktorkombinationen oder Rohrreaktoren mit Rückführung dann häufig vorteilhafter.

2. Reale Reaktoren für homogene und quasi-homogene Systeme

Bei den in Abschn. 1 besprochenen idealen Reaktoren wird ein definiertes hydrodynamisches Verhalten vorausgesetzt: Im idealen Strömungsrohr soll Kolbenströmung herrschen und eine axiale Vermischung und Dispersion ausgeschlossen sein, dagegen wird eine vollständige Vermischung über dem Querschnitt angenommen.

Im idealen kontinuierlich betriebenen Rührkesselreaktor wird dagegen von einer vollständigen und augenblicklichen Vermischung des zugeführten Reaktandenstromes mit dem gesamten Reaktorinhalt ausgegangen, so daß an keiner Stelle eine Konzentrations- oder Temperaturdifferenz auftritt.

Obwohl in realen Systemen diese idealen Verhältnisse niemals vollständig eingehalten werden können, ergeben sich in der Praxis häufig Fälle, in denen das Verhalten des realen Reaktors von dem eines idealen nur wenig abweicht, so daß die in Abschn. 1 vorgestellten Beziehungen zur Abschätzung der Auslegungsparameter oder sogar zu einer befriedigend genauen Reaktorberechnung angewendet werden können. In anderen Fällen ist eine solche vereinfachende Betrachtung dagegen unzulässig, da sie zu einer Fehlbeurteilung der Reaktorleistung und/oder der Produktqualität führt. Dies gilt vor allem, wenn hohe Umsätze und, bei komplexen Reaktionssystemen, hohe Selektivitäten gefordert werden.

Die Ursachen für das von den Idealtypen abweichende Verhalten realer Reaktoren ist vielfältig.

In Rohrreaktoren können sich Strömungsprofile und radiale Konzentrations- und Temperaturdifferenzen ergeben. Bei turbulenter Strömung kommt es wegen der Geschwindig-

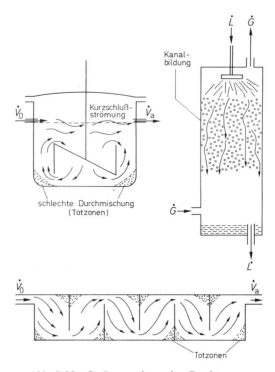

Abb. 9.32 Strömung in realen Reaktoren

2. Reale Reaktoren für homogene und quasi-homogene Systeme

keitsfluktuation zu einer axialen Dispersion, in gepackten Rohren kann es zu ungleichmäßiger Strömung (Kanalbildung) kommen, während andere Teile des Reaktors nur schlecht durchströmt werden (Totzonen). Unvollständig durchmischte Zonen und damit Inhomogenitäten können auch in kRK auftreten, vor allem bei viskosen Medien. Eine ungeschickte Anordnung von Zu- und Ablauf kann dazu führen, daß ein Teil des Zulaufstromes den Reaktor verläßt, bevor er mit der Reaktionsmasse vermischt werden kann (Kurzschlußströmung). Die genannten Phänomene sind in Abb. 9.32 schematisch angedeutet.

Ziel der folgenden Betrachtungen ist, den Einfluß der genannten Abweichungen vom Idealverhalten auf die Leistung des Reaktors und die Zusammensetzung des Produktstromes zu bestimmen. Prinzipiell wäre es möglich, bei genauer Kenntnis der Strömungsfelder im Innern des Reaktors durch Lösen der Impuls-, Massen- und Energiebilanzen das Reaktorverhalten vorherzusagen. Eine so vollständige Information ist jedoch nicht zu beschaffen. So ist es z. B. außerordentlich schwer, Strömungsprofile und Konzentrationen im Innern des Reaktors störungsfrei zu vermessen. Leichter zugänglich sind dagegen Daten über die Eingangs- und Ausgangsströme des Reaktors. So läßt sich am Reaktorausgang bestimmen, wie das System eine am Eingang aufgezwungene Störung verändert. Solche Antwortfunktionen können wertvolle Hinweise auf das Reaktorverhalten geben und sind Grundlage für die Aufstellung von Reaktormodellen, die gemeinsam mit kinetischen Modellen die Abschätzung der Leistung realer Reaktoren ermöglichen und als Grundlage für die Auslegung dienen.

Werden dem Reaktor gleichzeitig mehrere Phasen zugeführt, z. B. Gase und Flüssigkeiten, Fluide und Feststoffe, so muß selbstverständlich der Strömungszustand für jede Phase einzeln untersucht werden. Dabei werden grundsätzlich dieselben Methoden eingesetzt, wie sie für homogene Systeme beschrieben werden. Bei der Entwicklung komplizierter Reaktoren kann man häufig nicht im gewünschten Maße auf Literaturdaten zurückgreifen, die eine gesicherte Beschreibung des Reaktorverhaltens gestatten. In solchen Fällen werden die Untersuchungen an sogenannten Kaltmodellen durchgeführt, die dem geplanten Reaktor geometrisch ähnlich sind und in denen keine chemischen Reaktionen ablaufen.

2.1 Verweilzeit-Verteilung in chemischen Reaktoren

Ein in den Reaktor eintretendes Volumenelement kann auf sehr verschiedenen Wegen zum Reaktorausgang gelangen und mit unterschiedlichen Geschwindigkeiten den Reaktor durchströmen (s. Abb. 9.33). Die Verweilzeit der Volumenelemente ist daher nicht einheitlich, es ergibt sich vielmehr eine Verweilzeit-Verteilung im Reaktor, die auf die oben genannten Phänomene zurückzuführen ist und die die Leistung des Reaktors und die erreichbaren Selektivitäten bei komplexen Reaktionsabläufen beeinflußt. Um die Diskussion der Verweilzeit-Verteilung zu erleichtern, sollen folgende vereinfachende Annahmen gemacht werden:

- der Reaktor ist im stationären Zustand, d. h. es erfolgen keine langfristigen Änderungen im Strömungszustand,

Abb. 9.33 Verweilzeit in einem realen Reaktor

– das Fluid ist inkompressibel und eine eventuell ablaufende chemische Reaktion ist volumenbeständig,
– am Reaktoreingang und -ausgang erfolgt der Stofftransport lediglich durch erzwungene Konvektion.

Zur Charakterisierung des Verweilzeit-Verhaltens einer dem Reaktor kontinuierlich zu- und abfließenden Phase sollen zwei unterschiedliche Verteilungsfunktionen herangezogen werden. In Analogie zur Bevölkerungsstatistik wird das Alter als charakteristisches Merkmal des Individuums herangezogen. Dabei können zwei Altersverteilungen unterschieden werden

– die Altersverteilung der Lebenden (Alterspyramide),
– die Altersverteilung der Verstorbenen.

In gleicher Weise wird als inneres Alter eines Volumenelementes die Zeit bezeichnet, die vom Augenblick seines Eintretens in den Reaktor bis zum Beobachtungszeitpunkt vergangen ist. Die Aufenthaltsdauer eines Volumenelementes im Reaktor, d.h. die Zeit, die zwischen seinem Ein- und Austritt vergangen ist, wird Verweilzeit genannt. Dementsprechend ergibt sich

– die Altersverteilung der Volumenelemente, die sich im Reaktor aufhalten: innere Altersverteilung ($I(t)$)
– die Altersverteilung der Volumenelemente, die den Reaktor verlassen haben: Verweilzeit-Verteilung oder Altersverteilung am Reaktorausgang ($E(t)$)

Die Funktion $E(t)$ (s. Abb. 9.34) gibt an, mit welcher Wahrscheinlichkeit ein Teil der zur Zeit $t = 0$ in den Reaktor gelangten Menge (n_0) denselben nach der Zeit t am Ausgang verläßt. Die Dimension von $E(t)$ ist: Bruchteil der Gesamtmenge pro Zeiteinheit.

$$E(t) = \frac{\dot{n}}{n_0} = \frac{\dot{V}c(t)}{\int\limits_0^\infty \dot{V}c(t)\,dt} \tag{9.95}$$

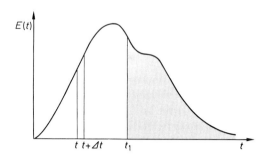

Abb. 9.34 Altersverteilung am Reaktorausgang, Verweilzeit-Verteilung

Die Verweilzeit-Verteilung ist eine normierte Größe. Nach einer unendlich langen Beobachtungsdauer ist die Wahrscheinlichkeit gleich eins, daß alle Volumenelemente, die zum Zeitpunkt $t = 0$ zugeführt wurden, den Reaktor wieder verlassen haben.

$$\int\limits_0^\infty E(t)\,dt = 1 \tag{9.96}$$

Der Anteil des Fluids, der am Ausgang jünger als t_1 ist, beträgt

$$\int_0^{t_1} E(t)\,dt, \tag{9.97}$$

derjenige der älter ist

$$\int_{t_1}^{\infty} E(t)\,dt = 1 - \int_0^{t_1} E(t)\,dt. \tag{9.98}$$

Die Wahrscheinlichkeit, daß sich ein Volumenelement, das zur Zeit $t = 0$ in den Reaktor eintritt, zur Zeit t' noch im Reaktor befindet, wird durch die innere Altersverteilung $I(t)$ angegeben (s. Abb. 9.35).

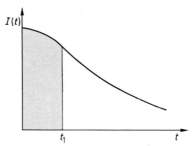

Abb. 9.35 Innere Altersverteilung

Die Dimension der Funktion $I(t)$ ist ebenfalls: Bruchteil der Gesamtmenge pro Zeiteinheit, d. h. eines Alters im Reaktor. Die Summierung über alle Anteile muß wiederum eins ergeben.

$$\int_0^{\infty} I(t)\,dt = 1 \tag{9.99}$$

Der Anteil des Reaktorinhalts, der jünger als t_1 ist, ergibt sich aus

$$\int_0^{t_1} I(t)\,dt, \tag{9.100}$$

derjenige der älter als t_1 ist.

$$\int_{t_1}^{\infty} I(t)\,dt = 1 - \int_0^{t_1} I(t)\,dt \tag{9.101}$$

Den Zusammenhang zwischen innerer und äußerer Altersverteilung zeigt folgendes Gedankenexperiment[25]: Alle zur Zeit $t = 0$ in einem Reaktor vorhandenen Flüssigkeitsanteile sollen als „alt" bezeichnet werden. Die vom Zeitpunkt $t = 0$ an neu eintretenden Volumenelemente werden als „jung" definiert. Nach der Zeit t ist das Volumen, das von den „Jungen" eingenommen wird

$$V \cdot \int_0^t I(t')\,dt'.$$

In demselben Zeitraum hat ein entsprechender Anteil der „alten" Moleküle den Reaktor verlassen

$$\int_0^t \dot{V}\,dt' \cdot \int_{t'}^{\infty} E(t'')\,dt''.$$

Die „alten" sind durch die „jungen" Moleküle ersetzt worden, so daß bei konstantem Volumenstrom die folgende Bilanz aufgestellt werden kann.

$$V \int_0^t I(t')\,dt' = \dot{V} \int_0^t dt' \int_{t'}^{\infty} E(t'')\,dt'' \tag{9.102}$$

Durch Differentiation nach der Zeit (d/dt') ergibt sich daraus der folgende Zusammenhang

$$\tau \cdot I(t) = \int_t^\infty E(t')dt' = 1 - \int_0^t E(t')dt'. \tag{9.103}$$

Dabei ist $\tau = V/\dot{V}$ die mittlere hydrodynamische Verweilzeit.
Durch eine weitere Differentiation wird daraus

$$E(t) = -\tau \cdot \frac{dI(t)}{dt}. \tag{9.104}$$

Häufig ist es vorteilhaft die Verteilungsfunktionen auf die mittlere hydrodynamische Verweilzeit zu beziehen, um Reaktoren verschiedener Größe und mit unterschiedlichen Durchsätzen vergleichen zu können. Es wird daher eine auf die hydrodynamische Verweilzeit bezogene dimensionslose Zeit eingeführt.

$$\theta = \frac{t}{\tau} \tag{9.105}$$

Für die Verteilungsfunktionen ergeben sich dann folgende Zusammenhänge

$$E(\theta) = E = \tau E(t) \tag{9.106}$$
$$I(\theta) = I = \tau I(t) \tag{9.107}$$

$$E(\theta) = E = -\frac{dI(\theta)}{d\theta}. \tag{9.108}$$

Für praktische Zwecke ist es notwendig, Verteilungsfunktionen durch wenige „Kenngrößen" für die Lage und die Streuung zu kennzeichnen[26]. Dies ist besonders nützlich, wenn verschiedene Messungen miteinander verglichen werden sollen. Die Lage der Verteilung ist durch ihren Mittelwert gekennzeichnet, wobei für das vorliegende Problem der Verweilzeit-Verteilung lediglich der arithmetische Mittelwert ($\bar{t}$) herangezogen wird, der dem ersten Moment der Verteilungsdichtefunktion entspricht.

$$\mu_1 = \bar{t} = \int_0^\infty t \cdot E(t)dt \tag{9.109}$$

Unter den eingangs getroffenen Annahmen entspricht die mittlere Verweilzeit der mittleren hydrodynamischen Verweilzeit.

$$\bar{t} = \tau = \frac{V}{\dot{V}}$$

Als Maß für die Streuung der Verweilzeiten um den Mittelwert wird die mittlere quadrierte Abweichung benutzt, die dem Moment zweiter Ordnung bezüglich des Mittelwertes $\bar{t}$ entspricht.

$$\mu_2' = \sigma^2 = \mu_2 - \mu_1^2 = \int_0^\infty t^2 \cdot E(t)dt - \bar{t}^2 = \int_0^\infty (t - \bar{t})^2 E(t)dt \tag{9.110}$$

Die höheren Momente der Verweilzeitverteilung

$$\mu_n = \int_0^\infty t^n \cdot E(t)dt \tag{9.111}$$

sind von geringerem praktischen Interesse, da sie nur schwer mit der nötigen Genauigkeit experimentell bestimmt werden können.

2.2 Experimentelle Bestimmung der Verweilzeit-Verteilung

Bei der Diskussion der Verweilzeit-Verteilung war von der (praxisfernen) Annahme ausgegangen worden, daß die einzeln den Reaktor durchströmenden Volumenelemente voneinander unterscheidbar sind. Experimentell wird versucht, wenigstens einen Teil mit Hilfe einer Markierungssubstanz am Reaktoreingang zu kennzeichnen. Die Markierungssubstanz, auch als Spurstoff oder Tracer bezeichnet, darf die physikalischen Eigenschaften des Reaktorinhalts nicht beeinflussen, z. B. müssen Viskosität und Dichte gleich sein. Um den fluiddynamischen Zustand des Systems nicht zu verändern, sollte die Zugabe mit der Geschwindigkeit erfolgen, die die fluide Phase an der Eingabestelle hat (isokinetische Eingabe). Selbstverständlich sollte die Substanz inert sein, also nicht ins Reaktionsgeschehen eingreifen, nicht von Reaktorteilen adsorbiert werden und auch in geringen Konzentrationen leicht zu messen sein. So werden häufig Substanzen verwendet, die sich z. B. durch Radioaktivität, elektrische oder thermische Leitfähigkeit, oder durch das Absorptionsspektrum von der Reaktionsmasse unterscheiden.

Zur experimentellen Bestimmung der Verweilzeit-Verteilung wird dem Reaktor am Eingang mit Hilfe des Spurstoffes ein Signal aufgezwungen, und die durch das System hervorgerufene Veränderung dieses Eingangssignals am Reaktorausgang gemessen. Auf diese Weise wird die Antwort oder Übergangsfunktion des Systems bestimmt.

Die Spurstoffeingabe erfolgt in der Regel nach einer bekannten Funktion. Üblich sind Sprungfunktion, Pulsfunktion, sinusförmige Änderungen oder auch Zufallssignale mit bekannten Eigenschaften[25]. Die beiden erstgenannten Funktionen werden am häufigsten angewendet und sollen daher eingehender erörtert werden.

2.2.1 Sprungfunktion

Am Eingang des zu untersuchenden Reaktors wird die Konzentration eines Spurstoffes sprunghaft zur Zeit $t = 0$ geändert, z. B. durch Zugabe eines Elektrolyten, einer radioaktiven Substanz oder eines Farbstoffes. Die Antwort des Systems wird am Reaktorausgang gemessen. Die augenblickliche Spurstoffkonzentration $c(t)$ wird auf die konstante Eingangskonzentration c_0 bezogen. Die somit dimensionslose Antwortkurve, die nach Danckwerts[27] als F-Kurve bezeichnet wird, nimmt damit Werte zwischen 0 und 1 an (s. Abb. 9.36). Sie entspricht der Summenkurve der Verweilzeit-Verteilung.

$$F(t) = \frac{c(t)}{c_0} \qquad (9.112)$$

Der Zusammenhang zwischen der F-Kurve und der inneren Altersverteilung kann sehr leicht hergeleitet werden. Die F-Kurve erfaßt alle Volumenelemente, die den Reaktor bis

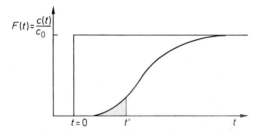

Abb. 9.36 Antwort auf eine Sprungfunktion: F-Kurve

zum Zeitpunkt t nach der Eingabe wieder verlassen haben. Die innere Altersverteilung gibt den Anteil an, der zum selben Zeitpunkt noch im Reaktor vorhanden ist. Durch die Summe dieser beiden Verteilungen wird somit die gesamte Spurstoffmenge erfaßt. Mit anderen Worten gilt die folgende Bilanz:

Im Reaktor zur Zeit t vorhandene Spurstoffmenge	=	Spurstoffmenge, die den Reaktor zur Zeit t noch nicht verlassen hat

$$VI(t) = \dot{V}(1 - F(t)) \tag{9.113}$$

und daraus

$$F(t) + \tau I(t) = 1 \tag{9.114}$$

$$I(t) = \frac{(1 - F(t))}{\tau}.$$

Die Antwortkurve auf eine sprungförmige Eingangsfunktion gibt also den direkten Zugang zur Bestimmung der inneren Altersverteilung im Reaktor. Zwischen der äußeren Verweilzeit-Verteilungsfunktion und der F-Kurve besteht unter Berücksichtigung von Gl. (9.103) (s. S. 320) der folgende Zusammenhang

$$F(t) = \int_0^t E(t')dt' = \int_0^\theta E d\theta' = F \tag{9.115}$$

$$E(t) = \frac{dF(t)}{dt} = \frac{dF}{dt}. \tag{9.116}$$

Die mittlere Verweilzeit im Reaktor erhält man aus der F-Kurve nach Gl. (9.99) (s. S. 319) mit $E(t)dt = dF$

$$\bar{t} = \int_0^\infty t \cdot E(t)dt = \int_0^1 t \cdot dF \tag{9.117}$$

bzw. bei diskreten Meßpunkten

$$\bar{t} \approx \sum_i t_i \cdot \Delta F_i.$$

In der Regel werden die Meßpunkte in regelmäßigen Zeitabständen Δt aufgenommen, so daß es aus praktischen Gründen vorteilhafter ist, eine Integration über die Zeit vorzunehmen. Eine Umformung führt zu Gl. (9.118).

$$\bar{t} = \int_0^1 t \cdot dF = -\int_0^1 t \cdot d(1 - F) = \int_0^\infty (1 - F)dt \tag{9.118}$$

bzw. nach Einführung diskreter Meßpunkte

$$\bar{t} \approx \sum_i (1 - F_i)\Delta t_i.$$

Für die Streuung um den Mittelwert erhält man analog

$$\sigma^2 = \int_0^\infty (t - \bar{t})^2 E(t)dt = \int_0^1 (t - \bar{t})^2 dF$$

$$= \int_0^1 (t^2 - 2t\bar{t} + \bar{t}^2)dF = \int_0^1 t^2 \cdot dF - \bar{t}^2$$

da $\bar{t}\int_0^1 t\, dF = \bar{t}^2$ ist.

2. Reale Reaktoren für homogene und quasi-homogene Systeme

Nach folgender Umformung

$$\int_0^1 t^2 \, dF = -\int_0^1 t^2 \, d(1-F) = 2\int_0^\infty t(1-F) \, dt$$

läßt sich die Varianz nach folgender Beziehung ermitteln.

$$\sigma^2 = 2\int_0^\infty t(1-F) \, dt - \bar{t}^2 \qquad (9.119)$$

bzw. mit $\bar{t} = -\int_0^1 t \, d(1-F) = \int_0^\infty (1-F) \, dt$

$$\sigma^2 = 2\left[\int_0^\infty (1-F) t \, dt - \frac{\bar{t}}{2}\int_0^\infty (1-F) \, dt\right] = 2\int_0^\infty (1-F)\left(t - \frac{\bar{t}}{2}\right) dt$$

nach Einführung diskreter Meßwerte folgt

$$\sigma^2 \approx 2\sum_i t_i \cdot (1-F_i)\Delta t_i - \bar{t}^2 = 2\sum_i (1-F_i)\left(t - \frac{\bar{t}}{2}\right)\Delta t_i.$$

Bei der numerischen Berechnung der Varianz wird die letztgenannte Beziehung häufig bevorzugt.

2.2.2 Pulsfunktion

Bei dieser Art der Eingabe wird am Reaktoreingang die gesamte Markierungssubstanz innerhalb einer sehr kurzen Zeit zugegeben. Man versucht so, möglichst der Diracschen-Deltafunktion nahezukommen, die folgende Eigenschaften hat.

$$\begin{aligned}&t = 0 \qquad \delta(t) = \infty \\ &t \neq 0 \qquad \delta(t) = 0 \\ &\int_{-\infty}^{+\infty} \delta(t) \, dt = 1\end{aligned} \qquad (9.120)$$

In der Praxis sollte die Eingabezeit Δt klein sein im Vergleich zur mittleren Verweilzeit ($\Delta t \leq 0{,}01\,\tau$). Die Antwort des Systems am Ausgang auf die pulsförmige Eingangsfunktion wird als C-Kurve bezeichnet. Die Werte dieser Kurve sind dimensionslos, da die gemessenen Ausgangskonzentrationen des Spurstoffes auf die formale mittlere Maximalkonzentration im Reaktor c_0 bezogen wird. Werden z. B. im Zeitraum $\Delta t\, n_0$ Mole des Spurstoffes in den Zulauf gegeben, so errechnet sich die maximale mittlere Konzentration zu

$$c_0 = \frac{n_0}{V}. \qquad (9.121)$$

Experimentell kann die Spurstoffmenge auch durch Messen der Spurstoffkonzentration am Reaktorausgang ermittelt werden

$$n_0 = \int_0^\infty \dot{V} c(t) \, dt.$$

Für die Werte der C-Kurve folgt entsprechend

$$C(t) = \frac{c(t)}{c_0} = \frac{c(t)}{\int_0^\infty \dot{V} c(t) \, dt / V} \qquad (9.122)$$

bzw. unter der Annahme konstanter Dichte: $\dot{V} = \dot{V}_0$ und $\tau = V/\dot{V}_0$

$$C(t) = \tau \frac{c(t)}{\int_0^\infty c(t)\,dt}.$$

Die Menge des Spurstoffes mit einer kürzeren Verweilzeit als t', die den Reaktor also bereits wieder verlassen hat, ist durch Gl. (9.123) gegeben

$$\int_0^{t'} \dot{V} \cdot c(t)\,dt = n_0 \int_0^{t'} E(t)\,dt \tag{9.123}$$

und damit

$$E(t) = \frac{\dot{V}}{n_0} \cdot c(t) = \frac{1}{\tau} \frac{c(t)}{c_0} = \frac{1}{\tau} C(t). \tag{9.124}$$

Der Zusammenhang der vorgestellten Beziehungen ist in Tab. 9.4 zusammengefaßt.

Tab. 9.4 Zusammenhang zwischen den Verweilzeit-Verteilungs-Funktionen

Realzeit t	normierte Zeit ($\theta = t/\tau$)
$F(t) + \tau I(t) = 1$	$F + I = 1$
$C(t) = \tau E(t) = \tau\,dF/dt$	$C = E = dF/d\theta$
$F(t) = \int_0^t E(t')\,dt'$	$F(\theta) = F = \int_0^\theta E\,d\theta'$
	$E(\theta) = E = \tau E(t)$, $I = \tau I(t)$
	$F = F(t)$, $C = C(t)$

Aus der Antwort auf eine Diracsche Pulsmarkierung erhält man die mittlere Verweilzeit nach Gln. (9.99), (9.122) und (9.124)

$$\bar{t} = \int_0^\infty t \cdot E(t)\,dt = \frac{\int_0^\infty t\,c(t)\,dt}{\int_0^\infty c(t)\,dt} \tag{9.125}$$

bzw.

$$\bar{t} \approx \frac{\sum_i t_i c_i \Delta t_i}{\sum_i c_i \Delta t_i}.$$

Entsprechend in dimensionsloser Form mit $\theta = t/\tau$

$$\bar{\theta} = \int_0^\infty \theta E\,d\theta = \frac{\bar{t}}{\tau}. \tag{9.126}$$

Für hinsichtlich der Dispersion geschlossene Systeme und bei Fluiden ohne Dichteänderung gilt (s. Abschn. 2.4, S. 332)

$$\bar{\theta} = 1$$

Die Varianz um den Mittelwert berechnet sich entsprechend.

$$\sigma^2 = \int_0^\infty (t - \bar{t})^2 E(t) \, dt = \int_0^\infty t^2 E(t) \, dt - \bar{t}^2 \tag{9.127}$$

Unter Verwendung der gemessenen Konzentrations-Zeit-Funktion folgt

$$\sigma^2 = \frac{\int_0^\infty (t - \bar{t})^2 c(t) \, dt}{\int_0^\infty c(t) \, dt} = \frac{\int_0^\infty t^2 c(t) \, dt}{\int_0^\infty c(t) \, dt} - \bar{t}^2.$$

$$\sigma^2 \approx \frac{\sum_i t_i^2 c_i \Delta t_i}{\sum_i c_i \Delta t_i} - \bar{t}^2 = \frac{\sum_i (t_i - \bar{t}_i)^2 c_i \Delta t_i}{\sum_i c_i \Delta t_i}$$

bzw. in dimensionsloser Form

$$\sigma_\theta^2 = \frac{\sigma^2}{\bar{t}^2}. \tag{9.128}$$

2.2.3 Beliebige Eingangsfunktion

Die in den vorigen Abschnitten vorgestellten Eingangsfunktionen haben den Vorteil, daß durch Messen der Antwortkurve eine direkte Beziehung zur Verweilzeitverteilung $E(t)$ bzw. zur inneren Altersverteilung $I(t)$ hergestellt werden kann. Die idealen Eingangsfunktionen sind jedoch häufig nicht einfach zu verwirklichen. Vielmehr wird ein reales Signal experimentell erzeugt, das durch den Reaktor verändert und am Ausgang gemessen wird. Es ist daher wichtig zu wissen, wie eine beliebige Störung durch den Reaktor beeinflußt wird und wie aus der gemessenen Antwortfunktion auf die interessierenden Verteilungsfunktionen geschlossen werden kann.

Bei den folgenden Überlegungen soll von einem normierten Eingangssignal $x(t)$ und Ausgangssignal $y(t)$ ausgegangen werden.

$$\int_0^\infty x(t) \, dt = \int_0^\infty y(t) \, dt = 1 \tag{9.129}$$

Wie bereits besprochen, führt die Antwort des Reaktors auf eine ideale Pulsfunktion $\delta(t)$ zur Verweilzeit-Verteilungskurve $E(t)$ die somit die Übertragungsfunktion des Systems darstellt. Stellt man sich nun die beliebige Eingangsfunktion $x(t)$ in Einzelimpulse aufgeteilt vor, so wird jedes Einzelelement durch die Übergangsfunktion E beeinflußt. Der Wert des Elementes B der Ausgangskurve (s. Abb. 9.37), das den Reaktor nach der Zeit t' verläßt, setzt sich aus Beiträgen aller Elemente A am Eingang zusammen, die bis zu diesem Zeitpunkt in den Reaktor gelangten.

In Worten folgt daraus:

Spurstoff, der den Reaktor im Element B zur Zeit t verläßt	=	Spurstoff im Element A zur Zeit $(t - t')$	$\cdot$	Anteil des Spurstoffes aus Elementen A mit einer Verweilzeit von t'

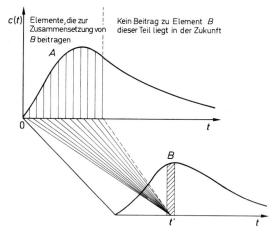

Abb. 9.37 Antwort auf eine beliebige Eingangsfunktion

$$y(t) = \int_0^t x(t - t')\, E(t')\,dt' \tag{9.130}$$

was gleichbedeutend ist mit

$$y(t) = \int_0^t x(t')\, E(t - t')\,dt' \tag{9.131}$$

Das Ausgangssignal ist also die Integralkombination der Eingangsfunktion mit der Verweilzeit-Verteilungsfunktion, d.h. y geht aus der Faltung von x mit E hervor:

$$y = x * E = E * x \tag{9.132}$$

Der umgekehrte Vorgang, die Entfaltung zur Ermittlung von E ist aufwendig. Sie kann z. B. im Frequenzbereich, nach einer Laplace- oder Fourier-Transformation durchgeführt werden. Ist jedoch die Übergangsfunktion nach einer Modellvorstellung berechenbar, so lassen sich die Modellparameter durch die direkte Anpassung an die Ausgangsfunktion bei bekanntem x bestimmen. Ein Beispiel hierzu wird bei der Diskussion der Modelle für reale Reaktoren vorgestellt.

Aus der Kenntnis der Mittelwerte und der Varianzen von Eingangs- und Ausgangsfunktion läßt sich direkt die mittlere Verweilzeit im Reaktor und die dort verursachte zusätzliche Streuung um den Mittelwert bestimmen. In der Praxis wird die Eingangsfunktion $x(t)$ an einer Stelle am Reaktoranfang nach der Injektion des Spurstoffes gemessen, die Antwortfunktion erhält man am Ausgang des Reaktors bzw. eines Reaktorteiles (s. Abb. 9.38).

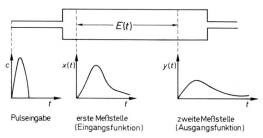

Abb. 9.38 Messung von Ein- und Ausgangssignal

Für die Mittelwerte und Varianzen der Funktionen gilt, wenn es sich um ein hinsichtlich der Dispersion offenes System handelt (s. S. 332)

$$\bar{t} = \bar{t}_y - \bar{t}_x$$
$$\sigma^2 = \sigma_y^2 - \sigma_x^2. \tag{9.133}$$

Diese Methode der Messung an zwei Stellen im Reaktor wurde erstmals von Aris[28] vorgeschlagen.

2.3 Verweilzeit-Verteilung in idealen Reaktoren

Bevor wir uns dem Verweilzeit-Verhalten realer Systeme zuwenden, soll das Verhalten der im Abschn. 1 vorgestellten idealen Reaktoren besprochen werden.

2.3.1 Idealer Strömungsrohrreaktor

Der ideale Strömungsrohrreaktor wirkt lediglich als Verzögerungsglied, ohne die Form des Eingangssignals zu verändern. Für eine Pulsfunktion am Eingang erhält man die gleiche Pulsfunktion nach einer Zeitverschiebung, die der mittleren Verweilzeit $\bar{t}$ entspricht.

$$E(t) = \delta(t - \bar{t}) \tag{9.134}$$

Das gleiche gilt für die Sprungfunktion und deren Antwort $F(t)$.

2.3.2 Idealer kontinuierlich betriebener Rührkesselreaktor

Wird in den vollständig durchmischten Rührkessel pulsförmig die Menge n_0 an Spurstoff eingegeben, so stellt sich augenblicklich im Reaktor die maximale mittlere Konzentration ein

$$c_0 = \frac{n_0}{V}, \quad t = 0. \tag{9.135}$$

Der Konzentrations-Zeit-Verlauf kann dann aus der Stoffbilanz durch Integration ermittelt werden

$$V \frac{dc(t)}{dt} = -\dot{V} c(t) \tag{9.136}$$

$$C(t) = \frac{c(t)}{c_0} = \exp\left(-\frac{t}{\tau}\right) = \exp(-\theta) \tag{9.137}$$

Die Verweilzeitverteilung ergibt sich dann unter Berücksichtigung von Gl. (9.124) (s. S. 324) zu

$$E(t) = \frac{1}{\tau} C(t) = \frac{1}{\tau} \exp\left(-\frac{t}{\tau}\right) \tag{9.138}$$

bzw.

$$E = C = \exp\left(-\frac{t}{\tau}\right) = \exp(-\theta).$$

Daraus folgt für die Summenkurve durch Integration

$$F(t) = \int_0^t E(t')\,dt' = 1 - \exp\left(-\frac{t}{\tau}\right). \tag{9.139}$$

Der ideale kontinuierlich betriebene Rührkessel hat von allen Reaktoren die breiteste Verweilzeit-Verteilung. Die wahrscheinlichste Verweilzeit für ein eintretendes Volumenelement ist null. Nach einer mittleren Verweilzeit τ sind noch 37% des zur Zeit $t = 0$ eingegebenen Spurstoffes im Reaktor. Nach fünf mittleren Verweilzeiten bleibt ein Rest von ca. 1%. Das bedeutet, daß nach Änderung der Eingangsbedingungen etwa $5\,\tau$ vergehen, bis der Reaktor seinen neuen stationären Zustand praktisch erreicht hat. Das Verweilzeit-Verhalten der Idealreaktoren ist in Abb. 9.39 und 9.40 im Vergleich zu dem eines beliebigen Reaktors gezeigt.

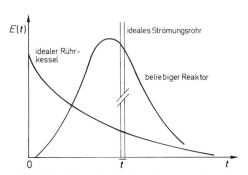

Abb. 9.39 Verweilzeit-Verteilung von idealen und realen Reaktoren

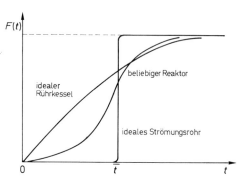

Abb. 9.40 Verweilzeit-Summenkurve für ideale und reale Reaktoren

2.3.3 Reaktorkaskade

Die Kaskade besteht aus einer Reihe von hintereinandergeschalteten idealen Rührkesselreaktoren. Die Ausgangsfunktion eines kRK ist daher gleichzeitig die Eingangsfunktion des folgenden. Da die Übergangsfunktion jedes Reaktors gleich und bekannt ist, läßt sich die Verteilungsfunktion einer Kaskade mit N Kesseln durch sukzessives Falten ermitteln. Das sei am folgenden Beispiel einer Kaskade mit zwei Kesseln gezeigt. Nach Gl. (9.130) ergibt sich die Ausgangsfunktion $y(t)$ durch Faltung der Eingangsfunktion $x(t)$ mit der Verweilzeit-Verteilungskurve des Kessels $E(t)$. Beide Funktionen sind aus Abschn. 2.3.2 bekannt, wenn in dem ersten Kessel eine Delta-Funktion als Eingangssignal erzeugt wird. Für den Ausgang des zweiten Kessels gilt

$$y(t) = \int_0^t x(t-t') \cdot E(t')\,dt' = \int_0^t \frac{1}{\tau_1} \exp\frac{-(t-t')}{\tau_1} \cdot \frac{1}{\tau_2} \exp\left(-\frac{t'}{\tau_2}\right) dt'$$

für Reaktoren gleicher mittlerer Verweilzeit, d.h. $\tau_1 = \tau_2 = \tau_i$

$$y(t) = \frac{1}{\tau_i}\frac{t}{\tau_i}\exp\left(-\frac{t}{\tau_i}\right) = E(t). \tag{9.140}$$

Entsprechend erhält man durch sukzessive Faltung für eine Kaskade mit N Kesseln gleicher Volumina

$$E(t) = \frac{1}{\tau_i}\left(\frac{t}{\tau_i}\right)^{N-1} \cdot \frac{1}{(N-1)!}\exp\left(-\frac{t}{\tau_i}\right). \tag{9.141}$$

2. Reale Reaktoren für homogene und quasi-homogene Systeme   329

Mit $\tau = N\tau_i$ als gesamte mittlere Verweilzeit und $\tau = \bar{t}$

$$\tau E(t) = E = \frac{N(N \cdot \theta)^{N-1}}{(N-1)!} \exp(-N\theta). \tag{9.142}$$

Die Verweilzeit-Summenkurve läßt sich daraus durch Integration berechnen.

$$F(t) = \int_0^t E(t') \, dt' = \frac{c(t)_N}{c_0}$$

$$= 1 - \exp(-N\theta)\left[1 + N \cdot \theta + \frac{(N \cdot \theta)^2}{2!} + \ldots + \frac{(N \cdot \theta)^{N-1}}{(N-1)!}\right] \tag{9.143}$$

In den Abb. 9.41 und 9.42 ist das Verweilzeit-Verhalten von idealen Kaskaden mit unterschiedlicher Kesselzahl wiedergegeben. Mit zunehmender Aufteilung des gesamten Reak-

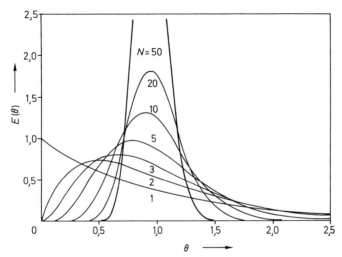

Abb. 9.41 Verweilzeit-Verteilung in einer Rührkesselkaskade, Parameter: Anzahl der Kessel

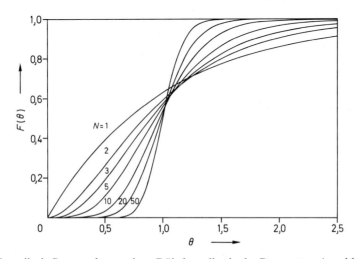

Abb. 9.42 Verweilzeit-Summenkurve einer Rührkesselkaskade, Parameter: Anzahl der Kessel

torvolumens in ideal durchmischte Einzelelemente wird die Verweilzeit einheitlicher und die Verweilzeit-Verteilungskurve wird symmetrischer. Das Verweilzeit-Verhalten der Kaskade nähert sich immer mehr dem eines idealen Strömungsrohres an und wird mit diesem identisch, wenn N gegen unendlich geht.

2.3.4 Laminar durchströmtes Rohr

Das laminar durchströmte Rohr gehört nicht zu den definierten Idealreaktoren, es hat jedoch ein genau bekanntes hydrodynamisches Verhalten, so daß die Verweilzeit-Verteilung in einem solchen Reaktor vorausberechnet werden kann. Bei Vernachlässigung von Diffusionsvorgängen liegt die unterschiedliche Zeit, die ein Volumenelement im Reaktor verweilt, in dem ausgebildeten parabolischen Geschwindigkeitsprofil begründet. Jedes Element durchströmt den Reaktor unbeeinflußt von anderen entlang eines Stromfadens in konstanter radialer Position.

Ist $y = R/R_0$ der auf den Radius bezogene Abstand zur Rohrmitte, so ergibt sich nach dem Gesetz von Hagen-Poiseuille [29, 30] das Geschwindigkeitsprofil zu

$$u = u_0 \left(1 - \frac{R^2}{R_0^2}\right) = 2\bar{u}(1 - y^2). \tag{9.144}$$

Dabei ist u_0 die Geschwindigkeit in der Rohrmitte und $\bar{u}$ der Mittelwert über dem Querschnitt $\bar{u} = \dot{V}/S$.

Die Verweilzeit eines Teilchens, das sich mit der Geschwindigkeit u entlang eines bestimmten Stromfadens bewegt, ist

$$t = \frac{L}{u} = L[u_0(1-y^2)]^{-1} = \frac{t_{\min}}{(1-y^2)} \tag{9.145}$$

mit

$$t_{\min} = \frac{L}{u_0} = \frac{L}{2\bar{u}} = \frac{\tau}{2}.$$

Der Anteil der Gesamtflüssigkeit, der sich in der Position y befindet und damit die Verweilzeit t hat, ergibt sich aus der Fläche des Kreisringes mit dem Radius R.

$$\frac{d\dot{V}}{\dot{V}} = \frac{u \cdot 2\pi \cdot R \cdot dR}{\pi R_0^2 \bar{u}} = \frac{2 \cdot u \cdot R \cdot dR}{\bar{u} \cdot R_0^2} = E(t)dt \tag{9.146}$$

Mit $t_{\min}/t = 1 - y^2$ folgt

$$E(t)dt = \frac{2 t_{\min}^2}{t^3} dt = \frac{\tau^2}{2t^3} dt \tag{9.147}$$

und in dimensionsloser Form

$$E = \tau \cdot E(t) = 0{,}5\, \theta^{-3}. \tag{9.148}$$

Durch Integration erhält man die F-Kurve

$$F = \int_{t_{\min}}^{t'} E(t)dt = 1 - \left(\frac{\tau}{2t}\right)^2 = 1 - \frac{1}{4\theta^2}. \tag{9.149}$$

Der Verlauf der E und F-Kurve ist in Abb. 9.43 und 9.44 dargestellt. Die ersten Volumen-

2. Reale Reaktoren für homogene und quasi-homogene Systeme

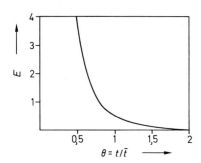

Abb. 9.43 Verweilzeit-Verteilung in einem laminar durchströmten Rohr

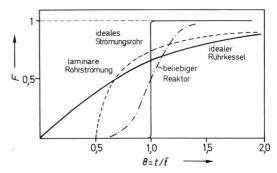

Abb. 9.44 Verweilzeit-Summenkurve eines laminar durchströmten Rohres

elemente erreichen den Reaktorausgang nach $t_{min} = \bar{t}/2 = \tau/2$. Die F-Kurve steigt dann relativ steil an und nähert sich langsam dem Grenzwert $F = 1$.

Die gemessene Verweilzeit-Verteilung ist stark abhängig von der Art der Spurstoffeingabe und Spurstoffmessung, wenn die Strömungsgeschwindigkeit über dem Querschnitt uneinheitlich ist. Dadurch sind bei laminar durchströmten Rohren unterschiedliche Ergebnisse zu erwarten, die von der Meßmethode abhängen [31].

2.4 Verweilzeit-Modelle realer Reaktoren

Die Auswertung der Verweilzeit-Verteilungsmessungen an realen Systemen dient der Charakterisierung des Reaktors und dem Vergleich mit dem Verhalten idealer Systeme. Unerwünschte Kurzschlußströmungen oder für die Reaktion nicht verfügbare Totzonen können erkannt und eventuell durch konstruktive Maßnahmen beseitigt werden. In erster Linie wird man den realen Reaktor nach dem Grad der in ihm auftretenden Vermischung einordnen, der, wie gezeigt wurde, zwischen dem des idealen Strömungsrohres und dem des idealen Rührkessels liegt. Bei der Modellierung realer kontinuierlich betriebener Reaktoren wird daher der Vermischung besondere Aufmerksamkeit gewidmet. Das aufgestellte Modell dient dann in Verbindung mit dem kinetischen Modell zur Vorausberechnung der Reaktorleistung und der realisierbaren Selektivitäten und Ausbeuten.

2.4.1 Dispersionsmodell

Ausgehend vom idealen Strömungsrohrreaktor mit Pfropfenströmung und idealer Vermischung im Rohrquerschnitt, wird in das Modell ein diffusiver Term in axialer Richtung eingeführt. Der axiale Mischvorgang erfolgt nicht allein durch molekulare Diffusion, die meist vernachlässigbar klein ist, sondern durch Abweichungen von der idealen Pfropfenströmung, hervorgerufen von turbulenten Geschwindigkeitsschwankungen und Wirbelbildung. Da alle diese auf unterschiedliche Weise hervorgerufenen Ausgleichsvorgänge linear vom Konzentrationsgradienten abhängen, können sie zusammengefaßt und analog dem Fickschen Gesetz behandelt werden. Der Stoffstrom, der durch Dispersionsvorgänge auftritt, soll daher mit Gl. (9.150) beschrieben werden.

$$J = -D_{ax}\frac{dc}{dz} \tag{9.150}$$

Unter den genannten Bedingungen läßt sich die Antwortfunktion des Rohrreaktors nach einer pulsförmigen Eingabe des Spurstoffes aus der allgemeinen Stoffbilanz ermitteln.

$$\frac{\partial c}{\partial t} = -u\frac{\partial c}{\partial z} + D_{ax}\frac{\partial^2 c}{\partial z^2} \tag{9.151}$$

Durch Zusammenfassen der Parameter folgt daraus

$$\frac{\partial c}{\partial \theta} = \frac{D_{ax}}{u \cdot L}\frac{\partial^2 c}{\partial Z^2} - \frac{\partial c}{\partial Z} = \frac{1}{Bo}\frac{\partial^2 c}{\partial Z^2} - \frac{\partial c}{\partial Z} \tag{9.152}$$

mit

$$\theta = t/\tau = t \cdot u/L; \quad Z = z/L.$$

Modellparameter in den obigen Beziehungen ist der axiale Dispersionskoeffizient D_{ax} bzw. die dimensionslose Gruppe $Bo = u \cdot L/D_{ax}$, die als Bodenstein-Zahl bezeichnet wird. Sie stellt das Verhältnis der Geschwindigkeiten von Konvektion und Dispersion im Reaktor dar.

Die Grenzfälle für das Verweilzeit-Verhalten lassen sich leicht ersehen. Für vernachlässigbare Dispersion

$$\frac{D_{ax}}{u \cdot L} \to 0 \quad \text{bzw.} \quad Bo \to \infty$$

geht das Verhalten des Reaktors in das eines idealen Strömungsrohres über. Wird dagegen die Vermischung sehr groß, so verschwindet das axiale Konzentrationsprofil und der Reaktor verhält sich wie ein ideal durchmischter kRK.

$$\frac{D_{ax}}{u \cdot L} \to \infty \quad \text{bzw.} \quad Bo \to 0$$

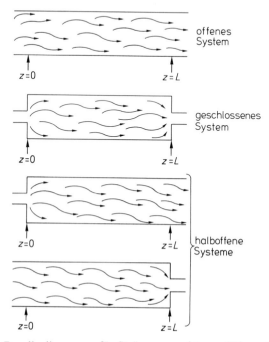

Abb. 9.45 Randbedingungen für Strömungsreaktoren (Dispersionsmodell)

Zur Lösung der Differentialgleichung (9.152), d.h. zur Berechnung der Verweilzeit-Kurve bzw. zur Bestimmung der Momente der Verteilung, müssen die Randbedingungen am Eingang und Ausgang des Reaktors bekannt sein. Als Eingang soll die Stelle der Spurstoffzugabe und als Ausgang die Stelle, an der die Messung der Spurstoffkonzentration erfolgt, bezeichnet werden.

Man unterscheidet drei Situationen, die schematisch in Abb. 9.45 gezeigt sind:

1. Der Reaktor ist bezüglich der Dispersion beidseitig offen bzw. unendlich lang: Es besteht hinsichtlich der Dispersion keine Diskontinuität.
2. Der Reaktor ist bezüglich der Dispersion beidseitig geschlossen: Am Ein- und Ausgang ändert sich der Dispersionskoeffizient sprunghaft von $D_{ax} = 0$ außerhalb des Reaktors auf einen endlichen Wert.
3. Der Reaktor ist bezüglich der Dispersion halbseitig geschlossen: der Dispersionskoeffizient ändert sich sprunghaft von $D_{ax} = 0$ auf den endlichen Wert am Eingang oder am Ausgang des Reaktors.

Mit den unter 1 genannten Randbedingungen läßt sich die Antwortfunktion auf eine pulsförmige Eingabe berechnen[32].

$$C = \frac{1}{2}\sqrt{\frac{Bo}{\pi \cdot \theta}} \exp\left[\frac{-(1-\theta)^2 Bo}{4\theta}\right] \qquad (9.153)$$

Für die mittlere Verweilzeit und die Varianz um den Mittelwert wird daraus erhalten:

$$\bar{\theta}_c = \frac{\bar{t}}{\tau} = 1 + \frac{2}{Bo} \qquad \sigma_\theta^2 = \frac{\sigma^2}{\tau^2} = \frac{2}{Bo} + \frac{8}{Bo^2}. \qquad (9.154)$$

Für die Verweilzeitverteilung erhält man dagegen[68,69]:

$$E = \frac{1}{2 \cdot \Theta}\sqrt{\frac{Bo}{\pi \Theta}} \exp\left[\frac{-(1-\Theta)^2 Bo}{4\Theta}\right] \qquad (9.155)$$

Zu bemerken ist die Abweichung der sich nach dem Modell (Gl. 9.153) ergebenden mittleren Verweilzeit $\bar{t}$ von der mittleren hydrodynamischen τ, die nicht auf eine Volumenän-

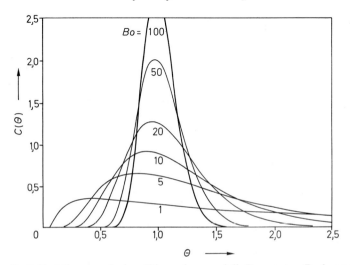

Abb. 9.46 Verweilzeit-Verteilung nach dem Dispersionsmodell, Parameter: Bodenstein-Zahl

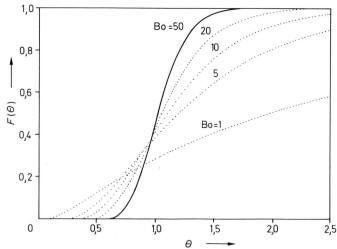

Abb. 9.47 Verweilzeit-Summenkurve nach dem Dispersionsmodell, Parameter: Bodenstein-Zahl

derung des Fluids zurückzuführen ist, sondern darauf, daß der am Eingang zugegebene Spurstoff sich nach beiden Seiten ausbreitet. Er kann am Ausgang in den Reaktor durch Dispersion zurückkehren und mehrmals von einem dort installierten Detektor erfaßt werden.

Den Einfluß der Bodensteinzahl auf die Antwortfunktionen in für die Dispersion offenen Systemen zeigen Abb. 9.46 und 9.47. Mit zunehmenden *Bo*-Zahlen und damit abnehmender axialer Dispersion werden die Verweilzeiten einheitlicher und das Verweilzeit-Verhalten nähert sich dem eines idealen Strömungsrohrreaktors an.

Wird der Spurstoff vor der ersten Meßstelle eingegeben und die Antwort an zwei Stellen, am Eingang und am Ausgang, gemessen (s. Abb. 9.38, S. 326), so ergibt sich für die Teststrecke

$$\bar{t} = \bar{t}_a - \bar{t}_0 = \tau \tag{9.156}$$

$$\Delta\sigma_\theta^2 = \frac{\sigma_a^2 - \sigma_0^2}{\bar{t}^2} = \frac{2}{Bo}. \tag{9.157}$$

Der Einfluß der Dispersionsvorgänge an den Enden des Reaktors verschwindet dadurch und die mittlere gemessene Verweilzeit entspricht der hydrodynamischen Verweilzeit, konstante Dichte des Fluids vorausgesetzt.

Für die unter 2 genannte Randbedingung eines beidseitig geschlossenen Systems läßt sich keine analytische Lösung der Gl. (9.152) angeben. Die Verweilzeit-Verteilungskurve läßt sich daher nur mit Hilfe numerischer Methoden berechnen. Dagegen lassen sich Mittelwert und Varianz der Verteilungsfunktion angeben.

$$\bar{\theta}_c = \frac{\bar{t}}{\tau} = 1 \tag{9.158}$$

$$\sigma_\theta^2 = \frac{\sigma^2}{\bar{t}^2} = \frac{2}{Bo} - \frac{2}{Bo^2}[1 - \exp(-Bo)] \tag{9.159}$$

Entsprechendes gilt für halboffene Systeme. Auch hier lassen sich keine analytischen Lösungen für die Verteilungsfunktion erhalten, wohl aber für die Momente der Verteilung. Mittlere Verweilzeit und Varianz ergeben sich zu

$$\bar{\theta}_c = \frac{\bar{t}}{\tau} = 1 + \frac{1}{Bo} \qquad (9.160)$$

$$\sigma_\theta^2 = \frac{2}{Bo} + \frac{3}{Bo^3}. \qquad (9.161)$$

Bei gleichen Dispersionskoeffizienten werden sich, abhängig von den herrschenden Randbedingungen, unterschiedliche Verweilzeitverteilungen ausbilden. Die Unterschiede werden mit abnehmender Bodenstein-Zahl (*Bo*) wachsen. Das bedeutet, daß zur Bestimmung des Modellparameters *Bo* aus einer gemessenen Antwortkurve nur dann sinnvolle Ergebnisse zu erwarten sind, wenn für das Modell die dem Experiment entsprechenden Randbedingungen gewählt werden. Die genannten Schwierigkeiten sind jedoch lediglich bei kleinen Werten von *Bo* von Bedeutung (*Bo* < 100). Für große Werte sind die Verteilungskurven für alle genannten Randbedingungen nicht unterscheidbar.

Dies kann z. B. anhand der Varianzen der Verteilungskurven gezeigt werden, die für jeweils identische *Bo*-Zahlen aber unterschiedliche Randbedingungen erhalten werden (s. Abb. 9.48). Aufgetragen ist das berechnete Verhältnis der Varianz für ein geschlossenes System ($\sigma_{\theta,s}^2$) zu der eines offenen ($\sigma_{\theta,o}^2$) (Gln. (9.155) und (9.159)) in Abhängigkeit von der *Bo*-Zahl.

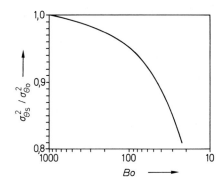

Abb. 9.48 Vergleich der Varianzen bei gleicher *Bo*-Zahl und unterschiedlichen Randbedingungen; $\sigma_{\theta,s}^2$ geschlossenes System; $\sigma_{\theta,o}^2$ offenes System

Wie aus der Graphik hervorgeht, betragen die Abweichungen bei *Bo* = 100 maximal 5%. Unter praktischen Bedingungen sind diese Differenzen vernachlässigbar, da sie sich auf die Reaktorleistung kaum auswirken.

Zunehmende *Bo*-Zahlen bewirken zudem, daß die Verteilungskurven immer symmetrischer werden und damit unabhängig von den Randbedingungen sind. Sie entsprechen schließlich der Gaußschen Normalverteilung

$$C = E = \frac{1}{2}\sqrt{\frac{Bo}{\pi}} \exp\left(\frac{-(1-\theta)^2 \cdot Bo}{4}\right) \qquad (9.162)$$

$$\bar{\theta}_c = \frac{\bar{t}}{\tau} = 1 \qquad (9.163)$$

$$\sigma_\theta^2 = \frac{2}{Bo}. \qquad (9.164)$$

Für *Bo*-Zahlen größer als 100 läßt sich die Verweilzeit-Verteilung mit genügender Genauigkeit nach Gl. (9.162) beschreiben.

2.4.2 Zellenmodell

Die Diskussion der Verweilzeit-Verteilung in einer idealen Rührkesselreaktorkaskade ergab eine mit zunehmender Anzahl an Kesseln engere Verweilzeitverteilung und es konnte gezeigt werden, daß für N gegen unendlich das Verweilzeit-Verhalten eines idealen Strömungsrohrreaktors resultiert. Es sollte daher möglich sein, die Verweilzeit-Verteilung realer Systeme durch die gedachte Aufteilung des Gesamtvolumens in N gleiche vollständig durchmischte Zellen anzunähern [25].

Die Verweilzeit-Verteilung nach dem Zellenmodell wird daher mit Gl. (9.142) beschrieben.

$$E = \frac{N(N \cdot \theta)^{N-1}}{(N-1)!} \exp(-N\theta) \qquad (9.142)$$

Einziger Modellparameter ist die Anzahl N der Zellen, die durch direkte Anpassung der gemessenen mit der berechneten Verteilungskurve oder aus den daraus berechneten Momenten der Verteilung bestimmt werden kann. Der Zusammenhang zwischen N und der Varianz nach dem Zellenmodell ist gegeben durch

$$\sigma_\theta^2 = \frac{1}{N} \qquad (9.165)$$

$$\bar{t} = \tau \quad (\text{für } \varrho = \text{const}). \qquad (9.166)$$

Das Zellenmodell weicht in seinen physikalischen Grundlagen vollständig vom Dispersionsmodell ab, da nach ersterem prinzipiell kein Stofftransport gegen den Konvektionsstrom möglich ist. Welches der beiden Modelle den realen Sachverhalt mit genügender Genauigkeit zu beschreiben gestattet, kann nur durch Vergleich mit den gemessenen Verteilungskurven entschieden werden.

Ist jedoch die Dispersion insgesamt gering ($Bo > 50$), so fallen die nach dem Dispersions- und dem Zellenmodell berechneten Verteilungskurven zusammen, wobei sich zwischen den Modellparametern durch Vergleich von Gl. (9.165), (9.155) und (9.159) die folgende Äquivalenz ergibt.

$$N \approx \frac{Bo}{2}$$

Wenn möglich, wird man wegen der einfacheren Handhabung bei der Berechnung der Reaktoren dem Zellenmodell den Vorzug geben.

2.4.3 Mehrparametrige Modelle

Die Beschreibung des Verweilzeit-Verhaltens von realen Systemen mit den vorgestellten einparametrigen Modellen ist beschränkt auf relativ einfache Fälle. Treten z. B. großräumige Rückströmungen, Kurzschlußströmungen oder Totzonen auf, so ist eine modellmäßige Erfassung dieser Phänomene nur mit mehrparametrigen Modellen möglich. Grundelemente dieser Modelle sind ideale Reaktoren, die auf verschiedene Weise miteinander kombiniert werden (s. Abb. 9.49). Mit wachsender Anzahl der Einzelelemente und damit wachsender Parameterzahl im Modell wird es jedoch immer schwieriger, allein aus Messungen

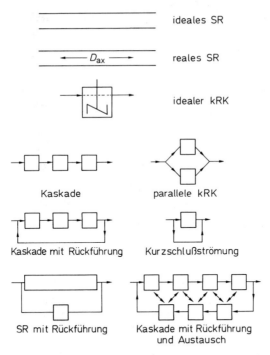

Abb. 9.49 Mehrparametrige Modelle mit Idealreaktoren als Elemente

der Verweilzeit-Verteilung physikalisch sinnvolle Parameterwerte zu ermitteln. Demzufolge muß die Vollständigkeit eines Modells auf die zur Verfügung stehende experimentelle Information abgestimmt werden [33].

2.5 Verhalten realer Reaktoren

Die vorhergehenden Abschnitte befaßten sich im wesentlichen mit der experimentellen Bestimmung der Verweilzeit-Verteilung in realen Reaktoren und deren modellmäßiger Beschreibung. Für die am häufigsten eingesetzten kontinuierlich betriebenen chemischen Reaktoren, dem mechanisch gerührten Kessel und dem Strömungsrohr sollen die Modellvorstellungen weiter vertieft und Zusammenhänge vorgestellt werden, die möglichst eine a priori Abschätzung des Reaktorverhaltens bei der Planung und Ausarbeitung eines Prozesses ermöglichen.

2.5.1 Rührkesselreaktoren

Im einfachsten Fall kann das Strömungsverhalten in einem Rührkessel durch eine Schlaufe angenähert werden (s. Abb. 9.50a). Dabei entspricht der Rührer dem Pumporgan. Die Strömung im Reaktor ist nicht frei von Rückvermischung, was durch Einführung eines Dispersionskoeffizienten oder durch Aufteilung nach dem Zellenmodell berücksichtigt wird. Van der Vusse [34] hat diese Modellvorstellung weiter verfeinert und mehrere Schlaufen am Ausgang und am Eingang des Reaktors eingeführt. Das vorgeschlagene Modell ist mathematisch jedoch schwierig zu handhaben und die Parameter sind aus einfachen Versuchen zur Verweilzeit-Verteilung nicht zu bestimmen.

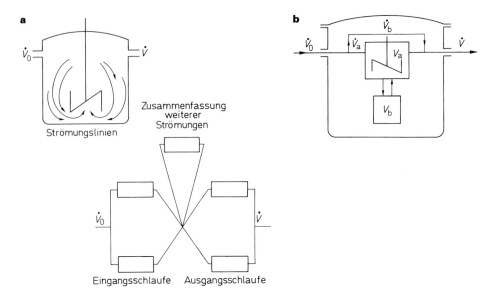

Abb. 9.50 Modelle realer kontinuierlich betriebener Rührkesselreaktoren; **a** Schlaufenmodell (nach [34]), **b** Modell mit Totzone und Kurzschlußströmung (nach [35])

Das Modell von Cholette und Cloutier [35] (s. Abb. 9.50b) berücksichtigt zwei mögliche Abweichungen vom idealen kRK: Eine Kurzschlußströmung, die dazu führt, daß ein Teil des Reaktandenstromes nicht mit dem Reaktorinhalt vermischt wird, sowie Totzonen im Reaktor und damit Bereiche, die für die Reaktion nicht zur Verfügung stehen. Das verbleibende aktive Reaktorvolumen ist dagegen vollständig (ideal) vermischt. Das vorgeschlagene Modell umfaßt somit drei Parameter: Das Verhältnis von Kurzschluß- zur Gesamtströmung, die Größe der aktiven Zone und der Totzone im Reaktor.

Die Verweilzeitsummenkurve, die nach der Modellvorstellung erwartet werden kann, läßt sich leicht aus der Stoffbilanz für den Spurstoff ableiten.

$$\dot{V}_0 = \dot{V}_a + \dot{V}_b \tag{9.167}$$
$$V = V_a + V_b$$

$$V_a \frac{dc(t)}{dt} = \dot{V}_a c_0 - \dot{V}_a c_a(t) \tag{9.168}$$

Daraus folgt nach Integration

$$\frac{c_a(t)}{c_0} = 1 - \exp\left(-\frac{\dot{V}_a \cdot t}{V_a}\right) \tag{9.169}$$

Der Stoffmengenstrom am Reaktorausgang setzt sich aus demjenigen des aktiven Reaktorvolumens und des Kurzschlußstromes zusammen, so daß sich für die F-Kurve die in Gl. (9.171) wiedergegebene Beziehung ergibt

$$\dot{V}_0 \cdot c(t) = \dot{V}_a \cdot c_a(t) + \dot{V}_b \cdot c_0 \tag{9.170}$$

$$F = \frac{\dot{V}_a}{\dot{V}_0}\left[1 - \exp\left(-\frac{\dot{V}_a \cdot t}{V_a}\right)\right] + \frac{\dot{V}_b}{\dot{V}_0} \tag{9.171}$$

$$F = 1 - \frac{\dot{V}_a}{\dot{V}_0} \exp\left(-\frac{\dot{V}_a}{\dot{V}_0} \cdot \frac{V}{V_a} \cdot \theta\right).$$

Innere Altersverteilung und Verweilzeit-Verteilung am Reaktorausgang folgen daraus zu

$$I(\theta) = 1 - F = \frac{\dot{V}_a}{\dot{V}_0} \exp\left(-\frac{\dot{V}_a}{\dot{V}_0} \frac{V}{V_a} \theta\right) \tag{9.172}$$

$$E = -\frac{dI(\theta)}{d\theta} = \left(\frac{\dot{V}_a}{\dot{V}_0}\right)^2 \frac{V}{V_a} \exp\left(-\frac{\dot{V}_a}{\dot{V}_0} \frac{V}{V_a} \cdot \theta\right) + \frac{\dot{V}_b}{\dot{V}_0} \delta(\theta). \tag{9.173}$$

Die Parameter des Modelles lassen sich relativ einfach durch Transformation in die Linearform entsprechend Gl. (9.174) aus einer graphischen Darstellung abschätzen, wie dies in Abb. 9.51 gezeigt ist.

$$\ln I(\theta) = \ln\left(\frac{\dot{V}_a}{\dot{V}_0}\right) - \left(\frac{\dot{V}_a}{\dot{V}_0} \cdot \frac{V}{V_a}\right)\theta \tag{9.174}$$

Der aktive, ideal durchmischte Anteil des Volumenstromes wird aus dem Ordinatenabschnitt, das Verhältnis von aktivem Volumen zu Gesamtvolumen aus der Geradensteigung ermittelt. Das Modell kann dazu dienen, in Modellrührkesseln den Einfluß von Rührertyp, Rührerdrehzahl, Einbauten und deren Anordnung zu untersuchen und geeignete Konstruktionen für ein Rührproblem zu entwickeln, die im Großmaßstab eingesetzt werden können.

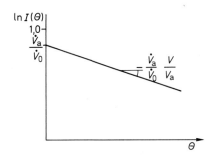

Abb. 9.51 Zur Bestimmung der Parameter des Modells nach Cholette und Cloutier

2.5.2 Strömungsrohrreaktoren

In Leerrohren kann die uneinheitliche Verweilzeit des Fluids im wesentlichen auf folgende Ursachen zurückgeführt werden:
– radiales Geschwindigkeitsprofil im laminaren Strömungsbereich und im Übergangsgebiet zu turbulenter Strömung
– molekulare Diffusion im laminaren Strömungsbereich
– turbulente Vermischung durch Wirbelbildung und Geschwindigkeitsschwankungen bei turbulenter Strömung.

Legt man das Dispersionsmodell zur Beschreibung des Rohrreaktors zugrunde, so kann der axiale Dispersionskoeffizient D_{ax} nach einer theoretisch von Taylor[36] und Aris[37] abgeleiteten Beziehung für laminare Strömung in Leerrohren bestimmt werden

$$D_{ax} = D_m + \frac{\bar{u}^2 d_R^2}{192 D_m} \quad 1 < Re < 2000 \tag{9.175}$$

D_m molekularer Diffusionskoeffizient

Nach Einführung der axialen Péclet-Zahl Pe_{ax} kann der Zusammenhang in dimensionsloser Form mit Hilfe der Reynolds-Zahl und der Schmidt-Zahl dargestellt werden.

$$\frac{1}{Pe_{ax}} = \frac{1}{Re \cdot Sc} + \frac{Re \cdot Sc}{192} \qquad (9.176)$$

$1 < Re < 2000$
$0{,}23 < Sc < 1000$

mit

$$Pe_{ax} = \frac{\bar{u} \, d_R}{D_{ax}}$$

$$Re = \frac{\bar{u} \, d_R}{v}$$

$$Sc = \frac{v}{D}$$

In Abb. 9.52a ist der Verlauf von Pe_{ax} als Funktion des Produktes $Sc \cdot Re$ wiedergegeben. Veröffentlichte experimentelle Ergebnisse [38] liegen in dem eingezeichneten schraffierten Bereich und bestätigen die Richtigkeit der oben genannten theoretischen Beziehung.

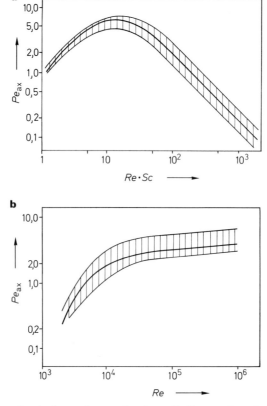

Abb. 9.52 Axiale Dispersion in Leerrohren; **a** laminare Strömung, **b** turbulente Strömung

2. Reale Reaktoren für homogene und quasi-homogene Systeme

Für voll ausgebildete turbulente Strömung leitete Taylor[36] einen Zusammenhang zwischen dem axialen Dispersionskoeffizienten und dem Reibungskoeffizienten λ_R her.

$$D_{ax} \sim \frac{\sqrt{\lambda_R}}{2} \bar{u} \cdot d_R \tag{9.177}$$

Nach Blasius ergibt sich für glatte Rohre die folgende einfache Beziehung[39]

$$\lambda_R \sim Re^{-0,25} \quad 3 \cdot 10^3 < Re < 10^5, \tag{9.178}$$

so daß schließlich der folgende Zusammenhang zwischen Pe-Zahl und Re-Zahl bei ausgebildeter turbulenter Rohrströmung resultiert.

$$Pe_{ax} \sim Re^{1/8} \tag{9.179a}$$

Auf der Grundlage dieser Abhängigkeiten wurde eine empirische Beziehung aufgestellt[38], die den Umschlagsbereich von laminarer zu turbulenter Strömung mit erfaßt, und schon ab $Re = 2000$ gültig ist.

$$\frac{1}{Pe_{ax}} = \frac{3 \cdot 10^7}{Re^{2,1}} + \frac{1,35}{Re^{1/8}} \tag{9.179b}$$

In Abb. 9.52b sind die nach Gl. (9.179b) berechneten Werte für Pe_{ax} dargestellt. Die zahlreichen veröffentlichten experimentellen Ergebnisse liegen in dem schraffierten Bereich. Ausgehend von relativ niedrigen Werten, steigt die axiale Péclet-Zahl mit zunehmender Re-Zahl zunächst steil an und nähert sich einem Grenzwert, der für die gemessenen Werte bei $Pe_{ax} \approx 6$ liegt.

Die Verweilzeit-Verteilung in einem realen Strömungsrohr wird nach dem Dispersionsmodell durch die Bodensteinzahl bestimmt.

$$Bo = \frac{\bar{u} L}{D_{ax}} = Pe_{ax} \cdot \frac{L}{d_R}$$

Mit zunehmenden Bo-Zahlen wird die Verweilzeit-Verteilung enger und nähert sich schließlich dem Verhalten des idealen Strömungsrohres an (s. Abb. 9.46, S. 333). Durch die Wahl eines geeigneten Verhältnisses von Rohrlänge zu Durchmesser kann daher im turbulenten Strömungsbereich die Dispersion weitgehend zurückgedrängt werden. Wird $Bo > 100$, kann zur Reaktorauslegung in den meisten Fällen das Modell des Idealrohrs verwendet werden.

Im laminaren Strömungsbereich ist dagegen die Dispersion im Rohrreaktor nicht mehr zu vernachlässigen. Vor allem bei langsamen Flüssigphasenreaktionen und Reaktionen in zähen Medien (z. B. Polymerisationen) kann ein Leerrohr als Reaktor nicht mehr verwendet werden. Das Verweilzeit-Verhalten muß dann durch spezielle Einbauten, wie statische Mischer[22] oder in einfachen Fällen durch Füllkörper verbessert werden.

Der Einfluß von Füllkörpern auf das Dispersionsverhalten ist in den Abb. 9.53a und b gezeigt. Aufgetragen ist die Pe_{ax}-Zahl in Abhängigkeit von der Re-Zahl in Festbettreaktoren. Im Bereich $Re_p > 1$ liegen die beobachteten Werte bei $0,5 < Pe_{ax} < 2$. Für Flüssigkeitsströmung wurde die folgende empirische Beziehung vorgeschlagen; die mit in Abb. 9.53a eingetragen ist.

$$\varepsilon \cdot Pe_{ax,p} = 0,2 + 0,011 \, Re_p^{0,48} \tag{9.180}$$

mit

$$Pe_{ax,p} = \frac{\bar{u} \cdot d_p}{D_{ax}}$$

$$Re_p = \frac{\bar{u} \cdot d_p}{\nu}$$

$$\bar{u} = \frac{\dot{V}}{S}$$

ε ist der Leerraumanteil des Festbettes. Die Kennzahlen sind auf den Partikeldurchmesser bezogen und mit der Leerrohrgeschwindigkeit berechnet.

Bei Gasströmung in Festbettreaktoren strebt die Pe_{ax}-Zahl einem Grenzwert von $Pe_{ax} \approx 2$ für hohe Re-Zahlen zu (s. Abb. 9.53 b). Die Meßergebnisse lassen sich im Bereich von

$$0{,}008 < Re_p < 400, \quad 0{,}28 < Sc < 2{,}2$$

mit der nachstehenden Korrelation beschreiben[38].

$$\frac{1}{Pe_{ax,p}} = \frac{0{,}3}{Re_p \cdot Sc} + \frac{0{,}5}{1 + 3{,}8/(Re_p \cdot Sc)} \tag{9.181}$$

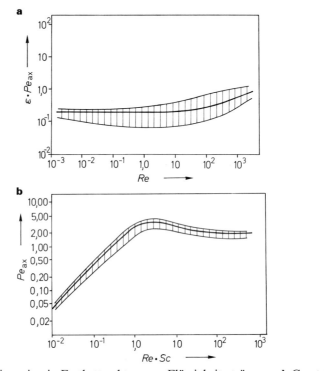

Abb. 9.53 Axiale Dispersion in Festbettreaktoren; **a** Flüssigkeitsströmung, **b** Gasströmung

2.6 Einfluß der Verweilzeit-Verteilung und der Vermischung auf die Leistung realer Reaktoren

Bei gleicher mittlerer Verweilzeit werden Umsatz und Selektivität einer Reaktion von der Verweilzeit-Verteilung und, wie noch gezeigt werden wird, von der Qualität und dem Zeitpunkt der Vermischung im Reaktor abhängen. Je größer die Vermischung in einem Reaktor ist, um so mehr wird er sich in seinem Verhalten dem eines kontinuierlich betriebenen vollständig durchmischten Reaktors annähern. Dementsprechend wird z. B. die Leistung bei Reaktionen mit formal positiver Reaktionsordnung bei konstanter mittlerer Verweilzeit im Reaktor mit zunehmender Dispersion abnehmen.

2.6.1 Reaktionen erster Ordnung

Sind die Reaktionsgeschwindigkeiten direkt proportional zu den Reaktandenkonzentrationen, so ist zur Berechnung von Umsatz und Selektivität in einem realen Reaktor lediglich die Kenntnis der Verweilzeit-Verteilung notwendig. Es ist in diesem Fall gleichgültig, durch welche physikalischen Ursachen die Verweilzeit-Verteilung hervorgerufen wird. Die Reaktorleistung kann daher bei bekannter Formalkinetik direkt aus der Verweilzeit-Verteilungskurve bzw. mit Hilfe mathematischer Modelle ermittelt werden, für die lediglich zu fordern ist, daß sie die Verweilzeit-Verteilung im Reaktor befriedigend beschreiben.

Man kann sich z. B. vorstellen, daß sich die Verweilzeit-Verteilung im betrachteten Reaktor durch eine Reihe paralleler idealer Strömungsrohre unterschiedlicher Länge darstellen läßt, die von der Reaktionsmasse mit gleicher Geschwindigkeit durchströmt werden (s. Abb. 9.54). Der Umsatz am Ende eines jeden Rohres mit definierter Verweilzeit läßt sich dann leicht berechnen (s. Abschn. 1.4, S. 297).

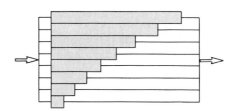

Abb. 9.54 Modell idealer paralleler Strömungsreaktoren

Nach dem Austritt werden die verschiedenen Ströme, die unterschiedliche Verweilzeiten haben, vereinigt und es resultiert ein mittlerer Umsatz bzw. eine mittlere Reaktandenkonzentration. Bei bekannter Verweilzeit-Verteilung und Kinetik ergibt sich folglich:

mittlerer Umsatz am Reaktorausgang	$= \Sigma$	Umsatz im Volumenelement mit der Verweilzeit t	$\cdot$	Anteil des Gesamtstromes mit der Verweilzeit t

$$\bar{X} = \int_0^1 X(t)\, dF(t) \tag{9.182}$$

bzw. mit $dF = E(t)\,dt$

$$\bar{X} = \int_0^\infty X(t)\, E(t)\, dt \tag{9.183}$$

$X(t)$ ist der aus dem kinetischen Ansatz berechnete Umsatz als Funktion der Reaktionszeit. Für eine einzige irreversible Reaktion erster Ordnung ergibt sich beispielsweise für die

Schlüsselkomponente A_1 mit

$$X(t) = 1 - \exp(-kt)$$

$$\bar{X} = \int_{t=0}^{\infty} [1 - \exp(-kt)] \, E(t) \, dt$$

Legt man das bekannte Verweilzeit-Verhalten eines idealen Strömungsrohres und eines ideal vermischten Reaktors zugrunde, so folgt:

– Ideales Strömungsrohr mit $\varrho = \text{const.}$

$$\bar{X} = \int_{t=0}^{\infty} [1 - \exp(-kt)] \, \delta(t - \tau) \, dt = 1 - \exp(-k\tau)$$

– Idealer kontinuierlich betriebener Rührkesselreaktor

$$\bar{X} = \int_{t=0}^{\infty} [1 - \exp(-kt)] \, \frac{1}{\tau} \exp\left(-\frac{t}{\tau}\right) dt = \frac{k\tau}{1 + k\tau}.$$

Die Ergebnisse stimmen mit den aus den Stoffbilanzen erhaltenen Beziehungen überein (s. Abschn. 1.3, S. 290, und 1.4, S. 297).

Liegen Vorstellungen über das Verhalten des realen Reaktors vor, so lassen sich selbstverständlich die in Abschn. 2.4 und 2.5 (S. 331 und S. 337) vorgestellten Modelle zur Berechnung der Reaktorleistung und der Produktverteilung heranziehen. Diese Vorgehensweise ist vor allem für die Dimensionierung von Reaktoren von Bedeutung.

Für die Auslegung eines realen Strömungsrohrreaktors können z. B. die in Abschn. 2.5.2 (s. S. 339) gegebenen Informationen über das Dispersionsverhalten in leeren und gepackten Rohren herangezogen werden. Mit dem Dispersionsmodell ergibt sich dann die folgende Stoffbilanz für die Ausgangskomponente A_1 bei stationärem Betrieb

$$u \frac{dc_1}{dz} - D_{ax} \frac{d^2 c_1}{dz^2} - R_1 = 0 \qquad (9.184)$$

bzw. in dimensionsloser Form:

$$-\frac{dX}{dZ} - \frac{\tau(R_1)}{c_{1,0}} + \frac{D_{ax}}{u \cdot L} \frac{d^2 X}{dZ^2} = 0 \qquad (9.185)$$

Für eine irreversible Reaktion erster Ordnung und die Randbedingungen eines beidseitig geschlossenen Systems (s. Abb. 9.45, S. 332) läßt sich für Gl. (9.184) eine analytische Lösung angeben.

Als Randbedingungen werden üblicherweise die von Danckwerts[27] vorgeschlagenen verwendet (s. auch [40])

– Reaktoreingang ($z = 0$)

$$u \cdot c_{1,0} = u \cdot c_1(0) - D_{ax} \left[\frac{dc_1}{dz}\right]_0 \qquad (9.186a)$$

– Reaktorausgang ($z = L$)

$$\left[\frac{dc_1}{dz}\right]_L = 0 \qquad (9.186b)$$

Mit $c_{1,0}$ wird die Konzentration im anströmenden Frischgas, also bei $z \to -\infty$ bezeichnet, während $c_1(0)$ die Konzentration im Eingangsquerschnitt des Reaktors bedeutet. Ein-

2. Reale Reaktoren für homogene und quasi-homogene Systeme

gangsbedingung Gl. (186a) besagt, daß am Reaktoreingang ein Konzentrationssprung auftritt, der durch den effektiven Diffusionsstrom $-D_{ax}(dc_1/dz)$ bei ausgebildetem Konzentrationsprofil bestimmt wird. Die Randbedingung Gl. (9.186b) ergibt sich aus der Überlegung, daß nach dem Reaktoraustritt keine Konzentrationsänderungen mehr erfolgen können, da dort weder Stoffe verbraucht noch erzeugt werden.

Gl. 9.185 wurde erstmals von Wehner und Wilhelm [41] gelöst. In dimensionsloser Form erhält man den Restanteil der Schlüsselkomponente (f) mit

$$Bo = u \cdot L/D; \quad \tau = L/u$$

$$Da\,\mathrm{I} = k\tau; \quad a = \sqrt{1 + 4\,Da\,\mathrm{I}/Bo}$$

$$f = \frac{4a \exp(Bo/2)}{(1+a)^2 \exp(a\,Bo/2) - (1-a)^2 \exp(-a\,Bo/2)}. \tag{9.187}$$

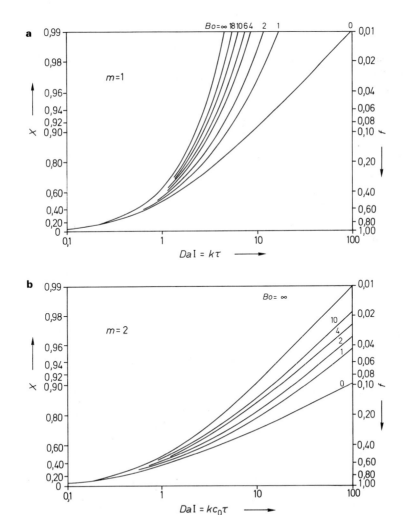

Abb. 9.55 Umsatz in Abhängigkeit von der Damköhler-Zahl für verschiedene Bodenstein-Zahlen (irreversible Reaktion 1. und 2. Ordnung bei vollständiger Segregation)

Der erreichbare Umsatz im Rohrreaktor hängt daher von den beiden dimensionslosen Größen, der Damköhler-Zahl ($Da\,\mathrm{I}$) und der Bodenstein-Zahl (Bo) ab. Für $Bo \to \infty$ geht das Verhalten des Reaktors in das eines idealen Strömungsrohres mit Propfenströmung über. Bei $Bo \to 0$ herrscht vollkommene Vermischung und die Reaktorleistung entspricht der eines ideal durchmischten Reaktors. Für dazwischenliegende Parameterwerte sind die Umsätze für verschiedene $Da\,\mathrm{I}$-Zahlen in Abb. 9.55 gezeigt.

Für kleine Abweichungen vom Idealverhalten ($Bo > 100$) werden die Verweilzeit-Verteilungskurven symmetrisch und der Restanteil der Schlüsselkomponente A_1 ergibt sich zu [42]

$$f = \frac{c_1}{c_{1,0}} = \exp\left[-k\tau + \frac{(k\tau)^2}{Bo}\right] = \exp\left[-Da\,\mathrm{I} + \frac{(Da\,\mathrm{I})^2}{Bo}\right] \tag{9.188}$$

Bei gleichen Reaktorvolumina (konstanter $Da\,\mathrm{I}$-Zahl) ist das Verhältnis der erreichbaren Endkonzentrationen im realen und idealen Strömungsrohrreaktor

$$\frac{(c_1)_{\mathrm{rSR}}}{(c_1)_{\mathrm{idSR}}} = \exp\left[\frac{(k\tau)^2}{Bo}\right] = \exp\left[\frac{(Da\,\mathrm{I})^2}{Bo}\right]. \tag{9.189}$$

Wesentliche Abweichungen vom Idealverhalten des Strömungsrohrreaktors sind insbesondere dann zu erwarten, wenn die Zeitkonstante der Reaktion bedeutend kleiner ist als die Zeitkonstante der Konvektion, d.h. wenn sehr hohe Umsätze gefordert werden.

2.6.2 Reaktionen mit nicht-linearer Kinetik

Ist die Reaktionsgeschwindigkeit eine nicht-lineare Funktion der Reaktandenkonzentrationen, so reicht die Kenntnis der Verweilzeit-Verteilung allein nicht mehr aus, um die Leistung eines realen Reaktors zu berechnen [43]. Dies soll am klassischen Beispiel einer Kombination aus ideal durchmischtem Reaktor und idealem Strömungsrohr diskutiert werden.

Nach Abb. 9.56a ist das Strömungsrohr vor dem Rührkesselreaktor angeordnet, in der Konfiguration b befindet sich der Rührkessel an erster Stelle. Man macht sich leicht klar, daß für beide Anordnungen dieselbe Verweilzeit-Verteilung resultiert, die für den Fall gleicher Volumina von Strömungsrohr und Rührkessel und konstanter Dichte des Fluids in Gl. (9.190) wiedergegeben ist.

$$E(t) = \frac{2}{\tau} \exp\left[-\frac{(2t-\tau)}{\tau}\right] \quad t \geq \tau/2 \tag{9.190}$$

Mit τ wird dabei die Gesamtverweilzeit im System bezeichnet.

Während der Umsatz bei einer Reaktion erster Ordnung unabhängig von der Anordnung ist und sich in beiden Fällen zu

$$X = 1 - \frac{\exp(-k\tau/2)}{1 + k\tau/2} = 1 - \frac{\exp(-Da\,\mathrm{I}/2)}{1 + Da\,\mathrm{I}/2}$$

ergibt, hängt der Umsatz bei einer Reaktion zweiter Ordnung von der gewählten Anordnung a oder b ab.

Wird der Rührkessel vor das Strömungsrohr geschaltet, so sinkt die Reaktandenkonzentration sofort auf die niedrige Kesselablaufkonzentration. Die Reaktionsgeschwindigkeit im Kessel und am Eingang des Strömungsrohres ist dementsprechend klein. Da die Reak-

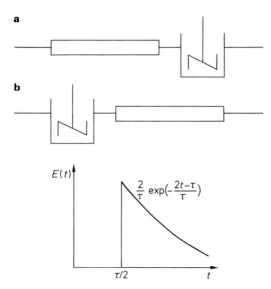

Abb. 9.56 Kombination von idealem Strömungsrohr und Rührkesselreaktor mit jeweils gleichem Reaktionsvolumen

tionsgeschwindigkeit mit dem Quadrat der Konzentration abnimmt, ist der im Strömungsrohr erreichbare Umsatz deutlich kleiner als in Anordnung a. Quantitativ ergibt sich mit $r = k_2 \cdot c_1^2$ und $Da\,\mathrm{I} = k_2 \cdot \tau \cdot c_{1,0}$ für den Restanteil A_1 (s. Abschn. 1, S. 270):

– Anordnung a

$$1 - X = f = \frac{-1 + \sqrt{1 + \dfrac{2\,Da\,\mathrm{I}}{1 + Da\,\mathrm{I}/2}}}{Da\,\mathrm{I}}$$

– Anordnung b

$$1 - X = f = \frac{-1 + \sqrt{1 + 2\,Da\,\mathrm{I}}}{Da\,\mathrm{I} + Da\,\mathrm{I}/2\,(-1 + \sqrt{1 + 2\,Da\,\mathrm{I}})}$$

Allgemein folgt, daß bei Reaktionen mit nicht-linearer Kinetik der erreichbare Umsatz von der Reaktoranordnung abhängt. Im vorgestellten Beispiel wird bei Reaktionen mit $m > 1$ unter sonst gleichen Bedingungen ein höherer Umsatz in Anordnung a erreicht. Für eine Reaktion mit einer Reaktionsordnung $m < 1$ gilt das Umgekehrte. Zur Reaktorberechnung ist daher neben der Verweilzeit-Verteilungskurve zusätzlich die Aufstellung eines physikalischen, die hydrodynamischen Vorgänge beschreibenden Modells notwendig. Solche Modelle sind z. B. die in Abschn. 2.5.1 und 2.5.2 (s. S. 337 und 339) vorgestellten für reale Rührkessel- und Strömungsrohrreaktoren. Die Reaktorauslegung erfolgt dann über eine Stoffbilanz.

Segregation in realen Reaktoren

In den bisherigen Überlegungen wurde davon ausgegangen, daß die Reaktionsmasse an jedem Ort des Reaktors bis in den molekularen Bereich hinein vermischt ist. Man spricht in solchen Fällen von einem Mikrofluid und von maximaler Vermischung. Niederviskose

Flüssigkeiten und Gase mit Ausnahme von Flammen fallen fast immer in diese Kategorie. Bilden sich jedoch Volumenelemente, die aus etwa 10^{10} bis 10^{12} Molekülen bestehen, so kommt es im molekularen Bereich zu Inhomogenitäten und damit zu örtlichen Konzentrationsdifferenzen. Im Extremfall behalten diese Volumenelemente, die klein sind im Vergleich zur Reaktordimension, ihre Identität während ihrer gesamten Aufenthaltszeit im Reaktor, d. h. der Inhalt der Aggregate wird nicht mit der Umgebung ausgetauscht. Dieser Zustand wird als vollständige Segregation bezeichnet, die Reaktionsmischung als Makrofluid. Vollständige Segregation liegt z. B. in heterogenen Systemen wie Suspensionen oder Emulsionen vor, in denen die Reaktion in einer Partikel oder in einem Tröpfchen abläuft. Ein Konzentrationsausgleich zwischen den Elementen ist hier physikalisch nicht möglich. In einphasigen Systemen wird es dagegen, abhängig von der Turbulenz im Reaktor, der Viskosität und der molekularen Diffusion im Fluid zu einem partiellen Austausch zwischen den einzelnen Volumenelementen während der Verweilzeit im Reaktor kommen, so daß lediglich eine partielle Segregation vorliegt [44].

Das Ausmaß der Segregation in einphasigen Systemen hängt von drei charakteristischen Zeitkonstanten ab.

- t_r der Relaxationszeit der chemischen Reaktion,
- t_D der Mikromischzeit, die die Ausgleichsvorgänge im Reaktor charakterisiert,
- τ der mittleren Verweilzeit, die die Strömungsverhältnisse charakterisierende Zeitkonstante.

Ist z. B. die Relaxationszeit der Reaktion sehr viel kleiner als die Mischzeit ($t_r \ll t_D$), so können sich die durch Reaktion hervorgerufenen Konzentrationsunterschiede nicht genügend schnell ausgleichen und es entstehen Volumenelemente unterschiedlicher Zusammensetzung. Entsprechend kann bei getrennter Zuführung von Stoffströmen keine ideale Vermischung der Reaktionsmasse erwartet werden, wenn die hydrodynamische Verweilzeit kürzer als die Mischzeit im Reaktor ist ($\tau \ll t_D$).

Die Ausgleichsvorgänge zwischen den einzelnen Molekülaggregaten werden im wesentlichen durch die molekulare Diffusion bestimmt, wenn deren Größe in die charakteristische Abmessung l der mikroturbulenten Wirbel kommt. Sie können z. B. nach der sog. Turbulenztheorie von Kolmogoroff [45] wie folgt abgeschätzt werden

$$l = \left(\frac{v^3}{\varepsilon}\right)^{1/4}. \tag{9.191}$$

Die Abmessungen der Volumenelemente hängen daher von der kinematischen Viskosität des Fluids v und der pro Masseneinheit dissipierten Energie ε ab.

Die Mikromischzeit, die die Ausgleichsvorgänge durch molekulare Diffusion zwischen den Volumenelementen mit der Dimension l bestimmt, ergibt sich zu

$$t_D = \frac{l^2}{D_m}. \tag{9.192}$$

Beträgt die Energiedissipation in einem industriellen Rührkessel beispielsweise $\varepsilon = 1\ W \cdot kg^{-1}$ und handelt es sich bei dem Reaktionsgemisch um eine wäßrige Lösung mit $v = 10^{-6}\ m^2 \cdot s^{-1}$, so wird nach Gl. (9.191) die charakteristische Dimension eines Volumenelementes zu $l = 32\ \mu m$ berechnet.

Mit $D_m \approx 10^{-9}\ m^2 \cdot s^{-1}$, erhält man eine charakteristische Austauschzeit von etwa einer Sekunde, so daß eine Segregation lediglich bei sehr schnellen Reaktionen, deren Reaktionszeiten in dieselbe Größenordnung fallen, berücksichtigt zu werden braucht. In viskosen Flüssigkeiten, z. B. bei Polymerisationen oder in biologischen Systemen, können die charakteristischen Austauschzeiten dagegen bedeutend länger sein, so daß es zur Segregation kommt, die sowohl die Reaktorleistung als auch die Produktverteilung beeinflußt. Die Produktqualität von Polymeren wird z. B. wesentlich vom Segregationsgrad im Reaktor bestimmt [46].

Für vorgemischte Reaktandenströme läßt sich der Einfluß der Segregation, d. h. der örtlichen Konzentrationsdifferenz, auf die Reaktorleistung leicht anhand Abb. 9.57 verdeutlichen. Aufgetragen ist die relative Reaktionsgeschwindigkeit für irreversible Reaktionen unterschiedlicher Ordnung als Funktion der Konzentration. Die Reaktionsgeschwindigkeit ist bezogen auf die Geschwindigkeit, die sich bei der mittleren Reaktandenkonzentration $\bar{c}_1 = 1 \text{ mol} \cdot l^{-1}$ ergibt.

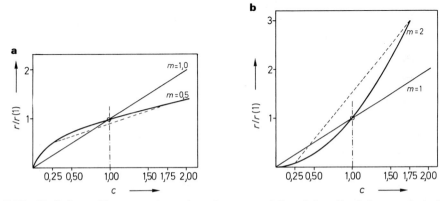

Abb. 9.57 Einfluß von Konzentrationsschwankungen auf die mittlere Reaktionsgeschwindigkeit

Bei örtlichen Konzentrationsschwankungen um den Mittelwert $\bar{c}$ bleibt die mittlere Reaktionsgeschwindigkeit für eine Reaktion erster Ordnung wegen des linearen Zusammenhanges zwischen Konzentration und Geschwindigkeit unbeeinflußt. Bei einer Reaktion 0,5ter Ordnung werden jedoch durch Konzentrationsfluktuationen unsymmetrische Schwankungen der Geschwindigkeit hervorgerufen, die dazu führen, daß die mittlere Reaktionsgeschwindigkeit $\bar{r}$ kleiner ist als die in einem homogenen System mit gleicher mittlerer Reaktandenkonzentration. Wegen der mit dem Quadrat der Konzentration steigenden Geschwindigkeit ist dagegen die mittlere Reaktionsgeschwindigkeit bei Reaktionen zweiter Ordnung größer, wenn örtliche Inhomogenitäten auftreten.

Allgemein gilt, daß die Segregation die Reaktorleistung heraufsetzt, wenn eine Reaktion mit $m > 1$ abläuft und vermindert für Reaktionen mit $m < 1$. Die Segregation hat keinen Einfluß auf die Reaktorleistung bei Reaktionen erster Ordnung.

Das für örtliche Konzentrationsschwankungen Gesagte gilt selbstverständlich auch für zeitliche Schwankungen der Reaktandenkonzentration im Reaktor, die z. B. durch ungleichmäßigen Zulauf hervorgerufen werden können.

Eine genaue Reaktorauslegung ist für ein Mikrofluid mit nicht-linearer Reaktionskinetik nur mit Hilfe fluiddynamischer Modelle möglich. Bei totaler Segregation verhält sich jedes Volumenelement wie ein kleiner diskontinuierlich betriebener Reaktor. Der Umsatz und die Produktverteilung in dem Volumenelement am Reaktorausgang sind daher nur bestimmt durch seine Aufenthaltsdauer im Reaktor, die der Reaktionszeit t_R entspricht. Die Wahrscheinlichkeit für die Aufenthaltsdauer eines Teilchens im Reaktor ist durch die Verweilzeit-Verteilungskurve gegeben, so daß sich der über alle Volumenelemente unterschiedlichen Alters am Reaktorausgang gemittelte Umsatz entsprechend Gln. (9.182) und (9.183) berechnen läßt. Bei vollständiger Segregation gilt daher unabhängig von der Reaktionskinetik

$$\bar{X} = \int_0^1 X(t)\,dF(t) \tag{9.182}$$

$$\bar{X} = \int_{t=0}^{\infty} X(t)\,E(t)\,dt. \tag{9.183}$$

Eine graphische Lösungsmethode der Gl. (9.182) wurde von Hofmann und Schönemann[47,48] vorgeschlagen, die sich vor allem anbietet, wenn kein geeignetes Modell zur Beschreibung der Reaktionskinetik vorliegt. In Abb. 9.58 gibt die Kurve 1 die experimentell bestimmte F-Kurve wieder, Kurve 2 den beispielsweise in einem Satzreaktor experimentell bestimmten Umsatzgrad der Schlüsselkomponente $X(t)$ als Funktion der Zeit. Aus den beiden Kurven läßt sich entsprechend der Abbildung eine dritte konstruieren, die einen Zusammenhang zwischen $X(t)$ und $F(t)$ herstellt. Der mittlere Umsatzgrad $\bar{X}$ im Reaktor entspricht der eingezeichneten grau getönten Fläche.

Die Differenzen im Umsatzgrad zwischen einem Mikro- und Makrofluid hängen bei nichtlinearer Kinetik von der Breite der Verweilzeit-Verteilung ab. Sie verschwinden bei einheitlicher Verweilzeit (ideales Strömungsrohr) und sie sind maximal im kontinuierlichen Rührkesselreaktor, der die breiteste Verweilzeit-Verteilung hat.

Die allgemeinen Beziehungen zur Umsatzberechnung für die Extremsituationen hinsichtlich Segregation und Verweilzeitverteilung sind in Tab. 9.5 zusammengefaßt.

Tab. 9.5 Restanteil für Mikro- und Makrofluid bei unterschiedlicher Kinetik (ϱ = const.)

Formalkinetik	ideales Strömungsrohr Mikro- od. Makrofluid	ideal vermischter Reaktor Mikrofluid	Makrofluid
Reaktionsordnung m $m \neq 1$ $DaI = c_0^{m-1} k\tau$	$f = [1+(m-1)DaI]^{1/(1-m)}$	$DaI f^m + f = 1$	$\bar{f} = \dfrac{1}{\tau}\int_0^\infty [1+(m-1)c_0^{m-1}kt]^{1/(1-m)}$ $\exp(t/\tau)\,dt$
$m = 0$ $DaI = k\tau/c_0$	$f = 1 - DaI$ $(DaI \leq 1)$ $f = 0$ $(DaI > 1)$	$f = 1 - DaI$ $(DaI \leq 1)$ $f = 0$ $(DaI > 1)$	$\bar{f} = 1 - DaI + DaI\exp(-1/DaI)$
$m = 1$ $DaI = k\tau$	$f = \exp(-k\tau)$	$f = \dfrac{1}{1+DaI}$	$\bar{f} = \dfrac{1}{1+DaI}$
$m = 2$ $DaI = k\tau \cdot c_0$	$f = \dfrac{1}{1+DaI}$	$f = \dfrac{-1+\sqrt{1+4DaI}}{2DaI}$	$\bar{f} = -Ei(-1/DaI)\dfrac{1}{DaI}\exp(1/DaI)^*$

$$* \quad -Ei(-x) = \int_x^\infty \frac{e^{-v}}{v}\,dv$$

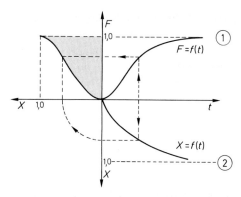

Abb. 9.58 Graphische Bestimmung des Umsatzes bei bekannter Kinetik und Verweilzeit-Verteilung des Reaktors (vollständige Segregation)

Zeitpunkt der Vermischung

Im vorigen Abschnitt wurden örtliche Inhomogenitäten in einem Reaktionsgemisch betrachtet. Kommt es aufgrund der Stoffeigenschaften zur Bildung von Volumenelementen, die während ihres Aufenthaltes im Reaktor ihre Identität nicht verlieren, so handelt es sich um ein Makrofluid.

Am Beispiel der Kombination eines idealen kontinuierlich betriebenen Rührkesselreaktors mit einem idealen Strömungsrohr wurde gezeigt, daß bei Vorliegen eines Mikrofluids, also einer Vermischung bis in den molekularen Bereich, bei nicht-linearer Reaktionskinetik der erreichbare Umsatz davon abhängt, wann Reaktanden unterschiedlichen Alters und unterschiedlicher Lebenserwartung miteinander vermischt werden. Die Verweilzeit eines Volumenelementes im Reaktor setzt sich aus seinem augenblicklichen Alter und seiner Lebenserwartung zusammen. Am Reaktoreingang befinden sich in der Nachbarschaft des Volumenelementes solche von nahezu gleichem, niedrigem Alter, jedoch mit weitgestreuten Lebenserwartungen. Am Reaktorausgang ist dagegen für alle Elemente die Lebenserwartung im Reaktor ähnlich, sie haben jedoch sehr verschiedenes Alter. Im Verlauf des Reaktordurchganges muß daher ein Austausch der Nachbarn erfolgt sein.

Bei bekannter Verweilzeit-Verteilung lassen sich zwei Extremfälle konstruieren [49].

– In den Reaktor eintretende Moleküle werden sofort an der Stelle ihres Eintritts mit solchen unterschiedlichen Alters molekular vermischt. Benachbarte Moleküle haben daher eine sehr unterschiedlich lange Zeit im Reaktor verbracht, die Aufenthaltswahrscheinlichkeit ist jedoch, da Pfropfenströmung herrschen soll, für alle Nachbarn gleich.

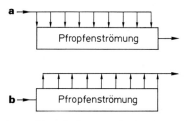

Abb. 9.59 Modell nach Zwietering; **a** Vermischung so früh wie möglich, **b** Vermischung so spät wie möglich

Die Vermischung erfolgt zum frühest möglichen Zeitpunkt, die Vermischung ist maximal. Abb. 9.59a veranschaulicht diesen Vorgang.

- Alle Moleküle treten gleichzeitig in den Reaktor ein und bleiben mit solchen gleichen Alters umgeben bis zu dem Zeitpunkt, an dem sie den Apparat verlassen. Da ein Teil von ihnen seitlich abgezogen wird, haben sie sehr unterschiedliche Lebenserwartungen. Erst am Ausgang werden die Volumenelemente, die eine verschieden lange Zeit im Reaktor verbrachten, vermischt. Die Vermischung erfolgt so spät wie möglich, sie ist minimal. Die Situation ist in Abb. 9.59b dargestellt.

Betrachtet man das zuletzt genannte Modell, so erkennt man, daß sich der mittlere Umsatz am Reaktorende durch Vermischen der aus den verschiedenen Ausgängen des idealen Strömungsrohres austretenden Reaktionsmasse ergibt. Bis zum Verlassen des Rohres ist der Umsatzgrad unbeeinflußt angestiegen. Die Situation entspricht damit der in Abb. 9.54 (S. 343) dargestellten. Man kommt also zu der bereits vorgestellten Beziehung, die für eine Makroflüssigkeit abgeleitet wurde und die unabhängig von der Kinetik für alle Reaktionssysteme gültig ist.

$$\bar{X} = \int_0^1 X(t)\, dF(t) \tag{9.182}$$

$$\bar{X} = \int_0^\infty X(t)\, E(t)\, dt \tag{9.183}$$

Bei maximaler oder frühest möglicher Vermischung wird der eintretende Reaktandenstrom sofort mit der Gesamtmasse vermischt, wodurch, abhängig vom Reaktionsfortschritt, die Konzentrationsverhältnisse verändert werden. Die Leistungsberechnung kann daher nicht mehr allein auf der Basis der Verweilzeit-Verteilung durchgeführt werden. Es wird zusätzlich ein physikalisches Modell erforderlich, das die fluiddynamischen Vorgänge im Reaktor genau beschreibt.

Einfluß der Segregation auf die Reaktorleistung und Produktverteilung

Obwohl die Gln. 9.182 und 9.183 nur gültig sind zur Reaktorauslegung bei vollständig entmischten Systemen oder Reaktionen erster Ordnung, dienen sie häufig ganz allgemein zur Abschätzung der Reaktorleistung. Der Fehler, der bei dieser Abschätzung auftritt, ist abhängig von der formalen Reaktionsordnung m und nimmt bei Verbreiterung der Verweilzeit-Verteilung und zunehmender Damköhler-Zahl $Da\,\mathrm{I}$ zu. In Abb. 9.60a sind die für Mikro- und Makroflüssigkeit berechneten Umsätze als Funktion der Da-Zahl für verschiedene Reaktionsordnungen aufgetragen. Dabei wird von der breitesten Verweilzeit-Verteilung, der eines kRK ausgegangen. Abb. 9.60b zeigt, daß die Abweichungen für die betrachteten Fälle nicht sehr gravierend sind, solange $Da\,\mathrm{I}$ bzw. der Umsatz nicht sehr groß wird.

Große Differenzen sind jedoch bei komplexen Reaktionen zu erwarten. Wird z. B. die Reaktionsgeschwindigkeit durch die Reaktionsprodukte beschleunigt (Autokatalyse) oder inhibiert (Produktinhibierung), so können sich Abweichungen um Größenordnungen ergeben[50].

Ähnliche Fehler sind für die Voraussage der Produktverteilung bei zusammengesetzten Reaktionen zu erwarten, wenn von falschen Mischzuständen ausgegangen wird. Als Beispiel sei die Molmassenverteilung eines durch radikalische Lösungsmittelpolymerisation hergestellten Polymeren angeführt[51]. Während in einem kRK bei maximaler Vermischung (Mikrofluid) eine enge Molmassenverteilung erhalten wird, steigt diese bei hohen Umsätzen auf das drei- bis vierfache, wenn totale Segregation vorliegt. Die Produktqualität ist

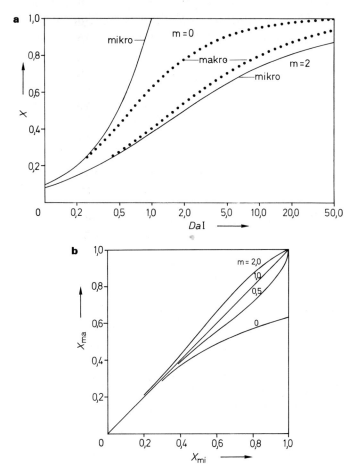

Abb. 9.60 Vergleich der erreichbaren Umsätze in einem kontinuierlich betriebenen Rührkesselreaktor bei vollständiger Segregation (X_{ma}) und maximaler Vermischung (X_{mi})

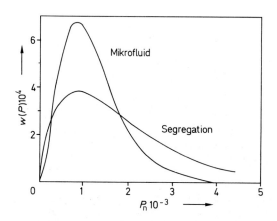

Abb. 9.61 Einfluß der Segregation auf die Molmassenverteilung ($w(P)$). Radikalische Polymerisation in einem kRK (P_n: Polymerisationsgrad)

folglich außerordentlich stark vom Segregationsgrad im Reaktor abhängig. In Abb. 9.61 ist dies für die radikalische Lösungsmittelpolymerisation von Styrol dargestellt.

Beispiel 9.20. *Verweilzeit-Verteilung in einer Flüssigkeits-Feststoff-Wirbelschicht.* Fauquex et al.[52, 53] untersuchten die Verweilzeit-Verteilung der flüssigen Phase in einer Flüssigkeits-Feststoff-Wirbelschicht. Die Anlage besteht aus einem ca. 2 m langen ummantelten Glasrohr mit einem inneren Durchmesser von 39 mm. Als Feststoff wird Silicagel einer Partikelgröße von 0,1 bis 0,16 mm verwendet. Die lineare, auf den freien Querschnitt bezogene Geschwindigkeit der flüssigen Phase liegt im Bereich von 1 bis 4 mm s^{-1}. Der radioaktive Spurstoff (^{99m}Tc) wird als Natriumpertechnetat-Lösung am Fuß der Kolonne pulsförmig eingegeben. Die Antwort des Systems wird an zwei Stellen im Abstand von 1,5 m gemessen. Das Meßsignal ist direkt proportional zur Konzentration des Spurstoffes. In Tab. 9.6 ist ein typisches Meßergebnis wiedergegeben.

Tab. 9.6 Verweilzeit-Verteilung der Flüssigkeit in einer Flüssigkeit-Feststoff-Wirbelschicht

Erste Meßstelle		Zweite Meßstelle	
t(s)	$c(t)$ (Skt.)	t(s)	$c(t)$ (Skt.)
45	57	153	91
63	1716	189	314
81	1756	225	612
99	1589	261	808
117	1299	297	883
135	1035	333	788
171	644	369	718
207	402	405	637
243	280	441	516
279	195	477	430
315	110	513	311
351	94	549	230
387	61	585	195
423	31	621	129
459	25	657	94

Skt. = Skalenteile

Die mittlere Verweilzeit $\bar{t}$ zwischen der Eingabe und der jeweiligen Meßstelle wird nach Gl. (9.125) berechnet (s. S. 324).

$$\bar{t} \approx \frac{\sum_i t_i c_i \Delta t_i}{\sum_i c_i \Delta t_i}$$

Mit den Werten aus Tab. 9.6 ergibt sich als
– mittlere Verweilzeit bis zur ersten Meßzelle

$$\bar{t}_1 = \frac{1\,133\,500 \text{ Skt} \cdot \text{s}^2}{9\,294 \text{ Skt} \cdot \text{s}} = 122 \text{ s}$$

– bis zur zweiten Meßzelle

$$\bar{t}_2 = \frac{2\,443\,860 \text{ Skt} \cdot \text{s}^2}{6\,756 \text{ Skt} \cdot \text{s}} = 361{,}7 \text{ s} \approx 362 \text{ s}$$

2. Reale Reaktoren für homogene und quasi-homogene Systeme

Die mittlere Verweilzeit zwischen den Meßstellen kann, da es sich um ein hinsichtlich der Dispersion offenes System handelt, nach der Beziehung (9.133) erhalten werden (s. S. 327).

$$\Delta \bar{t} = 362\,\text{s} - 122\,\text{s} = 240\,\text{s}$$

Die Varianzen um den Mittelwert ergeben sich aus Gl. (9.127) (s. S. 325)

$$\sigma^2 = \frac{\sum_i t_i^2 c_i \Delta t_i}{\sum_i c_i \Delta t_i} - \bar{t}^2$$

– für die erste Meßstelle

$$\sigma_1^2 = \frac{180\,880\,614\,\text{Skt}\cdot\text{s}^3}{9\,294\,\text{Skt}\cdot\text{s}} - (122)^2\,\text{s}^2 = 4578\,\text{s}^2$$

– für die zweite Meßstelle

$$\sigma_2^2 = \frac{973\,296\,384\,\text{Skt}\cdot\text{s}^3}{6756\,\text{Skt}\cdot\text{s}} - (361{,}7)^2\,\text{s}^2 = 13\,237\,\text{s}^2$$

Die im Meßabschnitt erfolgte Verbreiterung der Verweilzeit-Verteilung kann nach Gl. (9.133) aus den Differenzen der Varianzen erhalten werden.

$$\Delta \sigma^2 = \sigma_2^2 - \sigma_1^2 = 13\,237\,\text{s}^2 - 4578\,\text{s}^2 = 8659\,\text{s}^2$$

In dimensionsloser Form folgt für den Reaktorabschnitt

$$\sigma_\theta^2 = \frac{\Delta \sigma^2}{(\Delta \bar{t})^2} = \frac{8659\,\text{s}^2}{(240)^2\,\text{s}^2} = 0{,}1503.$$

Legt man das Zellenmodell zur Beschreibung der Verweilzeit-Verteilung zugrunde (s. Abschn. 2.4.2,

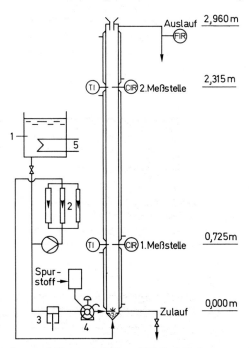

Abb. 9.62 Versuchsanordnung; 1 Vorratsbehälter (600 l), 2 Strömungsmesser, 3 Kolbendosierpumpe, 4 6-Wege-Ventil, 5 Behälterheizung; TI = Temperaturanzeige, FIR = Durchflußregistrierung, CIR = Registrierung der elektrischen Leitfähigkeit

S. 336), so sollte sich der Reaktor wie eine Kaskade verhalten, die aus 6,7 hintereinander geschalteten idealen Rührkesseln gleichen Volumens besteht (s. Gl. (9.165))

$$N = \frac{1}{\sigma_\theta^2}.$$

Eine ebenfalls in Abschn. 2.2.3 (s. S. 325) beschriebene Methode zur Charakterisierung der Verweilzeit geht direkt von den an den Stellen 1 und 2 gemessenen Konzentrations-Zeit-Funktionen aus. Im vorliegenden Beispiel wurde die Eingangs- und Ausgangsfunktion durch jeweils 450 Meßwerte im Kleinrechner gespeichert. Auf der Grundlage des Zellmodells wird eine Verweilzeit-Verteilungskurve ($E(t)$) berechnet und mit der Eingangsfunktion gefaltet. Berechnete und gemessene Ausgangsfunktionen werden miteinander verglichen und durch Variation der Modellparameter ($\bar{t}$ und Kesselzahl N) werden die bestmöglichen Parameterwerte angepaßt. Als Ergebnis wird nach dieser Methode für den Reaktorabschnitt zwischen den Meßstellen erhalten.

$\bar{t} = 224$ s

$N = 8{,}1$ Idealkessel

In Abb. 9.63 sind die Ergebnisse der Messung und Modellrechnung wiedergegeben. Zur Berechnung der Ausgangsfunktion (Meßstelle 2) wurde die gemessene Eingangsfunktion mit der nach dem Zellenmodell berechneten Verweilzeit-Verteilung gefaltet. Man erkennt, daß sowohl die Momentenmethode als auch die Methode der Modellparameteroptimierung zu recht befriedigenden Ergebnissen führen.

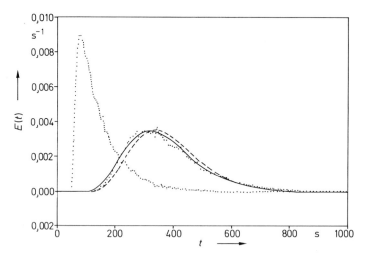

Abb. 9.63 Gemessene und berechnete Verweilzeit-Verteilung
..... Messung
Kaskadenmodell
——— $\bar{t} = 224$ s, $N = 8{,}1$ (direkte Parameteroptimierung)
--- $\bar{t} = 240$ s, $N = 6{,}7$ (Momentenmethode)

Beispiel 9.21. *Verweilzeitverteilung in einem realen kontinuierlich betriebenen Rührkesselreaktor.* Die Reaktionsmasse in einem kRK nimmt ein Volumen von $V = 1{,}5$ m^3 ein. Der Durchsatz beträgt $\dot{V}_0 = 30$ l · min^{-1}. Zur Messung der Verweilzeit-Verteilung wird ein inerter Spurstoff am Reaktoreingang in Form einer Sprungfunktion zugegeben. Für die am Reaktorausgang gemessene F-Kurve werden die folgenden Werte erhalten:

2. Reale Reaktoren für homogene und quasi-homogene Systeme

t (min)	$F = c/c_0$	t (min)	$F = c/c_0$
5	0,29	45	0,73
10	0,37	50	0,76
15	0,44	60	0,81
20	0,51	70	0,85
25	0,56	80	0,88
30	0,61	90	0,91
35	0,65	100	0,93
40	0,69		

Eine Auftragung von F in Abhängigkeit von t/τ ergibt eine deutliche Abweichung des Verweilzeit-Verhaltens von dem eines idealen kRK (Abb. 9.64). So läßt die hohe Konzentration zu Anfang des Experimentes auf eine Kurzschlußströmung schließen. Legt man das Modell von Cholette und Cloutier zugrunde (s. Abschn. 2.5.1, S. 337), so kann der Anteil der Kurzschlußströmung und eine eventuell nicht durchströmte Zone (Totzone) aus der inneren Altersverteilung abgeschätzt werden (Gl. (9.174)).

$$\ln I(\theta) = \ln\left(\frac{\dot{V}_a}{\dot{V}_0}\right) - \left(\frac{\dot{V}_a}{\dot{V}_0} \cdot \frac{V}{V_a}\right)\theta = a - b\theta$$

Auftragung von $\ln I(\theta)$ als Funktion von θ ergibt eine Gerade mit der Steigung $b = 1,23$ und dem Ordinatenabschnitt $a = -0,186$. Daraus folgt, daß ca. 17% des Gesamtstromes als Kurzschlußströmung zu betrachten sind. Die Totzone umfaßt ca. 32% des Gesamtvolumens.

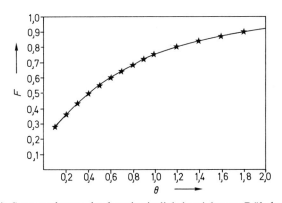

Abb. 9.64 Verweilzeit-Summenkurve des kontinuierlich betriebenen Rührkesselreaktors

Beispiel 9.22. Umsatzberechnung in einem realen Strömungsrohr. Eine volumenbeständige Reaktion $A_1 \to A_2$ verlaufe nach erster Ordnung, wobei $k = 0,03\ s^{-1}$ sei. Es soll der mittlere Umsatz in einem realen Reaktor berechnet werden, dessen Verweilzeit-Verteilung am Reaktorausgang nach der Pulsmethode gemessen wurde. Folgender Konzentrationsverlauf des Tracers ($c(t)$) wurde gemessen:

t (s)	$c(t)$ (g · m^{-3})	t (s)	$c(t)$ (g · m^{-3})
25	2,0	150	3,7
50	7,5	175	2,3
75	9,1	200	1,5
100	8,0	225	0,8
125	5,8	250	0,5

Auswertung der Meßpunkte nach der Momentenmethode ergibt:

$$\bar{t} = \frac{\sum_i t c_i \Delta t_i}{\sum_i c_i \Delta t_i} = \frac{104\,875 \text{ g} \cdot \text{m}^{-3} \cdot \text{s}^2}{1\,030 \text{ g} \cdot \text{m}^{-3} \cdot \text{s}} = 102 \text{ s}$$

$$\sigma^2 = \frac{\sum_i t^2 c_i \Delta t_i}{\sum_i c_i \Delta t_i} - \bar{t}^2 = \frac{13\,181\,250 \text{ g} \cdot \text{m}^{-3} \cdot \text{s}^3}{1\,030 \text{ g} \cdot \text{m}^{-3} \cdot \text{s}} - (102)^2 \text{ s}^2 = 2\,393 \text{ s}^2$$

$$\sigma_\theta^2 = \frac{\sigma^2}{\bar{t}^2} = \frac{2\,393 \text{ s}^2}{(102)^2 \text{ s}^2} = 0{,}230.$$

Nach dem Zellenmodell folgt daraus formal für die Anzahl der kRK gleichen Volumens

$$N = \frac{1}{\sigma_\theta^2} = \frac{1}{0{,}23} = 4{,}35.$$

Der mittlere Umsatz im Reaktor kann aufgrund der Modellvorstellung ermittelt werden. Nach den Beziehungen, die in Abschn. 1.5.1 (s. S. 310) vorgestellt wurden, ergibt sich der Umsatz in einer Kaskade mit N Kesseln und einer Kinetik erster Ordnung zu

$$X = 1 - \frac{1}{(1 + k\tau/N)^N}.$$

Für das gewählte Beispiel

$$X = 1 - \frac{1}{(1 + 3{,}06/4{,}35)^{4{,}35}} = 0{,}9014.$$

Der mittlere Umsatz kann jedoch auch direkt aus der Verweilzeit-Verteilung entsprechend den Beziehungen (9.182) und (9.183) berechnet werden. Danach folgt

$$\bar{X} = \int_{t=0}^{\infty} X(t) E(t) \, dt \approx \sum X(t) E(t) \Delta t.$$

Die Berechnung wird anhand Tab. 9.7 verdeutlicht.

Tab. 9.7 Berechnung des mittleren Umsatzes aus der Verweilzeit-Verteilung

t (s)	$X(t) = 1 - \exp(-kt)$	$E(t) = \dfrac{c(t)}{\sum c(t)\Delta t}$	$X(t)\, E(t)\, \Delta t$
25	0,5276	0,0019	0,0256
50	0,7769	0,0073	0,1414
75	0,8946	0,0088	0,1976
100	0,9502	0,0078	0,1845
125	0,9765	0,0056	0,1375
150	0,9885	0,0036	0,0888
175	0,9948	0,0022	0,0555
200	0,9975	0,0015	0,0363
225	0,9988	0,0008	0,0194
250	0,9994	0,0005	0,0121
		$\sum X(t) E(t) \Delta t =$	0,8988

Das Beispiel zeigt, daß beide Methoden praktisch zu dem gleichen Ergebnis führen.

3. Reaktoren für heterogene Fluid-Feststoff-Reaktionen

Bei heterogenen Fluid-Feststoffreaktionen soll zwischen heterogen-katalysierten und solchen unterschieden werden, bei denen der Feststoff als Reaktionspartner verbraucht wird. Dient der eingesetzte Feststoff als Katalysator, dessen Aktivität sich im Laufe der Zeit nicht oder nur sehr langsam verändert, so wird in den überwiegenden Fällen ein Festbettreaktor eingesetzt werden. Das Fluid durchströmt dabei kontinuierlich die Katalysatorschicht. Handelt es sich dagegen bei dem Feststoff um einen Reaktionspartner, der umgesetzt wird, oder um Katalysatoren, deren Aktivität sich sehr schnell ändert, so muß auch der Feststoff kontinuierlich zu- und abgeführt werden. Reaktortypen, die eine für beide Phasen kontinuierliche Reaktionsführung erlauben, sind Wanderbetten (moving bed), Wirbelschichten oder Flugstaubwolken. Eine schematische Übersicht über mögliche Verfahrensweisen ist in Abb. 8.9 (s. S. 248) wiedergegeben [54].

Die folgenden Ausführungen befassen sich hauptsächlich mit Gas-Feststoff-Reaktionen, sind jedoch prinzipiell für Flüssig-Fest-Systeme übertragbar.

3.1 Heterogen-katalytische Festbettreaktoren

Die überwiegende Zahl heterogen katalysierter Gasreaktionen wird großtechnisch in Festbettreaktoren durchgeführt, die sich jedoch hinsichtlich der Reaktionsführung sehr stark unterscheiden können. Wegen der geringen Wärmekapazität der Gase ist bei stark exothermen und endothermen Reaktionen dem thermischen Verhalten der Reaktoren besondere Aufmerksamkeit zu widmen. Ungenügende Wärmeabfuhr kann zu außerordentlich steilen axialen und radialen Temperaturprofilen führen und damit die Lebensdauer des Katalysators, die Reaktorleistung und die Selektivität drastisch herabsetzen. Der Abschätzung von Konzentrations- und Temperaturprofilen im Reaktor kommt daher eine große Bedeutung zu.

3.1.1 Druckabfall in Festbettreaktoren

Der Druckabfall in Festbettreaktoren kann vor allem bei kleinkörnigen Katalysatoren und bei Reaktionen mit Kreisgasführung von Wichtigkeit für die Wirtschaftlichkeit eines Verfahrens werden. Allgemein werden die Reaktoren von oben nach unten durchströmt, um eine Auflockerung und Wirbelung des Feststoffes zu vermeiden.

Der Druckabfall kann aus der Impulsbilanz berechnet werden (s. Kap. 5, S. 94):

$$\frac{dp}{dz} = \frac{\lambda_R \varrho_f u^2}{2 d_p} \qquad (9.193)$$

mit $p = p_0$ für $z = 0$.

Der Reibungskoeffizient (friction factor) kann nach Ergun[55] abgeschätzt werden

$$\frac{\lambda_R}{2} = \frac{1-\varepsilon}{\varepsilon^3}\left(1{,}75 + 150\,\frac{1-\varepsilon}{Re}\right). \qquad (9.194)$$

Die Re-Zahl ist dabei auf den äquivalenten Durchmesser der Partikel bezogen

$$Re = \frac{d_p u}{v}$$

$$d_p = \frac{6 V_p}{A_p}. \tag{9.195}$$

V_p ist das Partikelvolumen und A_p die äußere Oberfläche der Teilchen. Der Gültigkeitsbereich der Ergun-Beziehung umfaßt den laminaren und den turbulenten Strömungsbereich bis zu Werten von $Re/(1-\varepsilon) = 500$.

Eine etwas modifizierte Beziehung für den Reibungskoeffizienten wurde von Tallmadge[56] angegeben, deren Gültigkeitsbereich bei $10^{-1} < Re/(1-\varepsilon) < 10^5$ liegt.

$$\frac{\lambda_R}{2} = \frac{1-\varepsilon}{\varepsilon^3} \left[4{,}2 \left(\frac{1-\varepsilon}{Re} \right)^{1/6} + 150 \frac{1-\varepsilon}{Re} \right] \tag{9.196}$$

3.1.2 Adiabate Festbettreaktoren

Wenn immer möglich, sollte aus ökonomischen Gründen der adiabatischen Reaktionsführung der Vorzug gegeben werden. Bei nicht zu kleinen Verhältnissen von Reaktorlänge zu Teilchendurchmesser kann ohne großen Fehler Propfenströmung zur Reaktorauslegung vorausgesetzt werden. Für Gase sollte $L/d_p > 100$ und für Flüssigkeiten $L/d_p > 200$ eingehalten werden (vgl. Abschn. 2.5.2, S. 339). Die dann zum Erreichen eines bestimmten Umsatzgrades notwendige mittlere hydrodynamische Verweilzeit ergibt sich nach Abschn. 1.4 (s. S. 297)

$$\tau = \frac{V}{\dot{V}_0} = c_{1,0} \cdot \int_{X_0}^{X_L} \frac{dX}{-R_1(X,T)}. \tag{9.197}$$

Zur Lösung der Gleichung muß die Abhängigkeit der Reaktionsgeschwindigkeit $(-R_1(X,T))$ von den Reaktandenkonzentrationen und der Temperatur bekannt sein.

In den nachfolgenden Beziehungen wird vereinfachend lediglich die Bilanz für die Schlüsselkomponente A_1 aufgestellt und davon ausgegangen, daß die Reaktionsgeschwindigkeit nur von der Konzentration c_1 abhängt. Der Index ist daher weggelassen ($c_1 = c$, $R_1 = R$).

Die Reaktortemperatur nimmt, konstante Reaktionsenthalpie und spezifische Wärme vorausgesetzt, linear mit dem Umsatz zu.

$$T = T_0 + \Delta T_{ad}(X - X_0) \tag{9.198}$$

$$\Delta T_{ad} = \frac{-\Delta H_R c_0}{\varrho_0 \cdot \bar{c}_p} \tag{9.199}$$

Bei exothermen Gleichgewichtsreaktionen sollte zur Erreichung eines hohen Umsatzes ein mit dem Umsatz fallendes Temperaturprofil gefordert werden. Dies kann z.B. dadurch angenähert werden, daß das Katalysatorbett in Abschnitte aufgeteilt wird, zwischen denen das Reaktionsgemisch gekühlt wird oder bei denen Frischgas zur Temperaturherabsetzung zugegeben wird (s. Kap. 10, S. 398).

3.1.3 Polytrope katalytische Festbettreaktoren

In vielen Fällen ist eine adiabate Reaktionsführung nicht möglich, wenn z. B. die Temperatur im Reaktor bestimmte Maximalwerte nicht überschreiten darf. Es werden dann gekühlte Festbettreaktoren eingesetzt, deren Verhalten nur durch die simultane Lösung von Stoff- und Wärmebilanz beschrieben werden kann. Im Vergleich zu dem in Abschn. 1 (s. S. 302) vorgestellten idealen polytropen Strömungsrohrreaktor kommen beim realen Festbettreaktor eine Reihe von zusätzlichen Schwierigkeiten hinzu, die beachtet werden müssen.

3. Reaktoren für heterogene Fluid-Feststoff-Reaktionen

Hierzu gehören die axiale und radiale Dispersion, die effektive Wärmeleitung im Reaktor sowie Konzentrations- und Temperaturgradienten zwischen Gas und Feststoff. Die Reaktorauslegung erfordert daher eine Modellvorstellung über die Kinetik der Reaktion und die Fluiddynamik im Festbettreaktor. Eine genaue Beschreibung des Reaktorverhaltens gelingt um so eher, je vollständiger in dem Modell die physikalischen Vorgänge berücksichtigt sind. Im gleichen Maße steigt aber auch die Anzahl der notwendigen Modellparameter, so daß der Verwendung komplexer Modelle Grenzen gesetzt sind. Die Hauptschwierigkeit bei der modellmäßigen Beschreibung des Reaktors liegt in der genauen Erfassung der thermischen Effekte, da wegen der exponentiellen Temperaturabhängigkeit der Reaktionsgeschwindigkeit kleine Temperaturdifferenzen zu großen Fehlern führen. Die Schwierigkeiten nehmen mit zunehmenden Reaktionsenthalpien und Aktivierungsenergien und abnehmender Wärmekapazität des Fluids zu. Die Wahl eines geeigneten Reaktormodells wird somit durch die adiabate Temperaturerhöhung ΔT_{ad} und das Wärmeerzeugungspotential $S' = E/RT^2 \cdot \Delta T_{ad}$ maßgeblich beeinflußt werden (s. Abschn. 1.4.2, S. 303).

Nach einem Vorschlag von Froment[57,58] können die Reaktormodelle entsprechend Tab. 9.8 aufgeteilt werden.

Tab. 9.8 Einteilung der Kontinuumsmodelle für stationär arbeitende Festbettreaktoren

	pseudo-homogen $c_g = c_s; T_g = T_s$	heterogen $c_g \neq c_s; T_g \neq T_s$
Eindimensional $\frac{\partial}{\partial r} = 0$	PH 1: Ideales Strömungsrohr Parameter: U PH 2: PH 1 + Axialdispersion Parameter: U, D_{ax}, λ_{ax}	HT 1: ideales Strömungsrohr, Gradienten an der Phasengrenze Parameter: U, k_g, h HT 2: HT 1 + interne Gradienten Parameter: $U, k_g, h, D^e, \lambda^e$
Zweidimensional $\frac{\partial}{\partial r} \neq 0$	PH 3: PH 1 + Radialdispersion Parameter: h_w, λ_r, D_r	HT 3: HT 2 + Radialdispersion Parameter: $k_g, D_r, \lambda_r^g, h, \lambda_r^s,$ $D^e, \lambda^e, h_w^g, h_w^s$

Pseudo-homogenes Modell PH1. Im einfachsten Fall wird das Innere des Reaktors als pseudo-homogen betrachtet, d.h. Konzentrations- und Temperaturgradienten zwischen Gas und Katalysatoroberfläche werden vernachlässigt. Ein solches Vorgehen ist auf jeden Fall zu rechtfertigen, wenn äußere Stoff- und Wärmetransportvorgänge die Gesamtreaktion nicht limitieren (s. Kap. 6, S. 115). Kann zusätzlich Propfenströmung und damit eine einheitliche Verweilzeit im Reaktor angenommen werden, was nach Abschn. 2.5.2 (s. S. 341) bei $L/d_p > 100$ berechtigt ist, so erhält man ein pseudohomogenes eindimensionales ideales Strömungsrohr als Reaktormodell, das bereits in Abschn. 1.4 (s. S. 297) vorgestellt wurde.

Mit den getroffenen Annahmen wird nicht zwischen Konzentration und Temperatur im Fluid und Katalysator unterschieden. Da sich durch Transportvorgänge zwischen Fluid und äußerer Oberfläche und im Katalysatorinneren Temperatur- und Konzentrationsgradienten ausbilden können, ergeben sich effektive Reaktionsgeschwindigkeiten, welche die chemische Kinetik sowie die Kinetik der Transportvorgänge beinhalten.

$$\frac{d(u \cdot c)}{dz} = \varrho_s \cdot R_{m,\text{eff}} \tag{9.200}$$

$$\frac{\dot{m} \cdot c_p}{S} \cdot \frac{dT}{dz} = \varrho_g \cdot u \cdot c_p \frac{dT}{dz} = \varrho_s \cdot r_{m,\text{eff}}(-\Delta H_R) - \frac{4U}{d_R}(T - T_w) \tag{9.201a}$$

Randbedingungen für $z = 0$: $c = c_0$; $T = T_0$; $u = u_0$.

Die effektive Reaktionsgeschwindigkeit $r_{m,\text{eff}}$ ist auf die Katalysatormasse bezogen, deren Dichte im Reaktor durch ϱ_s angegeben wird.

$$r_{\text{eff}} = \varrho_s (\text{g-Kat.} \cdot \text{cm}^{-3}) \, r_{m,\text{eff}} \, (\text{mol} \cdot \text{g-Kat}^{-1} \cdot \text{s}^{-1})$$

Die Stoffmengenänderungsgeschwindigkeit ergibt sich zu $R_{m,\text{eff}} = \nu_1 r_{m,\text{eff}}$.

Der Informationsgehalt des pseudo-homogenen eindimensionalen Modells kann dadurch verbessert werden, daß ein radiales parabolisches Temperaturprofil angenommen wird [59]. Dieser Temperaturverlauf kann als sehr gute Näherung tatsächlicher Temperaturprofile angesehen werden [60, 61]. Radiale Konzentrationsgradienten werden dagegen vernachlässigt. In Gln. 9.200 und 9.201 wird dann zur Berechnung der effektiven Reaktionsgeschwindigkeit ($r_{m,\text{eff}}$) eine Repräsentativtemperatur T_{r1} eingesetzt, die sich an der Stützstelle $r1$

$$0{,}55 \frac{d_R}{2} \leq r1 \leq 0{,}71 \frac{d_R}{2}$$

aus dem Parabelprofil ergibt.

$$\frac{d(u \cdot c)}{dz} = \varrho_s R_{m,\text{eff}}(T_{r1}) \tag{9.200b}$$

$$\frac{\dot{m} \cdot c_p}{S} \cdot \frac{dT_{r1}}{dz} = \varrho_g \cdot u \cdot c_p \frac{dT_{r1}}{dz} = \varrho_s \cdot r_{m,\text{eff}}(T_{r1}) \cdot (-\Delta H_R) - \frac{4U'}{d_R}(T_{r1} - T_w) \tag{9.201b}$$

$r_{m,\text{eff}}(T_{r1})$ ist die mit T_{r1} berechnete Reaktionsgeschwindigkeit.

Zur Bestimmung des Wärmedurchgangskoeffizienten (U') muß die effektive Wärmeleitung λ_r im Festbett und der Wärmeübergangskoeffizient an der Reaktorwand h_w bekannt sein (s. das Modell PH3). U' ist zudem abhängig von der Lage der Stützstelle $r1$ [59].

Pseudo-homogenes Modell mit axialer Dispersion PH2. Abweichungen von der Propfenströmung des Fluids und damit das Auftreten einer Verweilzeit-Verteilung werden durch Einführen eines effektiven axialen Dispersionskoeffizienten D_{ax} und einer effektiven axialen Wärmeleitung λ_{ax} berücksichtigt. Der effektive Dispersionskoeffizient setzt sich aus der molekularen Diffusion, die in den meisten Fällen einen zu vernachlässigenden Einfluß hat, und der durch lokale Unterschiede der Strömungsgeschwindigkeiten im Festbett hervorgerufenen Dispersion zusammen [62]. Die effektive axiale Wärmeleitung wird ebenfalls durch mehrere Teilprozesse im Fluid und die Wärmeleitung im Feststoff bedingt. Die Erweiterung des Modells PH1 führt damit zu folgenden Modellgleichungen, deren Lösung nur mit Hilfe numerischer Methoden möglich ist.

$$\frac{d(u \cdot c)}{dz} + \varrho_s R_m = \varepsilon D_{ax} \frac{d^2 c}{dz^2} \tag{9.202}$$

$$\varrho_g \cdot u \cdot c_p \frac{dT}{dz} - \varrho_s \cdot r_{m,\text{eff}}(-\Delta H_R) + \frac{4U}{d_R}(T - T_w) = \lambda_{ax} \frac{d^2 T}{dz^2} \tag{9.203}$$

3. Reaktoren für heterogene Fluid-Feststoff-Reaktionen

Randbedingungen

für $z = 0$: $\quad u(c_0 - c) = -\varepsilon D_{ax} \dfrac{dc}{dz}$

$$\varrho_g \cdot u \cdot c_p (T_0 - T) = -\lambda_{ax} \frac{dT}{dz}$$

für $z = L$: $\quad \dfrac{dc}{dz} = \dfrac{dT}{dz} = 0$

Pseudo-homogenes zweidimensionales Modell PH 3. Wie aus den in Abschn. 2.5 (s, S. 341) diskutierten experimentellen Ergebnissen hervorgeht, ist die axiale Dispersion in den meisten realen Festbettreaktoren zu vernachlässigen und soll im folgenden nicht weiter beachtet werden. Einen weitaus größeren Einfluß auf das Reaktorverhalten hat dagegen ein radiales Temperatur- und Konzentrationsprofil. Vor allem bei stark exothermen Reaktionen in gekühlten Rohrreaktoren kann der sich ausbildende radiale Temperaturgradient nicht vernachlässigt werden, so daß die Verwendung eines zweidimensionalen Reaktormodells angebracht ist.

$$\frac{\partial (u \cdot c)}{\partial z} + \varrho_s \cdot R_{m,\text{eff}} = \varepsilon D_r \left[\frac{\partial^2 c}{\partial r^2} + \frac{1}{r} \frac{\partial c}{\partial r} \right] \qquad (9.204)$$

$$\varrho_g \cdot u \cdot c_p \frac{\partial T}{\partial z} - \varrho_s \cdot r_{m,\text{eff}} (-\Delta H_R) = \lambda_r \left[\frac{\partial^2 T}{\partial r^2} + \frac{1}{r} \frac{\partial T}{\partial r} \right] \qquad (9.205)$$

Randbedingungen

für $z = 0$: $\quad c = c_0, \; T = T_0$, für alle r

für $r = 0$: $\quad \dfrac{\partial c}{\partial r} = \dfrac{\partial T}{\partial r} = 0$, für alle z

für $r = \dfrac{d_R}{2}$: $\quad \dfrac{\partial c}{\partial r} = 0; \quad \dfrac{\partial T}{\partial r} = -\dfrac{h_w}{\lambda_r} (T - T_w)$.

Die effektive radiale Wärmeleitung λ_r kann im Inneren des Festbettes als konstant angesehen werden, ändert sich jedoch in unmittelbarer Wandnähe. Dies kann auf eine Veränderung der Packungsdichte und damit der Strömungsgeschwindigkeit zurückgeführt werden. Für den wandnahen Bereich wird daher zusätzlich ein Wärmeübergangskoeffizient h_w eingeführt.

Heterogenes eindimensionales Modell HT 1. Ist mit dem Auftreten von erheblichen Konzentrations- und Temperaturunterschieden zwischen der fluiden Phase und der Katalysatoroberfläche zu rechnen, so reicht die pseudo-homogene Betrachtungsweise nicht mehr aus, um die im Reaktor ablaufenden Vorgänge physikalisch sinnvoll beschreiben zu können. Es müssen dann die Stoff- und Energiebilanzen zwischen Fluid und Feststoffoberfläche zusätzlich gelöst werden. Die Berücksichtigung äußerer Transportvorgänge (s. Kap. 6, S. 115), führt zu dem heterogenen Reaktormodell HT1, bei dem die axiale Dispersion und radiale Profile vernachlässigt werden.

Bilanzen für die fluide Phase:

$$-\frac{d(u \cdot c_g)}{dz} = k_g a (c_g - c_s) \qquad (9.206)$$

$$\varrho_g \cdot u \cdot c_P \frac{dT_g}{dz} = ha(T_s - T_g) - \frac{4U}{d_R}(T_g - T_w) \tag{9.207}$$

$z = 0$: $c_g = c_0$, $T_g = T_0$

Bilanzen für das Katalysatorkorn:

$$k_g a(c_s - c_g) = \nu_1 \varrho_s \cdot r_{m,\,eff} = \eta_{ext} \cdot \nu_1 \cdot \varrho_s \cdot r_m \tag{9.208}$$

$$ha(T_s - T_g) = \varrho_s \cdot r_{m,\,eff}(-\Delta H_R) = (-\Delta H_R) \cdot \varrho_s \cdot \eta_{ext} \cdot r_m \tag{9.209}$$

Heterogenes eindimensionales Modell mit internen Gradienten HT 2. Bilden sich im Innern des porösen Katalysatorkornes starke Konzentrations- und Temperaturprofile aus, so müssen diese zusätzlich durch Bilanzgleichungen für das Korn berücksichtigt werden. Geht man von kugelförmigen Katalysatorteilchen des Radius x_0 aus, so ergeben sich die folgenden Zusammenhänge für den Katalysator (s. Kap. 6, S. 122):

$$D^e \left[\frac{d^2 c_s}{dx^2} + \frac{2}{x} \frac{dc_s}{dx} \right] = \varrho_s \cdot (-R_m) \tag{9.210}$$

$$\lambda^e \left[\frac{d^2 T_s}{dx^2} + \frac{2}{x} \frac{dT_s}{dx} \right] = -\varrho_s \cdot r_m (-\Delta H_R). \tag{9.211}$$

Die Randbedingungen lauten:

$x = 0$ (Kornzentrum): $\quad \frac{dc_s}{dx} = \frac{dT_s}{dx} = 0$

$x = x_0$ (Kornaußenfläche): $\quad k_g(c_s - c_g) = D^e \frac{dc_s}{dx}$

$$h(T_s - T_g) = \lambda^e \frac{dT_s}{dx}$$

Die Bilanzgleichungen für die fluide Phase entsprechen den für das heterogene Modell HT1 aufgestellten (Gln. (9.206) und (9.207)).

Heterogenes zweidimensionales Modell HT 3. Die Modelle HT1 und HT2 berücksichtigen zwar den Stoff- und Wärmetransport innerhalb der Katalysatorkörner, gehen aber von über den Reaktorquerschnitt konstanten Verhältnissen aus und vernachlässigen radiale Konzentrations- und Temperaturgradienten. Dies ist jedoch bei Reaktionen mit großer Wärmetönung eine unzulässige Vereinfachung. Das heterogene zweidimensionale Modell trägt dem durch Einführung effektiver radialer Dispersions- und Wärmeleitkoeffizienten Rechnung. Im Gegensatz zum homogenen zweidimensionalen Modell werden die Bilanzen für die fluide Phase und für die Katalysatorphase getrennt aufgestellt. Ziel ist dabei nicht, die Temperatur- und Konzentrationsprofile innerhalb eines Kornes zu berechnen, sondern die durch unterschiedliche Transportkoeffizienten verschiedenen radialen und axialen Profile im Fluid und in dem als zusammenhängende Phase gedachten Feststoff zu berücksichtigen. Die Zusammenhänge werden mit den folgenden Beziehungen wiedergegeben, wobei mit r der Radius des Festbettreaktors und mit z dessen Länge bezeichnet wird.

Bilanzen für die fluide Phase:

$$\frac{\partial(u \cdot c_g)}{\partial z} = \varepsilon D_r \left[\frac{\partial^2 c_g}{\partial r^2} + \frac{1}{r} \frac{\partial c_g}{\partial r} \right] - k_g a(c_g - c_s) \tag{9.212}$$

$$\varrho_g \cdot u \cdot c_p \frac{\partial T_g}{\partial z} = \lambda_r^g \left[\frac{\partial^2 T_g}{\partial r^2} + \frac{1}{r} \frac{\partial T_g}{\partial r} \right] + ha(T_s - T_g) \tag{9.213}$$

Bilanzen für die Katalysatorphase:

$$k_g a(c_g - c_s) = \varrho_s \cdot \eta_{ges} \cdot (-R_m) \tag{9.214}$$

$$ha(T_s - T_g) = \varrho_s \cdot \eta_{ges} \cdot r_m \cdot (-\Delta H_R) + \lambda_r^s \left[\frac{\partial^2 T_s}{\partial r^2} + \frac{1}{r} \frac{\partial T_s}{\partial r} \right] \tag{9.215}$$

λ_r^s effektiver radialer Wärmeleitkoeffizient im Feststoff

Randbedingungen:

$z = 0$: $c_g = c_0$; $T_g = T_0$ für alle r

$r = 0$: $\dfrac{\partial c_g}{\partial r} = \dfrac{\partial T_g}{\partial r} = \dfrac{\partial T_s}{\partial r} = 0$ für alle z

$r = \dfrac{d_R}{2}$: $\dfrac{\partial T_g}{\partial r} = -\dfrac{h_w^g}{\lambda_r^g}(T_g - T_w) \quad \dfrac{\partial c_y}{\partial r} = 0$

$\dfrac{\partial T_s}{\partial r} = -\dfrac{h_w^s}{\lambda_r^s}(T_s - T_w).$

Eventuell auftretende interne und externe Konzentrations- und Temperaturgradienten am Katalysatorkorn werden durch die Einführung eines Gesamtporennutzungsgrads (η_{ges}) berücksichtigt. Der Nutzungsgrad ändert sich selbstverständlich mit dem Reaktionsfortschritt und der Temperatur und ist somit vom Reaktionsort abhängig. Zur genauen Reaktorberechnung muß η_{ges} durch Lösen der Differentialgleichungen (9.210) und (9.211) ermittelt werden (s. Kap. 6, S. 133).

Die vorgestellten Modelle für heterogen katalytische Festbettreaktoren sind in Tab. 9.8 zusammengefaßt. Gleichzeitig sind die zur Berechnung notwendigen Modellparameter eingetragen, wobei in jedem Fall noch ein Ausdruck zur Beschreibung der Reaktionskinetik hinzukommt. Mit zunehmender Verfeinerung der Modelle steigt die Anzahl der zur Berechnung notwendigen Parameter. So sind bei der Verwendung des zweidimensionalen heterogenen Modells neben der Kinetik neun Parameterwerte notwendig. Die Hauptschwierigkeit bei der Verwendung des Modells liegt daher in der Beschaffung dieser Werte aus Literaturangaben. Da auch das hier vorgestellte aufwendigste Modell HT3 noch kein physikalisches Modell darstellt, entsprechen die Parameter keinen physikalischen Konstanten und können nicht unabhängig voneinander ermittelt werden. Abschätzungen lassen sich nur aus Versuchen unter ähnlichen reaktionstechnischen Bedingungen erhalten. In der Praxis wird man daher notgedrungen auf einfachere Reaktormodelle zurückgreifen müssen.

Modellauswahl. Aus der Sicht praktischer Anwendung kann das Ziel solcher Vereinfachungen wie folgt formuliert werden[63].

- Das Modell sollte nur so detailliert sein, wie es für den betreffenden Zweck unbedingt erforderlich ist.
- Das Modell sollte möglichst wenig Parameter enthalten.
- Für die Parameter des gewählten Modells sollten zuverlässige Korrelationen existieren.

– Der mathematische Aufwand zur Lösung der Modellgleichungen sollte möglichst gering sein.

Um Entscheidungshilfen für die Modellauswahl zu geben, sind eine ganze Reihe von Kriterien aufgestellt worden, die eine Abschätzung des geeigneten Modells unter Berücksichtigung der oben genannten Gesichtspunkte gestatten [59, 63, 64].

– Die axiale Dispersion und die axiale effektive Wärmeleitung können vernachlässigt werden, wenn die beiden folgenden Bedingungen eingehalten werden [65]:

$$\frac{d_P r_0}{u_0 c_0} \ll \frac{d_P u_0}{D_{ax}} = Pe_{ax} \qquad (9.216)$$

$$\frac{\Delta T_{ad}}{T_0 - T_w} \cdot \frac{d_P}{u_0} \cdot \frac{r_0}{c_0} \ll \frac{u_0 \varrho_0 \cdot c_P \cdot d_P}{\lambda_{ax}} = \frac{u_0 \cdot d_P}{a} = Pe_{h,ax} \qquad (9.217)$$

In technischen Festbettreaktoren werden die oben genannten Ungleichungen in der Regel erfüllt, so daß die Axialdispersion vernachlässigt werden kann. Bei adiabat betriebenen Festbettreaktoren sollte gelten

$$Bo = \frac{Pe_{ax} \cdot L}{d_P} > 100; \qquad (9.218)$$

wobei für große Reaktionsgeschwindigkeiten die Obergrenze eingesetzt werden muß.

– Bei stark exothermen Reaktionen kann die Temperatur des Katalysatorkorns deutlich über derjenigen des Fluids liegen (s. Kap. 6, S. 120). Ob Temperaturdifferenzen berücksichtigt werden müssen, und daher ein heterogenes Reaktormodell notwendig wird, hängt von dem Verhältnis der durch Reaktion erzeugten Wärmemenge zum konvektiven Wärmetransport (der dritten Damköhler-Zahl) und der Abhängigkeit der Reaktionsgeschwindigkeit von der Temperatur ab. Die Temperaturdifferenzen sind zu vernachlässigen, wenn folgende Ungleichung erfüllt ist[64] (s. Tab. 6.2, S. 146):

$$Da\,\mathrm{III} = \left| \frac{\Delta H_R \cdot r_{P,eff} d_P}{h \cdot T_g} \right| < 0{,}3 \frac{R T_g}{E} \qquad (9.219)$$

In der Beziehung bedeuten $r_{P,eff}$ die auf das Partikelvolumen bezogene beobachtete Reaktionsgeschwindigkeit, T_g die Temperatur des Fluids (Gases) und h der Wärmeübergangskoeffizient. In technischen Reaktoren sind die Strömungsgeschwindigkeiten meist relativ hoch ($Re > 20$), so daß h so große Werte annimmt, daß Gl. (9.219) erfüllt ist. Temperaturprofile innerhalb des Katalysatorkornes sind durch die im Vergleich zum Gas größere Wärmeleitung des Feststoffes klein. Charakterisiert wird das Temperaturprofil im Partikel durch die vierte Damköhler-Zahl, es muß bei der Reaktorberechnung berücksichtigt werden, wenn Gl. (9.220) nicht erfüllt werden kann.

$$Da\,\mathrm{IV} = \left| \frac{\Delta H_R \cdot r_{P,eff} \cdot d_P^2}{\lambda^e \cdot T_s} \right| < 4 \frac{T_s \cdot R}{E} \qquad (9.220)$$

– Inwieweit Konzentrationsprofile im Katalysatorkorn bzw. zwischen Korn und Fluid zu berücksichtigen sind, kann nach den Beziehungen aus Kap. 6 (s. S. 148) ebenfalls abgeschätzt werden. Nach Mears[64] sinkt der Ausnutzungsgrad eines isothermen Katalysators im Korn nicht unter $\eta = 0{,}95$, wenn Gl. (9.221) gilt.

$$\frac{r_{P,eff} \cdot d_P^2}{c_s \cdot 4 \cdot D^e} < 1 \qquad (9.221)$$

Diese Abschätzung gilt für Reaktionen erster Ordnung. Wird die Reaktionsgeschwindigkeit mit einer hyperbolischen Beziehung (s. Kap. 4, S. 51) beschrieben und tritt eine starke Produktinhibierung auf, so ist Gl. (9.221) nicht mehr geeignet. Um einen Ausnutzungsgrad von $\eta > 0{,}95$ zu erhalten, wird allgemein die folgende Ungleichung vorgeschlagen

$$\frac{r_{P,\,eff} \cdot d_P^2}{c_s \cdot 4 \cdot D^e} < \frac{r_s}{r_s' \cdot c_s}. \tag{9.222}$$

r_s und r_s' sind hierbei die Reaktionsgeschwindigkeit an der Oberfläche (ohne Diffusionseinfluß) bzw. die erste Ableitung der Reaktionsgeschwindigkeit nach der Konzentration.

Mit Konzentrationsdifferenzen zwischen Fluid und Katalysatoroberfläche ist zu rechnen ($\eta < 0{,}95$) wenn Gl. (9.223) gilt,

$$Da\,II = \frac{r_{P,\,eff} \cdot d_P}{c_g \cdot k_g} > \frac{0{,}3}{m} \tag{9.228}$$

Dabei ist m die Reaktionsordnung der mit einem Potenzansatz beschriebenen Kinetik. Konzentrationsunterschiede zwischen Korn und Gas sind unter technischen Bedingungen nach diesen Kriterien in der Regel meist klein. Die Anwendung der aufgeführten Zusammenhänge auf technische Bedingungen bei Festbettreaktoren zeigt, daß Transportvorgänge zwischen Fluid und Katalysator bei der Reaktorberechnung meist nicht berücksichtigt zu werden brauchen. Man kommt damit zum pseudo-homogenen zweidimensionalen Modell (Gln. (9.204) und (9.205)). Dieses Modell enthält neben der effektiven Reaktionsgeschwindigkeit $r_{m,\,eff}$ nur noch drei Parameter:

- den radialen Dispersionskoeffizienten D_r,
- die effektive radiale Wärmeleitfähigkeit λ_r,
- den Wärmeübergangskoeffizienten h_w.

Für diese Modellparameter existieren eine ganze Reihe experimenteller Zahlenwerte und Korrelationen (s. Kap. 5, S. 67). Zusammenstellungen der Werte in Abhängigkeit von der Reynolds-Zahl befinden sich in den Abb. 9.65 bis 9.67.

Die Berücksichtigung radialer Temperatur- und Konzentrationsprofile bereitet bei Einsatz moderner numerischer Lösungsmethoden keinen zu großen Rechenaufwand, so daß bei stark exothermen Reaktionen zur Abschätzung von Temperaturspitzen und der parametrischen Empfindlichkeit des Reaktors dieses Modell einem eindimensionalen vorgezogen werden sollte.

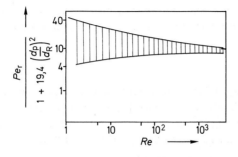

Abb. 9.65 Radiale Péclet-Zahl ($Pe_r = u_0 \cdot d_p / D_{r,\,e}$) in Abhängigkeit von der Reynolds-Zahl ($Re = u_0 \cdot d_p / \nu$)

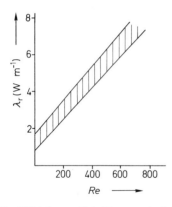

Abb. 9.66 Effektive radiale Temperaturleitfähigkeit in Abhängigkeit von der Reynolds-Zahl

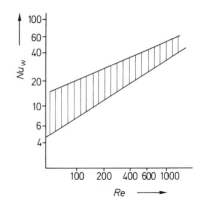

Abb. 9.67 Nusselt-Zahl $(Nu_w = h_w \cdot d_p / \lambda_g)$ für den Wärmeübergang an der Reaktorwand in Abhängigkeit von der Reynolds-Zahl

---

Beispiel 9.23. Katalytische Hydrierung von Nitrobenzol in einem Festbettreaktor. Die heterogen-katalytische Hydrierung von Nitrobenzol in der Gasphase wurde von Wilson[66] untersucht. Die Reaktion wurde in einem mit Katalysatorkörnern gefüllten Festbettreaktor durchgeführt, in dessen Achse ein Thermoelement in einem Innenrohr verschiebbar angeordnet war. Die Reaktorwand wurde über einen Doppelmantel mit einem Ölbad auf konstante Temperatur gehalten. Da mit einem sehr großen Wasserstoff-Überschuß gearbeitet wurde, entsprechen die physikalischen Eigenschaften des Gases denen von Wasserstoff.

Zur Berechnung des axialen Umsatz- und Temperaturprofils wird das pseudo-homogene, eindimensionale Modell für den Festbettreaktor unter Verwendung der in Tab. 9.9 aufgeführten experimentellen Daten eingesetzt.

Tab. 9.9 Experimentelle Daten

Reaktorlänge	L	$= 50$ cm
Innendurchmesser	d_R	$= 3$ cm
Zentralrohr für Thermoelement	d_{Th}	$= 0,9$ cm
Porosität der Schüttung	ε	$= 0,424$
Wandtemperatur	T_w	$= 427,5$ K
Gaseintrittstemperatur	T_0	$= 427,5$ K
Gesamtdruck	p	$= 10^5$ Pa
Gesamtmolenstrom	$\dot{n}_0$	$= 1,803 \cdot 10^{-2}$ mol $\cdot$ s^{-1}
Nitrobenzol-Konzentraion bei T_0	$c_{1,0}$	$= 4,99 \cdot 10^{-7}$ mol $\cdot$ cm^{-3}
Reaktionsenthalpie	ΔH_R	$= -636,8$ kJ $\cdot$ mol^{-1}
Spezifische Wärmekapazität	c'_p	$= 28,8$ J $\cdot$ mol^{-1} K^{-1}
gemessener Wärmeübergangskoeffizient	U	$= 100,9$ W $\cdot$ m^{-2}

Die Reaktionsgeschwindigkeit ist von der Temperatur und der Nitrobenzol-Konzentration abhängig. Wegen des großen Wasserstoff-Überschusses kann dessen Konzentration als konstant angesehen werden.

$$r_{eff} = 16{,}1 \, c_1^{0,578} \exp\left(-\frac{2958}{T}\right) \text{(mol} \cdot \text{cm}^{-3} \cdot \text{s}^{-1}) \tag{I}$$

Die Reaktionsgeschwindigkeit ist auf das Leervolumen des Reaktors bezogen.

Die Konzentration von Nitrobenzol (c_1) im Reaktor ist abhängig vom Umsatz und der lokalen

Temperatur. Eine Volumenänderung mit zunehmendem Umsatz braucht nicht berücksichtigt zu werden.

$$X = 1 - \frac{\dot{n}_0}{\dot{n}_{1,0}} = 1 - \frac{c_1 \dot{V}}{c_{1,0} \dot{V}_0}$$

Bei Gültigkeit des idealen Gasgesetzes und Annahme eines konstanten Gesamtdruckes folgt

$$\frac{\dot{V}}{\dot{V}_0} = \frac{T}{T_0}; \quad X = 1 - \frac{c_1 T}{c_{1,0} T_0}$$
$$c_1 = (1 - X) c_{1,0} T_0 / T. \tag{II}$$

Einsetzen der Zahlenwerte in Gl. (I) ergibt

$$r_{\text{eff}} = 0{,}1216 \cdot \left(\frac{1-X}{T}\right)^{0{,}578} \exp\left(-\frac{2958}{T}\right). \tag{III}$$

Bei der Aufstellung der Massenbilanz für Nitrobenzol muß die Porosität im Reaktor berücksichtigt werden.

$$\frac{d\dot{n}_1}{S dz} = \frac{\dot{n}_{1,0}}{S} \frac{dX}{dz} = -R_1 = \varepsilon \cdot r_{\text{eff}} \tag{IV}$$

$$\dot{n}_{1,0} = \dot{V}_0 \cdot c_{1,0} = \dot{n}_0 \cdot 22\,400 \frac{427{,}5}{273} \cdot c_{1,0} = 0{,}3156 \cdot 10^{-3} \text{ mol} \cdot \text{s}^{-1}$$

$$S = \frac{\pi}{4}(d_R^2 - d_{Th}^2) = 6{,}432 \text{ cm}^2$$

$$\frac{dX}{dz} = \frac{\varepsilon r_{\text{eff}} \cdot S}{\dot{n}_{1,0}} = 8{,}64 \cdot 10^3 \, r_{\text{eff}} = 1{,}051 \cdot 10^3 \left(\frac{1-X}{T}\right)^{0{,}578} \exp\left(-\frac{2958}{T}\right) \tag{V}$$

Für die Wärmebilanz wird erhalten

$$\frac{\dot{n}_0 c_p'}{S} \frac{dT}{dz} = (-\Delta H_R) \cdot \varepsilon r_{\text{eff}} - \frac{U \cdot \pi d_R}{S}(T - T_w). \tag{VI}$$

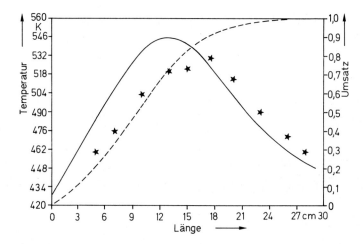

Abb. 9.68 Axiales Temperatur- und Umsatzprofil; Meßwerte im Vergleich zu Berechnungen nach dem eindimensionalen Modell

Nach Einsetzen der Zahlenwerte und Berücksichtigung von Gl. (III) folgt

$$\frac{dT}{dz} = \frac{636{,}8 \cdot 10^3 \cdot 0{,}424 \cdot 6{,}432}{1{,}802 \cdot 10^{-2} \cdot 28{,}8} \cdot 0{,}1216 \left(\frac{1-X}{T}\right)^{0{,}578} \exp\left(-\frac{2958}{T}\right)$$
$$- \frac{1{,}009 \cdot 10^{-3} \cdot \pi \cdot 3}{1{,}802 \cdot 10^{-2} \cdot 28{,}8}(T - 427{,}5). \tag{VII}$$

Die Gln. (V) und (VII) können durch numerische Integration nach Runge-Kutta[67] relativ einfach gelöst werden. Das Ergebnis der Berechnungen ist im Vergleich zu dem gemessenen Temperaturverlauf in Abb. 9.68 gezeigt. Da die Geschwindigkeit der Wärmeerzeugung exponentiell mit der Temperatur wächst, die Wärmeabfuhr jedoch nur linear zunimmt, kommt es im vorderen Reaktorabschnitt zu einer starken Temperaturzunahme. Mit zunehmendem Umsatz sinkt jedoch die Reaktandenkonzentration, so daß die Wärmeerzeugung abnimmt und schließlich kleiner als die Wärmeabführung wird. Die Temperatur durchläuft daher als Funktion der Reaktorlänge einen Maximalwert, der im vorliegenden Beispiel bei $z = 13$ cm erreicht wird. Die Maximaltemperatur liegt mit $T_m = 546$ K um ca. 120 K über der Eingangstemperatur. Nach dem Experiment wird die Temperaturspitze etwa 4 cm später erreicht, sie ist außerdem um etwa 20 K niedriger. Beim Vergleich zwischen Experiment und Rechnung muß beachtet werden, daß radiale Temperaturgradienten nicht berücksichtigt sind. Hinzu kommt, daß das im Reaktor zur Temperaturmessung notwendige Innenrohr die axiale Wärmeleitung begünstigt, so daß unter Umständen zu niedrige Werte bestimmt wurden.

Unter Berücksichtigung dieser Punkte und der Tatsache, daß ein außerordentlich einfaches Reaktormodell verwendet wurde, sind die Übereinstimmungen zwischen Rechnung und Experiment befriedigend.

Literatur

[1] Hugo, P. (1980), Chem.-Ing.-Tech. **52**, 712.
[2] Rase, H. F. (1977), Chemical Reactor Design for Process Plants, Bd. 1, John Wiley & Sons, New York, Chichester.
[3] Hugo, P., Konczalla, M., Mauser, H. (1980), Chem.-Ing.-Tech. **52**, 761.
[4] Smith, D. W. (1982), Chem.-Eng. 25, 79.
[5] Barkelew, C. H. (1959), Chem. Eng. Prog, Symp. Ser. **55**, 37.
[6] Dente, M., Collina, A. (1964), Chim. Ind. (Paris) **46**, 752.
[7] Agnew, J. B., Potter, O. E. (1966), Trans. Inst. Chem. Eng. **44**, T 216.
[8] McGreary, C., Adderley, C. (1974), Adv. Chem. Ser. **133**, 519.
[9] Hlavacek, V. (1970), Ind. Eng. Chem. **62**, No 78.
[10] Van Welsenaere, R. J., Froment, G. F. (1970), Chem. Eng. Sci. **25**, 1503.
[11] Wirges, H.-P. (1977), Dissertation, Technische Universität Berlin.
[12] Hugo, P., Wirges, H.-P. (1978), Am. Chem. Soc. Symp. Ser. **65**, 498.
[13] Travaux Pratiques en Génie Chimique, 7ème Sem. Ecole Polytechnique Fédérale de Lausanne, 1984.
[14] Henderson, J. N., Bonton, T. C. (1979), Polymerization Reactors and Processes, Am. Chem. Soc. Symp. Ser. **104**, 96.
[15] Husain, A., Hamielec, A. E. (1976), AIChE Symp. Ser. **72**, 112.
[16] Husain, A., Hamielec, A. E. (1978), J. Appl. Polym. Sci. **22**, 1207.
[17] Van Heerden, C. (1953), Ind. Eng. Chem. **45**, 1242.
[18] Van Heerden, C. (1958), Chem. Eng. Sci. **8**, 133.
[19] Hofmann, H. (1965), Proceedings of the Third European Symposium on Chemical Reaction Engineering, Pergamon Press, Oxford, 283.
[20] Watson, K. M., (1948), Chem. Eng. Prog. **44**, 229.
[21] Emig, G., Hofmann, H., Hoffmann, U., Fiand, U. (1980), Chem. Eng. Sci. **35**, 249.
[22] Nguyen, K. T., Flaschel, E., Renken, A. (1983), The Thermal Bulk Polymerization of Styrene in a Tubular Reactor, in: Polymer Reaction Engineering, (Reichert, K. H., Geiseler, W., Herausgeb.), Hanser Verlag, München.
[23] V. Welsenaere, R. J., Froment, G. F. (1970), Chem. Eng. Sci. **25**, 1503.
[24] Kramers, H., Westerterp, K. R. (1963), Ele-

ments of Chemical Reactor Design and Operation, Chapman and Hall Ltd., London.
[25] Himmelblau, O. M., Bischoff, K. B. (1968), Process Analysis and Simulation, Deterministic Systems, John Wiley & Sons, New York, Chichester.
[26] Stange, K. (1970), Angewandte Statistik, Springer Verlag, Berlin.
[27] Danckwerts, P. V. (1953), Chem. Eng. Sci. **2**, 1.
[28] Aris, R. (1959), Chem. Eng. Sci. **9**, 266.
[29] Hagen, G. (1839), Poggendorffs Ann., 423.
[30] Poiseuille, C. R. (1840), Acad. Paris **11**, 961 und (1841) **12**, 112.
[31] Levenspiel, O., Turner, J. C. R. (1970), Chem. Eng. Sci. **25**, 1605.
[32] Levenspiel, O., Bischoff, K. B. (1963), Adv. Chem. Eng. **4**, 95.
[33] Shinnar, R. (1978), Chemical Reactor Modeling – The Desirable and the Achievable, in: Chemical Reaction Engineering Reviews – Houston (Luss, Dan, Weekman Jr., V. W., Herausgeb.) Am. Chem. Soc. Symp. Ser. **72**, 1.
[34] Van der Vusse, J. G. (1962), Chem. Eng. Sci. **17**, 507.
[35] Cholette, A., Cloutier, L. (1959), Can. J. Chem. Eng. **37**, 105.
[36] Taylor, G. J. (1954), Proc. R. Soc. London, **223A**, 446.
[37] Aris, R. (1956), Proc. R. Soc. London **235A**, 67.
[38] Wen, C. Y., Fan, L. T. (1975), Models for Flow Systems and Chemical Reactors, in: Chemical Processing and Engineering (Albright, L. F., Maddox, R. N., McKetta, J. J., Herausgeb.), Vol. 3, Marcel Dekker, Inc., New York, Basel.
[39] Blasius, H. (1913), Das Ähnlichkeitsgesetz bei Reibungsvorgängen in Flüssigkeiten, VDI Forschungsheft Nr. 131, VDI-Verlag, Düsseldorf.
[40] Wicke, E. (1975), Chem.-Ing.-Tech. **47**, 547.
[41] Wehner, J. F., Wilhelm, R. H. (1956), Chem. Eng. Sci. **6**, 89.
[42] Levenspiel, O. (1972), Chemical Reaction Engineering, John Wiley & Sons, New York, Chichester.
[43] Danckwerts, P. V. (1958), Chem. Eng. Sci. **8**, 93.
[44] Villermaux, J. (1983), Mixing in Chemical Reactors, in: Chemical Reaction Engineering, Wei, J., Georgakis, C., Herausgeb.), Am. Chem. Soc. Symp. Ser. **226**, 135.
[45] Kolmogoroff, A. N. (1941), C. R. Acad. Sci. USSR **30**, 301.

[46] Gerrens, H. (1976), Polymerization Reactors and Polyreactions, 4th Int. Symp. Chem. React. Eng., DECHEMA, Frankfurt (M).
[47] Schönemann, K. (1952), DECHEMA-Monogr. **21**, 203.
[48] Hofmann, H. (1955), Dissertation, TU Darmstadt.
[49] Zwietering, Th. N. (1959), Chem. Eng. Sci. **11**, 1.
[50] Lintz, H. G., Weber, W. (1982), Chem. Eng. Fundam. **1**, 27.
[51] Tadmor, Z., Biesenberger, J.-A. (1966), Ind. Eng. Chem. Fundam. **5**, 336.
[52] Fauquex, P. F., Flaschel, E., Renken, A., Do, H. P., Friedli, C., Lerch, P. (1983), Int. J. Appl. Radiat. Isot. **34**, 1465.
[53] Fauquex, P. F., Flaschel, E., Renken, A. (1984), Chimia **38**, 262.
[54] Reh, L. (1977), Chem.-Ing.-Tech. **49**, 786.
[55] Ergun, S. (1952), Chem. Eng. Prog. **48** (2), 89.
[56] Tallmadge, J. A. (1970), AIChE **16**, 1092.
[57] Froment, G. F. (1972), Fixed Bed Reactors, Proc. 2nd Int. Symp. Chem. React. Eng. Amsterdam 1972, Elsevier Publ. Co., Amsterdam.
[58] Froment, G. F., Bischoff, K. B. (1979), Chemical Reactor Analysis and Design, John Wiley & Sons, New York, Chichester.
[59] Hofmann, H. (1974), Chem.-Ing.-Tech. **46**, 236.
[60] Beck, J., Singer, E. (1951), Chem. Eng. Prog. **47**, 534.
[61] Quinton, J. H., Storrov, J. A. (1956), Chem. Eng. Sci. **5**, 245.
[62] Wicke, E. (1973), Ber. Bunsenges. Phys. Chem. **77**, 160.
[63] Hofmann, H. (1979), Chem.-Ing.-Tech. **51**, 257.
[64] Mears, D. E. (1971), Ind. Eng. Chem. Process Des. Dev. **10**, 541.
[65] Young, L. C., Finlayson, B. A. (1973), Ind. Eng. Chem. Fundam. **12**, 412.
[66] Wilson, K. B. (1946), Trans. Inst. Chem. Eng. (London) **24**, 77.
[67] Zachmann, H. G. (1981), Mathematik für Chemiker, Verlag Chemie, Weinheim, Deerfield Beach, Florida, Basel.
[68] Naumann, E. B., Buffham, B. A. (1983), Mixing in Continuous Flow Systems, John Wiley & Sons, New York, Chichester, Brisbane, Toronto, Singapore.
[69] Pallaske, U. (1984), Chem.-Ing.Techn. **56**, 46.

Kapitel 10
Reaktorauswahl und reaktionstechnische Optimierung

In diesem abschließenden Kapitel sollen die Auswahl eines Reaktors und die Festlegung der Betriebsbedingungen im Hinblick auf eine optimale Reaktionsführung zusammenfassend diskutiert werden. Die Kenntnisse über die thermodynamischen und kinetischen Zusammenhänge und über das Verhalten chemischer Reaktoren ist dazu Voraussetzung. Zur Beschreibung realer Reaktoren wurden Modelle vorgestellt, die im wesentlichen auf ideale Grundtypen zurückgeführt werden und mit deren Hilfe Temperatur- und Konzentrationsverläufe quantitativ erfaßt werden können. Die Diskussion wird auf homogene bzw. pseudohomogene Systeme beschränkt. Die Reaktionsgeschwindigkeiten werden durch makrokinetische Beziehungen beschrieben, die bei heterogenen Systemen durch Transportvorgänge zwischen den Phasen und durch Veränderung der spezifischen Phasengrenzflächen beeinflußt werden. Das Zusammenwirken von chemischen und physikalischen Vorgängen soll jedoch hier nicht mehr berücksichtigt werden (s. Kap. 6) und die Makrokinetik wird als gegeben vorausgesetzt.

Behandelt wird der Einfluß der Reaktorwahl und der Konzentrations- und Temperaturführung auf die Selektivität, Ausbeute und Leistung eines chemischen Reaktors, wobei zum Teil bereits vorgestellte Beziehungen angewendet und an Beispielen vertieft werden. Die maximale Ausbeute oder Leistung in einem Reaktor muß damit nicht zwangsläufig dem optimalen Betriebspunkt des Gesamtprozesses entsprechen. Kosten der Aufarbeitung, Rückführung und Bereitstellung von Reaktanden und Hilfsmitteln sind weitere wichtige Parameter.

Reaktionstechnische Aspekte spielen sicherlich eine wesentliche, wenn auch nicht die einzige Rolle, bei der Auswahl eines Reaktors und der Festlegung von Reaktionsbedingungen. Sicherheitstechnische Gesichtspunkte können beispielsweise kinetische bei der Auswahl des Reaktortyps überwiegen. So sollten z. B. Nitrierungen und partielle Oxidationen zur Selektivitäts- und Ausbeuteoptimierung in Strömungsrohren durchgeführt werden. Die Reaktionen sind jedoch häufig außerordentlich exotherm und überhöhte Temperaturen können gefährliche Zersetzungsreaktionen einleiten. Dem kontinuierlich betriebenen idealen Rührkessel, der bei niedrigen Reaktandenkonzentrationen arbeitet und leichter zu regeln ist, wird deshalb häufig der Vorzug gegeben. Hinzu kommen wirtschaftliche Gründe für die Wahl des Reaktors und der Reaktionsführung in Betracht, die hier jedoch nicht erörtert werden sollen.

1. Einfache Reaktionen (Umsatzproblem)

Bei einer einzigen Reaktion wird es das Ziel sein, eine möglichst hohe spezifische, auf das Reaktionsvolumen V bezogene Leistung $L_{p,V}$ zu erreichen. Da Rührbehälter nur etwa zu 2/3 gefüllt werden, ist die auf das Reaktionsvolumen bezogene Leistung entsprechend ge-

1. Einfache Reaktionen (Umsatzproblem)

ringer. Ist die pro Zeiteinheit herzustellende Produktmenge L_p vorgegeben, so bedeutet dies eine Umsatzoptimierung bei festgelegtem Reaktionsvolumen oder eine Minimierung des Volumens, wenn ein bestimmter Umsatzgrad gefordert wird. Für den kontinuierlich betriebenen Reaktor sind die Zusammenhänge in Gln. (10.1) und (10.2) zusammengefaßt.

$$L_p = \dot{V}_0 \cdot c_{1,0} \cdot X \, (\text{kmol} \cdot \text{h}^{-1}) \tag{10.1}$$

$$L_{p,V} = \frac{\dot{V}_0 \cdot c_{1,0} \cdot X}{V} = \frac{c_{1,0} \cdot X}{\tau} \, (\text{kmol} \cdot \text{m}^{-3} \cdot \text{h}^{-1}) \tag{10.2}$$

Bei Reaktionen mit einer formalen Reaktionsordnung von $m \geq 0$ wird das notwendige Reaktionsvolumen mit zunehmendem Umsatz größer und damit steigen die Kosten für den zu installierenden Reaktor. Umgekehrt werden die Volumina klein, wenn die Reaktion bei kleinen Umsätzen, d.h. bei hohen Ausgangskonzentrationen durchgeführt wird. Die Kosten für die Abtrennung des Produktes und die Zurückführung des Ausgangsmaterials nehmen jedoch stark zu. Es wird sich daher, abhängig von den Trenn- und Reaktorkosten ein optimaler Umsatz (X_{op}) ergeben, bei dem am kostengünstigsten produziert werden kann. Dies ist schematisch in Abb. 10.1 gezeigt. Je steiler die Trennkosten mit der abzutrennenden und zurückzuführenden Menge steigen, um so mehr wird sich das Optimum des Gesamtprozesses zu hohen Umsätzen verschieben.

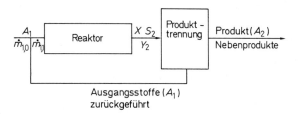

Abb. 10.1a Schema eines Reaktors mit Trenneinheit und Rückführung des Ausgangsmaterials

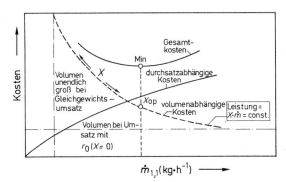

Abb. 10.1b Zusammenhang zwischen Kosten, Durchsatz und Umsatzgrad bei gegebener Reaktorleistung

1.1 Absatzweise betriebener Reaktor

Während in einem kontinuierlich betriebenen Reaktor die Leistung lediglich vom Umsatz abhängt, und bei positiver Reaktionsordnung mit abnehmendem Umsatz ansteigt, ergibt sich bei Satzreaktoren die maximale Leistung bei einem optimalen Umsatz, der von der Rüstzeit des Reaktors abhängt. Die Leistung des Reaktors pro Reaktionszyklus beträgt

$$L_p = \frac{n_{1,0} \cdot X}{t_R + t_a}.\qquad(10.3)$$

Die Rüstzeit t_a, die zum Leeren, Reinigen sowie Füllen des Reaktors benötigt wird, sei konstant. Da der Reaktor jeweils mit der gleichen Anfangsmenge beschickt wird, erhält man die Lösung des Problems durch Ableiten des Ausdrucks $X/(t_R + t_a)$ nach t_R und Null setzen. Man erhält nach Umformung

$$\frac{dX}{dt_R} = \frac{X}{t_R + t_a}.\qquad(10.4)$$

Trägt man den Umsatz in Abhängigkeit der Reaktionszeit auf, dann ergibt sich der optimale Umsatzgrad, aus der Tangente AB durch den Punkt A auf der Abszisse, wie dies in Abb. 10.2 gezeigt ist. Bei vorgegebener Kinetik wird mit zunehmender Rüstzeit zur Leistungsmaximierung des Reaktors ein steigender Umsatz notwendig.

Abb. 10.2 Leistungsoptimierung eines absatzweise betriebene Rührkesselreaktors

---

Beispiel 10.1. *Optimierung eines absatzweise betriebenen Reaktors.* Bisphenol-A soll in einem idealen Rührkessel durch säurekatalysierte Kondensation von Phenol mit Aceton hergestellt werden.

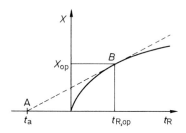

Die Reaktion kann durch Thioglykolsäure beschleunigt werden. Nach R. K. Gosh et al.[1] läßt sich die Reaktion nach einem Geschwindigkeitsansatz zweiter Ordnung beschreiben

$$-R_1 = k \cdot c_1 \cdot c_2.$$

Die Geschwindigkeitskonstante ist abhängig von der Konzentration des Promotors, der Säurekonzentration und der Temperatur.

Bei einer Reaktionstemperatur von 318 K und einer Konzentration von Chlorwasserstoff $c_{HCl} = 1\ mol \cdot l^{-1}$ und des Promotors $c_{Pr} = 0,0786\ mol \cdot l^{-1}$ wird der folgende Wert für die Geschwindigkeitskonstante angegeben

$$k = 9{,}32\ 10^{-2}\ l \cdot mol^{-1} \cdot h^{-1}$$

Die Reaktanden werden in einem Molverhältnis von $A_2 : A_1 = 2$ eingesetzt.

Die Anfangskonzentration an Aceton betrage $c_{1,0} = 4 \text{ mol} \cdot \text{l}^{-1}$. Die Rüstzeit beträgt 4 h.

Wie lang muß die Reaktionszeit t_R gewählt werden, um eine maximale mittlere spezifische Reaktorleistung zu erreichen?

Lösung: Aus der Materialbilanz des Satzreaktors erhält man unter Berücksichtigung der Stöchiometrie

$$-R_1 = k \cdot 2 c_{1,0}^2 (1-X)^2 = c_{1,0} \frac{dX}{dt} \qquad \text{(I)}$$

und daraus folgt für den Zusammenhang zwischen Umsatz und Reaktionszeit t_R

$$X = \frac{2 k \cdot c_{1,0} \cdot t_R}{1 + 2 k \cdot c_{1,0} t_R} \qquad \text{(II)}$$

bzw.

$$t_R = \frac{X}{2 k \cdot c_{1,0} (1-X)}. \qquad \text{(III)}$$

Die Reaktorleistung pro Zyklus beträgt

$$L_{p,V} = \frac{c_{1,0} X}{t_R + t_a} = \frac{2 k \cdot c_{1,0}^2 t_R}{(t_R + t_a)(1 + 2 k \cdot c_{1,0} t_R)}. \qquad \text{(IV)}$$

Die maximale Reaktorleistung erhält man durch Ableiten nach der Reaktionszeit und Nullsetzen

$$\frac{d(L_{p,V})}{dt_R} \stackrel{!}{=} 0 \quad \text{und daraus folgt für die optimale Zeit}$$

$$t_{R,op} = \sqrt{\frac{t_a}{2 k \cdot c_{1,0}}} = \sqrt{\frac{4 \text{ h}}{2 \cdot 0{,}373 \cdot \text{h}^{-1}}} = 2{,}32 \text{ h}$$

Der erreichbare Umsatz ergibt sich zu $X = 0{,}633$.

Die spezifische Leistung beträgt maximal unter den angegebenen Bedingungen

$$L_{p,V} = 0{,}401 \text{ kmol} \cdot \text{m}^{-3} \cdot \text{h}^{-1} \text{ Bisphenol-A}.$$

1.2 Kontinuierlich betriebene Reaktoren

Die auf das Volumen bezogene Leistung eines kontinuierlich betriebenen Reaktors ist stark vom Umsatz abhängig, wie bereits in Kap. 9 (s. S. 312) für Reaktionen erster und zweiter Ordnung gezeigt wurde. Läuft die Reaktion mit einer Reaktionsordnung $m > 0$ ab, so wird bei festgelegtem Umsatz die spezifische Leistung eines Rohrreaktors immer über derjenigen eines kontinuierlich betriebenen Rührkessels liegen. Mit anderen Worten, die hydrodynamische Verweilzeit τ wird in letzterem immer länger sein, um den gleichen Umsatzgrad zu erreichen. Dies liegt darin begründet, daß der kontinuierlich betriebene Rührkessel bei der niedrigen Endkonzentration der Reaktanden und somit kleiner Reaktionsgeschwindigkeit arbeitet. In Strömungsrohren sinkt dagegen die Reaktionsgeschwindigkeit entsprechend dem Reaktandenverbrauch von anfänglich hohen Werten auf den niedrigen Endwert am Reaktorausgang. Die über das gesamte Reaktorvolumen gemittelte Reaktionsgeschwindigkeit ist demzufolge höher. Das Umgekehrte gilt für Reaktionen mit einer Reaktionsordnung $m < 0$, bei denen die Reaktionsgeschwindigkeit mit abnehmender Konzentration ansteigt.

Um das unterschiedliche Verhalten besser diskutieren zu können, sollen die allgemeinen

Beziehungen zur Berechnung der mittleren Verweilzeit aus Kap. 9 (s. S. 290 und 298) wiederholt werden.
- Ideales Strömungsrohr

$$\tau_{SR} = c_{1,0} \int_{X_0}^{X_a} \frac{dX}{-R_1} \qquad (10.5)$$

- Idealer kontinuierlich betriebener Rührkessel

$$\tau_{RK} = c_{1,0} \frac{X_a - X_0}{-R_1} \qquad (10.6)$$

Die unterschiedlichen Verweilzeiten in den beiden Reaktoren für gleiche Umsatzänderungen macht man sich anhand von Abb. 10.3 klar. Bei Auftragung von $c_{1,0}/-R_1$ in Abhängigkeit vom Umsatzgrad X ergibt sich die Verweilzeit für das Strömungsrohr τ_{SR} durch die Fläche $ABCD$ unter der Kurve, während die mittlere hydrodynamische Verweilzeit in einem kRK τ_{RK} zur Erreichung desselben Umsatzgrades durch das Rechteck $ABCE$ gegeben ist.

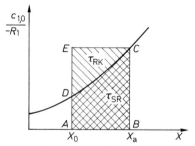

Abb. 10.3 Zur Bestimmung der mittleren Verweilzeit im kRK (τ_{RK}) und im SR (τ_{SR})

Für den einfachen Fall einer irreversiblen Reaktion mit der Ordnung m und einem linearen Zusammenhang zwischen Volumenänderung und Umsatzgrad ($V = V_0 (1 + \alpha X)$) erhält man mit $X_0 = 0$ die folgenden Beziehungen

$$c_1 = \frac{\dot{n}_1}{\dot{V}} = \frac{c_{1,0}(1-X)}{1+\alpha X}$$

$$\tau_{SR} = \frac{1}{k_m c_{1,0}^{m-1}} \int_0^{X_a} \frac{(1+\alpha X)^m}{(1-X)^m} dX \qquad (10.7)$$

$$\tau_{RK} = \frac{1}{k_m c_{1,0}^{m-1}} \cdot \frac{X_a(1+\alpha X_a)^m}{(1-X_a)^m}. \qquad (10.8)$$

Der Vergleich zwischen den Reaktortypen wird durch Einführung der Damköhler-Zahl DaI erleichtert. DaI gibt das Verhältnis von mittlerer Verweilzeit τ zu charakteristischer Reaktionszeit t_r an. Die spezifische Reaktorleistung ist bei gleichen Da-Zahlen und gleicher Reaktionsordnung immer identisch, unabhängig von den aktuellen Geschwindigkeitskonstanten und der Eingangskonzentration. Zur Erreichung eines bestimmten Umsatzes muß entsprechend ein bestimmtes Verhältnis von mittlerer Verweilzeit zu Reaktionszeit eingehalten werden, das vom Reaktortyp abhängt.

$$DaI_{SR} = k_n c_{1,0}^{m-1} \tau_{SR} = \int_0^{X_a} \frac{(1+\alpha X)^m}{(1-X)^m} dX \qquad (10.7a)$$

1. Einfache Reaktionen (Umsatzproblem)

$$Da\mathrm{I}_{\mathrm{RK}} = k_{\mathrm{m}} c_{1,0}^{m-1} \tau_{\mathrm{RK}} = \frac{(1 + \alpha X_{\mathrm{a}})^m X_{\mathrm{a}}}{(1 - X_{\mathrm{a}})^m} \tag{10.8a}$$

In den Abb. 10.4 bis 10.6 ist das Verhältnis der Damköhler-Zahlen für einen kRK im Vergleich zum idealen Strömungsrohr in Abhängigkeit vom Umsatzgrad der Schlüsselkomponente aufgetragen. Parameter sind die Reaktionsordnung und der Ausdehnungskoeffizient α. Das Verhältnis $Da\mathrm{I}_{\mathrm{RK}}/Da\mathrm{I}_{\mathrm{SR}}$ entspricht, wie leicht hergeleitet werden kann, dem Verhältnis der spezifischen Leistung der Reaktoren bei gleichem Umsatzgrad.

$$\frac{L_{\mathrm{P,SR}}}{L_{\mathrm{P,RK}}} = \frac{c_{1,0} X_{\mathrm{a}} \dot{V}_{0,\mathrm{SR}}}{V_{\mathrm{SR}}} \cdot \frac{V_{\mathrm{RK}}}{c_{1,0} X_{\mathrm{a}} \cdot \dot{V}_{0,\mathrm{RK}}} = \frac{\tau_{\mathrm{RK}}}{\tau_{\mathrm{SR}}} = \frac{Da\mathrm{I}_{\mathrm{RK}}}{Da\mathrm{I}_{\mathrm{SR}}} \tag{10.9}$$

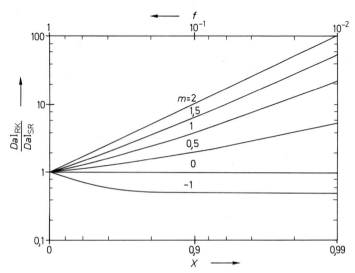

Abb. 10.4 Leistungsvergleich zwischen kRK und SR; Parameter: Reaktionsordnung m, Ausdehnungskoeffizient $\alpha = 0$

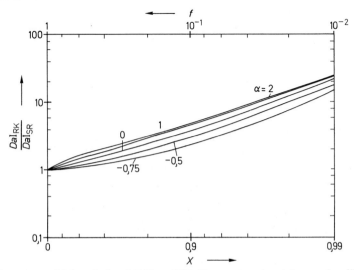

Abb. 10.5 Leistungsvergleich zwischen kRK und SR; Parameter: Ausdehnungskoeffizient α, Reaktionsordnung $m = 1$

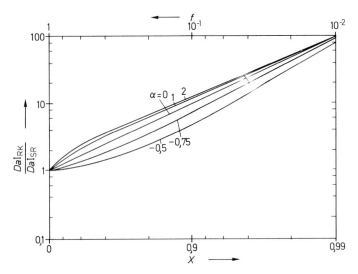

Abb. 10.6 Leistungsvergleich zwischen kRK und SR; Parameter: Ausdehnungskoeffizient α, Reaktionsordnung $m = 2$

Mit zunehmendem Umsatz wird der Leistungsunterschied zwischen den beiden Reaktortypen immer ausgeprägter. Der Unterschied steigt zudem mit zunehmenden Werten für $|m|$ und $|\alpha|$ an. Bei Reaktionen mit negativer Reaktionsordnung zeigt der kontinuierlich betriebene Rührkesselreaktor eine günstigere Leistung, da in diesen Fällen die Reaktionsgeschwindigkeit mit abnehmender Reaktandenkonzentration ansteigt. Die maximale Leistung des Reaktors wird daher für die Ablaufbedingungen erreicht, die im kRK im gesamten Volumen realisiert sind. Die Leistung der Reaktoren steigt aus demselben Grund

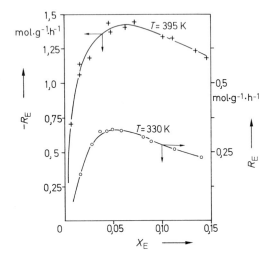

Abb. 10.7 Reaktionsgeschwindigkeit ($-R_E$) in Abhängigkeit vom Ethylenumsatz (X_E): Katalytische Hydrierung von Ethylen an einem Pt-γ-AL$_2$O$_3$-Katalysator[2]

mit zunehmendem Umsatz an und erreicht den Maximalwert bei vollständigem Umsatz.

In der Praxis sind negative Reaktionsordnungen nur in einem bestimmten Konzentrationsbereich vorstellbar (s. Kap. 4, S. 51). Beispiele für einen formalen Wechsel der Reaktionsordnung sind heterogen-katalytische Reaktionen und enzymkatalysierte Reaktionen mit Substrathemmung. In diesen Fällen durchläuft die Reaktionsgeschwindigkeit in Abhängigkeit von der Reaktandenkonzentration ein Maximum, wie dies in Abb. 10.7 am Beispiel der katalytischen Ethylen-Hydrierung an einem Pt-γ-Al_2O_3-Kontakt gezeigt ist [2].

Die maximale Leistung eines ideal durchmischten Reaktors wird bei demjenigen Umsatzgrad erhalten, für den die Reaktionsgeschwindigkeit den Maximalwert erreicht. Auch für das ideale Strömungsrohr ergibt sich eine maximale Leistung bei Einhaltung eines optimalen Umsatzgrades ($X_{L,op}$) im Reaktor. Zur Bestimmung dieses optimalen Wertes muß die spezifische Leistung ($L_{p,V}$) nach dem Umsatz abgeleitet und Null gesetzt werden.

Aus Gl. (10.2) und (10.5) folgt

$$\frac{\partial L_{p,V}}{\partial X_L} = \frac{\partial}{\partial X_L}\left[\frac{X_L}{\int_0^{X_L} \frac{dX}{-R_1}}\right] \stackrel{!}{=} 0 \qquad (10.10)$$

$$\int_0^{X_L} \frac{dX_L}{-R_1} - \frac{X_L}{-R_1(X_L)}\left[\int_0^{X_L} \frac{dX_L}{-R_1}\right]^2 = 0 \qquad (10.11a)$$

$$\int_0^{X_L} \frac{dX_L}{-R_1} = \frac{X_L}{-R_1(X_L)}. \qquad (10.11b)$$

Die Bedingung für die maximale spezifische Leistung des Strömungsrohres wird mit Hilfe von Abb. 10.8 veranschaulicht. Nach Gl. (10.11) ist der optimale Umsatz dann eingestellt, wenn die Fläche unter der Kurve $OABC$ gleich der Rechteckfläche $OABD$ ist.

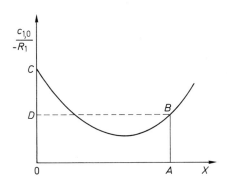

Abb. 10.8 Maximale Leistung in einem SR (autokatalytische Reaktion)

Punkt D entspricht der mittleren Reaktionsgeschwindigkeit im Reaktor. Der Vergleich zwischen Strömungsrohr und Rührkessel ergibt, daß bis zu einem dem Punkt A entsprechenden Umsatzgrad, der kRK im Vergleich zum Strömungsrohr höhere spezifische Leistungen ergibt. Für höhere Umsätze ist der Einsatz eines Strömungsrohres vorteilhafter. Am Punkt A sind die Leistungen beider Reaktortypen gleich.

Häufig ist es nicht möglich, den Endumsatz frei zu wählen. Wird ein bestimmter Umsatz gefordert, so kann die spezifische Leistung des Rohrreaktors durch eine teilweise Rückführung des Ausgangsgemisches erhöht werden. Wie in Beispiel 10.2 und 10.3 diskutiert, ergibt sich ein optimales Rückführverhältnis, bei dem der Reaktor bei gefordertem Umsatz seine maximale Leistung hat. Die günstigste Reaktoranordnung ist jedoch im vorliegenden Fall eine Kombination von kontinuierlich betriebenem Rührkesselreaktor und Strömungsrohr, wie es in Abb. 10.9 schematisch gezeigt ist. Im Rührkesselreaktor werden die Bedingungen maximaler Reaktionsgeschwindigkeit eingestellt, während im anschließenden Strömungsrohr der Umsatz auf den geforderten Endwert erhöht wird.

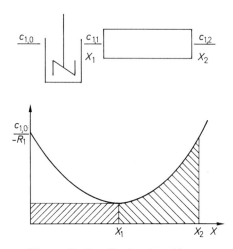

Abb. 10.9 Optimale Reaktionsführung in einer Reaktorkombination aus kRK und SR (autokatalytische Reaktion)

Entsprechende Überlegungen gelten für die Auslegung einer Reaktorkaskade. Auch hier wird man im ersten Rührkessel die hinsichtlich der Reaktionsgeschwindigkeit optimalen Bedingungen einhalten und den Reaktionsraum danach unterteilen, um die spezifische Leistung zu erhöhen.

Beispiel 10.2. *Optimierung eines Rohrreaktors mit Rückführung für autokatalytische Reaktionen.* Autokatalytische Reaktionen können formal nach folgender Beziehung beschrieben werden

$$A_1 + A_2 \rightarrow A_2 + A_2 \tag{I}$$

$$r = k c_1^{m_1} c_2^{m_2}. \tag{II}$$

Das mikrobielle Wachstum ist ein einfaches Beispiel für diesen Reaktionstyp: Die Vermehrungsgeschwindigkeit ist proportional zur Anzahl der Zellen, so daß es zu einer Selbstbeschleunigung der Populationszunahme kommt.

$$\text{Zellen + Nährstoffe} \longrightarrow \text{zusätzliche Zellen + Produkte}$$

Wird die Reaktionswärme als Reaktionsprodukt angesehen, so folgt auch eine in einem geschlossenen adiabaten System ablaufende exotherme Reaktion formal Gl. (I).

Für den einfachen Fall einer Reaktion mit den Ordnungen $m_1 = m_2 = 1$ ist der Verlauf der Reaktionsgeschwindigkeit in Abhängigkeit vom Umsatz in einem geschlossenen Reaktor in Abb. 10.10 wiedergegeben.

1. Einfache Reaktionen (Umsatzproblem)

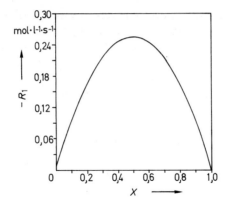

Abb. 10.10 Kinetik einer autokatalytischen Reaktion
(Gl. (I), mit $k = 1\,l \cdot mol^{-1} \cdot s^{-1}$; $c_{1,0} = 0{,}99\,mol \cdot l^{-1}$; $c_{2,0} = 0{,}01\,mol \cdot l^{-1}$)

Die Lage maximaler Reaktionsgeschwindigkeit läßt sich leicht durch Ableiten der Geschwindigkeit nach dem Umsatz und Nullsetzen berechnen.

$$r = kc_1 c_2 = kc_{1,0}(1 - X)(c_{1,0}X + c_{2,0}) \tag{III}$$

$$\frac{dr}{dX} = (kc_{1,0}^2 - kc_{1,0}c_{2,0}) - 2kc_{1,0}^2 X = 0$$

$$X_{op} = \frac{c_{1,0} - c_{2,0}}{2\,c_{1,0}} \tag{IV}$$

Ist der geforderte Umsatz am Reaktorausgang kleiner oder gleich dem optimalen ($X_a \leq X_{op}$), so wird die spezifische Leistung eines kRK höher sein als die eines Strömungsrohres, da die höchste Reaktionsgeschwindigkeit bei den Ablaufbedingungen erreicht wird.

Bei relativ hohen Endumsätzen wird ein Strömungsrohr eine größere spezifische Leistung aufweisen. Die Leistung des Rohrreaktors kann dadurch vergrößert werden, daß die die Reaktion beschleunigenden Produkte teilweise an den Reaktoreingang zurückgeführt werden, um eine höhere Anfangsreaktionsgeschwindigkeit zu gewährleisten.

Die Abhängigkeit der spezifischen Leistung eines Rohrreaktors vom Rückführverhältnis ist in

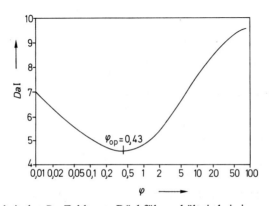

Abb. 10.11 Abhängigkeit der *Da*-Zahl vom Rückführverhältnis bei einer autokatalytischen Reaktion ($c_{2,0} = 0$, $X_a = 0{,}9$)

Abb. 10.11 gezeigt. Aufgetragen ist die Damköhler-Zahl $DaI = k \cdot c_{1,0} \cdot \tau$ für eine autokatalytische Reaktion, die nach Gl. (III) beschreibbar ist und für die $c_{2,0} = 0$ und $X_a = 0{,}9$ angenommen wird.

Bei festgelegtem Endumsatz (X_a) ergibt sich dementsprechend ein optimales Rückführverhältnis, bei dem die spezifische Leistung des Kreislaufreaktors maximal ist, d. h. bei dem die mittlere Verweilzeit im Reaktor minimal wird. Nach Gl. (9.90) (s. S. 313) gilt

$$\frac{\tau}{c_{1,0}} = (\varphi + 1) \int_{\frac{\varphi}{\varphi+1} X_a}^{X_a} \frac{dX}{-R_1}. \qquad (V)$$

Die kürzeste mittlere Verweilzeit kann durch Differenzieren nach dem Kreislaufverhältnis und Null-setzen bestimmt werden.

$$\frac{d(\tau/c_{1,0})}{d\varphi} \stackrel{!}{=} 0 \qquad (VI)$$

Als Lösung wird erhalten [3]

$$\frac{(X_a - X_1)}{-R_1(X_1)} = \int_{X_1}^{X_a} \frac{dX}{-R_1}.$$

Das Ergebnis ist in Abb. 10.12 veranschaulicht. Danach ist die Fläche des Rechtecks $OBCG$, die der Größe $\tau/c_{1,0}$ entspricht, offensichtlich dann minimal, wenn die schraffierten Flächen zwischen der Geschwindigkeitskurve und der Geraden CG gleich sind. Der Umsatz am Reaktoreingang (X_1) muß so gewählt werden, daß die Anfangsreaktionsgeschwindigkeit ($-R_1(X_1)$) gleich der mittleren im Reaktor ist.

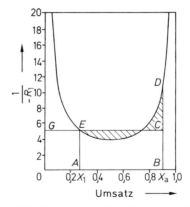

Abb. 10.12 Optimales Rückführverhältnis bei einer autokatalytischen Reaktion

Beispiel 10.3. Vergleich unterschiedlicher Formen der Reaktionsführung für eine enzymkatalysierte Reaktion mit Substrathemmung. Die Hydrolyse von Saccharose (Rohr- oder Rübenzucker) zu Glucose und Fructose wird in großem Maßstab zur Herstellung von Invertzucker durchgeführt. Invertzucker findet in der Lebensmittelindustrie verbreitete Anwendung.

Die Hydrolyse wird durch das Enzym Invertase katalysiert. L. Bowski et al.[4] untersuchten die enzymkatalysierte Reaktion und stellten eine Inhibierung der Reaktion durch das Ausgangsmaterial Saccharose fest. In Tab. 10.1 ist die von den Autoren gemessene Hydrolysegeschwindigkeit als Funktion der Saccharose-Konzentration aufgeführt.

Die Kinetik läßt sich gut mit einem Geschwindigkeitsansatz nach Michaelis-Menten unter Berücksichtigung der Substratinhibierung beschreiben (s. Abb. 10.13).

$$-R_S = \frac{k_2 c_{E0} c_S}{K_m + c_S\left(1 + \frac{c_S}{K_{is}}\right)} = \frac{V_m c_S}{K_m + c_S\left(1 + \frac{c_S}{K_{is}}\right)} \qquad (I)$$

1. Einfache Reaktionen (Umsatzproblem)

Tab. 10.1 Hydrolysegeschwindigkeit in Abhängigkeit der Saccharose-Konzentration

$-R_s$ (mol·m^{-3}·min^{-1})	c_s (kmol·m^{-3})
2,79	0,040
4,72	0,066
6,52	0,097
7,19	0,126
8,62	0,177
10,30	0,285
9,29	0,564
7,17	1,055
6,63	1,431
5,03	1,763
4,04	2,060

$T = 25\,°C$, $pH = 5{,}0$

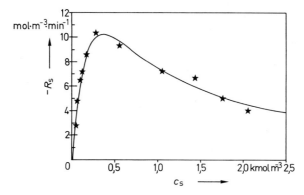

Abb. 10.13 Gemessene und berechnete Geschwindigkeit der enzymatischen Hydrolyse von Saccharose

Die Geschwindigkeitskonstante k_2 und die Enzymkonzentration c_{E0} werden zu einem Ausdruck, der sog. maximalen Geschwindigkeit V_m zusammengefaßt.

Durch Parameteranpassung erhält man die folgenden Werte:

$V_m = 2{,}97 \cdot 10^{-2}$ mol·l^{-1}
$K_m = 0{,}342$ mol·l^{-1}
$K_{is} = 0{,}379$ mol·l^{-1}

Die Eingangskonzentration beträgt 2 kmol·m^{-3} (684 kg·m^{-3}) Saccharose.

Es sollen die spezifischen Leistungen unterschiedlicher Reaktoren und Reaktorkombination miteinander verglichen werden.

Lösung: Die maximale Leistung eines kRK wird bei maximaler Reaktionsgeschwindigkeit erreicht.

$$\frac{c_{S,o} - c_S}{\tau} = (-R_S)_m \; (\text{kmol·m}^{-3}\cdot\text{min}^{-1}) \tag{II}$$

Die maximale Reaktionsgeschwindigkeit wird durch Ableitung der Geschwindigkeit nach der Substratkonzentration und Null setzen berechnet.

$$\frac{d(-R_S)_m}{dc_S} = 0 \tag{III}$$

Die maximale Leistung wird erhalten, wenn im Reaktor die Konzentration

$$c_{S,op} = \sqrt{K_m \cdot K_{is}} \quad \text{beträgt.} \tag{IV}$$

Der Umsatz muß dementsprechend eingestellt werden zu

$$X_{op} = \frac{c_{S,o} - c_{S,op}}{c_{S,o}}$$

Mit den Parameterwerten des Beispiels folgt

$$c_{S,op} = \sqrt{0{,}342 \cdot 0{,}379} = 0{,}36 \text{ kmol} \cdot \text{m}^{-3}$$
$$X_{op} = 0{,}82.$$

Die maximale Produktionsgeschwindigkeit ist

$$(-R_S)_m = \frac{2{,}97 \cdot 10^{-2} \cdot 0{,}36}{0{,}342 + 0{,}36\left(1 + \frac{0{,}36}{0{,}379}\right)} \cdot \text{kmol} \cdot \text{m}^{-3} \cdot \text{min}^{-1} = 0{,}0102 \text{ kmol} \cdot \text{m}^{-3} \cdot \text{min}^{-1}$$
$$= 0{,}6145 \text{ kmol} \cdot \text{m}^{-3} \cdot \text{h}^{-1} \text{ (maximale Leistung des kRK)}$$

Die Leistung des idealen Rohrreaktors ergibt sich zu:

$$L_{p,V} = \frac{\dot{n}_p}{V} = \frac{\dot{V}_0 \cdot c_{S,o} \cdot X_a}{V} = \frac{c_{S,o} X_a}{\tau} \tag{V}$$

Bei festgelegtem Umsatz X_a wird die Verweilzeit τ nach Gl. (10.5) (s. S. 376) berechnet

$$\tau = c_{S,o} \int_0^{X_a} \frac{dX}{-R_S} \tag{VI}$$

Im vorliegenden Fall der enzymatischen Hydrolyse folgt durch Integration

$$\tau = A X_a + B \ln(1 - X_a) + C X_a^2 \tag{VII}$$

Die Konstanten setzen sich aus den Modellparametern wie folgt zusammen.

$$A = \frac{c_{S,o}}{V_m}\left(1 + \frac{c_{S,o}}{K_{is}}\right)$$
$$B = -\frac{K_m}{V_m}$$
$$C = \frac{c_{S,o}^2}{2 V_m K_{is}} \tag{VIII}$$

Die Leistung des idealen Strömungsrohrreaktors ist, wie weiter oben diskutiert, vom Umsatz abhängig. Der optimale Arbeitspunkt wird erreicht, wenn die Reaktionsgeschwindigkeit am Reaktorausgang der mittleren Reaktionsgeschwindigkeit im Reaktor entspricht, die beiden schraffierten Flächen in Abb. 10.14 sind dann identisch und die Fläche unter der Kurve *OABCD* ist gleich der Rechteckfläche *OABE*.

Formal erhält man den optimalen Umsatz durch Differenzieren der spezifischen Leistung nach dem Umsatz und Nullsetzen.

$$\frac{d(L_{p,V})}{dX_a} \stackrel{!}{=} 0$$

1. Einfache Reaktionen (Umsatzproblem)

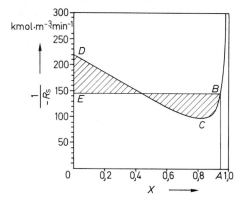

Abb. 10.14 Zur Berechnung der Leistung des Strömungsrohrreaktors

Als Ergebnis wird die folgende Beziehung erhalten

$$\frac{X_{op}^2 (1 - X_{op})}{X_{op} + (1 - X_{op}) \ln(1 - X_{op})} = \frac{2 K_m \cdot K_{iS}}{c_{S,o}^2}. \qquad (IX)$$

Mit den Werten der Modellparameter findet man mit Näherungsmethoden

$$X_{op} = 0{,}9432.$$

Die maximale Leistung des Rohrreaktors ergibt sich damit unter optimalen Bedingungen zu

$$(L_{p,v})_m = 6{,}89 \ 10^{-3} \text{ kmol} \cdot \text{m}^{-3} \cdot \text{min}^{-1} = 0{,}413 \text{ kmol} \cdot \text{m}^{-3} \cdot \text{h}^{-1}.$$

Häufig wird die Wahl des Umsatzgrades nicht allein von der Leistung des Reaktors bestimmt. So kann z. B. aus Gründen der Produktqualität ein hoher Umsatz gefordert werden. Bei der vorliegenden enzymatischen Hydrolyse soll davon ausgegangen werden, daß die eingesetzte Saccharose zu 99 % umgesetzt werden muß. Unter diesen Bedingungen sinkt die Leistung der beiden idealen Reaktoren. Für den kRK erhält man

$$L_{P,V} = 1{,}64 \ 10^{-3} \text{ kmol} \cdot \text{m}^{-3} \cdot \text{min}^{-1}.$$

Die Leistung des SR bleibt dagegen noch relativ hoch.

$$L_{P,V} = 6{,}66 \ 10^{-3} \text{ kmol} \cdot \text{m}^{-3} \cdot \text{min}^{-1}$$

Eine Leistungssteigerung läßt sich erreichen, wenn die Reaktion in einer Reaktorkombination aus idealem kRK und SR derart durchgeführt wird, daß der Umsatz im kRK dem optimalen Umsatz von $X_{op} = 0{,}82$ entspricht und die Reaktion anschließend in einem SR zu Ende geführt wird (s. Abb. 10.9, S. 380).

Die Leistung des Reaktors beträgt dann

$$L_{P,V} = \frac{c_{S,o} X_a}{\tau_{RK} + \tau_{SR}}$$

$\tau_{RK} = 160{,}1 \text{ min} \quad \text{(kRK)}$

$\tau_{SR} = 50{,}5 \text{ min} \quad \text{(SR)}$

$$L_{P,V} = \frac{2 \cdot 0{,}99}{210{,}6} = 9{,}40 \ 10^{-3} \text{ kmol} \cdot \text{m}^{-3} \cdot \text{min}^{-1}$$

Im Vergleich zu einem einzelnen Rohrreaktor können damit 41 % des Reaktorvolumens eingespart werden. Wird die Reaktion mit immobilisierten Enzymen durchgeführt, so entspricht dies gleichzeitig einer Einsparung von 41 % des Biokatalysators, was nicht nur die einmaligen Investitionskosten, sondern auch die laufenden Betriebskosten senkt, da der Biokatalysator wegen der nicht zu vermeidenden Desaktivierung ständig erneuert werden muß.

Die Kombination aus kRK und SR ist häufig technisch nur schwer realisierbar, wenn z. B. ein Feststoffkatalysator eingesetzt werden muß. Der geeignete Reaktor ist dann ein Festbett, das durch einen idealen Strömungsrohrreaktor charakterisiert wird. Die Leistung des SR kann dadurch verbessert werden, daß ein Teil des den Reaktor verlassenden Produktstromes an den Eingang zurückgeführt wird. Dadurch wird die Eingangskonzentration gesenkt und die Reaktionsgeschwindigkeit erhöht (s. Beispiel 10.2, S. 380). Mit den kinetischen Daten und einem geforderten Umsatz von 99 % folgt für das diskutierte Beispiel ein optimales Rückführverhältnis von

$$\varphi = \frac{\dot{V}_r}{\dot{V}_0} = \frac{\dot{V}_r}{\dot{V}_a} = 1{,}3,$$

damit wird der Umsatz am Eingang des SR zu

$$X_1 = \frac{\varphi}{\varphi + 1} X_a = 0{,}556.$$

Die Verweilzeit im Kreislaufreaktor beträgt

$$\tau_s = 246 \text{ min},$$

so daß sich eine Reaktorleistung von

$$L_{P,V} = 8{,}05 \cdot 10^{-3} \text{ kmol} \cdot \text{m}^{-3} \cdot \text{min}^{-1}$$

ergibt.

Tab. 10.2 Zusammenstellung der Leistung unterschiedlicher Reaktoren bei $X_a = 99\%$

Reaktor	τ (min)	$L_{P,V}$ (kmol·m^{-3}·min^{-1})
kRK	1210	$1{,}64 \cdot 10^{-3}$
SR	297	$6{,}66 \cdot 10^{-3}$
kRK + SR	211	$9{,}40 \cdot 10^{-3}$
SR mit opt. Rückführung	246	$8{,}05 \cdot 10^{-3}$

1.3 Konzentrationsführung

Generell wird die Reaktionsgeschwindigkeit bei Reaktionen mit positiver Ordnung mit zunehmender Reaktandenkonzentration erhöht. Eine Begrenzung der Konzentration ist jedoch häufig aus anderen Gründen, z. B. der Temperaturführung oder der Reaktorsicherheit, notwendig.

Bei Gleichgewichtsreaktionen kann durch kontinuierliche Entfernung eines Reaktionspartners der Umsatz und die Leistung des Reaktors wesentlich erhöht werden. So werden Veresterungen meist in halbkontinuierlichen Reaktoren oder in kontinuierlich betriebenen Destillationskolonnen durchgeführt.

Für den halbkontinuierlichen Betrieb eines Rührkesselreaktors ergibt sich die folgende Stoffbilanz

$$\frac{dn_i}{dt} = \frac{d(Vc_i)}{dt} = \dot{V}_0 c_{i0} - \dot{V}_a c_{ia} + V \sum_j v_{ij} r_{ij} \tag{10.12}$$

1. Einfache Reaktionen (Umsatzproblem)

Ebenso wie beim Satzreaktor wird während der ganzen Betriebszeit kein stationärer Zustand erreicht. Charakteristisch für den halbkontinuierlichen Betrieb ist, daß neben einer Änderung der Gemischzusammensetzung, eine Zu- oder Abnahme des Reaktionsvolumens und der Reaktionsmasse berücksichtigt werden muß.

$$\frac{dm}{dt} = \frac{d(V \cdot \varrho)}{dt} = \dot{V}_0 \varrho_0 - \dot{V}_a \varrho_a \qquad (10.13)$$

Eine weitere Möglichkeit, den Umsatz der Schlüsselkomponente und die Leistung bei Gleichgewichtsreaktionen zu erhöhen, besteht in einer Veränderung des Einsatzverhältnisses der Reaktanden. Selbstverständlich muß der im Überschuß eingesetzte Reaktionspartner nach Verlassen des Reaktors abgetrennt und zurückgeführt werden, was mit Kosten verbunden ist. Die Reaktionsgeschwindigkeit einer reversiblen Reaktion folgt dann aus Gl. (10.14)

$$A_1 + A_2 \underset{k_2}{\overset{k_1}{\rightleftharpoons}} A_3 + A_4$$

$$-R_1 = k_1 c_1 c_2 - k_2 c_3 c_4 = k_1 c_{1,0}^2 (1-X)(M-X) - k_2 c_{1,0}^2 X^2 \qquad (10.14)$$

Reaktionsgeschwindigkeit und Endumsatz X hängen danach wesentlich vom Überschuß M ab.

Beispiel 10.4. *Herstellung von Ethylacetat in einem halbkontinuierlichen Reaktor.* Ethylacetat soll durch Veresterung von Essigsäure mit Ethanol in einem Rührkesselreaktor hergestellt werden[5].

$$CH_3COOH + C_2H_5OH \underset{k_2}{\overset{k_1}{\rightleftharpoons}} CH_3COOC_2H_5 + H_2O \qquad (I)$$

$$A_1 + A_2 \rightleftharpoons A_3 + A_4$$

Die Reaktion erfolgt in einer wäßrigen Lösung in Gegenwart von Salzsäure als Katalysator. Die Reaktionsgeschwindigkeiten ergeben sich zu

$$r_1 = k_1 c_1 c_2$$
$$r_2 = k_2 c_3 c_4 \qquad (II)$$

Für die Stoffmengenänderungsgeschwindigkeiten folgt

$$R_i = \nu_{i1} r_1 + \nu_{i2} r_2 = \nu_{i1} k_1 c_1 c_2 + \nu_{i2} k_2 c_3 c_4 \qquad (III)$$

mit

$$k_1 = 7{,}93 \cdot 10^{-6}\, m^3 \cdot kmol^{-1} \cdot s^{-1}$$
$$k_2 = 2{,}71 \cdot 10^{-6}\, m^3 \cdot kmol^{-1} \cdot s^{-1} \quad \text{bei} \quad 373\, K.$$

Die Anfangskonzentrationen betragen in $kmol \cdot m^{-3}$

$$c_{1,0} = 3{,}91;\ c_{2,0} = 10{,}20;\ c_{3,0} = 0;\ c_{4,0} = 17{,}56.$$

Die Reaktionszeit wird auf 2 h begrenzt. Das Reaktionsvolumen beträgt zu Beginn 52 m³.
Bei diskontinuierlicher Betriebsweise wird nach $t_R = 2$ h ein Umsatz an Essigsäure von $X = 0{,}35$ erhalten. Pro Reaktionszyklus werden somit 71,16 kmol = 6262 kg Ethylester erzeugt.
Die Leistung des Reaktors kann dadurch erhöht werden, daß während der Reaktionszeit die Reaktionsprodukte durch Destillation aus dem Reaktionsgemisch entfernt werden.
Am Kopf der Destillationskolonne wird ein azeotropes Gemisch der folgenden Zusammensetzung abgezogen

$c_{1,a} = 0$ $\qquad c_{2,a} = 1{,}86 \, \text{kmol} \cdot \text{m}^{-3}$
$c_{3,a} = 9{,}58 \, \text{kmol} \cdot \text{m}^{-3}$ $\qquad c_{4,a} = 5{,}1 \, \text{kmol} \cdot \text{m}^{-3}$

Die Dichten der Reaktionsmischung und die des Destillats werden als gleich angenommen ($\varrho = \varrho_a = 1020 \, \text{kg} \cdot \text{m}^{-3}$). Das Volumen der Kolonne kann im Vergleich zum Reaktionsvolumen vernachlässigt werden.

Zur Berechnung der Leistung innerhalb eines Reaktionszyklus wird wie folgt vorgegangen: Innerhalb einer Anfangsphase t_{R1} wird der Reaktor diskontinuierlich betrieben bis eine vorgegebene Esterkonzentration ($c_{3,1}$) erreicht ist. Danach wird mit der Destillation begonnen, wobei die Bedingungen so gewählt werden, daß die Esterkonzentration während der gesamten Destillationsphase konstant bleibt ($c_3 = c_{3,1}$ für $t_{R1} \leq t \leq t_R$). Es ergeben sich die folgenden Massenbilanzen.

– Gesamtbilanz

$$\varrho \frac{dV}{dt} = -\varrho_a \dot{V}_a \tag{IV}$$

– Essigsäure

$$\frac{dn_1}{dt} = \frac{d(Vc_1)}{dt} = V \cdot R_1 \tag{V}$$

– Ethanol

$$\frac{dn_2}{dt} = \frac{d(V \cdot c_2)}{dt} = VR_2 - \dot{V}_a c_{2,a} \tag{VI}$$

– Ethylester

$$\frac{dn_3}{dt} = c_{3,1} \frac{dV}{dt} = VR_3 - \dot{V}_a c_{3,a} \tag{VII}$$

– Wasser

$$\frac{dn_4}{dt} = \frac{d(V \cdot c_4)}{dt} = VR_4 - \dot{V}_a c_{4,a} \tag{VIII}$$

Da $\varrho, c_{3,1}, c_{2,a}, c_{3,a}, c_{4,a}$ als konstant vorausgesetzt werden, ergibt sich die Volumenänderung im

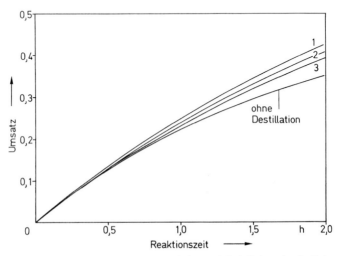

Abb. 10.15 Essigsäureumsatz als Funktion der Reaktionszeit bei diskontinuierlichem und halbkontinuierlichem Betrieb; $c_{3,1}(\text{kmol} \cdot \text{m}^{-3})$ = für 1 : 0,093; 2 : 0,265; 3 : 0,493

Reaktor aus Gl. (IV) und (VII)

$$\frac{dV}{dt} = \frac{V \cdot R_3}{c_{3,1} + c_{3,a}} \tag{IX}$$

Zur Berechnung des Umsatz-Zeit-Verlaufs werden die Differentialgleichungen numerisch integriert (Methode nach Runge-Kutta [7]). Es ergeben sich die in Abb. 10.15 gezeigten Kurven für unterschiedliche, konstant gehaltene Esterkonzentrationen. Je kleiner $c_{3,1}$ gehalten wird, umso kürzer wird die diskontinuierliche Anfangsphase t_{R1} und desto höher wird der Endumsatz X_a. Die Produktionsgeschwindigkeit (R_3) liegt innerhalb der Destillationsphase deutlich oberhalb der im diskontinuierlichen Reaktor erreichbaren (s. Abb. 10.16). Sie nimmt mit abnehmender Konzentration $c_{3,1}$ zu. Je höher die Produktionsgeschwindigkeit gehalten werden soll, desto größere Mengen müssen während der Reaktionszeit abdestilliert werden, was selbstverständlich mit einem erhöhten Energieverbrauch verbunden ist. In Abb. 10.17 ist daher die erreichbare Leistungssteigerung im Vergleich zum diskontinuierlichen Betrieb in Abhängigkeit von der Destillatmenge gezeigt. So müssen z.B. 17,4% des Anfangsvolumens abdestilliert werden, um eine Leistungssteigerung pro Arbeitszyklus von 23% zu erreichen.

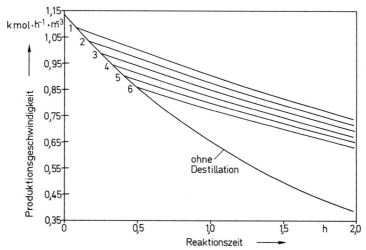

Abb. 10.16 Produktionsgeschwindigkeit als Funktion der Reaktionszeit bei diskontinuierlichem und halbkontinuierlichem Betrieb; $c_{3,1}$ (kmol · m^{-3}) = für 1 : 0,093; 2 : 0,181; 3 : 0,265; 4 : 0,346; 5 : 0,422; 6 : 0,493

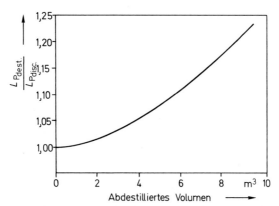

Abb. 10.17 Verhältnis der Leistung von halbkontinuierlichem zu diskontinuierlichem Reaktor in Abhängigkeit von der Destillatmenge

1.4 Temperaturführung

Bei exothermen Gleichgewichtsreaktionen soll durch geeignete Temperaturführung ein möglichst hoher Endumsatz der Schlüsselkomponente bei hoher spezifischer Reaktorleistung erreicht werden. Da hohe Temperaturen generell die Reaktionsgeschwindigkeit erhöhen, andererseits der Gleichgewichtsumsatz bei exothermen Reaktionen herabgesetzt wird, lassen sich die genannten Forderungen nicht ohne weiteres erfüllen.

Zur Vereinfachung der Diskussion soll eine einfache reversible Reaktion vom Typ

$$A_1 \underset{k_2}{\overset{k_1}{\rightleftharpoons}} A_2$$

betrachtet werden. Die Reaktionen seien erster Ordnung, so daß die Reaktionsgeschwindigkeit nach Gl. (10.15) beschrieben wird.

$$-R_1 = r_1 - r_2 = k_1 c_1 - k_2 c_2 = k_1 c_{1,0}(1-X) - k_2 c_{1,0} X \qquad (10.15)$$

Nach Einführung des Gleichgewichtsumsatzes X^* folgt

$$X^* = \frac{K_c}{1+K_c} = \frac{k_1}{k_1+k_2} \qquad (10.16)$$

$$-R_1 = k_1 c_{1,0} \left(\frac{X^* - X}{X^*}\right). \qquad (10.17)$$

Die Gleichgewichtskonstante ergibt sich im vorliegenden Fall zu

$$K_c = \frac{c_2^*}{c_1^*}. \qquad (10.18)$$

Die Angabe der Gleichgewichtskonstante basierend auf Konzentrationseinheiten wird vor allem in kondensierten Systemen verwendet. Für Gasphasenreaktionen werden häufig Partialdrücke oder Stoffmengenanteile eingesetzt. Der Zusammenhang zwischen diesen Einheiten ist in Gl. (10.19) wiederholt, wobei die Gültigkeit des idealen Gasgesetzes angenommen wird.

$$p_i = c_i RT = x_i p \qquad (10.19)$$

Damit folgt für die Beziehung der verschiedenen Gleichgewichtskonstanten untereinander

$$K_p = K_c (RT)^{\Delta v} = K_x \cdot p^{\Delta v} \qquad (10.20)$$

Mit zunehmender Temperatur steigt die Reaktionsgeschwindigkeit nach der Arrhenius-Beziehung exponentiell an.

$$k_1 = k_{o1} \exp\left(-\frac{E_1}{RT}\right) \qquad (10.21)$$

Andererseits ist die Gleichgewichtskonstante und damit der Gleichgewichtsumsatz eine Funktion der Temperatur. Nach van't Hoff gilt für die Reaktionsisobare

$$\left(\frac{\partial \ln K_p}{\partial T}\right)_p = \frac{\Delta H_R}{RT^2}. \qquad (10.22)$$

Bei exothermen Reaktionen ($\Delta H_R < 0$) nimmt dementsprechend die Gleichgewichtskonstante und damit der Gleichgewichtsumsatz mit zunehmender Reaktionstemperatur ab.

Betrachtet man in einem Reaktionssystem, in dem sich ein bestimmter Umsatzgrad X

eingestellt hat, die Produktionsgeschwindigkeit $(-R_1)$ in Abhängigkeit von der Temperatur, so erhält man den in Abb.10.18 gezeigten Verlauf. Ausgehend von tiefen Temperaturen steigt die Geschwindigkeit zunächst nahezu exponentiell entsprechend Gl. (10.21) an. Mit zunehmender Temperatur sinkt der Gleichgewichtsumsatz X^* und damit die treibende Kraft (Gl. (10.17)) bis schließlich X^* gleich dem Umsatzgrad X wird und die Reaktionsgeschwindigkeit auf Null sinkt.

Die Reaktionsgeschwindigkeit durchläuft als Funktion der Temperatur einen Maximalwert, der mit zunehmendem Umsatzgrad X niedriger wird und sich zu tieferen Temperaturen verschiebt. Die maximale Geschwindigkeit $(-R_{1,m})$ wird bei der optimalen Temperatur (T_{op}) erreicht. Sie kann durch Ableiten der Reaktionsgeschwindigkeit nach der Temperatur und anschließendes Nullsetzen berechnet werden. Als Beispiel soll wiederum die einfache reversible Reaktion erster Ordnung betrachtet werden.

$$-R_1 = k_{01} \exp\left(-\frac{E_1}{RT}\right) c_{1,0}(1-X) - k_{02} \exp\left(-\frac{E_2}{RT}\right) c_{1,0} X \tag{10.23}$$

$$\frac{d(-R_1)}{dT} = \frac{k_{01}E_1}{RT^2} \exp\left(-\frac{E_1}{RT}\right) c_{1,0}(1-X) - \frac{k_{02}E_2}{RT^2} \exp\left(-\frac{E_2}{RT}\right) c_{1,0} X \stackrel{!}{=} 0 \tag{10.24}$$

Die optimale Temperatur ergibt sich daraus durch Umformung zu

$$T_{op} = \frac{E_2 - E_1}{R \ln \dfrac{k_{02} E_2 X}{k_{01} E_1 (1-X)}}. \tag{10.25}$$

Beispiel 10.5. *Reaktionsgeschwindigkeit einer reversiblen Reaktion als Funktion von Umsatz und Temperatur.* Eine reversible Reaktion erster Ordnung kann nach Gl. (10.23) beschrieben werden.

$$A_1 \xrightarrow{1} A_2 \qquad r_1 = k_1 c_1$$

$$A_2 \xrightarrow{2} A_1 \qquad r_2 = k_2 c_2$$

$$-R_1 = r_1 - r_2$$

Die kinetischen Parameter seien

$k_{01} = 10^9 \text{ min}^{-1} \qquad k_{02} = 2 \cdot 10^{14} \text{ min}^{-1}$
$E_1 = 50 \text{ kJ mol}^{-1} \text{ K}, \qquad E_2 = 90 \text{ kJ mol}^{-1} \text{ K}.$

Abb. 10.18 gibt die auf die Anfangskonzentration bezogenen Reaktionsgeschwindigkeiten in Abhängigkeit der Reaktionstemperatur wieder.

Für einen absatzweise betriebenen Reaktor erhält man demnach die maximale Leistung bei festgelegtem Endumsatz, wenn die Temperatur während der Reaktionsdauer dem zunehmenden Umsatzgrad angepaßt wird, der Reaktor also zu jeder Zeit bei maximaler Reaktionsgeschwindigkeit arbeitet. Entsprechendes gilt für das ideale Strömungsrohr, bei dem das axiale Temperaturprofil in Abhängigkeit vom Umsatzgrad den jeweils optimalen Bedingungen entsprechen muß, um die größtmögliche Reaktorleistung zu erreichen, was gleichbedeutend ist mit einer minimalen hydrodynamischen Verweilzeit.

$$\left(\frac{V}{\dot{V}_0}\right)_{min} = \tau_{min} = c_{1,0} \int_0^{X_a} \frac{dX}{-R_{1,m}} \tag{10.26}$$

Für einen kontinuierlich betriebenen Rührkessel wird die maximale Leistung bei vorgegebenem Umsatzgrad bei Einhaltung der optimalen Temperatur erreicht. Analog sollte in einer Rührkesselkaskade die Temperatur dem Reaktionsfortschritt angepaßt werden, wie dies in Abb. 10.19 gezeigt ist.

Während die optimale Reaktionstemperatur in einem kontinuierlich betriebenen Rührkessel leicht einstellbar ist, kann ein optimales Temperaturprofil entsprechend Abb. 10.18 in einem Strömungsrohr technisch nur schwer realisiert werden. Vor allem praktische und ökonomische Gesichtspunkte sprechen gegen die aufwendigen Konstruktionen der Wärmetauscher. Hinzu kommt, daß das Reaktionsgemisch vor dem Reaktor auf hohe Temperaturen mit hochwertiger Energie aufgeheizt werden muß, während die zurückgewonnene Reaktionswärme auf einem niedrigen Temperaturniveau liegt. Es sollen daher weniger aufwendige Varianten der Temperaturführung diskutiert und in einem Beispiel mit dem optimalen Temperaturverlauf verglichen werden.

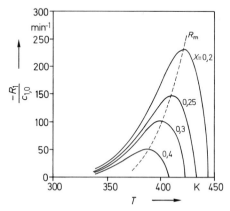

Abb. 10.18 Reaktionsgeschwindigkeit in Abhängigkeit der Reaktionstemperatur für eine reversible exotherme Reaktion erster Ordnung (Daten aus Beispiel 10.5)

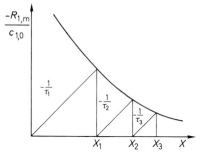

Abb. 10.19 Zur Auslegung einer optimal betriebenen Kaskade

Isotherme Reaktionsführung. Wird der ideale Strömungsrohrreaktor oder der Satzreaktor isotherm betrieben, so wird die maximale Reaktionsgeschwindigkeit entsprechend der Gl. (10.25) nur an einer Stelle bzw. zu einem Zeitpunkt eingestellt. Die Leistung des isothermen Reaktors liegt daher immer unter der eines mit optimalem Temperaturprofil arbeitenden. Für einen festgelegten Umsatz hängt aber auch die Leistung des isothermen Reaktors von der Temperatur ab und es kann eine optimale isotherme Temperatur bestimmt werden, bei der die mittlere Verweilzeit minimal, bzw. die spezifische Leistung maximal ist. Die optimale Reaktortemperatur hängt vom geforderten Umsatz ab und ist eine Funktion der kinetischen und thermodynamischen Parameter. Zur Bestimmung der optimalen isothermen Temperatur $T_{op,is}$ muß daher die hydrodynamische Verweilzeit (Gl. (10.26)) nach der Temperatur abgeleitet und Null gesetzt werden, was zu Gl. (10.27) führt.

$$\int_0^x \frac{\partial R_i}{\partial T} \cdot \frac{dX}{R_i^2} = 0 \tag{10.27}$$

Die analytische Bestimmung der optimalen isothermen Temperatur gelingt nur für sehr einfache Reaktionen [5]. Für die reversible Reaktion erster Ordnung (Gl. (10.23)) ergibt sich

$$\ln[1 - (1 + K')X] + \frac{[(E_2/E_1) - 1]K'(1 + K')X}{[1 + (E_2/E_1)K'][1 - (1 + K')X]} = 0. \tag{10.28}$$

Zweckmäßigerweise wird eine normierte Geschwindigkeitskonstante berechnet, die wie folgt definiert ist.

$$K_{op} = \left(\frac{k_1}{k_R}\right)_{op} = K'^{\frac{1}{E_2/E_1 - 1}} \tag{10.29}$$

Die Geschwindigkeitskonstante k_R ist für eine Bezugstemperatur bestimmt, für die $k_1 = k_2$ ist.

$$k_R = k_{01} \exp\frac{-E_1}{RT_R} = k_{02} \exp\frac{-E_2}{RT_R} \tag{10.30}$$

$$T_R = \frac{E_2 - E_1}{R\ln(k_{02}/k_{01})} \tag{10.31}$$

Durch Kombination der Gln. (10.29)–(10.31) kann die optimale isotherme Temperatur im Reaktor errechnet werden zu:

$$T_{op,is} = \left[\frac{1}{T_R} - \frac{\ln(K_{op})^{-1}}{(E_1/R)}\right] \tag{10.32}$$

In Beispiel 10.6 werden die optimale Temperatur T_{op} für maximale Reaktionsgeschwindigkeit, die optimale Temperatur für ein isothermes Strömungsrohr ($T_{op,is}$) und die Gleichgewichtstemperatur (T_{eq}) in Abhängigkeit vom Umsatz miteinander verglichen. Abb. 10.20 zeigt den Unterschied der mittleren Verweilzeiten in den beiden Reaktoren für unterschied-

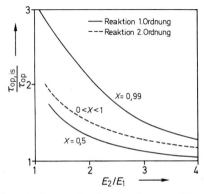

Abb. 10.20 Leistungsvergleich zwischen optimalem isothermen SR und einem SR mit optimalem Temperaturverlauf in Abhängigkeit vom Verhältnis der Aktivierungsenergie; Parameter: Umsatz, Reaktionsordnung [5]

liche Verhältnisse der Aktivierungsenergien E_2/E_1. Wie daraus zu ersehen ist, werden die Leistungsunterschiede erst bei kleinen Werten von E_2/E_1 entscheidend. Daneben spielt selbstverständlich der geforderte Endumsatz eine Rolle.

Beispiel 10.6. *Einfluß der Temperaturführung auf die Leistung eines idealen Strömungsrohrreaktors.* Mit den in Beispiel 10.5 (s. S. 391) angegebenen Daten, soll die Leistung eines idealen isothermen Strömungsrohres mit der Leistung eines Rohrreaktors verglichen werden, in dem ein optimales Temperaturprofil entsprechend Gl. (10.25) eingestellt ist. Da für $X = 0$, die optimale Temperatur gegen unendlich geht, muß für den Reaktoreingang ein Maximalwert vereinbart werden, der durch das Reaktormaterial, den Katalysator oder andere Gründe festgelegt ist. Im betrachteten Beispiel sei die Maximaltemperatur auf 500 K beschränkt. Die zum Erreichen eines bestimmten Umsatzes notwendige minimale mittlere Verweilzeit wird durch numerische Integration[6] entsprechend Gl. (10.26) bestimmt.

Die mittlere Verweilzeit, die im isotherm betriebenen Strömungsrohr nötig ist, um denselben Umsatz zu erreichen, ist in jedem Fall länger, sie durchläuft jedoch in Abhängigkeit von der Reaktortemperatur einen Minimalwert (s. Abb. 10.21). Nach Gl. (10.28) bis (10.32) kann diese optimale Temperatur berechnet werden.

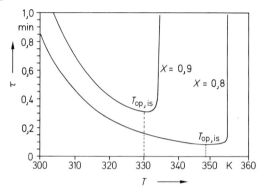

Abb. 10.21 Mittlere Verweilzeit in einem isothermen Strömungsrohr in Abhängigkeit von der Temperatur; Parameter: Umsatzgrad X

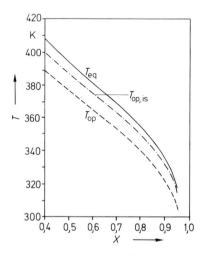

Abb. 10.22 Vergleich von optimaler Temperatur (T_{op}), Gleichgewichtstemperatur (T_{eq}) und optimaler Temperatur im isothermen Strömungsrohr ($T_{op, is}$) in Abhängigkeit vom Umsatzgrad X

Für das gewählte Beispiel ergibt sich die Bezugstemperatur T_R, für die die Geschwindigkeitskonstanten der Hin- und Rückreaktion gleich sind zu

$$T_R = \frac{E_2 - E_1}{R \cdot \ln k_{02}/k_{01}} = \frac{90\,000 - 50\,000}{8{,}313 \ln (2 \cdot 10^{14}/10^9)} = 394{,}23 \text{ K}$$

Die optimale Reaktortemperatur $T_{op,is}$ berechnet man aus Gl. (10.32), wobei das günstigste Verhältnis von $(k_1/k_R)_{op} = K_{op}$ bekannt sein muß. K_{op} ist über K' vom geforderten Umsatz abhängig und muß jeweils durch Näherungsverfahren bestimmt werden. In Abb. 10.22 ist die für das Beispiel bestimmte optimale Temperatur für maximale Reaktionsgeschwindigkeit ($R_1 = R_{1,m}$, Gl. (10.25)) mit der optimalen Temperatur des isothermen Strömungsrohres und der Gleichgewichtstemperatur verglichen. Die optimale isotherme Temperatur ist deutlich höher als die Temperatur maximaler Reaktionsgeschwindigkeit. Die Leistungsunterschiede zwischen dem optimalen isothermen Rohrreaktor und dem mit optimalem Temperaturverlauf zeigt Abb. 10.23. Die Differenzen steigen erwartungsgemäß mit zunehmenden Umsätzen. Wird ein Umsatz von 99 % gefordert, so beträgt die Leistung des isothermen Rohrreaktor höchstens 47 % derjenigen des Reaktors mit optimalem Temperaturprofil. Bei niedrigeren Umsätzen sind die Unterschiede weniger ausgeprägt.

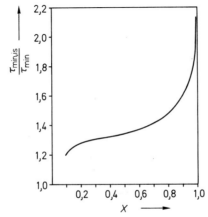

Abb. 10.23 Leistungsvergleich zwischen optimalem isothermen SR und einem SR mit optimalem Temperaturverlauf

Adiabate Reaktionsführung. Die adiabate Reaktionsführung ist technisch einfach zu realisieren und sollte stets mit in Betracht gezogen werden. Im Falle der exothermen reversiblen Reaktion steigt die Temperatur mit zunehmendem Umsatz, was, wie oben diskutiert, zu einer Abnahme des Gleichgewichtsumsatzes führt. Ausgehend von niedrigen Eingangstemperaturen steigt die Reaktionsgeschwindigkeit zunächst an und geht nach Durchlaufen eines Maximums mit Annäherung an die Gleichgewichtskurve gegen Null (s. Abb. 10.24). Die Temperatur steigt in erster Näherung linear mit dem Umsatz an.

$$T = T_0 + \frac{c_0 \cdot (-\Delta H_R)}{\varrho \cdot c_p} X = T_0 + \Delta T_{ad} X \tag{10.33}$$

Unter adiabaten Bedingungen hängt die Reaktionsgeschwindigkeit bei konstanter Eingangskonzentration nur vom Umsatz und der Anfangstemperatur T_0 ab.

$$R(X, T) = R(X, T_0 + \Delta T_{ad} X) = R_{ad}(X, T_0) \tag{10.34}$$

mit

$$R = R_i \, .$$

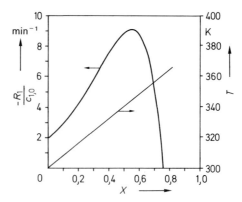

Abb. 10.24 Reaktionsgeschwindigkeit und Reaktortemperatur in einem adiabaten Reaktor in Abhängigkeit vom Umsatz (Daten aus Beispiel 10.5)

Wegen des Zusammenhanges zwischen Temperatur und Umsatz ergibt sich die maximale Reaktionsgeschwindigkeit nicht für dieselben Wertepaare X, T, die im Falle optimaler polytroper Reaktionsführung bestimmt wurden. Bei festgelegten Eingangsbedingungen und damit bekannter Temperatur im Reaktor wird die maximale in einem adiabaten Strömungsrohr erreichbare Reaktionsgeschwindigkeit durch Differenziation von Gl. (10.34) gefunden.

$$\left(\frac{\partial R_{\mathrm{ad}}}{\partial X}\right)_{T_0} = \left(\frac{\partial R}{\partial X}\right)_T + \Delta T_{\mathrm{ad}} \left(\frac{\partial R}{\partial T}\right)_X = 0 \tag{10.35}$$

Die Lage der Kurve $R_{\mathrm{m,ad}}(\Delta T_{\mathrm{ad}})$ für die optimalen adiabaten Temperaturen $T_{\mathrm{op,ad}}$ unterscheidet sich deutlich von derjenigen, bei der die Kurve konstanter Reaktionsgeschwindigkeit ($R = $ const.) ihren Maximalwert hat (T_{op}). Wie aus der Darstellung in Abb. 10.25 hervorgeht, ergibt sich die maximale Reaktionsgeschwindigkeit an dem Punkt, an dem die Tangente an der Kurve konstanter Geschwindigkeit ($R(X, T) = $ const.) die Steigung $1/\Delta T_{\mathrm{ad}}$ hat. Die optimale adiabate Temperatur ist daher sowohl von den kinetischen Para-

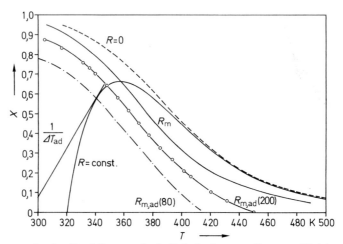

Abb. 10.25 Lage maximaler Reaktionsgeschwindigkeit einer exothermen Gleichgewichtsreaktion bei adiabater Reaktionsführung mit $\Delta T_{\mathrm{ad}} = 80$ K und 200 K im Vergleich zur maximalen Reaktionsgeschwindigkeit (R_{m}) und zur Gleichgewichtseinstellung ($R = 0$)

metern der Reaktion, als auch der adiabaten Temperaturerhöhung abhängig. Mit zunehmendem ΔT_{ad} nähert sich das Maximum für adiabate Reaktionsführung ($R_{m,ad}$) der Lage der maximalen Reaktionsgeschwindigkeit (R_m). Die spezifische Leistung des Strömungsrohres durchläuft bei festgelegten Anfangsbedingungen als Funktion des Umsatzes ein Maximum, für dessen Lage entsprechende Überlegungen gelten, wie sie allgemein für Reaktionen vorgestellt wurden, bei denen die Geschwindigkeit mit fortschreitendem Umsatz einen Maximalwert durchläuft. Umgekehrt folgt, daß sich bei adiabater Reaktionsführung eine optimale Eingangstemperatur T_0 ergibt, bei der ein geforderter Umsatz bei minimaler Verweilzeit und damit maximaler spezifischer Leistung erreicht werden kann.

Beispiel 10.7. Leistung eines adiabaten Strömungsrohrreaktors. Wie in Abb. 10.24 gezeigt, durchläuft die Reaktionsgeschwindigkeit in einem adiabat betriebenen Strömungsrohr bzw. adiabaten Satzreaktor als Funktion des Umsatzes einen Maximalwert. Die Reaktionsgeschwindigkeit wird schließlich Null, wenn Reaktortemperatur und Umsatz den Gleichgewichtsbedingungen entsprechen. Wird die Anfangstemperatur vorgegeben, so durchläuft die spezifische Leistung des Reaktors ein Maximum, bzw. die mittlere Verweilzeit ein Minimum in Abhängigkeit vom Umsatz. Das Verhalten entspricht dem eines Reaktors mit einer autokatalytischen Reaktion (s. Beispiel 10.2, S. 380). Für die kinetischen Daten aus Beispiel 10.5 und den Eingangsbedingungen $T_0 = 360$ K, $c_{1,0} = 1$ kmol $\cdot$ m^{-3} soll dies anhand von Abb. 10.26 diskutiert werden. Aufgetragen ist die reziproke Reaktionsgeschwindigkeit als Funktion des Umsatzes, entsprechend Abb. 10.3 (s. S. 376). Die mittlere Verweilzeit ergibt sich dann durch die Fläche unterhalb der Kurve. Die spezifische Leistung eines Strömungsrohres bzw. eines absatzweise betriebenen Reaktors folgt daraus zu

$$L_{P,V} = \frac{c_{10}\Delta X}{\tau_{ad}} = \frac{c_{10}\Delta X}{c_{10}\int_{X_0}^{X_L}\frac{dX}{R_{ad}}} = \frac{\Delta X}{\int_{X_0}^{X_L}\frac{dX}{R_{ad}}}. \tag{I}$$

Die maximale Leistung wird erreicht, wenn die über die Reaktorlänge gemittelte Reaktionsgeschwindigkeit maximal ist. Nach Gl. (10.11) (s. S. 379) ist dies der Fall, wenn die schraffierten Flächen in Abb. 10.26 gleich sind. Bis zu einem Umsatz, der dem Punkt *A* entspricht, ist zudem die Leistung des adiabatischen kontinuierlich betriebenen Rührkessels größer als diejenige des Strömungsrohres. Die maximale Leistung der kRK ergibt sich bei einem Umsatz, der der maximalen Reaktionsgeschwindigkeit entspricht (Punkt *B*).

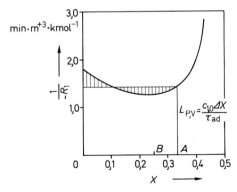

Abb. 10.26 Zur Berechnung der maximalen Leistung eines adiabaten SR; reversible exotherme Reaktion

Adiabater Abschnittsreaktor. Am Ausgang eines Strömungsrohres muß die Reaktionstemperatur unter dem für den geforderten Umsatz entsprechenden Gleichgewichtswert liegen. Daraus folgt bei adiabater Reaktionsführung eine entsprechend niedrige Eingangstemperatur, die unter Umständen zu extrem langen Verweilzeiten bzw. großen Reaktorvolumina führt. In der Praxis wird dieses Problem durch die Aufteilung des Gesamtvolumens in mehrere adiabate Abschnitte mit Zwischenkühlung gelöst, wie in Abb. 10.27 dargestellt. Die Temperatur steigt jeweils adiabatisch mit dem Umsatz in den einzelnen Abschnitten an und wird vor dem Eintritt in den nächsten durch einen Zwischenkühler abgesenkt. Je nach Anzahl der Abschnitte kann dadurch die optimale adiabate Temperatur und damit die maximale adiabate Reaktionsgeschwindigkeit ($R_{m,ad}$) durch die eingezeichnete Zick-Zack-Linie angenähert werden (s. Abb. 10.28). Die Gesamtleistung des adiabaten Abschnittsre-

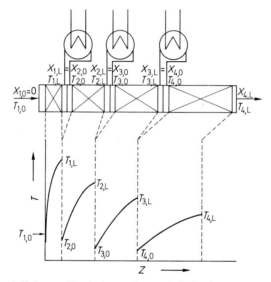

Abb. 10.27 Adiabater Abschnittsreaktor mit indirekter Zwischenkühlung

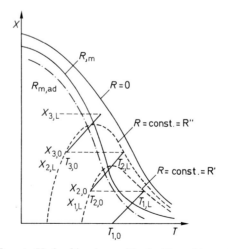

Abb. 10.28 Temperatur-Umsatz-Verlauf in einem Abschnittsreaktor mit indirekter Zwischenkühlung

aktors ist bei vorgegebener Anzahl der Abschnitte N und des Endumsatzes von den in jedem Abschnitt erreichten Umsatz und der jeweiligen Eingangstemperatur abhängig [7,8]. Das Problem wurde von Horn und Küchler[9] in einer etwas modifizierten Form gelöst, indem bei gegebenem Reaktorvolumen, Eingangstemperatur T_0 und konstanter Abschnittszahl der maximale Umsatz bestimmt wird. Die optimalen Bedingungen werden wie folgt angegeben.

1. Für jeden Abschnitt n gilt, daß der Umsatz $X_{a,n}$ für die jeweils gegebene Temperatur $T_{n,0}$ zu maximaler spezifischer Leistung führt.

$$\int_{X_{n,0}}^{X_{n,a}} \frac{\partial R}{\partial T} \cdot \frac{d^2 X}{d R^2} = 0$$

2. Zwischen den Abschnitten wird die Temperatur soweit abgesenkt, daß die Reaktionsgeschwindigkeit am Ausgang eines Abschnittes gleich derjenigen am Eingang des folgenden ist.

$$R_{n-1,a} = R_{n,0}$$

3. Während der Zwischenkühlung bleibt der Umsatz unverändert, so daß gilt

$$X_{a,n-1} = X_{0,n}.$$

Die beschriebenen Zusammenhänge zum optimalen Betrieb des adiabaten Abschnittsreaktors sind in Abb. 10.28 veranschaulicht. Ausgehend von $T_{1,0}$ am Eingang des ersten Reaktorabschnitts steigt die Temperatur linear mit steigendem Umsatz, wobei $(-\Delta H_R)/\varrho c_p$ = const. angenommen wird. Die Reaktionsgeschwindigkeit steigt zunächst an und erreicht ihren Maximalwert an dem durch die Kurve $R_{m,ad}$ angegebenen Punkt. Mit weiter ansteigendem Umsatz und steigender Temperatur nimmt die Geschwindigkeit ab. Der Endumsatz wird so festgelegt, daß sich eine maximale mittlere Geschwindigkeit entsprechend der Bedingung 1 ergibt (s. Beispiel 10.7, S. 397). Danach wird die Temperatur abgesenkt, so daß sich für den zweiten Abschnitt am Eingang die gleiche Reaktionsgeschwindigkeit ergibt (Bedingung 2)*. Die Anfangstemperatur ist frei wählbar und damit ein zusätzlicher Opti-

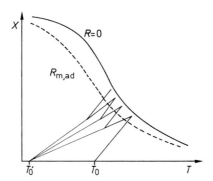

Abb. 10.29 Temperatur-Umsatz-Verlauf in einem adiabaten Abschnittsreaktor mit direkter Kühlung durch Kaltgaseinspeisung

---

* Um Bedingung 2 einhalten zu können, muß der Endumsatz in einer adiabaten Stufe jenseits der Kurve maximaler Reaktionsgeschwindigkeit (R_m) liegen. Dies ist unter Berücksichtigung der ersten Bedingung nur möglich, wenn die adiabate Temperaturerhöhung groß ist und damit die Kurven $R_{m,ad}$ und R_m genügend nahe beieinanderliegen.

mierungsparameter für das Gesamtverfahren. Mit zunehmender Zahl der Abschnitte kann die Zick-Zack-Linie dem optimalen Temperaturverlauf immer besser angepaßt werden, was zu einer Leistungsverbesserung führt. Die optimale Anzahl der Abschnitte muß nach wirtschaftlichen Gesichtspunkten bestimmt werden, sie liegt in der Regel bei 3 bis 5 Abschnitten.

Der optimale Umsatz-Temperatur-Verlauf kann auch dadurch angenähert werden, daß dem Reaktionsgemisch zwischen den Abschnitten Frischgas zugemischt wird. Dadurch wird nicht nur die Temperatur abgesenkt, sondern auch der Umsatz, wie dies in Abb. 10.29 gezeigt ist.

2. Komplexe Reaktionen (Ausbeuteproblem)

In komplexen Reaktionssystemen, in denen neben dem gewünschten auch unerwünschte Produkte gebildet werden, tritt die Optimierung der Reaktorleistung häufig zurück im Vergleich zur bestmöglichen Ausnutzung des Rohstoffes. Einmal gebildete Nebenprodukte lassen sich oft nur schwer wieder verwenden. Auch geringe Mengen gebildeter Nebenprodukte verursachen zum Teil erhebliche Kosten, wenn ihre Beseitigung aus Qualitäts- oder Umweltschutzforderungen notwendig ist. In manchen Fällen ist eine nachträgliche Aufarbeitung des Endproduktes auch gar nicht mehr möglich, wie dies z. B. bei Polymerisationen der Fall ist.

Der Wahl des geeigneten Reaktortyps und der richtigen Konzentrations- und Temperaturführung zur Erreichung hoher Selektivitäten (S_{ki}) und Gesamtausbeuten (Y_{ki}) muß aus den genannten Gründen besondere Beachtung geschenkt werden.

Wie aus den in Kap. 1 (s. S. 6) eingeführten Grundbegriffen hervorgeht, ergibt sich die globale Ausbeute für das gewünschte Produkt aus dem Umsatzgrad der Komponente A_i und der integralen Selektivität S_{ki}, die das Verhältnis von gebildeter Produktmenge zu umgesetzter Menge des Ausgangsstoffes angibt.

$$Y_{ki} = S_{ki} X_i \tag{10.36a}$$

bzw.

$$Y_k = S_k X \quad (\text{für } i = 1) \tag{10.36b}$$

Die Ausbeute kann daher klein sein, weil der Umsatz im Reaktor niedrig gehalten wird, oder weil eine niedrige Selektivität erreicht wird. Rohstoffpreis und Kosten für die Abtrennung des eingesetzten Reaktanden werden die günstigste Kombination von Selektivität und Umsatz bestimmen. Läßt sich z. B. das nicht umgesetzte Ausgangsmaterial leicht von den Produkten abtrennen und zurückführen, so wird der erzielte Umsatz im Reaktor von untergeordneter Bedeutung sein und man wird versuchen, eine hohe Selektivität und somit hohe Ausnutzung der Rohstoffe zu erreichen.

Allgemein wird die Selektivität im Vergleich zur spezifischen Leistung des Reaktors umso wichtiger, je unangenehmer sich die Bildung von Nebenprodukten bemerkbar macht und je schwieriger sich einmal gebildete Fehlprodukte entfernen bzw. schadlos beseitigen lassen.

In Abb. 10.30 sind die Zusammenhänge nochmals zusammengefaßt, wobei eine mit zunehmendem Umsatz abnehmende Selektivität angenommen wird.

Neben der integralen Selektivität wird häufig die sogenannte augenblickliche oder differentielle Selektivität zur Diskussion des Reaktorverhaltens bei komplexen Reaktionssystemen herangezogen. Die differentielle Selektivität ist das Verhältnis von Bildungsgeschwindigkeit des gewünschten Produktes zu Verbrauchsgeschwindigkeit des eingesetzten Reaktanden.

$$s_{ki} = \frac{\sum v_i \sum v_{kj} r_j}{\sum v_k \sum v_{ij} r_j} = \frac{v_i}{v_k}\left(\frac{dn_k}{dn_i}\right) \qquad (10.37)$$

Die differentielle Selektivität ist von den augenblicklichen Konzentrationen und Temperaturen im Reaktor abhängig und daher eine Zustandsfunktion, deren Verlauf im Reaktor durch den fortschreitenden Umsatz bestimmt wird. Die integrale Selektivität S ist dagegen von der gesamten Konzentrations- und Temperaturführung abhängig.

Eine weitere, häufig zur Diskussion herangezogene Größe ist das Verhältnis der Bildungsgeschwindigkeit des gewünschten Produktes zur Bildungsgeschwindigkeit eines oder mehrerer Nebenprodukte. Im einfachsten Fall zweier gebildeter Produkte k und m folgt

$$\frac{v_m}{v_k}\frac{dn_k}{dn_m} = \frac{s_{ki}}{s_{mi}} = s'_{km}. \qquad (10.38)$$

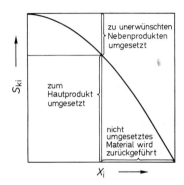

Abb. 10.30 Beispiel eines Selektivitäts-Umsatz-Diagramms

2.1 Reaktorwahl und Konzentrationsführung

Die Wahl eines geeigneten Reaktors und der Konzentrationsführung soll im folgenden anhand einiger ausgewählter Reaktionstypen diskutiert werden, den Parallelreaktionen, Folgereaktionen und den gekoppelten Reaktionen (s. Kap. 4, S. 39–43).

Parallelreaktionen. Parallelreaktionen laufen allgemein nach dem folgenden Schema ab:

$$A_1 \begin{array}{c} \xrightarrow{1} A_2 \\ \xrightarrow{2} \text{Nebenprodukte} \end{array}$$

Beispiele sind die Dehydratisierung von Alkoholen zu Ether und Olefinen oder Zersetzungsreaktionen, die zu einer ganzen Reihe unterschiedlicher Produkte führen können. Für die differentielle Selektivität folgt nach dem vorstehenden Schema

$$s_2 = \frac{r_1}{r_1 + r_2} = \frac{v_1 \, dn_2}{v_2 \, dn_1} = \frac{dY_2}{dX}. \tag{10.39}$$

Daraus folgt für die integrale Ausbeute in einem Satzreaktor oder einem kontinuierlichen Strömungsrohr

$$Y_2 = \int_0^{X_a} s_2 \, dX. \tag{10.40}$$

Die integrale Selektivität ergibt sich zu

$$S_2 = \frac{1}{X_a} \int_0^{X_a} s_2 \, dX. \tag{10.41}$$

In einem stationären kontinuierlich betriebenen Rührkesselreaktor sind die Reaktionsgeschwindigkeiten unabhängig von der Zeit und dem Ort, so daß auch die augenblicklichen Selektivitäten konstant sind.

$$S_2 = s_2, \quad Y_2 = S_2 \cdot X \tag{10.42}$$

Die in unterschiedlichen Reaktortypen erreichbaren Ausbeuten lassen sich anhand der

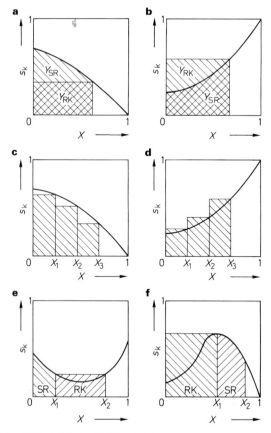

Abb. 10.31 Differentielle Selektivität in Abhängigkeit vom Umsatz; Reaktorwahl zur Optimierung der integralen Ausbeute

2. Komplexe Reaktionen (Ausbeuteproblem)

Abb. 10.31 a–f veranschaulichen, in denen verschiedene Zusammenhänge zwischen der differentiellen Selektivität und dem Umsatz dargestellt sind.

Das folgende sehr einfache Reaktionsschema ist ein Beispiel für die dargestellten Selektivitätsverläufe.

$$A_1 \xrightarrow{k_1} A_2, \quad r_1 = k_1 c_1^{m_1}$$

$$A_1 \xrightarrow{k_2} A_3, \quad r_2 = k_2 c_1^{m_2}$$

Die differentielle Selektivität ergibt sich aus dem Verhältnis der Reaktionsgeschwindigkeiten zu

$$s_2 = \frac{r_1}{r_1 + r_2} = \frac{k_1}{k_1 + k_2 [c_{1,0}(1-X)]^{m_2 - m_1}}. \tag{10.43}$$

Sind die Reaktionsordnungen unterschiedlich und $m_1 > m_2$, so ergeben sich die in Abb. 10.31 a und c gezeigten Zusammenhänge zwischen differentieller Selektivität und Umsatz. Die Reaktandenkonzentration muß hoch sein, um die Ausbeute zu steigern. Satzreaktoren und ideale Strömungsrohre sind daher geeignete Reaktortypen. Umgekehrt folgt, daß bei niedrigen Konzentrationen gearbeitet werden muß, wenn $m_1 < m_2$ ist (Abb. 10.31 b und d). Abnehmende Konzentrationen bzw. hohe Umsätze führen zu kleinen Reaktionsgeschwindigkeiten und damit niedrigen Reaktorleistungen bzw. großen Reaktorvolumina, was bei der Optimierung des Prozesses berücksichtigt werden muß. Sind die Reaktionsordnungen gleich ($m_1 = m_2$), so lassen sich die Ausbeuten durch die Konzentrationsführung nicht beeinflussen und der Reaktor wird nach anderen Gesichtspunkten, z. B. seiner spezifischen Leistung ausgewählt werden. Die Ausbeute hängt im diskutierten Beispiel nur von dem Verhältnis der Geschwindigkeitskonstanten ab, die unter Umständen durch die Temperatur oder durch spezifische Katalysatoren beeinflußt werden können. Die integralen Ausbeuten in einem Satz- bzw. Strömungsrohrreaktor in Abhängigkeit vom Umsatz für die betrachteten Situationen sind in Abb. 10.32 gezeigt.

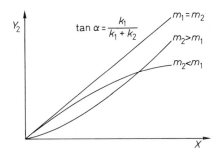

Abb. 10.32 Integrale Ausbeute in Abhängigkeit vom Umsatz für Parallelreaktionen unterschiedlicher Reaktionsordnung

In weniger einfach gelagerten Fällen hängt die differentielle Selektivität nicht nur von einem Reaktanden ab, so daß sich komplexe Zusammenhänge ergeben können. In den Abb. 10.31 e und f durchlaufen die differentiellen Selektivitäten in Abhängigkeit vom Umsatz Extremwerte. Zur Ausbeuteoptimierung können Reaktorkombinationen aus kRK und SR, Rührkesselreaktorkaskaden oder Strömungsrohre mit Rückführung eingesetzt werden.

Beispiel 10.8. *Der Einsatz von Kreuzstromreaktoren zur Ausbeuteoptimierung.* Das Beispiel behandelt zwei volumenbeständige Parallelreaktionen, die nach folgendem Schema ablaufen.

$$A_1 + A_2 \xrightarrow{1} A_3, \quad r_1 = k_1 c_1 c_2$$

$$A_1 + A_1 \xrightarrow{2} A_4, \quad r_2 = k_2 c_1^2$$

Hohe Produktausbeuten ($Y_{3,1}$) wird man erreichen, wenn das Konzentrationsverhältnis c_2/c_1 im gesamten Reaktor möglichst groß gehalten wird. Von den betrachteten idealen Reaktoren wird bei gleichen Eingangsbedingungen der kontinuierlich betriebene Rührkessel eine höhere Ausbeute als das Strömungsrohr ergeben, da die dort herrschende niedrige Konzentration an Reaktand A_1, die unerwünschte Parallelreaktion stark benachteiligt. Eine weitere Möglichkeit, die Ausbeute zu erhöhen besteht darin, den Reaktanden A_1 örtlich gleichmäßig so zu verteilen, daß die Konzentration c_1 im gesamten Reaktor sehr niedrig ist, während c_2 von hohen Anfangskonzentrationen mit fortschreitendem Umsatz auf den niedrigen Endwert absinkt. Neben dem idealen Kreuzstromreaktor, in dem die Konzentration an A_1 an jeder Stelle konstant ist, ergeben sich die in Abb. 10.33 aufgeführten technisch realisierbaren Möglichkeiten [5]. Entsprechende Ergebnisse werden in einem halbkontinuierlich betriebenen Reaktor erhalten, in den mit zunehmendem Umsatz der Reaktand A_1 zeitlich verteilt so zugegeben wird, daß dessen Konzentration während der Reaktionszeit konstant und niedrig gehalten wird.

In Abb. 10.33 sind für den Sonderfall gleicher molarer Reaktandenströme und gleichem geforderten Endumsatzgrad der Schlüsselkomponente A_1 von $X = 0,95$ die nach den vorgestellten Strategien der Reaktionsführung erreichbaren Selektivitäten angegeben. Aus praktischen Erwägungen muß die Anzahl der Zugabestellen beschränkt werden. Man erkennt jedoch, daß mit einer über fünf Stellen verteilten Zugabe recht befriedigende Selektivitäten erreicht werden können, wobei anzumerken ist, daß eine optimierte Verteilung, im Vergleich zu einer gleichmäßigen zu praktisch denselben Ergebnissen führt.

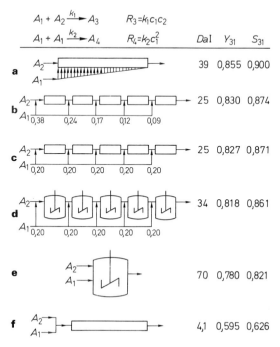

Abb. 10.33 Vergleich von Leistung, Ausbeute und Selektivität in unterschiedlichen Reaktoren ($\dot{n}_{1,0} = \dot{n}_{2,0}$, $k_1 = k_2$, $X_a = 0,95$)

2. Komplexe Reaktionen (Ausbeuteproblem)

Die spezifische Leistung der betrachteten Reaktoren ist ebenfalls sehr unterschiedlich, wie aus Abb. 10.33 hervorgeht. Um den geforderten Umsatzgrad von $X = 0{,}95$ zu erreichen, müssen sehr verschiedene Damköhler-Zahlen $Da\,\mathrm{I}$ eingehalten werden. Hohe Werte von $Da\,\mathrm{I}$ bedeuten lange hydrodynamische Verweilzeiten und folglich geringe spezifische Reaktorleistung. Wegen der hohen Konzentrationen im Strömungsrohr ist dessen spezifische Leistung deutlich höher als die der anderen Reaktoren. Der kontinuierlich betriebene Rührkessel zeigt die geringste Leistung, da die Konzentrationen c_1 und c_2 niedrig sind, während in den Kreuzstromreaktoren c_2 stufenweise absinkt und lediglich c_1 kleine Werte annimmt. Der Kreuzstromreaktor liegt damit in seinem Leistungsverhalten zwischen dem Strömungsrohr und dem kRK.

Folgereaktionen. Eine sehr große Anzahl technischer Reaktionen verläuft nach dem Schema von Folgereaktionen. Beispiele sind Hydrierungen, Chlorierungen und Oxidationen, die im Überschuß eines Reaktionspartners ablaufen, so daß dessen Konzentration konstant bleibt. Zur allgemeinen Diskussion soll wiederum ein sehr einfaches Schema dienen.

$$A_1 \xrightarrow{k_1} A_2 \xrightarrow{k_2} A_3$$

Für den einfachen Fall zweier irreversibler Reaktionen erster Ordnung werden die Konzentrations-Zeit-Verläufe in einen absatzweise betriebenen Reaktor durch die in Kap. 4 aufgeführten Beziehungen quantitativ beschrieben. Wie Abb. 4.1b (s. S. 42) zu entnehmen ist, durchläuft die integrale Zwischenproduktausbeute in Abhängigkeit von der Zeit ein Maximum, während integrale und differentielle Selektivitäten mit zunehmender Reaktionszeit abnehmen. Die Zusammenhänge sind nochmals in Gl. (10.44) bis (10.47) zusammengefaßt.

– Umsatz

$$X = \frac{c_{1,0} - c_1}{c_{1,0}} = 1 - \exp(-k_1 t) \tag{10.44}$$

– Zwischenproduktausbeute

$$Y_2 = \frac{c_2}{c_{1,0}} = \frac{k_1}{k_2 - k_1}(\exp(-k_1 t) - \exp(-k_2 t)) \tag{10.45}$$

– Integrale Selektivität des Zwischenproduktes

$$S_2 = \frac{c_2}{c_{1,0} - c_1} = \frac{k_1 \exp(-k_1 t) - \exp(-k_2 t)}{(k_2 - k_1)(1 - \exp(-k_1 t))} \tag{10.46}$$

– Differentielle Selektivität des Zwischenproduktes

$$s_2 = \frac{r_1 - r_2}{r_1} = \frac{k_2 \exp(k_1 - k_2)t - k_1}{k_2 - k_1} \tag{10.47}$$

Die maximale Zwischenproduktausbeute ist lediglich vom Verhältnis der Geschwindigkeitskonstanten abhängig. Sie wird erreicht, wenn $dY_2/dt = 0$ wird, was zu den folgenden Beziehungen führt.

$$Y_{2,m} = (k_2/k_1)^{k_2/(k_1-k_2)} \tag{10.48a}$$
$$= \kappa^{(1/\kappa - 1)^{-1}} \qquad (\kappa = k_2/k_1 \neq 1)$$

$$Y_{2,m} = 1/e = 0{,}368 \qquad (\kappa = 1) \tag{10.48b}$$

Die optimale Reaktionszeit, bei der die maximale Zwischenproduktausbeute erhalten wird beträgt:

$$t_{op} = \frac{1}{k_2 - k_1} \ln \frac{k_2}{k_1} \qquad (\kappa \neq 1) \tag{10.49a}$$

$$t_{op} = \frac{1}{k_2}. \qquad (\kappa = 1) \tag{10.49b}$$

Nach Einführung der Damköhler-Zahl bezogen auf die erste Reaktion ergibt sich in dimensionsloser Form

$$(Da\,I)_{op} = k_1 t_{op} = \frac{1}{\kappa - 1} \qquad (\kappa \neq 1) \tag{10.49c}$$

$$(Da\,I)_{op} = 1. \qquad (\kappa = 1) \tag{10.49d}$$

Mit abnehmendem Verhältnis von k_2/k_1 steigt die maximale Produktausbeute an und wird bei immer längeren Reaktionszeiten erreicht, was gleichbedeutend ist mit höheren Umsätzen des Ausgangsstoffes.

$$X_{op} = 1 - (k_2/k_1)^{k_1/(k_1-k_2)} = 1 - \kappa^{1/(\kappa-1)} \qquad (\kappa \neq 1) \tag{10.50a}$$

$$X_{op} = 1 - 1/e = 0{,}632 \qquad (\kappa = 1) \tag{10.50b}$$

Da die maximale Zwischenproduktausbeute nach Gl. (10.49) nur bei einer definierten Reaktionszeit im Reaktor erhalten wird, führt eine uneinheitliche Verweilzeit zwangsläufig zur Abnahme der Ausbeute. Die erreichbare Ausbeute in einem kontinuierlich betriebenen Rührkessel ist dementsprechend niedriger als die in einem absatzweise betriebenen Kessel oder in einem idealen Strömungsrohrreaktor erreichbaren.

Im einzelnen kontinuierlich betriebenen Rührkesselreaktor ergeben sich die folgenden Zusammenhänge zwischen mittlerer Verweilzeit, Umsatz, Ausbeute und Selektivität aus den Materialbilanzen.

$$X = \frac{k_1 \tau}{1 + k_1 \tau} \tag{10.51}$$

$$Y_2 = \frac{k_1 \tau}{(1 + k_1 \tau)(1 + k_2 \tau)} \tag{10.52}$$

$$Y_3 = \frac{k_1 k_2 \tau^2}{(1 + k_1 \tau)(1 + k_2 \tau)} \tag{10.53}$$

Da im kontinuierlich betriebenen Rührkessel einheitliche und konstante Konzentrationen herrschen, sind integrale und augenblickliche Selektivität identisch.

$$S_2 = s_2 = \frac{1}{1 + k_2 \tau} \tag{10.54}$$

Die maximale Zwischenproduktausbeute wird erhalten für eine optimale mittlere Verweilzeit entsprechend

$$\tau_{op} = (\sqrt{k_1 \cdot k_2})^{-1} \tag{10.55a}$$

$$(Da\,I)_{op} = k_1 \tau_{op} = \kappa^{-0{,}5}. \tag{10.55b}$$

Ausbeute und Umsatz betragen dann

$$Y_{2,m} = \frac{k_1}{(\sqrt{k_1} + \sqrt{k_2})^2} = \frac{1}{(\kappa^{0{,}5} + 1)^2} \tag{10.56}$$

2. Komplexe Reaktionen (Ausbeuteproblem)

$$X_{op} = \frac{\sqrt{k_1}}{\sqrt{k_1} + \sqrt{k_2}} = \frac{1}{\kappa^{0,5} + 1}. \tag{10.57}$$

Die in einem idealen Strömungsrohr bzw. Satzreaktor und in einem kontinuierlich betriebenen Rührkesselreaktor erreichbaren Selektivitäten in Abhängigkeit vom Umsatz der Schlüsselkomponente sind in Abb. 10.34 für einige Verhältnisse von k_2/k_1 wiedergegeben. Bedingt durch die uneinheitliche Verweilzeit liegen die Zwischenproduktselektivitäten und Ausbeuten im kRK im gesamten Umsatzbereich unterhalb den im SR erreichbaren. Allgemein läßt sich festhalten, daß zur Ausbeute- und Selektivitätsoptimierung in Reaktoren mit möglichst einheitlicher Verweilzeit gearbeitet werden muß.

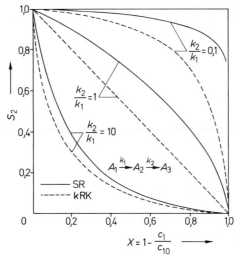

Abb. 10.34 Integrale Selektivität des Zwischenproduktes bei einer irreversiblen Folgereaktion in Abhängigkeit vom Umsatz. Vergleich zwischen SR und kRK; Parameter: Verhältnis der Geschwindigkeitskonstanten k_2/k_1

Beispiel 10.9: *Einfluß der Verweilzeit-Verteilung auf die maximale Zwischenproduktausbeute und Leistung des Reaktors.* Bei der technischen Synthese von Vitamin C ist die Überführung von 2,3:4,6-Diisopropyliden-2-oxo-L-gulonsäure in L-Ascorbinsäure der letzte Schritt. Die Reaktion kann in Gegenwart geeigneter Katalysatoren in wäßriger Lösung durchgeführt werden[10]. Die gebildete Ascorbinsäure zersetzt sich jedoch zu unerwünschten Folgeprodukten. Die Reaktionen können nach dem Schema irreversibler Folgereaktionen beschrieben werden.

$$A_1 \xrightarrow{k_1} A_2 \xrightarrow{k_2} A_3 \tag{I}$$

In dem untersuchten Reaktionssystem wurden folgende Werte für die Geschwindigkeitskonstanten in Abhängigkeit von der Temperatur bestimmt.

T (K)	k_1 (min^{-1})	k_2 (min^{-1})	$\kappa = k_2/k_1$
343	0,144	0,0021	0,0146
373	1,015	0,0404	0,0398
403	5,300	0,540	0,1018

Da das Ausgangsprodukt A_1 aus dem Reaktionsgemisch nicht isoliert und zurückgeführt werden kann, muß die Reaktion bis zu maximaler Produktausbeute $Y_{2,m}$ durchgeführt werden. Für einen idealen Strömungsrohrreaktor lassen sich mit den kinetischen Konstanten die optimalen Bedingungen leicht berechnen.

T (K)	$Y_{SR,op}$	$X_{SR,op}$	$(DaI)_{op}$	$\tau_{SR,op}$ (min)
343	0,9393	0,9863	4,29	29,8
373	0,8748	0,9651	3,36	3,31
403	0,7719	0,9214	2,54	0,48

Bedingt durch die Zunahme von κ sinkt die maximale Ausbeute an Ascorbinsäure bei erhöhter Temperatur ab, die Reaktorleistung steigt jedoch wegen der exponentiellen Temperaturabhängigkeit der chemischen Reaktion auf das mehr als 50-fache an. Maximale Ausbeute und Reaktorleistung sinken, wenn in dem Reaktor eine uneinheitliche Verweilzeit herrscht. Dies soll unter der Annahme eines Zellenmodells für die Verweilzeit-Verteilung im realen Strömungsrohr gezeigt werden. Ausbeute und Restanteil in der n-ten Zelle ergeben sich zu

$$f_{1,n} = \frac{c_{1,n}}{c_{1,0}} = \frac{c_{1,n-1}/c_{1,0}}{1 + k_1 \tau_n} \tag{II}$$

$$Y_{2,n} = \frac{c_{2,n}}{c_{1,0}} = \frac{(c_{2,n-1}/c_{1,0}) + k_1 \tau_n (c_{1,n}/c_{1,0})}{1 + k_2 \tau_n} \tag{III}$$

mit $\tau_n = \tau/N$.

Mit zunehmender Anzahl der Zellen nähert sich das Verhalten dem eines idealen Strömungsrohres an, während für $N = 1$ der Reaktor einem idealen kontinuierlich betriebenem Rührkessel entspricht.

Bei Verbreiterung der Verweilzeit-Verteilung, was nach dem Zellenmodell einer Verringerung der Kesselzahl N entspricht, nimmt die maximale Ausbeute wie erwartet ab. Zunehmende Werte von κ verstärken den Einfluß der Verweilzeit-Verteilung, wie aus Abb. 10.35 hervorgeht, in der die erreichbare maximale Ausbeute auf die maximale Ausbeute in einem idealen Strömungsrohrreaktor bezogen ist. Verglichen mit dem idealen Strömungsrohrreaktor werden die maximalen Ausbeuten in einem realen Reaktor, bei höheren mittleren Verweilzeiten (τ_{op}) bzw. bei höheren Damköhler-Zahlen (DaI_{op})

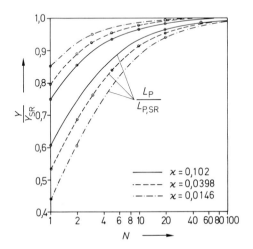

Abb. 10.35 Einfluß der Verweilzeit-Verteilung auf die maximale Zwischenproduktausbeute und die maximale Leistung im Vergleich zum idealen Rohrreaktor (Berechnungen nach dem Zellenmodell); Parameter: $\kappa = k_2/k_1$

erreicht, was zusätzlich zum Ausbeuteverlust zu Leistungseinbußen führt. Bemerkenswert ist, daß bei kleinen κ-Werten relativ geringe Ausbeuteeinbußen, jedoch sehr hohe Leistungsverluste auftreten. Bei großen κ-Werten zeigt sich die umgekehrte Tendenz.

Konkurrierende Folgereaktion. Dieser Reaktionstyp wird durch das folgende Schema beschrieben

$$A_1 + A_2 \rightarrow A_3$$
$$A_3 + A_2 \rightarrow A_4$$
$$A_4 + A_2 \rightarrow A_5 \quad \text{usw.}$$

Beispiele industriell durchgeführter Umsetzungen sind: Nitrierungen von Aromaten, Chlorierungen von Kohlenwasserstoffen oder Additionen von Alkenoxiden (z. B. Ethylenoxid) an Amine, Alkohole und andere Protonendonatoren. Im Gegensatz zu dem im vorigen Abschnitt diskutierten Schema, soll die Konzentration der Reaktionspartner in gleicher Größenordnung liegen, so daß sich Reaktionen von formal zweiter Ordnung ergeben. Zur Diskussion soll das oben angegebene Schema auf eine Folgereaktion beschränkt werden.

$$A_1 + A_2 \xrightarrow{k_1} A_3$$
$$A_3 + A_2 \xrightarrow{k_2} A_4$$

Dann erhält man die folgenden Beziehungen für die Stoffmengenänderungsgeschwindigkeiten der Reaktionsteilnehmer

$$R_1 = -k_1 c_1 c_2 \tag{10.58}$$
$$R_2 = -k_1 c_1 c_2 - k_2 c_3 c_2 \tag{10.59}$$
$$R_3 = k_1 c_1 c_2 - k_2 c_3 c_2 \tag{10.60}$$
$$R_4 = k_2 c_3 c_2. \tag{10.61}$$

Um eine Vorstellung vom Einfluß der Konzentrationsführung auf die Produktverteilung zu erhalten, sollen zunächst qualitativ drei unterschiedliche Möglichkeiten der Reaktionsführung diskutiert werden [3], die in Abb. 10.36a angedeutet sind. Die erste Möglichkeit, die Reaktanden A_1 und A_2 zusammenzubringen, besteht darin, A_2 in einem Reaktionskessel vorzulegen und A_1 langsam zuzugeben. Wegen des hohen Überschusses an A_2 wird das gebildete Zwischenprodukt A_3 sofort zu dem Endprodukt weiterreagieren. Qualitativ ergibt sich somit der in Abb. 10.36b gezeigte Konzentrationsverlauf. Nach der zweiten Methode wird der Reaktand A_1 vorgelegt und A_2 langsam hinzugegeben. Reaktand A_2 wird entsprechend in zwei Parallelreaktionen zu den Produkten A_3 und A_4 reagieren.

Werden die Reaktanden A_1 und A_2 gleichzeitig in den Reaktor gegeben (Methode 3), so wird derselbe Konzentrationsverlauf erhalten. Dies ist verständlich, da es sich um Parallelreaktionen handelt, die bezüglich des Reaktanden A_2 nach der gleichen Reaktionsordnung ablaufen. Wie für Parallelreaktionen ausgeführt, ist die Selektivität in diesem Fall von der

$$A_2 \begin{cases} A_1 \rightarrow A_3 \\ A_3 \rightarrow A_4 \end{cases}$$

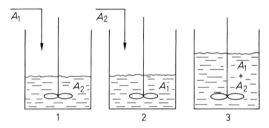

Abb. 10.36a Unterschiedliche Reaktionsführung bei konkurrierenden Folgereaktionen

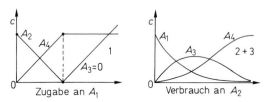

Abb. 10.36b Konzentrationsverläufe entsprechend der Zugabe-Strategien nach Abb. 10.36a

Reaktandenkonzentration unabhängig. Eine Beeinflussung der Selektivität ist daher nur durch den Einsatz von Katalysatoren oder durch Temperaturänderungen möglich, soweit die Aktivierungsenergien unterschiedliche Werte aufweisen. Ob der isothermen Reaktionsführung 2 oder 3 der Vorzug gegeben wird, richtet sich nach anderen Kriterien. Verläuft die Reaktion langsam, wird man Methode 3 bevorzugen. Bei sehr schnellen Reaktionen kann es zu örtlichen Konzentrationsunterschieden kommen, die zu Selektivitätseinbußen führen, so daß die zweite Methode vorteilhafter ist. Stark exotherme Reaktionen wird man ebenfalls in halbkontinuierlich betriebenen Reaktoren durchführen, um die Wärmeproduktion besser unter Kontrolle halten zu können. Chlorierungen und Nitrierungen von Kohlenwasserstoffen sind praktische Beispiele dieser Verfahrensvariante.

Die quantitativen Zusammenhänge für einen Satzreaktor (Methode 3) können aus den folgenden Stoffbilanzen berechnet werden.

$$-\frac{dc_1}{dt} = k_1 c_1 c_2 \tag{10.62a}$$

$$-\frac{dc_2}{dt} = k_1 c_1 c_2 + k_2 c_2 c_3 \tag{10.62b}$$

$$\frac{dc_3}{dt} = k_1 c_1 c_2 - k_2 c_2 c_3 \tag{10.62c}$$

$$\frac{dc_4}{dt} = k_2 c_3 c_2 \tag{10.62d}$$

Anfangsbedingungen:

$$t = 0, \quad c_1 = c_{1,0}, \quad c_2 = c_{2,0}, \quad c_3 = 0, \quad c_4 = 0$$

Das Differentialgleichungssystem (10.62) ist in geschlossener Form nicht lösbar, so daß auf Näherungsmethoden oder numerische Methoden zurückgegriffen werden muß.

2. Komplexe Reaktionen (Ausbeuteproblem)

Wird Gl. (10.62c) durch Gl. (10.62a) geteilt, so kann die Zeit eliminiert werden, und es werden Beziehungen zwischen den Reaktandenkonzentrationen zugänglich.

$$\frac{dc_3}{dc_1} = \frac{k_2}{k_1} \cdot \frac{c_3}{c_1} - 1 \tag{10.63}$$

Integration von Gl. (10.63) gibt die Beziehung zwischen der Ausbeute des Zwischenproduktes und dem Umsatz der Komponente A_1 im Satzreaktor.

$$Y_3 = \frac{(1-X)^{k_2/k_1} - (1-X)}{1 - k_2/k_1} \qquad (k_2/k_1 \neq 1) \tag{10.64a}$$

$$Y_3 = (X - 1)\ln(1 - X) \qquad (k_2/k_1 = 1) \tag{10.64b}$$

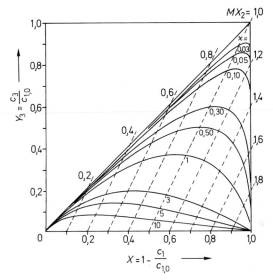

Abb. 10.37 Zwischenproduktausbeute in Abhängigkeit vom Umsatz in einem Satzreaktor oder SR (konkurrierende Folgereaktionen)

In Abb. 10.37 ist die Zwischenproduktausbeute in Abhängigkeit vom Umsatz für verschiedene Verhältnisse der Geschwindigkeitskonstanten k_2/k_1 gezeigt. Wie bei den einfachen Folgereaktionen durchläuft die Ausbeute ein Maximum für das gilt

$$X_{op} = 1 - \left[\frac{k_2}{k_1}\right]^{\frac{k_1}{k_1 - k_2}} \qquad (k_2/k_1 \neq 1) \tag{10.65a}$$

$$X_{op} = 1 - 1/e = 0{,}632 \qquad (k_2/k_1 = 1) \tag{10.65b}$$

$$Y_{3,m} = \left[\frac{k_2}{k_1}\right]^{\frac{k_2}{k_1 - k_2}} \qquad (k_2/k_1 \neq 1) \tag{10.66a}$$

$$Y_{3,m} = 1/e = 0{,}368 \qquad (k_2/k_1 = 1) \tag{10.66b}$$

Die aufgestellten Beziehungen zwischen Ausbeute und Umsatz entsprechen vollständig denjenigen, die für irreversible Folgereaktionen aufgestellt wurden (Gl. (10.48) und (10.50), S. 406).

Aus der Materialbilanz ergibt sich ein Zusammenhang zwischen der Ausbeute des Produktes A_3 und den Umsätzen der Ausgangsstoffe $A_1(X)$ und $A_2(X_2)$

$$c_2 = c_{2,0} - 2(c_{1,0} - c_1) + c_3$$
$$Y_3 = 2X - MX_2. \tag{10.67}$$

M gibt das Verhältnis der Anfangskonzentrationen an.

$$M = \frac{c_{2,0}}{c_{1,0}} \tag{10.68}$$

Die in Abb. 10.37 mit eingezeichneten Geraden geben den Verbrauch des Reaktionspartners A_2 an. Bei einem stöchiometrischen Unterschuß, d. h. wenn $c_{2,0} < 2c_{1,0}$, werden sich am Ende der Reaktion ($t_R \to \infty$) Konzentrationsverhältnisse einstellen, die den Schnittpunkten der Kurven mit den gestrichelten Geraden entsprechen. Die Zwischenproduktausbeute wird zu

$$Y_{3\infty} = 2X_\infty - M. \tag{10.69}$$

Da der Zusammenhang zwischen Y_3 und X lediglich durch das Verhältnis von k_2/k_1 bestimmt wird, kann durch simultane Messung mindestens zweier Reaktandenkonzentrationen k_2/k_1 ermittelt werden. Eine weitere Möglichkeit der experimentellen Bestimmung von k_2/k_1 besteht in der Messung des Endumsatzes X_∞ der Komponente A_1, wenn mit einem stöchiometrischen Unterschuß an A_2 gearbeitet wird: $M < 2$. Unter diesen Bedingungen wird der folgende Zusammenhang zwischen dem Endumsatz und dem Verhältnis der Geschwindigkeitskonstanten erhalten[11].

$$2 - M = \frac{2k_2/k_1 - 1}{k_2/k_1 - 1} \cdot (1 - X_\infty) - \frac{1}{k_2/k_1 - 1}(1 - X_\infty)^{k_2/k_1} \quad (k_2/k_1 \neq 1) \tag{10.70a}$$

$$M = 2X_\infty + (1 - X_\infty)\ln(1 - X_\infty) \quad (k_2/k_1 = 1) \tag{10.70b}$$

Für die Stoffbilanzen im kontinuierlich betriebenen Rührkessel werden die folgenden Beziehungen erhalten

$$c_{1,0} - c_1 = k_1 \tau c_1 c_2 \tag{10.71}$$
$$c_3 = k_1 \tau c_1 c_2 - k_2 \tau c_3 c_2. \tag{10.72}$$

Unter Berücksichtigung der Stöchiometrie folgt daraus

$$Y_3 = \frac{X(1-X)}{1 - X(1 - k_2/k_1)}. \tag{10.73}$$

Die Ausbeute erreicht als Funktion des Umsatzes einen Maximalwert, der sich ergibt zu

$$Y_{3,m} = \left(\frac{1}{1 + \sqrt{k_2/k_1}}\right)^2 \tag{10.74}$$

$$X_{op} = \frac{1}{1 + \sqrt{k^2/k^1}} = \sqrt{Y_{3,m}}. \tag{10.75}$$

Die zum Erreichen maximaler Zwischenproduktausbeute erforderliche mittlere Verweilzeit τ_{op} kann Gl. (10.76) entnommen werden.

$$\tau_{op} \cdot k_1 c_{1,0} = (Da\,I)_{op} = \left(\frac{k_2}{k_1}\right)^{-0,5} \left[\frac{c_{2,0}}{c_{1,0}} - \frac{2\sqrt{k_2/k_1} + 1}{(\sqrt{k_2/k_1} + 1)^2}\right]^{-1} \tag{10.76}$$

Die optimale mittlere Verweilzeit hängt dementsprechend außer von k_2/k_1 auch von der Konzentration der Reaktanden und von dem Konzentrationsverhältnis ab.

Die Zusammenhänge sind in Abb. 10.38 graphisch dargestellt. Wie für Folgereaktionen erster Ordnung, sind Ausbeuten und Selektivitäten für vergleichbare Bedingungen in einem kontinuierlich betriebenen Rührkessel niedriger als in einem Strömungsrohr bzw. in einem Satzreaktor. Die Vermischung führt auch in dem hier betrachteten Fall zu einer schlechteren Ausnutzung des Rohstoffes. Die Unterschiede zwischen den beiden Reaktortypen sind abhängig von den Geschwindigkeitskonstanten, wie dies aus Abb. 10.39 zu ersehen ist, in der das Verhältnis der maximalen Ausbeuten in Abhängigkeit von k_2/k_1 aufgetragen ist.

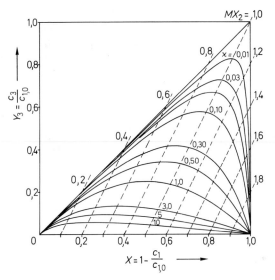

Abb. 10.38 Zwischenproduktausbeute in Abhängigkeit vom Umsatz in einem kontinuierlich betriebenen Rührkesselreaktor (konkurrierende Folgereaktionen)

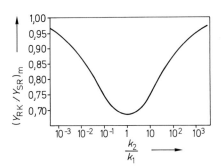

Abb. 10.39 Vergleich der erreichbaren maximalen Ausbeuten in einem kRK (Y_{RK}) und einem SR (Y_{SR}) für Folgereaktionen und konkurrierende Folgereaktionen erster Ordnung

Polymerisationsreaktionen[12]. Bei Polymerisationsreaktionen läuft eine große Anzahl von Folge- und Parallelreaktionen ab. Es ist daher verständlich, daß die Produktzusammensetzung, d.h. die mittlere Molekülmasse und die Massenverteilung von dem gewählten Reaktortyp und der Konzentrationsführung beeinflußt wird[13,14]. Im Gegensatz zu den bisher besprochenen niedermolekularen Reaktionen, ist eine nachträgliche Reinigung oder eine Veränderung der Molekülmasse und der Molekülmassen-Verteilung sehr schwierig oder gar unmöglich. Das den Reaktor verlassende Produkt muß daher bereits weitgehend den gewünschten Anforderungen entsprechen.

Die Molekülmassen-Verteilung des Polymeren wird im wesentlichen durch zwei gegeneinander wirkende Faktoren beeinflußt:

— die Verweilzeit, die im diskontinuierlichen Prozeß und im idealen Strömungsrohr für alle Moleküle gleich, im kontinuierlich betriebenen Rührkessel jedoch sehr unterschiedlich ist;
— den Konzentrationsverlauf im Reaktor, d. h. die Tatsache, daß die Konzentrationen von Monomeren und Radikalen im Satzreaktor eine Funktion der Zeit bzw. im Strömungsrohr eine Funktion der Reaktorlänge sind, im kontinuierlich betriebenen Rührkesselreaktor jedoch zeitlich und örtlich konstant bleiben.

Grundsätzlich sollte eine Verweilzeit-Verteilung im Reaktor zu einer Verbreiterung der Molekülmassen-Verteilung führen, da ein Teil der wachsenden Moleküle schon nach sehr kurzer Zeit an den Reaktorausgang gelangt, andere jedoch sehr lange im Reaktor verweilen und denselben mit einer entsprechend höheren Molekülmasse verlassen. Der Einfluß der Konzentrationsänderung auf die Massenverteilung ist dagegen nicht ohne genaue Kenntnis der Polymerisationskinetik zu ersehen.

Welcher der beiden Einflüsse, Verweilzeit-Verteilung oder Konzentrationsverlauf, überwiegt, hängt im wesentlichen von der Lebensdauer des wachsenden Polymerradikals im Vergleich zur mittleren Verweilzeit im Reaktor ab. Bei radikalischen Polymerisationen liegt beispielsweise die Lebensdauer der aktiven Radikale durch die Abbruchreaktionen in der Größenordnung von 1 s und damit sehr viel kürzer als die mittlere Verweilzeit in einem technischen Reaktor. Die Verweilzeit-Verteilung hat daher eine untergeordnete Bedeutung auf die Molekülmassen-Verteilung. Eine einheitliche und konstante Konzentration wirkt sich dagegen günstig aus, was zu einem schärferen Spektrum der Verteilung führt, wenn die Polymerisation in einem kontinuierlich betriebenen Rührkessel durchge-

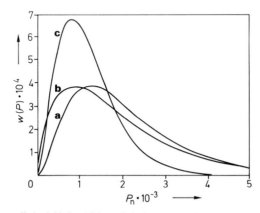

Abb. 10.40 Massenanteil ($w(P)$) in Abhängigkeit vom Polymerisationsgrad (P_n) bei der radikalischen Polymerisation in verschiedenen Reaktoren[15]
Monomerenumsatz $X_M = 0,6$; Kombinationsabbruch **a** absatzweise betriebenen Rührkessel, **b** kontinuierlich betriebenen Rührkessel, vollständige Segregation, **c** kontinuierlich betriebenen Rührkessel, maximale Mischung

führt wird. In Abb. 10.40 ist die Massenverteilung bei radikalischer Polymerisation in einem absatzweise und einem kontinuierlich betriebenen Rührkessel bei gleichem Monomerumsatz verglichen.

Bei Polykondensationen kommt kein Kettenabbruchschritt vor und das aktive Polymere hat demzufolge eine lange Lebensdauer im Vergleich zur mittleren Verweilzeit im Reaktor. In diesem Fall überwiegt der Einfluß der Verweilzeit-Verteilung auf die Massenverteilung und der Konzentrationsverlauf des Monomeren ist weniger wichtig. Abb. 10.41 zeigt, daß bei Reaktionen mit Polymerverknüpfungen in einem Satzreaktor oder idealem Strömungsrohr engere Massenverteilungen erhalten werden als im kontinuierlich betriebenen Rührkessel.

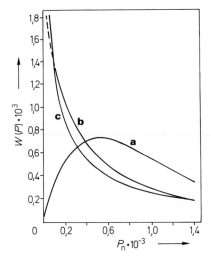

Abb. 10.41 Massenanteil ($w(P)$) in Abhängigkeit vom Polymerisationsgrad (P_n) bei Polymerverknüpfung (Polykondensation) in verschiedenen Reaktoren[16] (Erklärungen wie in Abb. 10.40)

2.2 Temperaturführung

Wie bei einfachen reversiblen Reaktionen hängt die Temperaturführung vom Verhältnis der Aktivierungsenergien der betrachteten Reaktionen ab, da diese ein Maß für die relative Veränderung der Reaktionsgeschwindigkeiten mit der Temperatur sind.

Im vorigen Abschnitt wurde die augenblickliche oder differentielle Selektivität eingeführt und anhand deren Abhängigkeit von der Konzentration die reaktionstechnisch optimale Konzentrationsführung und die Wahl eines geeigneten Reaktors diskutiert. Die augenblickliche Selektivität hängt jedoch, soweit es sich um Reaktionen mit unterschiedlichen Aktivierungsenergien handelt, auch von der Reaktionstemperatur ab, so daß diese zur Prozeßoptimierung mit diskutiert werden muß. Wie in den vorherigen Abschnitten sollen nur einige Reaktionsschemata exemplarisch behandelt werden.

Zunächst sei der Fall betrachtet, daß die Selektivität mit der Temperatur ansteigt ($\partial s_{k,i}/\partial T > 0$). Da die gewünschte Reaktion durch Temperatursteigerungen stärker begünstigt wird als die Nebenreaktionen, sollte die höchstmögliche Reaktortemperatur gewählt werden. Dies gilt sowohl für Parallel- als auch für Folgereaktionen, wobei in letzterem Fall die Konzentrationsführung entsprechend den Abhängigkeiten zwischen Ausbeute und

Umsatz festgelegt wird. Da hohe Temperaturen auch die Leistung des Reaktors verbessern, ergibt sich für die optimale Temperaturführung kein Optimierproblem. Die obere Temperatur wird lediglich aus technischen Gründen wie Katalysator- oder Materialstabilität begrenzt.

Wenn die Selektivität für das gewünschte Produkt mit zunehmender Temperatur abnimmt ($\partial s_{i,r}/\partial T < 0$) sollte zur Selektivitäts- und Ausbeuteoptimierung bei niedrigen Temperaturen gearbeitet werden. Niedrige Temperaturen setzen jedoch die Reaktorleistung herab, so daß ein Kompromiß zwischen Produktausbeute und Leistung gefunden werden muß, der von wirtschaftlichen Gesichtspunkten abhängen wird.

Parallelreaktionen

$$A_1 \begin{array}{c} \xrightarrow{1} A_2 \\ \xrightarrow{2} A_3 \end{array} \quad (E_1 < E_2)$$

Wird die Reaktion in einem kontinuierlich betriebenen Rührkessel durchgeführt und liegt das Reaktorvolumen bzw. die mittlere Verweilzeit τ fest, so wird die maximale Ausbeute für A_2 unter den folgenden Bedingungen erreicht[3].

$$(Y_{2,1})_m: \quad T_{op} = \frac{E_2/R}{\ln\left[k_{02} \cdot \tau(E_2/E_1 - 1)\right]} \tag{10.77}$$

Die optimale Reaktortemperatur ist danach sowohl von der Kinetik als auch der festgelegten mittleren Verweilzeit abhängig.

In einem Strömungsrohr wird die maximale Reaktorleistung bei vorgegebener Ausbeute erhalten, wenn in dem Reaktor ein axiales, mit zunehmendem Umsatz ansteigendes Temperaturprofil eingestellt wird. Qualitativ läßt sich diese Vorgehensweise erklären. Bei niedrigen Umsätzen und daher hohen Reaktandenkonzentrationen ist die Reaktionsgeschwindigkeit und damit die Reaktorleistung hinreichend groß, so daß bei tiefen Temperaturen und damit hohen Selektivitäten gearbeitet werden kann. Mit abnehmender Konzentration wird die Leistung des Reaktors durch Temperaturerhöhung gesteigert, was natürlich auf Kosten der Produktselektivität geht.

Ist jedoch die gewünschte Reaktion reversibel und exotherm, so wird mit steigender Temperatur der Gleichgewichtsumsatz erniedrigt und es besteht die Gefahr, daß sich einmal gebildetes Produkt wieder zersetzen kann. In diesen Fällen kann die angedeutete Optimierungsstrategie nicht angewendet werden.

Folgereaktionen

$$A_1 \xrightarrow{1} A_2 \xrightarrow{2} A_3 \quad (E_1 < E_2)$$

Auch im Falle einer Folgereaktion ist die Leistung eines Strömungsrohres mit axialem Temperaturprofil größer als die eines isothermen Reaktors, wenn gleiche Zwischenproduktausbeuten gefordert werden. Da am Reaktoreingang noch kein Produkt vorliegt, wird man hier eine möglichst hohe Reaktionstemperatur einstellen. Mit zunehmender Produktkonzentration wird dann die Temperatur gesenkt, um die Folgereaktion herabzudrücken. Der Unterschied zwischen isothermen Reaktoren und solchen mit optimalem Temperaturprofil ist jedoch nicht sehr ausgeprägt. Nach[17] beträgt die Leistungszunahme lediglich 10 bis 20 % bei konstanter Ausbeute. Diese geringe Differenz wird die Einstellung eines optimalen Temperaturprofils wirtschaftlich kaum rechtfertigen können.

Die Tendenzen für eine optimale Temperatur- und Konzentrationsführung sind nochmals in Abb. 10.42 für die besprochenen Reaktionsschemata zusammengefaßt.

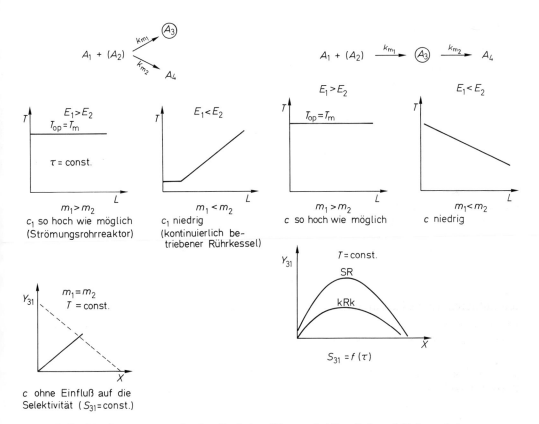

Abb. 10.42 Tendenzen zur optimalen Reaktionsführung bei Parallel- und Folgereaktionen

---

Beispiel 10.10: Selektivität und Ausbeute in Abhängigkeit von der Temperatur und Verweilzeit in einem kRK[18]. Der Einfluß der Reaktortemperatur auf die Selektivität und Ausbeute des gewünschten Produktes und die spezifische Reaktorleistung soll anhand zweier sehr einfacher Beispiele veranschaulicht werden. Als Reaktor diene ein homogener idealer kontinuierlich betriebener Rührkessel.

Unter der Annahme, daß der Reaktand A_1 zu zwei Produkten (A_2, A_3) nach jeweils erster Ordnung abreagiert, die Reaktion ohne Volumenänderung abläuft und keine Produkte im Zulauf sind, ergeben sich die folgenden Stoffbilanzen für die Produkte:

$$c_2 = \tau \cdot R_2 \tag{I}$$
$$c_3 = \tau \cdot R_3 \tag{II}$$
$$c_{2,0} = c_{3,0} = 0 \tag{III}$$
$$c_{1,0} = c_1 + c_2 + c_3 \tag{IV}$$

Unter der Annahme von Parallel- bzw. Folgereaktionen erhält man für die Reaktionsgeschwindigkeiten

$$A_1 \begin{array}{c} \xrightarrow{1} A_2 \quad R_2 = k_1 c_1 \\ \xrightarrow{2} A_3 \quad R_3 = k_2 c_1 \end{array} \qquad \text{(V), (VI)}$$

$$A_1 \xrightarrow{1} A_2 \xrightarrow{2} A_3 \quad R_2 = k_1 c_1 - k_2 c_2 \qquad \text{(VII)}$$

$$R_3 = k_2 c_2. \qquad \text{(VIII)}$$

Um den Einfluß der Temperatur allgemeiner diskutieren zu können, soll wie bei den reversiblen Reaktionen eine Referenztemperatur T_R und eine Referenzgeschwindigkeitskonstante k_R eingeführt werden, für die die folgende Beziehung gilt

$$k_R = (k_1)_{T_R} = k_{01} \exp\left(-\frac{E_1}{RT_R}\right) = (k_2)_{T_R} = k_{02} \exp\left(-\frac{E_2}{RT_R}\right). \qquad \text{(IX)}$$

Die Geschwindigkeitskonstanten werden auf die Referenzgeschwindigkeit bezogen

$$k_1^* = \frac{k_1}{k_R} = \exp\left[\frac{E_1}{RT_R}\left(1 - \frac{1}{T^*}\right)\right] \qquad \text{(X)}$$

$$k_2^* = \frac{k_2}{k_R} = \exp\left[\frac{E_1}{RT_R}\frac{E_2}{E_1}\left(1 - \frac{1}{T^*}\right)\right] \qquad \text{(XI)}$$

mit der auf T_R bezogenen Temperatur

$$T^* = \frac{T}{T_R}. \qquad \text{(XII)}$$

Die Produktverteilung im Reaktor kann als Funktion der auf die Referenztemperatur bezogenen Reaktortemperatur bei bekanntem Verhältnis der Aktivierungsenergien E_2/E_1 berechnet werden. Parameter ist eine mit der Referenzgeschwindigkeitskonstanten gebildete Damköhler-Zahl $Da\,\mathrm{I} = k_R \cdot \tau$, die ein Maß für die Reaktorleistung ist. Zunehmende Damköhler-Zahlen sind gleichbedeutend mit abnehmender Reaktorleistung.

Für die diskutierten komplexen Reaktionen sollen folgende Zahlenwerte angenommen werden:

$$\frac{E_1}{RT_R} = 15, \quad \frac{E_2}{E_1} = 2. \qquad \text{(XIII)}$$

Parallelreaktionen. Da die Reaktionsordnungen gleich sind, ist die Selektivität von den Konzentrationen und damit dem Umsatz im Reaktor unabhängig und lediglich eine Funktion der Geschwindigkeitskonstanten.

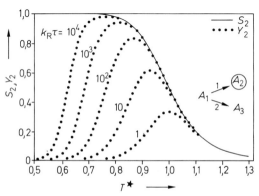

Abb. 10.43 Selektivität und Ausbeute in Abhängigkeit von der Temperatur bei Parallelreaktionen; Parameter: Damköhler-Zahl

$$S_2 = s_2 = \frac{R_2}{-R_1} = \frac{1}{1 + k_2^*/k_1^*} = \frac{1}{1 + \kappa} \tag{XIV}$$

Im vorliegenden Beispiel ist die Aktivierungsenergie der Nebenreaktion größer als die der gewünschten, so daß eine Temperaturzunahme zu einer Selektivitätsabnahme im Reaktor führt, wie dies in Abb. 10.43 gezeigt ist.

Die Ausbeute im Reaktor ist nach Gl. (10.36) (s. S. 400) von der Selektivität und dem Umsatz abhängig. Da der Umsatz mit zunehmender Temperatur ansteigt, die Selektivität jedoch abnimmt, ergibt sich eine optimale Temperatur T_{op}^* bei der eine maximale Ausbeute ($Y_{2,m}$) erreicht wird. Mit abnehmender Verweilzeit bzw. $Da\,I_R$ wird das Maximum bei höher werdenden Temperaturen gefunden, wobei $Y_{2,m}$ immer niedriger wird (s. Abb. 10.43).

$$X = \frac{(k_1 + k_2)\tau}{1 + (k_1 + k_2)\tau} = \frac{Da\,I_R(k_1^* + k_2^*)}{1 + Da\,I_R(k_1^* + k_2^*)} \tag{XV}$$

Folgereaktionen. Bei Folgereaktionen sind sowohl Ausbeute als auch Selektivität vom Umsatz und daher von der Verweilzeit abhängig (Gl.(10.51)–(10.54)), so daß sich die in Abb. 10.44 gezeigten Abhängigkeiten von der Reaktionstemperatur und den Damköhler-Zahlen ergeben.

$$Y_2 = \frac{Da\,I_R\,k_1^*}{(1 + Da\,I_R\,k_1^*)(1 + Da\,I_R\,k_2^*)} \tag{XVI}$$

$$S_2 = \frac{1}{1 + Da\,I_R \cdot k_2^*} \tag{XVII}$$

Zunehmende Temperaturen bewirken auch in diesem Fall eine Selektivitätsabnahme, während die Ausbeute als Funktion der Temperatur einen Maximalwert durchläuft, dessen Höhe mit abnehmender Verweilzeit abnimmt. Hohe Ausbeuten lassen sich demnach auch in diesem Fall nur dadurch erkaufen, daß die spezifische Reaktorleistung niedrig gehalten wird.

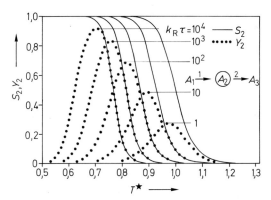

Abb. 10.44 Selektivität und Ausbeute in Abhängigkeit von der Temperatur bei Folgereaktionen; Parameter: Damköhler-Zahl

Literatur

[1] Ghosh, P.K., Guha, T., Saha, A.N. (1967), J. Appl. Chem. **17**, 239.
[2] Renken, A., Müller, M., Helmrich, H. (1975), Chem.-Ing.-Tech. **47**, 1029.
[3] Levenspiel, O. (1972), Chemical Reaction Engineering, John Wiley and Sons, New York, Chichester.
[4] Bowski, L., Saimi, R., Ryn, D.Y., Vieth, W.R. (1971), Biotechnol. Bioeng. **13**, 641.
[5] Kramers, H., Westerterp, K.R. (1963), Ele-

ments of Chemical Reactor Design and Operation, Chapman & Hall Ltd., London.
6 Zachmann, H.G. (1981), Mathematik für Chemiker, Verlag Chemie, Weinheim, Deerfield Beach, Florida, Basel.
7 Aris, R. (1960), The Optimal Design of Chemical Reactors, Academic Press, New York, London.
8 Roberts, S.M. (1969), Dynamic Programming in Chemical Engineering and Process Control, Academic Press, New York, London.
9 Horn, F., Küchler, L. (1951), Chem.-Ing.-Tech. **31**, 1.
10 Rosas, C.B. (1969), Fundam. **8**, 361.
11 Kerber, R., Gestrich, W. (1966), Chem.-Ing.-Tech. **38**, 536.
12 Gerrens, H. (1980), Polymerisationstechnik, in Ullmanns Enzyclopädie der technischen Chemie, Bd. 19, S. 107.
13 Denbigh, K.G. (1947), Trans. Faraday Soc. **43**, 648.
14 Denbigh, K.G. (1951), J. Appl. Chem. **1**, 227.
15 Tadmor, Z., Biesenberger, J.A. (1966), Ind. Eng. Chem. Fundam. **5**, 336.
16 Biesenberger, J.A., Tadmor, Z. (1966), Polym. Eng. Sci. **6**, 299.
17 Horn, F. (1958), Dissertation, Technische Universität Wien.
18 Westerterp, K.R. (1962), Chem. Eng. Sci. **17**, 423.

Sachverzeichnis

A

Abschnittsreaktor 249
– adiabater 249, 398 f
– – optimale Reaktionsführung 398 ff
– katalytischer, für kinetische Messungen 176
Absorption, CO_2/NaOH-Lösung 159
– physikalische, Gas/Flüssigkeit 149, 153
Abweichungsquadrate 221
Adsorption, Bedeckungsgrad 49
– Freundlich-Isotherme 49
– Kinetik 49
– Langmuir-Isotherme 49
– Temkin-Isotherme 49
Äquivalentreaktionsgeschwindigkeit s. Reaktionsgeschwindigkeit
Äußere Transportvorgänge, Gas/Feststoff-Reaktion 107
– heterogen katalysierte Reaktion 112
Aktivierungsenergie, effektive (scheinbare) 135
Aktivitätsdiagramm 163
Altersverteilung, äußere 318
– innere 318
Analogie, chemische Reaktion/Transportvorgänge 151, 153 f
Anfangsreaktionsgeschwindigkeit 194, 197, 200
– Druckabhängigkeit 201
– Methode 210
Arrhenius Gleichung 34, 206
Arrhenius-Zahl 118, 128, 130
Ausbeute 6
Ausbeuteoptimierung 400 ff
Ausgangsstoffe 3
Ausnutzungsgrad, Gas/Flüssigkeit-Reaktion 153, 259
Austauschfläche, spezifische 92, 97
– Dreiphasen-Reaktoren 265

– Fluid-Fluid-Reaktoren 259 f
Auswertung, kinetische Daten 163, 193
autokatalytische Reaktion, Reaktoroptimierung 379 f

B

Bedeckungsgrad, s. Adsorption, Bedeckungsgrad
Begleitstoffe 3
Belastung, Reaktor 6, 45–48
Betriebsweise chemischer Reaktoren 237 f
– diskontinuierliche 237
– halbkontinuierlich 238
– kontinuierliche 237 f
Bilanzdefekt 210
Bildungsenthalpien, Reaktanden 20
bimolekulare Reaktion 50, 52
Biot-Zahl, Stofftransport 131, 133
– Wärmetransport 132 f
Blasensäulen-Reaktor 260 f
– Gasgehalt 261
– Gasverteilung 262
– Hydrodynamik 261
– Stoffübergang 261
– Wärmeübergang 262
Bodenkolonne 262 f
Bodenstein-Zahl 332
– Einfluß auf Umsatz 345
Bodensteins Quasi-Stationaritätsprinzip 38, 41 f, 55, 64 f, 210

C

chemische Reaktion und Transportvorgänge, Zusammenwirken s. Makrokinetik
chemische Thermodynamik 19
chemische Verfahren, Flüssigkeit/Flüssigkeit 147
– Gas/Feststoff-Reaktionen 64, 100
– Gas/Fluid-Reaktionen 147

– heterogen katalysierte Reaktionen 45–47
– homogen katalysierte Reaktionen 48
Colburn-Chilton-Analogie 86

D

Damköhler-Zahl, erster Art 290
– zweiter Art 114, 367
– dritter Art 366
– vierter Art 366
Dehydrierung 195
Deltafunktion s. Pulsfunktion
Desaktivierung heterogener Katalysatoren 6, 62, 184, 194
Desorption, Kinetik 49
Differentialmethode 194 f
Differentialreaktor 166, 194
Diffusion, Ficksches Gesetz 67
Diffusion in Gasmischungen 68
Diffusion in porösen Medien 73
– Knudsen-Diffusion 74
– konfigurelle 80
– molekulare 67
– Oberflächendiffusion 79
Diffusionskoeffizient, binärer Flüssigkeits- 70
– binärer Gas- 68, 71
– effektiver in porösen Medien 73, 76, 102, 122
– Knudsen- 74
– Oberflächen- 79
Dirac-Funktion s. Pulsfunktion
Dispersion s. Varianz
Dispersionsmodell 331 ff
– Randbedingungen 332
– Umsatzberechnung 344 f
Drehrohrofen 256
Dreiphasen-Festbettreaktor 92, 265 ff
Dreiphasen-Reaktoren 264 ff
Dreiphasen-Wirbelschicht 267
Druckverlust bei Strömung 97
Durchfluß 2
Durchsatz 6

E

Edukte s. Ausgangsstoffe
Effekt 231 f.
effektive Reaktionsgeschwindigkeit s. Reaktionsgeschwindigkeit, effektive
Eingangsfunktion, beliebige 325 ff
Einsatzausbeute s. Ausbeute
Einzelkugelabsorber 192
Einzelpelletdiffusionsreaktor 174, 182
Element-Spezies-Matrix 8
Elementarreaktion, heterogen katalysiert 53
– homogen 37
Elementenbilanz 8, 209
Empfindlichkeit, parametrische 283 ff, 302 f, 304 f
Energiebilanz, ideale Reaktoren 271
Enhancement-Faktor, flüssigkeitsseitiger Stoffübergang s. Verstärkungsfaktor
Enzymreaktion, optimale Reaktionsführung 382 ff
Erhaltung der Masse der Elemente 11
Extraktivreaktion 147

F

Faktor, präexponentieller 206
Fallfilmabsorber, laminarer 190
Faltung 326, 328 f, 354 ff
Fehlerquadrate, Methode der kleinsten 205, 216 f
Fehler-Quadrat-Minimierung s. Quadratsummenminimierung
Festbett-Reaktor 100, 249 ff
– adiabater 249 f, 360
– axiale Dispersion 341, 362 f
– Druckverlust 251, 359
– Modell 361
– – eindimensionales 361 f, 363 f
– – heterogenes 363 ff
– – pseudo-homogenes 361 ff
– – zweidimensionales 363 f
– Modellauswahl 365 ff
– polytroper 360
– radiale Dispersion 367
– radiale Temperaturleitfähigkeit 368
– Verweilzeitverteilung 341 f
– Wärmeübergang an Rohrwand 368
Ficksches Gesetz 67, 122
Film-Penetrationstheorie s. Oberflächenerneuerungstheorie
Flüssigkeit/Flüssigkeit-Reaktionen, industrielle Verfahren s. chemische Verfahren
Fluid-Feststoff-Reaktoren 359 ff
Fluid/Fluid-Reaktionen 145
– Selektivität 160
Flugstaubreaktor 248
Folgereaktion, homogen, Kinetik 40
– Ausbeuteoptimierung 405 ff, 416 ff
– konkurrierende
– – Einfluß der Reaktionsführung 409 ff, 416 f
– Selektivitätsbeeinflussung 405 ff, 416 ff
Formalkinetik 34, 48
– hyperbolischer Ansatz 36, 48, 51
– Potenzansatz 34, 39, 48, 52, 62, 113, 195
Formelumsatz 4
Fouriersches Gesetz 70
Freiheitsgrad 222, 224
F-Test 223
Füllkörperkolonne 263 f
F-Verteilung 231

G

gaschromatographischer Reaktor 174, 187
Gas/Feststoff-Reaktion, industrielle Verfahren s. chemische Verfahren
– Kinetik 63
– Makrokinetik, Modellvorstellungen 103, 107
– nichtporöse Feststoffe 102
– poröse Feststoffe 109
Gas-Feststoff-Reaktoren s. Reaktionssystem, Fluid-Feststoff
Gas/Flüssigkeit, momentane Reaktion 157
Gas/Flüssigkeit-Reaktionen 147
– Modellvorstellungen 148, 150, 158
Gas-Flüssig-Kontaktapparate s. Reaktortypen, Fluid-Fluid
Gas/Fluid-Reaktionen, industrielle Verfahren s. chemische Verfahren
Gasreaktionen, Mechanismus, heterogen katalysiert 53
– Mechanismus, homogen 36
Gaußsche Elimination 13
Gegenstromdiffusionsmessung 77
Gesamtporennutzungsgrad 131
geschwindigkeitsbestimmender Schritt 163, 210
– katalytische Oberflächenreaktion 51
– Porendiffusion bei Gas/Feststoff-Reaktion 106, 110
– Porendiffusion bei katalytischer Reaktion 119
– Stoffübergang bei Gas/Feststoff-Reaktion 107
– Stoffübergang bei Gas/Flüssigkeit-Reaktion 150
– Stoffübergang bei katalytischer Reaktion 113
Geschwindigkeitsgesetz, hyperbolisches (s. auch Formalkinetik) 197
Geschwindigkeitsgleichungen 195
– Kriterien zur Ermittlung zutreffender 195
Geschwindigkeitskonstante 25, 193
– Bestimmung 196, 213
Geschwindigkeits-Konzentrations-Diagramm 195, 210
Geschwindigkeits-Temperatur-Diagramm 195
Geschwindigkeits-Zeit-Diagramm 210
Gibbssche freie Standard-Bildungsenthalpie 19
– Berechnung 22
Gleichgewicht, chemisches 24
– Lage des chemischen 25
Gleichgewichtskonstanten 194
– Temperaturabhängigkeit 26
Gleichgewichtsumsatz 19, 26, 279
Gleichung, stöchiometrische 7
Grenzschicht, Zweifilmtheorie 149
Größe, reaktionsspezifische 14

Größen, intensive 4
Grundgesamtheit, Stichprobe s. Stichprobe, Grundgesamtheit

H

Hatta-Zahl 152, 258
Hemmung heterogen katalysierter Reaktionen 52, 58
Henry-Gesetz 149
Heßscher Satz 19, 25
heterogen katalysierte Gasreaktion, Abschätzung der Stoffübergangslimitierung 115
– Beeinflussung durch äußeren Stoffübergang 112
– Beeinflussung durch Porendiffusion 119
– Beeinflussung durch Stoff- und Wärmeübergang 117
– Makrokinetik 111
heterogen katalysierte Reaktionen, Hemmung 52, 58
– Beeinflussung durch Diffusion und Wärmeleitung im Katalysator 128
– industrielle Verfahren s. chemische Verfahren
– Kinetik 50
– – Ableitung funktioneller Zusammenhänge 53, 60
– – für Desaktivierung 62
– – nach Eley-Rideal 53, 56
– – nach Hougen-Watson 58
– – nach Langmuir-Hinshelwood 53
– – „masi" (most abundant surface intermediate) 57
Hochofen 255f
homogen katalysierte Reaktionen, industrielle Verfahren s. chemische Verfahren
– Kinetik 65
Homogene, nicht katalysierte Reaktionen, Kinetik 36
Hydrierung von CO s. Methanisierung

I

Impulstransport, s. Reibung
Inhibitorwirkung bei katalytischer Reaktion, s. Hemmung heterogen katalysierter Reaktionen

Inkrementenmethoden 21
Innere Transportvorgänge, Gas/Feststoff-Reaktion 106
– heterogen katalysierte Gasreaktion 119
Instabilität, thermische 295
instationärer Betrieb 238
Integralmethode 194, 202
Integralreaktor 167, 194
intrinsische Kinetik 164
Isomerisierungsreaktion 18
j-Faktor 86

K

Kaltmodell 317
Kanalbildung 317
Kapazität, Reaktor (s. auch Reaktorleistung) 6, 45ff
Kaskade, s. Rührkessel-Kaskade
Katalysator, Alterungsfunktion (s. auch Desaktivierung) 62, 194
– Lebensdauer (s. auch Desaktivierung) 6, 62
Katalysatordesaktivierung s. Desaktivierung
Katalysatorstandzeit (s. auch Desaktivierung) 6, 62
Katalysatorübertemperatur 133
Katalysatorwirkungsgrad s. Porennutzungsgrad
Katalysatorwirkungsgrad, äußerer 114
Katalyse, heterogene s. heterogen katalysierte Gasreaktionen
katalytische Oberflächenreaktion, Kinetik 50, 199
Kinetik, chemische Reaktionen 33
– enzymkatalysierte Reaktionen 66
– experimentelle Ermittlung 163
– heterogen katalysierte Gasreaktionen (s. auch heterogen katalysierte Reaktionen, Kinetik) 50
– homogen katalysierte Reaktionen 65
– homogene, nicht katalysierte Reaktionen 36
– intrinsische 164
– Laborreaktoren 163

– Messung und Auswertung 163
– von Gas/Feststoff-Reaktionen 63
– von Stoff- und Wärmetransportvorgängen 67
Kinetische Messungen, Auswertung mittels Regressionstechnik (s. auch Regression) 165
– differentielle und integrale Auswertung 165, 171
– Gas/Feststoff-Reaktionen, Gravimetrie 188
– Gas/Feststoff-Reaktionen, Wirbelschichtreaktor 187
– Gas/Flüssigkeit-Reaktionen 189
– heterogen katalysierte Gasreaktionen 174
– – Porendiffusionseinfluß 175
– – Stoffübergangshemmung 175, 181
– Isothermie 169
– kontinuierlich betriebener Rührkessel- und Rohrreaktor 168, 172
– Konzentrationsermittlung 170
– Modelldiskriminierung 165, 169, 193
– Reaktionsnetzwerke 167, 169
– Satzreaktor 170
– statistische Versuchspläne (s. auch Versuchspläne) 165
Kinetische Messungen, Zwischenprodukte 167
Klassische Methoden der Analyse kinetischer Daten 62, 194
Koeffizienten, Matrix der stöchiometrischen 11, 14
– stöchiometrische 4
Koeffizientenmatrix s. Koeffizienten, Matrix der stöchiometrischen
Kollisionsintegral 68
Kombination idealer Reaktoren 309ff
– Optimierung 380ff, 385
Konfidenzzahl 222
Konstanten, numerische Bestimmung kinetischer 198
Konzentrationsführung 386ff, 401ff
Konzentrationsgradienten, äußere am Katalysator 112, 117, 130

– innere im Katalysator 112, 130
Konzentrationsverlauf, Maximum 42, 208
Konzentrations-Zeit-Diagramm 42, 166, 194, 202, 208, 213
Korrelationskoeffizient, bivarianter 220
– multipler 221
Kreislaufreaktor 312 ff
Kreuzstromreaktor 404 f
Kriterien, Transporteinflüsse bei heterogen katalysierten Reaktionen 145
Kugelstrangabsorber 192
Kurzschlußströmung 317

L

Laborreaktoren, Betriebsweise und Bauart 165
– differentielle und integrale Betriebsweise 171
– für Gas/Feststoff-Reaktionen 187
– für Gas/Flüssigkeit-Reaktionen 189
– gradientenfreie 178
– für heterogen katalysierte Gasreaktionen 174
– für heterogen katalysierte Reaktionen, Isothermie durch Verdünnung 177
– für homogene Reaktionen 173
– instationäre Betriebsweise 185
– isotherme 169, 171
– Katalysatordesaktivierungskinetik 181, 184
– katalytisches Festbett 176
– für kinetische Messungen 163
– Rohrreaktor mit Rückführung 168, 172
– Wärmeaustausch 171
Labyrinthfaktor 73
Le Chatelier und Braun, Prinzip 26
Leistung, Reaktor 6
Lennard-Jones-Kraftkonstanten 69
Lewis-Zahl 118
Linearform, Darstellung graphische 202
– Transformation 222

M

Makrofluid, Umsatzberechnung 350
Makrokinetik, chemische Reaktionen 1, 33, 100
– experimentelle Ermittlung 164
– Fluid/Fluid-Reaktionen 100
– Gas/Feststoff-Reaktionen 100
– heterogen katalysierte Gasreaktionen 100, 111
Massenanteil 5
Massenbilanz 209, 270 ff
Massenkonzentration 5
Massenstromdichte, Reaktor 6
Massenverhältnis 5
Massenwirkungsgesetz 25
Maßstabsverkleinerung 165
Mehrstufenstrategie 194
Meßfehler 221
Methanisierung von CO 60
Michaelis-Menten-Kinetik 66
mikrokatalytischer Pulsreaktor 174, 185
Mikrokinetik, chemische Reaktionen (s. auch Kinetik) 33
– experimentelle Ermittlung 164
Mikromischzeit 348
Mindestarbeitsbeträge 19
Mischapparate, Typen 245
Mischkennlinie 242
Mischzeit 240, 242
Mittelwert 221
Modellauswahl 195, 365 ff
Modelldiskriminierung 165, 193
Modellfläche 220
Modellgleichung 194 f
Modellierung, chemische Reaktoren 270 ff
– kinetische 193
Modellparameter, Ermittlung kinetischer 193
monomolekulare Reaktion 50 f

N

Näherungsverfahren, Berechnung thermodynamischer und kalorischer Werte 20
Newton-Zahl 242
Nichtschlüsselkomponenten 10
Normalgleichungen, Satz 218 f
Nusselt-Zahl 85

O

Oberflächenerneuerungstheorie, Fluid/Fluid 150
Oberflächenreaktion, heterogen-katalytische 50, 199
Optimierstrategie 31
Optimierung, reaktionstechnische 372 ff

P

Parallelreaktionen 39, 208
– Ausbeutebeeinflussung 404
– homogen, Kinetik 39
– Selektivitätsbeeinflussung 401, 415 ff
Parameter, Temperaturabhängigkeit kinetischer 205
– unabhängige Schätzwerte 227
Parameterschätzung 194
Parameterwerte, Präzision 226
Péclet-Zahl 340
– radiale 367
Penetrationstheorie, Fluid/Fluid s. Oberflächenerneuerungstheorie
Phasengrenzfläche, spezifische s. Austauschfläche
Planmatrix 229
Poiseuille-Strömung 77
Polymerisationsreaktionen, Einfluß der Reaktionsführung 413 ff
Porendiffusion, effektive molekulare 73
– Labyrinthfaktor 73
– Tortuositätsfaktor 73
Porennutzungsgrad von Katalysatoren 121
– Ableitung 122
– Abschätzung 125
– Mehrfachlösungen 129
poröse Feststoffe 73, 109
Potential, chemisches 24 f
Potenzansatz s. Formalkinetik
Prandtl-Zahl 84
Prater-Zahl 119, 128, 130
Produkthemmung bei heterogen katalysierter Reaktion s. Hemmung heterogen katalysierter Reaktionen
Produktschicht, Gas/Feststoff-Reaktionen 104

Sachverzeichnis

Prozesse, chemische s. chemische Verfahren
Pulsfunktion 323 ff, 354 ff

Q

Quadratsummenminimierung 31, 213
Quasi-Stationaritätsprinzip s. Bodenstein-Prinzip
Querschnittsbelastung, Reaktor 6

R

Raumgeschwindigkeit 289
Raumzeit 289
Raum-Zeit-Ausbeute chemischer Verfahren s. chemische Verfahren
Reaktand 3
Reaktanden, Bildungsenthalpien s. Bildungsenthalpien, Reaktanden
– Verbrennungswärmen s. Verbrennungswärmen, Reaktanden
Reaktion, adiabatische 2
– Aktivierungsenergie 34, 206
– einfache 2, 7
– – optimale Reaktionsführung 372 ff
– heterogene 2, 45, 63
– homogene 2, 36, 65
– isotherme 2
– kinetische Beschreibung einer komplexen – 17
– komplexe 2, 7, 34, 43, 208, 213
– – optimale Reaktionsführung 401 ff, 416 ff
– polytrope 2
– reversible 197
– – Kinetik 43
– – maximale Reaktionsgeschwindigkeit 392
– – optimale Konzentrationsführung 387 ff
– – optimale Temperaturführung 390 ff
– Wärmetönung 19
– Zeitkonstante 240
Reaktionen, systematische Analyse komplexer 208
Reaktionsanalyse 1, 33
Reaktionsapparat (s. auch Reaktor) 3, 237 ff
Reaktionsdauer 6, 273

Reaktionsenthalpie 19
Reaktionsfläche 35, 102
Reaktionsfortschritt 13
Reaktionsführung, adiabate 278, 301 f, 394 ff
– autotherme 306 ff
– diskontinuierliche 237, 272 ff, 373 ff
– halbkontinuierliche 297, 386 ff
– in Reaktorkombinationen 309 ff
– kontinuierliche 237 ff, 288, 297, 375
– polytrope 281 ff, 302 ff
Reaktionsgefäß (s. auch Reaktor) 3
Reaktionsgemisch 3
Reaktionsgeschwindigkeit 16, 33, 193
– Bezugsgröße 34
– Definition 34
– effektive 113, 121, 152
– Vorausberechnung für homogene Reaktionen 36
Reaktionsgleichung 7
Reaktionsgleichungen, Erzeugung durch Linearkombination 12
– linear abhängige 12
Reaktionskinetik (s. auch Kinetik chemischer Reaktionen) 16
Reaktionslaufzahl 14
– extensive 4
– intensive 4
– Berechnung 14
Reaktionsmasse, Zusammensetzung 3
Reaktionsnetzwerk s. Reaktion, komplexe
Reaktionsordnung 36, 38, 193
– Bestimmung 196
– scheinbare, porendiffusionsbestimmte katalysierte Reaktion 136
Reaktionsort 3
Reaktionsprodukte 3
Reaktionsschema, Struktur 194, 208
Reaktionssystem, einphasig 239 ff
– Fluid/Feststoff 248
– Fluid-Fluid 256 ff
– Gas-Flüssig 258
– Gas-Flüssig-Feststoff 264 ff
– mehrphasig 247 ff

– Reaktionsvolumen 3
Reaktionszeit 6, 273
Reaktionszone 102
Reaktionszyklus 273
Reaktor 3, 237
Reaktorauswahl, einfache Reaktionen 372 ff
– komplexe Reaktionen 400 ff
Reaktorbetriebszeit 6
Reaktoren, Gas/Feststoff 100
– gradientenlose s. Differentialreaktoren
– ideale 3, 267 ff
– Verweilzeit-Verteilung 327 ff
– reale 316 ff
– – Segregation 347 ff
Reaktorleistung, autokatalytische Reaktion 379
– reale Reaktoren 342 ff, 357 f
– Vergleich idealer Reaktoren 377 f
Reaktorstabilität, absatzweise betriebener Rührkesselreaktor 281 ff
Reaktortypen, Fluid-Fluid 257, 260
– Fluid-Feststoff-Systeme 248
Reaktorvolumen 3
Regression 215
– Beurteilung 221, 231
– einfache 215
– Grenzen der multiplen linearen 222
– Güte 221
– lineare 215
– multiple 215
– multiple lineare 218, 223
– nichtlineare 216
– Versuchspläne für lineare 226 f
Regressionskoeffizienten, Vertrauensbereiche 221
Regressionspolynom, Grad 227
Reibung 82
Reibungskoeffizient 82
– in Rohren und Schüttungen 97
– örtlicher 85
Reibungskraft 82
Relaxationsmethode 29
Relaxationszeit, thermische 285
Residuen s. Reststreuungen
Restanteil 204
Reststreuungen 224
Reynolds-Zahl 84
Rieselbettreaktor, Stoff- und Wärmeübergang 92, 265 ff

Rohrbündelreaktor 250
Rohrreaktor 246 f
- adiabater 301 f
-- maximale Leistung 396 f
-- maximale Reaktionsgeschwindigkeit 395 f
- Ausbeuteoptimierung 405 f, 415 ff
- autothermer 306 f
-- thermische Instabilität 307 f
- Berechnung 298 ff
- idealer 297 ff
-- Verweilzeit-Verteilung 327
- isothermer, optimale Temperatur 392 ff
- laminar durchströmter, Verweilzeit-Verteilung 330 f
- mit Rückführung 312 ff
-- optimales Rückführverhältnis 380 ff, 386
-- Rückführungsverhältnis 313
- optimale Temperaturführung 391 f, 415 ff
- Optimierung 379, 385
- parametrische Empfindlichkeit 302 f, 304 f
- polytroper 302 f
- realer, axiale Dispersion 340
-- Verweilzeit-Verteilung 339 ff
- Stoffbilanz 297 ff
- Wärmebilanz 300
Rührer, Leistungskennlinie 242 f
- Mischkennlinie 242
Rührertypen 241
Rührkessel-Kaskade 310 ff
- Berechnung 311 f
- optimale Temperaturführung 392
- Umsatzverhalten 312
- Verweilzeit-Verteilung 328 ff
Rührkesselreaktor, Abmessungen 239 f
- absatzweise betriebener 272 ff
-- adiabater 278 ff
-- Ausbeuteoptimierung 405 f, 415 ff
-- isothermer 274 ff
-- Leistung 273
-- Leistungsoptimierung 373 ff
-- parametrische Empfindlichkeit 283 ff
-- Wärmebilanz 273
- Fluid-Fluid-Systeme 262
- halbkontinuierlich betriebener 297
-- Optimierung 386 ff

- kontinuierlich betriebener 288 ff
-- adiabater 293 ff
-- Arbeitspunkt 291
-- Ausbeuteoptimierung 406 f, 417 f
-- Stoffbilanz 288 ff
-- thermische Instabilität 295
-- Übergangsverhalten 296
-- Verweilzeitverteilung 327 f
- Mischen 240 ff
-- Wärmebilanz 293
- realer kontinuierlich betriebener, Modelle 338 f
-- Verweilzeit-Verhalten 337 ff, 356 ff
- Wärmeübergang 243 ff
Rührzellenabsorber 193
Rüstzeit 273
Ruhewärmeleitfähigkeit in Schüttungen 88

S

Schachtofen s. Hochofen
Schlaufenreaktor 245 f, 312 ff
Schlüsselkomponenten 7 f
- Auswahl 10
- Zahl 9, 18
Schlüsselreaktionen 7 f
- Ermittlung eines Satzes 11
Schmidt-Zahl 84
Schritt, Auffinden des geschwindigkeitsbestimmenden 200
Schubspannung s. Reibungskraft
Schüttschichtreaktor 248
Selektivität 6
- Fluid/Fluid-Reaktionen, Transporteinfluß 160
- von Folgereaktionen 139, 405 ff
- integrale und differentielle 137, 163, 400, 401
- katalysierter Folgereaktionen, Porendiffusionseinfluß 144
-- Stoffübergangseinfluß 139
- katalysierte Parallelreaktionen, Porendiffusionseinfluß 142
-- Stoffübergangseinfluß 137
- katalysierte Reaktionen, Einfluß von Transportvorgängen 136
- von Parallelreaktionen 137, 401 ff

- Temperatureinfluß 140, 415 ff
Selektivitätsdiagramm 163
Segregation, in realen Reaktoren 347 ff
- mittlere Reaktionsgeschwindigkeit 349 f
- Produktverteilung 352 f
- Reaktorleistung 349 f, 352 f
Sherwood-Zahl 85
Signifikanz 222, 232
Signifikanzanalyse 194
Signifikanztest 231
Simultangleichgewichte, Berechnung 26
- graphische Methode zur Lösung 27
- numerische Methoden zur Lösung 29
Spaltreaktion 195
Spezies, chemische 7
Spinning basket reactor 179
Sprungfunktion 321 ff
Stabilitätsdiagramm 283
Standardabweichung 224
Standard-Normalgleichungen 218
Standard-Reaktionsenthalpie 22
Standard-Regressionskoeffizient 220
Standardvariable 222
Stationärer Betrieb 238
Stichprobe, Grundgesamtheit 221
Stichprobenkovarianz 219
Stichprobenraum 219
Stichprobenvarianz 219
Stöchiometrie 7
Stoffbilanz, ideale Reaktoren 270 f
Stoffmengenänderungsgeschwindigkeit 16, 38, 213
Stoffmengenanteil 5
Stoffmengenkonzentration 5
Stoffmengenstromdichte 82
Stoffmengenverhältnis 5
Stoffübergang 67, 82
- flüssigkeitsseitig, Verstärkung 154, 157
- Fluid/Feststoff 94
- Fluid/Fluid, Modellvorstellungen 148
- Gas/Flüssigkeit 92
Stoffübergangskoeffizient 82
- Fluid/Feststoffoberfläche 94
- Fluid/Fluid 150
-- globaler s. Stoffdurchgangskoeffizient

– Gas/Flüssigkeit 92, 260
– örtlicher 85
– volumetrischer 97
Strahlabsorber, laminarer 191
Strahlmischer 245
Strahlwäscher 264
Streuungszerlegung 215, 231
Strömungsrohr s. Rohrreaktor
Sumpfreaktor s. Dreiphasen-Festbettreaktor
Suspensionsreaktoren 267f
Symmetriekorrektur 22
Symmetriezahl 22

T

Teilschritt, geschwindigkeitsbestimmender s. geschwindigkeitsbestimmender Schritt
Teilschritte, Zusammenwirken 199
Temperaturabhängigkeit, Oberflächendiffusionskoeffizient 79
Temperaturabhängigkeit der Geschwindigkeit der chemischen Reaktion 34, 206
– der Diffusion 135
– porendiffusionsbestimmte katalytische Reaktionen 134, 135
– des Stoffübergangs 135
– stoffübergangsbestimmte katalytische Reaktionen 135
Temperaturerhöhung, adiabate 278f
Temperaturgradienten, äußere am Katalysator 118, 130
– innere im Katalysator 128, 130
Temperatursensitivität 283
Test 215
– einseitiger 225
Theorem, übereinstimmende Zustände 22
Thermodynamik, chemische s. chemische Thermodynamik
Thiele-Modul 120, 130
– modifizierter 124
Tortuositätsfaktor 73
Totzonen 317
Trajektorien, adiabate 279
Transformation in Linearform s. Linearform, Transformation
Transportvorgänge, Kinetik s. Kinetik Transportvorgänge

– molekulare 67
– und chemische Reaktion (s. auch Makrokinetik) 49, 100
Trends, Einfluß zeitlicher 226f
Tricklebett-Reaktor s. Dreiphasen-Festbettreaktor
t-Test 224
t-Verteilung 222

U

Übertragungsfunktion 325, 354ff
Umsatz in realen Reaktoren, Reaktion erster Ordnung 343ff, 357f
– nicht lineare Kinetik 346ff
Umsatzgrad 6, 37, 193, 372ff
Umsetzung, (s. auch Reaktionsführung) chargenweise 2
– diskontinuierlich 2
– kontinuierlich 2

V

Variable, Niveau 229
Varianzen s. Abweichungsquadrate
Variationsbereich 226
Verbrennungswärmen, Reaktanden 20
Verdünnungsgeschwindigkeit 289
Vermischung, Einfluß auf die Reaktorleistung 342ff
– Zeitpunkt 351f
Verstärkung, flüssigkeitsseitiger Stoffübergang s. Stoffübergang
Verstärkungsfaktor, flüssigkeitsseitiger Stoffübergang 155, 158
Versuchsfehler, Abschätzung 227
Versuchspläne, Beispiele 228
– faktorielle 229
Versuchspläne, lineare Regression s. Regression, Versuchspläne für lineare –
– Nomenklatur bei faktoriellen 230
– verkürzte, faktorielle 232
Versuchsplanung 215
– und Auswertung, statistisch begründete Methoden 215
Versuchsvariable 226
Verteilung von Mittelwerten s. t-Test

Vertrauensbereich, Einfluß der Zahl der Meßwerte 225
Vertrauensintervalle 215, 222
Verweilzeit 318
– hydrodynamische 241
– – modifizierte 204
– mittlere 320, 324, 327
– Verteilung 317ff
– – Ausbeutebeeinflussung 407f
– – C-Kurve 323
– – Dispersionsmodell 331ff
– – Einfluß auf die Reaktorleistung 342ff
– – experimentelle Bestimmung 321ff, 354ff
– – F-Kurve 321ff
– – ideale Reaktoren 327ff
– – idealer kont. betriebener Rührkesselreaktor 327f
– – idealer Rohrreaktor 327
– – laminar durchströmtes Rohr 330f
– – mehrparametrige Modelle 336f, 356ff
– – Modelle 331ff
– – Momente 320
– – Rührkessel-Kaskade 328ff
– – Selektivitätsbeeinflussung 407f
– – Summenkurve 321ff
– – Umsatzberechnung, Reaktion erster Ordnung 343ff, 357f
– – Varianz 322f, 325, 327
– – Zellenmodell 336
– Verteilungsfunktionen, Zusammenhänge 320, 324
Viskosität, Einzelkomponenten 73
– Mischungen 73
Volumenänderung bei chemischen Reaktionen 35
Volumeninkremente, atomare 71
Vorumsatz 195

W

Wärmeaustausch s. Wärmeübergang
Wärmebilanz, ideale Reaktoren 271
Wärmeerzeugungspotential 283
Wärmeleitfähigkeit, Gase und Gasmischungen 72
– in porösen Feststoffen 80
– in Schüttungen 88

Wärmeleitung 70, 82
- molekulare 72
Wärmemenge, freiwerdende 20
Wärmen, latente 20
Wärmestromdichte 70, 82
Wärmetönung, Reaktion s. Reaktion, Wärmetönung
Wärmeübergang Fluid/Wand, Blasensäule 90, 262
- Leerrohr 87
- Schüttung 87, 368
- Wirbelschicht 87–90, 254
Wärmeübergang Gas/Feststoffpartikel 90

Wärmeübergangskoeffizient 82
- örtlicher 85
Wanderbett-Reaktor 100, 255
Wechselwirkung 231 f
Weisz-Modul 126
Wirbelschicht-Reaktor 100, 248, 251 ff
- Auflockerungsverhalten 252 ff
- Druckverlust 252 ff
- hochexpandiert 254 f
- Stoffübergang 92
- Verweilzeit-Verteilung 354 ff
- Wärmeübergang 88–90, 254

Z
Zapfstellenreaktor 167, 171
Zeitpunkt der Vermischung 351 f
Zellenmodell 336, 354 ff
Zentral-Versuchsplan, zusammengesetzter 229
Zentrumsraum, Einzelpelletdiffusionsreaktor 182
Zustandsdiagramme 20
- Ethylen 21
Zweifilmtheorie, Fluid/Fluid 148, 158
- Grenzschicht 149